高等学校酿酒工程专业教材

中国轻工业“十三五”规划立项教材

“十三五”江苏省高等学校重点教材

啤酒工艺学

李 崎 顾国贤 主编

中国轻工业出版社

图书在版编目（CIP）数据

啤酒工艺学 / 李崎，顾国贤主编. — 北京 ：中国轻工业出版社，2023.12

ISBN 978-7-5184-3358-2

Ⅰ. ①啤…　Ⅱ. ①李… ②顾…　Ⅲ. ①啤酒—生产工艺　Ⅳ. ①TS262.5

中国版本图书馆 CIP 数据核字（2020）第 266491 号

“十三五”江苏省高等学校重点教材：2020-2-050

责任编辑：贺　娜
策划编辑：江　娟　　责任终审：唐是雯　　封面设计：锋尚设计
版式设计：砚祥志远　　责任校对：吴大朋　　责任监印：张　可

出版发行：中国轻工业出版社（北京鲁谷东街 5 号，邮编：100040）
印　　刷：三河市国英印务有限公司
经　　销：各地新华书店
版　　次：2023 年 12 月第 1 版第 1 次印刷
开　　本：787×1092　1/16　印张：26.75
字　　数：536 千字
书　　号：ISBN 978-7-5184-3358-2　定价：68.00 元
邮购电话：010-85119873
发行电话：010-85119832　　010-85119912
网　　址：http://www.chlip.com.cn
Email：club@chlip.com.cn
如发现图书残缺请与我社邮购联系调换
151151J1X101ZBW

黄名正（贵州理工学院）
蹇华丽（华南农业大学）
李宪臻（大连工业大学）
李　艳（河北科技大学）
廖永红（北京工商大学）
刘世松（滨州医学院）
刘新利（齐鲁工业大学）
罗惠波（四川轻化工大学）
毛　健（江南大学）
邱树毅（贵州大学）
单春会（石河子大学）
孙厚权（湖北工业大学）
孙西玉（河南牧业经济学院）
王　栋（江南大学）
王　君（山西农业大学）
文连奎（吉林农业大学）
贠建民（甘肃农业大学）
张　超（宜宾学院）
张军翔（宁夏大学）
张惟广（西南大学）
赵金松（四川轻化工大学）
周裔彬（安徽农业大学）
朱明军（华南理工大学）

本书编委会

主编 李　崎　顾国贤

编委 郑飞云

刘春凤

王金晶

钮成拓

前　言

啤酒历史悠久，是水和茶之后全世界消耗量排名第三的饮料。我国是啤酒生产大国和消费大国，近年来啤酒产品不断向中高端方向发展，啤酒产业不断向集团化、精细化、智能化方向发展，市场竞争力不断增强。

一百多年来中国啤酒工业的发展，始于向国际啤酒巨头学习交流，同时自主培养出了一批又一批自强不息的啤酒产业科技人才，在他们的努力和推动下，通过持续的技术进步、产品升级换代及产业发展模式调整，使中国啤酒工业逐渐进入能与国际著名啤酒品牌“群雄逐鹿”的新阶段。随着人民生活水平的不断提高和对美好生活产品追求的不断提升，高端化、多样化、国际化将成为啤酒行业发展的主要趋势。这就要求在加强国内外交流的背景下，进一步提升国内啤酒酿造行业的技术水平，进一步提高从业人员的理论知识水平和技术能力，培养出能够支撑中国啤酒工业创新发展的新一代人才。

目前国内普通高等教育酿酒工程专业采用的《啤酒工艺学》相关教材内容，已经多年没有更新。一些内容已经不符合行业生产要求，或落后于最新生产现状，还有一些行业新理论、新技术、新方法、新工艺等方面的内容在教材中没有体现出来。因此，着眼于培养适应未来发展需要的啤酒产业科技人才，迫切需要从啤酒科学前沿和啤酒产业科技实践出发，编写一本兼具理论和实践指导意义的《啤酒工艺学》，满足该课程实践性较强的需要。

本教材的内容基于原《酿造酒工艺学》中“啤酒篇”的框架，覆盖了啤酒酿造工艺全流程。在循序渐进地介绍啤酒酿造基本流程和工艺的基础上，本教材结合国内外生产和科研实际，重点引入了啤酒科技前沿成果和最新应用技术、啤酒酿造新工艺和新技术相关案例，特别是展示了啤酒行业现代化、智能化发展的面貌，使教材的内容与产业科技发展水平保持同步。本教材可用于高等教育酿酒工程专业的教学，也可用于生物工程专业等的公共选修课程的教学，并可用作啤酒行业相关高级技术和研发人员的参考书。

参加本次编写人员还有郑飞云、刘春凤、王金晶、钮成拓等老师，他们长期从事啤酒酿造科学与工程领域的研究，包括啤酒酿造原料、酿造工艺、酿造微生物等方面的研究，具有丰富的科研和实践经验，他们将自己对啤酒科技的最新理解和从事啤酒科研教育的心得融入了教材的编写中。在此，谨对他们的辛勤付出和专业精神表示诚挚的感谢。本教材在编写过程中得到了顾国贤教授的全面指导，谨向顾老师表示衷心的感谢。

在本教材的撰写过程中，特别感谢广东省轻纺建筑设计院有限公司余晓先生的大力支持与帮助。

时间所限，本教材还有很多值得改进的地方。内容中值得商榷以及错误之处，欢迎广大读者不吝指正。

李崎

2023 年 8 月

目　录

第一章
绪　论

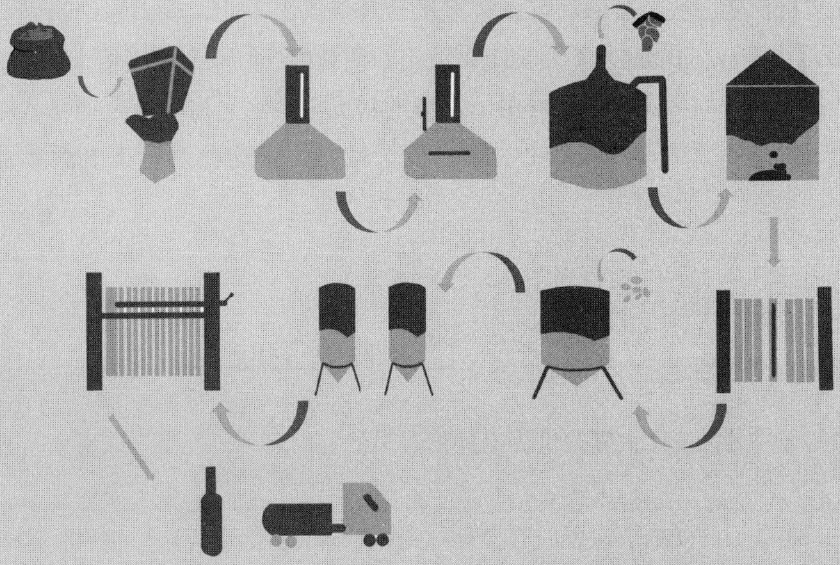

第一节 酒和酒精度

含有酒精（乙醇）的饮料和饮品，其酒精度从0.5%~75.5%体积分数的称为“酒”。

饮料中酒精的百分含量称作“酒精度”，酒精度有三种表示法。

1. 标准酒精度（Spirit Proof）

欧美各国常用标准酒精度表示蒸馏酒的酒精度。古代把蒸馏酒泼在火药上，能点燃火药的最低酒精度为标准酒精度100°，英国威士忌的酒精度按现在测量方法，100标准酒精度相当于体积分数57.07%或质量分数49.44%。

现代的标准酒精度，大多数欧美国家将体积分数50%作为标准酒精度100°，即体积分数乘2为标准酒精度的度数。

2. 以质量分数表示酒精度

每100g酒中含有纯酒精的克数。我国啤酒的酒精度以此表示，测量温度是20℃。

3. 以体积分数表示酒精度

每100mL酒中含有纯酒精的毫升数。白酒、黄酒、葡萄酒均以此法表示，如茅台酒酒精度为53度，即每100mL茅台酒中含有53mL纯酒精。但测定体积分数的标准温度，各国立法不一，如法国为15℃，美国为60℉（15.6℃），而现在国际标准（包括我国）为20℃。葡萄酒一般在其酒标上印有酒精度的标记，如一瓶中国生产的葡萄酒的酒精度为11%vol，就是该葡萄酒在20℃时酒精度为11°。常见的浅色啤酒酒精度一般为3.3%~3.8%。

酒精度的测定方法，蒸馏酒可以直接用给吕萨克比重计（我国称“酒精相对密度表”）测定得到（体积分数）。目前更多使用“酒精度计”来测量酒精含量，酒精度计应该是根据密度计的原理设计的。由于乙醇的密度小于水，相应的酒精（乙醇）度越大，酒的密度越小，而浮力也越小。酒精度计就是根据这种差异算出酒液中乙醇的含量。

第二节 世界啤酒工业

啤酒的原料是大麦。大麦是世界上种植最早的谷物之一，几乎全球上所有地区都可以种植，它的产量在小麦、玉米、稻谷之下，居第四位，不是人类主要的粮食，习惯上用作饲料。酿造后的麦糟中，蛋白质含量得到相对富集，更适宜用作饲料，因不作为人类口粮，采用大麦酿制啤酒得到发展。

啤酒是酒类中酒精含量最低的饮料酒，而且营养丰富，人们适量饮用时，酒精对人体的毒害相对较少。在1972年世界第九次营养食品会议上，曾推荐啤酒为营养食品，也有人把啤酒称作“液体面包”。当然，无节制地饮用啤酒，对人的健康也会造成损害，特别是儿童、孕妇、有肝脏疾病者、车船机驾驶员等，或由于宗教信仰不适宜饮用。

啤酒的历史悠久，大约起源于9000年前的中东和古埃及地区，后跨越地中海，传入欧洲，19世纪末，随着欧洲强国向东方侵略，传入亚洲。啤酒是世界性饮料酒，现在除了个别国家由于宗教原因不生产和不饮用酒外，啤酒生产几乎遍及世界各国，是世界产量最大的饮料酒。

2020年全球啤酒消费量约17750万kL，较2019年下降6.7%（下降约1281万kL），这是三年来首次下降。如将鸟巢体育场比作一个容量约为680万kL的啤酒杯，全球啤酒消费量相当于灌满26.1个鸟巢。

中国已连续18年成为全球最大啤酒消费国，2020年的消费量同比下降8.0%。全球十大啤酒消费国中，美国、巴西和俄罗斯啤酒消费量实现正增长。按地区划分，相比2019年，亚洲啤酒消费量在2020年下降11.7%，占全球啤酒市场份额的31.2%，连续13年成为全球最大啤酒消费市场。2020年非洲啤酒消费量同比下降9.4%，为十年来首次下降（表1-1）。

表1-1　2019—2020年各国啤酒消费量

国家	2020年				2019年		
	排名	总消费量/万kL	全球市场份额/%	与2019年相比/%	排名	总消费量/万kL	全球市场份额/%
中国	1	3608.8	20.3	-8.0	1	3921.8	20.6
美国	2	2410.5	13.6	0.8	2	2392.0	12.6
巴西	3	1384.7	7.8	4.2	3	1328.3	7.0
俄罗斯	4	864.6	4.9	4.1	5	830.6	4.4
墨西哥	5	828.7	4.7	-11.1	4	932.4	4.9
德国	6	774.6	4.4	-5.1	6	816.0	4.3
日本	7	441.6	2.5	-9.3	7	486.9	2.6
英国	8	408.8	2.3	-13.2	9	471.2	2.5
越南	9	384.5	2.2	-19.1	8	475.5	2.5
西班牙	10	381.5	2.1	-9.8	10	422.9	2.2
波兰	11	363.3	2.0	-1.4	12	368.5	1.9
南非	12	328.4	1.9	-11.0	11	369.0	1.9

续表

国家	2020年				2019年		
	排名	总消费量/万 kL	全球市场份额/%	与2019年相比/%	排名	总消费量/万 kL	全球市场份额/%
哥伦比亚	13	224.6	1.3	-9.0	14	246.8	1.3
法国	14	198.4	1.1	-7.8	16	215.1	1.1
加拿大	15	197.9	1.1	-1.4	19	200.7	1.1
捷克	16	194.6	1.1	-2.6	20	199.9	1.1
韩国	17	193.6	1.1	-8.6	17	211.8	1.1
意大利	18	188.6	1.1	-10.3	18	210.3	1.1
乌克兰	19	188.1	1.1	-1.3	21	190.5	1.0
罗马尼亚	20	182.8	1.0	-2.1	24	186.8	1.0
澳大利亚	21	182.5	1.0	-3.2	23	188.6	1.0
阿根廷	22	179.7	1.0	3.0	25	174.5	0.9
印度	23	168.6	0.9	-39.8	13	279.8	1.5
泰国	24	168.0	0.9	-11.3	22	189.4	1.0
菲律宾	25	146.2	0.8	-34.2	15	222.2	1.2
合计		17749.9	100.0	-6.7		19030.6	100.0

至2020年，亚洲啤酒消费量连续13年位居世界首位，至2020年，较2019年下降11.7%。尽管中国、印度和菲律宾消费量出现下滑（中国、印度和菲律宾分别下降8.0%、39.8%、34.2%），但亚洲仍保持全球最大啤酒消费地区。欧洲啤酒消费量排名位列第二，同比下降5.2%。其中，德国和英国的啤酒消费量分别下降了5.1%和13.2%，俄罗斯增长4.1%。中南美洲啤酒消费量排名位列第三，尽管巴西的消费量增长了4.2%，但受墨西哥和哥伦比亚的消费量（分别下降11.1%和9.0%）影响，2020年啤酒消费量同比下降4.4%（表1-2）。

表1-2　　2019—2020年全球啤酒消费（按区域）

地区	2020年消费量/万 kL	与上年相比/%	2020年全球市场份额/%	2019年消费量/万 kL	2019年市场份额/%
亚洲	5531.0	-11.7	31.2	6263.9	32.9
欧洲	4751.7	-5.2	26.8	5012.3	26.3
中南美洲	3214.6	-4.4	18.1	3362.6	17.7
北美洲	2608.4	0.6	14.7	2592.8	13.6

续表

地区	2020 年消费量/万 kL	与上年相比/%	2020 年全球市场份额/%	2019 年消费量/万 kL	2019 年市场份额/%
非洲	1313.0	-9.4	7.4	1449.2	7.6
大洋洲	223.1	-3.3	1.3	230.7	1.2
中东	108.0	-5.2	0.6	113.9	0.6
全球总计	17749.9	-6.7	100.0	19030.6	100.0

啤酒可分两大类：一类为以德国、捷克、丹麦、荷兰为典型的以下面发酵法生产的拉格（Lager）型啤酒；另一类为英国和原英联邦国家，如澳大利亚、新西兰、加拿大、南非等采用上面发酵法生产的艾尔（Ale）型啤酒。

中国在 20 世纪初从欧洲大陆引进啤酒，所以，至今绝大多数（99%）是下面发酵法生产的啤酒。本教材所讨论的啤酒也是下面发酵法啤酒。

第三节　中国啤酒工业发展简史

人类文明发展有相似之处，中国在四五千年前，就有“古代啤酒”。中国周朝《尚书》的“说命篇”记载了“若作酒醴，尔惟曲蘖”。“蘖”就是发芽的谷物，“醴”就是由蘖糖化后发酵的“古代啤酒”，但在汉朝以后，用蘖酿造的醴，慢慢由曲酿造的酒取代了。

中国近代啤酒是从欧洲传入的，据考证在 1900 年，俄罗斯技师在哈尔滨建立了我国第一家啤酒作坊（乌卢布列夫斯基啤酒厂）。第一家现代化啤酒厂是 1903 年在青岛由德国酿酒师建立的英德啤酒厂（青岛啤酒厂前身）。1915 年在北京由中国人出资建立了双合盛啤酒厂。1902—1949 年的 40 多年中，中国只有在青岛、北京、哈尔滨、上海、烟台、广州等地建立了不到 10 个啤酒工厂，年产啤酒近 1 万 kL，从 1949 年到 1993 年，用 43 年的时间，发展成为世界啤酒第二生产大国，2002 年以 2380 万 kL 的产量成为了世界第一生产大国。2013 年产销量突破 5060 万 kL，创历史新高。中国啤酒发展史见表 1-3。

表 1-3　　中国啤酒发展史

时　期	年　份	产量/万 kL	特点
初创期	1990—1949	0~1	①原料全部进口 ②技术由西方控制 ③饮用者为在华外国人、城市上层华人

续表

时　期	年　份	产量/万 kL	特点
恢复期	1949—1957	1～4	①由日本引进啤酒大麦在浙江种植 ②麦芽地板式发芽能自给 ③技术和管理自己掌握
初步发展期	1957—1966	4～12	①青岛、北京、东北、新疆种植酒花，酒花自给 ②自己设计和装备一批年产 500～2000kL 小型啤酒厂 ③工厂数增加至 37 家 ④大中专院校培养了一批工厂设计、设备制造和工艺人才
自发发展期（第一次发展高潮）	1969—1978	12～41	①在中等城市建立一批年产 500～5000kL 啤酒厂，厂数超过 100 家 ②饮用啤酒在城镇普及 ③啤酒装备定点生产 ④啤酒厂“小、土、群”遍地开花
高建发展期（第二次发展高潮）	1978—1988	41～680	①全国出现啤酒热，每年递增 30%，啤酒供不应求 ②政府重视建厂，得到专项贷款 30 亿元 ③建厂规模多数在年产 1 万～5 万 kL ④国外以装备和技术向中国输入，合资企业起步 ⑤年产 5 万～10 万 kL 的中大型厂建立
第三次发展高潮	1991—1999	1000～2000	①大型化，年产 10 万 kL 的厂已达 30 家以上 ②集团化，有数厂至几十厂联合形成各种形式集团 ③三资化，由外方独资、合资、租赁等各种型式遍及各大城市
成熟发展期	2000—2014	＞2000	集团化，大规模重组与兼并
个性化发展期	2014 至今	—	个性化，多样性

第四节　中国啤酒工业的未来

一、产量的发展

中国啤酒产量自 1990—2012 年持续上升，并于 2013 年达到 4970 万千升（2014 年调整数）的峰值。2013 年以来中国啤酒行业经历了产品升级、价格上调、资本并购，中国啤酒产销量开始连续 4 年出现负增长，以每年 1%~5%的速度递减，自 2014 年以来，大众消费市场趋于饱和，个性、特色品种需求成为消费变革的热点，高附加值、高品质产品成为消费市场的热点。2021 年，全球啤酒产量达到 3530 万千升（2021 年调整数）。据国家统计局最新数据发布，2022 年 1~12 月，中国规模以上企业啤酒产量 3568.7 万千升，同比增长 1.1%。从经济效益上看，2022 年 1~12 月，规模以上啤酒企业累计完成销售收入 1751.09 亿元，与上年同期相比增长 10.14%；累计实现利润总额 225.46 亿元，与上年同期相比增长 20.20%；2022 年啤酒行业实现了全年产量和营收双增长。

啤酒行业已进入存量竞争市场，行业竞争格局区域改善。从产销量上来看，从 2013 年开始啤酒行业进入减量博弈阶段，行业竞争格局更趋于稳定，国内主要省、直辖市或地区基本由 1~2 家龙头企业占据主要份额，因此各大啤酒企业的竞争纷纷由过去的“份额优先”转向“利润优先”。各大啤酒企业纷纷发力高端化，销量增长不再是行业增长的主要逻辑，竞争也变得更加合理。目前，我国中高端啤酒产销量为 1500~1800 万千升，占行业总销量的 35%~40%，其中，高端及超高端产品占 15%~20%。

二、规模的变化

中国啤酒大发展期是在 20 世纪 70 年代末至 80 年代。这期间各省、市、县普遍建厂，以年产 1 万~3 万 kL 的中小型厂为主，至 1988 年，有啤酒厂和车间 813 家。随着啤酒工业的发展，90 年代中期以后将向大型化、集中化、集团化发展。根据国家统计局数据显示，2021 年 1~12 月，纳入国家统计局范畴的规模以上啤酒企业 331 家，其中亏损企业 86 个，企业亏损面为 25.98%。其中，TOP5 企业总共有工厂 199 家。

从产量规模分类变化上看，近年来，啤酒行业加快优化产能和集约化生产的战略部署等因素影响，导致头部企业下辖的啤酒工厂数量逐渐递减，但单体产量超过 20 万 kL 以上的工厂成为主要增长方向。2021 年，20 万 kL 以上的工厂数量占比约为 14%；单体工厂生产能力达10万~20万kL的工厂数量约为20%，基本与去年持平；10万kL以下的工厂数量呈现下降，占比较2020年下降3%。

三、产业格局发展变化

近几年，由于受市场容量下降影响，以及产业格局相对稳定的前提下，收购、兼并、新建、扩改建等逐步退出主流视线。啤酒业的产业格局受市场结构调整的影响，出现了新的形式。但集中化发展仍是最主要的发展方向。2021年，中国的啤酒集团前五位分别是华润雪花啤酒、青岛啤酒、百威英博、燕京啤酒和嘉士伯啤酒公司，他们在啤酒市场中的占有率达到92.60%。

随着社会经济的发展，中国啤酒市场逐步迈入成熟发展期，精酿啤酒产业也在中国出现并快速地发展起来。2008年以来，精酿啤酒协会的成立、工坊啤酒标准的问世，以及取消“生产能力小于18000瓶/h的啤酒灌装生产线”（属限制类）和“生产能力12000瓶/h以下的玻璃瓶啤酒灌装生产线”（属淘汰类）的规定后，小微型工坊啤酒的新建厂将不再受到限制，工坊啤酒也将走向规范化发展的道路。中国啤酒未来将进入分化阶段，碎片化的消费需求形成产品结构的调整将造成产业格局的形成。当前，我国工坊啤酒生产单位及微型啤酒生产单元累计注册量已达万家。2018—2020年，平均每年该类企业的新注册量均超过千家。据企业调查数据显示，截至2021年12月，我国工坊啤酒注册企业数量为2450家，较2020年12月的1683家，新增767家。

值得分析的是，受疫情等因素影响，加之行业优胜劣汰机制，近年来行业头部效应凸显，一方面存量竞争下格局稳固且逐渐改善，龙头关厂提效，中小啤酒厂退出市场；另一方面伴随啤酒消费升级、年轻消费群体崛起，高端啤酒市场持续扩容，龙头纷纷主动推进产品高档化。目前，我国中高端及以上啤酒的市场份额不足800万kL，市场占比不足20%，与其他成熟啤酒市场相比还有非常大的上升空间。因此，2022年，啤酒行业竞争主线和核心增长逻辑依然是主打高端化，让啤酒企业不断推出系列新品，完善品牌矩阵，实现新场景、新渠道、新零售方面的重大突破，大大提高企业盈利水平和市场竞争力。

四、多品牌、品类矩阵发展

多品牌矩阵式发展是当前许多行业，包括快速消费品行业主推的经营战略模式。无论从消费能力人群多层级覆盖，还是到满足不同场景消费需求，多品牌、品类协同发展战略都是通过占据不同赛道，强化主品牌赛道的方式，赋能各产品线和渠道，提升整体盈利能力。目前，很多啤酒企业都开发或引进了大量品牌产品，以及类啤酒产品，如威士忌、苹果酒等，同时也在创造自己的多品牌发展战略。近年来，白酒、啤酒、葡萄酒和烈酒等细分品类界限日益模糊，交叉领域有着显著的增长潜力。多品类发展的方式初见萌芽，如华润酒业涉猎白酒行业，百威亚太开展威士忌和功能饮料业务板块，嘉士伯中国推出“夏日纷”和露酒，燕京推出苏打气泡水等，这些都是在品类拓展上进行积极布局。含酒精饮料最易与原有啤酒业务在生产技术、渠道上产生协同效应，同时因具有更优异的利润率，跨品类发展含酒精饮料有望成为第二增长曲线。

五、 智能制造

2015年发布的《中国制造2025》提出：加快机械、航空、船舶、汽车、轻工、纺织、食品、电子等行业生产设备的智能化改造，提高精准制造、敏捷制造能力。中国啤酒产业，经过一百余年的工业发展进程，技术水平跻身世界先进行列，产品销量世界第一。作为产量大、效率高的快消品制造业，提升效率、降低劳动成本、柔性化生产和提升产品质量是啤酒产品永远追求的目标。通过集约化智能制造，可以达到降低成本的核心目的，同时通过互联网+、数字化和信息化手段，提升质量水平，弥补与国际先进精密制造行业之间的差距；柔性化生产，是为了满足大众个性化的消费需求，丰富产品的多样性。近几年来，啤酒行业不断涌现绿色工厂、智能工厂、无人生产线、智能仓储案例，制造业数字化、智能化改造大大提速，人力节省了近一倍，效率提升成倍增长。

第二章
原 料

第一节 大麦

第二节 啤酒酿造辅助原料

第三节 啤酒花和酒花制品

第四节 啤酒酿造用水

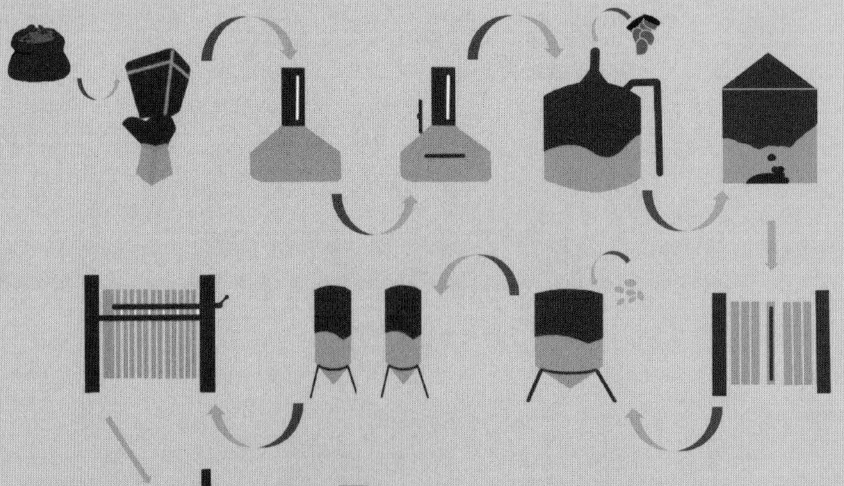

第一节　大麦

一、　大麦简介

自古以来大麦是酿造啤酒的主要原料。在酿造时先将大麦制成麦芽，再进行糖化和发酵。大麦之所以适于酿造啤酒，是由于以下几点：

（1）大麦便于发芽，并产生大量的水解酶类。

（2）大麦种植遍及全球。

（3）大麦的化学成分适合酿造啤酒。

（4）大麦是非人类食用主粮。

按用途之别，大麦可分为食用、饲料用及酿造用三类。按大麦籽粒在麦穗上断面分配形态，可分为六棱大麦、四棱大麦和二棱大麦（图2-1）。

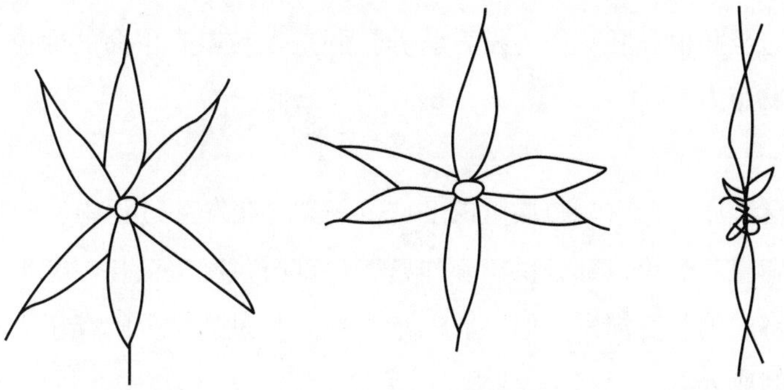

（1）六棱大麦　（2）四棱大麦　（3）二棱大麦

图2-1　大麦穗断面图

六棱大麦的麦穗断面呈六角形，即麦穗上有六行麦粒围绕着一根穗轴，中间对称的两行发育正常，其他四行发育迟缓，因此，六棱大麦籽粒欠整齐，粒子较小。六棱大麦蛋白质含量稍高，适合于制造高糖化力麦芽，它的淀粉含量相对较低，浸出物稍低。美国较流行用六棱大麦。四棱大麦的麦穗不像六棱大麦那么对称，有二对籽粒互相交错，麦穗断面呈四角形，故而得名。二棱大麦是六棱大麦的变种，麦穗上只有两行籽粒，粒子均匀饱满且整齐。二棱大麦的淀粉含量较高，蛋白质的含量相对较低，浸出物收得率也高于六棱大麦，所以，一般都用二棱大麦。

我国华北地区都种植六棱大麦，南方都种植二棱大麦。根据大麦的播种时间，可将大麦分为春大麦和冬大麦两类。我国春大麦多在春季惊蛰后清明节前播种，生长期短，只有3~4个月。春大麦成熟度欠整齐，一般休眠期较长。冬大麦是秋后播种，生长期为200d左右，成熟较整齐，休眠期较短。我国幅员辽阔，南北气温相差甚大，必须因地制宜，选育品种。

啤酒大麦主要指适用于酿造的二棱大麦及多棱大麦。

二、 大麦的形态

了解大麦粒形态，目的在于了解和研究大麦发芽过程的生理及其控制途径。大麦粒可分为胚、胚乳及谷皮三大部分。

1. 胚

胚由原始胚芽、根胚、盾状体和上皮层组成，约占麦粒质量的2%~5%。它位于麦粒背部下端，是大麦器官的原始体，根茎叶即由此生长发育而成。胚部含有少量的蔗糖、棉子糖和脂肪，它们是麦粒发芽的原始营养。发芽开始时，胚分泌出赤霉素(GA)，并输送至糊粉层，激发糊粉层产生多种水解酶；酶逐渐增长扩散至胚乳，对胚乳中的半纤维素、糖、蛋白质等进行分解；产生的小分子物质，通过上皮层和盾状体，由脉管输送体系送至胚根和胚芽作为发育营养。胚是麦粒中有生命的部位，一旦胚被破坏，大麦即失去发芽力。

2. 胚乳

胚乳是胚的营养库，约占麦粒质量的80%~85%。在发芽过程中，胚乳成分不断地分解成小分子糖和氨基酸等；部分供给胚作营养，部分供呼吸消耗，产生CO_2和H_2O并发出热量，这些将成为制麦损失。但胚乳的绝大部分只是适当分解存于大麦粒内，成为酿造啤酒最主要的成分。

3. 谷皮

谷皮由腹部的内皮和背部外皮组成，两者都是一层细胞。外皮的延长部分为麦芒。谷皮占谷粒总质量的7%~13%。谷皮内面是果皮，再里面是种皮。果皮外表面有一层蜡质，它对赤霉素和氧是不透性的，这与大麦的休眠性质有关。种皮是半透性的薄膜，可透过水和某些离子，但不能透过较大分子物质，它阻止了糖和氨基酸等向外扩散。

谷皮成分的绝大部分为非水溶性物质，制麦过程基本无变化，其主要作用是保护胚、维持发芽初期谷粒的湿度。谷皮是麦汁过滤时良好的天然滤层，但谷皮中的谷皮酸、单宁等苦味物质对啤酒有某些不利影响。胚根鞘附近的珠孔是外部水分渗入的主要部分，对浸麦的吸水过程起主要作用。

大麦粒纵剖面见图2-2。

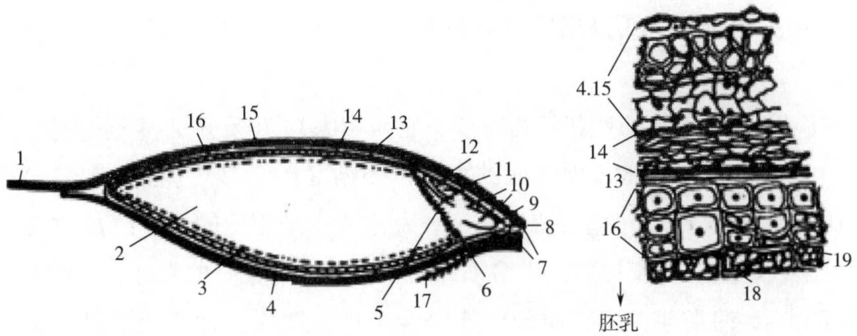

（1）大麦粒　　（2）局部放大

图 2-2 大麦粒纵剖面图

1—芒　2—胚乳　3—亚糊粉层　4—谷皮（内皮）　5—细胞层　6—上皮层
7—花梗　8—珠孔区　9—胚根鞘　10—根胚　11—盾状体　12—胚芽　13—种皮
14—果皮　15—谷皮（外皮）　16—糊粉层　17—小穗轴　18—蛋白质 19—淀粉

三、 大麦的化学成分

1. 淀粉

淀粉是大麦的主要贮藏物，存于胚乳细胞壁内。大麦淀粉有大颗粒（20~40μm）和小颗粒（2~10μm）之分。二棱大麦的小颗粒淀粉数占 90%，但其质量只占 10%左右。淀粉粒中大约有 97%的化学纯淀粉，0.5%~1.5%的含氮化合物，0.2%~0.7%的无机盐，0.6%的高级脂肪酸。淀粉密度平均为 1.5g/cm^3，由于其密度大于水，在水中会下沉。

大麦淀粉粒中一般含直链淀粉 17%~24%，但低者达 0.3%，高者达 45%。支链淀粉约占大麦淀粉的 76%~83%。麦芽淀粉酶作用于直链淀粉，几乎全部转化为麦芽糖和葡萄糖，但作用于支链淀粉，除生成麦芽糖和葡萄糖外，还生成相当数量的糊精和异麦芽糖。糊精是淀粉水解的不完全产物，不能发酵，其结构与淀粉相似，只是相对分子质量小些，含 7~8 个以上的葡萄糖基团。

2. 半纤维素和麦胶物质

半纤维素和麦胶物质是胚乳细胞壁的组成部分。胚乳细胞内主要含淀粉，发芽过程中只有当半纤维素酶将细胞壁分解之后，其他水解酶方能进入细胞内分解淀粉等大分子物质。半纤维素和麦胶物质约占大麦质量的 10%~11%，二者具有类似的化学成分。麦胶物质是多糖混合物，能溶于热水，在 40~80℃范围内，温度越高，溶解度越大。半纤维素不溶于热水，而溶于稀碱溶液。谷皮中的半纤维素主要含戊聚糖和少量 β-葡聚糖及糖醛。胚乳中的半纤维素主要含β-葡聚糖及少量戊聚糖。麦胶物质包括：①以葡萄糖单位构成的β-葡聚糖；②以阿拉伯糖和木糖构成的戊聚糖；③微量半乳糖、甘露糖和糖醛酸。

麦胶物质以β-葡聚糖的性状最为重要，它是由大约70% β-1,4糖苷键的纤维二糖和30% β-1,3糖苷键的昆布二糖组成的大分子多糖（图2-3）。随着提取方法之不同，两种键的比率波动在（1∶1）～（7∶3）。发芽过程中细胞壁的不溶性β-葡聚糖开始分解，变成可溶性物质。麦胶物质的水溶液黏度很高，溶解良好的麦芽，该物质大部分已分解，但溶解不良的麦芽，该物质分解不完全，将会造成麦汁甚至成品啤酒过滤的困难。传统制麦工艺宁可用低温发芽法也不主张轻易升温以缩短制麦周期，原因之一就在于防止β-葡聚糖分解不良而造成过滤困难，降低麦汁的收率。β-葡聚糖也是啤酒非生物浑浊的成分之一。但是适量的β-葡聚糖对啤酒泡沫和口味的丰满感有益。

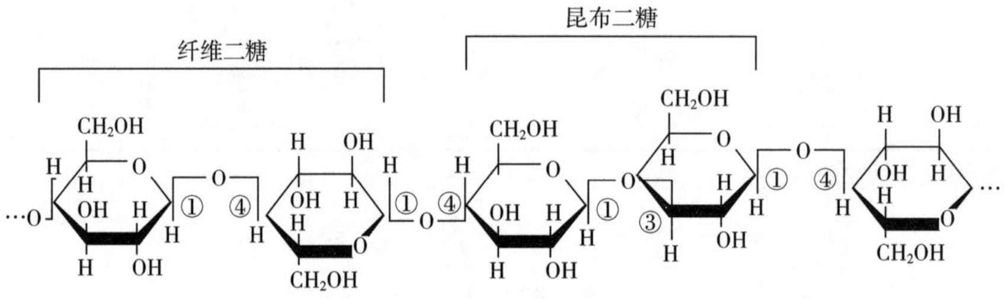

图2-3　大麦β-葡聚糖结构

3. 蛋白质

大麦中蛋白质含量高低及其类型，直接影响制麦和酿造工艺及啤酒质量。大麦蛋白质和一般植物蛋白质类似，按其在不同溶剂中的溶解度和沉淀性可区分为下列四组。

（1）清蛋白　清蛋白溶于水、稀的中性盐溶液和酸碱溶液中，因此麦汁中含有清蛋白。加热时，从52℃开始，清蛋白从这些溶液中凝固析出，即随着煮沸的进行而加速凝固。清蛋白相对分子质量约70000，占大麦蛋白质的3%～4%，等电点为pH 4.6～5.8。清蛋白可分为B_1和B_2组，B_1组于煮沸时凝固沉淀，它可能是与多糖结合的物质，对啤酒泡持性起重要作用，还存在于β-淀粉酶中。大麦清蛋白是唯一能溶于水的高分子蛋白质。

（2）球蛋白　球蛋白是种子的贮藏蛋白，占大麦蛋白总量的30%左右，不溶于纯水，溶于低浓度的盐溶液、稀酸和稀碱。溶解的球蛋白和清蛋白一样，在90℃以上全部凝固。若要完全凝固还需要足够的酸度。其等电点为pH 5～6。球蛋白可分为α、β、γ、δ四组，相对分子质量依次递增。β组等电点较低，为pH 4.9，在麦汁煮沸时不可能全部沉淀除去，以至残存于麦汁及啤酒中。β-球蛋白含活性—SH基，具有氧化趋势，在空气存在下，—SH基氧化生成—S—S—键，形成更难溶解的氧化物，使啤酒浑浊。

因此，β-球蛋白是对啤酒稳定性有害的主要成分之一。

（3）醇溶蛋白　醇溶蛋白不溶于纯水及盐溶液，也不溶于无水乙醇，可以溶于50%~90%的乙醇溶液或酸碱溶液，加热不凝固。按谷氨酸含量之不同将醇溶蛋白区分为α、β、γ、δ、ε五组，其中δ和ε两组是造成啤酒冷浑浊和氧化浑浊的主要成分。醇溶蛋白主要存于糊粉层，它的等电点为pH 6.5。醇溶蛋白约占大麦蛋白总量的38%，是麦糟蛋白质的主要成分。

（4）谷蛋白　谷蛋白不溶于中性盐溶液和纯水，溶于稀碱。谷蛋白和醇溶蛋白是构成麦糟蛋白质的主要成分。谷蛋白也由四个组分组成，约占大麦总蛋白量的29%。

4. 多酚类物质

多酚具有多元酚羟基结构，以苯酚为基本骨架，以苯环的多羟基取代为特征。在植物中的含量仅次于纤维素、半纤维素和木质素，是植物体内重要的次生代谢产物，迄今为止已发现超过8000种多酚类化合物。大麦含有许多简单酚类和多酚类物质，约占大麦干重的0.1%~0.3%。

酚类化合物的主要结合形式包括羟基肉桂酸衍生物，如对香豆酸、阿魏酸和咖啡酸。在大麦中，结合酚化合物的含量最高，其次是共轭和游离形式的多酚。这些多酚包括苯甲酸和肉桂酸衍生物、黄酮、原花青素、黄酮醇、酚类氨基化合物和奎宁。苯甲酸和肉桂酸衍生物、黄酮醇、查耳酮和黄酮均能以游离和结合形式存在。

为便于对大麦中多酚类物质的研究，许多作者从不同目的考虑，根据酚类化学性质进行了分类（图2-4）。

- 酚类化合物
  - 多聚体（单宁）
    - 水解单宁
      - 鞣花单宁：水解后产生鞣花酸
      - 没食子单宁：水解后产生没食子酸
    - 缩合单宁
  - 单体
    - 酚酸
      - 羟基肉桂酸型：咖啡酸、对香豆酸、阿魏酸、芥子酸等鞣花酸
      - 羟基苯甲酸型：原儿茶酸、没食子酸、香草酸、丁香酸、龙胆酸、对羟基苯甲酸
    - 类黄酮：黄酮、黄酮醇、查尔酮、花青素、异黄酮、黄烷、黄烷酮、黄烷醇、新类黄酮、橙酮等

图2-4　酚类物质分类

一般把多酚类物质分为两大类：一类是单体多酚，即非聚合物，包括各种黄酮类化合物、绿原酸、没食子酸和鞣花酸，也包括一些含有糖苷的复合类多酚化合物（如芸香苷等）；另一类是由单体多酚聚合而成的低聚体或多聚体，统称单宁类物质，它又可以分为水解单宁和缩合单宁。

（1）单体多酚类化合物　大麦中的主要单体酚类化合物为阿魏酸（FA，干物质的27%），香草酸（28%），丁香酸（17%）和对香豆酸（22%）。阿魏酸是大麦中含

量最丰富和主要的低分子质量酚酸，它约占大麦酚酸总量的68%，浓度在（14.9~41.3）mg/100g，其次是香豆酸。由于阿魏酸是大麦中检测到的主要酚酸，因此它可以作为化学保护剂促进健康，被认为可以通过抑制*N*-亚硝基化合物的形成来阻止致癌过程。阿魏酸还能够防止过氧亚硝酸盐介导的胶原蛋白酪氨酸残基的硝化，因此暗示该抗氧化剂具有化学保护作用，可预防组织损伤。大麦中的主要单体酚类化合物见图 2-5。

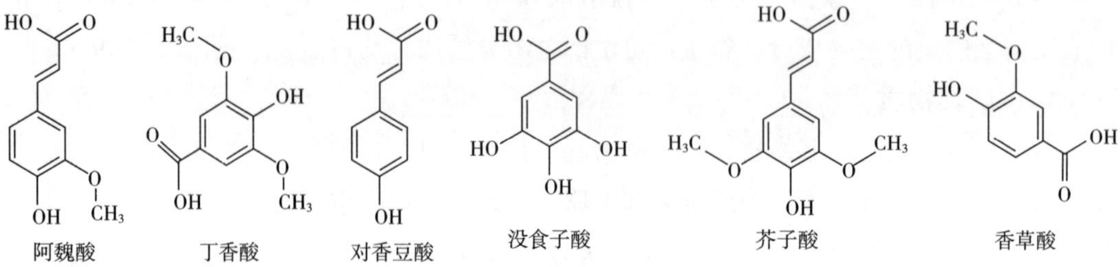

图 2-5　大麦中的主要单体酚类化合物

（2）多聚体酚类化合物　单宁有发生氧化、聚合的倾向，对浑浊稳定性、颜色和风味稳定性有影响。

①缩合单宁（类单宁）：是聚合度在 2~10 的单体多酚的低聚体，它们具有较强的鞣化力，其沉淀蛋白质的能力随着聚合度的增高反而降低。

②水解单宁：在单宁水解酶或酸、碱的催化下水解成单体成分。按单体的不同，水解单宁可分为没食子单宁和鞣花单宁。五倍子单宁是一种双没食子酸酰基葡萄糖（糖和没食子酰基之间以酯键相连），结构如图 2-6 所示。

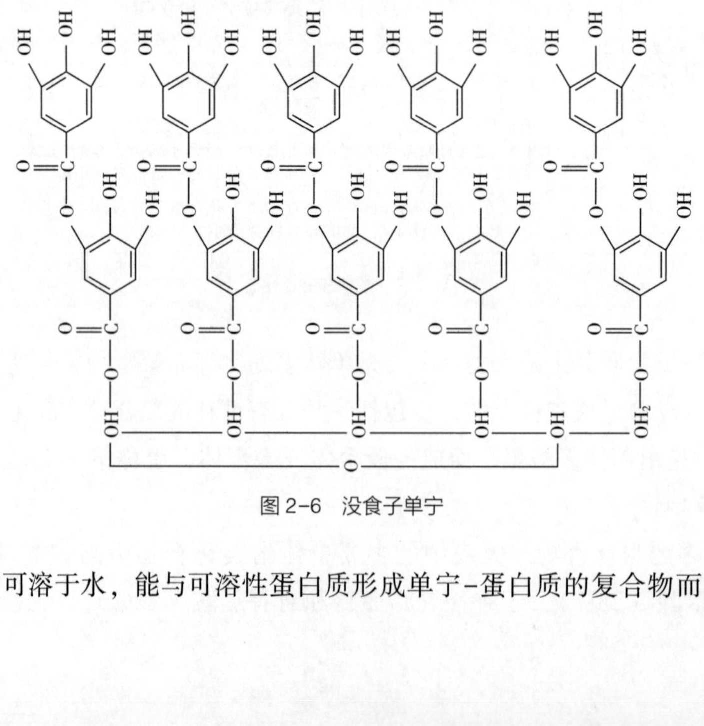

图 2-6　没食子单宁

水解单宁可溶于水，能与可溶性蛋白质形成单宁-蛋白质的复合物而沉淀。在啤酒生产中，人们常常在麦汁煮沸或贮酒中外加适量的五倍子单宁，以除去多量的蛋白质，提高啤酒的稳定性。

多酚通过非酶促反应途径和酶促反应途径进行降解或分解。在多酚降解中起主要作用的酶包括多酚氧化酶（PPO），脂氧合酶、漆酶和过氧化物酶（POD）。大麦也含有多酚氧化酶，这是一种含铜的酶，可将单酚转化为 *o*-二酚，并氧化成相应的 *o*-醌（高活性分子）（图 2-7），进而通过非酶促反应途径产生黑色素产物。另一方面，多酚的非酶降解反应包括酚类化合物与氨基/碳水化合物之间的美拉德反应。

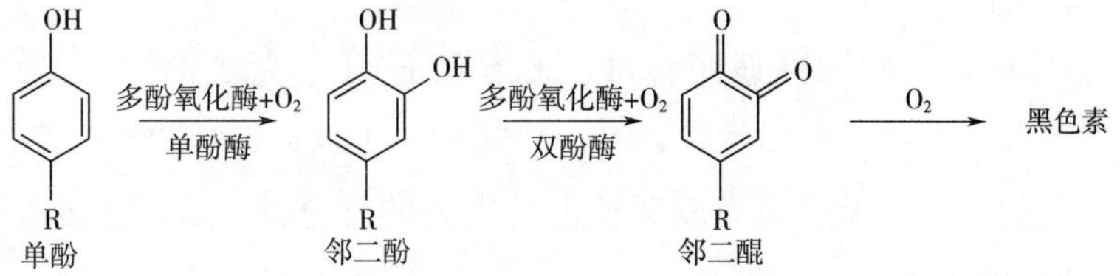

图 2-7　多酚氧化酶降解多酚的机制

5. 其他

大麦中其他成分可参看表 2-1。

表 2-1　二棱大麦和麦芽化学成分　单位：%

成分及其含量	大麦	麦芽	成分及其含量	大麦	麦芽
淀粉	63~65	58~60	类脂	2~3	2~3
蔗糖	1~2	3~5	粗蛋白（N×6.25）	8~11	8~11
还原糖	0.1~0.2	3~4	氨基酸和肽	0.5	1~2
其他糖	1	2	核酸	0.2~0.3	0.2~0.3
可溶性大麦胶	1~1.5	2~4	无机盐	2	2.2
半纤维素	8~10	6~8	其他	5~6	6~7

四、 啤酒酿造对大麦的质量要求

目前，现行有效的啤酒大麦国家标准为 2008 年修订的 GB/T7416—2008（代替 GB/T7416—2000）。啤酒大麦是经过一定程序认定的，适用于制麦和啤酒酿造的二棱大麦及多棱大麦。

1. 感官

（1）外观　优良大麦外观应是淡黄色到黄色，有光泽，无病斑粒，不成熟大麦呈微绿色；受潮大麦发暗，胚部呈深褐色；受霉菌侵蚀的大麦则呈灰色或微蓝色。

（2）气味　有原大麦固有的香气，无霉味和其他异味，受潮发霉的则有霉臭味。

（3）谷皮　优良大麦皮薄，有细密纹道；厚皮大麦则纹道粗糙。

（4）麦粒形态　麦粒以短胖者比瘦长者为佳，前者浸出物含量高，蛋白质含量低，发芽快。

（5）夹杂物　杂谷粒和砂土等应在2%以下。

2. 物理检验

（1）千粒重　以无水物计千粒重应为28~38g。二棱大麦较多棱大麦重。千粒重高，浸出物含量相应也高。

（2）麦粒均匀度　按国际通用标准，麦粒腹径可分为2.8、2.5、2.2mm三级。2.5mm以上麦粒占85%以上者属优级大麦，2.5mm以上麦粒≥80.0%者属一级大麦。

（3）三天发芽率　三天后大麦发芽粒占总麦粒的百分数，表示大麦发芽的整齐程度，95%以上为优级大麦。

（4）五天发芽率　五天后大麦发芽粒占总麦粒的百分数，表示可发芽的大麦百分数，97%以上为优级大麦。

3. 化学检验

（1）水分　测定水分是计算干物质的基础。原料大麦水分不能高13%，否则不能贮存，易发生霉变，呼吸损失大。

（2）蛋白质　蛋白质含量一般要求为9%~13.5%。蛋白质含量高，制麦不易管理，易生成玻璃质，溶解差，浸出物含量相应的低，成品啤酒易浑浊。

4. 啤酒大麦的理化要求

我国啤酒大麦的理化要求见表2-2。

表2-2　我国啤酒大麦理化要求

项目		二棱大麦			多棱大麦		
		优级	一级	二级	优级	一级	二级
夹杂物含量/%	≤	1.0	1.5	2.0	1.0	1.5	2.0
破损率/%	≤	0.5	1.0	1.5	0.5	1.0	1.5
水分/%	≤	12.0		13.0	12.0		13.0
千粒重(以干基计)/g	≥	38.0	35.0	32.0	37.0	33.0	28.0
三天发芽率/%	≥	95	92	85	95	92	85
五天发芽率/%	≥	97	95	90	97	95	90
蛋白质含量(以干基计)/%		10.0~12.5		9.0~13.5	10.0~12.5		9.0~13.5
饱满粒(腹径≥2.5mm)/%	≥	85.0	80.0	70.0	80.0	75.0	60.0
瘦小粒(腹径<2.2mm)/%	≤	4.0	5.0	6.0	4.0	6.0	8.0

五、 大麦的贮藏

1. 大麦的贮藏及后熟

新收获大麦水分高，有休眠期，发芽率低，需经一段后熟期才能使用，一般需 6~8 周，才能达到应有的发芽率。作为一个现代化工厂，必须有足够的原料贮备，以保证工厂生产的连续性。从以上两点考虑，大麦的贮藏是麦芽厂不可缺少的一环。从表 2-3 可以看出大麦贮藏的必要性。

表 2-3　　贮藏前后发芽率的变化

	新收大麦	贮藏 60~70d
发芽势（力）/%	34	92
发芽率/%	42	96

一般认为新收大麦的种皮的透水性和透气性差，经过后熟，由于受外界温度、水分、氧气的影响，改变了种皮性能，因而提高了大麦的发芽率。

以下方法可以促进大麦后熟，提早发芽：

（1）贮藏于 1~5℃条件下，能促进大麦生理变化，缩短后熟期，提早发芽。

（2）用 80~170℃热空气处理大麦 30~40s，能改善种皮透气性，促进发芽。

（3）用赤霉素浸麦可打破种子的休眠期。

上述诸方法，以赤霉素处理的效果最好，最方便。

收购入厂的大麦其水分必须在 13%以下，最好为 12%（中国南方难降至此值）。大麦水分高则呼吸损失大，且易霉变。据经验，水分 13%以下的大麦，15℃存放一年，发芽率基本不变。夏季必须人工制冷提供干燥冷风。

2. 大麦贮藏方式

大麦的贮藏方法有袋装堆藏、散装堆藏和立仓贮藏。麻袋堆藏是中小厂常用的方法，堆放高度为 10~12 层，每平方米可存放 2000~2400kg。散装堆放占地面积大，损耗大，不易管理，因此，不宜采用。立仓占地面积小，便于机械化操作和温度管理，便于防虫防霉。立仓贮藏存放必须做到如下几点：

（1）水分在 12%以下。

（2）必须预先除尘除杂，最好精选分级。

（3）入仓前尽可能降温。

（4）完善立仓必须配备通风、喷药、测温等装置。

大型立仓可高达 40m 以上，贮量达千吨。立仓材料可用木料、钢筋混凝土或钢板。贮藏期间保管的主要任务是：及时记录麦温，按时通风、倒仓。严格防潮、防虫、防鼠等。

第二节 啤酒酿造辅助原料

在啤酒麦汁制造的原料中，除了主要原料大麦麦芽以外，还包括特种麦芽、小麦麦芽及辅助原料。世界上绝大多数啤酒生产国（除德国、挪威、希腊以外），允许使用辅助原料，它包括大麦、小麦、玉米、大米、高粱等谷类，玉米淀粉和木薯等淀粉，蔗糖和淀粉糖浆等。

一、 啤酒生产中使用辅助原料的意义

1. 降低啤酒生产成本

从大麦制成麦芽，其价格约增加 70%~100%，浸出物含量减少 10%。麦芽的价格远远高于不发芽的大麦、小麦、玉米、大米等谷物，在麦汁制造中采用适当比例的辅料，虽然要增加辅料加工设备，有热能消耗，有时还需增加酶制剂等引起费用，但总成本有所降低。

2. 降低麦汁总氮，提高啤酒稳定性

由于大多数辅料（大米、玉米、糖和糖制品）含有可溶性氮很少，它们只提供麦汁浸出物中的糖类，几乎不给麦汁带来含氮组分，因此，可以降低麦汁总氮（表 2-4）；同时可相对减少麦汁中高分子含氮化合物的比例，提高啤酒的非生物稳定性。

表 2-4 谷物蛋白质组分

谷物名称	蛋白质含量/%	水溶性/%	盐溶性/%	醇溶性/%	碱溶性/%	分解蛋白质/%
麦芽	8.0~11.5	10	17	17	21	41
大麦	8.5~12.0	3~5	35~45	35~45	35~45	—
小麦	10.0~15.0	3~5	40~50	40~50	30~40	—
大米	8.0~11.0	痕迹	1~5	1~5	88~90	—
玉米	7.0~13.0	痕迹	50~55	50~55	30~45	—

3. 调整麦汁组分，提高啤酒某些特性

使用除大麦以外的其他辅料，由于很少含有多酚类化合物，可以提高啤酒非生物稳定性，降低啤酒的色泽。使用小麦、大米，由于它们含有丰富的糖蛋白，可提高啤酒泡持性。使用蔗糖和糖浆作辅料，可以提高啤酒的发酵度，酿制色泽浅淡、口味爽快的啤酒。

二、 啤酒辅料的特性

1. 大米

稻属禾本科稻属，普通栽培稻可分为籼稻和粳稻两个亚种。籼稻粒形长而扁平，稻壳较薄，腹白较多，加工成米，易折断，米质胀性大而黏性弱。粳稻粒形短而宽，壳厚，耐压性好，米质胀性较小而黏性大。

无论籼稻或粳稻，根据生长期，均可分为早稻、中稻、晚稻三类。晚稻生育期长（150d 以上），米质坚实，食感均优于早稻。无论籼稻或粳稻，根据米淀粉性质，均可分为糯稻和非糯稻。糯粳稻米（也称为粳稻米或粳稻糯）淀粉 100%为支链淀粉，米饭黏性大而胀性小，非糯稻淀粉中 10%~30%为直链淀粉。

稻谷经砻谷机加工，内外壳脱落称“砻糠”并得糙米，呈白色和乳白色，经过碾米机加工，脱去糙米的果皮、种皮、外胚层及糊粉层，脱下外层称“米糠”（包括随之脱离的胚），剩下的主要是胚乳称“精米”。由糙米得到的精白米率，取决于精白度。普通食用二等精米的精米率为 92%，一等精米率为 89%~90%，特等为 86%。米的精白度越高，精米含皮和糊粉层及胚越少。米越白，淀粉含量越高，蛋白质脂肪、灰分、粗纤维越少。酿造中国黄酒、日本清酒均需要高精白度的大米（精米率低于 85%），用这种大米酿造的酒口味纯净、杂味少。

啤酒酿造用大米，原则上凡大米不论品种均可用于酿造，但从啤酒风味而言，米的食感越好，酿造的啤酒风味也越好。一般来说粳米优于籼米，晚稻米优于早稻米，糯米优于非糯米。糯米酿造啤酒，发酵度适中，啤酒的口味纯净，泡持性好。

大米的化学组分见表 2-5。

表 2-5 大米的化学组成 单位：%

成分及其含量	稻谷	米糠	精糯米	精粳米	精籼米	杂碎米
水分	10.28	11.46	11.88	13.38	13.0	8.5
粗蛋白质	7.95	15.08	8.02	7.18	7.2~9.42	7.0
粗脂肪	1.65	20.07	1.96	0.26	0.2~1.49	0.6
碳水化合物	65.6	37.64	76.06	79.36	79.1~88.5	83.6
纤维素	10.42	7.32	0.93	0.20	0.3~0.4	0.5
无机盐	4.09	8.43	1.15	0.46	1.0	0.3

大米的酿造特性见表 2-6。

表 2-6 糯稻米、粳米（非糯）、籼米的酿造特性

	糯稻米	粳米（非糯）	籼米
淀粉中含支链淀粉%	100	80~83	60~70
胚乳性质	乳白色、粉状 （晶质不用于酿造）	晶质、心白或腹白	晶质
压碎刚度	小（5~8kg）	中等（8~10kg）	大
吸水速度	快	中等	慢
糊化难易	易	中等	难
糖化碘褪色时间	短	中等	长
淀粉酶促水解	还原糖少、糊精多	还原糖多、糊精少	
糖化液黏度	大	中等	小
蛋白质结构差异	含P多、含S少 含羰基多、酸性强 含糖蛋白质多	含S多、P少 含氨基多、酸性弱 含糖蛋白质少	
酿成啤酒风味	醇厚、泡沫细而耐久	发酵度高	

大米的相对密度为1.40，容重为790~830kg/m³，千粒重为20~27g。

由于大米淀粉含量高（75%~82%），无水浸出率（100g绝干原料中能够溶解于水的干物质质量）高达90%~93%，无花色苷，脂肪含量低（0.2%~1.0%），并含有较多泡持蛋白（糖蛋白），用它作辅料酿造啤酒，啤酒的色泽浅、口味纯净，泡沫洁白细腻，泡持性好，是优良的啤酒辅料。美国只有高级啤酒才用大米辅料。我国稻米产量为世界第一位，稻谷产量占全国粮食总产量的1/2。因此，啤酒辅料至今习惯用大米。

由于大米淀粉颗粒小（2~10μm），结构紧密，糊化困难，在糊化时需要大的加水比（1∶6以上）。而籼米更难糊化，完全糊化温度高达82℃以上。因此，必须有较多的麦芽或淀粉酶参与下，大米才能在常压下糊化、液化。

经过砻谷、碾米后的精米，极不耐贮藏。在贮藏中由于呼吸作用、氧化作用、酶促分解，使米质恶化。特别是脂肪分解后形成脂肪酸，渗透进入胚乳，充塞于直链淀粉的螺旋结构内，阻碍淀粉吸水膨胀，使糊化困难，并形成难闻的“陈米臭”，影响食用口感，同样影响啤酒的风味。

未脱壳之稻谷或未碾白之糙米，由于米糠中含有丰富的菲汀（9%~14%）及维生素E（胚中尤多），它们是天然抗氧化剂，所以耐贮藏。因此，用大米作辅料，应贮藏稻谷，在使用前加工成米，即宜采用“新米”或“陈谷新米”用于酿造。

精米在2~4℃下可贮藏4~6月，在10~15℃下可贮藏2~3月，在30℃下贮藏10d就变质。

2. 玉米

玉米属禾本科玉米属。我国主要种植品种有：

（1）硬粒种　穗为圆锥形，籽粒多为方圆形，外表有光泽，多为黄色，间有白、红、紫等色粒，籽粒坚硬，胚乳四周为晶质，中间为粉质，是我国主要粮食品种。

（2）马齿种　穗为圆柱形，籽粒扁呈方形或长方形，籽粒表面皱缩粗糙，呈黄、白、紫等色，籽粒品质差，但产量高，主要用于饲料、酿酒、淀粉工业，是世界栽培最广的品种，也是酿造啤酒的主要品种。

（3）半马齿种　属上述两种中间种，性质也介于两者之间，我国栽培颇多。玉米籽粒千粒重 50~400g，平均为 250g，容重为 625~750kg/m^3。

玉米淀粉颗粒直径为 5~26μm，平均为 15μm。玉米淀粉糊化温度开始为 64℃，完成为 72℃。玉米淀粉含直链淀粉 22%~28%，现培育的杂交新品种，含直链淀粉高达 70%~80%。直链淀粉含量高的玉米，淀粉易发生凝沉作用，即易“回生”。

表 2-7　　玉米籽粒的化学组成　　单位：%

成分及其含量	全籽粒	皮和糊粉层	胚和盾状体	胚乳
占籽粒重	100	6	10	84
粗蛋白质	12.6	6.6	21.7	12.4
粗脂肪	4.3	1.6	29.6	1.3
糖类	79.4	74.1	34.7	85.0
粗纤维	2.0	16.4	2.4	0.6
无机盐	1.7	1.3	11.1	0.7

玉米若干品种糊粉层的细胞液中含有花青素，这种色素在酸性条件下为红色，中性条件下为紫色，碱性条件下为蓝色。

作为啤酒辅料的玉米，脂肪含量太高，会影响啤酒的风味和泡沫。由表 2-7 看出脂肪主要集中于胚层，但在贮藏过程中，由于脂肪的氧化和分解，会向胚乳扩散。因此，作啤酒辅料的玉米，必须进行脱脂处理。国外认为含脂肪 0.5%以下的玉米为优级，0.5%~1.0%的为良级，1.0%~1.5%的为合格，>1.5%的玉米加工品不得用于酿造啤酒。

酿酒用玉米必须经过加工。现在流行的玉米干磨加工，包括：除杂清理、调湿、脱胚、脱皮、离心筛分离胚和皮，胚乳再经过圆盘磨和筛析等，得到一系列产品：

胚及皮层占 15%：用浸出法制造高级食用油。

大粒及粗粒占 30%：含纤维素及蛋白质高，作饲料。

细粒、粗粉占 50%：含蛋白质少，脂肪低于 1.0%，含淀粉高，是优良的啤酒原料。

微粉、细粉占 5%：淀粉多，疏松，制造糕点的原料。

3. 小麦

小麦属禾本科小麦属（*Triticum*），我国栽培小麦分布于全国各地，约有7000多个种和亚种，其中96%属普通种（*T. aeslivum*）小麦。根据生育特性可分为以下几类：

（1）春小麦、冬小麦　冬小麦主要集中于北方（包括河南、河北、山东）。冬小麦皮层厚，蛋白质含量低，淀粉含量高。

（2）红皮小麦、白皮小麦　红皮小麦为红褐色至深红色，白皮小麦为白色至黄色。

（3）硬质小麦、软质小麦　凡粉状率达50%以上的为软质小麦，凡角质率达50%以上的为硬质小麦。软质小麦皮色浅，粒形饱满，含淀粉多，含蛋白质少，适宜于做糕饼和酿酒，而硬质小麦宜做面包。

小麦相对密度为1.33~1.45，千粒重为15~28g，容重为660~830kg/m^3。小麦籽粒各部分的化学组成见表2-8所示。

表2-8　　小麦籽粒各部分化学组成

部位	质量分数/%	粗蛋白/%	粗脂肪/%	淀粉/%	糖/%	戊聚糖/%	纤维/%	无机盐/%
全粒	100	16.07	2.24	63.07	4.32	8.101	2.76	2.18
胚乳	87.6	12.91	0.68	78.93	3.54	2.72	0.15	0.45
胚	3.24	37.63	15.04	0	25.12	9.74	2.46	6.32
糊粉层	6.54	53.16	8.16	0	6.82	15.64	6.41	13.93
皮层	8.93	10.56	7.46	0	2.59	51.43	23.73	4.76

小麦是世界播种面积最大（占1/3耕地）的谷物，我国是世界小麦主要生产国。小麦发芽后制成的小麦芽也是酿造啤酒的主要原料。我国啤酒大麦至今种植地域不广，主要集中在江浙两省，由于气候等因素的影响，会导致啤酒大麦供应不足，开发小麦酿造啤酒很有前途。小麦麦芽质量见表2-9所示。

表2-9　　小麦麦芽质量分析

	淮麦2号（白小麦麦芽）	普通红麦（红小麦麦芽）
千粒重/g	28	24
发芽率/%	95	98.5
无水浸出率/%	80.5	79
总氮含量/%	1.76	1.88
库尔巴哈值*/%	41	39
α-氨基氮/（mg/100g）	185	180
糖化力/WK	420	420

续表

	淮麦2号（白小麦麦芽）	普通红麦（红小麦麦芽）
糖化时间/min	8	8
色度	0.13	0.35
麦汁滤过速度/(m^3/h)	1.5（微混）	1.5（微混）
出炉水分/%	4.5	4.5

注：* 库尔巴哈值（Kolbach Index），简称库值，是指协定麦汁可溶性氮和麦芽总氮的比值，说明蛋白质的溶解程度。

若用不发芽小麦作啤酒辅料，根据作者试验，应选择冬小麦、软质小麦、蛋白质含量低的小麦为佳（表2-10）。

表2-10 小麦品质和蛋白质含量

	红冬麦	软红冬麦	软白冬麦	硬红春麦
蛋白质含量/%	16.5	12.0	11.0	18.0
无水浸出率/%	77.0	86.5	82.0	74.5

相同品种，生长地域纬度越高，小麦蛋白质含量也越高，因此，宜选择南方地区小麦（表2-11）。

表2-11 我国不同地区小麦的蛋白质含量

地区	杭州	扬州	济南	北京	公子岭	克山
无水蛋白质含量/%	11.7	12.1	12.1	16.1	16.3	19.0

采用红皮小麦作辅料，可以除麸皮后，粗粉碎（过20目筛）后投入糊化锅。采用白皮小麦，可以把分离的麸皮投放糖化锅，充分利用麸皮中较高的β-淀粉酶（WK350），协助糖化。利用小麦作辅料，麦汁总氮和α-氨基氮均比大米高，发酵快，但过滤和煮沸麦汁略浑浊，需进行处理（如加单宁酸沉淀等）为好，酿成的啤酒泡沫细腻、持久。

4. 淀粉

用玉米、高粱、小麦等谷物和马铃薯、甘薯、木薯等薯类为原料生产淀粉，现已发展成一门大工业，特别是玉米淀粉，全世界每年生产约为560万t。淀粉生产是经过磨碎（干磨或湿磨）-过筛-离心分离-洗净-干燥等工序，把原料中非淀粉物质，如纤维素、蛋白质、类脂、无机盐及水溶性杂质分离除去，得到相当纯度的淀粉产品。从副产物中得到高蛋白质、油脂等重要产品，用作饲料或食用。

工业淀粉不是纯淀粉，尚含有一定量的杂质（表2-12）。

表 2-12 工业淀粉中杂质含量

	水分/%	蛋白质/%	粗脂肪/%	粗纤维/%	灰分/%
大米	11~13	0.5~0.8	0.04~0.06	0.01~0.02	0.3
小麦	11~13	0.8~1.3	0.15~0.2	0.02	0.4
玉米	11~13	0.5~0.7	0.05~0.1	0.01~0.02	0.37
马铃薯	12~14	0.1~0.3	0.01~0.03	0.02	0.5
木薯	12~14	0.1~0.3	0.01~0.03	0.03	0.5

表 2-12 中粗脂肪是采用乙醚抽提定量检测，而在工业淀粉中，特别是玉米淀粉所含类脂化合物主要是被淀粉吸附的脂肪酸，若用甲醇抽提，实际类脂化合物常高达 0.5%~0.8%。淀粉中的灰分主要是磷酸盐。

由于淀粉是原粮加工产品，一般价格均高于原料，在啤酒中作为辅料使用和原料相似，因此，淀粉作为辅料使用不如原粮经济。但玉米、木薯等直接使用，在啤酒中有一定困难，所以，也有制成淀粉使用的。在产木薯的国家和我国华南地区，先制成木薯淀粉后使用，排除了木薯中有害的 HCN。

我国生产甘薯很多，甘薯淀粉价格低廉，但由于用甘薯干制得的淀粉中含有甘薯酮等苦味物质和特殊的气味，因此，不宜用作啤酒的辅料。近来，由于淀粉工业的发展，从物尽其用的观点看，用淀粉作啤酒辅料有一定前途的，只是淀粉颗粒太细，使用时存在一定的困难。

5. 蔗糖和淀粉糖浆

啤酒麦汁浸出物的 92%~94%来自原料淀粉的转化，添加辅料主要目的是得到廉价的浸出物，而且主要是糖类浸出物。在麦汁制造中，用糖补充浸出物，可直接加入麦汁煮沸锅中，工艺简单、使用方便。特别是在高发酵度、淡色、爽口型啤酒及高浓稀释啤酒酿造中，制备高浓度（16°P① 以上）麦汁，直接使用糖类，得到酿造师们的欢迎。我国许多啤酒厂，制造淡爽型啤酒时添加总投料量 8.0%的蔗糖。

在啤酒中使用糖类，主要是甘蔗糖、甜菜蔗糖、转化糖及淀粉糖和淀粉糖浆。

甘蔗糖和甜菜蔗糖常以固态或液态供应，蔗糖纯度高达 99%以上，在使用上不存在困难。转化糖大多数是由蔗糖加酸转化而成，是果糖、葡萄糖和蔗糖的混合物，使用上也不会有困难。

淀粉糖和淀粉糖浆品种极多，可分成如下几种类型：

（1）结晶葡萄糖　含水 α-葡萄糖，无水 α-葡萄糖，无水 β-葡萄糖。产量以含水 α-葡萄糖为主，含水分为 8.6%~9.1%，结晶形状为薄片六角形。

① “°P” 为 “柏拉图度”，常用于啤酒，是 “Plato” 的缩写，音译为 “柏拉图度”。柏拉图度指的是麦芽汁中的固形物与麦芽汁的质量百分比，即 100g 麦芽汁（麦汁）中含有的固形物质量（g）。

（2）全糖 又称“粉末葡萄糖”，由淀粉糖化液经浓缩而制得（表2-13）。由于不经过分离、结晶，工艺简单，成本低，作为啤酒辅料还是恰当的。

表2-13 淀粉全糖成分 单位：%

成分及其含量	水分	葡萄糖	糊精	蛋白质	无机盐	酸度
“70”糖	18.2	71.5	9.8	0.04	0.54	0.02
“80”糖	8.3	80.5	10.6	0.05	0.60	0.03

（3）淀粉糖浆 淀粉经不完全糖化而得的产品。糖的组分主要是葡萄糖、麦芽糖、低聚糖、糊精等。

淀粉糖浆按淀粉转化程度可分成：中、高转化糖浆，高麦芽糖浆及低聚糖浆等多种（表2-14）。

表2-14 各种淀粉糖浆含发酵糖

糖浆名称	相对葡萄糖值	发酵糖量/%干物质	糖浆名称	相对葡萄糖值	发酵糖量/%干物质
低转化糖浆	10~20	6~12	高转化糖浆（Ⅱ）	62	70.0
低聚糖浆	20~45	10~25	高转化糖浆（Ⅲ）	64	76.0
中转化糖浆	38~42	34~41.5	高转化糖浆（Ⅳ）	71	82.0
高转化糖浆（Ⅰ）	54	53.4	高麦芽糖浆	58	79.8

由表2-14可以看到，淀粉转化糖浆的种类很多，适宜用作啤酒辅料，而且在麦汁煮沸锅加入的是高转化糖浆和葡萄糖值应在62以上的高麦芽糖浆。高转化糖浆的成品浓度一般在80%~83%，相对葡萄糖值一般在60~70。若采用酸、酶法转化，其麦芽糖比例高，更适合用作啤酒辅料。

第三节 啤酒花和酒花制品

啤酒起源于公元前3000~5000年，9世纪开始添加酒花为香料，15世纪后酒花才确定为啤酒的通用香料。

酒花能赋予啤酒柔和优美的芳香和爽口的微苦味，能加速麦汁中高分子蛋白质的絮凝，能提高啤酒起泡性和泡持性，也能增加麦汁和啤酒的生物稳定性。

酒花是俗名，因其果穗（雌花序）供酿制啤酒而得名，又称“忽布”（Hop）。

酒花属桑科葎草属，其学名为 *Humulus lupulus* Linn，系多年生宿根，缠绕茎（蔓）植物。地上茎高3~5m，每年更换一次。单叶、对生，叶片呈3~5个掌状分裂，叶片边缘呈锯齿形。酒花系单被花，多雌雄异株。雌花着生于总果轴上形成花序（也称球果），呈淡绿色，松果形，长3~6cm，有30~50个花片（苞片）。酒花球果小花的萼片基部，正反面，披有很多黄色颗粒，俗称“花粉”，实际上并不是真正的花粉而是花腺体，呈金黄色，黏稠性胶状物，它是啤酒花的有效物质，见图2-8。人们以花腺体分布面积和密度、粉粒大小作为感官评定酒花质量的重要指标。

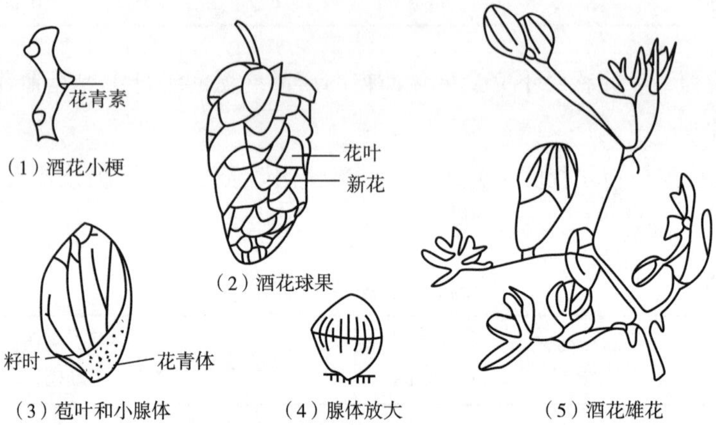

图2-8 酒花形态

一、酒花栽培条件

酒花栽培适宜在近寒带的温带地区，主要产地分布于欧洲北纬40°~60°、北美洲北纬36°~55°、亚洲东部和北部北纬35°~50°、大洋洲南纬25°~45°的地区。世界著名酒花产地德国、捷克、斯洛伐克等均在北纬45°~50°。我国酒花主要产地新疆、内蒙古、甘肃、青海、黑龙江及北京地区，均在北纬40°~50°。酒花栽培气温的要求，生长期14~19℃，开花期17~23℃，成熟期15~25℃。酒花宜在中性土壤、低地下水位、雨水少（但要有灌溉）、长日照（1700~2600h）的地区栽培。虽然在其他地区也能栽培酒花，如中国黄河、长江中下游地区，但因不符合上述条件，所以产量低，α-酸低，无法获得优质、高产的酒花。

二、酒花的主要化学成分

酒花的化学组成中，对啤酒酿造有特殊意义的三大成分为酒花精油、苦味物质和多酚。酒花的六大化学组分对酿造意义不大。

1. 酒花的苦味物质

按照欧洲酿造协会（European Brewery Convention，EBC）酒花委员会意见，酒花苦味物质的提取方法见图 2-9。

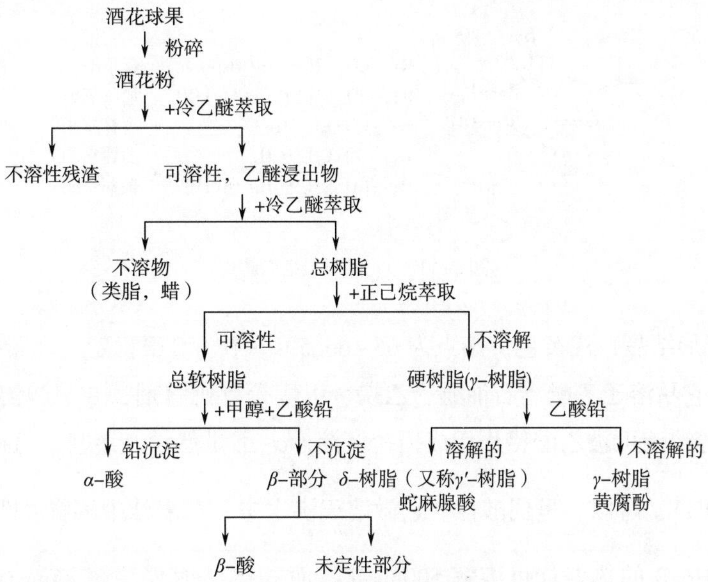

图 2-9 酒花苦味物质萃取方法

苦味物质是提供啤酒愉快苦味的物质，在酒花中主要指 α-酸、β-酸及其一系列氧化、聚合产物（图 2-10）。过去把它们通称“软树脂”。

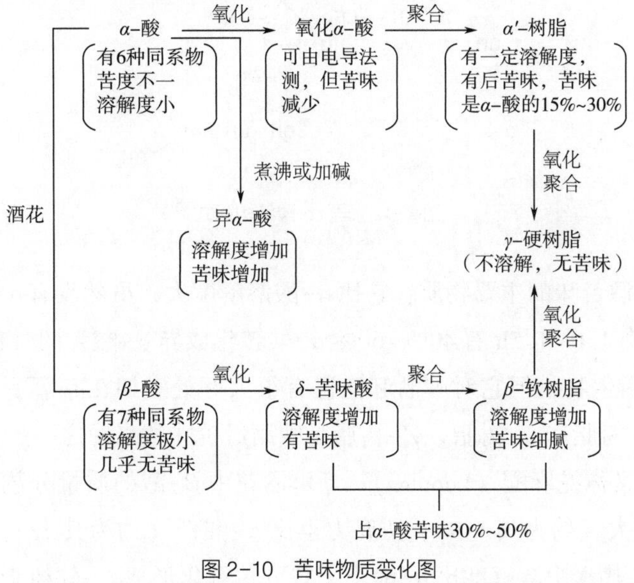

图 2-10 苦味物质变化图

（1）α-酸 又称葎草酮（Humulone）。新鲜酒花中 α-酸的质量分数为 5%～

11%。啤酒中苦味和防腐力主要来自 α-酸的异构物。α-酸是衡量酒花质量的重要标准，国际上常以每公顷地产多少千克 α-酸来反映产率。α-酸是多种结构类似物的混合物（图 2-11）。

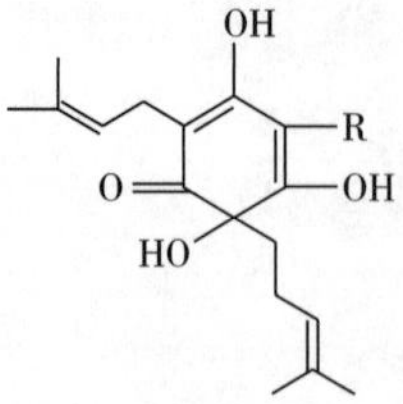

R：$-CO\cdot CH_2\cdot CH(CH_3)_2$ 葎草酮
R：$-CO\cdot CH(CH_3)\cdot CH_2\cdot CH_3$ 加葎草酮
R：$-CO\cdot CH(CH_3)_2$ 合葎草酮
R：$-CO\cdot CH_2\cdot CH_3$ 后葎草酮
R：$-CO\cdot CH_2\cdot CH_2CH(CH_3)_2$ 前葎草酮

图 2-11 α-酸常见结构通式

α-酸呈菱形结晶，浅黄色，熔点为 65~66.5℃，在 0℃很稳定，在紫外线下呈柠檬黄色的荧光。它易溶于乙醚、石油醚、乙烷、甲醇等有机溶剂，在甲醇溶液中 $[\alpha]_0^{20}=$ 206，它的甲醇溶液可被乙酸铅作用成铅盐沉淀。α-酸虽然没有羧基，但在 2、3 碳呈烯醇基（C—OH），所以，呈弱酸性。它微溶于沸水中，在麦汁中溶解度随麦汁 pH 降低而减少，如 pH6.0 的热麦汁可溶解 500mg/L，而 pH5.2 时仅溶解 85mg/L，但在低 pH 时溶解均匀，苦味柔和，反之，在高 pH 下成盐溶解，苦味粗糙。α-酸在加热、稀碱或光照下易发生异构化形成异 α-酸（图 2-12）。

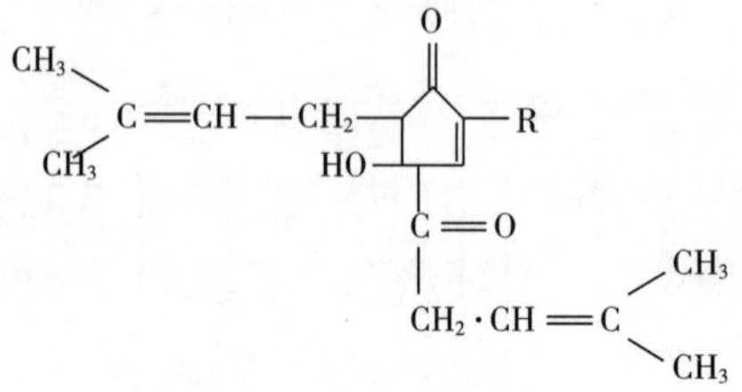

图 2-12 异 α-酸结构通式

异 α-酸是啤酒苦味的主要物质，它比 α-酸溶解度大，虽然没有 α-酸苦，但苦味更柔和。在麦汁煮沸 1.0~1.5h 有 40%~60% α-酸转化成异 α-酸，同时有 20%~30%转化成苦味不正常的衍生物，但它对啤酒起泡性有很大好处。如在有氧下煮沸，α-酸易氧化聚合，形成 γ′-树脂和 γ-树脂。γ′-树脂是啤酒后苦味的来源之一。

（2）β-酸 又称蛇麻酮（Lupulon）。新鲜酒花中 β-酸的质量分数为 5%~11%，它的苦味不及 α-酸大（约为其 1/9），防腐力也比 α-酸低（约为其 1/3）。β-酸的熔点为 90.5~92.0℃，在热水中溶解度比 α-酸小。它更易氧化形成 β-软树脂。β-软树脂能赋予啤酒宝贵的柔和苦味。β-酸也是一个混合物，R-基团和 α-酸相同，有多种结构（图 2-13）。

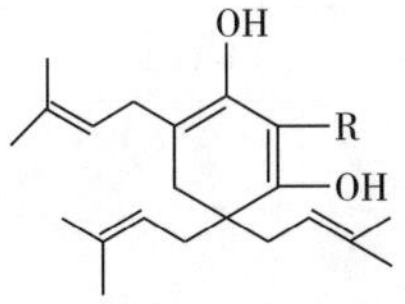

R：$-CH_2 \cdot CH(CH_3)_2$　蛇麻酮

R：$-CH(CH_3) \cdot CH_2CH_3$　加蛇麻酮

R：$-CH(CH_3)_2$　合蛇麻酮

R：$-CH_2CH_3$　后蛇麻酮

R：$-CH_2 \cdot CH_2CH(CH_3)_2$　前蛇麻酮

图 2-13　β-酸结构通式

2. 酒花精油

酒花精油是酒花腺体另一重要成分，它经蒸馏后成黄绿色油状物，是啤酒重要的香气来源。它溶于乙醚、酯及浓乙醇，不易溶于水和麦汁，易挥发，是啤酒开瓶闻香的主要成分。

酒花精油的主要成分为萜烯碳氢化合物、含氧化合物和含硫化合物三大类（图 2-14）。萜烯碳氢化合物主要成分有单体萜烯和倍半萜烯类。萜烯碳氢化合物虽然是酒花中含量最高的成分，但其溶解度低，挥发性比较强，所以最终进入啤酒中的含量不多。含氧化合物是酒花精油中最重要的成分，主要包括萜烯醇类、环氧化合物、酯类、醇类和酮类等。其溶解度很好，赋予啤酒花香和果香等香味特征。含硫化合物是酒花中固有的成分，其含量也受到酒花在种植、加工过程中使用含硫化合物处理程度的影响。

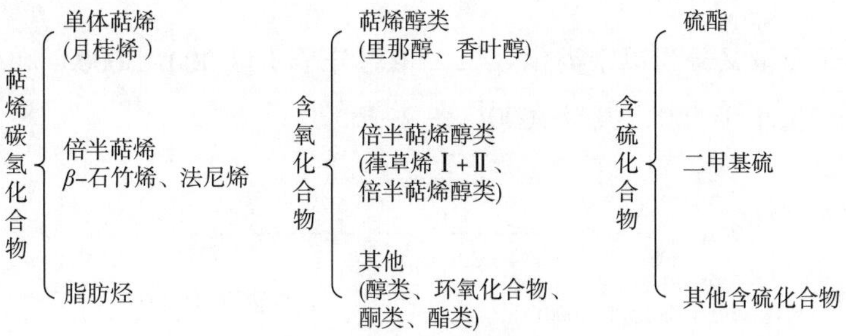

图 2-14　酒花精油成分

据近代测定，酒花精油有 200 种以上组分，它们的共同特点是易挥发，在水中溶解极小（仅 1/20000），溶于乙醚等有机溶剂，易氧化，氧化后形成极难闻的脂肪臭味。酒花精油在新鲜酒花中仅含 0.4%~2.0%（苦味型 0.4%~1.2%，香型 0.7%~1.5%）。精油中 50%~80%是碳氢化合物，如石竹烯、香叶烯、葎草烯、法尼烯等，它们可用轻汽油萃取，这类化合物的香气极不愉快，是生酒花香的来源。另一部分占 20%~30%是具有碳-氢-氧原子的醇、酮和酯类，如香叶醇（栊牛儿醇）等，它们可以用乙醚萃取。香叶醇具有玫瑰花香气，沉香醇具有醇香木香气，它们是啤酒中幽雅香气的主要成分。啤酒的酒花香气是由酒花精油和苦味物质的挥发组分降解后共同形成的表 2-15。至今尚未发现哪一种成分具有典型的酒花香。

表 2-15 Brewer's Gold 酒花芳香油香气

	占全酒花油量/%	气味阈值 T_0/ $\times10^{-9}$	香气单位 U_0/ $\times10^{-6}$	占总香气量/%
全酒花油	100	12	83.3	100
碳氢化合物	86	15	57.3	69
含氧化合物	14	5	28.0	34

酒花精油易氧化，其萜烯碳氢化合物的某些成分易被氧化为相应的环氧化合物及酯类。某些此类转化物质被认为是酒花香味的主要来源，但真正香型好的传统酒花，其酒花精油的含量反而较低，这说明啤酒的酒花香味主要取决于酒花精油的成分，而不在于其含量多少。酒花精油在贮存过程中由于树脂化和聚合作用，香味逐渐消失。同时酒花精油中的一些由萜烯醇类和脂肪酸形成的酯类在贮藏过程中，经过水解作用，释放出脂肪酸（如异戊酸），使酒花产生一种干酪异臭，虽然在麦汁煮沸时这些异臭被蒸发掉，但减少了酒花精油中的有效成分。

3. 多酚类物质

酒花中多酚类物质约占总量的 4%~8%，它们在啤酒酿造中的作用为：①在麦汁煮沸时和蛋白质形成热凝固物；②在麦汁冷却时形成冷凝固物；③在后酵和贮酒直至灌瓶以后，缓慢和蛋白质结合，形成汽雾浊及永久浑浊物；④在麦汁和啤酒中形成色泽物质和涩味。

多酚按分子质量又分为单宁类化合物（相对分子质量 500~3000）和非单宁类化合物（相对分子质量小于 500，大于 3000，图 2-15）。

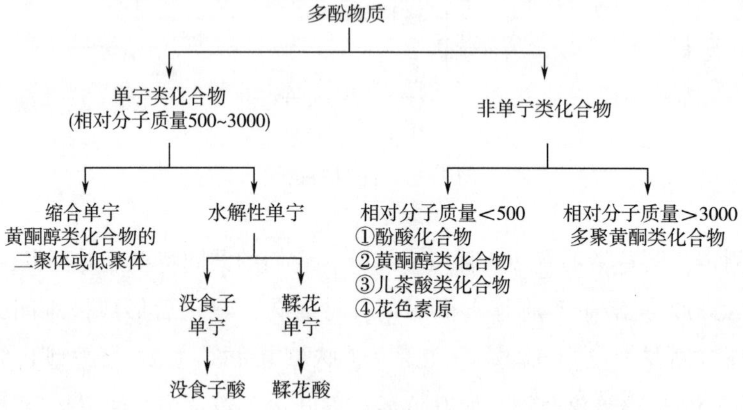

图 2-15 多酚类物质分类情况

（1）相对分子质量在 500~3000 的单宁类化合物 分为缩合单宁和水解单宁。单宁有发生氧化、聚合的倾向，对浑浊稳定性、颜色和风味稳定性有影响。在麦汁和啤酒中，一定量的单宁可以与蛋白质结合，达到澄清麦汁和啤酒的目的。

（2）相对分子质量大于 3000 的高聚合度多酚 属于非单宁类化合物，其活性较低，具有较高的鞣化力，可以继续聚合而沉淀。大部分非单宁类化合物在发酵过程中能够除去。高分子的多酚使啤酒的色泽加深，口感粗糙、发涩，影响啤酒的风味稳定性和胶体稳定性。

多聚黄酮类化合物，其中有黄酮醇类化合物和黄烷醇类化合物；酒花中黄酮醇类化合物主要是槲皮酮（栎精）等，大多以糖苷形式存在。黄酮醇类化合物具有酚类化合物的通性，具有较高的还原性，在空气中易氧化聚合后形成褐色沉淀物，能赋予啤酒抗氧化能力，有实验证明黄酮醇类化合物能清除人体氧自由基。黄烷醇类化合物主要是儿茶酸类及花色素、花色苷、花素原等。在大麦和酒花中含量最多的是儿茶酸及少量的表儿茶酸、没食子儿茶酸等。大麦和酒花中主要的花色素原是黄酮-3-醇缩合而成的前花色素，它们易氧化聚合，是造成啤酒非生物浑浊的物质基础，也是啤酒主要的色泽物质。

（3）相对分子质量小于500的酚类物质　单体酚类，如酚酸类化合物，以游离形式或以酯及糖苷的形式存在，不聚合，具还原性，有利于啤酒风味稳定性。啤酒中酚酸类物质主要来自酒花，如对羟基苯甲酸、原儿茶酸、没食子酸、阿魏酸、绿原酸、香草酸、咖啡酸等。麦芽中也有少量酚酸类物质存在。其中单体多酚可以分为以下四类化合物。

①酚酸类化合物：酚酸类化合物系指在一个苯环上有多个酚羟基取代的芳香羧酸类化合物，这类化合物大多是对羟基苯甲酸和对羟基苯丙烯酸（肉桂酸）的衍生物，主要有对羟基苯甲酸、香草酸、咖啡酸和香豆素四种，此外还有丁香酸、阿魏酸、原儿茶酸、芥子酸、没食子酸、龙胆酸等。这些酚酸类化合物有以游离态存在，也有以酯或糖苷形式存在，如咖啡酸在酒花中是以酯形式存在的绿原酸和新绿原酸（表2-16）。

表2-16　酒花中的酚酸类化合物

名称	结构式
对羟基苯甲酸	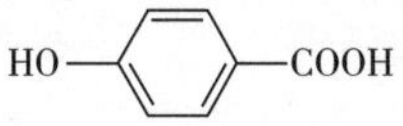
香草酸 （4-羟基-3-甲氧基苯甲酸）	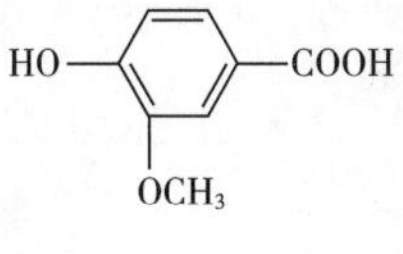
咖啡酸 （3,4-二羟基苯丙烯酸）	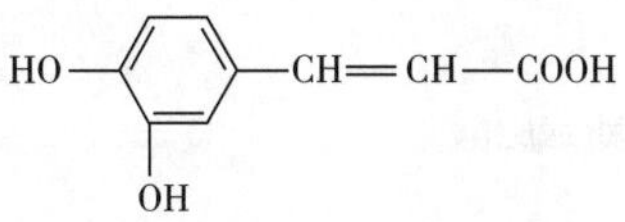
香豆素 （邻羟苯丙烯酸内酯）	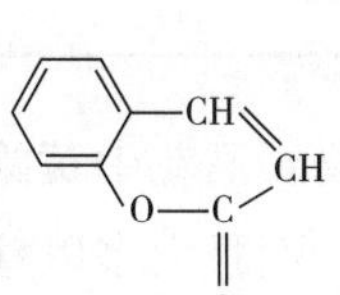

续表

名称	结 构 式
丁香酸 （4-羟基-3,5-二甲氧基苯甲酸）	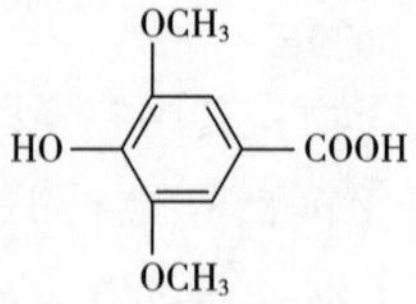
阿魏酸 （4-羟基-3-甲氧基苯丙烯酸）	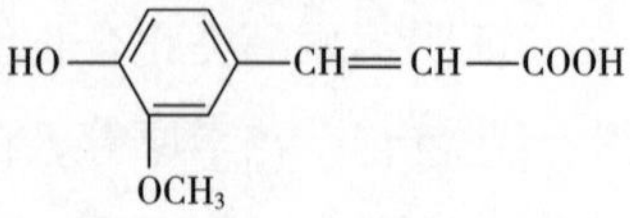
原儿茶酸 （3,4-二羟基苯甲酸）	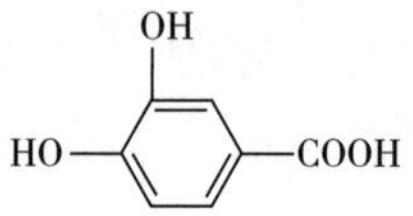
龙胆酸 （2,5-二羟基苯甲酸）	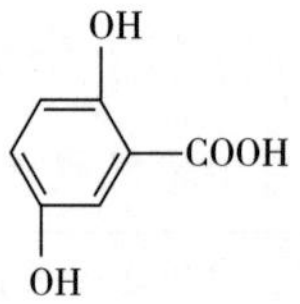
没食子酸 （3,4,5-三羟基苯甲酸）	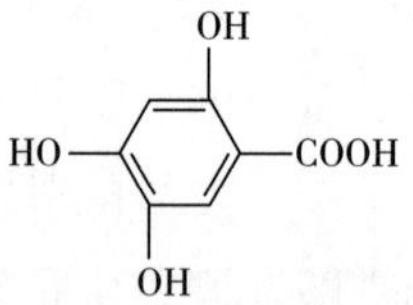
芥子酸 （4-羟基-3,5-二甲氧基苯丙烯酸）	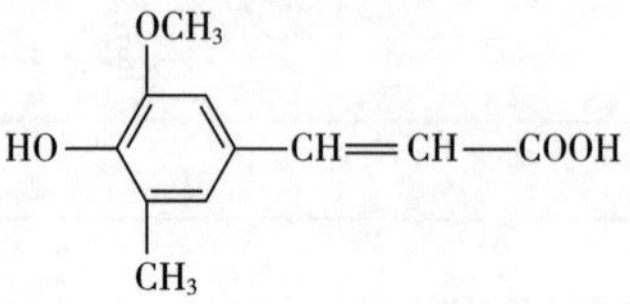
绿原酸	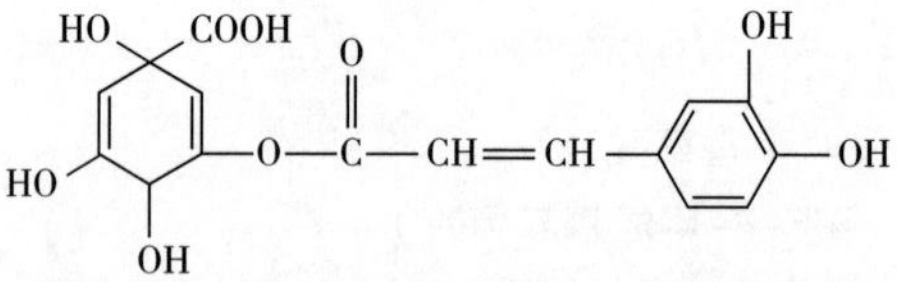
新绿原酸	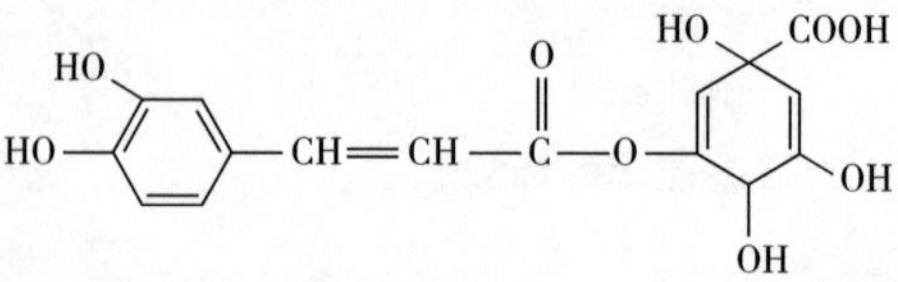

②黄酮类化合物：酒花中黄酮类化合物主要有槲皮酮（栎精）、堪非醇（山柰醇）及极少量的杨梅酮，而且大多以糖苷形式存在（表2-17）。已发现酒花中有十四五种此类糖苷，例如槲皮酮的鼠李糖苷（槲皮苷、栎素）、槲皮酮的β-葡萄糖苷（异槲皮苷、

异栎素)、槲皮酮的芸香糖苷（芸香苷)、堪非醇的β-葡萄糖苷（黄芪苷）等。

表 2-17　　酒花中的黄酮醇类化合物

名称	结构式
槲皮酮	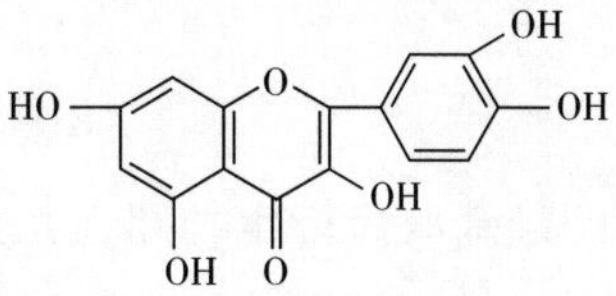
堪非醇	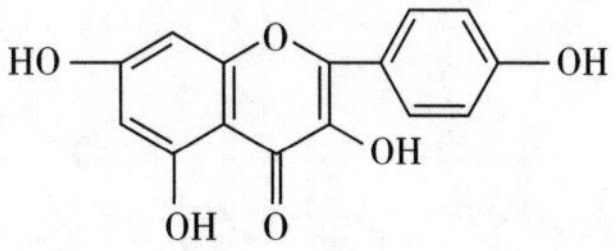
杨梅酮	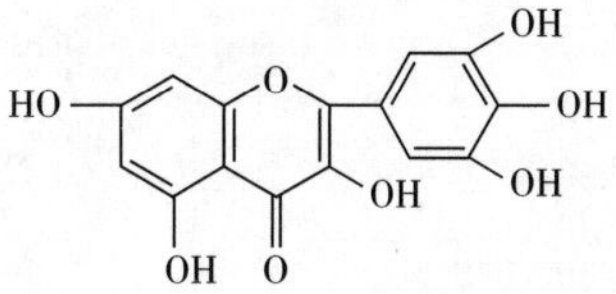
槲皮苷	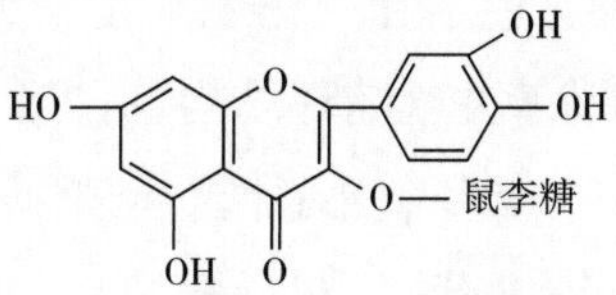
异槲皮苷	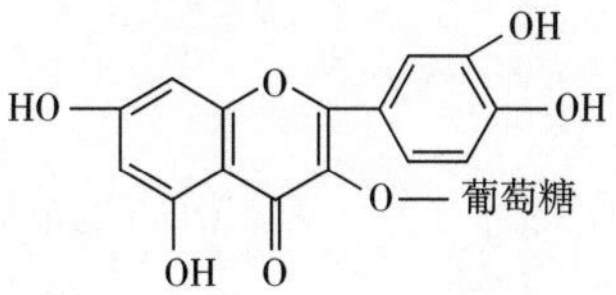
芸香苷	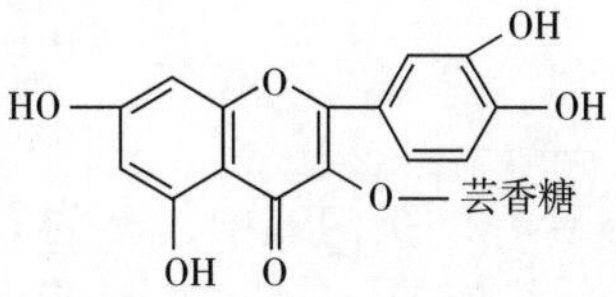
黄芪苷	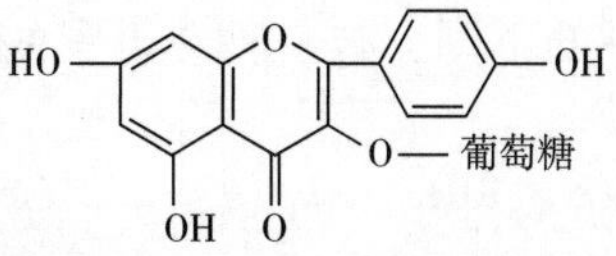

黄酮醇类化合物带有酚羟基，因此，具有酚类化合物的通性。它还有吡喃酮环和羧基，构成生色基团，分子中酚羟基数和连接位置与呈色有关。3′、4′碳位上羟基或甲氧基呈深黄色。这类化合物在空气中久置，易氧化，生成褐色的沉淀物。

③儿茶酸类化合物：儿茶酸类化合物是一类黄烷醇的衍生物，其母核也含有2-苯基苯并吡喃环的结构，称黄烷-3-醇，结构如下：

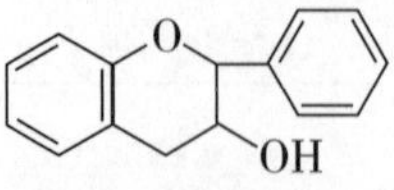

黄烷-3-醇

黄烷-3-醇的羟基取代衍生物即为儿茶酸类化合物。在大麦和酒花中含量最多的是儿茶酸及少量的表儿茶酸、没食子儿茶酸、表没食子儿茶酸，其结构式如下：

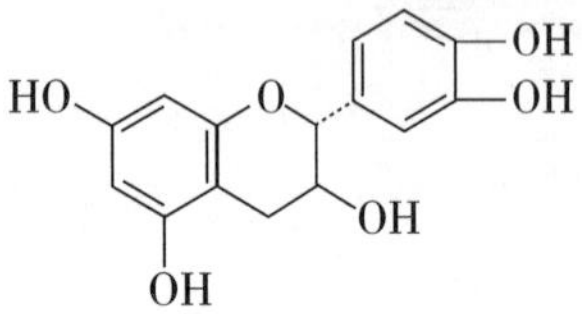

儿茶酸

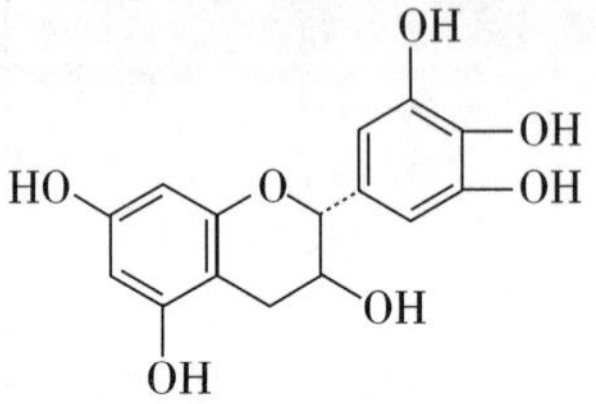

没食子儿茶酸

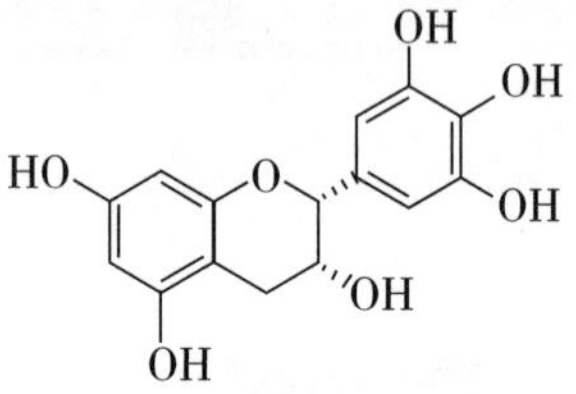

表没食子儿茶酸

④花色素（花青素）

a. 花色素和花色素苷。花色素是一大类水溶性的植物色素，也称为花青素，其母核也具有2—苯基苯并吡喃环结构，自然条件下极少以游离状态存在，一般都是糖苷的衍生物，常与一个或多个葡萄糖、鼠李糖、半乳糖、木糖、阿拉伯糖等通过糖苷键形成花色素苷（或花青素苷），花青素（苷）的结构通式如下：

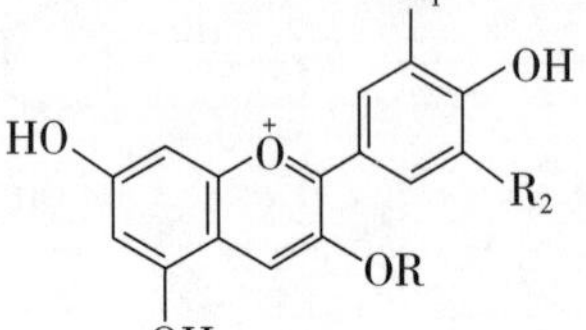

花青素（苷）

在花青素（苷）的结构式中，R_1为OH或OCH_3，R_2为H、OH或OCH_3，R为H或糖基。若R为糖基，则该物质为花青素苷。

根据取代基的不同，有三种花青素的结构式分别如下：

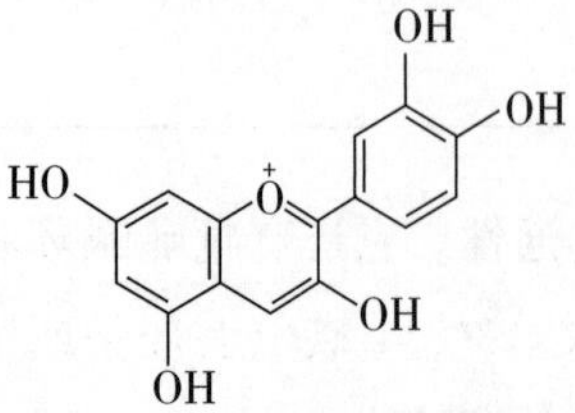

花青色素

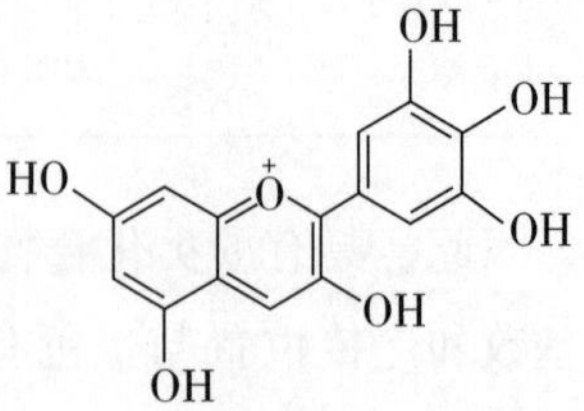

花翠素

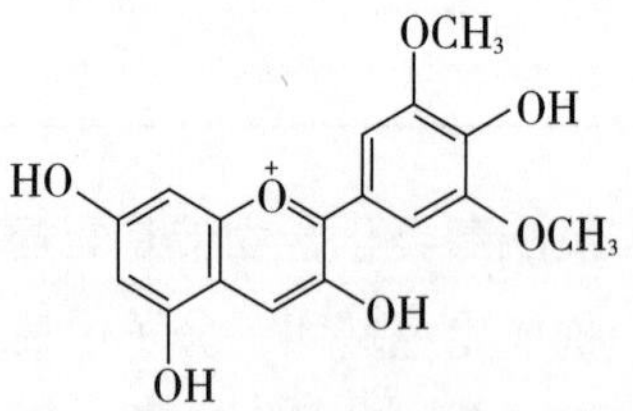

二甲花翠素

花青素分子中存在高度分子共轭体系，含有酸性与碱性基团，易溶于水、甲醇、乙醇、稀碱与稀酸等极性溶剂中。在紫外与可见光区域均具较强吸收，紫外区最大吸收波长在 280nm 附近，可见光区域最大吸收波长在 500～550 nm 范围内。花青素类物质的颜色随 pH 变化而变化，pH<7 呈红色，pH＝7～8 时呈紫色，pH>11 时呈蓝色。

b. 花色素原。花色素原分为两类，一类是黄烷—3,4—二醇的单体衍生物，称为白花色素，如白花青色素（或白花青素）、白花翠素。

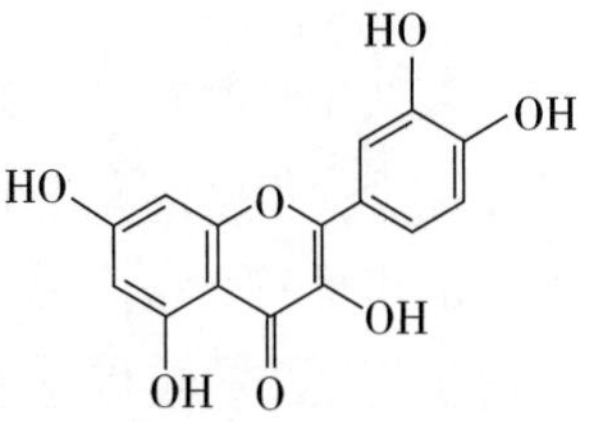
白花青色素（白花青素）

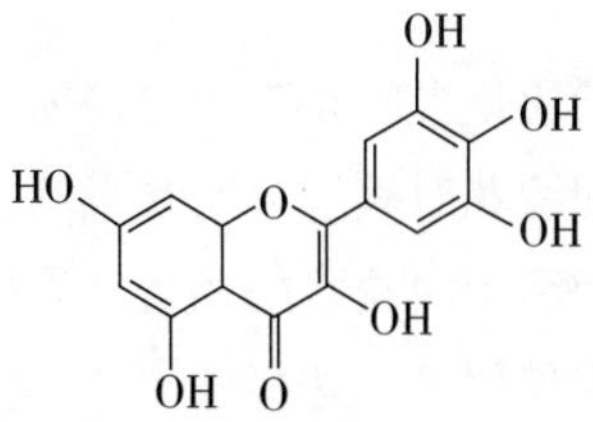
白花翠素

白花青色素在有氧和酸性条件下，能转化成相应的花青色素，所以是一类花色素原，转化式如下：

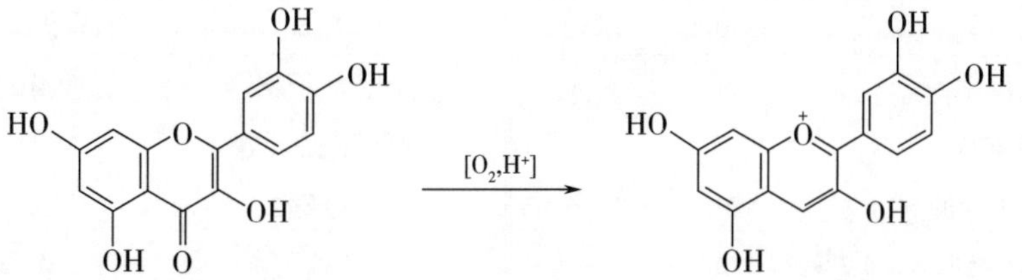
白花青色素　　花青色素

花色素原的另一类是由 2 个或 2 个以上的黄烷-3-醇缩合而成的前花色素（或原花色素），这是大麦和酒花中的主要花色素原。

这些聚合的前花色素和聚多酚，其溶解度更小，是啤酒的非生物浑浊物质，也是啤酒的主要色泽物质。

目前有两种检测酒花中多酚的方法：

（1）一种分析方法是非特定的基于颜色的方法。使用标准溶液进行校准，然后用分光光度法确定多酚的总浓度。啤酒花的多酚总浓度为 2%到 6%（质量分数）不等，并且因啤酒花品种而异。

（2）利用高效液相色谱法（HPLC）可以对啤酒花中 100 多种独立成分进行分离、鉴定和测定。根据啤酒花品种的不同，多酚的总浓度从 0. 5%到 2. 5%不等。

表 2-18 通过高效液相色谱法描述了啤酒花中最重要的低分子质量多酚类物质及其变化范围。虽然原花青素也是黄烷醇，但这里对单体黄烷醇（儿茶素和表儿茶素）和原花青素进行了区分。其他低分子质量多酚类物质在结构上与 α-酸（苦味酸）相似，如多硫醇。它们以糖苷结合，在啤酒花中浓度可达 50mg/100g，在啤酒中可达 1mg/L。

表 2-18 啤酒花品种的低分子质量多酚类物质的浓度范围（以 mg/100g 计算）

酒花中多酚	浓度	酒花中多酚	浓度
羟基苯甲酸	1~10	游离黄酮醇	1~10
羟基肉桂酸	100~450	槲皮素类黄酮	50~250
原花青素	100~500	山柰酚类黄酮	50~300
单体黄烷醇	30~200	黄腐酚	100~1000

麦芽中低分子质量多酚相对于总多酚的比例一般低于啤酒花。麦芽是啤酒中多酚的主要来源。虽然啤酒花对啤酒多酚含量的贡献比麦芽少，但啤酒花中的多酚比麦芽中的多酚更有价值。啤酒中酒花多酚的含量取决于酒花的用量与类型。关于麦芽和啤酒花多酚成分差异的陈述仅仅基于选择性高效液相色谱分析的结果。可以通过比较使用啤酒花多酚和不使用啤酒花多酚生产的啤酒来实现。表 2-19 列出了 20 种化合物及它们的来源。两列中的数据取自两个不同的实验。

表 2-19 啤酒中低分子质量多酚来源

	系列 1	系列 2		系列 1	系列 2
羟基苯甲酸	M	M	表儿茶素	M/H	M/H
前啡肽	M	—	阿魏酰奎尼酸	M/H	—
原花青素（峰值 60）	M	—	香草酸	M	—
原花青素（峰值 60c）	M	—	丁香酸	M	—
原花青素 B_3	M/H	M/H	芹菜素类黄酮（峰值 184）	M	—
咖啡酰奎尼酸	H	H	芥子酸	M	—
原花青素 B_1	H	—	槲皮素葡萄糖苷/芦丁糖苷	H	H
香豆酰奎尼酸	H	—	山柰酚-3-葡萄糖甙	H	—
原花青素 B_2	M	M	山柰酚（峰值 290）	H	H
儿茶素	M/H	M/H	异黄腐酚	H	H

注：M：麦芽；H：啤酒花。

4. 酒花的一般化学成分

水分：8%~12%；总树脂含量：14%~18%；挥发油含量：0.3%~0.5%；多酚物质含量：4%~7%；糖类含量：1.5%~2.5%；果胶含量：1.5%~2.5%；氨基酸含量：0.1%；粗蛋白质含量：13%~16%；脂肪和蜡质含量：2%~4%；无机盐含量：7.0%~9.0%；纤维素、木质素含量：35%~40%。

我国酒花分为三级，优级酒花的主要标准：

色泽为浅黄绿色，有光泽，褐色花片少于 2%；富有浓郁的啤酒花香气，无异杂气味；花体完整度：花体基本完整。梗、叶等无害夹杂物不超过 1.0%；水分为 8.0%~

12%；α-酸含量（以干态计）大于6.5%；β-酸含量（以干态计）大于2.0%（参考值）；包装密度：320kg/m³。

三、酒花的品种

按世界市场上供应情况，可将酒花分成三类。

1. A类：优质香型酒花

优质香型酒花有捷克的Saaz、德国的Tettnanger、Spalter等。优质香型酒花的α-酸含量为4.5%~5.5%，α-酸/β-酸的比值为1.1，酒花精油的含量为2.0%~2.5%。

2. B类：香型酒花（兼型）

香型酒花有德国的Hallertauer、Hersbrucker、Golding和英国的Fuggle。普通香型酒花的α-酸含量为5.0%~7.0%，α-酸/β-酸的比值为1.2~2.3，酒花精油含量为0.85%~1.6%。

3. C类：苦型酒花

苦型酒花有Northern Brewer、Brewer's Gold、Cluster。优质苦型花的α-酸含量为6.5%~10.0%，α-酸/β-酸的比值为2.2~2.6。

上述酒花主要成分类比见表2-20。

表2-20 几种酒花的主要成分

名称	产地	分类	α-酸/%	β-酸/%	α-酸/β-酸	酒花精油/(mL/100g)
Spalt Aroma	德国	A	4.8	4.4	1.1	2.5
Tettnang Aroma	德国	A	5.0	4.6	1.1	2.4
Hallertau Hersbrack	德国	B	5.0	4.5	1.2	2.0
Hallertau Perle	德国	B	7.2	3.1	2.3	1.5
Perle	美国	B	10.0	4.0	2.5	0.85
Galena	美国	C	12.7	8.0	1.6	1.2
Northern Brewer	德国	C	8.7	4.0	2.2	0.7
Brewer's Gold	德国	C	6.8	3.1	2.2	1.2
青岛大花	中国新疆	C	7.0	5.5	1.3	0.7

世界酒花产量中苦型花（C型）占60%以上，A型占20%，B型占20%，目前主要发展对象为A和C两种类型的酒花，世界代表性酒花见表2-21。

表 2-21 世界代表性酒花品种

品种	平均 α-酸含量/%	平均酒花精油含量/%	特性
Clusters (Earlg&Late)	7.5	0.8	美国主要品种，高 α-酸，中等精油，高产，西半球标准型
Bullion、Brewer's Gold	9.0	2.5	高 α-酸，高香精油，高产，但在冷库中贮存不稳定
Fuggles	5.0	1.0	低 α-酸，低产量，中等精油，耐高水量
Talisman	8.0	1.0	高 α-酸，中等精油，比 Bullion 在贮藏中变化小
Cascade	5.0	1.3	α-酸、β-酸和保管特性均和 Hallertau 很相似，香味略粗糙，产量中等
Hallertau	5.5	1.1	香味细腻，但 α-酸和产量较低，冷贮存不稳定
Tettnanger	5.5	1.1	芳香味比 Hallertau 更令人愉快，但产量较低，不易贮藏
Ringwood	9.0	1.5	高 α-酸，适宜低温贮藏，但香味较粗糙
Spalt	5.5	1.1	芳香味比 Hallertau 更令人愉快，耐低温贮藏，产量不高
Styrian	6.0	1.3	芳香优雅，其他特性和 Hallertau 相似
Comet	9.0	1.5	新品种，高 α-酸
Northern Brewer	8.7	0.7	在欧洲种植面大，高 α-酸，典型苦型酒花
Pride of Ringwood	10.0	0.7	不耐贮藏，α-酸特别高

四、酒花的贮藏

新采收的酒花含水分 75%~80%，在特制的干燥炉箅子上用热空气干燥至水分为 6%~8%，使花梗脱落，经人工回潮至水分 10%左右，再经压制、打包，包装密度在 350~500kg/m^3。我国一般有 50kg/包、100kg/包 两种包装。压榨酒花应在低温、隔绝空气、避光及有防潮措施的条件下贮藏，长期保藏应在干燥的条件下，并保证温度低于-8℃。周转保藏（不超过一个月）也应在 0℃以下。贮藏温度高会引起酒花油的挥发、氧化，使酒花香气变差，软树脂逐步氧化聚合成无酿造价值的硬树脂，多酚氧化聚合，使黄绿色的酒花变成红褐色（表 2-22）。酿造师认为酒花中硬树脂含量超过 5.0%，这种酒花就已经丧失酿造价值。

表 2-22　　贮藏温度与酒花树脂的变化

	软树脂含量/%	硬树脂含量/%	总树脂含量/%
新鲜压榨酒花	11.75	3.16	14.91
22~24℃，7 个月后	8.82	5.94	14.76
13~18℃，7 个月后	9.21	5.15	14.36
0℃，7 个月后	10.10	3.57	14.67

五、 酒花制品

酒花球果的压榨品存在运输、贮藏和使用的不方便。在麦汁煮沸时酒花树脂的利用率仅为 70%~85%，在麦汁冷却和发酵、贮酒中还将进一步损失。因此，酒花粉、酒花颗粒、各种酒花浸膏等酒花制品愈来愈受到酿造师的欢迎。

1. 酒花粉

我国啤酒厂目前均把商品压榨酒花，在使用前用锤式粉碎机粉碎成颗粒 1mm 以下的酒花粉。它的优点是：①酒花苦味物质在煮沸时利用率可增加 10%；②使用方便；③不需要酒花分离器，而且在旋涡沉淀槽中酒花粉糟和热凝固蛋白质能形成紧密的沉淀。

这种粗加工方法，它的缺点也日益被酿造师重视，主要是：①贮藏酒花球果，水分太高，不利于粉碎，在粉碎中（锤碎机锤片打击点）温度高达 500℃以上，极易引起氧化和酒花油的挥发；②酒花粉在使用前在常温下保存十余小时至几天，由于粉比表面积增加，酒花的氧化更严重；③贮存时间太长的酒花，一些有害物质的溶解加剧（如硬树脂），影响啤酒的风味。

典型的酒花粉加工方法：应在酒花场，将酒花在 55℃热空气下干燥至水分 5%~6%，然后进行粉碎，粉碎后立即包装于气密性容器中，并充入不易发生反应的气体（N_2、CO_2），包装分为每袋 3kg、5kg、10kg 几种。

2. 颗粒酒花

颗粒酒花是把酒花粉压制成直径为 2~8mm，长约 15mm 的短棒状，增加其密度，减少其体积，同时也降低了它的比表面积，在充惰性气体下保藏，酒花更不易氧化。颗粒酒花是世界上使用最广泛的酒花形式。

充氮包装酒花可以在常温下（<20℃）运输、贮存。我国颗粒酒花分二级，一级标准如下：色泽为浅黄绿色；富有浓郁的啤酒花香气，无异杂气味；颗粒均匀、散碎粒<4.0%；硬度≥60N/cm^2；崩解时间≤10 s；水分为10%~12%；α-酸含量（干态计）为7.0%。

3. 酒花浸膏

应用有机溶剂或CO_2，萃取酒花的有效物质，制成有效物质浓缩5~10倍的浸膏，在煮沸或发酵贮酒中使用。世界酒花产量的25%~30%被加工成浸膏，浸膏的类型和加工方法很多。

（1）二段萃取酒花浸膏　详见图2-16。

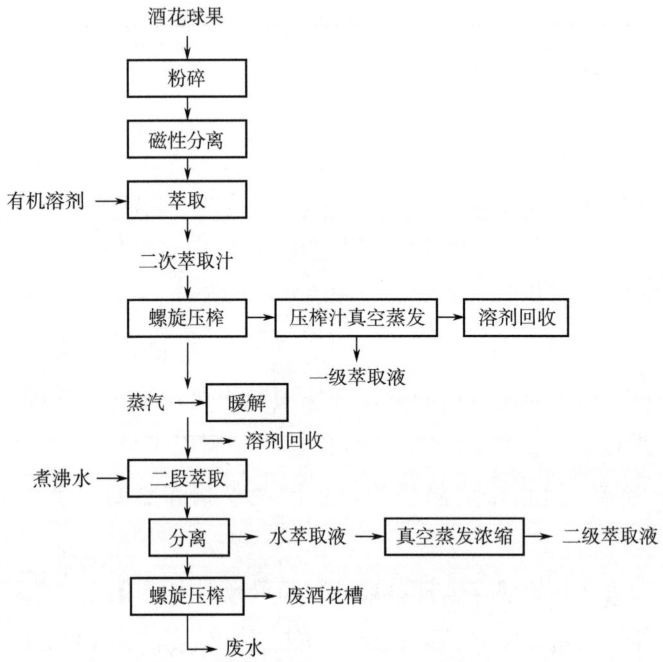

图2-16　二段萃取酒花浸膏方法

流程中第一段萃取采用溶剂为乙醚、石油醚等。一级萃取汁主要是溶于有机溶剂的苦味物质和酒花油。第二段用热水萃取的主要是酒花多酚物质。二段萃取汁按一定比例混合，就得到“标准酒花浸膏”。

一段萃取酒花浸膏是无酒花多酚物质的酒花浸膏，一般在煮沸中使用只能代替20%的酒花，否则会引起工艺和风味的改变。二段萃取标准型酒花浸膏在煮沸中可以代替50%~60%的酒花（优质啤酒规定不超过30%）。

（2）近年来，人们对有机溶剂萃取的浸膏中有机溶剂的微量残留，对人体健康的影响产生忧虑。酒花浸膏萃取大多走向超临界态CO_2萃取和液态CO_2萃取（表2-23）。

表 2-23 CO_2萃取和有机溶剂萃取酒花浸膏的组成 单位：%

	超临界态 CO_2萃取的浸膏	液态 CO_2萃取的浸膏	有机溶剂萃取的浸膏
总树脂含量	77~98	80~98	15~60
α-酸含量	27~41	35~55	8~45
β-酸含量	43~53	25~35	8~20
挥发油含量	1~5	3~10	0~5
硬树脂含量	5~11	0	2~10
多酚物质含量	0.1~5	0~2	0.5~5.0
水分	1~7	0~2	1~1.5
脂肪和木质素含量	4~13	0~8	1~20

液态 CO_2萃取和超临界 CO_2萃取酒花浸膏，根据所采用工艺技术的不同，可分为以下三种类型。

（1）标准型 CO_2 酒花浸膏（HopCO_2N） 它是用 CO_2 萃取技术，浓缩酒花中全部有效成分，使用方法和风味更接近酒花。它的 α-酸含量一般为 40%~60%。

（2）异构 α-酸酒花浸膏 异构浸膏的特点是它在啤酒中具有良好的溶解度，并只含有 α-酸的异构物、乳化剂和水，不含有多酚物质和酒花精油，它适宜于添加在过滤啤酒中。理论上它的使用量可以占啤酒酒花用量的 25%，并不改变啤酒的风味。它虽有商品性生产，但使用不多，有时应用于调整啤酒的苦味值。制造方法如下：

酒花球果 → 粉碎 → 己烷或石油醚萃取 → 调节 pH8.5 并加入催化剂 $\xrightarrow{\text{（钾盐）}}$ 加热异构化 → 转入水相中 → 分离有机溶剂 → 纯异 α-酸，调节 pH 至弱碱性，加乳化剂和有机起泡剂注于金属罐

（3）还原型异 α-酸酒花浸膏（Reduced Tetra Hop） 还原型异 α-酸酒花浸膏是采用液态 CO_2 技术萃取酒花中的 α-酸（另有 α-酸被萃取），将萃取的 α-酸异构化并用氢还原其中的不稳定的双键而制得（图 2-17）。

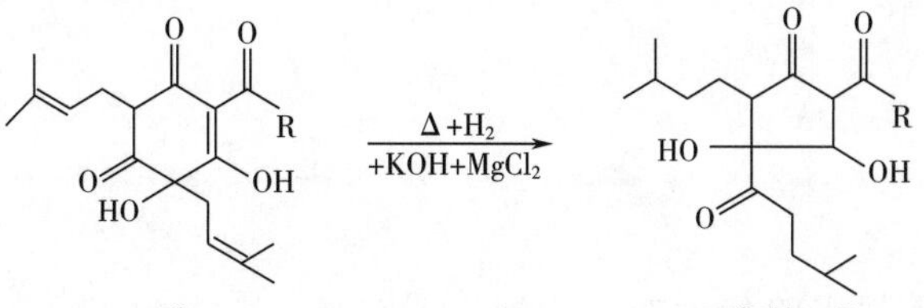

图 2-17 四氢异 α-酸合成图

异 α-酸中侧链上 1~3 个—C ═C—双键被两个、四个或六个氢原子还原，分别生成

二氢、四氢和六氢异 α-酸，使异 α-酸更稳定，不会被日光催化断裂形成所谓“日光臭”。瓶装啤酒可装在无色玻璃瓶中，形成啤酒包装新流派。

它的一般制品含 α-酸约为 10%，呈半流动状或稀浸膏。它在啤酒成熟后过滤前加入。在麦汁制造时不能加普通酒花或浸膏，避免带入 α-酸，应用 β-酸酒花油，也有只改变第 4 碳侧链双键的二氢异 α-酸酒花浸膏，作用与它相似。

（4）β-酸酒花油。虽然 β-酸苦味只有 α-酸的 1/9，而在麦汁煮沸时，β-酸转化成 δ-苦味酸和 β-软树脂，其苦味为 α-酸的 35%-50%，而且苦味比 α-酸、异 α-酸更细腻、柔和。近代对啤酒苦味的要求是尽量柔和、细腻，因此，对 β-酸很重视。香型酒花（简称为香花）中 β-酸含量高。

β-酸酒花油就是用液态 CO_2 萃取的酒花中的 β-酸和精油成分，浸膏中含有 70%的 β-酸和它的衍生物，以及 20%的酒花精油（主要是香叶烯、葎草烯、石竹烯）。为了防止挥发，香叶烯制品需要煮沸结束前 5~10min 加入，以调整酒花的香味。

β-酸酒花油可用来改善苦型酒花的风味，取代部分酒花或酒花标准型浸膏。也可用于和四氢异构 α-酸酒花浸膏配合，制造抗日光啤酒。另外，国外尚有各种类型酒花油、酒花精油，用于调整啤酒的香味。

第四节　啤酒酿造用水

啤酒生产用水主要包括加工水及洗涤、冷却水两大部分。加工用水中投料水、洗糟水、啤酒稀释用水直接参与啤酒酿造，是啤酒的重要原料之一，在习惯上称酿造水。洗酵母水、啤酒过滤用水等也或多或少地会进入啤酒。

啤酒酿造水的性质，主要取决于水中溶解盐类的种类和含量、水的生物学纯净度及气味。它们将对啤酒酿造全过程产生很大的影响，如糖化时水解酶的活力和稳定性、酶促反应的速度、麦芽和酒花在不同含盐水中溶解度的差别、盐和单宁-蛋白质的絮凝沉淀、酵母的痕量生长营养和毒物、发酵风味物质的形成等，最终还将影响啤酒的风味和稳定性。

一、水源

大自然存在的天然水源分为如下四种：①雨水、雪水、冰山水；②地表水，包括江、河、湖泊、浅井、水库水；③地下水，包括深井水、泉水；④海水。

无论哪一种水源，得到的是含有各种杂质的天然水（非纯水）。我国工业界目前主要采用地表水及地下水为生产水源。

1. 地表水的特性

工业界广泛采用江、河、湖泊、水库为主的地表水为水源。地表水直接来自雨、雪的汇合，有如下特性。

（1）水质较软，水中溶解杂质、生物量和温度受季节变化波动较大。

（2）地表水含有较多的悬浮性杂质和某些胶体物及生物（微生物、微小动物和植物）。

（3）由于近代工业、农业的发展，人类居住密度的增加，地表水容易受到非自然界的污染。

清洁的未受污染的地表水一般可通过简单的机械过滤，直接用于啤酒生产，但大城市附近的地表水经常需要进行复杂的水处理后才能成为优良的酿造水。

2. 地下水

（1）地下水的分类

①潜水：地面下第一隔水层上承托的水层。潜水一般离地表较近（数米至数十米），受降雨、污水影响较大，温度较低，水质易污染，不太清净。

②承压水：当存水层在两个不透水层之间并受到不透水层的压力或断层的影响，而形成的有压力的水称承压水。某些承压水在挖井后能自动喷涌而出。承压水埋藏数十米至数百米，由于不透水层和地表相隔，受污染较少（开采后可能渗漏污染），水质一般很清净，很少含有微生物。水中溶解的杂质取决于含水层和隔水层的地质结构。

③泉水：泉水是地下水通过曲折漫长的岩层裂缝中自动渗出的。有时它的岩层物质溶解很多，形成高矿化度水。当矿化度在800mg/L以上，并含有若干稀有痕量元素之水，人们常常称作矿泉水。

（2）地下水的水质特点

①清洁：地下水含有极少的有机物、悬浮物和胶体物质。因为地下水补给区极远，受长距离地层过滤，并且补给区在未开发地区，所以，污染较少。

②水温恒定：水温一般在7~24℃，不受气温和季节影响，地下水越深温度越高，如长江中下游地区，80~120m，水温为18~20℃；150~200m，水温为20~22℃；200~250m，水温为22~23℃。

③生物少：地下水很少含有微生物，没有致病菌，没有水生植物和微小动物。

④溶解无机物：地下水受地质岩层影响，一般来说含盐量高（200~2000mg/L），硬度大（大多数暂时硬度高）。某些地下水流经含矿岩层时，会溶解Fe^{2+}、Cr^{6+}、Mn^{2+}、Zn^{2+}、Al^{3+}等金属离子。若承水层是石英砂岩时，可以得到低矿化度（<100mg/L）、低硬度（10~30mg/L CaO）的优质酿造水，如［捷］比尔森泉水。中国杭州啤酒厂、钱江啤酒厂用的地下水均属石英岩水。

二、 水中无机离子对啤酒酿造的影响

1. 水中碳酸盐和碳酸氢盐的降酸作用

$$HCO_3+H^+ \longrightarrow H_2O+CO_2$$

大麦籽粒中存在复合磷酸盐（菲汀），发芽中受到磷酸酯酶的降解，形成游离的 $H_2PO_4^-$，由于 $H_2PO_4^- \overset{K_2}{\rightleftharpoons} H^+ + HPO_4^{2-}$（$K_2=6.23\times10^{-8}$），它使麦芽醪呈偏酸性（pH5.2~6.0）。水中碳酸氢盐的降酸作用，使麦芽醪 pH 升高（pH5.6~6.4），引起一系列的工艺缺点：

（1）糖化醪 pH 升高，不适应羧基肽酶、内切肽酶、β-淀粉酶等的作用（最适范围 pH5.2~5.6），酶促反应受到抑制，蛋白质分解困难，麦汁麦芽糖减少，糊精增加，黏度加大，造成过滤减慢，收得率下降 1%~3%。

（2）麦汁 pH 升高，麦芽皮壳多酚等有害物质溶解度加大，啤酒色泽和涩味增加。

（3）麦汁煮沸时，pH 不在球蛋白等电点，蛋白质絮凝差，麦汁浑浊，啤酒的稳定性降低。

（4）改变酒花的苦味，使啤酒苦味粗糙。

水中碳酸氢盐常常以碳酸氢钙或碳酸氢镁存在，在麦芽醪中可有如下反应：

少量碳酸氢盐存在于：

$$2KH_2PO_4+Ca(HCO_3)_2 \rightleftharpoons CaHPO_4\downarrow+K_2HPO_4+2H_2O+2CO_2\uparrow$$

$$2KH_2PO_4+Mg(HCO_3)_2 \rightleftharpoons MgHPO_4+K_2HPO_4+2H_2O+2CO_2\uparrow$$

反应形成 K_2HPO_4 及 $MgHPO_4$ 均呈碱性。

大量存在 $Ca(HCO_3)_2$ 时：

$$4KH_2PO_4+3Ca(HCO_3)_2 = Ca_3(PO_4)_2\downarrow+2K_2HPO_4+6H_2O+6CO_2\uparrow$$

此反应将损失更多呈酸性的磷酸盐，使 pH 升高更多。一般来说麦芽醪中 $KH_2PO_4 \gg Ca(HCO_3)_2$，所以，麦芽醪 pH 会升高，但不会变成碱性。

当水中存在碳酸盐时，一般均以 Na_2CO_3 存在，（因为 $CaCO_3$ 溶解度极小），反应如下：

$$2KH_2PO_4+Na_2CO_3 = K_2HPO_4+Na_2HPO_4+H_2O+CO_2\uparrow$$

由于生成的 K_2HPO_4 和 Na_2HPO_4 均属可溶性碱性盐，而且 Na_2HPO_4 碱性大于 $MgHPO_4$，故麦芽醪 pH 升得更高。

2. 水中 Ca^{2+}、Mg^{2+} 的增酸作用

$$3Ca^{2+} + 2HPO_4^{2-} \rightleftharpoons Ca_3(PO_4)_2\downarrow + 2H^+$$

例如，水中存在永久硬度的 $CaSO_4$ 和 $MgSO_4$ 时，在糖化醪中可使碱性 K_2HPO_4 转化

成酸性 KH_2PO_4，使酸度升高，pH 降低。

$$3CaSO_4+4K_2HPO_4 \rightleftharpoons Ca_3(PO_4)_2\downarrow+2KH_2PO_4+3K_2SO_4$$

$$3MgSO_4+4K_2HPO_4 \rightleftharpoons Mg_3(PO_4)_2\downarrow+2KH_2PO_4+3K_2SO_4$$

德国库尔巴哈综合上述降酸和增酸作用，提出酿造水中“钙指数硬度 *KW*”“补偿碱度 *GA*”和“残余碱度 *RA*”的概念。

钙指数硬度（也称为氧化钙值，*KW*），由于 Ca^{2+} 和 Mg^{2+} 的作用，可以抵消酿造用水的一部分碱度，Ca^{2+} 提高酸度的作用相当于 Mg^{2+} 的 2 倍，所以 *KW* 计算如式 2-1 所示，*RA* 如式 2-2。

$$KW = CaO\left(\frac{mg}{l}\right) \times 0.1 + \frac{MgO\left(\frac{mg}{L}\right) \times 1.4 \times 0.1}{2} \tag{2-1}$$

式中 1.4——CaO 的分子量（56）与 MgO 的分子量（40）的比值

0.1——CaO 浓度换算到德国度，1 德国度指水中含有 CaO 浓度为 10mg/L

补偿碱数 *GA* 是指每 3.5 钙指数硬度，可以补偿 1.0 碳酸氢盐带来的碱度，即可以消除它带来的碱性。计算式如下：

$$钙硬度补偿碱度\ GA = \frac{KW}{3.5}$$

钙镁离子补偿后水的残余碱度 *RA*，可按下式计算：

$$RA - 水碳酸盐硬度 - GA = 碳酸盐硬度 - \frac{KW}{3.5} \tag{2-2}$$

酿造浅色啤酒的要求 *RA* 在-5～+ 5 度。*RA* 增大使麦汁、啤酒 pH 上升，*RA*=10 度时，相当于 pH 上升 0.3～0.4，在酿造过程中已经会带来明显的不利影响。如<+ 5 度的水，一般不需除碱处理。

例如，德国著名的多特蒙德啤酒酿造水，暂时硬度高达 16.8 度，永久硬度 24.5 度，其中 CaO 364mg/L，MgO 38.3mg/L，总碱度为 16.8 度。此水含碳酸氢盐太高是否适宜于酿制浅色啤酒？

由计算可知：

$$KW = 364 \times 0.1 + \frac{38.3 \times 0.14}{2} = 39.08\ 度$$

$$RA = 16.8 - \frac{39.08}{3.5} = 5.6\ 度$$

多特蒙德水残余碱度还是比较接近于 5.0 度，所以，比较适宜于酿制浅色啤酒，可以不经过除暂硬就可用于酿造。

在啤酒糖化时，Ca^{2+} 含量在 40～70mg/L，能保持淀粉液化酶的耐热性。麦汁含 Ca^{2+} 在 80～100mg/L 时，可促进麦汁煮沸时形成单宁-蛋白质-钙的复合物，促进热凝固蛋白质的絮凝。啤酒发酵中有 30mg/L 以上 Ca^{2+} 时，能促进酵母的凝聚性，也能促进形成草酸钙（啤酒石）的沉结。但过多 Ca^{2+}（>100mg/L）会阻碍酒花 α-酸的异构，并使酒花苦味变得粗糙。

Mg^{2+}的影响和钙相似。Mg^{2+}在麦芽中含量约为 130mg/L。啤酒酿造用水中含有 10~15mg/L 的 Mg^{2+}已足够，不宜超过 80mg/L。当啤酒中含 Mg^{2+}超过 40mg/L 时，会使啤酒变得口感发干、苦味重。

啤酒中 Ca^{2+}和 Mg^{2+}的平衡对啤酒风味有重要影响，当 Ca^{2+} : Mg^{2+} = 2 : 1，啤酒有柔和协调的风味。

3. Na^{+}、K^{+}的影响

啤酒中 Na^{+}和 K^{+}主要来自原料，其次才是酿造水。啤酒中 Na^{+} : K^{+}常常在（50~100）:（300~400）。啤酒中 Na^{+}、K^{+}过高常常使浅色啤酒变得粗糙，不柔和。为了降低啤酒中 Na^{+}、K^{+}的含量，要求酿造用水 Na^{+}、K^{+}的含量较低，两者超过 100mg/L 常常认为这种水不适宜酿造浅色啤酒。

4. Fe^{2+}、Mn^{2+}的影响

铁是水中常见的溶解离子，主要来自含铁土壤和岩石的溶解，也可能来自输水系统。

优质啤酒含 Fe^{2+}应少于 0.1mg/L，若啤酒中含 Fe^{2+}>0.5mg/L，会对啤酒质量造成损害，例如，可使啤酒泡沫不洁白，加速啤酒的氧化浑浊。若啤酒中含 Fe^{2+}>1mg/L 会使啤酒着色，并形成空洞感、铁腥味。洗涤酵母水中 Fe^{2+}>1mg/L，会使酵母早衰。

酿造水中 Fe^{2+}的最高限制量，文献报道不一，一般认为应低于 0.2~0.3mg/L。酿造水中的 Fe^{2+}在糖化时易氧化成 Fe^{3+}，因被麦糟吸附而浓度降低。

Mn^{2+}对啤酒影响与 Fe^{2+}相似，但它常常是多种酶的辅基，特别是能促进蛋白酶活性。当 Mn^{2+}水平超过 0.5mg/L 时，会扰乱发酵，并使啤酒着色。酿造水中 Mn^{2+}水平应低于 0.2mg/L。

5. Pb^{2+}、Sn^{2+}、Cr^{6+}、Zn^{2+}等的影响

重金属离子是酵母的毒物，会使酶失活，并使啤酒浑浊。除 Zn^{2+}以外的重金属离子在酿造水中均应低于 0.05mg/L。

Zn^{2+}是酵母生长必需的无机离子，如果麦汁中含有 0.1~ 0.5mg/L 的 Zn^{2+}，酵母能旺盛生长，发酵力强，它还能增强啤酒泡沫的强度。酿造用水中 Zn^{2+}可以放宽到 <2mg/L。

6. NH_4^{+}的影响

清洁的水中几乎不存在 NH_4^{+}。NH_4^{+}对人体健康和啤酒酿造没有直接危害，酵母能利用 NH_4^{+}中氮。凡水中含 NH_4^{+}>0.5mg/L，人们公认为是污染水，不清洁的水，因此，也不宜做酿造水。

7. SO_4^{2-}的影响

酿造水中SO_4^{2-}经常和Ca^{2+}结合，在酿造中能消除HCO_3^-引起的碱度。SO_4^{2-}存在能促进蛋白质絮凝，有利于制造澄清的麦汁。酿造浅色啤酒的水中SO_4^{2-}可以在50~70mg/L，过多也会引起啤酒的干苦和不愉快味道，使啤酒的挥发性硫化物的含量增加。

8. Cl^-的影响

Cl^-对啤酒的澄清和胶体稳定性有重要作用。Cl^-能赋予啤酒丰满的酒体，爽口、柔和的风味。酿造水中含有20~60mg/L的Cl^-是必需的，但若超过100mg/L，也非酿造工艺所求。麦汁中$Cl^->300$mg/L时，会引起酵母早衰、发酵不完全和啤酒口味粗糙。

近代啤酒酿造水改良时，常常用$CaCl_2$代替$CaSO_4$（石膏），因为它不形成苦涩的$MgSO_4$。反应式如下：

$$CaCl_2+MgHPO_4 \longrightarrow CaHPO_4+MgCl_2$$

9. NO_2^-和NO_3^-的影响

NO_2^-是国际公认的强烈致癌物质，也是酵母的强烈毒素，它会改变酵母的遗传和发酵性状，甚至抑制发酵。在糖化时会破坏酶蛋白，抑制糖化。它还能给啤酒带来不愉快的气味。酿造水中应不含NO_2^-。当它的含量大于0.1mg/L时，这种水应禁止作为酿造水。

NO_3^-有害作用较小，清洁水中很少有多量的NO_3^-。在受到生物废物特别是粪便污染时，水会含有较高的NO_3^-。饮用水的NO_3^-标准为<5.0mg/L，与啤酒酿造用水的要求相近。

10. F^-的影响

生活饮用水中含有少量的F^-（0.6~1.7mg/L）可以防止蛀牙，但含F^-太高的水能引起牙色斑病和产生不愉快的气味。啤酒酿造水中如果$F^->10$mg/L会抑制酵母生长，使发酵不正常。酿造水不应有F^-。

11. SiO_3^{2-}和SiO_2的影响

几乎所有的天然水中均含有SiO_3^{2-}。水中含Na_2CO_3时，会促进硅酸的溶解。火山地带的水SiO_3^{2-}的含量高达50~100mg/L。硅酸在啤酒酿造中会和蛋白质结合，形成胶体浑浊，在发酵时也会形成胶团吸附在酵母上，降低发酵度，并使啤酒过滤困难。因此，高含量的硅酸是酿造水的有害物质。慕尼黑的水中SiO_3^{2-}含量为5.6mg/L，比尔森酿造水的SiO_3^{2-}的含量为12mg/L，啤酒界认为SiO_3^{2-}的含量>50mg/L的水是绝对不能用于酿造的。

12. 余氯的影响

天然水不含余氯。自来水中的余氯是供水厂在水处理中加氯气或漂白粉消毒带来的，供水厂为了抑制自来水在送至最远用户前，微生物不生长繁殖，制订了管网末端余氯>0.05mg/L标准。水质越差，加氯越多，余氯也越高，这常常是城市自来水有强烈氯臭或氯酚臭的原因。

啤酒酿造水中应绝对避免有余氯的存在，因为 Cl^- 是强烈氧化剂，会破坏酶的活力，抑制酵母，并和麦芽中酚类（单酚）结合，形成强烈的氯酚臭。所以，用城市自来水或自供水（用氯消毒的水）做酿造水时必须经过活性炭脱氯。

酿造水的生物学和有害物质标准应遵循生产国卫生组织公布的“饮用水标准”。

三、 啤酒酿造水的要求

众所周知，啤酒某些风味和典型性形成和酿造水的特性有密切联系。世界驰名的啤酒均和它具有特点的酿造水关系密切。一些国家啤酒酿造用水的无机离子含量如表 2-24 所示。

表 2-24 啤酒酿造用水无机离子含量 单位：mg/L

无机离子	Burton-on-Trent [英]伯顿	Dortmund [德]多特蒙德	Munich [德]慕尼黑	Pilsen [捷]比尔森	London [英]伦敦
Na^+	54	69	10	32	24
Mg^{2+}	24	23	19	8	4
Ca^{2+}	352	260	80	7	90
Cl^-	16	106	1	5	18
SO_4^{2-}	820	283	5	6	58
HCO^{3-}	320	549	333	37	123
NO^{3-}	18	—	3	—	—
总离子量	1226	1110	284	185	463

四、 啤酒酿造水的改良和处理

啤酒酿造水，首先应符合生活饮用水标准，其中某些项目还应符合啤酒酿造水的要求。如某些项目达不到上述两项的规定，应对酿造水作适当的改良和处理（表 2-25）。

表 2-25 啤酒酿造水处理方法

水质主要缺点	处理方法	选择意见
悬浮杂质多，透明度低	（1）机械过滤；（2）加凝聚剂过滤	凝聚剂不得过量
单纯暂时硬度和碱度大（<8 度）	（1）煮沸法；（2）加石膏改良；（3）加酸改良	热能浪费大 （2）（3）可结合使用

续表

水质主要缺点	处理方法	选择意见
单纯暂时硬度太高，碱度太大（>8 度）	离子交换法或电渗析法	电渗析法经济，但浪费水，处理后还需离子调整
总含盐量高（500mg/L）某些有害离子超标，总硬度>20 度	（多级处理），机械过滤-活性炭-过滤-电渗析-离子交换-反渗透	根据水质选择其中几种组合
单纯有机物多或余氯高或好氧量大	活性炭过滤	处理前水质应透明，无太多悬浮杂质及胶体杂质
细菌总数超标	（1）砂滤、紫外线消毒；（2）加氯	洗酵母水及稀释用水，用前应脱氯
单纯 Fe^{2+}、Mn^{2+} 超标	（1）活性炭过滤；（2）曝气法处理；（3）硼砂过滤	（1）可单独使用 （2）（3）可结合其他处理

1. 加酸改良

麦汁制造中，各阶段反应的 pH 的高低，不但影响反应速度，而且会影响产物的组成。由于酿造水含 HCO_3^-、CO_3^{2-}、OH^- 较多或由于麦芽质量差，含酸性盐类太少，不能使麦芽醪达到最佳的 pH，此时经常采用加酸的方法来改良。如糊化锅外加酶时，控制 pH6.0~6.5；糖化锅麦芽醪蛋白质休止控制 pH5.2~5.3；双醪混合糖化控制 pH5.4~5.6；过滤洗糟水控制 pH5.3~5.4；麦汁煮沸时控制 pH5.2~5.3。这些 pH 均是在当时温度下测定的。

加酸的数量，不是依据水质，而是依据某反应需控制的 pH。

加酸的种类，原则上是凡符合食品添加剂法的酸均可以添加，我国 GB 2760—2014《食品安全国家标准　食品添加剂使用标准》规定在食品中可使用酸味剂为：柠檬酸、乳酸、酒石酸、苹果酸、偏酒石酸、醋酸、磷酸。最大使用量为“正常生产需要量”。国内啤酒厂广泛采用乳酸、磷酸（食用级），洗糟水有用食用盐酸调节的。

就工艺观点，乳酸是中等弱酸，添加时不会使 pH 降得太低，而且乳酸能使酒体丰满，但如果使用太多会给啤酒带来青涩味。磷酸形成磷酸盐后能被酵母利用，能促进酵母的生长，如使用太多，由于磷太多会引起酵母早衰。盐酸价格低廉，使用量少，Cl^- 可以增加啤酒柔和、丰满风味，但对设备有腐蚀作用。加酸总量，除了受 pH 控制外，还应照顾到定型麦汁的总酸含量。就 12°P 浅色啤酒麦汁，总酸应低于 1.6mL（1mol/L NaOH）/100mL。

根据作者的经验，在加酸量大时（2L/10m^3麦汁），宜采用混合酸，如糖化用乳酸、洗糟水用盐酸、麦汁煮沸用磷酸调节 pH，这样可使啤酒的风味协调。

2. 离子交换法处理水

离子交换法在水处理和制造高纯水中应用最广泛，啤酒酿造水的处理中，也常用这种方法。它是利用离子交换剂（如树脂）中带的离子（如 H^+、Na^+、OH^-、Cl^-）去交换水质中相同符号的离子：

$$Ca^{2+}+2RSO_3^- \cdot H^+ \rightleftharpoons (RSO_3)_2Ca+2H^+$$

$$R_4-N^+ \cdot OH^-+Cl^- \rightleftharpoons R_4-NCl+OH^-$$

水中 Ca^{2+}、Cl^- 被离子交换剂上的 H^+、OH^- 交换而除去，当离子交换剂被 Ca^{2+}、Cl^- 交换饱和后，可用 HCl、NaOH 再生，反复使用。

近代离子交换剂均是用化学合成法制成具有树脂状结构的高分子化合物：如苯乙烯系、丙烯酸系、兼性巨孔型等骨架，均可用 R^- 表示。

根据结合可交换基团的特性可分成如下几种：

磺酸型 $R—SO_3^-—H^+$ 属强酸型

羧酸型 $R—COO^-—H^+$ 属弱酸型

季铵盐型 $R_4-N^+ \cdot OH^-$ 强碱型

叔胺型（$R_3-NH^+ \cdot OH^-$）、仲胺型（$R_2-NH_2^+ \cdot OH^-$）、伯胺型（$R-NH_3^+ \cdot OH^-$）均属弱碱型

离子交换树脂和水中各种离子交换能力（选择性）的强弱是由各种离子和树脂的亲和力的强弱决定的。

磺酸型强酸性阳离子对水中阳离子的交换顺序为：

$$Fe^{2+}>Al^{3+}>Ca^{2+}>Mg^{2+}>K^+>Na^+>H^+>Li^+$$

羧酸型弱酸性阳离子交换顺序为：

$$H^+>Fe^{3+}>Al^{3+}>Ca^{2+}>Mg^{2+}>K^+>Na^+>Li^+$$

季铵盐型强碱性阴离子交换顺序为：

$$SO_4^{2-}>NO_3^->Cl^->OH^->F^->HCO_3^->HSiO_3^-$$

叔胺型弱碱性阴离子交换顺序为：

$$OH^->SO_4^{2-}>NO_3^->PO_4^{3-}>Cl^->HCO_3^-$$

啤酒酿造水的处理，由于不需要除去水中全部离子，除盐要求低，可根据水质选择比较简单的系统，依水质按下述顺序选择：①弱酸—弱碱—单级复床系统；②强酸—弱碱—单级复床系统；③强酸—脱气—强碱—单级复床系统；④强酸—弱碱—脱气—强酸强碱混合床系统。

啤酒酿造水处理的交换树脂再生只能用 2%~5%HCl 和 NaOH。

使用离子交换树脂处理的原水必须符合如下条件：

（1）原水不含有无机或有机的浑浊物，浊度<10mg/L，$KMnO_4$ 耗氧量<2mg/L。

（2）不含藻类、原生动物，菌落总数<100CFU/mL。

（3）游离氯<0.1mg/L；$Fe^{2+}+Mn^{2+}$<1.0mg/L。

（4）水温在 2~35℃。

某厂因水质浑浊采用如下预处理：

水塔自来水→泡沫过滤→活性炭过滤→尼龙布粗过滤→过氯乙烯超细纤维细过滤→贮水箱→加压泵→离子交换塔

3. 离子交换膜电渗析法处理

电渗析水处理是离子交换处理的一种特殊形式，水中无机离子在外加直流电场作用下，向两极迁移时，受到阳、阴离子交换膜对水中离子选择性地透过，使水中一部分的离子迁移至另一部分水中，即使被处理水分成三部分：被处理后的低离子水、浓水（高离子含量）和极水。离子交换膜只通过交换机制，协助离子“搬家”（让同电荷离子透过膜），它不会像交换树脂那样直接参与离子交换而很快失活，因此，不需要经常再生，酸碱耗量低，除盐率一般可在 75%~85%，基本满足啤酒酿造水的要求。因此，我国啤酒厂在 20 世纪 70 年代开始广泛采用这种方法。它的水处理费用较低（每 $1m^3$ 水耗电 0.6~1.0kW·h，1 千瓦时 = 3.6×10^6J），运行周期长（每周再生一次）。但本法在淡水、浓水、极水三者直接排放下，只能得到 45%~55%的淡水，对水资源浪费较大。只有在水资源丰富且价格低廉情况下，采用本法才比较经济。近代城市大型啤酒厂由于水源紧张，已经较少采用此法来处理酿造水。

4. 反渗透法处理

反渗透是一种借助于选择性透过或半透过性膜的功能，以压力为推动力的一种脱分离技术。微孔膜过滤（MF）、超过滤（UF）、电渗析技术（ED）和反渗透（RO）都属于膜分离技术，因为它们都是利用薄膜进行过滤或分离。反渗透过滤处理比其他膜滤效果都要好，可去除最小直径为 0.0001μm 的颗粒，并且能够除去大部分溶解的阳离子和阴离子，但不能除去溶解性气体。

反渗透处理水的特点有：杂质去除范围广，可以去除无机盐、有机物杂质、细菌、病毒等；脱盐率高，能达到 99%以上；操作简单、自动化程度较高，无须人工值守，可实现自动运行。但是该方法对原水的水质有一定要求，污染堵塞指数要 <4，浊度 <0.5，氯含量应 <0.1mg/L。在所有的方法中反渗透过滤需要的压力最大，通常在 1.0~1.5MPa，这取决于溶质温度和 pH 等。典型的反渗透系统，首先将水通过一个或多个颗粒过滤器。然后经过一个活性炭过滤器，最后输送到模组件中。活性炭可以去除会污染或损害反渗透膜的有机物、氯和氯胺。膜组件采用错流过滤的方式，其中的滤液从一侧被抽出，而大部分的水作为废液被持续排出，并带走被浓缩的离子。流出阀限制了流体的流动，保持了膜上的高压力。操作人员可以控制这个阀门，调节压力和废水流速来提高效率。

反渗透系统非常简单，小型系统能够比较方便地购买到，而大型系统通常采用高压泵或比小型系统更大的膜组件。反渗透技术运行过程不需要酸碱，更加安全环保。当啤酒厂需要去除碱度时，反渗透技术是一个不错的选择。它能很好地去除 Mn^{2+}、SiO_4^{2+} 和 Fe^{2+} 等问题离子。但是正是这些元素会导致膜污染，引起操作压力升高，跨膜压差降低，渗透量减少。可以在反渗透系统前设置一个离子交换单元，减少膜的复合，进而提高整体效率，并降低总体的维护成本。

第三章

麦芽制备工艺

第一节　大麦的清选和分级

第二节　大麦的浸渍

第三节　大麦的发芽

第四节　绿麦芽的干燥

第五节　麦芽质量的评定

第六节　特种麦芽

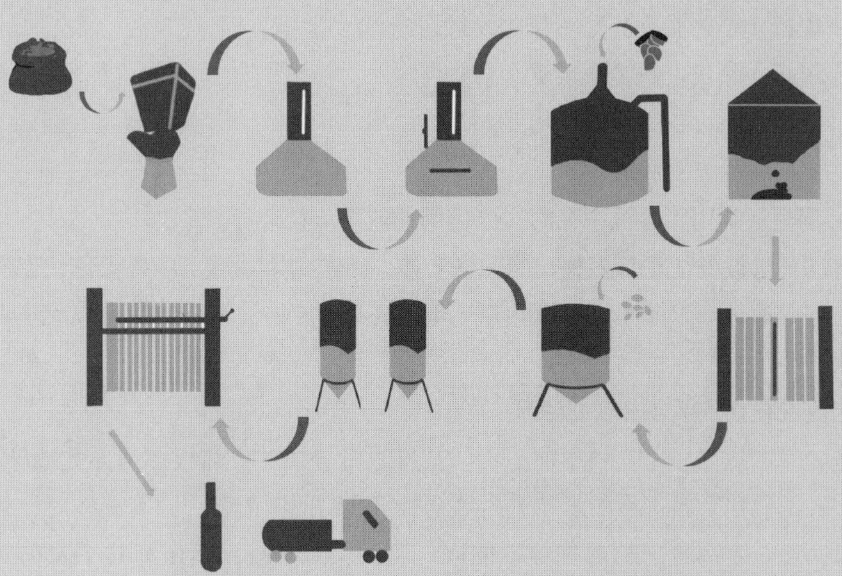

第一节 大麦的清选和分级

由原料大麦制成麦芽，习惯上称为制麦，它是啤酒生产的开始。麦芽制备工艺决定了麦芽品种和质量，从而决定了啤酒的类型。麦芽质量将直接影响酿造工艺和成品啤酒的质量。

制麦的目的在于使大麦发芽，产生多种水解酶类，以便通过后续糖化，使大分子淀粉和蛋白质得以分解溶出。而绿麦芽经过烘干将产生必要的色、香和风味成分。

全制麦过程大体可分为原料清选分级、浸麦、发芽、干燥、除根等。

一、 大麦的清选

进厂大麦含有各种有害杂质，必须预先清除，方能投料，例如，尘土会造成严重的环境污染和微生物感染。砂石、铁屑、麻袋片、木屑等会引起机械故障，磨损机器。谷芒、杂草、破伤粒等会产生霉变，有害于制麦工艺，直接影响麦芽的质量和啤酒的风味。草籽和杂谷也将影响麦芽的质量。要清除上述多变的杂质，必须设有庞大的筛选机械和专用厂房，并尽量做到防尘，减少噪声。

清选操作是根据大麦与夹杂物的形态、密度等机械性能的差异进行的分离过程，有如下几种方式：

（1）筛析　除去粗大和细碎夹杂物。

（2）震析　震散泥块，提高筛选效果。

（3）风析　除灰尘和轻微杂质。

（4）磁吸　除去铁质等磁性物质。

（5）滚打　除麦芒和泥块。

（6）洞埋　利用筛选机中孔洞，分出圆粒或半节粒杂谷。

完善的清选设备往往是多种功能的联合体。清选的第一道工序是粗选，以风力粗选机为例，它是通过圆眼筛和长眼筛除杂。粗选机共分三格，第一格筛除较大土石块、杂草等，第二格除去野生植物种子等，第三格除去细小杂物，麦流于第三格流出。粗选不能分出与麦粒横切面大小相等的杂质。

精选是第二道工序，它利用种子不同长度进行分离的。筛板多为冲孔或钻孔筛板，辊筒为多孔洞圆筒。粗选后的麦粒进入精选机带孔洞的圆筒筛，圆筒旋转时，谷粒被嵌入孔洞升举至一定高度。长形麦粒不能嵌入孔洞，升至较高角度即落下。仍回原麦流中；圆形谷粒则被嵌入孔洞，升至更高角度时，最后从孔洞落下，入槽沟内，由螺旋输送机送出机外。筛板孔洞直径 6.25～6.5mm，可以清除半节粒、荞麦和豌豆等。还有 8.5mm 和 9.5～10mm 孔径的筛板，应根据不同情况选择筛板孔径。

二、 大麦的分级

分级是将麦粒按腹径大小之不同分成三个等级。因为麦粒大小之分实质上反映了麦粒的成熟度之差异，其化学组成、蛋白质含量都有一定差异。当然，其吸收水分速度和发芽速度也都不同，从而影响麦芽质量（均匀性）。

分级筛常和精选机（或杂谷分离机）结合在一起，可分圆筒式和平板式两种。

1. 圆筒分级筛

筛板厚 1mm，孔长 2.5mm，孔宽 2.2mm 和 2.5mm。铣制筛孔比冲压筛孔精度高。

圆筒倾斜度不应大于圆筒长度的 10%。

正常圆周速度为 0.7m/s。

圆筒不应有凹凸，以保证运转平稳和分级效率。

2. 平板分级筛

平板分级筛是一台具有两个箱体的设备，箱体由几组平板筛组成，其工作示意图如图 3-1 所示。

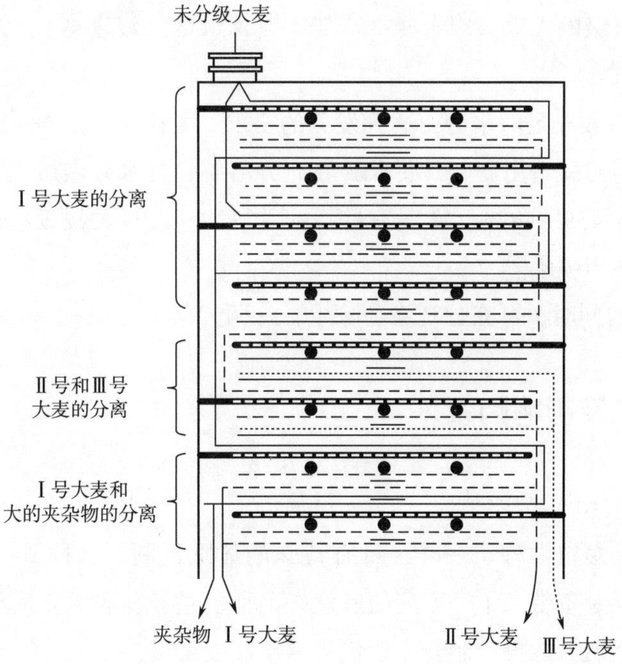

图 3-1　平板分级筛示意图

平板筛重叠排列，用一根垂直偏心轴转动，转速为 120~130r/min。大麦在筛面均匀分布。

每台机由三组筛板组成，每层筛都设有筛板、弹性球筛框和收集板。筛选的大麦由收集板收集后，经过两侧槽沟送至相关的筛板上。

筛眼宽度第一组为 2. 8mm，第二组为 2. 5mm，第三组为 2. 2mm，筛板厚 1mm。

精选分级大麦应分级存放，以便浸渍投料。某一腹径或厚度麦粒所占百分率称为整齐度。我国曾因大麦原料不足，品种不良，以大麦腹径（厚度）2. 2mm 以上者所占质量分数为整齐度。而国际通用标准是 2. 5mm 以上腹径麦粒所占质量分数为整齐度。

大麦的精选率系指从原大麦中选出可用于制麦的精选大麦的质量分数。精选大麦国际上系指腹径 2. 2mm 以上的大麦，我国指腹径 2. 0mm 以上的大麦。自产大麦的精选率一般为 85%~90%。

第二节　大麦的浸渍

一、 浸麦的目的

经过清选和分级的大麦，用水浸，达到适当含水量（浸麦度），大麦即可发芽，浸麦的目的概括如下：

（1）使大麦吸收充足的水分，达到发芽的要求。麦粒含水 25%~35%，即可达到均匀发芽的效果。但对酿造用麦芽，要求胚乳充分溶解，含水必须达到 43%~48%。国内最流行的浸麦度为 45%~46%，欧美有些厂家为 42%~45%的浸麦度时即转入发芽箱，并在发芽箱继续适当喷水。

（2）在水浸的同时，可充分洗涤、除尘、除菌。

二、 浸麦理论及影响因素

1. 大麦的休眠和水敏感性

新收大麦和许多植物种子一样，具有特殊的休眠机制。这种适应大自然的生理功能，对现代化麦芽制备带来了一系列的麻烦。前面已述，新收大麦需经过 6~8 周贮藏，充分完成休眠期之后方能投产制麦。近代化常年制麦工厂，在工厂的库存备料期间，足以完成大麦的休眠过程。

休眠的机制很复杂，现已证实，休眠期的长短与大麦品种有关，与种植和收获季节有关。例如，在温暖、干燥、阳光充足季节收获的大麦比低温、潮湿季节收获者休眠期长。春大麦比冬大麦休眠期长。与大麦库存方法及测定休眠期的方法都直接相关。

从表 3-1 可看出，随着贮藏时间之延长，发芽率逐渐上升。低温（7~15℃）贮藏对消除休眠比高温有利。

表 3-1 大麦贮藏时间和贮藏温度对发芽率的影响 单位：%

贮藏时间/d	贮藏温度/℃							
	7	10	13	15	17	19	22	25
4	31	75	94	95	94	92	80	41
6	84	97	97	96	96	94	83	48
8	92	98	98	—	—	96	87	51
10	95	—	—	—	—	—	91	58
12	96	—	—	—	—	—	92	67
16	97	—	—	—	—	—	—	74

水敏感性是关系到大麦质量的另一生理特性。大麦吸收水分至某一程度发芽受到抑制的现象，称为水敏感性，水敏感性也和大麦成熟期的季节有关。

图 3-2 是一个具水敏感性大麦的发芽试验曲线。将大麦一次连续水浸至 30%水分，没有出现发芽粒；大约至 37%水分，发芽率达高峰：但水分继续上升至 40%以上，发芽率反而逐渐下降，此种吸水稍高而发芽率逐渐下降的情况，称之为水敏感性。图 3-3 进一步说明了水敏感性和休眠大麦的特点。

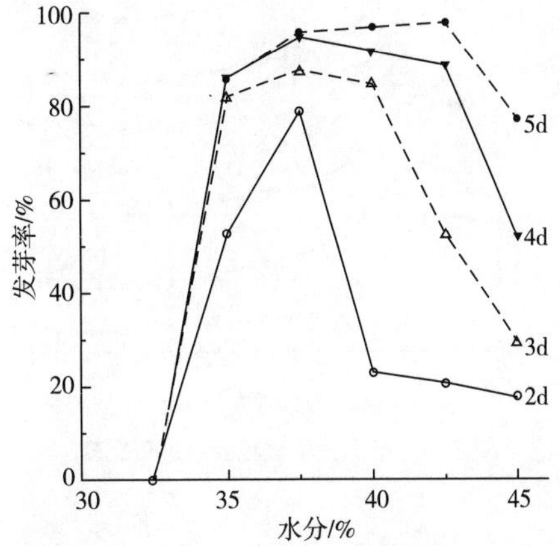

图 3-2 大麦的水敏感曲线

取大麦 100 粒放入直径 15cm 的培养皿，内垫两层滤纸，加适量水，于 18℃恒温发芽 3d，并计数发芽麦粒，绘制曲线。结果证明发芽率随加水量而变化。具水敏感性大麦（图 3-3 曲线 A），在上述条件下，加 4mL 水（接近浸麦度 37%）达最高发芽率，但只有 30%左右，远远没有达到应有水平。这是由于深度休眠和水敏感性所致。用经过贮藏后熟的同一大麦，加水 4mL，发芽率提高至 90%以上（图 3-3 曲线 B）。可是由于大麦具水敏感性，当水量增加至 8mL 时，发芽率再度下降至 30%以下，这就是水敏感性的不良后果。用充分后熟且不带水敏感性、完成休眠期的大麦作试验（图 3-3 曲线 C），不论加水 4mL，还是 8mL，发芽率都达 98%左右。

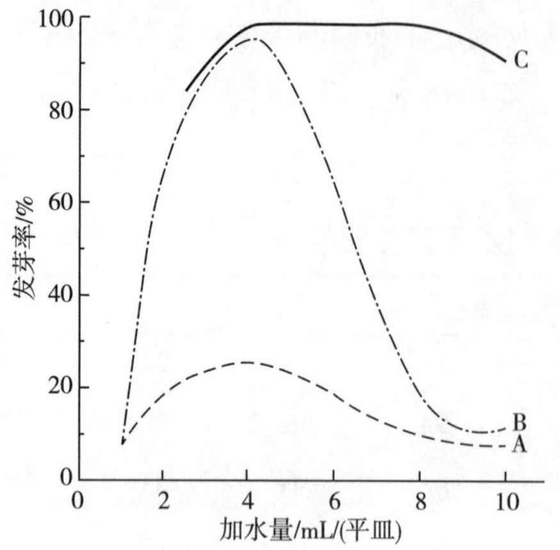

图 3-3 大麦的休眠和水敏感性实验曲线

用上述方法即可进行大麦水敏感性和休眠期的检测。一般认为 4mL 与 8mL 两个发芽率之差小于 10% 为轻度水敏感性，45%以上为重水敏感性。

水敏感性和休眠现象都是发芽技术性阻碍。20 世纪 50~60 年代英国酿造协会进行了大量研究工作，克服的办法很简单，即采用间歇式浸麦法，如配合喷雾效果更佳。

浸麦过程出现的水敏感性和休眠现象，其直接原因之一是在大麦表面形成水膜，它阻碍了氧进入内部，因此，采用断水通风，即消除了水膜，也提供了氧，若配合喷雾则水氧齐备。

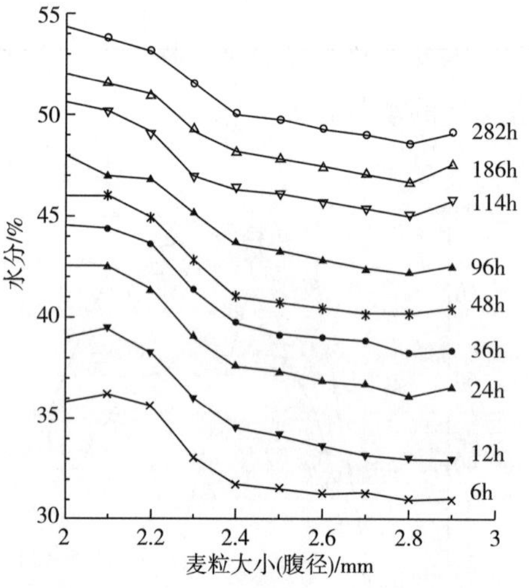

图 3-4 不同大小麦粒吸水速度比较

2. 大麦的吸水速度

大麦吸水速度与麦粒大小直接相关，麦粒越小，吸水越快。从图 3-4 看出，麦粒腹径大于 2.3mm 时，其吸水速度相差不大，小于 2.3mm 者吸水速度明显地高。因此将大麦进行分级，并将 2.2mm 以下作为饲料大麦，这样可以保证麦芽的质量（均匀性）。

从图 3-5 看出大麦吸水速度与温度有关，温度高吸水快，但绝不能因此而提高浸麦温度，因为浸麦温度取决于麦芽质量，不能轻易更改。浸麦度在 35% 以前吸水速度最快。图 3-5 中 25℃浸麦，当水分达 45% 后，浸麦度稍下降，曲线向下弯曲，其实质是由于微生物对大麦的侵蚀所致。粉质粒吸水速度比硬质粒快。因为水分首先从胚的尾端珠孔进入麦粒，因此胚部吸水比胚乳吸水快而且含水率高。

正常浸麦水温为 14~18℃（表 3-2）。

3. 通风与吸氧

大麦吸水后呼吸强度激增，需大量供氧。正常浸麦条件下，水中氧只够供 1h 之需（部分为微生物所耗），若过时不供氧，将导致大麦处于厌氧状态，产生 CO_2、乙醇、醛、酸和酯类，最后将导致胚的生命被破坏，故浸麦过程必须定时通风供氧，或从浸麦槽底吸出 CO_2。

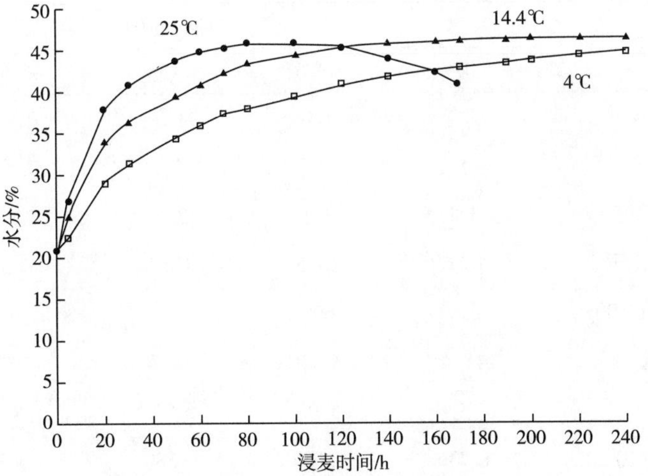

图 3-5　浸麦时间和水分的关系

表 3-2　　浸麦时间和水温与浸麦度的关系

水温/℃	9			13			17			21		
浸麦度/%	40	43	46	40	43	46	40	43	46	40	43	46
浸麦时间/h	47.5	78	101	34	54	78.5	30	46.5	73	21	28	44.5

正常的通风供氧，可促进大麦的发芽，使大麦溶解良好，缩短发芽时间，提高成品率。特别是对休眠大麦和水敏感性大麦，通风尤为必要。

4. 浸麦用水及浸麦度

根据浸麦工艺之不同，浸麦耗水量为大麦的 3~9 倍（质量），不合理的用水，会提高成本，增加排污负荷。浸麦水必须符合饮用水标准。

浸渍后的大麦含水率称浸麦度，一般为 43%~48%，可按式（3-1）计算。

$$浸麦度=\frac{(浸麦后质量-原大麦质量)+原大麦水分}{浸麦后质量}\times 100\% \quad (3-1)$$

表 3-3 是安东（Anton）的报告，他一共做了四个大麦品种，用间歇式浸麦法，水温 13℃、15℃发芽，144h（6d）。烘干温度为 50℃ 11h，60℃ 2h，70℃ 1h，85℃ 5.5h。

表 3-3　　浸麦度对麦芽质量的影响（Eli 大麦）

质量因素	浸麦度/%				
	42	43.5	45	46.5	48
细粉浸出物/%（干）	82.4	82.1	81.8	81.8	82.2
粗粉浸出物/%（干）	79.1	80.3	80.1	80.9	81.5

续表

质量因素	浸麦度/%				
	42	43.5	45	46.5	48
粗细粉差/%	3.3	1.8	1.7	0.9	0.7
糖化时间/min	5	7.5	7.5	7.5	5
色度/EBC 单位	3.1	3.1	3.8	4.2	4.5
蛋白质含量/%（干）	10.6	10.5	10.4	10.3	10.1
可溶氮含量/（mg/100g）	699	690	736	771	812
可溶氮/总氮/%	41.4	41.0	44.3	47.0	50.3
pH	5.94	5.93	5.92	5.85	5.78
黏度/（$Pa \cdot s \times 10^3$）	1.736	1.627	1.580	1.503	1.547
45℃浸出物/%	32.7	32.6	33.4	37.5	42.7
Branbender 硬度/度	510	485	435	410	385
α-淀粉酶/ASBC* 单位	77.0	72.0	79.5	80.5	95.5
总制麦损失	7.9	9.0	10.2	10.9	13.6

注：* ASBC（American Society of Brewing Chemists），即美国酿造化学师协会。

根据表 3-3 可得出如下结论。

（1）浸麦度高低对细粉浸出物无明显影响，但粗粉浸出物随浸麦度之上升而有增加之势，特别是 42%和 43.5%最为明显。粗细粉差则随浸麦度上升而降低。

（2）可溶性氮和蛋白溶解度随浸麦度上升而增加。

（3）pH 依次下降，可能是酸性磷酸盐和有机酸上升之故。

（4）黏度下降可能是β-葡聚糖的分解效应。而 45℃时浸出物上升，应该是小分子物质增加的结果，相应的麦芽硬度也随之下降，这些都是溶解良好的综合结果。

（5）α-淀粉酶是大麦发芽过程中重要的水解酶类之一，其活性上升，意味着其他水解酶类也开始产生，只有产生充足的水解酶类才能促进制麦过程中麦粒的充分溶解。

（6）总损失上升是呼吸增强和新组织（根、叶、芽）形成所致。

综上所述，浸麦度对麦芽质量影响很大，生产中应当综合平衡。多数厂主张取 45%~46%的浸麦度。

三、浸麦的主要设备——浸麦槽

国内最流行的浸麦槽如图 3-6 所示，上部圆柱体高 1.2~2.0m，下部圆柱体锥角 45°。锥底设沥水假底。浸麦槽不宜太高，因为麦层过厚通风阻力大，一般麦层厚为 2~

2.5m。大麦吸水后体积膨胀约40%。为了通风搅拌，需要20%的运转空间，因此，每吨大麦约需2.3m^3的容积。国内的浸麦槽多为小型设备，直径5m，总容积16~30m^3，多用钢板制成。由2~4个浸麦槽成组，浸麦槽数依浸麦度高低和浸麦时间而定。老工艺倾向于浸渍时间60~70h，浸麦度45%以上，故设置3~4个浸麦槽。新工艺流行42%~45%的浸麦度，只设两个浸麦槽，浸麦时间为45~48h，但发芽箱要增设喷嘴，继续喷水增湿至46%左右的浸麦度。新工艺减少了庞大的浸麦槽个数，相应地也减少了厂房。小型浸麦槽常设于发芽箱上方，以便于浸渍大麦向发芽箱流送。设备齐全的浸麦槽应配备温度调节设施。

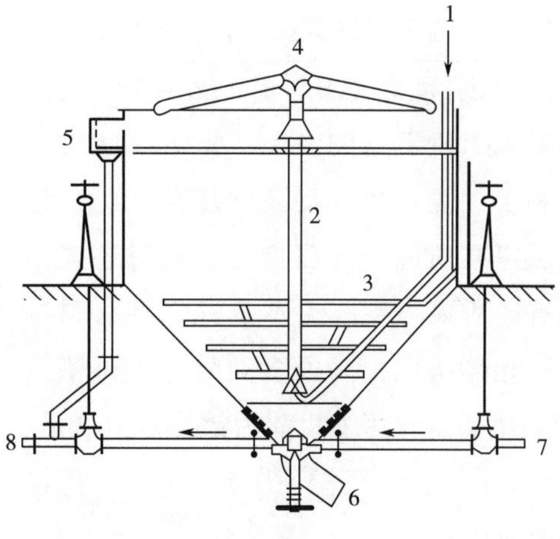

图3-6 浸麦槽

1—压缩空气进口 2—升溢管 3—多孔环形风管 4—旋转式喷料管 5—溢流口 6—大麦排出口 7—进水口 8—出水口

为适应近代大型化制麦生产，大型浸麦槽容量达100~400t。若用传统圆柱锥底结构将使厂房结构过高，麦层过厚，因此，出现了平底浸麦槽（图3-7）。它以圆形居多，高约3m，直径5~20m，相应投料量为20~400t。整个平底槽设筛板，通风均匀，另有CO_2排除系统、水温调节系统和喷水管道。浸麦度42%~45%，浸麦时间48h以内，温度15~18℃。

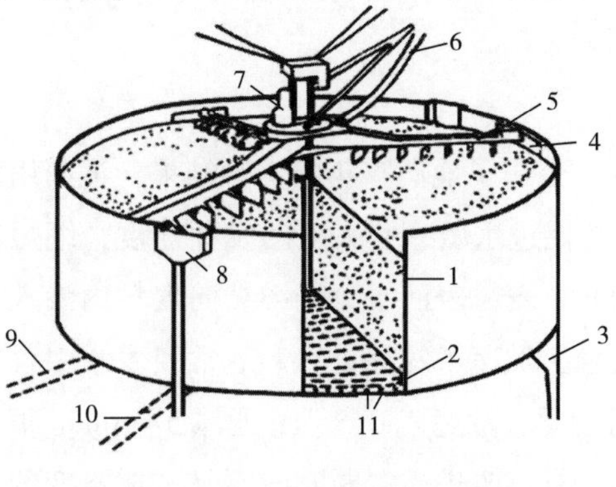

图3-7 平底浸麦槽

1—麦层 2—多孔平底 3—浸渍麦出口 4—溢流口 5—旋转清洗机 6—下料喷水口 7—电动机 8—排水口 9—进水口 10—废水 11—通风管

设置CO_2抽吸装置也是目前浸麦槽的发展趋势之一。以法国普罗维唐斯（Providence）农场的锥形浸麦槽为例，它的直径为5m，共12个，每个容积为33t原大麦，浸麦周期50~70h。设抽CO_2系统，断水时连续抽吸，水浸时每隔30min通风5~10min。CO_2排除口设在锥底，上部连接离心风机。管径为223mm，不锈钢管，设气-水分离装置。另设三根半圆形压缩空气管道，贴焊在锥底外壁，锥底内壁相应位置开孔设喷嘴，压缩机能力为300m^3/h。

槽上方另设喷水管，喷水回收作另槽浸麦水（图 3-8）。

1987 年哈利（Haley）等系统地总结了美国安毫瑟-布希（Anheuser-Busch）公司使用排 CO_2浸麦槽的经验，肯定了此种设施有利于大麦发芽和提高绿麦芽质量，该公司决定在所属麦芽厂推广。同时还提出了将普通通风喷嘴改为不锈钢烧结材料制成的微孔喷头以提高通多面效率，每槽设 16 个喷嘴。空气压缩机能力最小为 0.3m^3/(m^3大麦 · min)，风温 16~18℃。CO_2排风能力最小为 0.08m^3/(m^3大麦 · min)。

由于大型麦芽厂的出现，浸麦槽容量日益扩大，但过大的容量将造成操作和厂房结构设计的困难。有人主张一箱配多槽，以便将浸麦槽规模变小。

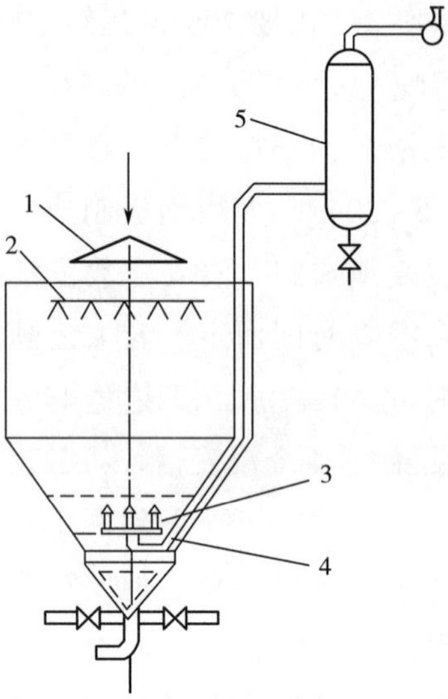

图 3-8 配备 CO_2排除系统的浸麦槽

1—麦粒与水分离帽 2—喷水头 3—CO_2排出器

4—压缩空气管 5—气水分离器

四、 浸麦方法

1. 湿浸法

20 世纪 50 年代以前，对克服大麦的休眠期和水敏感性尚无对策，所以，浸麦方法也很原始，只是将大麦单纯用水浸泡，不通风供氧，只是定时换水。此法吸水较慢，发芽率不高。由于不通风排 CO_2，不能克服休眠期和水敏感性的影响，制麦周期长，麦芽质量低。此法已被间歇浸麦法所淘汰。

2. 间歇浸麦法（断水浸麦法）

1957 年英国酿造研究基金会（B. I. R. F）公布了他们多年的实验结果，证明用浸水断水交替法，进行空气休止，通风排 CO_2，能促进水敏感性大麦的发芽速度，缩短发芽时间一天以上，发芽率提高。实际在断水期间，麦粒表面水分仍继续向麦粒内渗入。更重要的是，断水后的通风加强了麦粒与氧接触，加速了发芽进程。通常浸麦水中含氧水平最高只能达到 13mg/L，经过 0.5~1h 即可耗尽，故每隔 0.5~1h 通风 5~10min 很有必要。国内很多厂都是每隔 2h 通风 10~20min，有待改进。浸断时间不是一成不变的，应根据室温、水温、大麦特性确定。常用者为浸 2 断 6、浸 4 断 4、浸 4 断 6。在可能的条件下，应尽可能延长断水时间。对水敏感性大麦，可适当延长第一次断水时间。

图 3-9 是间歇浸麦操作图之一例，以浸 2 断 6 法浸渍。大麦带水入槽后，应加强通风搅拌，以利清洗、除尘，除浮麦等杂质。第一次浸麦水色暗，有异味，应及早更换。

入清水后进入正常操作。

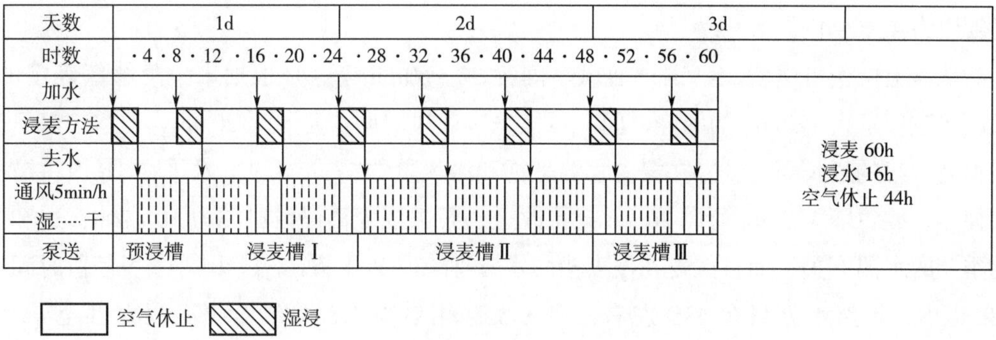

图 3-9　浸 2 断 6 浸麦法（间歇浸麦法）

3. 喷雾浸麦法

此法比间歇浸麦法更为有效：其特点是耗水量减少，供氧充足，发芽速度快。它的用水量只有一般浸麦法的 1/4，同时相应地减少了污水处理负担。水雾不断的流洗麦粒，一方面保持了麦粒表面的水分，另一方面也带走了产生的热量和 CO_2，还可使更多的空气与麦粒接触，明显地缩短了浸麦和发芽时间。如果在喷水过程中，继续通风供氧，效果则更好。

图 3-10 是喷雾浸麦法作业图一例。

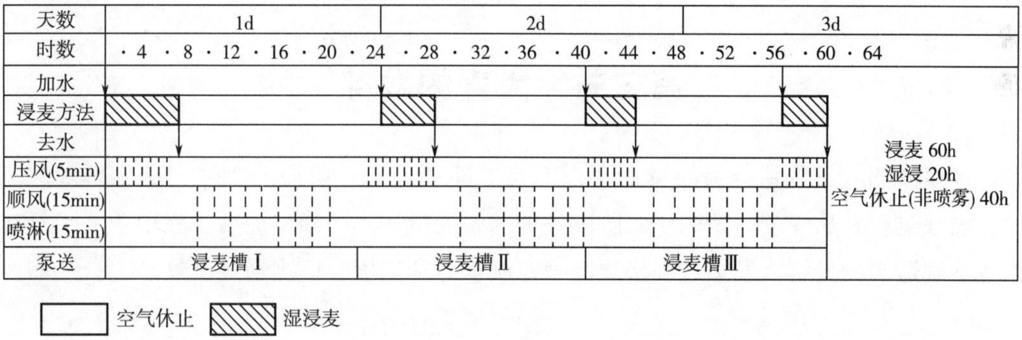

图 3-10　喷雾浸麦法作业图

下面简要介绍美国某知名浸麦厂的浸麦工艺要点。浸麦槽为圆柱锥底形，容量 18~44t。在第一次或第二次浸麦水中加石灰乳以提高 pH，通风浸渍 4h，排水，换清水，连续浸渍 12h。每隔 1h 通风一次。排水、换水连续浸 8~10h。此时麦粒含水 25%~28%，接着喷雾交替进行。用定时器准确控制水量和风量，此阶段连续 18~24h。最终水分 42%~45%，麦粒明显露出根芽。每蒲式耳（23~36kg）大麦耗水量 38~190 L。喷雾用水量为每吨大麦 1.6~7L。

欧洲某啤酒厂麦芽间的浸麦工艺要点是：每批投料 20t，总浸麦时间 45h，其中水浸泡 15h，断水 30h，每隔 30min 通风 4min，最后断水 6h，加水用离心泵送至发芽箱。浸麦度为 42%~43%。

从以上两例可以看出，国外通风时间为 30~60min，这是根据水中溶解氧确定的，我国多数厂家用 120min 的间隔时间，虽然每次通风时间，延长至 20min，但水中溶氧量并不因时间的延长而上升。在浸麦水温下饱和溶氧量约 13mg/L，此水平在 1h 内将被全部耗尽。故每隔 120min 通风 20min 有待改进。我国浸麦槽停留时间为 60~70h，这和不同季节的水温有关，而且大麦在浸麦槽的水分达 45%以上方出槽。国外浸麦停留时间在 48h 以内，虽然水分只有 43%左右，但入发芽箱后喷水，可继续提高浸麦度至 45%。48h 以内的浸麦时间意味着可以用两个浸麦槽满足生产的周转。

下面是我国喷雾浸麦操作一例。

（1）投料后水洗和浸渍 6h，每隔 2h 通风 20min。

（2）断水喷雾 18h，每隔 1~2h 通风 10~20min。

（3）水浸 2h，通风搅拌 20min。

（4）断水喷雾 10h，每隔 1~2h 通风 10~20min。

（5）水浸 2h，通风 20min。

（6）断水喷雾 8h，每隔 1h 通风 20min。

（7）停止喷雾，空休 2h 出槽。

第三节　大麦的发芽

浸渍后的大麦达到适当的浸麦度，工艺上即进入发芽阶段。实际上从生理现象来说，发芽过程是从浸麦开始的。此阶段各种水解酶量达到高峰，淀粉、蛋白质、半纤维素等达到适当的分解。发芽过程必须准确控制水分和温度，适当通风供氧。

一、 大麦和麦芽中的酶类

现已发现大麦中的酶类达数百种，而且每年都有新酶种发现。经过发芽的大麦所含酶量和种类大量增加。1960 年以前人们一直认为谷物的胚分泌出酶，途经盾状体上皮层进入胚乳，在此进行酶解反应。此种错误观点直至赤霉素（GA）对酶形成的诱导作用建立之后才得以纠正。

赤霉素（Gibberellin，GA）是一种高效、应用广泛的双萜类植物生长调节剂。1926 年，日本黑泽英一发现，当水稻感染了赤霉菌后，会出现植株疯长的现象，病株往往比正常植株高 50%以上，而且结实率大大降低，因而称之为“恶苗病”。科学家将赤霉菌培养基的滤液喷施到健康水稻幼苗上，发现这些幼苗虽然没有感染赤霉菌，却出现了与恶苗病同样的症状。1938 年，日本薮田贞治郎和住木谕介从赤霉菌培养基的滤液中分离出这种活性物质，并鉴定了它的化学结构，并将其命名为赤霉素。起初在日本刊出了赤霉素的化学性质及生理特性，但由于战争缘故，直至第二次世界大战后有关赤霉素方面的研究才成为国际性课题。自然界中已经发现 130 多种不同结构的赤霉素，主要存在于高等植物和微生物中，按其分离结晶的先后顺序分别命名为 GA_1，GA_2，GA_3……，其中活性最强、普遍使用的是已经成为商品的赤霉酸（Gibberellic Acid，GA_3）。

发芽开始，胚部的叶芽和根芽开始发育，同时释放出多种赤霉酸，并向糊粉层分泌，由此诱发出一系列水解酶的形成。故赤霉素（主要是赤霉酸）是促进水解酶形成的主要因素，至今人们还在通过电子显微镜等技术继续研究赤霉素诱导酶的形成机制。

大麦自身分泌出的赤霉素，在发芽胚乳内含量为 $1\times10^{-10}\sim1\times10^{-9}$g/kg 大麦，其中 90%为 GA_3，10%为 GA_1。20 世纪 60 年代以后工业上采用了人工外加 GA_3 的制麦工艺，可将发芽周期由传统的 7d 缩短到 4~5d，麦芽的溶解度增加，浸出物提高 1%~2%。

水解酶的形成是大麦转变成麦芽的关键所在，现将在酿造啤酒过程中最重要的几种水解酶分述如下。

1. α-淀粉酶

原大麦不含或很少含 α-淀粉酶，经发芽后，在糊粉层内形成大量的 α-淀粉酶。在水溶液中 α-淀粉酶能使淀粉分子迅速液化，产生较小分子的糊精，故它又称液化酶或糊精化酶。因为它作用于分子内任意 α-1,4 键，故又称内淀粉酶。

α-淀粉酶作用于直链淀粉，其分解产物为 6~7 个葡萄糖单位的短链糊精及少量的麦芽糖和葡萄糖，但糊精还可以进一步缓慢地水解。按理论最终产物为 87%α-麦芽糖和 13%葡萄糖。

α-淀粉酶作用于支链淀粉只能任意水解 α-1,4 键，但不能分解 α-1,6 键，也不能越过 α-1,6 键。作用接近 α-1,6 键时速度放慢，其分解产物为 α-极限糊精、麦芽糖和葡萄糖。极限糊精的分支键只有 2~3 个葡萄糖基。

α-淀粉酶对纯淀粉溶液最适 pH 为 5.6~5.8，最适温度为 60~65℃，失活温度为 70℃。作用于未煮沸的糖化醪，其最适 pH 为 5.6~5.8，最适温度上升至 70~75℃，失活温度为 80℃。

2. β-淀粉酶

原大麦中存在相当数量的 β-淀粉酶，有游离态和结合态（无活性）两种。它是麦芽中与 α-淀粉酶并列的两个主要淀粉酶，大部分存于胚中。原大麦的 β-淀粉酶活性为 60~200WK 单位。制成绿麦芽，其活性成倍上升。

β-淀粉酶是一种含—SH 基的外切酶，作用于淀粉分子的非还原性末端，依次水解产生麦芽糖，故作用速度缓慢。如果没有 α-淀粉酶的协同作用，快速产生大量糊精，提供多量非还原性末端基，β-淀粉酶就难于实现快速糖化的作用。β-淀粉酶也只能作用于 α-1,4 键，遇 α-1,6 键即停止水解。作用于直链淀粉产生 β-麦芽糖，作用于支链淀粉，除产生麦芽糖外，还有极限糊精。结晶纯 β-淀粉酶有四个等电点不同（pH 为 5.65~5.9）的同工酶。

β-淀粉酶对纯淀粉液最适 pH 为 4.6，最适温度为 40~45℃，失活温度为 60℃。它对未经煮沸的糖化醪最速 pH 为 5.4~5.6，最适温度为 60~65℃，失活温度为 7℃。

工业中测定麦芽糖化力是代表以 α-淀粉酶和 β-淀粉酶为主的酶活性。美国习惯用林德拉（°L）单位；欧洲、俄罗斯和我国习惯用维-柯（WK）单位（EBC 单位）。维-柯单位特指麦芽的糖化力单位，1WK 表示 100g 绝干麦芽在 20℃ 和 pH 4.3 条件下分解可溶性淀粉，每 30min 产生 1g 麦芽糖。

现将 α-淀粉酶和 β-淀粉酶的主要特性归纳于表 3-4 中。

表 3-4 α-淀粉酶和 β-淀粉酶性能比较（Allen 和 Spradin）

	α-淀粉酶	β-淀粉酶
特异性	α-1,4 葡萄糖苷键	α-1,4 葡萄糖苷键
作用机制	内切酶	外切酶
作用范围	不能作用，但能绕过 α-1,6 键	不能作用，也不能绕过 α-1,6 键
主要水解产物	糊精	β-麦芽糖
反应液黏度下降	快	慢
与碘液反应蓝色消失	快	慢
反应液还原力增加	慢	快
葡萄糖产生	慢	快
麦芽糖产生	慢	快
糊精产生	快	慢

3. 支链淀粉酶（Pullulanase）

支链淀粉酶又名 R-酶、极限糊精酶或脱支酶（Deramifying Enzyme），或总称为脱支酶，水解聚麦芽三糖（Pullulan）和来自支链淀粉及糖原的极限糊精的内部 α-1,6 键。来自微生物的支链淀粉酶和来自植物的 R-酶二者很类似，但二者活力有别，前者能分解糖原中的 α-1,6 键，而后者则不能。其他作者也有关于 R-酶作用的极限糊精不如微生物脱支酶作用面广泛的报道。

支链淀粉酶是降低麦汁中支链糊精的酶，虽然它不像 α-和 β-淀粉酶受到重视，但也是淀粉酶中不可缺少的组成部分。麦芽中的淀粉水解酶种类很多，通过图 3-11 可以了解到几种重要的淀粉酶与其相应的作用基质。

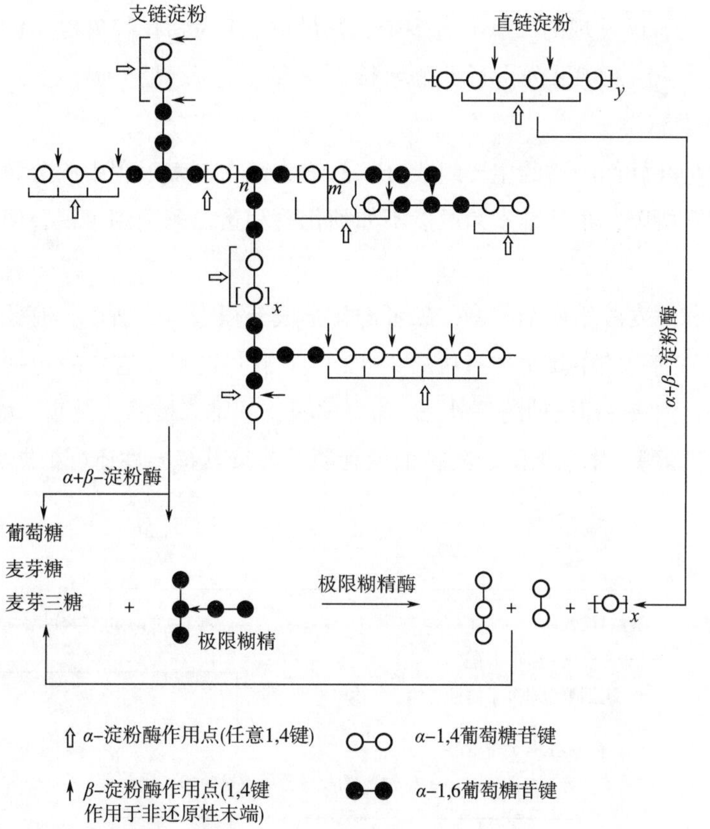

图 3-11　淀粉水解酶作用机制

4. 蛋白分解酶

蛋白分解酶是分解蛋白质肽键一类酶的总称，可分为内肽酶和端肽酶两类。内肽酶能切断蛋白质分子内部肽键，分解产物为小分子多肽。端肽酶又分为羧肽酶和氨肽酶两种。此外还有一种二肽酶，它分解二肽为氨基酸。羧肽酶是从游离羧基端切断肽键，而氨肽酶则从游离氨基端切断肽键。

通常指的蛋白酶都是指内肽酶，而羧肽酶、氨肽酶和二肽酶总称为肽酶或端肽酶。

蛋白酶是关系到麦芽溶解和啤酒质量的重要酶类。

（1）内肽酶　大麦中有此酶，其中60%为水溶性，40%为盐溶性。经过发芽此酶活性增加5~6倍。此酶分解高分子蛋白质为多肽，在长时间作用下也可生成小分子的肽和氨基酸，最适 pH 为 4. 7，最适温度为 40℃，失活温度 70℃。它对糖化醪最适 pH 为 5. 0~5. 2，最适温度为 50~60℃，失活温度为 80℃。

（2）羧肽酶　大麦中有三种羧肽酶，其最适 pH 分别为 4. 8、5. 2、5. 7，发芽后酶活性增加。它们的最适温度为 50~60℃，70℃以上很快失活。

(3) 氨肽酶 已发现的氨肽酶至少超过三个，其最适 pH 为 7.2 和 5.8~6.5。麦芽中的氨肽酶活性比大麦要高。

(4) 二肽酶 已发现的二肽酶有多个，其最适 pH 为 8.6 和 7.8，还有报道为 8~9，最适作用温度为 40~50℃，发芽后此酶增长 2~8 倍。

5. 半纤维素酶类

半纤维素是胚乳细胞壁的主要组成分，而细胞壁在制麦过程中的分解是大麦胚乳分解的主要过程，所以，半纤维素酶虽然不如糖化酶和蛋白酶受到重视，但它是麦芽溶解的先驱。

半纤维素和大麦胶组成细胞壁，二者的化学成分很近似，所以，有关半纤维素酶的讨论，涉及分解细胞的主要酶类。从图 3-12 可了解其梗概。这些酶包括有分解细胞壁成分相应的酶：内-β-葡聚糖酶、外-β-葡聚糖酶、纤维二糖酶、昆布二糖酶、内-木聚糖酶、外-木聚糖酶、木二糖酶、阿拉伯糖苷酶。若按其特异性还可根据作用键细分。

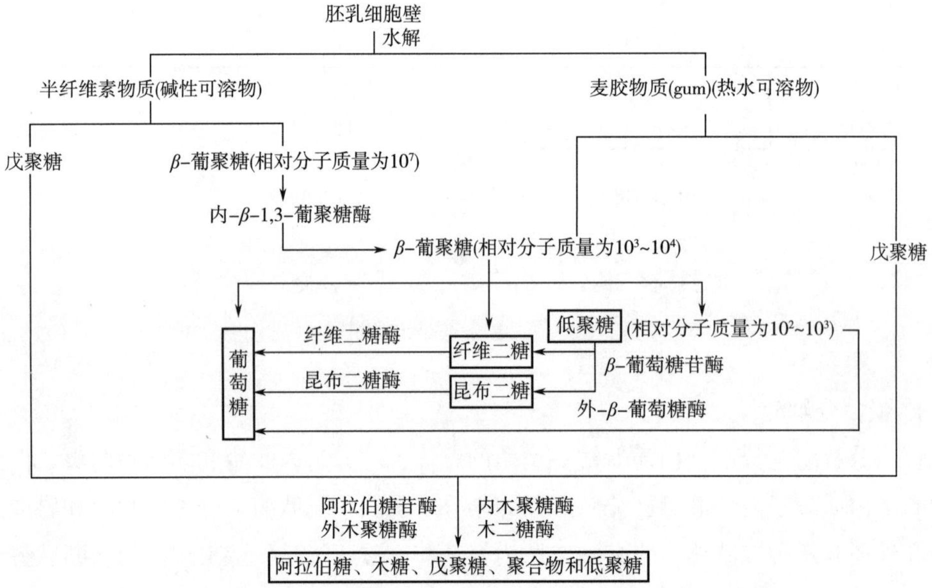

图 3-12 制麦过程胚乳细胞壁的酶降解模式

在这些半纤维素酶中最引人注目的是β-葡聚糖酶。因为β-葡聚糖在麦汁过滤、成品酒过滤乃至酒的稳定性等都可能引起干扰。为了克服此困难，必须通过β-葡聚糖酶彻底分解β-葡聚糖。因此，对β-葡聚糖酶的形成、种类、作用机制、测定方法及该酶的微生物酶制剂的生产和应用，进行了大量的有效的工作。

从表 3-5 可以看出，制成麦芽后β-葡聚糖酶活性增长数十倍以上。酶活性的增长也说明了细胞壁的分解。

表 3-5　　制麦过程 β-葡聚糖酶的增长（试样为 1kg 大麦）

酶类	发芽天数/d							
	原大麦	3	4	5	4（Kd）	4（Kw）	5（Kd）	4（GA）
内-β-1,3,1,4-葡聚糖酶（E. C. 3. 2. 1. 6）	3. 0	52	103	69	48	60	29	595
内-β-1,3-葡聚糖酶（E. C. 3. 2. 1. 39）	27	336	491	—	536	770	—	1505

注：表中 Kd—烘干麦芽，干法粉碎；Kw—烘干麦芽，湿法粉碎；GA—制麦添加 GA_3

从表 3-5 中可看出，发芽 4d 后 β-葡聚糖酶达最高峰，但也有报道于第三天或第五天达高峰值的。添加 GA_3 对 β-葡聚糖酶的增长尤为显著，酶活性增长比不添加 GA_3 者高 3~5 倍多。这也反映了添加 GA_3 诱导水解酶增长的一般规律。此外还应看到麦芽烘干造成两种酶的损失达 50%~60%。

二、 大麦发芽过程中物质的变化

1. 物理及表观变化

浸麦后麦粒吸水膨胀，体积约增加 1/4。浸麦后期，绝大部分麦粒露出根芽白点，至发芽终止，根芽长度约为麦粒长的 1. 5~2 倍。与此同时，叶芽在谷皮下穿过种皮，向尖端伸长，当叶芽长度为麦粒长度的 3/4 和与麦粒等长者占麦粒总数的 75%时，可以认为发芽已完成。

发芽开始后，淀粉质胚乳从紧靠盾状体的一端开始轻度崩解，细胞层开始溶解，逐渐向胚乳扩展，直至靠近麦粒尖端。细胞壁溶解主要依靠前述半纤维素酶来完成。细胞壁的溶解使得淀粉酶和蛋白酶等水解酶类得以进入细胞壁内，对大分子物质进行初步分解。麦粒由坚硬富于弹性变成松软，用手指捻麦粒感觉疏松，出现湿润白浆状。干燥麦芽疏脆，密度下降，此即为一系列水解酶作用导致的麦芽溶解作用。溶解不良的麦芽，麦粒尖端保持原大麦粒特征，烘干后尖端质硬，浸出物低。

从图 3-13 可以看出，胚乳溶解各部位是不对称的，主要是由于酶的形成系从糊粉层逐渐向外扩展。

2. 糖类的变化

最主要的变化是淀粉的相对分子质量有所下降。直链淀粉在其分子两端各具有一个简单的还原性和非还原性末端，支链淀粉只是在其主链上有一个还原性末端，但支链末端都具有非还原性葡萄糖基，由于长链切断，故此末端葡萄糖基相应地增加。末端葡萄糖基数对总葡萄糖数的比值可以表示出淀粉分子的复杂性，即可以表示出淀粉分子被降解的程度。末端基越多说明降解程度越大。支链淀粉与碘作用产生特征性红色，直链淀

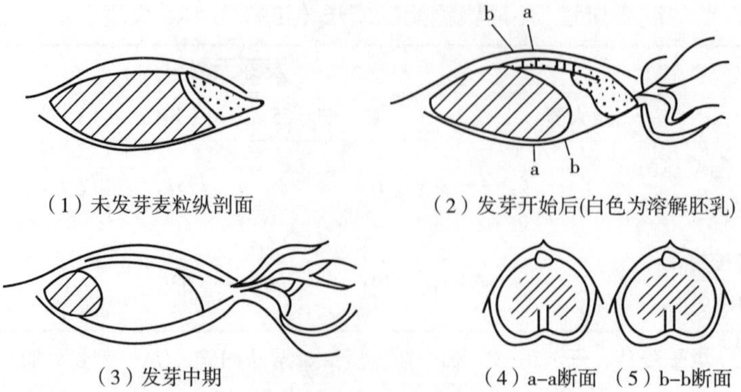

（1）未发芽麦粒纵剖面　（2）发芽开始后(白色为溶解胚乳)

（3）发芽中期　（4）a–a断面（5）b–b断面

图 3–13　麦芽胚乳溶解过程

粉与碘作用产生蓝色。蓝色值的增加也表示出直链数之增长，但是这种增长值也是有限的，原因是蓝色反应与葡萄糖的聚合度有关，且看下面的规律（表 3–6）。

表 3–6　链长与呈色反应的关系

链长（葡萄糖基数）	螺旋数	呈色反应
45 以上	8	蓝
40	7	蓝紫
36	6	紫
31	5	红
12	2	浅红
9 以下	1.5	无

从表 3–7 看出，大麦经过发芽，由于淀粉链部分被切断，淀粉链数目增加，非末端葡萄糖比率由 25 下降至 22，末端基相应上升。麦芽中直链淀粉与碘呈现的蓝色反应比大麦中有所提高，这说明麦芽中直链淀粉数比大麦有增加，从 26.2%上升至 29.2%，故蓝色值从 0.366 上升至 0.409。在支链淀粉中，由于支链被切断，末端基葡萄糖增加，非末端基葡萄糖相应地下降。原大麦支链淀粉长度平均为 24～25 个葡萄糖基，制成麦芽后其平均长度降至 17～18 个葡萄糖基，说明无色反应的短链糊精有增长。发芽过程中，由于呼吸造成的淀粉损失为 4%～8%。

表 3–7　Carlsberg 大麦和麦芽的淀粉分析

参数	大麦	麦芽
水分/%	11.2	14.7
蛋白质含量（N×6.25）/%	2.51	2.05
非末端基葡萄糖：末端基葡萄糖	25：1	22：1

续表

参数	大麦	麦芽
与碘反应的蓝色值	0.366	0.409
直链淀粉含量/%	26.1	29.2
支链淀粉中非末端基葡萄糖∶末端基葡萄糖	(18~19)∶1	(15~16)∶1
直链淀粉含量/g(1000 粒大麦)	6.72	6.37

从表 3-8 看出，经过制麦过程，可溶性糖大部分有积累，这是由于淀粉、半纤维素、大麦胶及其他多糖被酶水解的综合结果。但是葡二果糖和棉子糖都逐渐下降，因为它们是作为发芽开始的营养源而被消耗的。大麦的千粒重从 39.1g 下降至 35.3g，即制麦损失为 9.7%，此损失包括呼吸损失、根芽及浸麦过程无机物的流失和谷皮破损等。蓝色值系根据麦粒中分离出的纯淀粉进行测定的，纯直链淀粉蓝色值约 1.4，纯支链淀粉蓝色值约 0.1。制麦过程由于链断裂而直链增加，故蓝色值上升，这点与表 3-7 一致。

表 3-8 制麦过程糖类的变化 单位：g/1000 粒大麦

糖名称	原大麦	浸麦	绿麦芽	干麦芽	成品麦芽
果糖	0.027	0.042	0.145	0.262	0.194
葡萄糖	0.016	0.031	0.178	0.285	0.462
蔗糖	0.301	0.265	0.624	0.755	1.315
麦芽糖	—	0.012	0.123	0.109	0.257
麦芽三糖	—	—	0.063	0.059	0.148
葡二果糖	0.033	0.047	—	—	—
棉子糖	0.058	0.050	—	—	—
果聚糖	0.226	0.370	0.842	0.374	0.352
葡聚糖	0.725	0.824	2.161	1.129	0.613
阿拉伯聚糖	0.047	0.039	0.148	0.115	0.110
木聚糖	0.050	0.039	0.182	0.153	0.142
蓝色值	0.326	0.308	0.381	0.374	—
千粒重(干基)	39.1	38.7	37.6	36.8	35.3
淀粉	25.74	25.06	20.7	21.50	20.79

3. 蛋白质的变化

蛋白质分解是制麦过程的重要内容，部分蛋白质分解为肽和氨基酸，分解产物分泌至胚，用于合成新的根芽和叶芽，因此，蛋白质有分解也有合成。从表 3-9 不难看出，经过 11d 发芽后，大约有 13%的氮转入根芽，当然这些数据由于发芽时间过长而缺少代表性，但氮的转移是非常明显的。

表 3-9 发芽过程大麦中氮的转移 单位：g/1000 粒麦

参数	（胚乳+外皮）中	叶芽中	根芽中
浸渍大麦	543	83	—
发芽 5d	456	114	57
发芽 11d	323	228	76

表 3-10 进一步证明了大麦在发芽过程中氮的变化包括了分解与合成，但分解是主要的。醇溶蛋白和谷蛋白在数量上有明显下降，其余各项基本不变或略有上升，或者先降后升。如果没有这些变化，就不可能出现各种酶的形成及大麦的溶解过程。

表 3-10 发芽过程中各种蛋白组分的变化 单位：g/1000 粒麦

累计时间/h	千粒重	总氮	清蛋白氮	球蛋白氮	醇溶蛋白氮	谷蛋白氮	非蛋白氮
0（原大麦）	46.0	0.807	0.099	0.076	0.261	0.267	0.132
53（浸毕）	45.1	0.795	0.089	0.074	0.262	0.262	0.091
124（发芽）	44.5	0.783	0.099	0.071	0.249	0.240	0.114
288（发芽）	43.4	0.791	0.102	0.111	0.192	0.190	0.167

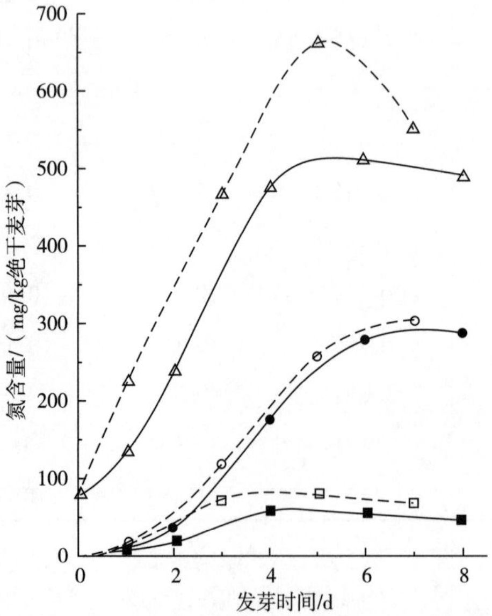

图 3-14 发芽过程低分子氮的变化

▲ 总氨基酸氮 △ 总氨基酸氮（加GA_3） ● 脯氨酸氮 ○ 脯氨酸氮（加GA_3） ■ 氨氮 □ 氨氮（加GA_3）

为了衡量蛋白质分解程度，习惯以可溶性氮占麦芽总氮的百分率表示，称为蛋白溶解度（或溶解指数），又称库尔巴哈值。因为发芽过程蛋白质有分解也有合成，所以，蛋白分解（溶解）度是有限的，单独用蛋白溶解度在发芽过度的情况下难于判别真实溶解度的好坏，还应当配合其他考查。

图 3-14 表明，在正常条件下于发芽的第三天至第五天，低分子氮均达高峰值，但是若添加赤霉酸，则各值在同一时间内均有提高，总氨基氮明显提高。高峰期提前到达，表明赤霉酸缩短制麦周期的效果。图中各曲

线高峰期之后的下降趋势说明了高分子氮的再形成。

表 3-11 是发芽的多因素试验结果，虽然这些工艺参数早已为人们确定，但是必须注意以蛋白分解情况为依据。通常认为蛋白溶解度为 35%～45%均算合格，最好控制在 40%左右。α-氨基氮为 120～160mg/100g 干麦芽均算合格。发芽后期麦层中应保存适当的 CO_2浓度，即减少通风次数和时间，让 CO_2积累以抑制在胚芽中过多地合成新蛋白，减少制麦损失。

表 3-11　　发芽条件对蛋白质分解的影响

浸麦度/%	40	43	46	48
蛋白溶解度/%	39.5	43.7	46.1	52.2
α-氨基氮含量/（mg/100g 干麦芽）	105	112	136	175
发芽温度/℃	13	15	17	—
蛋白溶解度/%	44.9	43.9	41.9	—
α-氨基氮含量/（mg/100g 干麦芽）	150	130	120	—
发芽时间/d	4	5	6	7
蛋白溶解度/%	35.4	38.8	39.8	40.7
α-氨基氮含量/（mg/100g 干麦芽）	125	128	135	145
三天后麦层 CO_2含量/%	0	10	20	—
蛋白溶解度/%	40.9	38.0	42.8	—
α-氨基氮含量/（mg/100g 干麦芽）	134	140	159	—

4. 核酸的变化

大麦中含有普通含氮嘌呤和嘧啶碱基的低相对分子质量衍生物，包括辅助因子 NAD^+和 $NADP^+$、ATP 以及糖衍生物如尿苷二磷酸葡萄糖（UDPG）和腺苷二磷酸葡萄糖（ADPG）。谷物含有脱氧核糖核酸（DNA）和核糖核酸（RNA）。前者存在于细胞核、线粒体和质体中，带有编码各种蛋白质的遗传信息；后者有各种形式，携带有编码蛋白质生物合成的信息，并提供一些包括蛋白质生物合成在内的分子。核酸占大麦谷物干重的 0.2%～0.3%，其中 30%在 DNA 中，70%在 RNA 中。它们存在于活细胞中并具有代谢活性，但目前还不清楚它们是否存在于死的淀粉质胚乳中。

制麦期间，积累的酶（分别为 DNA 酶和 RNA 酶）可以水解 DNA 和 RNA，其他的酶如核苷酶和核苷酸酶，最终可以把它们完全降解成游离嘌呤和嘧啶碱基、糖（核糖和脱氧核糖）以及无机磷酸。糖化期间，麦芽中的核酸完全降解成核苷酸和游离碱基。在煮出糖化法生产的麦汁中，腺嘌呤和鸟嘌呤占可溶性氮的 6%左右。核酸水解的步骤是：①由核酸酶水解，释放出核苷酸［各种异构体；碱基-糖（核糖或脱氧核糖）-磷酸］；

②核苷酸受核苷酸酶作用，水解成游离碱基（嘌呤和嘧啶）和游离糖（核糖和脱氧核糖）。另外，由于游离或核苷酸上的碱基可以去氨基，因此腺苷可以生成肌苷，腺嘌呤生成次黄嘌呤，胞嘧啶核苷生成尿嘧啶核苷，而胞嘧啶可以生成尿嘧啶。麦芽中还发现了尿囊素，是一种嘌呤碱基的氧化降解产物。

糖化后的麦汁中发现了各种游离碱基和核苷酸的混合物。一些核苷酸有风味增强的特性，但是浓度较低不会影响啤酒风味。核苷酸的降解产物非常重要，能够使酵母开始生长时有最短的迟滞期。高度焙燥的麦芽与中等焙燥强度的麦芽相比，其制成的麦汁中含有较高比例的核苷酸，而中等焙燥的麦芽中游离碱基含量较多，糖化后的麦汁中核苷的含量很少。由此得出核酸酶（DNA 酶和 RNA 酶）和核苷酸酶（磷酸酯酶）具有一定的耐热性，但是也有人认为核苷酸酶在焙燥中会部分失活。

5. 半纤维素和麦胶物质的变化

从图 3-12 已充分了解到半纤维素和麦胶物质是细胞壁的组成分，更确切地说是戊聚糖和β-葡聚糖构成了细胞壁，所以说半纤维素和麦胶物质的变化实质是β-葡聚糖和戊聚糖的降解，也即是细胞壁的分解。它所涉及的酶都属于半纤维素酶。

（1）β-葡聚糖的变化　β-葡聚糖是半纤维素和麦胶物质的主要成分，麦胶物质所含的β-葡聚糖，其相对分子质量较半纤维的小，易溶于水，成黏性溶液。相对分子质量越小，黏度也越小。麦粒发芽后，随着胚乳的不断溶解，其浸出物溶液的黏度也不断降低，因此，也可以通过测定黏度来衡量麦芽的溶解度，也可以通过测黏度来测定β-葡聚糖含量的相对值。溶解良好的麦芽，其β-葡聚糖降解较完全，手指捻呈粉状散开，溶解不良者手捏呈橡皮弹性状。

β-葡聚糖的酶解方式如图 3-15 所示。

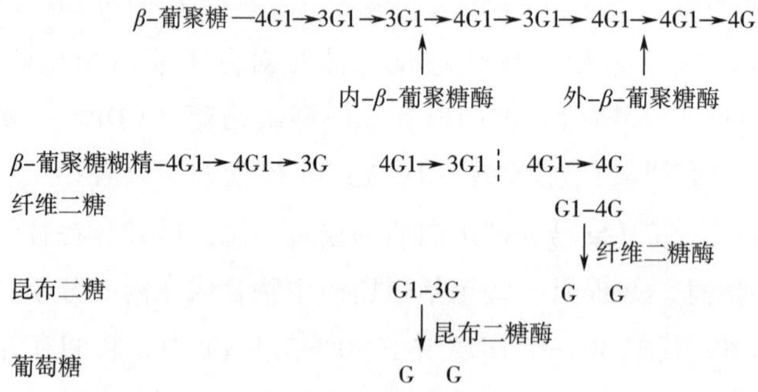

图 3-15　β-葡聚糖酶解图

（2）戊聚糖的变化　大麦中的戊聚糖分布于谷皮、胚和胚乳中。胚乳中含有一部分低分子可溶性戊聚糖，其他均为不溶性戊聚糖。发芽过程中戊聚糖总量几乎不变。谷皮中的戊聚糖含量不变，胚乳中戊聚糖受酶分解成戊糖，输送至胚部，合成新物质，再度成为不溶性戊聚糖。分解戊聚糖的主要酶类已列于图 3-12。

β-葡聚糖和戊聚糖的降解程度反映出细胞壁的溶解好坏，从而影响胚乳的溶解。通过测定麦芽粗细粉浸出物差和协定（糖化）法麦汁黏度可反应出细胞壁的溶解度和β-葡聚糖的分解程度。表 3-12 是发芽条件对粗细粉差和麦汁黏度的影响。差值和黏度越小则细胞溶解越好。一般认为，浸出物差小于 1.3%，麦芽溶解度好；若大于 2.7%认为溶解度低。

表 3-12　　发芽条件对粗细粉差和麦汁黏度的影响

浸麦度/%	40	43	46	—
粗细粉差/%	5.1	2.9	1.1	—
麦汁黏度/（$Pa \cdot s \times 10^3$）	1.69	1.60	1.56	—
发芽温度/℃	13	15	17	—
粗细粉差/%	1.6	1.4	1.0	—
麦汁黏度/（$Pa \cdot s \times 10^3$）	—	—	—	—
发芽时间/d	4	5	6	7
粗细粉差/%	3.6	2.0	1.5	1.2
麦汁黏度/（$Pa \cdot s \times 10^3$）	1.65	1.59	1.54	1.48
麦层 CO_2 含量/%	0	10	20	—
粗细粉差/%	0.7	1.2	1.7	—
麦汁黏度/（$Pa \cdot s \times 10^3$）	1.47	1.48	1.51	—

6. 胚乳（麦芽）的溶解

胚乳是由蛋白质联结的胚乳细胞组成。胚乳细胞壁主要成分是半纤维素和麦胶物质。细胞壁内包含着由蛋白质支撑的淀粉粒。发芽开始后，由糊粉层分泌出的蛋白酶首先分解细胞壁间的蛋白质，使细胞壁隔离。细胞壁与半纤维素酶得以接触而被分解，接着蛋白酶进入细胞内分解蛋白质，随之淀粉酶与淀粉接触使淀粉分解。

上述一系列的酶解过程，使得整个胚乳细胞由坚韧变疏松，此过程即麦芽的溶解过程，它是发芽过程的综合结果。其实质是半纤维素、蛋白质及淀粉等高分子物质都发生了不同程度的生化反应，相对分子质量有所下降。

前面提到蛋白溶解、细胞溶解、胚乳溶解等概念，都是针对不同组分而言，这些组分的溶解度最后综合地反映出整个麦芽的溶解度，他们的数值彼此是协调的。

麦芽的溶解是从胚乳附近开始的，沿上皮层逐渐向麦粒尖端发展，靠基部一端比麦粒尖端溶解较早，较完全，酶活性相应较高。溶解适度则浸出物高，制麦损失也较少，参见图 3-13。

7. 酸度的变化

发芽过程中酸度的变化主要表现在酸度提高，见表 3-13。

表 3-13 发芽期间酸度的变化

参数	酸度/（mmol/L）	参数	酸度/（mmol/L）
原大麦	4.08	发芽 72h	3.23
浸渍大麦	2.54	发芽 120h	7.46
发芽 24h	2.57	发芽 168h	7.69

概括原因如下：

（1）磷酸酶使磷酸从有机化合物中释出。

（2）糖类的缺氧呼吸产生少量的有机酸。

（3）氨基酸的碱性氨基被利用，生成相应的酮酸。

（4）麦粒中硫化物转化成少量的硫酸。

虽然酸度明显增长，但麦汁溶液的 pH 变化不大，这主要是由于磷酸盐的缓冲作用。

应当注意的是磷酸盐的分解。大麦中的磷以磷酯、核酸及肌醇六磷酸酯形式存在。这些有机磷化物中的一半为肌醇六磷酸即植酸，植酸以肌醇六磷酸钙镁混合盐（菲汀-phitin）形式存于胚和糊粉层。制麦过程中该混合盐的 10%~30%被水解，释放出无机磷，构成麦芽乃至麦汁中的酸性磷酸盐，它既提供了有益的酸性缓冲物，又是天然磷源。

8. 其他变化

由于无机盐类向浸麦水和麦根中转移而稍有下降。多酚物质实质上没有增减，但由于向浸麦水中扩散而稍有降低。某些维生素在发芽时有增加，但在烘干过程中因受热而被破坏。脂肪在制麦期间的损失为 0.16%~0.34%，其中部分为呼吸损失，部分则裂解为甘油和高级脂肪酸。

三、 发芽方法与设备

浸渍后的大麦，进入正式发芽期。发芽是在专用的发芽设备中进行的。

传统的老式发芽都是在普通水泥地板上进行的。室内只需适当隔热、保潮及避光等条件。因为是在地板上操作，故而得名为地板式发芽，虽然生产方式较原始，劳动条件差，但是只要认真执行工艺条件，同样可以生产出优质麦芽。世界上几个著名的啤酒都是在地板式发芽的年代产生的。不论是何种现代化发芽设备，其基本工艺原理和参数都是在地板式发芽基础上发展起来的。

和地板式发芽相对应的是箱式发芽或通风式发芽，其特点是采用机械通风供氧、调温调湿，它克服了作坊式生产繁重的体力劳动，生产规模也日益扩大。最早出现的通风式发芽设备是萨拉丁（Saladin）发芽箱，随后于 20 世纪 60 年代出现了万德荷夫

（Wanderhaufen）式半连续化制麦体系，或称为麦堆移动式制麦体系，与之类似的有劳斯曼（Lausmann）发芽箱。为了节省基建投资，于70年代应用了灵活性制麦系统（Flexmalt System），国内称之为发芽干燥两用箱，还有所谓单一箱系统（Unimalt System），即浸麦、发芽、烘干全在一个箱体内完成。此外还有罐式、塔式等制麦设备。完美的发芽设备，不单是机械化、自动化水平高及生产能力大，而且还应当造价较低，便于安装和维修。下面介绍几种流行的设备。

1. 萨拉丁发芽箱

它以发明人法国工程师萨拉丁命名，是应用最早、最广泛而且至今仍然使用的经典式箱式发芽设备，我国的发芽设备基本都属此类型。这种设备的箱体用砖砌成钢筋水泥或钢板制成，呈长方形，上方敞开或封闭，金属筛板至箱壁上缘，壁高1~2m，两侧壁上方设齿轮行轨，供翻麦机运行移动。翻麦机是发芽箱的重要组成部分，它的主要任务是翻松麦层，特别是防止麦芽结成团块，让气流均匀畅通。良好的翻麦机除达到上述要求外，还应对麦根、麦皮没有损伤，每次翻动后能使麦床体积增加1/4~1/3。翻麦机多为螺旋式，翼片由钢板制成，有的则用扁形钢条，这样可以减轻阻力。箱底用不锈钢板制，开长条孔。箱底下的空气室高度为1.5~2.0m。空气室底向进风口端略有倾斜，以利排水，同时有利于调节两端风压。

通常每室设一箱，每箱配一台风机和一个空调室，这样便于单箱控制。发芽间高度以2.3~2.5m为宜。有的数箱共用一套空调系统，这样空调室要求长些，但因阻力大，各箱风量不均匀。最好每箱单设空调体系，用连续式通风，这样风量小，风压低而均匀。进风温度比麦温低1~2℃即可，即14℃左右。发芽时连续通风，则麦温平稳，上下温差小，发芽快，麦层CO_2含量低（约1%），每天翻拌2次即可。若以间歇式通风，效果正好相反，不如连续式效果好。

浸渍麦从浸麦槽送至发芽箱，通常为带水靠重力自由下落，也可以用水泵输送，但泵叶的机械磨擦可能损伤麦粒。发芽箱的绿麦芽出箱可以用气流输送，也可用斗式提升或刮板式升送机输送。

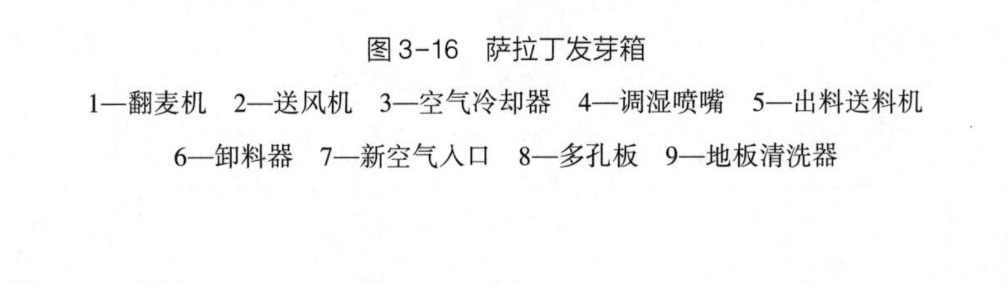

图3-16　萨拉丁发芽箱

1—翻麦机　2—送风机　3—空气冷却器　4—调湿喷嘴　5—出料送料机

6—卸料器　7—新空气入口　8—多孔板　9—地板清洗器

萨拉丁发芽箱操作要点：

前期14℃左右，至第四或第五天，上升至18~20℃，以后逐渐下降。最好用连续通风。若用间歇式通风，则每日早、中、晚各通风一次，每次15min，空气相对湿度95%以上，后期风量和次数应减少，见表3-14。

美国某公司有一种制麦工艺是浸麦48h，浸麦度42%~45%，发芽前期为22℃，后期15℃。但也可采取前期15℃，后期22℃。此外发芽期在箱内喷雾，绿麦芽水分含量达46%~47%，发芽天数3.5~5d。我国广州珠江啤酒集团公司也是采用低浸麦度(42%~43%)，接着在发芽箱内适当喷雾，绿麦芽水分可上升至46%。这种工艺只需两个浸麦槽。此外珠江啤酒集团公司采用了1.2m以上厚层的发芽工艺，提高了箱体利用率。多箱共用一个翻麦机，萨拉丁箱式发芽技术条件见表3-14。

表3-14 萨拉丁箱式发芽技术条件

内容	技术条件	内容	技术条件
箱体长宽比	4∶1~6∶1	增湿量/(kg/t·h)	0.5
底板开孔率/%	20左右	风温与麦温差/℃	2~3(连续通风)
麦层厚度/m	0.8~1.5	翻麦机推进速度/(m/min)	0.4~0.5
单位面积装料/(kg/m^2)	500~600	翻麦机转速/(r/min)	8~9
送风温度/℃	12~16(连续通风)	麦层上下温差/℃	2~3
送风速度/(m/s)	2.0~2.5	发芽天数(传统)/d	5~7
送风空气相对湿度/%	95以上	冷却量：耗水/[m^3/(t·h)]	0.3~0.35
送风量/[m^3/(t·h)]	500~600	耗冷/[kJ/(t·h)]	7524~8360

2. 麦堆移动式发芽体系

这是一种半连续生产设备，实际是6~7个萨拉丁发芽箱首尾相连成一个整体，只有1~2台通风和冷却装置，一台翻麦机和一套送料系统，发芽床和烘干炉直接相连，适用于日产60 t以下的规模。若要求产量增加，可增加机台数。设备特点如图3-17、图3-18所示。

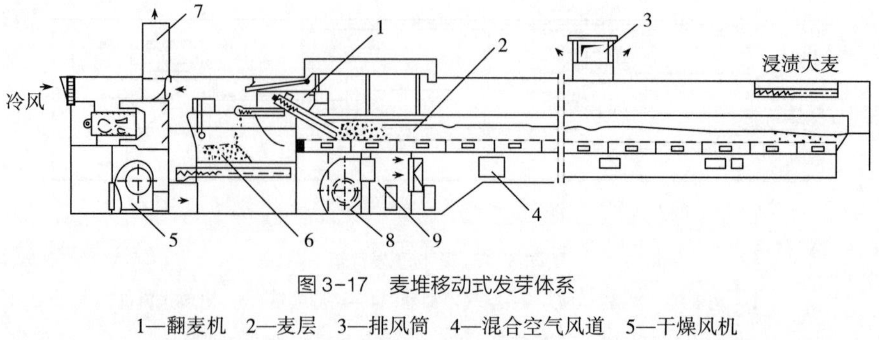

图3-17 麦堆移动式发芽体系

1—翻麦机 2—麦层 3—排风筒 4—混合空气风道 5—干燥风机
6—单层干燥炉 7—排潮风筒 8—发芽风机 9—发芽空调室

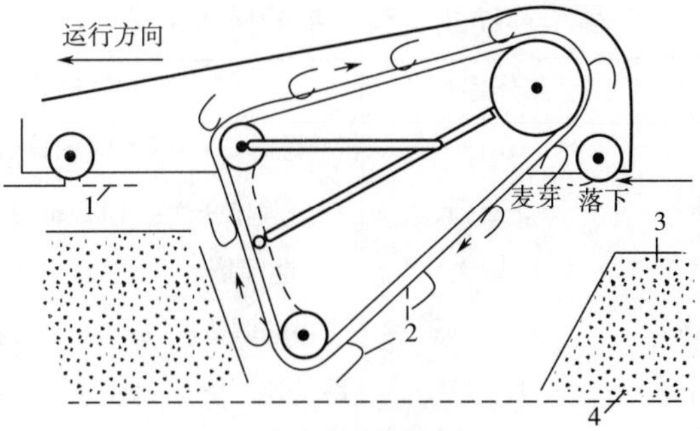

（1）链斗式翻麦机

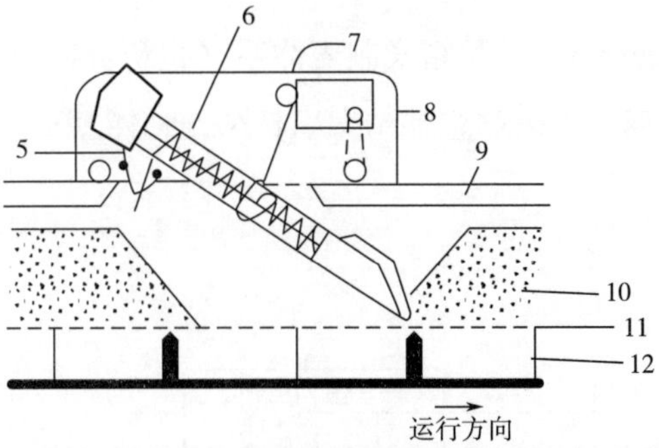

（2）螺旋式翻麦机

图 3-18 麦堆移动式翻麦机

1—翻麦机行轨 2—麦粒提斗 3—麦层 4—多孔假底 5—大麦卸料斗 6—螺旋提升机
7—翻麦机提升器 8—翻麦机车架 9—翻麦机行轨 10—麦层 11—多孔假底 12—空气室

箱体下面的空间根据发芽 6~8d，用隔板隔成 12~16 分室，每隔 12h，发芽大麦由翻麦机向前移动一个分室，即完成一次翻麦。经过 6~8d，即经过 12~16 次移动翻麦，完成全发芽过程，最后入单层干燥炉。

翻麦机类似扬麦车，它从发芽箱的末端（绿麦芽端）开始，将麦芽向烘干炉翻送。并逐个按室翻移，并向发芽箱首端行进，最后到达首端。将第一个分室排空，准备新的浸渍大麦下料。此时翻麦机的螺旋提升机或提斗向上扬起高出麦层表面，以 8 倍的速度返回至发芽箱的末端，准备下一次翻麦作业。

当麦芽进入第二室，可以打开喷水阀向麦层喷水增湿。绿麦芽上烘干炉时间约 0.5h。为节省能源，烘干炉可分为两间，每间停留 12h，24h 内即完成。

送风方式与传统萨拉丁箱类似，可送入新鲜空气或先与回流空气混合之后再送入箱内，所有入箱空气都预先增湿调温。

采用斗式翻麦机，箱身不宜超过 5m 宽，日产只能达到 15t 左右。如采用螺旋式翻麦机，箱身可以加宽，日产可提高至 60t。应当强调，翻麦机作业时前后麦粒的混杂率不应超过 5%。

麦堆移动式每吨麦芽所需水、电、风量与萨拉丁发芽箱基本相同（表 3-15）。

表 3-15　　麦堆移动式发芽体系的技术条件

内　容	技术条件	内　容	技术条件
箱长/m	40~50	麦层 CO_2 含量/体积分数%	1 左右
箱宽/m（用斗式翻麦机）	5 左右	单位投料/（kg/m^2）	450~550
用螺旋翻麦机	5 以上	通风量/[m^3/(t·h)]	475~525
翻麦机移动速度/（m/min）	0.3 左右	增湿量/[kg/(t·h)]	0.5
麦层最高温度/℃	17~18	冷却水：耗水/[m^3/(t·h)]	0.3~0.35
上下麦层温度/℃	1.5~2.0	耗冷/[kJ/(t·h)]	5852~7524

3. 劳斯曼（Lausmann）转移箱式制麦体系（也称劳斯曼发芽体系）

与麦堆移动式实属一种类型，都是麦层移动，箱体分室，图 3-19 是该体系结构图。

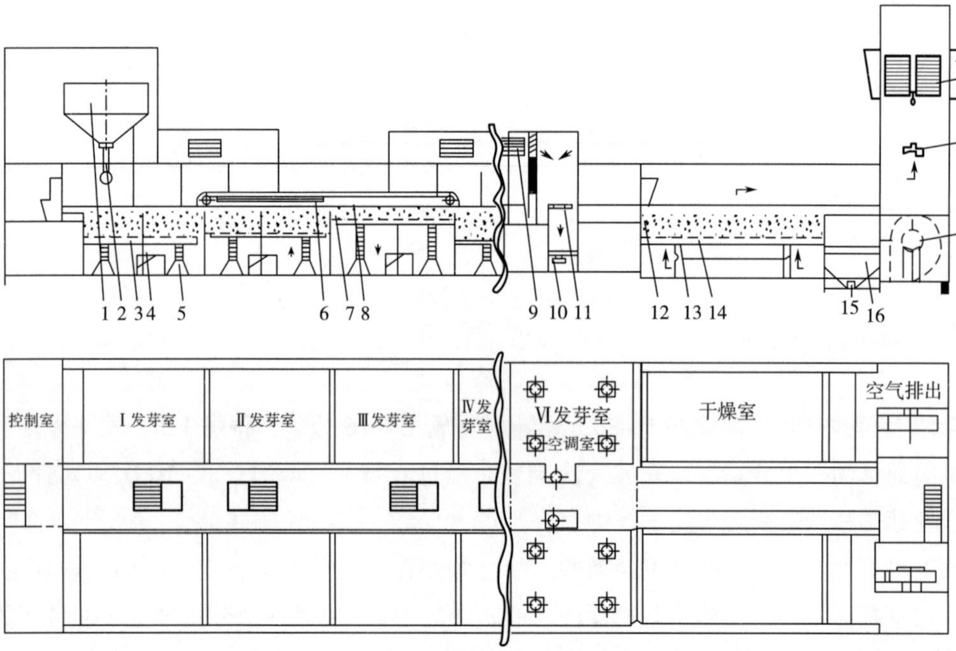

图 3-19　劳斯曼发芽体系

1—浸麦槽　2—浸渍大麦卸料和摊平装置　3—发芽箱底　4—温度测量点　5—发芽箱升降装置　6—浸麦喷水装置　7—喷淋　8—移动式刮板翻麦机　9—空气挡板　10—通风机　11—冷却装置　12—干燥炉门　13—干燥箱底提升装置　14—干燥箱底　15—成品麦芽排料装置　16—成品麦芽贮仓　17—干燥炉热风机　18—加热装置　19—空气挡板　20—热能回收装置（热交换器）

发芽箱和干燥炉连成一体，两条作业线平行排列，年处理大麦 2.5 万 t，年产成品麦芽 2 万 t。

每条作业线有两个浸麦槽，槽的圆柱体直径 6m，高 2.5m，锥底设通风、上下水、放料和排 CO_2 等设施。每次（每日）投料 40 t，浸麦 48h，于发芽的第一二天补喷水至要求的浸麦度。浸渍大麦不用水冲而是直接干送至发芽箱。

浸麦水重复使用，这样可以节省用水约45%。若不用回收水，耗水量为每吨麦芽$3m^3$，采用回收水则为每吨麦芽$0.18m^3$。

整个发芽箱分为六个独立的箱（分室），每箱长9.5m，宽7.5m，正好接收一个浸麦槽一批（1d）的投料量。每箱停留1d，发芽期长6d。

每箱单设空调室（增湿）和通风装置、进风和回风挡板及热交换器。前期和后期风量小，中期发芽旺盛，应增加风量，所以，风机要可调速的。

每个箱底均有升降装置（4个千斤顶，起落动力为746 W），翻麦机长度正好跨两个箱，共4~6个刮板。

捣麦（翻麦）时，翻麦机位于箱顶，出料箱逐渐升起，接收箱逐步下降，每捣一箱约30min，接着进行下一箱操作。翻麦操作必须是从干燥箱的出料开始，逐个进行至浸麦槽下料结束。

捣箱过程可以同时对绿麦芽增湿，在发芽第一天后捣箱时进行强烈喷水（用后期浸麦水）于绿麦芽，可提高水分6.5%。发芽第二天后捣箱时再加一次喷雾水，可再提高水分1.5%。增湿量应由工艺确定，目的是使水分达到预定的浸麦度。

发芽箱于上、中、下三层设温度计，并设加热和降温系统。干燥炉则设余热回收系统。

发芽箱负荷为$550\sim650kg/cm^2$。麦层厚为1.5m。

干燥箱和发芽箱紧密相连，中间设绝热炉门。炉门的大小和发芽箱宽度及刮板翻麦机高度相适应。炉门用升降机和螺旋及导辊启闭。干燥箱长14m，宽7.5m。箱底同样设升降装置（8个千斤顶，起落动力为746 W）。进出料也由翻麦机来完成，需时45min。

干燥箱的排风口设有热交换器以回收余热。干燥箱负荷为$400\sim450kg/cm^2$。干燥和焙焦时间共为18~22h。进箱绿麦芽水分46%，出箱干麦芽水分4.2%。

表3-16 劳斯曼发芽体系的干燥

干燥温度/℃	55	60	68	78	82
干燥时间/h	4~5	10~12 排风38℃止	1	1.5	4

表3-17 劳斯曼发芽体系通风制冷能力

箱号		Ⅰ	Ⅱ	Ⅲ	Ⅳ	Ⅴ	Ⅵ
通风能力/[m^3/(t·h)]	一级	200	300	400	470	400	300
	二级	300	450	600	700	600	450
制冷能力/[kJ/(t·h)]		6270	8360	8360	8360	6270	4180

4. 发芽–干燥两用箱

这种设备我国起用于20世纪70年代，利弊如下：

优点：

（1）免去了干燥炉的高层建筑，基建投资有所降低。

（2）免去了绿麦芽输送设备和操作。

（3）适用于多期扩建，不必停产施工。

缺点：

（1）在同箱内低温发芽，高温干燥，建筑物自身吸热和降温能量消耗大，能源利用不合理；设备条件要求较高。

（2）发芽床单位面积负荷量比正常萨拉丁箱有所降低。

（3）必须分设热风和冷风两个风道系统。

它的各种主要参数如下：

设置发芽和干燥两套通风装置，设于箱体两端。一套干燥通风装置可供4个箱使用。

干燥风量为发芽风量的6~8倍，如发芽风量为600m^3/(t·h)，干燥风量为3800m^3/(t·h)。大麦浸渍24~28h，水分达38%（国内多为浸渍50h以上，浸麦度45%）。在发芽箱内喷雾，达到要求的浸麦度，发芽6d，温度为14~18℃。发芽完毕，在同一箱内干燥28~36h。空气冷却能力为5225kJ/(t·h)，空气加热能力为301mJ/(t·h)。

目前我国仍以萨拉丁式发芽箱最普遍，因为它易于土建施工、操作和维修方便。20世纪80年代开始引进劳斯曼发芽体系。至于两用箱则由于上述缺点而处于徘徊状态。值得注意的是厚层发芽技术在我国少数厂开始应用，它将传统的麦层厚度0.6~0.8m提高至1.2m以上，大大地提高了单位面积的产量。

5. 塔式发芽

20世纪90年代后期，在广州、宁波、大连等地新建和扩建了10万t以上的超大型麦芽厂，基本上都是以塔式发芽设备为主，这个设备主要特点在于：

（1）将浸麦、发芽和干燥等整个制麦工艺在一个立式的塔中完成，极大节约了占地面积；每个塔既是一条制麦生产线，产量可以达到10万~15万t/(年·线)。

（2）每层发芽层最大容量可以达到300~400t，近年来新建麦芽厂容量可更大。

（3）每个发芽箱就是一个独立的楼层，因此发芽箱的清洗、消毒变得更加容易控制，在发芽期间，污染微生物更容易得到控制；每层发芽箱单独配备高压水自清洗系统，结合适当的人工清理，降低劳动强度。

（4）配有强劲的通风系统，有变频风机调节总通风量，新风风门可以0~100%进行调节（通过调节新风风门，调整外循环空气与内循环空气的占比，在春秋季控制恒定的温度)。氨制冷系统可以保证夏季生产达到需要的温度，冬季可通过蒸汽对冷空气加热达到需求的温度，因此对于生产季节的温度依赖性较小。

(5) 投料前利用泵将大麦和水混合后输送到最高浸麦层，后续即可依靠重力及螺旋装置向下层工艺阶段完成麦芽的下落和转移，从浸麦-发芽-干燥的转移，节省运输物料的电力消耗；同时利用重位差，减少了浸麦、发芽麦粒的损伤。

(6) 从大麦立仓到成品麦芽立仓，整个制麦过程均采用计算机进行全程操作和监控，自动化程度高。

塔式发芽体系见图 3-20 所示。

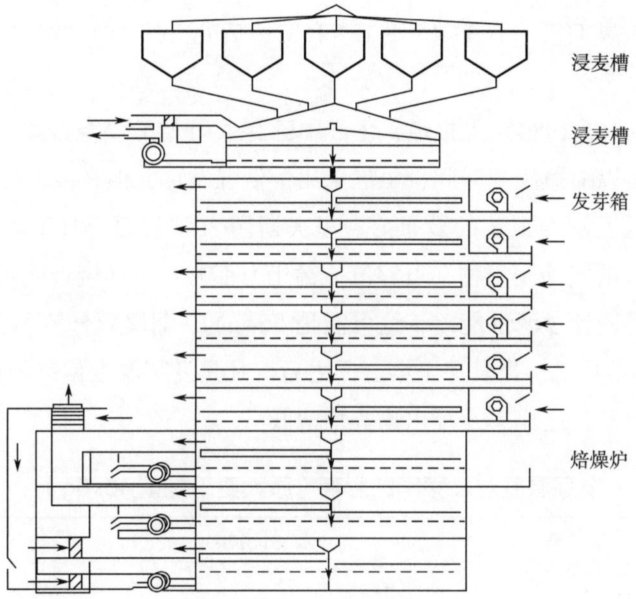

图 3-20　塔式发芽体系

四、 影响发芽的因素及其改进

这里所述的因素仅仅是指影响发芽的工艺条件，包括温度、水分、时间、通风等。确定工艺条件的标准是必须保证麦芽质量、制麦损失小、浸出物高、能源消耗低、排污少、生产周期短等。现分述如下。

1. 温度

通常将浸麦和发芽温度合并称为制麦温度。发芽温度有低温、高温、先低后高、先高后低几种方法。高低温都是相对而言，高低温的选择应根据大麦品种和麦芽类型来确定。

(1) 低温制麦　一般为 12~16℃，低温制麦时，大麦的根叶芽生长缓慢，生长均匀，呼吸损失较少，水解酶活性较高，细胞壁和蛋白质溶解较好，浸出物较高，制麦损失低，成品麦芽色度低。所以，生产浅色麦芽宜用低温制麦。但是低温制麦将明显延长时间，相应地增加了动力消耗和设备的台数，若每天投料一批，则需设浸麦槽 4 个，发芽箱 8 个。

（2）高温制麦　一般超过 18℃都算是高温制麦，以不超过 22℃为宜。制深色麦芽一般用高温制麦，以保证产生足够的低分子质量糖和低分子质量氮，从而形成色素。如果用高温制备浅色麦芽，则必须缩短发芽时间。高温制麦有一系列弊端，如制麦损失高、浸出物下降、水解酶活性低，随之而来的后果是麦芽溶解不良、麦汁过滤性能差、麦汁收率低，色度偏高等。

（3）低高温结合制麦　对于含蛋白质高、有休眠期、永久性玻璃质难溶的大麦，可采用先低温后高温工艺，前 3~4d 用 12~16℃，后几天用 18~20℃，甚至 22℃，以保证溶解完全。

里夫斯（Reeves，1980）等报道，生产中已有采用 25℃高温浸麦、16℃低温发芽的工艺。高温浸麦可以缩短浸麦时间，虽然采用了低温发芽，但在麦芽性能和糖化工艺效果上仍不如全用低温制麦工艺的效果好。里夫斯用 30℃浸麦，16℃发芽，并在浸麦后期添加 GA3，制成的麦芽浸出物、可溶氮、糖化力都与对照样接近或稍低。但是高温浸麦最突出的缺点是麦汁过滤性能差，这可能是麦芽的 β-葡聚糖分解不良造成的。

从表 3-18 不难看出，当发芽至第五天之后，凡是发芽温度偏高的麦芽，其千粒重、可溶氮和氨基氮对总氮之比率及浸出物等均偏低。

表 3-18　发芽温度对发芽率的影响（原大麦千粒重 40.6g）

项目	发芽时间/d							
	发芽温度/℃	3	4	5	6	7	8	9
千粒重/g	13~17	39.6	39.2	38.7	38.2	37.9	37.7	37.5
	15~20	39.0	38.6	38.0	37.6	37.2	—	—
	19~22	38.9	38.3	37.7	37.2	37.0	—	—
可溶性氮：总氮/%	13~17	27.4	35.4	38.3	36.8	37.6	36.5	37.0
	15~20	31.2	33.4	35.5	34.2	31.9	—	—
	19~22	30.5	33.1	32.1	31.2	30.0	—	—
氨基氮：总氮/%	13~17	8.9	11.2	13.3	14.5	14.0	14.2	14.5
	15~20	10.3	10.5	10.7	11.1	10.8	—	—
	19~22	10.0	10.8	10.4	10.8	10.6	—	—
浸出物（干物质/%）	13~17	75.8	78.4	79.2	79.4	79.7	79.6	79.7
	15~20	77.6	78.3	78.6	78.2	78.3	—	—
	19~22	77.9	78.3	78.5	78.2	78.2	—	—

2. 水分（浸麦度）

本章第二节已就浸麦做了详细讨论，浸麦度同样严重地影响麦芽的质量。通常制浅色麦芽用45%~46%的浸麦度，深色麦芽高达48%，原因是高浸麦度能提高淀粉和蛋白质的溶解度，有利于形成色素。

图3-21与表3-11的结果十分类似，高水分发芽有利于提高可溶氮和糖化力。但制麦损失大，麦芽色度对浅色麦芽来说显然稍高。低水分发芽呼吸损失小，浸出物高，但制麦损失小不一定等于浸出物高。所以，公认的合理浸麦度是取其中，即45%~46%，当然还应当随大麦品种而异。

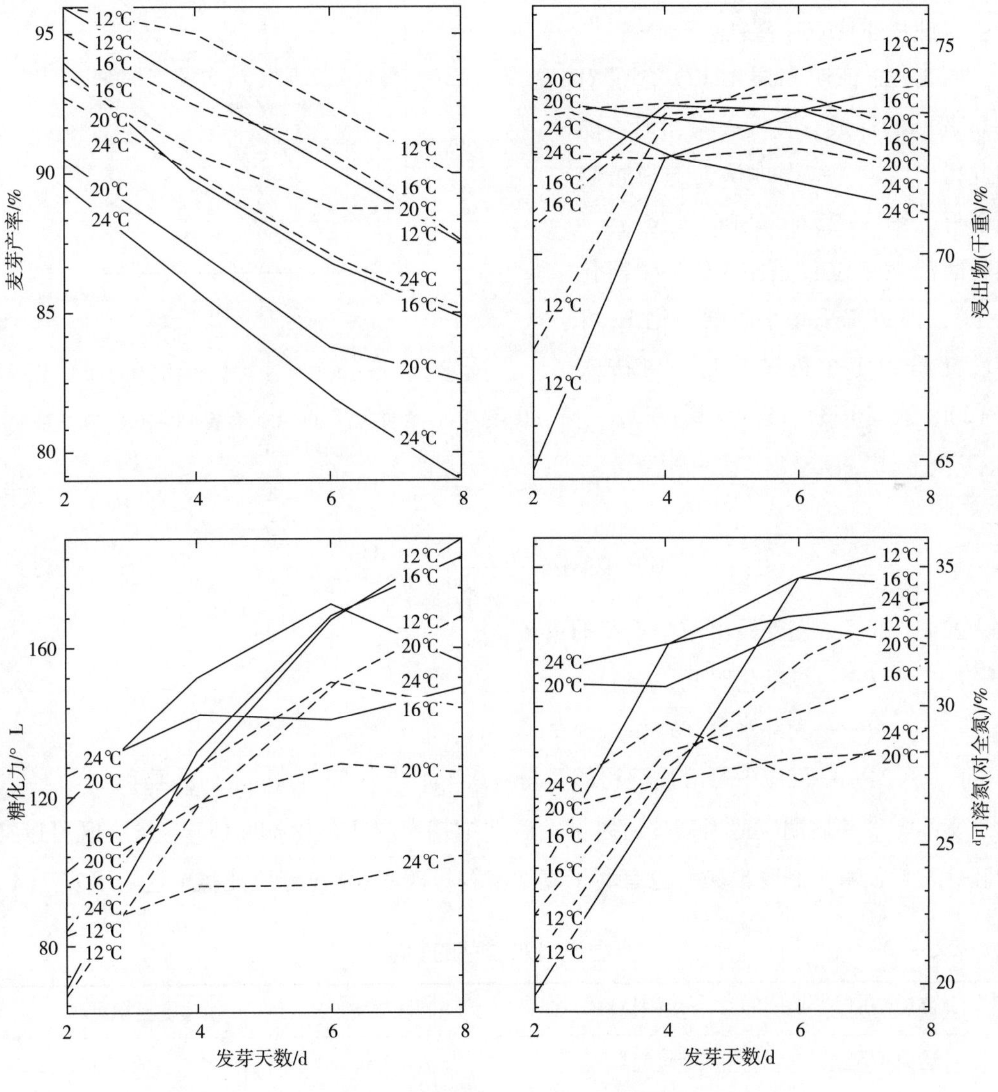

图3-21　不同浸麦度对麦芽质量的影响

——：49%的浸麦度　┈┈：43%的浸麦度

按照传统观念，都是在浸麦槽内完成全部浸麦过程，达到预定的浸麦度。而新近的许多制麦工艺则有所变更，在浸麦槽内的吸水率往往只达到40%~43%，进入发芽箱后继续喷水，最后的绿麦芽含水分45%~46%。这种方法缩短了浸麦时间，而发芽时间并未延长，将后期的吸水和发芽同时在箱内完成。

图3-21和表3-18同样都证明了高温制麦对麦芽质量的不良后果。

3. 通风量（麦层CO_2）

发芽前期及时通风供氧、排CO_2，有利于酶的形成。麦层CO_2过高，会抑制酶的形成，严重者行无氧呼吸，产生毒性物质使麦芽窒息。

图3-22证明麦层中CO_2含量对α-淀粉酶的形成有直接关系，但不能因此得出结论，错误地认为通风量越大越好。图3-22中ASBC单位（α-淀粉酶活性单位）是指DU（糊精化单位），即20℃下每小时糊精化1g可溶性淀粉为1个糊精单位，可按式（3-2）、式（3-3）进行计算：

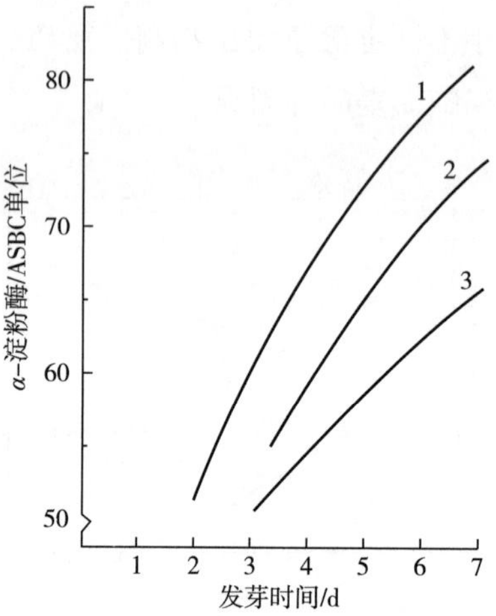

图3-22　CO_2含量对α-淀粉酶形成的影响

1—标准CO_2含量　2—10% CO_2含量　3—20% CO_2含量

$$\text{DU(湿基)} = \frac{24}{W \times T} \tag{3-2}$$

$$\text{DU(干基)} = \frac{\text{DU(湿基)} \times 100}{100 - M} \tag{3-3}$$

式中　W——麦芽浸出液中麦芽的重量，g

T——糊精化时间，min

M——麦芽水分，%

24——反应中可溶性淀粉的重量（0.4g）与时间（60min）的乘积

实际上发芽后期应适当减少通风量，后期维持麦层4%~8%的CO_2含量，既可以抑制胚芽发育，减少制麦损失，也有利于麦芽溶解。表3-19充分地证实了这一事实。

表3-19　　麦层通风对发芽的影响

通风情况	麦根量/%	呼吸损失/%	浸出物量/%
通风不足	3.1	3.6	75.65
通风正常	5.9	5.9	77.79
通风过量	6.9	6.9	79.61

4. 发芽周期

发芽周期长短取决于其他条件的配合，若发芽温度低，则必须适当延长发芽时间。表 3-17 充分说明了不同的发芽时间，麦芽的质量有很大差别。发芽周期长短直接影响发芽设备和浸麦槽的周转率及设备台数。过去国内较保守的设计为浸麦槽 4 个，发芽箱 7~8 个，以便保证 60~70h 的浸麦时间和 7d 左右的发芽期。新工艺已将浸麦时间缩短至 48h 以内，发芽时间在 4~5.5d。当然压缩发芽周期必须采取综合措施，如添加 GA_3、选育优良大麦品种、在发芽箱喷水都有利于缩短发芽周期。

5. 赤霉酸（GA_3）的应用

赤霉素是一种高效、应用广泛的双萜类植物生长调节剂。自然界中已经发现 130 多种不同结构的赤霉素，主要存在于高等植物和微生物中，其中活性最强，普遍使用的是已经成为商品的赤霉酸（GA_3）。在制麦过程中添加 GA_3，会使 GA_3 从珠孔区域进入大麦，然后沿着大麦扩散到整个麦粒中，促使 α-淀粉酶的形成并从糊粉层中释放出来，从而加快淀粉的分解。此外大麦糊粉层的细胞在 GA_3 的刺激作用下会加速蛋白酶的合成，进而促进核糖核酸酶和葡萄糖酶的分泌，加快大麦萌发，使原本质量不符合要求的大麦在 GA_3 的作用下导致其制得的麦芽能够满足啤酒行业的要求，从而提高了大麦的利用率。

从表 3-20 可鲜明地对比出添加 GA_3 之后对改进麦芽质量的效果。除了麦芽色度略有提高之外，其他各项均有改进或保持平衡。

外加 GA_3 可将传统发芽周期从 6~7d 缩短至 4d 左右，减少制麦损失 1%~4%，提高浸出物 2%左右，提高糖化力和可溶性氮。GA_3 对玻璃质高的大麦或者具有休眠期和水敏感性的大麦效果更显著。GA_3 可以在最后一次浸麦水中添加，用量为每千克大麦 0.05~0.2mg；也可以于浸麦完毕出槽至发芽箱之际喷洒于麦粒表面，这样可以提高 GA_3 的利用率，用量可适当少些，但必须喷洒均匀。GA_3 溶液的配制方法为先将 GA_3 溶于乙醇，然后用浸麦水稀释。随用随配，以防失效。

GA_3 的合理添加可以促进大麦的发芽，改善麦芽的质量。但是 GA_3 的不合理使用也会造成成品麦芽中 GA_3 的残留。麦芽中残留的 GA_3 会受到糖化以及麦汁煮沸过程中高温作用的影响发生异构化，且异构化的 GA_3 能够在成品啤酒中稳定存在，从而对啤酒的安全饮用造成一定的隐患。

表 3-20　外加 GA_3 对麦芽质量的影响

分析项目	对照样	添加 GA_3
浸出物（干基）/%	77.30	78.50
糖化时间/min	10	6
总酸/100mL 麦汁消耗 1mol/LNaOH 毫升数	0.9	1.5

续表

分析项目	对照样	添加 GA_3
色度/0.1mol/L 碘液毫升数	0.25	0.35
最终发酵度/%	73.70	74.00
氨基氮含量/(mg/100g)	255	316
库尔巴哈值/%	40	45
多酚物质含量/(mg/L)	80	79
花色素原含量/(mg/L)	55	55

第四节 绿麦芽的干燥

发芽完毕的绿麦芽不能贮藏,也不能进入糖化,必须经过干燥使水分降至5%以下,终止酶作用,除去生青味,产生特定的麦芽色、香、味,最后除根入仓存放数周,方能进入糖化。

一、干燥过程中物质的变化

1. 水分下降

绿麦芽含水分41%~46%,干燥前期要求大风量排潮,风温50~60℃,麦温40~50℃。经过10~12h排除游离水分,使麦芽水分降至10%左右。此阶段常称为凋萎,意即使麦根萎皱,失去生命力而脱落,随后逐步升温。制浅色麦芽最后麦温为82~85℃,制深色麦芽升温至95~105℃。高温阶段维持2~3h焙焦,水分可降至5%以下。前期排潮主要排除游离水分,速度较快。当水分降至10%以下后,余下的主要为结合水,不易排出。

必须注意,排潮阶段不能升温过急,否则易产生玻璃质粒。水分在10%左右时麦温不得超过50℃。

2. 酶的变化

干燥前期当水分在20%以上,麦温40℃以下时,叶芽可继续生长,胚乳细胞继续溶解,低分子质量糖和可溶性氮含量不断增长,此阶段的物质变化与发芽期类似。

酶对温度的抵抗力,与麦芽含水分高低直接相关。故干燥前期必须用低温,尽快排潮,后期逐渐升温。浅色麦芽焙焦温度较低,时间短,所以,浅色麦芽酶活性高于深色麦芽。从表3-21看出,干燥前期α-淀粉酶活性略有上升或维持平衡。β-淀粉酶不如α-淀粉酶耐高温,到焙焦阶段活性损失一半以上。蛋白酶在干燥阶段有增有减,但总趋势下降。

表 3-21 不同干燥温度下酶的相对活性变化 单位：U

酶名称	绿麦芽	低温干燥期的凋萎麦芽	焙焦温度/℃			
			70	80	90	100
α-淀粉酶		100	116	109	108	95
β-淀粉酶	100		69.1	55.8	38.0	28.2
内肽酶		100	103	105	106	—
氨肽酶	100		—	355	368	270
羧肽酶		100	104.6	94.7	83.9	76
内-β-葡聚糖酶	100		99	96	80	55
外-β-葡聚糖酶	100		45.6	40.1	30.9	27.4
纤维二糖酶	100		68	68	60	58
脂肪酶	100		98	92	86	81
磷酸酶	100		39.8	35.5	30.9	24.5
过氧化氢酶	100		16.0	6.8	2.4	0.2
过氧化物酶	100		24.1	18.9	11.2	7.5
多酚氧化酶	100		73.9	71.2	72.0	68.0

3. 糖类的变化

干燥前期在高水分和40℃低温的条件下，各种淀粉水解酶继续催化淀粉水解，糊精和低分子质量糖有所增加。当水分降至15%以下温度继续上升时，淀粉水解趋于停止。由于氨基酸与低分子质量糖形成类黑素，将消耗一部分可发酵性糖。干燥过程中葡聚糖和戊聚糖将继续被酶分解为低分子质量物质，这有利于降低麦汁黏度，改进过滤性能（表3-22）。

表 3-22 干燥过程 β-葡聚糖和戊聚糖的变化

	凋萎麦芽	干燥麦芽
麦胶物质总量/（mg/100g 浸出物干物质）	297	284
β-葡聚糖/（mg/100g 浸出物干物质）	142	135
戊聚糖/（mg/100g 浸出物干物质）	155	149

4. 蛋白质的变化

干燥初期蛋白质继续分解，从表3-23可以看出，低分子质量氮略有增加，但由于类黑素的形成，干燥麦芽的可溶性氮有所下降。凝固性氮下降的原因是蛋白质凝固变性所致。干燥前后总氮不变，但组成分有变化。

表 3-23　干燥过程中麦芽含氮物质的变化（mg/100g 无水浸出物）

	绿麦芽	凋萎麦芽	干燥麦芽
浅色麦芽			
可溶性氮	510	511	505
可凝固性氮	144	141	134
永久可溶性氮	366	370	371
甲醛氮	87	83	77
深色麦芽			
可溶性氮	506	518	396
可凝固性氮	108	140	68
永久可溶性氮	398	376	328
甲醛氮	73	75	50

5. 类黑素的形成

类黑素是麦芽的重要风味物质，对麦芽的色、香、味起决定性作用。它是一种棕色物质，具胶体特性，部分为不溶性物质，部分是不发酵的可溶性物质，有利于啤酒的起泡性和泡持性。它是一类还原性物质，在啤酒中带负电荷，能保持啤酒的胶体性质，有利于啤酒的非生物稳定性。它在溶液中呈酸性。麦芽中香味主要来自甘氨酸形成的类黑素。

类黑素是还原糖与氨基酸或简单含氮物在较高温下互相作用形成的氨基糖。其作用条件要求水分不低于 5%，干燥温度达 80~90℃时，反应加速，100~110℃时反应加强。作用最适 pH 为 5.0。以相对分子质量最低的糖和含氮物作用速度最快。此反应不仅发生于麦芽干燥过程，至麦汁煮沸过程仍继续进行。

法国化学家美拉德（L. C. Maillard）于 1912 年发现类黑素。1973 年巴斯盖特（Bathgate）对类黑素的形成作了综述。大体机制虽已明白，但对其化学结构尚不清楚。

第一步是氨基酸的氨基与醛糖、酮糖、戊糖或糖醛酸等的游离羰基进行缩合，形成中间产物，再进一步闭环成 *N*-代葡基胺。

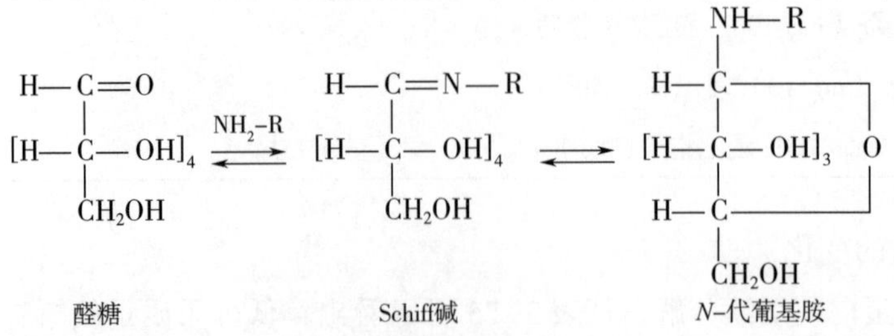

第二步是在酸性条件下，*N*-代葡基胺进行阿马多莱（Amadori）重排，形成烯醇式或酮式化合物，这两种化合物经不同途径都可以生成类黑素。

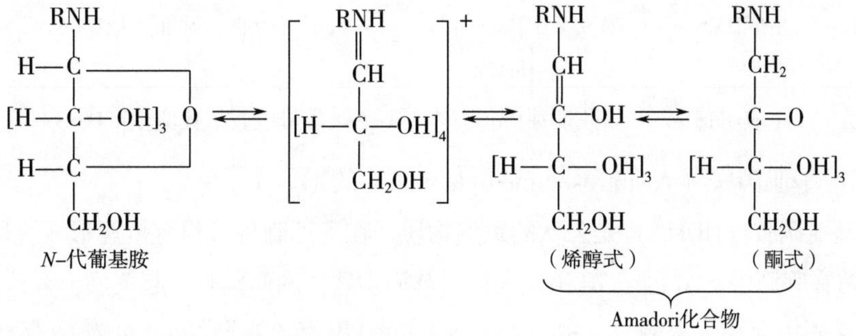

第三步为类黑素的生成，反应式如下：

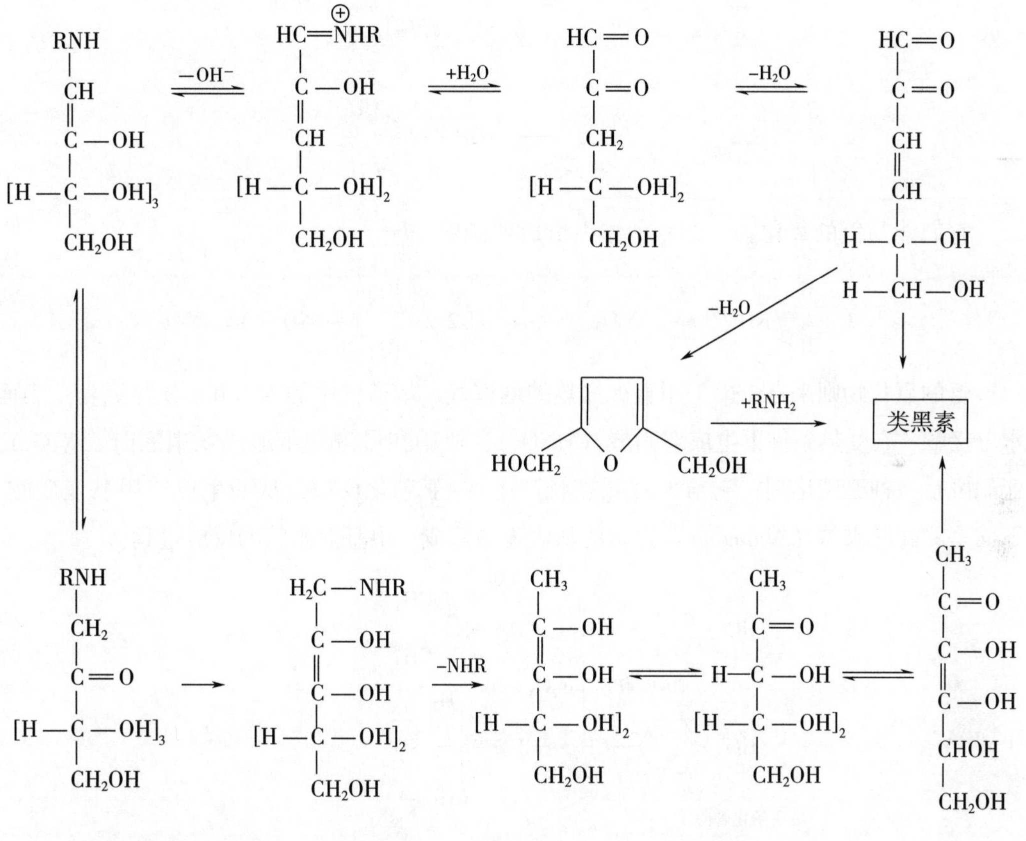

6. 二甲基硫（DMS）的形成

二甲基硫（Dimethyl Sulfide）是20世纪70年代以来引起重视的啤酒风味物质。先发现于啤酒中，后来追踪到制麦是其根源；糖化过程也可通过化学途径形成；发酵过程则可通过酵母代谢产生。它是影响啤酒风味的不良成分，其前体物质是*S*-甲基甲硫氨酸，在发芽时产生。此种含硫氨基酸受热分解即生成二甲基硫。但并非所有的*S*-甲基甲硫氨酸都能生成二甲基硫，据怀特（White）报道，只有焙焦麦芽的*S*-甲基甲硫氨酸才能产生二甲基硫，其结论归纳如下：

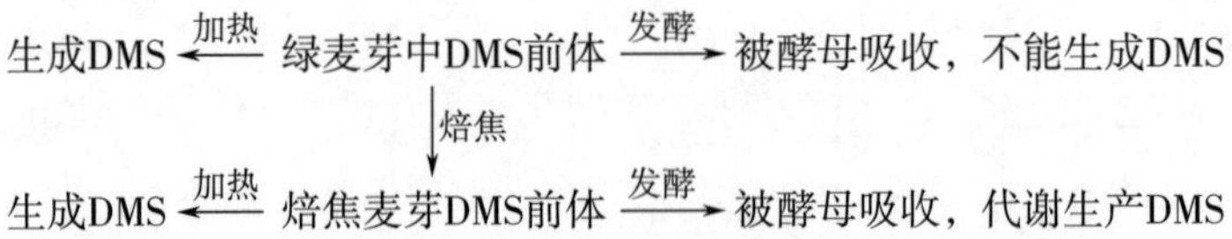

7. 二甲基亚硝胺（*N*-nitrosodimethylamine）的形成

二甲基亚硝胺（NDMA）是公认的致癌物质，在麦芽制备过程有微量形成，因为稳定性好，会残留在啤酒中。20 世纪 70 年代人们对啤酒中残留的亚硝胺引起关注，大体结论如下：

绿麦芽根中存在大麦碱（hordenine，又称对二甲氨乙基苯酚），叶芽中存在另一生物碱克胺（gramine），又称 α-二甲氨甲基吲哚，它们是生成亚硝胺的前体，同属仲胺类。

大麦碱

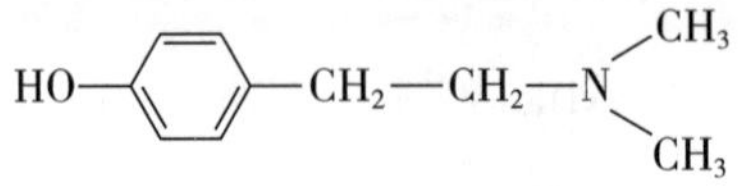

克胺

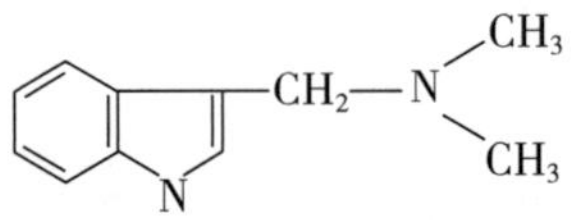

它们能与氮的氧化物（NO_x）作用形成亚硝胺。

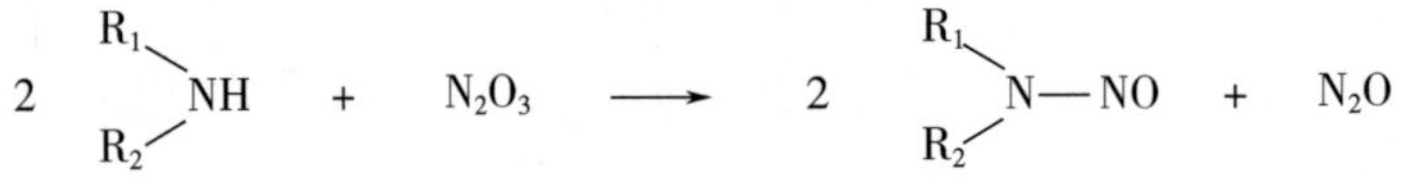

氮的氧化物则来自干燥炉用直火加热的烟道气。烟道气中的 NO_2 和 NO 与绿麦芽表面水分接触，在受热条件下生成亚硝酸（HNO_2），亚硝酸可进一步形成亚硝酸酐（N_2O_3），亚硝酐是一种亚硝化剂，它与大麦碱接触产生 *N*-亚硝化反应，从而生成二甲基亚硝胺。下面是威德马衣尔（Widmaier）提出的从大麦碱形成二甲基亚硝胺的反应过程：

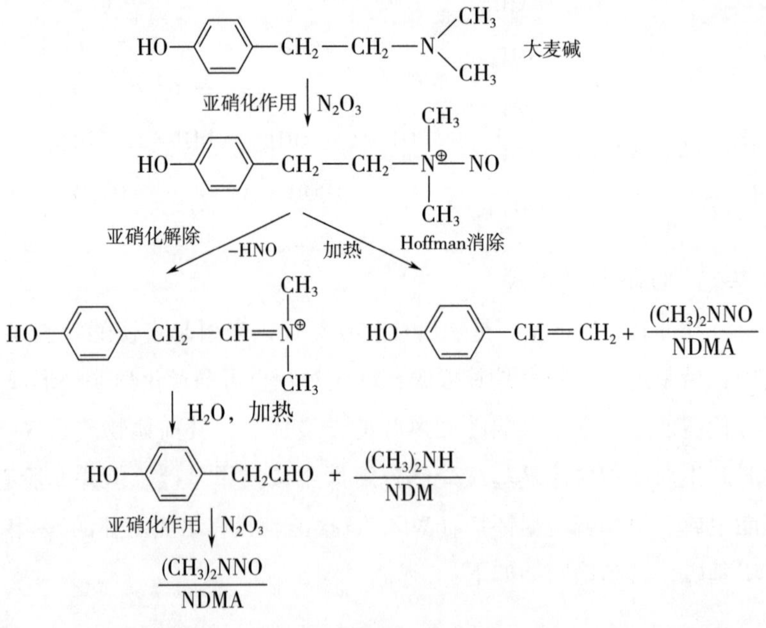

为防止或消除二甲基亚硝胺的生成，人们提出了许多建议，如：改直火式烟道气加热为间接式热风加热、降低干燥温度、缩短干燥时间、干燥前向麦芽喷洒稀酸、在烟道气中烧硫磺以产生 SO_2、制麦时添加溴酸钾以降低幼芽产量、除根后再行干燥。所有这些方法中以取消直火加热改间接加热效果最好，而且生产中已实现。这就从根本上消除了产生亚硝化剂的主要途径。

美国食品药物管理局（FDA）规定，从 1980 年 1 月 1 日起，啤酒中的二甲基亚硝胺含量不得超过 0.005mg/L。

8. 浸出物的变化

麦芽经过干燥，浸出物稍有损失，干燥温度越高，浸出物越低（表 3-23），其原因是：

（1）干燥温度越高，凝固性氮析出越多；

（2）干燥温度越高，类黑素生成量越多，其中一部分为不溶性物质；

（3）干燥温度越高，酶破坏越多，可溶性物质因而减少，见表 3-24。

表 3-24 干燥温度对麦芽浸出物的影响

干燥温度/℃	70	85	100
无水浸出物含量/%	82.0	81.7	80.6
色度/EBC	2.8	5.5	17.0

二、 干燥设备及工艺

麦芽干燥多用间接式加热，但也有用直火加热的。热源可用煤、石油、煤气等。我国基本都用间接加热方式，用烧煤的烟道气加热空气进入麦层，也可以用锅炉蒸汽加热空气送入麦层。用逐步升温方式，使麦芽干燥至预定的水分。国内常见的干燥炉有双层和三层水平式干燥炉、单层高效干燥炉、发芽干燥两用箱等。

1. 双层水平式干燥炉

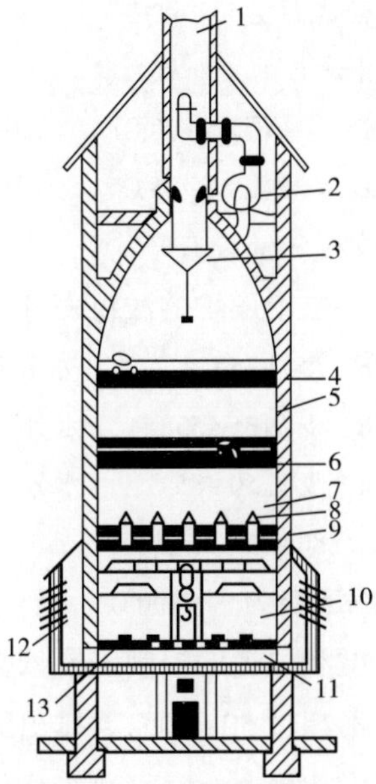

图 3-23 双层水平式干燥炉

1—排风筒 2—排风机 3—烟灰收集器 4—上层烘床 5—上层冷风入口 6—下层烘床 7—麦根室 8—热风入口 9—冷却室 10—空气加热室 11—空气室 12—新空气进风道 13—新空气喷嘴

图 3-23 是较传统的双层水平式干燥炉示意图，热源常用煤、煤气或石油气等。外界新鲜冷空气通过加热室的烟道管进行热交换而升温，热空气经麦根室

进入麦层。麦芽中水分汽化后与经过热交换的热风同时上升进入上层麦芽，热能将得到进一步利用。上层麦芽中水分受热汽化，产生的混合潮湿空气经炉顶排风机送出炉外。

加热室的烟道管通常分层排布。空气混合室（或麦根室）具有调节和均匀热风温度的作用，同时承受烘床落下的麦根。烘床为承受麦芽的主体结构，用上宽下窄的异形钢丝制成，要求通风面积占30%~40%。用圆钢丝制成的烘床，通风面积只有20%~25%，孔板床的开孔率为15%。通风面积越大，则排潮效率越好。烘床上的翻麦机供翻麦之用。炉顶设大功率排风机和排气孔。据经验排气孔的面积为烘床面积的6%。烟道出口端可与炉顶排气孔在炉顶汇合。

此种炉体属钢筋混凝土和金属构件相互交织的构筑物，国内较普遍，而且许多炉体用三层烘床，都用煤加热，劳动条件较差。麦层温度互相制约，虽然可以通过关启风门来调节风温，但必须有熟练的经验。各层之间的物料出进属半手工劳动。老式炉体都是方形，不可避免地出现各部位温度的偏差，又由于楼层多，门孔和窗口多，很容易出现漏风或热风短路。

2. 双（三）层干燥炉工艺条件

现以国内烘干浅色麦芽常见工艺条件一例列举如下：

上层（凋萎）

前6h　热风温度35~40℃　　麦芽水分43%—30%

后6h　热风温度50~60℃　　麦芽水分30%—10%

下层（干燥）

前8~9h　　麦温45~70℃　　麦芽水分10%—6%

后3~4h　　麦温80~85℃　　麦芽水分6%—4.5%

麦层厚度为50cm左右。

下面是三层干燥炉的浅色麦芽工艺条件：

上层12h　麦温35℃左右　　水分43%—(25%~30%)

中层12h　麦温35~55℃　　水分（25%~30%)—(8%~12%)

下层12h　麦温50~85℃　　水分（8%~12%)—(4.5%~5%)

80~85℃焙焦

空气混合室温度为90~100℃

干燥温度和风量的控制主要依据麦层水分，麦芽水分从43%降至23%，系排除表面水分，风温不超过50~60℃。排出的潮气相对湿度为90%~95%。麦芽水分降至23%以下，水分蒸发放慢，此时可适当降低排风量，提高风温，使水分降至12%。低于12%的水分几乎全是结合水，这时，风温进一步提高，气流再放慢，并尽量采用回风以回收热能。双层干燥炉工作曲线可如图3-24所示。

3. 单层高效干燥炉

单层高效干燥炉结构简单，操作方便，单位烘床面积负荷量大，生产规模可大可

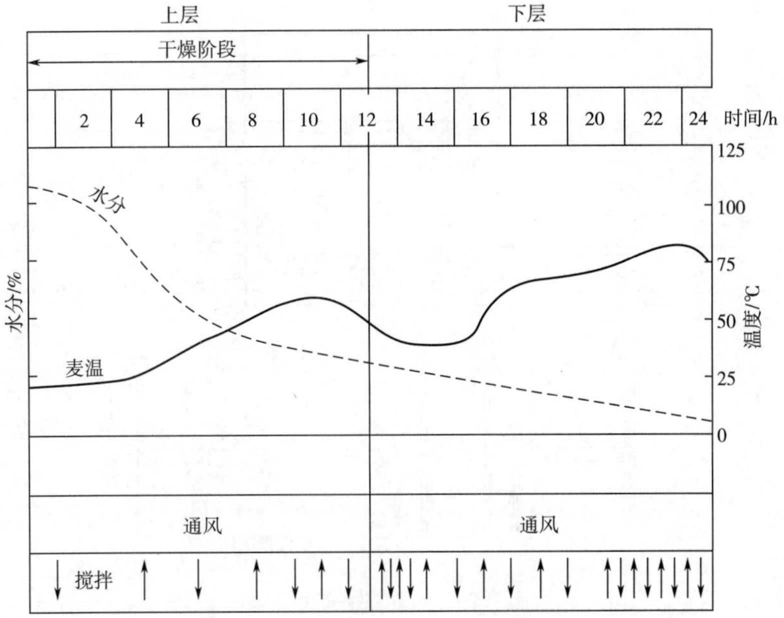

图 3-24 双层水平式干燥炉工作曲线

小，从 5~200 t/d，比较灵活。国外早已普遍推广，我国于 20 世纪 70 年代开始试用，现已在全国推广，其特点如下：

（1）麦层厚度比传统高一倍以上，为 0.8~1.5m。单位面积负荷为 250~450kg/m^2。

（2）炉体结构简单，无搅拌机，只有一层烘床，易实现自动控制。

（3）通常为每箱绿麦芽一次全部入炉，出料为自卸式倾斜板，通风面积高达 30%~40%。

（4）干燥时间短，有效时间 18~20h。

（5）热能利用较合理，后期热风可以全部回收作回风利用。

（6）大型单层炉多为圆形，占地面积小，更便于自动化。

（7）通风机能力较传统三层炉要大些，为 4000~5500m^3/(t · h)。先进的设计都用可调风机，前期风量大，风温低，后期风量小，风温高。国内暂时都用两台风机来实现调节前后期风量之目的。单层高效炉的基本结构和工作曲线如图 3-25 和图 3-26 所示。

单层高效炉的一般工艺条件（浅色麦芽）如下：

凋萎 10~12h	麦温 40~50℃	水分 43%—10%
	60~65℃	水分 10%—(6%~7%)
干燥 3~4h	65~80℃	水分（6~7%）—5%
焙焦 3~4h	80~85℃	水分 5%以下

从工作曲线可以看出，此种设备操作完全不同于多层干燥炉，温度控制点只有一层

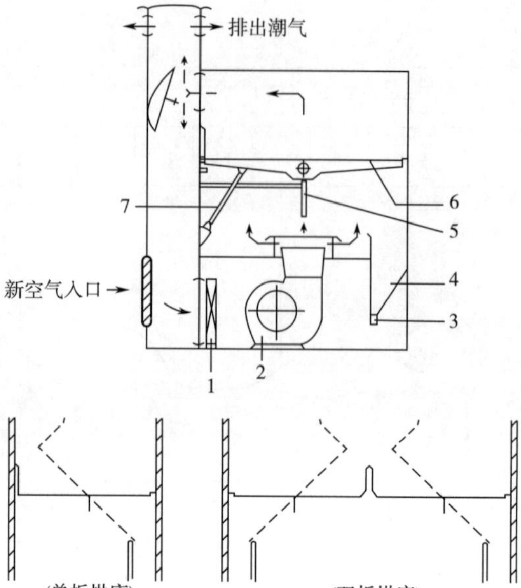

图 3-25 单层高效炉基本结构

1—加热器 2—鼓风机 3—螺旋送料机 4—干麦芽斗 5—支杆 6—活动翻板（烘床） 7—活塞杆

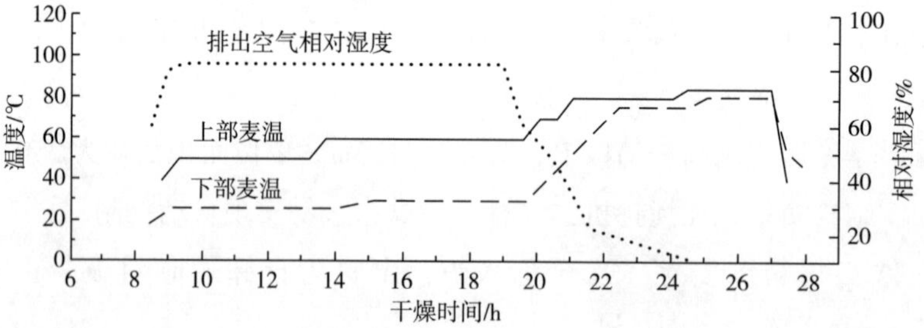

图 3-26 单层高效炉工作曲线

烘床，可以按预定工作曲线编制程序，没有多层烘床之间的互相制约。绿麦芽层水分从下往上，随着水分的蒸发温度逐渐上升，最后上下层水分完全达到平衡。避免了多层炉的翻麦操作，只要升温与水分的下降速率配合适当，就不会由于操作失误出现玻璃质粒。

现将丹麦嘉士伯麦芽厂单层炉做一简介。烘床面积 108m^2，风机能力为 125000m^3/h，每炉干麦芽产量为 30t，则单位麦芽的风量相当于 1470m^3/h。绿麦芽经气流送至炉顶，由一台旋转式散料机将料散开铺平。

初始麦温 40℃，12h 内逐渐升至 58℃，从 12h 至 15h，逐渐升至 85℃，并维持 85℃ 3h 进行焙焦，焙焦时全用回风。全干燥时间为 18h。

4. 发芽-干燥两用箱工艺

发芽-干燥两用箱工艺如下：

凋萎 18h 麦温 50~60℃ 水分 43%—(8%~10%)

干燥 10h 麦温 65~80℃ 水分 (8%~10%)—5%

焙焦 3~4h 麦温 80~85℃ 水分 5%以下

两用箱的操作温度与其他干燥炉类似，但时间却延长了 10h 以上。德国依雷克斯箱底面积 $293m^2$，每箱产量 170t，相当于 $1m^2$ 产 540kg 麦芽。箱底风道高 3m，设双端风道，一端进低温风供发芽，另一端进干热风供干燥。投料量为每箱 210 t 原大麦，麦层厚度 1.4m。用满板直螺旋搅拌机，螺板直径 500mm，转速 4.2r/min，行程 40cm/min。发芽期一般为 5d，干燥时间为 26h。

5. 各种干燥炉的耗能和生产能力比较

从表 3-25 可看出，按热能消耗和生产能力比较，以单层高效炉最优越。所以，国内外新建麦芽干燥炉不再采用旧式双层或三层炉，而采用单层高效炉结构。

表 3-25 各种干燥炉的能耗和生产能力比较

	耗热量/吨麦芽		麦芽产量/[kg/(m^2·d)]
	热量/MJ	燃料/kg	
双层干燥炉	5225~5852	180~200	100~140
三层干燥炉	4180~4681.6	140~160	120~150
单层高效炉	3971~4389	135~150	250~450 以上

6. 干燥炉节能问题

20 世纪 70 年代以来，为改进干燥炉的效率和减少燃料消耗，人们进行了许多努力。例如，利用太阳能作热源、改进炉体保温材料、缩短焙焦时间、重复利用出炉热风的余热。所有这些节能措施中，以排出热风的热能回收最受重视，并且在新建麦芽厂时得到应用。

图 3-27 是复式单层高效炉结构示意图。该系统的首要特点是将一侧烘床排出的较高温度气供另一侧烘床作为排潮热风。最后从排风道排出的废气中的余热则通过制冷机的原理进行回收，供给提高炉底进风温度之用。此回收余热体系包括有排风道出口端热交换器 9，冷冻剂管线 7，压缩机 5 及冷凝器（热交换器）4。这是一个较复杂的热能回收体系，对小型干燥炉不一定适用。目前采用玻璃管或平板玻璃制成的热交换器，安装在排风道出口端回收余热的措施已得到应用。我国有采用玻璃管式回收余热的麦芽干燥炉。

7. 干燥麦芽除根和贮存

除根就是麦根破裂并从麦芽中分离的过程。麦芽干燥至水分 3%~5%，停止加热，出炉，接着除根。因为麦根带有不良苦味，可溶性含氮物质含量很高，不良条件下含有较高的亚硝胺，而且吸湿性强。所以，麦芽必须及时除根，然后入库贮藏。

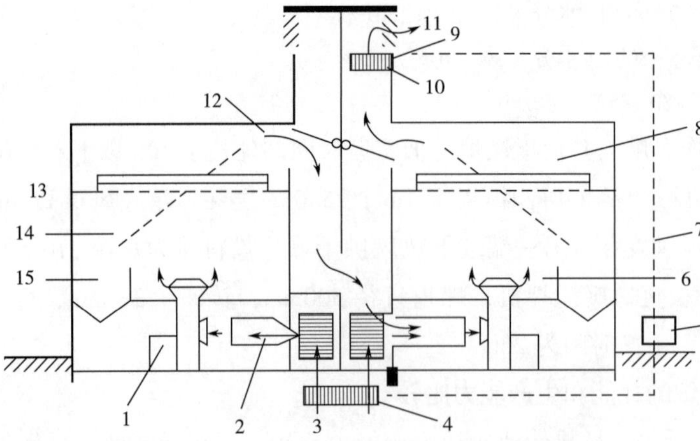

图 3-27　带热能回收的复式单层高效炉

1—离心热风机　2—燃烧炉　3—冷风入口　4—冷凝器/热交换器　5—压缩机　6—热风分配器　7—冷冻剂管线　8—干燥中麦芽　9—蒸发器/热交换器　10—凝结水　11—潮湿空气出口　12—焙焦麦芽热风机转入另一烘床　13—活动烘床　14—热风室　15—烘干麦芽斗

除根机类似辊筒式谷筛，麦根从筛眼漏出，麦芽从一端进，从另一端流出。

除根后的麦芽，为了防止麦芽吸水回潮、昆虫感染以及啮齿动物的破坏，因此贮存需在低温、干燥和密闭的环境中进行，一般贮存几周至一个月左右。主要原因在于：

（1）干燥时形成的少量半玻璃质胚乳能够转化为粉质，提高麦芽的粉状率。

（2）麦芽的蛋白酶和淀粉酶活性将有所提高。

（3）提高麦芽的糖化力和浸出物。

第五节　麦芽质量的评定

人们企图通过测定麦芽某些性能，以便预示或指导后续工艺及控制啤酒质量，从而对麦芽质量作出正确评定。迄今为止还不可能单纯凭借几个测定项目对麦芽作出全面的判断，只能进行综合检验。下面将简要介绍检测项目和各种测定值在评定麦芽质量中的意义。

一、感官特征

无霉杂味，麦芽香浓，牙咬发脆且松散，说明溶解良好，基本正常。优质浅色麦芽具淡黄色而有光泽感；劣质麦芽外观发暗，有霉味及酸味等。

下述各项试验方法，基本都属“欧洲酿造协会标准”（简称 EBC 标准），EBC 标准得到世界公认，我国目前都逐步实行该标准。另一个标准是“美国酿造化学家协会”（ASBC）标准，内容大同小异，也很有权威。

二、 物理检验

1. 切断试验

取麦芽样品200粒，检验胚乳状况，玻璃质麦粒越少越好。全玻璃质麦粒定为1粒，半玻璃质粒定为1/2粒，尖端玻璃质粒定为1/4粒，指标如下：

玻璃质粒占	0~2.5%	优
	2.5%~5.0%	良好
	5.0%~7.5%	满意
	7.5%以上	不佳

2. 叶芽长度

叶芽长度越均匀越好。浅色麦芽叶芽长度为麦粒长的3/4者占75%左右，平均长度为麦粒长的3/4左右，不发芽粒少于5%，可认为优良。

深色麦芽的叶芽平均长度应为麦粒长度的4/5以上，露头芽少于5%，不发芽粒少于5%，可认为良好。

三、 化学检验

1. 水分

我国浅色麦芽出炉水分为5%以下。经贮藏期，因地区和季节差异，水分可回升2%~5%。

2. 无水浸出物

因品种而异，六棱麦低于二棱麦，高氮麦低于低氮麦。一般为72%~80%。

3. 糖化时间

优良浅色麦芽为10~15min，深色麦芽20~30min。糖化时间代表着麦芽的α-和β-淀粉酶的综合性活动，时间越短活性越强。

4. 麦汁滤速和透明度

溶解良好的麦芽其协定法麦汁滤速快，麦汁清。过滤速度受大麦品种、生长条件、发芽方法、干燥温度和麦芽存放时间等因素的影响。协定法麦汁过滤时间低于1h。

5. 色度

正常浅色麦芽色度为2.5~4.5 EBC单位，相当于0.1mol/L碘液0.14~0.25mL。深色麦芽为9.5~15.0 EBC单位，相当于0.1mol/L碘液0.6~1.0mL。

6. 细胞溶解度

细胞溶解度代表着麦芽溶解度的一个方面，可以通过多种方式检测。目前国际上较通用的方法是测定麦芽粗细粉浸出物差值。必须用国际公认的通用型号粉碎机和操作条件。常用的粉碎机有米亚（Miag）型和 EBC 型粉碎机。以 EBC 型粉碎机为例，按粗细粉差判断麦芽溶解度的经验值如下：

<1.5%	优	2.8%~3.2%	不良
1.6%~2.2%	良好	>3.2%	很差
2.3%~2.7%	满意		

协定法麦汁黏度可以部分地说明胚乳细胞半纤维素和麦胶物质的降解情况。黏度越低说明细胞壁中的高黏性的β-葡聚糖分解程度越高。通常经验值如下：

$<1.53\times 10^{-3}$Pa·s	优	$(1.62\sim1.67)\times10^{-3}$Pa·s	一般
$(1.53\sim1.61)\times10^{-3}$Pa·s	良	$>1.67\times 10^{-3}$Pa·s	不佳

7. 蛋白溶解度（库尔巴哈值，库尔巴哈指数，Kolbach Index）

库尔巴哈提出的测定协定法麦汁的可溶性氮和总氮之百分比可以表示出蛋白溶解度。此值越高，溶解越好，经验值如下：

>41%	优	35%~38%	一般
38%~41%	良好	35%以下	差

隆丁区分（Lundin Fraction）：用隆丁区分法将麦汁中蛋白分解物分成三个组分是鉴定麦芽蛋白溶解度的深入方法，但过程较麻烦。用不同沉淀剂将协定法麦汁中蛋白分解物分成 A、B、C 三组。A 组相对分子质量 60 000 以上，约占 15%以上，B 组相对分子质量为 12 000~60 000，约占 25%，C 组相对分子质量为 12 000 以下，约占 60%。以上为经验值，不作常规项目。

甲醛氮和α-氨基氮：此两种测定值都可以代表低肽和氨基酸水平，它们也可以反映出蛋白溶解的程度。

甲醛氮（mg/100g 干麦芽）	α-氨基氮（茚三酮法）	（mg/100g 干麦芽）的经验值如下：
优	>220	>150
良好	200~220	135~150
满意	180~200	120~135
不良	<180	<120

8. α-淀粉酶和糖化力

麦芽的α-淀粉酶活性测定，采用美国 ASBC 方法。酶活性定义是：在适量的β-淀粉酶存在下，在 20℃，每小时液化（糊精化）1g 可溶性淀粉为 1 个单位，以 $DU_{20℃}$ 表示。一般浅色麦芽，每 100g 绝干麦芽α-淀粉酶活性为 40~60$DU_{20℃}$。

麦芽的糖化力，是表示麦芽中α-淀粉酶和β-淀粉酶联合使淀粉水解成还原糖（以麦芽糖表示）的能力。糖化力表示方法有两种：一种是 WK 即维柯单位，另一种是 L,

即林德奈单位。英美国家国标偏好用 L 表示，欧洲大陆和我国国标均以 WK 表示。1WK 是表示 100g 绝干麦芽在 20℃和 pH 4.3 条件下分解可溶性淀粉，每 30min 产生 1g 麦芽糖。两种糖化力表示方法可以换算，如下式所示：

$$1L = 0.3WK + 4$$

浅色麦芽的糖化力常在 200~300 WK，深色麦芽糖化力常只有 80~120WK。

我国 2008 年颁布了啤酒麦芽的轻工行业标准 QB/T 1686-2008，是对 QB/T 1686-1993 的修订。

本标准适用于以二棱、多棱啤酒大麦为原料，经浸麦、发芽、烘干、焙焦所制成的啤酒酿造用麦芽。

本标准中的麦芽产品分为以下四类：

淡色麦芽：色度 2.5 EBC~5.0 EBC 单位的麦芽；

焦香麦芽：色度 25 EBC~60 EBC 单位的麦芽；

浓色麦芽：色度 9.0 EBC~130 EBC 单位的麦芽；

黑色麦芽：色度大于 130 EBC 单位的麦芽。

麦芽标准的技术要求：

（1）感官要求

淡色麦芽——淡黄色，有光泽，具有麦芽香气，无异味。

焦香麦芽——具较浓的焦香味，无异味。

浓色麦芽和黑色麦芽——具有麦芽香气及焦香气味，无异味。

（2）理化要求　淡色麦芽理化要求见表 3-26 的规定，焦香麦芽、浓色麦芽和黑色麦芽的理化要求见表 3-27 的规定。其他国家和地区的麦芽理化指标见表 3-28~表 3-30。

表 3-26　淡色麦芽理化要求

项目		优级	一级	二级
夹杂物/%	≤	0.9	1.0	1.2
出炉水分/%	≤	5.0		
商品水分[a]/%	≤	5.5		
糖化时间/min	≤	10		15
煮沸色度/EBC	≤	8.0	9.0	10.0
浸出物（以干基计）/%	≥	79.0	77.0	75.0
粗细粉差/%	≤	2.0		3.0
α-氨基氮（以干基计）/（mg/100g）	≥	150	140	
库尔巴哈值/%		40~45		38~47
糖化力/WK	≥	260	240	220

a 商品水分可按供需双方合同执行。

表 3-27　焦香麦芽、浓色麦芽和黑色麦芽理化要求

项目			优级	一级	二级
夹杂物/%		≤	0.9	1.0	1.2
出炉水分/%		≤	5.0		
商品水分[a]/%		≤	5.5		
色度/EBC	焦香麦芽		25~60		
	浓色麦芽		9.0~130		
	黑色麦芽		≥130		
浸出物（以干基计）/% ≥	焦香麦芽		60		

a 商品水分可按供需双方合同执行。

表 3-28　美国淡色 Ale 麦芽和 Lager 麦芽参考指标

指标	Ale 麦芽	Lager 麦芽
库值/%	38-39	40-43
粗细粉差/(l°/kg)	3-6	2-3
脆度/%	≥95	≥95
均一性/%	≥88	≥82
冷水浸出物/%	1.8-2.0	2.0-2.2

表 3-29　美国部分 lager 麦芽的技术参考指标

指标	IGB 方法（Institute and Guild of Brewing）	EBC 方法（European Brewery Convention）
水分/%	4.5~5.5	4.5~5.5
浸出物得率/干基	>305 l°/kg*	>80.5%
粒度>2.5mm 的物质含量/%	95	95
色度/EBC	2~4	2~4
总氮/%	1.6~1.8	1.6~1.8
总可溶性氮/%	0.57~0.66	0.65%~0.75%
游离氨基氮 FAN/(mg/L)	>160	>160
可溶性氮比例/%	34~40	38~44
粗细粉差	3~7 l°/kg	1%~2 %
脆度/%	>85	>85
均一性/%	>96	>96
糖化力	>65 °L	>220WK

续表

指标	IGB 方法 (Institute and Guild of Brewing)	EBC 方法 (European Brewery Convention)
麦汁黏度/(Pa·s×10^3)	1.55~1.65	1.55~1.65
DMS 前驱物/(mg/kg)	2~8	2~8
β-葡聚糖/(mg/L)	<200	<250
α-淀粉酶/DU	>30	>30

注：* “1°/kg”是指 1kg 麦芽能产生比重为 1.001（0.026g 浸出物/100g 麦汁）的麦汁量。

表 3-30 典型的慕尼黑麦芽分析指标

指标	含量	指标	含量
色度/EBC	4~12	总可溶性氮/%	4.4~5.2
水分含量/%	3~6	库尔巴哈指数/%	38~45
浸出物/%	76~82	粒径<2.2 mm/%	0.65
粗细粉差/%	1~2	脆度/%	80~90
总蛋白质/%	10.5~12		

第六节 特种麦芽

除前述浅色麦芽和深色麦芽之外，还有提供特种啤酒用的麦芽称为特种麦芽。

一、焦糖麦芽

焦糖麦芽又称焦香麦芽、结晶麦芽、琥珀麦芽。按其色度又可分为浅色和深色两种。浅色者色度为 0.18~1.0mL 0.1mol/L 碘液。这种麦芽多用于生产中等深色啤酒，它能增进啤酒的醇厚性、非生物稳定性和麦芽香味。根据啤酒类型的要求，使用量为啤酒原料的 5%~15%。此种麦芽外观为棕色，粒圆光滑，胚乳呈黑棕色，芳香，稍苦，横切面显结晶状，见表 3-31。

表 3-31 焦糖麦芽的性质

	浅色焦糖麦芽	深色焦糖麦芽
外观	麦皮淡黄或浅琥珀色，麦粒膨胀饱满	麦皮黄褐色，麦粒膨胀饱满
香味	具甜味及焦糖味	具甜味及焦糖味

续表

	浅色焦糖麦芽	深色焦糖麦芽
色度/EBC	50~70	100~120
无水浸出物含量/%	65~70	65~75
还原糖含量（麦芽糖计）/%	30~50	30~50

其制备原则是将成品浅色干麦芽或半成品绿麦芽在高水分下，经过60~75℃的糖化处理，最后以110~115℃高温焙焦，使糖类焦化。

具体制备法有3种：

（1）当深色麦芽发芽至5~6d时，喷水使之水分达到42%~45%，覆盖麻袋，让其自然升温至60~65℃，保持10h糖化，然后按常法烘干，最后110℃焙焦2~3h。

（2）将已充分溶解的绿麦芽，置干燥炉内，洒水至含水分42%~45%，如上法覆盖，升温至60~65℃，保持0.5~1h糖化，进行烘干。浅色焦糖麦芽于100~120℃焙焦0.5~1h；深色焦糖麦芽于130~150℃，焙焦1~2h。

（3）用成品浅色麦芽水浸6~16h，捞出阴干，入烘炉升温至焙焦温度保持1~2h。

二、 黑麦芽

常用于生产浓色和黑色啤酒，以增加啤酒色度和焦香味，用量为5%~15%。

将含水分10%~13%的除根半成品麦芽（浅色），入直火加热的炒麦机，逐渐升温去水，然后于30~60min内升温至200~215℃，保持30min，当出现焦香味后再升至220~230℃，保持10~20min，使麦芽呈深棕色，但不焦化，然后取出冷却。

也可用成品浅色麦芽用60℃热水浸6~10h，取出阴干，入炒麦机，缓慢升温至50~55℃，保持30~60min，使蛋白质分解，再升至65~68℃，保持30min糖化，然后于30min内升至160~175℃，使之产生类黑素-氨基糖。当出现白烟后，升至200~215℃保持30min，出现浓香后升至220~230℃，保持10~20min后，取出放冷，见表3-32。

表3-32 黑麦芽性质

外观	麦皮呈深褐色，有光泽
香味	浓焦香，微苦，无焦臭和酸涩味
切断试验	胚乳褐色至深褐色，部分半玻璃质
色度/EBC	1300~1600
无水浸出物含量/%	60~70
酶活性	全部破坏

三、类黑素麦芽

这种麦芽含有丰富的类黑素，呈黄褐色，胚乳呈深褐色，色度不低于 14mL 0.1mol/L 碘液，麦芽香味浓，无苦味，用于制深色啤酒，具较强的缓冲能力，浸出物和普通麦芽相当。

制作方法是将高蛋白大麦经发芽充分溶解后，置干燥炉，于 50℃保温 24h，使蛋白质充分分解，然后按常法干燥，焙焦温度为 100~110℃。

四、焙烤麦芽

焙烤麦芽是经过浸渍、发芽、干燥和焙焦后产生的麦芽，随着焙焦温度的升高，焙烤时间的加长，麦芽内部会发生碳化反应，胚乳呈黑色，并且色度逐渐加深，这种麦芽具有焦苦味、酸涩味以及烟味的特征，常用于增加啤酒的色度以及风味。

随着焙烤过程中加热温度和强度的不同，麦芽产品在色泽深浅、风味物质种类以及风味强弱上具有显著差异，因而焙烤麦芽随之出现了更细的分类，在焦香、琥珀、结晶之后又出现了巧克力麦芽、黑麦芽以及烘烤大麦等新品种。

五、巧克力麦芽

巧克力麦芽常用于生产深色啤酒，添加少量的巧克力麦芽就能给成品啤酒带来独特的色泽，并且具有可可、咖啡或巧克力的风味特征，一般用量为 5%~15%。巧克力麦芽的麦粒呈深褐色、巧克力色，在制麦过程中需经过深度焙烤，最高焙烤温度可达到 220℃，其色度范围在 700~1100 EBC（表 3-33）。

表 3-33　巧克力麦芽性质

类别	内容
外观	麦粒呈深褐色、巧克力色
香味	可可、焙烤、咖啡味
水分	<6.0%
色度/EBC	700~1100
无水浸出物含量/%	69~77
酶活性	全部破坏

由于高温焙烤过程中美拉德反应的作用，使麦芽中能够产生许多高分子化合物，在啤酒生产中，还能够加强啤酒酒体，增强泡沫的稳定性，甚至使啤酒泡沫更加细腻，而且能够提高啤酒的抗氧化能力，进而延长啤酒的货架期。

制作方法是将成品浅色麦芽在50℃下浸泡3h，沥干后，放入烘焙箱中，在46℃下保持90min，使蛋白质分解，再升温至63℃，保持30min糖化，85℃下干燥70min，最后再升温至210℃，保持40min进行焙烤，取出喷水冷却。

六、 乳酸麦芽

乳酸麦芽可用于改进偏碱性的糖化用水，降低糖化醪液pH，增加缓冲能力。糖化配料中加3%~5%的乳酸麦芽可降低pH 0.2，可提高酶活性，增加浸出物收率，改良啤酒口味，降低色度，提高泡持性。制作方法如下：

发芽4~5d的绿麦芽，喷洒0.4%~0.6%的乳酸液，用量为每100kg原料大麦加3L乳酸液。发芽8d之后，将绿麦芽浸于1%~2%的乳酸液10~17h，取出干燥，余下的乳酸液可补充乳酸，重复使用，见表3-34。

表3-34 乳酸麦芽性质（一例）

外观	麦粒呈淡黄色
香味	微带乳酸气味
水分/%	4.6
无水浸出物/%	65~75
冷水浸出物/%	28.7
总氮（TN）/%	1.59
永久可溶氮（PSN）/%	0.95
PSN/TN/%	60.0
麦芽中乳酸量/%	1.5~2.5

七、 其他麦芽

（一）小麦麦芽

小麦自身含有较高的β-淀粉酶，制成麦芽后其糖化力可达到300~400WK单位。此外小麦含氮量高于大麦。为了提高糖化速度，改进啤酒的泡持性，可在糖化过程添加5%~10%的小麦麦芽。德国的白啤酒就使用了50%的小麦麦芽。

小麦麦芽制作工艺与大麦芽类似，但浸麦度稍低，发芽温度宜低。由于麦层透气性差，故麦层宜薄。没有外层谷皮，这是小麦芽的弱点，当叶芽露出种皮之后，机械翻拌可能造成叶芽损伤。所以，翻麦次数宜少。发芽时间比大麦芽短1~2d。干燥前期用大风量排潮，温度为36~40℃，排除游离水分后逐渐升温至70~75℃，3~4h结束。

（二）小米芽

在非洲某些缺大麦的地区，有用小米发芽制造一种不透明的啤酒，小米芽的浸出物相对少，谷皮较多，糖化力也不如大麦芽高。在发芽过程中不能用大孔径箱底板，因为小米粒远不如大麦粒粗，因而造成通风的麻烦。

（三）高粱芽

此种芽也是在缺大麦地区有试生产，高粱芽具有小米同样的缺点，但是高粱粒稍大，制麦操作较方便。

（四）青稞芽

青稞麦芽是生产高质量青稞啤酒的主要原料，是中国西藏地区具有地域特色的酿造原料。青稞麦芽的β-葡聚糖、总多酚和总黄酮含量显著高于其他发芽谷物，用其酿造的啤酒口感纯正、泡沫洁白细腻、具有独特的青稞麦芽香味。

第四章

麦汁制备工艺

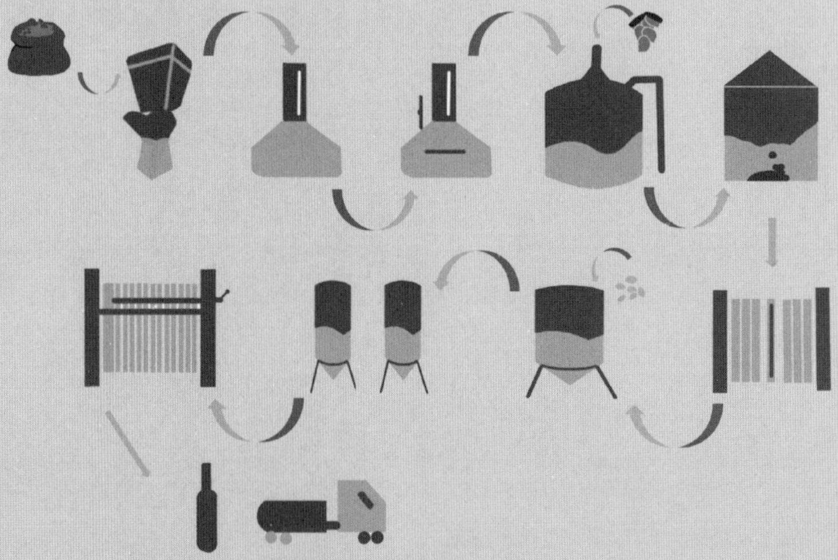

第一节　概述

大麦中仅含有15%~20%的碳水化合物，其余为淀粉质组分。淀粉对谷物的储藏是有益的，但是它不能被大麦胚乳或酵母发酵利用。麦芽中碳水化合物中的糖苷键被水解，使淀粉转化为糖类，供酵母菌株利用。通常条件下的水解反应极其缓慢。但是，随着大麦的萌发，麦芽中的酶类随之大量产生，加速淀粉的水解。活细胞可以通过调节体内酶的数量或调节酶的活性维持水解反应的水平。在种子萌发过程中，其自身往往需要几天或数周的时间来将淀粉转化为糖类，直到种子发芽后可以直接利用太阳光中的能量。然而，酿酒师往往不能等待这么长时间，因此，在酿造开始前先要将麦芽进行粉碎和糖化处理，使淀粉在较短的时间内转化为糖类物质。

麦汁制造是将固态的麦芽、非发芽谷物、酒花用水调制加工成澄清透明的麦汁的过程。制成的麦汁供酵母发酵，加工制成啤酒。麦汁制造过程包括：原料的粉碎，原料的糊化、糖化，糖化醪的过滤，混合麦汁加酒花煮沸，麦汁处理-澄清、冷却、通氧等一系列物理学、化学和生物化学的加工过程（图4-1）。

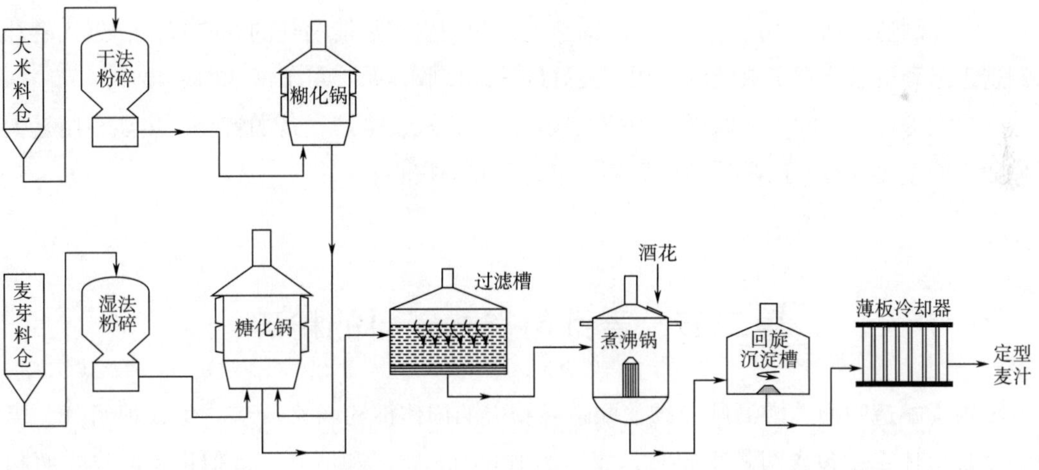

图4-1　麦汁制备工艺设备流程图

麦汁的组成是酿造啤酒的物质基础之一，近代生物化学知识和分析技术，使麦汁制造中复杂的变化被人们所掌握，复杂的工艺过程也被酿造师的理论和技术所调节与控制。麦汁制造在造型优美的巨型铜或不锈钢的锅中进行，设计师把糖化室布置得宽敞明亮，金碧辉煌，豪华气派，是啤酒厂具有艺术格调的参观“橱窗”。新技术和新设备不断被采用。因此，麦汁制造历来受到酿造师的青睐。

麦汁制造的工艺要求原则是：

（1）原料中有用成分得到最大限度的萃取　主要指原料麦芽和辅料中的淀粉转变成可溶性无色糊精和可发酵性糖类的转化程度。它关系到麦汁收得率或原料利用率。在原料日益昂贵的今天（原料成本占啤酒成本的 50%以上），如果每吨原料的麦汁（12°P）收率从 $5.8m^3$ 提高到 $6.2m^3$，至少可使啤酒成本降低 2%。

（2）原料中无用的或有害的成分溶解最少　主要指麦芽的皮壳物质、原料的脂肪、高分子蛋白质等。它们会影响啤酒的风味和啤酒的稳定性。在麦汁制造中减少溶解或通过麦汁处理使它们减少是提高啤酒质量的关键之一。

（3）制成麦汁的有机或无机组分的数量和配比应符合啤酒品种、类型的要求　啤酒的风格、类型的形成，除了酵母品种和发酵技术外，麦汁组成是主要的物质基础。

在原料的质量不稳定的情况下，麦汁制造中依据生物化学变化原理进行工艺调节，得到均一的麦汁组成，在相似原料的情况下，采用不同的工艺控制，制成不同组分的麦汁，酿成不同风格、类型的啤酒。

（4）保证上述三原则下，缩短生产时间，节省工时，节能是本车间的要求　近代麦汁制造还是以传统分批式为主，在相同制造体系中，每日生产批次数是反映生产效率的指标。如三锅三槽体系，先进水平可达 10~12 次，一般水平只有 7~8 次。日批次数增加，不但可增加麦汁产量，也是近代酿造淡爽型风格的关键之一。

麦汁制造是加热和冷却过程，所需热能占啤酒生产热能消耗的 60%以上，近代麦汁制造工艺和设备注意了热能的利用。良好的热能回收体系，可节能 30%~40%。

研究麦汁制造的工艺原理、调控方法、麦汁组成、生产设备的特性、热能利用是人们研究的主要内容，而麦汁的质量和产率是研究的核心。

第二节　麦芽与谷物辅料的粉碎

为了酿造啤酒，酿酒师必须使酿造谷物中的固体淀粉与水反应，生成糖组分。当一个反应体系中包含两相物质时，如本例中的固态物料和液态水，催化反应仅在两相物质接触的表面发生。麦芽和谷物辅料的粉碎是为了使整粒谷物经过粉碎后，有较大的比表面积，使物料中贮藏物质增加和水、酶的接触面积，加速酶促反应及物料的溶解。

在啤酒酿造中，不但要考虑粉碎操作的经济性（即提高粉碎细度，使糖化的时间缩短和出率增加及粉碎耗用能量之间的关系），更应考虑啤酒酿造的特殊性。①麦芽皮壳若粉碎过细，会增加皮壳有害物质的溶解，影响啤酒的风味。②皮壳和原料中不溶性物质粉碎过细，造成过滤阻力增加，影响过滤操作。③淀粉等贮藏物质的粉碎细度，不但影响酶促反应速度，也影响反应深度即影响麦汁组成。

因此，粉碎虽然属简单的物理操作，但在啤酒酿造过程中特别重视麦芽粉碎度的控制，麦芽的粉碎方法也不断地得到改进。

一、 麦芽的粉碎

1. 麦芽的粉碎方法

长期以来，麦芽的粉碎采用干法粉碎，直至20世纪60年代相继出现了湿法粉碎和回潮干法粉碎，20世纪80年代初又推出连续调湿粉碎。上述四种粉碎方法我国都有采用，但中、小型厂还是以干法粉碎为主。

2. 麦芽的干法粉碎

麦芽的干法粉碎近代都采用辊式（滚筒式）粉碎机。粉碎机对辊之间间距可根据麦芽腹径及需要的粉碎度进行调节。

辊式粉碎机，根据每台机的辊数可分成：对辊式、四辊式、五辊和六辊式多种。四辊以上粉碎机内还配有若干组震筛，有利于调节麦芽各粉碎度之间的比例。我国广泛采用四辊、五辊、六辊式粉碎机。

（1）干法粉碎机　四辊式粉碎机由两对辊子和两对辊之间的一组筛组成，麦芽经过第一对辊的粗粉碎，经过筛析，分离出皮壳和粗粒，粗粒再经过第二对辊进一步粉碎。

五辊式粉碎机是由五个辊子组成，前三个复联成两组磨碎单元，后两个辊单独成一组磨碎单元。前三个辊子是光辊，后两个辊是拉丝辊。前三辊之间和之后均配有筛选装置，以分离细粉、细粒、皮壳（图4-2）。粉碎细度比四辊式更容易控制，结构比六辊式紧凑，但修理困难。

六辊式粉碎机由六个辊子组成三对磨碎单元，第一、二两对辊均是光辊，在之间和之后均有筛析装置，第三对是拉丝辊，可将上面两对辊磨成的粗粒进一步磨成细粒和细粉（图4-3）。

Φ130mm，L800mm六辊粉碎机，第一对辊间距为3.5~4.5mm，第二对辊2.5~3.5mm，第三对辊1.5~2.5mm，拉丝斜度为8∶1，牙齿角40~70°，22个丝头。

麦芽辊式粉碎机辊直径为250~350mm，辊长度为400~1000mm，辊速度：高速为25m/s，低速为4m/s。

每100mm辊长度产率：对辊——150~200kg/h

四辊——200~300kg/h

六辊——300~500kg/h

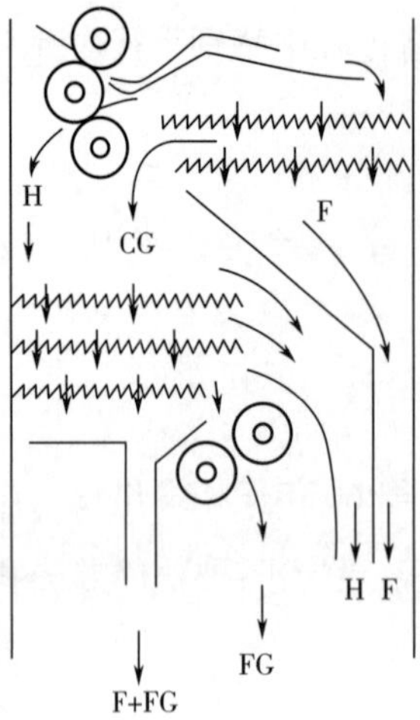

图 4-2 五辊式粉碎机工作原理图

H—谷皮 CG—粗粒 FG—细粒 F—粉

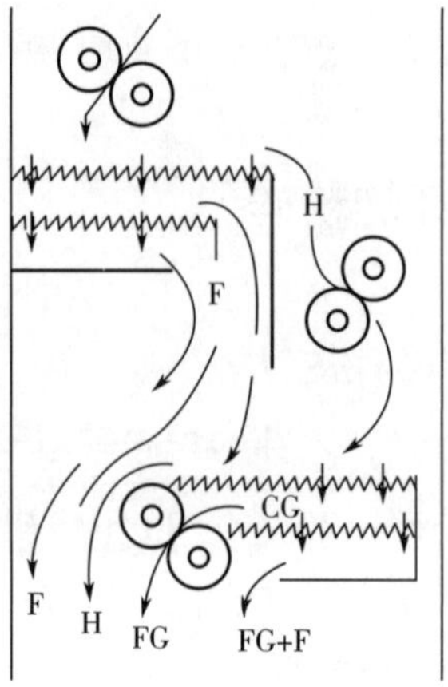

图 4-3 六辊式粉碎机工作原理图

H—谷皮 CG—粗粒 FG—细粒 F—粉

每吨麦芽粉碎电耗为1.5~4.5kW·h，它取决于粉碎机类型及粉碎细度。

（2）干法粉碎的调节原理 麦芽粉碎后，按物料的颗粒大小，一般可分成：皮壳、粗粒、细粒、粉及微粉，其各部分的质量分数，称之为“粉碎度”。麦芽粉碎度的调节，主要依据麦芽的溶解度、糖化方法、过滤设备等灵活控制。

①麦芽粉碎各部分对浸出率影响：麦芽皮壳部分，主要由纤维素、半纤维素、木质素、无机盐、色素物质等组成，在糖化时很少溶解，占浸出物的比例低。

麦芽粗粒部分是由麦芽中胚乳溶解较差的部分组成（对一粒麦芽常常是麦尖部分胚乳）。粗粉之间间距较大，易于麦汁的过滤；然而，大颗粒淀粉与水的接触面积有限，在糖化时溶解困难，导致谷物浸出率较低，啤酒酿造中谷物的使用量增加。麦芽粉和微粉是溶解特别好的胚乳，糖化时极容易被酶分解成麦芽糖，如这部分比例大。浸出物收率就高，但由于蛋白质过度分散可能造成过滤困难或麦汁不澄清。介于粗粉和细粉之间的麦芽粉碎度是比较理想的。有些啤酒厂通过带压过滤的方式分离麦糟和麦汁，这种情况下，可以用锤式粉碎机将麦芽粉碎成更细的麦芽粉，进而增加发酵糖的得率。

当麦芽粉碎后，会残留许多细粉尘。由于较大的比表面积，这些粉尘可能会燃烧，甚至由于火花或其他火源而引起爆炸。超级细小的粉尘不容易沉积下来，而是形成粉尘团雾弥漫到各个角落。此外，粉尘颗粒还可能携带细菌，对啤酒造成不良影响。粉尘也会对呼吸系统造成伤害。综合以上原因，粉碎车间必须与啤酒厂的其他酿造车间隔离建造，且需要对粉碎区域的空气进行过滤处理后再行排放。对于某些设备，可以在粉碎前将谷物进行湿润处理，以消除上述粉尘问题。

表 4-1 麦芽各粉碎物的浸出率

粉碎物	占麦芽重/%	浸出物含量/%		组分浸出物：重/%
		组分	占总浸出率/%	
皮壳组分	15	4.35	6.11	0.29
粗粒组分	20	8.02	11.26	0.4
细粒组分	30	23.10	32.4	8.77
粉及微粒组分	35	35.74	50.19	1.02
合　计	100	71.12	—	—

表 4-2 各粉碎物的酿造性质

	粉和微粉	细粒	粗粒
浸出率/%	80.46	45.26	22.20
色度/%	2.45	10.61	8.55
麦芽糖：浸出物/%	65.30	54.20	51.85
麦汁极限发酵度/%	71.60	64.70	63.50
麦汁 pH	5.80	5.88	5.92
糖化力/WK	320	250	95

②麦芽性质和粉碎度的控制：溶解良好的麦芽，胚乳组织疏松、胚乳物质已经得到良好和恰当的分解，并且富含水解酶，糖化时十分方便，因此，这种麦芽可以粉碎得粗一些。

溶解不良的麦芽，胚乳坚硬，含水解酶少，糖化比较困难，因此，这种麦芽粉碎时，应适当细一些，即增加细粒，粗粉比例。但如果过细（细粉、微粉太多），糖化虽容易，而麦芽醪过滤困难，甚至会降低总收率。

刚出炉的麦芽或贮存吸水不足（低于 6.0%）的麦芽，太脆，粉碎时很容易把皮壳粉碎得太细，影响过滤。水分超过 10%的麦芽，粉碎时胚乳易压成片状，达不到适宜的粉碎度。

③糖化方法对粉碎度的要求：采用快速糖化或采用浸出糖化法，麦芽的粉碎度应大一些；反之，若采用长时间糖化法或二次、三次煮出糖化法，粉碎度可以小一些。

④麦芽醪过滤方法对粉碎的要求：采用过滤槽法，其推动力是液体静压，过滤介质是麦芽皮壳等不溶性物质，它对麦芽粉碎的要求严格，要求皮壳尽可能完整，胚乳部分以粗、细粒为主，粉和微粉比例适当小些，这样才能顺利过滤。

采用压滤机过滤，过滤推动力是泵送压力，比静压大得多，过滤介质主要是涤纶滤布和皮壳，因此对粉碎的要求低。麦芽粉碎细一些，并不影响过滤速度，反而可提高浸出物收率。

(3) 干法粉碎麦芽的粉碎度的判别　检验麦芽的粉碎度的方法，应通过粉碎物的筛析分级量来表示。

啤酒工业常用分级筛有如下三种：

①EBC 标准筛（Pfung stand 平筛）：此筛在实验室及啤酒工厂使用较多，筛规格见表 4-3。

表 4-3　EBC、ASBC 标准筛比较表

EBC 标准筛			ASBC 标准筛		麦芽粉碎物分级
筛号	每平方厘米筛孔数/个	筛孔净宽/mm	筛号	筛孔净宽/mm	
			10	2.00	皮壳
1	36	1.27	14	1.410	皮壳
2	64	1.01	18	1.00	粗粒
3	106	0.547	30	0.590	细粒 Ⅰ
4	961	0.253	60	0.250	细粒 Ⅱ
5	2704	0.152	100	0.149	粉
筛底	—	—	筛底	—	细粉

②美国 ASBC 标准筛：它和美国泰勒筛有些相似，以平方英寸占有筛孔数为筛号。

③布勒氏（Buhter）筛：此筛的筛底号数等于每厘米筛上的细孔数，每平方厘米筛上的细孔数则等于筛底号数的平方。在啤酒工业中应用的是其中的 6 号（表 4-4）。

表 4-4　布勒氏筛规格

专用筛号	筛号	每平方厘米筛孔数/个	筛孔净宽/mm	麦芽粉碎物分级
1	4	16	1.50	皮壳
2	6	36	1.02	粗粒 Ⅰ
3	8	64	0.75	粗粒 Ⅱ
4	12	144	0.49	细粒 Ⅰ
5	14	196	0.43	细粒 Ⅱ
6	50	2500	0.12	粉
筛底	—	—	—	微粉

每次分析，在粉碎中取样 150~200g，在转速为 300r/min 下，筛析 5min，各筛上物称量评价。

溶解正常的麦芽，粉碎可按表 4-5 的标准控制。

表 4-5　　正常麦芽粉碎物在布勒筛上的分布

专用编号	粉碎物分级	粗粉碎/%		细粉碎/%
1	皮壳	8~15		6~9
2	粗粒Ⅰ	10~12	21.5	2~4
3	粗粒Ⅱ	9~12		3~6
4	细粒Ⅰ	23~27	67.0	4~6
5	细粒Ⅱ	8~12		10~12
6	粉	21~25		52~56
筛底	微粉	7~11		14~17

3. 麦芽回潮粉碎（Malt Conditioning）

麦芽在很短时间内通入蒸汽或热水，使麦壳增湿，胚乳水分保持不变，这样使麦壳有一定柔性，在干法粉碎时容易保持完整，有利于过滤。用过滤槽过滤可缩短 10%~15%的过滤时间。

（1）蒸汽回潮　在长 3m 的螺旋输送机内，通入表压为 50kPa 的饱和水蒸气，处理 30~40s，使麦芽总水分增加 0.7%~1.0%（主要麦壳增湿）。蒸汽增湿时麦芽温度应在 40~50℃，过高会引起酶的失活。

（2）喷水回潮　利用两条长 3~4m 的螺旋输送机，第一条中由热水喷雾管，喷入 40~50℃热水，其量为麦芽重 3%~4%，麦芽在此机中停留 1~2min，增重 1.5%~2.0%，落入第二条螺旋输送机，用 40℃热干风吹除麦芽表面游离水。回潮后麦芽约增重 1.0%~1.5%，而麦壳水分约可增加 1 倍（12%~15%），胚乳水分保持不变。

近代回潮粉碎常和专用粉碎机配套，在粉碎时把皮壳剥离筛出，在糖化时可用于皮壳分离糖化法。

4. 麦芽湿法粉碎（Wet milling）

麦芽在预浸槽斗中用温水（20~50℃）浸泡 10~20min，使麦芽含水量达到 25%~35%，放走浸泡水，用加料辊把麦芽加入二辊或四辊式粉碎机中，带水粉碎，粉碎物在匀浆槽中加入 30~40℃糖化水，匀浆后用醪泵送至糖化锅。

对辊为锥形辊，直径为 250mm，长为 1250mm，拉丝、辊间距为 0.5mm，转速为 250r/min。

湿法粉碎全部操作：浸渍→磨碎→匀浆→泵出（图 4-4）。在 0.5~2h 内只能完成一批投料，常需要多台机并联使用，而且日糖化批次数要高达 8~12 次，否则停留时间过长，存在被污染的危险。

如弃去湿法浸泡水，则可以提高啤酒质量，但会损失浸出物 0.5%~1.0%。

湿法粉碎由于麦芽皮壳充分吸水变软，粉碎时皮壳不易磨碎，胚乳带水碾磨，较均匀，糖化速度快。湿法粉碎可提高过滤速度 20%~25%或提高槽投料量，麦糟层厚度高达 500~600mm，但不影响过滤。

麦芽湿法粉碎在 20 世纪 60 年代推出后曾风行一时，但它存在如下缺点：①吨麦芽粉碎电耗比干法高 20%~30%。②由于每批投料麦芽全部同时浸渍，而每批投料粉碎时间最短需 30min，有的更长，这样前后粉碎的麦芽，浸泡时间不一，其溶解有差异，影响糖化的均匀性。

5. 连续浸渍湿式粉碎（Millstar）

20 世纪 80 年代，德国的 Steinecher 和 Huppmann 等公司推出改进型湿式粉碎法，每批糖化麦芽贮存在料斗是干的，在加料辊作用下连续送至粉碎机前，进入浸渍室或斗，用温水浸渍 60s，使麦芽水分达到 23%~25%，使麦壳变得富有弹性，再进入粉碎机，边喷水边粉碎，粉碎后直接落入糖化锅，或在粉碎机混合室调浆，用醪泵送至同一水平位置的糖化锅。

由于它改进了原来湿式粉碎的两个缺点，在粉碎辊筒上分配均匀，辊子负荷减少，电耗接近干法粉碎，麦芽浸渍时间几乎相等，溶解均匀性一致（图 4-5）。

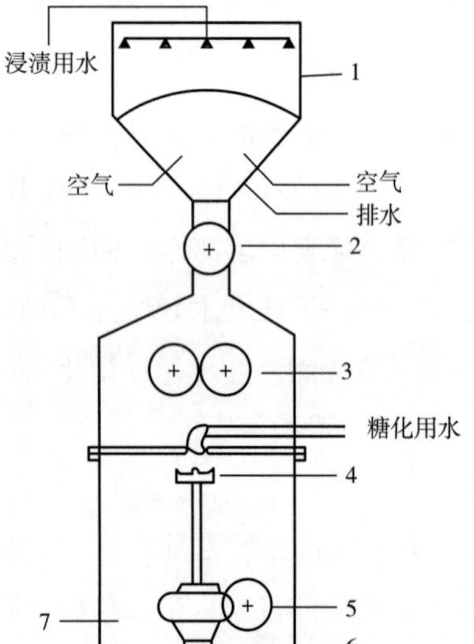

图 4-4　麦芽湿法粉碎装置

1—浸渍料斗　2—加料辊　3—粉碎对辊
4—反射盘　5—泵传动　6—泵　7—醪糟

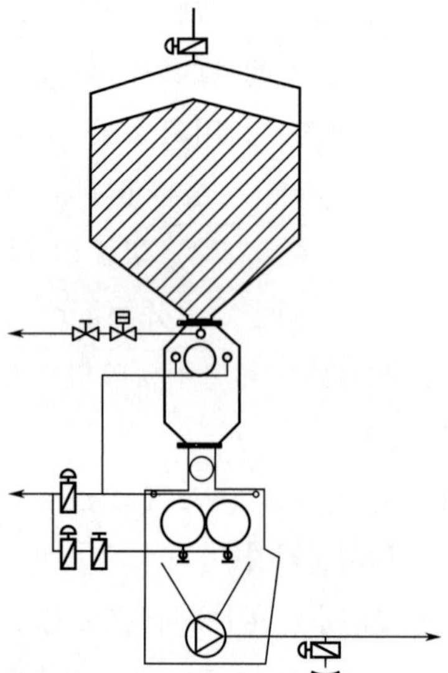

图 4-5　连续浸渍湿法粉碎机示意图

以上两大类湿式粉碎机，结构复杂，价格高，维修费高，粉碎电负荷峰值大。

不同型式麦芽粉碎的比较见表 4-6。

表 4-6　　不同型式麦芽粉碎的比较

参数	干法	回潮	湿法	连续浸渍湿法
麦芽粉单位质量所占体积/（m^3/t）	2.6	3.2	—	—
单位过滤面积麦芽容纳量/（kg/m^2）	160~190	190~220	280~330	280~330
麦糟层允许最大厚度/m	0.32	0.36	0.45~0.55	0.45~0.55
麦芽实验室浸出物收率/%	76.6	76.6	76.6	76.6
糖化室浸出物收率/%	73.0	75.4	76.1	76.1
麦糟中可洗出浸出物/%	—	—	0.48 } 1.73	0.41 } 1.34
麦糟可转化浸出物/%	—	—	1.25	0.93
麦汁色度/EBC	11.5	11.0	10.2	9.5

二、非发芽谷物的粉碎

由于辅料未发芽，胚乳比较坚硬，比麦芽磨碎时耗能量大，工艺上对辅料的粉碎，只要求有较大的粉碎度，以有利于它的糊化、糖化（表 4-7）。

表 4-7　　辅料的粉碎度要求

ASBC 筛号	筛孔净宽/mm	分级名称	粉碎度/%		
			大米	玉米	带壳大麦
10	2.00	皮壳+粗粒	—	15	25~35
18	1.00	粗粒	10	15	25
60	0.250	细粒	60	40	25
100	0.149	粉	30	30	15~30
+筛底					

辅料粉碎一般用三辊或四辊的二级粉碎机，第一和第二辊的辊间距为 0.2~0.3mm，辅料大米或脱脂玉米渣（粗粒）在此进行粗粉碎，经过筛析后粗粉和细粉直接进入贮仓。筛面粗粒再进入第二、第三辊间，辊间距为 0.15~0.25mm，粉碎成粉。三辊均是拉丝辊。

国内不少工厂采用磨盘式磨米机，它是由两片金刚砂磨盘进行平面磨碎，一次就能把辅料磨得较细，粉碎比可达 1∶20。如磨盘直径为 760mm，台时能力为 1.0~1.5t/h，电耗为 10kW·h/t。

第三节 糖化原理

一、 目的和要求及控制方法

“糖化”是指通过麦芽中各种水解酶类作用，以及水和热力作用，将麦芽和辅料中高分子贮藏物质及其分解产物（淀粉、蛋白质、核酸、植酸盐、半纤维素及其分解中间产物），使之分解并溶解于水，以供酵母的生长和发酵。溶解于水的各种干物质（溶质）称作为“浸出物”（extract），而构成的澄清溶液称“麦芽汁”或“麦汁”（Wort）。麦芽汁中浸出物含量和原料中干物质之比（质量比）称“无水浸出率”。通常糖化麦汁的 pH 需要控制在 5.2~5.8，超过此范围会影响糖化酶的作用，较高的 pH 会使谷物中不良化合物组分从皮壳中浸提出来，最终进入啤酒中。糖化过程主要发生三大变化：糊化、液化、糖化。

糖化过程是啤酒生产中的重要环节。麦汁的组成分、颜色将直接影响产品啤酒的品种和质量；糖化工艺和原料、水、电、汽的消耗将影响啤酒的成本。

糖化过程是原料的分解和萃取过程，它主要是依靠麦芽中各种水解酶的酶促分解，而水和热力作用是协助酶促分解和浸取过程。糖化中的工艺控制，主要通过下述环节来进行：

（1）选择麦芽的质量、辅料的种类及其配比、配料。

（2）麦芽及非发芽谷物的粉碎度。

（3）控制麦芽中各种水解酶的作用条件，如温度、pH、底物浓度（加水比）、作用时间。

（4）加热的温度和时间。

（5）有时还需通过外加酶制剂、酸、无机盐进行调节控制。

二、 糖化时的主要物质变化

原料麦芽的冷水浸出物，仅占 17%左右，非发芽谷物更少。经过糖化过程的酶促分解和热力的作用，麦芽的无水浸出率提高到 75%~80%，大米的无水浸出率提高到 90%以上。糖化过程提高了原料和辅料的浸出率。糖化过程中原料和辅料的分解深度即分解产物的基本要求是：

淀粉被最大限度地分解成可溶性无色糊精（葡萄糖苷重合度 DP<12）和麦芽糖等

可发酵性糖，二者之间有一定的比例。

淀粉的分解产物是构成麦汁浸出物的主要成分（占90%以上）。麦汁中以麦芽糖为主的可发酵性糖类供酵母发酵后形成酒精及其发酵副产物，低聚糊精是构成啤酒残余浸出物的主体，它给啤酒带来黏度和口味的浓醇性。啤酒酿造中原料利用率主要取决于淀粉的利用率，优良的糖化工艺将使原料中淀粉分解后99%以上进入麦汁。

麦芽中高分子蛋白质和肽类，在糖化时得到进一步分解，但分解的程度和比例远远低于发芽过程。大多数辅料（大米、玉米）的蛋白质几乎很少变化。糖化后麦汁中可溶性蛋白质、肽类和氨基酸三类的绝对量及相对比例应符合酿造啤酒品种特性的要求。

1. 非发芽谷物中淀粉的糊化和液化

作为啤酒酿造辅料的大米、玉米、小麦、大麦，未经过发芽变化，其淀粉存在于胚乳中，以大小不等的颗粒存在于淀粉细胞中，颗粒被包裹在细胞壁（以半纤维素为主）中。在淀粉细胞之间还充塞了蛋白质、葡萄糖等物质。淀粉颗粒中的直链淀粉的葡萄糖苷（有60~600个）以螺旋状长链，绕折重叠，并具有大量氢键互相连接；支链淀粉包裹在直链淀粉外部及直链淀粉之间，在冷水中不溶解，也很难被麦芽中淀粉酶分解。这种具有晶状的淀粉称“生淀粉”，在偏光显微镜中观察成扁豆状（10~30μm）、弹丸状（1~6μm），并具有双折射性，有明显十字形阴影。当淀粉颗粒经过加热，迅速吸水膨胀，当温度升至70℃左右，淀粉细胞壁出现裂纹，淀粉颗粒被裂解成多层，淀粉进入水中，链淀粉折叠绕卷的长链，开始舒展，连接的氢键断裂，淀粉亲水基团充分暴露并和大量水结合，再升高温度，继续吸水膨胀，形成“凝胶状”。此淀粉受热吸水膨胀，从细胞壁中释放，破坏晶状结构，并形成凝胶过程称“糊化”。此时的淀粉糊，在偏光显微镜中双折射十字交叉阴影消失，遇碘液呈“蓝色”“紫红色”，达到此程度时的温度称为“糊化温度”。不同来源的植物淀粉，因淀粉细胞壁的强度、淀粉颗粒大小、绕折紧密和氢键数不同，糊化温度也各不相同。热水可以加速糊化进程。有些谷物较其他谷物更易于发生糊化作用：黑麦、大麦、小麦和燕麦彻底糊化的温度均在70℃以下；大米、玉米、高粱和小米在进行糖化之前需要经过蒸煮处理，因为在常规的糖化条件下，这些谷物不能充分地发生糊化作用（表4-8）。

表4-8　啤酒酿造辅料的糊化温度

辅料名称	淀粉颗粒直径/μm	糊化温度范围/℃		
		开始	中间	终了
普通玉米	5~25	62.0	67.0	70.0
糯玉米	10~25	63.0	68.0	72.0
高直链玉米	3~20	67.0	80.0	86.0

续表

辅料名称	淀粉颗粒直径/μm	糊化温度范围/℃		
		开始	中间	终了
大麦	5~40	51.5	57.0	59.5
小麦	2~45	59.0	62.0	64.0
大米（粳）	3~8	68.0	74.5	78.0
大米（籼）	2~9	70.0	78.0	85.0

在水溶液中存在某些电解质（如稀酸、稀碱、$CaCl_2$、水杨酸钠）可降低糊化温度，高硫酸盐可抑制糊化，机械碾磨可降低糊化温度，有液化酶存在可降低糊化温度并加速糊化进行。

淀粉在热水中糊化形成高黏度凝胶，如继续加热或受到淀粉酶的水解，使淀粉长链断裂成短链状，黏度迅速降低，此过程称“液化”，其本质是淀粉水解形成糊精的过程。有两种方式可以使淀粉分子发生水解：一种方式是在淀粉中间的不同位点切断淀粉链，另一种则是从淀粉分子的末端一点点地切断淀粉链。两种方式均是酶作用下的糖苷键水解作用，前者为α-淀粉酶的作用，后者为β-淀粉酶的作用。从中间部位水解淀粉分子可以得到结构较短、可溶性较强的糊精分子。液化可以使更多的碳水化合物进入溶液体系中，也就是说，液化可以使谷物的溶出组分增加，这些组分在啤酒行业称为“浸出物”。较高的浸出物对啤酒酿造来说是有益的，因为这预示着既定数量的原料可以生产出更多的啤酒。

糊化后的淀粉凝胶或初步液化后的淀粉糊，如降温至50℃以下，产生凝胶脱水作用，即链淀粉分子重新整齐规则排列、重叠，链之间形成新的氢键结合，结构复趋向紧密，此称“淀粉的老化”或称“回生”。老化的淀粉，由于溶解度小，结构紧密，很难进一步受到淀粉酶的分解。啤酒厂有时在辅料糊化时如升温升至80℃以上，突然停电、停汽，时间过长，使醪降温至50℃以下，造成淀粉老化而无法继续糖化。如遇这种情况（停电），应在糊化醪中迅速加入α-淀粉酶，使之液化，液化很好的糊精液，不会再老化。

啤酒厂辅料的糊化、液化常在低温（100℃）下进行，为了促进糊化、液化，必须在辅料中加入15%~30%麦芽或α-淀粉酶（6~8U/g原料），这样可降低糊化温度，缩短糊化、液化时间，即糊化、液化同时进行，可使辅料黏度大大降低，有利于糊化、液化充分，提高辅料的利用率。

判别辅料液化的程度，在实验室测DE值，而工业生产上常用黏度判别。当辅料加水比为1∶(5~6）时，用麦芽协助糊化和液化，得到糊化醪黏度一般在0.04~0.06Pa·s，用高温淀粉酶液化，黏度仅0.01Pa·s左右。

2. 淀粉的糖化

在啤酒酿造中糖化过程是指辅料的糊化醪和麦芽中淀粉受到麦芽中淀粉酶的分解，形成低聚糊精和以麦芽糖为主的可发酵性糖的全过程。

$$(C_6H_{10}O_5)_n \xrightarrow{\alpha\text{-淀粉酶}} \frac{n}{x}(C_6H_{10}O_5)_x$$

$$(C_6H_{10}O_5)_x + \frac{x}{2}H_2O \xrightarrow{\alpha、\beta\text{-淀粉酶}} \frac{x}{2}C_{12}H_{22}O_{11}$$

（1）淀粉糖化的要求　糖化时，淀粉受到麦芽中淀粉酶（α-淀粉酶、β-淀粉酶、R-酶、茁霉多糖酶）的催化水解，液化和糖化同时进行。反应产物，首先保证淀粉最大限度地分解成可溶性低聚糊精（无色糊精），在生产中用碘试醪液不呈色来鉴别；同时又要保证形成适当的可发酵性糖，生产中常用两法来鉴别，一是麦汁极限发酵度大于70%~75%，另一是糖：非糖，国内12°P浅色啤酒麦汁控制在1：（0.23~0.35）（深色啤酒麦汁常控制在0.3~0.5）。这里糖是指麦汁用还原法测定的还原糖（以麦芽糖表示），包括麦芽糖、葡萄糖、果糖、麦芽三糖及其他有还原性的戊糖和低聚糊精（它不等于可发酵性糖）。非糖是指麦汁浸出物中除了还原性糖类以外的其他所有的浸出物，主要是低聚糊精、含氮化合物、无机盐、多酚类化合物等。

例如麦汁浸出物为12%，用还原法测定还原糖以麦芽糖表示为9.0%，则该麦汁的糖：非糖为：9.0%：（12%~9.0%）=1：0.33。

表4-9　浅色麦汁中各种糖的比例

麦汁中糖类	占总糖/%	相对还原力/%	麦汁中糖类	占总糖/%	相对还原力/%
果糖	1.2~3.3	—	麦芽六糖	1.0~2.0	—
葡萄糖	9.0~10.0	—	DP=7~12糊精	11.0~25.0	<5~10
麦芽糖	43.0~53.0	100	异麦芽糖	2.0~3.0	—
蔗糖	2.0~4.0	—	异麦芽三糖	1.5~2.0	—
麦芽三糖	12.0~15.0	65	木糖	1.0~2.0	65
麦芽四糖	2.0~6.0	40	阿拉伯糖	1.5~2.5	65
麦芽五糖	1.0~1.5	20			

从表4-9中看出，麦芽三糖以上的寡糖，还存在少量的还原性，啤酒酵母只能发酵果糖、葡萄糖、麦芽糖、蔗糖及部分麦芽三糖，而麦汁中三糖以上的低聚糊精、异麦芽糖、戊糖均不能被啤酒酵母发酵，发酵后将以啤酒浸出物（真浓度）残留在啤酒中。啤酒的发酵度由酵母种类、发酵条件和麦汁中可发酵性糖（果糖、葡萄糖、麦芽糖和麦芽三糖）的含量决定。残余的非发酵性糖，虽然可赋予啤酒的适口性、黏稠性和影响泡沫特性，但含量过多，会造成啤酒发酵度偏低，黏稠不爽口和有甜味的缺点。啤酒回甜

除了啤酒发酵度太低外，主要是由于非发酵性成分中含有较多呈甜味的麦芽三、四、五糖。若由于糖化和过滤操作失误，啤酒麦汁中混有糊精（DP>12）或淀粉，会造成麦汁和啤酒出现淀粉或糊精浑浊，经过滤也不能消除。

（2）糖化过程中的淀粉酶　啤酒酿造中淀粉的分解全部依赖于淀粉酶（α-淀粉、β-淀粉及少量 *R*-酶）的酶促水解反应。正常酿造过程主要依赖麦芽中的淀粉酶类，而在大量使用未发芽谷物或麦芽质量欠佳时，需要外加酶制剂协助。糖化工艺就是通过选择麦芽，配料，调节酶种类、酶活性及通过工艺控制，调节酶作用条件（pH、温度、作用时间）实现淀粉的水解（表 4-10）。

表 4-10　　麦芽和淀粉酶制剂的性质

酶名称	作用键	主要生成产物	酶来源	酶特性		
				最适温度/℃	最适 pH	钝化温度/℃
α-淀粉酶 [E. C. 3. 2. 1. 133]	α-1,4 （内切）	D 为主 少量 G1、 G2、G3	麦芽	65~70	5. 8~6. 0	80
			枯草芽孢杆菌	65~80	5. 8~7. 0	80 以上
			地衣芽孢杆菌	85~95	6. 5~7. 0	116
β-淀粉酶 [E. C. 3. 2. 1. 2]	α-1,4 （非还原末端）	以 G2 为主 少量 G1、G3 和 β-极限糊精	麦芽	60~65	5. 4~5. 6	70
			多黏芽孢杆菌	45	6. 5	50
			甘薯、大豆粕	60~65	5. 5~6. 0	70
异淀粉酶 [E. C. 3. 2. 1. 68]	α-1,6	直链糊精和 少量的 G2 直 链糊精 G3 为 主，少量 G2	麦芽、大米	40~50	5. 3	60
			大麦 R-酶	40~50	5. 3	60
			产气杆菌	55~60	5. 1	65
			普鲁兰酶	50~55	5. 1~5. 5	65
葡萄糖酶 （糖化酶） [E. C. 3. 2. 1. 3]	α-1,4 （非还原末端） α-1,6	以 G1 为主	黑曲霉	50~60	4. 0~5. 5	70
			根霉	50~55	4. 5~5. 0	

注：D—糊精；G1—葡萄糖；G2—麦芽糖；G3—麦芽三糖

未发芽谷物中很少含有 α-淀粉酶，大麦发芽 3~4d，α-淀粉酶才开始显著增加，发芽至 6~8d 才增至高峰。α-淀粉酶从淀粉链内部水解 α-1,4 键，生成支链的糊精和有 6~7 个葡萄糖苷的寡糖，它虽然不水解 α-1,6 键，但能绕过 α-1,6 键作用，形成短链糊精及少量的麦芽糖、异麦芽糖。

β-淀粉酶存在于大麦和麦芽中，它作用于淀粉的非还原性末端，生成 β-麦芽糖。对于直链淀粉，它能全部作用生成 β-麦芽糖，而对支链淀粉由于它既不作用也不能绕过 α-1,6 键，因此，水解后形成麦芽糖和 β-极限糊精。β-淀粉酶单独作用时，虽然还原糖生成较快，但碘反应消失很慢。β-淀粉酶很不耐温，在糖化时温度高于 60℃ 就开始缓慢钝化，在65℃作用30min以上，酶活性趋向于全部失活。

麦芽和大米中还存在水解α-1,6键的支链淀粉酶（R-酶），它们参与淀粉α-1,6键的水解。在啤酒糖化时主要是α-、β-淀粉酶对淀粉的协同水解，淀粉酶在糖化中的变化可参阅图4-6。

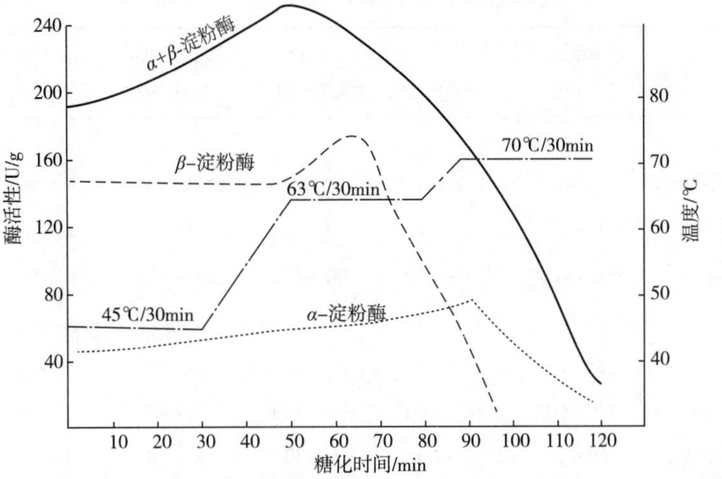

图4-6　糖化中淀粉酶的变化

图4-6中使用麦芽的α-淀粉酶活性为47.2U/g（ASBC法），β-淀粉酶活性为144.8U/g。实验糖化温度升至63℃，维持15min，醪中β-淀粉酶呈现最高活性180U，维持30min时已经降至60U，当糖化醪升至70℃时，它的活性趋向于零。α-淀粉酶在70℃呈现最大活性，为86U，在70℃维持30min，约钝化1/2活性。$\alpha+\beta$-淀粉酶总活性在63℃呈现最高峰值为270U。63℃维持30min已经降至1/2活性，在70℃时尚有活性为1/3，70℃维持30min残留活性仅30U。

（3）影响淀粉水解的因素

①麦芽的质量及粉碎度：糖化力强（WK>250）、溶解良好的麦芽，糖化时间短，形成可发酵性糖多，可采用较低糖化温度作用（一段式）。如果麦芽糖化力低，意味着它的β-淀粉酶活性差，不适宜采用一段式糖化温度，应首先给予63℃糖化休止，促进可发酵性糖的形成，然后采用68~70℃继续糖化，促进形成糊精和发酵糖。

优质麦芽或溶解良好的麦芽，粉碎度的粗细对糖化影响很小，反之，麦芽质量差，应使麦芽胚乳粉碎得细一些，以便胚乳淀粉的溶解，增加淀粉和淀粉酶的接触面积，加速其分解。

②非发芽谷物的添加：非发芽谷物的种类、支链、直链淀粉的比例，糊化、液化程度及添加数量，将极大地影响糖化过程和麦汁的组成。

优良的啤酒麦芽所含的淀粉酶，不但可以使自身的淀粉糖化，一般还可担负25%~35%

的非发芽谷物糊化醪的淀粉糖化。如果非发芽谷物量超过35%，应考虑添加淀粉酶制剂，否则，将延长糖化作业时间，降低麦汁中可发酵糖的比例。如果麦芽质量差，含淀粉酶活性低（如中国二级以下麦芽），就得减少非发芽谷物比例（不宜超过25%），否则，不但会延长糖化作业时间，麦汁组成差，还将导致发芽谷物淀粉的利用率降低（表4-11）。

表4-11　　不同非发芽谷物对麦汁和啤酒组分的影响

	全麦芽（100%）	麦芽75% 小麦粉25%	麦芽75% 大麦粉25%	麦芽50% 小麦粉50%	麦芽50% 玉米片50%	麦芽50% 大米粉50%
麦汁						
碳水化合物利用率/%	>98	>98	>97	>90~95	>95	97
可发酵性糖/%	75~77	75~77	72~74	65~70	65~70	65~70
麦汁总氮/（mg/L）	900~1200	720~850	700~730	500~700	500	500
啤酒						
苦味物质/（mg/L）	23~24	26~27	26~27	28~30	30	28
总可溶性氮/（mg/L）	440~600	340~400	300~360	250~400	250~300	250~300
花色素原/（mg/L）	60~70	50~60	50~70	40~50	40~45	35~45
保存期（周）	12		16	~20	20	15~25
泡沫半衰期/s	90	100~110	95~100	92~96	98	96

③糖化温度的影响：麦芽中β-淀粉酶作用于糊化淀粉的最适温度为62.5℃，α-淀粉酶作用于糊化淀粉的最适温度为70℃，所以，采用糖化温度趋近于63℃可得到最高可发酵性糖，趋近于70℃可有最短糖化时间（和碘作用不呈色时间）（表4-12）。

表4-12　　糖化温度对麦芽组分和糖化时间的影响

糖化温度/℃	麦汁中糖：非糖	糖化时间/min	糖化温度/℃	麦汁中糖：非糖	糖化时间/min
62.5	1：0.27	149	70	1：0.45	25
65	1：（0.35~0.4）	61	75	1：0.67	35
68	1：（0.42~0.45）	32			

糖化温度不仅要影响麦汁中可发酵性糖的比例，也影响必需的糖化时间，还会影响浸出物的收率（表4-13）。

表4-13　　糖化温度对浸出物收率的影响

温度/℃	20	40	50	60	65	70	75	80
浸出物收率/%	18.3	22.8	31.5	73.4	79.0	79.1	77.7	75.3

④糖化醪pH的影响：麦芽的α-淀粉酶作用于糖化醪的最适pH为5.8~6.0，β-淀

粉酶为5.0~5.5。糖化醪的pH是随麦芽质量、酿造用水水质而变化，实际生产中还受到温度对缓冲物质的离解程度的影响，65.5℃的糖化醪的pH要比18℃低0.35。淀粉酶作用最适pH也随温度的变化而变化，见表4-14。

表4-14 淀粉酶最适pH和温度的关系

温度/℃	20	40	50	55	60	65	70
α-淀粉酶最适pH	—	4.6~4.8	4.7~4.9	4.0~5.1	5.1~5.4	5.4~5.8	5.8~6.0
β-淀粉酶最适pH	4.4~4.6	4.5~4.7	4.4~4.8	4.8~5.0	5.0~5.2	5.2~5.4	5.0~5.5

由表4-15可知，对于啤酒的糖化，一般在63~70℃温度范围内，α-和β-淀粉酶的最适pH范围较宽，可以在pH 5.2~5.8范围内波动，影响不大。

表4-15 麦芽糖化时的最适温度和最适pH

参数	最适温度/℃	最适pH
最高浸出物收率	65~68	5.2~5.4
麦汁最高发酵度	63~65	5.3~5.4
α-淀粉酶最高活性	70	5.3~5.7
β-淀粉酶最高活性	60~65	5.6（醪）
水溶性含氮物质最大收率	50~55	5.0（麦汁）

⑤糖化醪浓度的影响：糖化时，原料加水比越小，则糖化醪浓度越大，糖化醪黏度也增大，会影响酶对作用基质的渗透，从而降低淀粉的水解速度，降低反应最终产物——还原糖的积累，也会抑制酶对淀粉的作用。因此，在实际生产中，糖化醪浓度一般以20%~40%为宜。当糖化醪浓度超过40%时，会降低浸出物收率，可发酵性糖含量也会降低，糖化时间延长，见图4-7，表4-16。

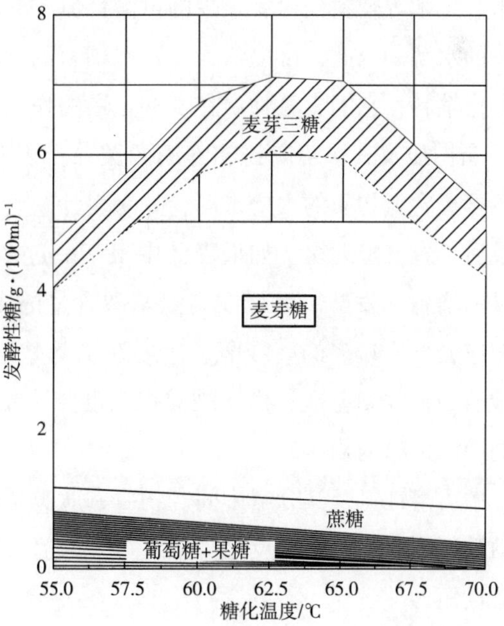

图4-7 糖化温度和发酵性糖生成的关系

表 4-16 糖化温度和浓度对麦汁组分的影响

糖化温度/℃	60			65.6			68.3		
糖化醪浓度/%	67	39	29	67	39	29	67	39	29
果糖+ 葡萄糖	12.3	10.1	9.5	11.9	9.5	8.1	11.0	10.2	8.0
蔗糖	2.8	3.4	3.4	4.1	4.2	3.8	3.7	5.0	4.0
麦芽糖	43.9	48.3	49.5	38.8	43.9	42.8	36.9	37.0	39.0
麦芽三糖	14.3	14.3	13.8	12.6	13.6	15.0	12.8	12.7	14.3
糊精	17.5	15.5	14.6	24.2	21.2	22.3	27.6	26.2	26.9
麦汁极限发酵度/%	73.3	76.1	76.2	67.4	71.2	69.7	64.4	65.0	65.3
浸出物收率/%	55~63	76.2	75.6	73.4	75.3	74.2	73.3	74.6	74.0
可溶性氮：麦汁浸出物/%	6.2~6.6	5.34	5.50	5.58	5.22	5.03	4.90	4.77	4.85
醪的 pH	5.46	5.40	5.50	5.31	5.33	5.38	5.31	5.35	5.30

3. 糖化过程中蛋白质的水解

大麦在发芽阶段，不少于55%的大麦含氮物质得到水解后形成氨基酸，但同时在大麦胚芽中又重新合成新的不溶性蛋白质（占其中的25%~35%）。啤酒麦汁中氨基酸的70%以上直接来自麦芽，只有10%~30%的氨基酸由糖化过程产生。由大麦制麦芽，总可溶性氮约增加一倍，而麦芽在糖化过程总可溶性氮仅能增加20%~30%。由此可见，麦芽的蛋白质水解情况对麦汁组分具有决定性意义，而麦芽的糖化过程是可以起到调整麦汁组分的作用。

大米、玉米等辅料仅含有很少的可溶性氮，它们的不溶性蛋白质，在糖化时很少受到蛋白酶的水解。因此，可以认为，这些辅料的含氮物质，不进入麦汁组分。但若用大麦、小麦作辅料，它的含氮物质在麦芽蛋白酶作用后将进入麦汁。

（1）蛋白质及其水解产物和啤酒的关系　麦芽蛋白质水解最终产物——氨基酸是合成啤酒酵母含氮物质的主要来源，如果麦汁缺乏氨基酸，酵母增殖会困难，增殖倍数降低，最后导致发酵迟缓。如果麦汁中氨基酸过多，也会使酵母内积累过多的蛋白质，影响酵母的增殖和发酵。酵母在高氨基酸含量的麦汁中发酵，由于经过“伊氏”路线同化，相应会形成较多的高级醇。反之在氨基酸不足的麦汁中发酵，酵母经过“哈里斯”路线合成必需氨基酸，由于酮酸积累也会导致形成过多的高级醇。氨基酸和高级醇均是影响啤酒风味的物质。

麦汁中可溶性氮及其分解中间产物——肽类是啤酒风味和泡持性的重要物质，它们赋予啤酒醇厚丰满的口感；反之，缺乏可溶性氮，啤酒寡淡、苦硬、淡泊，并且缺乏泡沫和泡持性短。

麦汁中含有较多高分子可溶性氮（相对分子质量>60000），将使啤酒胶体稳定性变差。

（2）定型麦汁含氮组分的要求　麦汁总可溶性氮，对全麦芽啤酒一般要求达到

900~1000mg/L；对添加辅料的啤酒，酿制浓醇性啤酒，并且有较长贮酒期的啤酒为700~800mg/L；而对于淡爽型啤酒应达到600~700mg/L，如果是低于550mg/L的麦汁，酿成的啤酒会显得淡泊。

麦汁α-氨基氮，对比尔森全麦芽型啤酒的要求为每克浸出物中含有2mg α-氨基氮，即12°P麦汁应含有240mg/L的α-氨基氮，而对添加辅料的麦汁则远远达不到此值，一般认为应在180mg/L（即每克浸出物含1.5mg α-氨基氮）。α-氨基氮应占麦汁总氮的25%~35%。

麦汁中高分子可溶性氮，应不超过麦汁总氮的15%。凝结性高分子氮应少于总氮的3%。

麦汁中中分子氮（相对分子质量为4600~30000）要有一定数量，应占麦汁总氮的15%~25%。

（3）麦芽中蛋白酶及其性质　由表4-17和表4-18可看出，在麦芽糖化时，由于麦芽醪偏酸性（pH5.2~5.6），在糖化时起催化水解作用的蛋白酶类主要是内切肽酶和羧基肽酶。前者作用基质是蛋白质，产物以可溶性氮为主；后者作用基质主要是肽类，产物是α-氨基氮。

表4-17　麦芽中蛋白酶活性

酶名称	绿麦芽	烘干麦芽	贮存一个月的成品麦芽
蛋白酶（内肽酶）	6.42	6.28	6.46
羧肽酶（肽酶）	282	321	372
氨肽酶（肽酶）	37566	19605	19853
二肽酶	19.10	11.89	16.45

表4-18　麦芽中蛋白酶的工艺特性

酶名称	最适pH	最适温度/℃	失活温度/℃	基质作用	产物
蛋白酶	5.0~5.2	50~65	80	蛋白质、肽	以肽为主，肽、氨基酸
羧肽酶	5.2	50~60	70	以肽为主，其次为蛋白质	氨基酸
氨肽酶	7.2~8.0	40~45	50以上	以肽为主，其次为蛋白质	氨基酸
二肽酶	7.8~8.2	40~50	50以上	二肽	氨基酸

（4）糖化过程中麦芽蛋白质水解的控制　麦汁中含氮物质主要来自麦芽，在糖化过程，控制适当的蛋白质休止（即蛋白质分解）的条件，麦汁中含氮物质可以得到相应地调整和改善。但糖化过程中麦芽蛋白质分解的深度和广度远远不如制麦芽时深刻。

由表4-19可知，由麦芽制成糖化醪时，其总可溶性氮增加仅28%，而非凝固性氮（即水溶性氮）可增加62.5%。在大麦制麦芽时，分解的蛋白质包括蛋白质中水溶性清蛋白、盐溶性球蛋白、醇溶蛋白和谷蛋白，而在糖化过程中被分解的蛋白质主要是水和盐溶性蛋白质及肽类，其中β-球蛋白几乎没有多大变化。在糖化过程中，由于作用时间短（数十分钟至 2h），蛋白质分解并不深刻，只是增加了较多可溶性氮的比例，即蛋白质相对分子质量变小一些。

表 4-19 制麦和糖化中蛋白质分解的比较

	蛋白质（mg/100g 绝干麦芽）					
	总可溶性氮			其中非凝固性氮		
	总量	增加量	增加量/%	总量	增加量	增加量/%
大麦（总氮 1.376%）	267	0	0	163	0	0
麦芽（总氮 1.285%）	552	285	+106.7	381	218	+133.7
糖化醪	707	155	+23	619	238	+62.5

糖化过程影响蛋白质分解的主要因素：

①麦芽的溶解情况：溶解良好的麦芽，已经含有足够的可溶性氮和α-氨基氮［如库尔巴哈值（库值）>40%，α-氨基氮>180mg/100g 绝干麦芽］，在糖化时应限制蛋白质分解，避免麦芽中的中分子肽类被过多分解而形成α-氨基氮，导致啤酒缺少泡持物质。溶解不足的麦芽，在糖化时强化分解，虽然可以增加α-氨基氮，但并不能增加啤酒的非生物稳定性，即最终高分子含氮物质也会增加。

②糖化过程中温度、pH、糖化时间的影响：如图 4-8 所示在糖化过程中蛋白质分解主要依靠麦芽的蛋白酶和羧肽酶催化水解，其次是氨肽酶和二肽酶，它们的作用温度是 40~65℃，蛋白质休止温度较高（50~65℃）有利于积累总可溶性氮（图 4-9），而休止温度偏低（40~50℃），有利于形成较多的α-氨基氮；休止时间越长，越有利于积累分解的最终产物——氨基酸（表 4-20）。

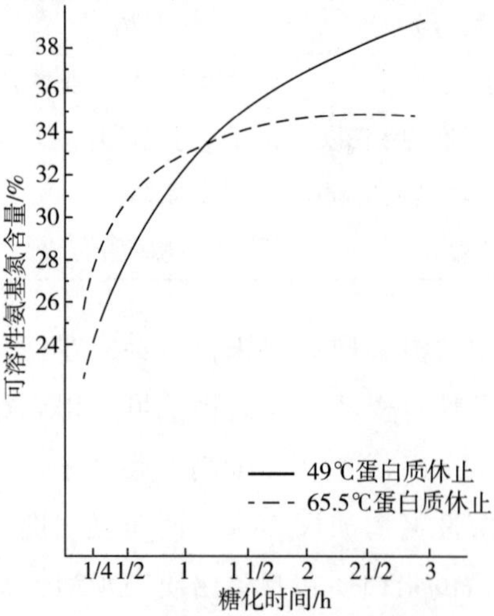

图 4-8 蛋白质休止温度和时间对生成永久性氮的影响

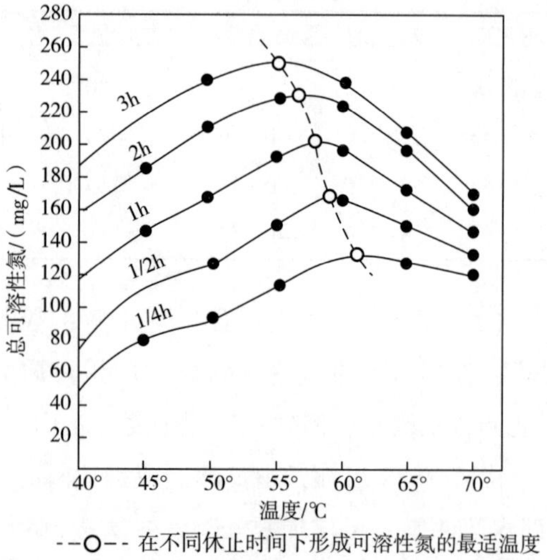

图 4-9 蛋白质休止温度和时间对可溶性氮的影响

表 4-20 不同质量麦芽在 50℃不同蛋白质休止时间麦汁低、高分子含氮物质的变化

麦芽种类	蛋白质休止时间/min	麦汁含氮物质（mg/100g 绝干麦芽）	
		相对分子质量＞2600	相对分子质量＞4600
过度溶解麦芽（粗细粉差 1.1%，库值 50.5%）	0	582.21	68.69
	30	675.00	60.27
	0~30	+92.79	-8.42
	60	715.61	57.07
	30~60	+40.61	-3.2
溶解正常麦芽（粗细粉差 3.6%，库值 41.8%）	0	498.14	144.25
	30	549.02	129.32
	0~30	+50.88	-14.93
	60	579.45	107.76
	30~60	+30.43	-21.65
溶解不足麦芽（粗细粉差 4.9%，库值 35.3%）	0	440.82	91.51
	30	473.21	97.83
	0~30	+32.39	+6.32
	60	454.36	103.27
	30~60	-18.33	+5.44

由表 4-21 可看出，在相同的 pH 下，蛋白质休止温度提高均能增加麦汁永久性氮含量。麦汁氨基氮却没有规律，在 pH5.0 和 5.5 时，氨基氮含量随休止温度的升高而逐渐增加。$MgSO_4$ 沉淀氮即高分子氮在相同 pH 下，休止温度越高，生成也越多。

表 4-21 蛋白质休止温度、pH 对麦汁含氮组分的影响

麦汁含氮量(mg/100g 绝干麦芽)

麦芽醪 pH	休止温度/℃	永久性氮	氨基氮	$MgSO_4$沉淀氮
6.5	40	97	41	11
	50	114	36	14
	60	140	31	16
6.8	40	151	56	13
	50	203	60	24
	60	220	55	49

续表

麦芽醪 pH	休止温度/℃	永久性氮	氨基氮	$MgSO_4$沉淀氮
	40	220	55	19
5.5	50	298	71	33
	60	323	90	62
	40	278	84	23
5.0	50	370	110	40
	60	386	193	63

由此可见，为了促进麦芽蛋白质分解，蛋白质休止 pH 应在 5.0~5.5。休止温度较低（50℃）有利于积累氨基酸；休止温度越高，永溶性氮也越多，但并不能提高啤酒非生物稳定性，即麦汁 $MgSO_4$ 沉淀氮反而增多。相反，休止温度低（40~45℃），啤酒非生物稳定性反而好。

在近代啤酒麦芽质量较高的前提下，常常采用较高休止温度（例 52℃，10~15min，再升至 63℃、30min），目的是限制蛋白质过度分解，提高啤酒泡持性。当然，若麦芽溶解较差，α-氨基氮过低，只能采用较低休止温度（45~50℃），较长休止时间（1h），目的是增加 α-氨基氮含量，同时减少高分子氮比例。对于蛋白质分解条件，pH 比温度更具有重要意义。近代更注意调节麦芽醪 pH 至 5.2~5.3 来得到合适组分的麦芽汁。近代也发现，经过酸休止（35~37℃），麦芽中内肽酶和羧肽酶的耐热性可以提高，有利于蛋白质的分解。

③糖化醪浓度对蛋白质分解的影响：一般而言，浓醪有利于蛋白质休止，这是因为，麦芽粉加水比小，相对而言，麦芽中酸性物质溶解增加，有利于达到麦芽蛋白质分解的 pH；加水比小，相对麦芽醪中蛋白酶浓度高，底物浓度也高，在短时期蛋白休止时间内，均有利于蛋白质的分解（表 4-22）。在生产上一般加水比为 1：(2.5~3.5)。

表 4-22　　麦芽加水比对蛋白质分解的影响

项目	数据				
加水比	1：2.7	1：3.0	1：3.5	1：4.0	1：4.5
麦芽醪 pH	5.6	5.7	5.8	5.9	6.1
永久性氮	620	605	582	575	558
总可溶性氮	740	715	700	685	660
α-氨基氮	208	195	190	184	176

三、 糖化过程的其他变化

1. β-葡聚糖的分解

大麦胚乳中含 5.0%~10.0%的β-葡聚糖（β-Glucan），它主要存在于胚乳细胞壁中（不溶性），部分存在于胚乳细胞之间和蛋白质交联（水溶性）。大麦经过发芽后，β-葡聚糖受内切β-葡聚糖酶和外切β-葡聚糖酶分解，分解良好的麦芽最后残存 0.5%的β-葡聚糖。如果发芽分解不足就会造成麦芽的粗细粉浸出率之差较大（细胞壁溶解不足），和麦芽醪过滤困难（协定法麦汁过滤时间超过 1h），麦汁黏度过大（协定法麦汁浓常为 8.6°P 时黏度>0.0016Pa・s）。加拿大大麦和我国某些地区大麦制成的麦芽常常因为β-葡聚糖分解不足而造成糖化醪过滤时麦糟板结，过滤时间过长，麦汁黏度过大（8.6°P 黏度>0.0018~0.0019Pa・s），因此，在糖化过程中需促进β-葡聚糖的分解。干燥麦芽中还存在较活泼的内β-葡聚糖酶，其最适作用 pH4.5~5.0，当 pH5.6 时，还有50%活力显示，它的作用最适温度为 40~43℃，糖化过程如果使麦芽醪 pH 降至 5.6 以下，在 37~45℃ 休止，有利于促进β-葡聚糖的分解，使麦汁黏度下降（0.0016~0.0018Pa・s），使麦糟疏松，过滤顺利。

如果添加大麦辅料，或麦芽溶解太差，可在糖化过程添加细胞溶解酶，如 NOVO 公司生产“Cerefro”，它是由枯草芽孢杆菌生产的内-β-葡聚糖酶（可作用β-1,4、β-1,3键），而且作用 pH 在 5.0~7.0，作用温度 50~70℃，有较宽的作用条件。我国生产的枯草杆菌α-淀粉酶制剂中也检查出有较高β-葡聚糖酶活性（比麦芽高 2000 倍）。在使用大麦辅料时，在糖化醪中添加它也可加速过滤。由无锡轻工大学（现江南大学）在1992 年完成，由淀粉液化芽孢杆菌一次发酵，一次提取制成啤酒酿造复合酶制剂，内含β-葡聚糖酶 300U/mL，蛋白酶 6000U/mL，α-淀粉酶 500U/mL，通过鉴定，并在江苏连云港酶制剂厂投产。经工厂应用试验证明，效果接近和超过 Cerefro 酶。它可缩短过滤时间 15~20min，降低麦汁黏度（0.1~0.15）$\times 10^3$ Pa・s，提高麦芽浸出物收率1.5%~2.0%，提高麦汁α-氨基氮 15%。

2. 麦芽谷皮成分溶解

麦芽皮壳中含有谷皮酸、多酚类物质，由于它们的溶解会使麦汁色泽加深（氧化后颜色更深），并使啤酒具有不愉快苦涩味、麦壳味，降低啤酒的非生物稳定性。皮壳成分溶解主要取决于如下因素：

（1）麦芽皮壳含量　优质麦芽含皮壳量常常低于 8.5%，厚皮冬大麦制成的麦芽皮壳可达 12.0%。

（2）麦芽皮壳粉碎度　优良麦芽粉碎后皮壳仅裂成 3~5 瓣，如果采用干法粉碎，麦芽含水过低（<7.0%）或过高（>9.5%），均会造成皮壳过度粉碎，增加和水接触的比表面积，促进皮壳成分的溶解。

（3）水质和糖化醪 pH 的影响　酿造用水含过多碳酸氢盐，会造成麦芽醪 pH 不正常（pH>6.0），会促进皮壳成分的溶解。

（4）糖化作业时间和过滤时间的影响　糖化和过滤时间过长延长了皮壳在热水中浸泡时间，增加皮壳的溶解。近代为了得到淡爽啤酒，糖化时间应限制在 1.5~2.5h，过滤和洗糟时间限制在 3h 以内。

（5）糖化方法　采用煮出糖化法，由于带皮壳的麦芽醪煮沸会强化皮壳成分的溶解。洗糟过度，洗糟水 pH 过高均会加速麦糟中皮壳色素物质的溶解。糖化锅搅拌、泵送不当均能增加皮壳色素物质的溶解。

3. 滴定酸度和 pH 的变化

糖化醪的酸度主要来自麦芽中含的酸性磷酸盐、草酸等，在糖化过程中，酸度和 pH 的变化十分复杂。

（1）麦芽中残存的植酸钙镁盐（菲汀），在糖化中继续受到麦芽的磷酸酯酶分解，形成酸性磷酸盐，被分解的程度取决于麦芽中残留磷酸酯酶的活性及糖化工艺，该酶最适作用条件为 pH5.0~5.2，温度 45~55℃。

（2）糖化过程形成的氨基酸。

（3）糖化过程外加酸。

（4）酿造水中带入的碱性离子（HCO_3^-、CO_3^{2-}、OH^-）。

（5）形成不溶性 $Ca_3(PO_4)_2$ 沉淀。

（6）醪液的缓冲性——肽和氨基酸的两性离解：KH_2PO_4、K_2HPO_4、$Ca(HCO_3)_2$ 等缓冲性的影响。

一般情况下，糖化醪的总酸（滴定酸度）趋向于略有增加，而 pH 变化受缓冲物质的影响变化较小，只有在外界酸调整时才有明显变化（表 4-23）。

表 4-23　糖化中 pH 的变化

糖化用水	暂时硬度 14 度水	暂时硬度 4 度水	蒸馏水	外加酸
麦芽投料初 pH	6.27	5.89	6.00	5.40
糖化中 pH	5.91	5.70	5.80	5.60
加酒花煮沸麦汁 pH	5.73	5.46	5.53	5.30

由 KH_2PO_4 和 K_2HPO_4 形成缓冲溶液的 pH 在 4.5~9.0，由 KH_2PO_4 和 H_3PO_4 形成缓冲溶液的 pH<4.5。中等硬水、含有 $Ca(HCO_3)_2$ 的水，其缓冲 pH 为 7.2~7.6。通常麦芽醪中由较多 KH_2PO_4 和少量 K_2HPO_4 及少量的 $Ca(HCO_3)_2$ 形成的缓冲溶液 pH 范围在 5.4~6.2，如果加入 H_3PO_4 调整可以维持在 5.4~5.8，适宜于糖化工艺要求。

第四节　糖化方法及设备

一、 糖化方法概述

糖化方法是指麦芽和非发芽谷物原料的不溶性固形物转化成可溶性的、并有一定组成比例的浸出物，所采用的工艺方法和工艺条件：包括配料浓度、各物质分解温度、pH、热煮出的利用等，常常还包括酶制剂、添加剂的选择使用等。

糖化方法选择的依据是麦芽的质量、辅料的种类和添加比例，啤酒的类型对麦汁组成的要求、收得率要求、糖化作业时间的限制等诸因素。但这些因素之间有一定矛盾，如麦汁收率和麦汁质量之间，糖化方法的选择依据主要矛盾兼顾其他要求。

糖化方法的选择历来受到酿造师的重视，酿造师在大批麦芽进厂后，对麦芽作出全面分析，取得数据后，再依据计算及经验（工厂的习惯和酿造啤酒的要求），制订若干糖化试验方法，在微型糖化试验装置（30~100L）中进行糖化试验，取得的麦汁进行质量分析和产率计算，必要时进一步做发酵试验取得嫩啤酒进行感官和理化分析，由此优选出该批原料的糖化方法，通过批准，下达生产车间进行数批次生产试验，经过分析和适调整后，最后确定该批麦芽的糖化方法。

糖化方法可以分成以下几大类：

- 糖化方法
  - 煮出糖化法
    - 三次煮出糖化法
    - 二次煮出糖化法
    - 一次煮出糖化法
  - 浸出糖化法
    - 升温浸出糖化法
    - 降温浸出糖化法
  - 其他
    - 复式一次煮出糖化法
    - 复式煮浸糖化法
    - 谷皮分离糖化法
    - 外加酶制剂糖化法
    - 其他特殊糖化法

煮出糖化法是指麦芽醪利用酶的生化作用和热力物理作用，使其有效成分分解和溶解，通过部分麦芽醪的热煮沸、并醪，使醪逐步梯级升温至糖化终了。部分麦芽醪被煮沸次数即几次煮出法。

浸出糖化是指麦芽醪纯粹利用其酶的生化作用，用不断加热或冷却调节醪的温度，使之糖化完成。麦芽醪未经煮沸。

其他糖化方法均是由上述两种基本方法演变而来的。原先啤酒酿造均是只用麦芽为原料（上述方法由此而来）。当采用不发芽谷物（如玉米、大米、玉米淀粉等），在进行糖化时必须首先对添加的辅料进行预处理-糊化、液化（即对辅料醪进行酶分解和煮出）。这就是复式糖化法。我国啤酒生产大多数使用非发芽谷物为辅料，所以均采用复式煮出法。

在各种糖化方法中物料的主要变化是依据麦芽中各类水解酶的催化，糖化控制就是创造适合于各类酶作用的最佳条件，各种糖化方法中有几段控制原理相似。

（1）酸休止　利用麦芽中磷酸酯酶对麦芽中菲汀的水解，产生酸性磷酸盐，有时还利用乳酸菌繁殖产乳酸，此工艺条件是：温度为35~37℃，pH5.2~5.4，时间为30~90min。但是由于在该温度下，可以使得麦芽中的氧化还原酶体系有较好的作用，产生大量的老化前体，因此不利于啤酒的抗老化。现阶段，由于麦芽的溶解质量较好，已不再需要通过酸休止提高酶的作用效果；加上考虑啤酒的抗老化能力，所以酸休止已经很少采用。

（2）蛋白质休止　利用麦芽中羧基肽酶分解多肽形成氨基酸（α-氨基氮）和利用内肽酶分解蛋白质形成多肽和氨基酸。蛋白质休止最佳pH为5.2~5.3，最适温度：形成α-氨基氮为45~50℃，形成可溶性多肽为50~55℃，作用时间为10~120min。

（3）糖化分解　淀粉水解成可溶性糊精和可发酵性糖，对麦芽中β-淀粉酶催化形成可发酵性糖，最适温度为60~65℃（62.5℃）。α-淀粉酶最适活性温度为70℃。这两个酶共同作用，最适pH为5.5~5.6，作用时间为30~120min。

（4）糖化终了　无论哪一种糖化方法，糖化终了，必须使醪中除了α-淀粉酶以外，其他水解酶均失活（钝化），此温度为70~80℃。在此温度范围内主要依据需保留α-淀粉酶的量及考虑到过滤的需要。采用上限温度，醪黏度小，过滤加快，有害物质溶解多，α-淀粉酶的量残留少。

（5）100℃煮出　部分糖化醪加热至100℃，主要利用热力作用，促进物料的水解，特别是使生淀粉彻底糊化、液化，提高浸出物收率。

但加热至80℃以上时，被煮醪中水解酶完全失活。由于被煮醪中还原糖和氨基酸存在，加热能促进美拉德反应和焦糖形成，使麦汁口味醇厚，色泽加深。

（6）酶制剂和添加剂的应用　α-淀粉酶、β-淀粉酶、糖化酶、R-酶（植物来源的异淀粉酶）、蛋白酶、β-葡聚糖酶等酶制剂，乳酸、磷酸、石膏等pH调整物质，H_2O_2等多酚消除剂。这些添加剂应在卫生规范下，根据工艺需要，适时、适量地使用，它们对改善工艺和麦汁组分有一定的作用。

二、煮出糖化法

传统下面发酵啤酒（Lager型）无论浅色还是深色啤酒，均采用煮出糖化法。它的糖化设备一般均需要两个容器，一个有加热装置（如球底夹套）的糊化锅，另一个是平底、没有加热装置的糖化槽及一台离心式、全开叶轮、低转速（850r/min）的倒醪泵串联。近代，为了便于工艺协调，一般采用两个完全一致的锅——糖化糊化锅。

1. 三次煮出糖化法

三次煮出糖化法是典型煮出法，此法又称“巴伐利亚安全糖化法”，适合于各种质量麦芽（包括溶解差的麦芽），麦芽醪经过三次煮出，糖化曲线如图 4-10。

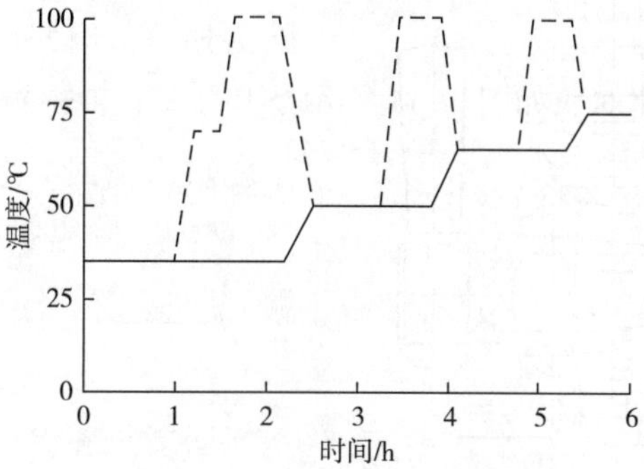

图 4-10 全麦芽三次煮出法糖化曲线

（1）麦芽粉投入糖化锅，与 37℃ 热水混合，并于 35℃ 进行酸休止（保温）30~60min。

（2）将 1/3 左右浓醪通过倒醪泵送至糊化锅，加热至 50℃，休止 20s，升温至 70℃ 休止 15~20min，最后以 1℃/min 的速率升至 100℃，并煮沸 10~20min。

被煮沸的部分醪，可由热平衡简式（4-1）计算：

$$V = \frac{G(t_3 - t_1)}{t_2 - t_1} \tag{4-1}$$

式中 V——需煮沸的醪量，100L

G——糖化锅总醪量，100L

t_1——并醪前，糖化锅醪温度，℃

t_2——泵回糖化锅，煮沸醪平均温度，℃

t_3——工艺给定并醪后（蛋白质休止）的温度，℃

本计算热平衡化简式，忽略了醪的比热容、煮沸时醪的水分蒸发及糖化锅温度等影响因素，求得的 V 仅为生产控制相对值。

（3）煮沸醪泵回糖化锅，边搅拌边慢慢泵入，混合均匀后，使全部醪处于工艺给定蛋白质休止温度，进行休止（一般 45~55℃），休止时间为 20~90min。在休止中，每隔 15min 开动糖化锅搅拌机转 2~3 周，使醪液上下均匀。

（4）将糖化锅内 1/3 左右的浓醪，第二次泵入糊化锅加热，至 70℃，保温 10min，再以 1℃/min 的速率升至 100℃，煮沸 0~10min。

（5）煮沸醪泵回糖化锅，使之混合醪温度为给定的糖化温度（65~70℃），在此温度下，糖化 30~60min。糖化需要时间，用 0. 1mol/L I+KI 进行碘试，液体呈无色，醪（带颗粒）可呈红色，反映糖化基本完全。

（6）第三次泵出 1/3 左右的稀醪至糊化锅，迅速加热至 100℃，煮沸后即泵回糖化锅，使之混合醪的温度为给定糖化终了温度（70~80℃，一般在 75~76℃），搅拌 10min，泵送过滤。

2. 二次煮出糖化法

二次煮出糖化法糖化曲线如图 4-11 所示。

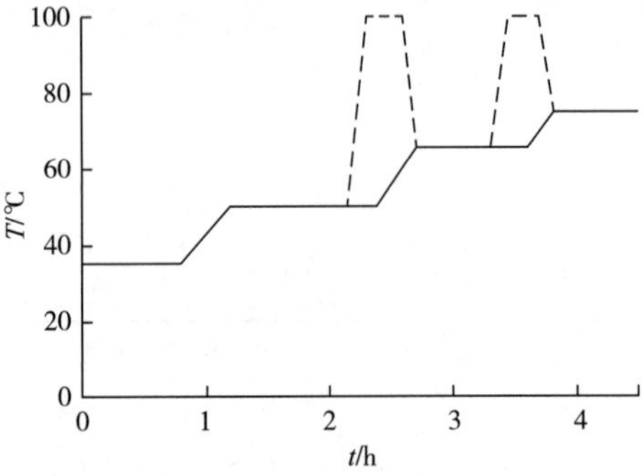

图 4-11 全麦芽二次煮出法糖化曲线

三、 浸出糖化法

浸出糖化法在传统上属于英式酿造方法。其中需要一个单独的、不带搅拌装置的糖化设备。该方法要求麦芽品质较好。这种方法不适宜于辅料的糊化处理。由于浸出糖化设备简单、价格便宜、产量较低，因此在小型啤酒厂中很受欢迎。然而，对于对麦汁需求量较大的啤酒厂来说，这种糖化方法是不适用的。

升温浸出糖化法，完全依靠麦芽中水解酶对麦芽成分的逐段升温分解。各温度段的保留时间，完全取决于此段作用酶的含量及麦汁组成分的要求。其曲线变化较多。升温浸出糖化法，由于麦芽醪未经煮沸分解，因此，要求麦芽发芽率高，溶解充分。若麦芽溶解差（麦尖部分溶解不足）或发芽率低，就很难将其生淀粉通过酶而溶解，因此，会影响麦汁收率。

在糖化中，麦芽的糖化分解，采用二段式糖化。首先经过 62. 5℃糖化，此温度下糖化，麦芽中核苷酸酶、内肽酶及β-淀粉酶均有活力，促进了核酸分解（形成核苷酸、嘌呤、嘧啶）；内切肽酶还有一定活力，可补充蛋白质的分解，形成较多的可溶性氮

(多肽); β-淀粉酶在此段温度有最高活力，有利于形成较多的可发酵性糖。此休止一般为 20~40min；随后再升至 68~70℃进行第二段糖化，主要发挥 α-淀粉酶的催化作用，提高麦汁收率。二段温度糖化分解，对提高麦汁发酵度十分有利。近代的啤酒厂大多追求啤酒的高发酵度，所以，二段糖化温度，也被其他糖化法广泛采用。

降温浸出糖化法，仅使用在麦芽溶解过头，或要求发酵度特别低的啤酒，一般很少采用。麦芽粉加热水，一开始就维持在 68~70℃，进行糖化休止，以后再加入冷水，使醪降温，再进行第二段浸出，但此时漫曲液中酶活性如 β-淀粉酶、羧肽酶，大部分已经钝化，酶作用微弱。近代啤酒厂很少采用此法。

四、 复式糖化法

在使用未发芽谷物（如玉米、大米、小麦等）作辅料时，由于未发芽谷物中淀粉是包含在胚乳细胞壁中的生淀粉，只有经过破除淀粉细胞壁，使淀粉溶出，再经过糊化和液化，使之形成稀薄的淀粉浆，才能受到麦芽中淀粉酶充分作用，形成可发酵性糖和可溶性低聚糊精。此未发芽谷物的预处理，一般在糊化锅加水加麦芽后，升温直至煮沸。“复式”的定义，就是包含了辅料的酶和煮沸处理。

（一）辅料的糊化、液化

（1）玉米、大米应适当地磨细，依靠机械剪切力，使谷物淀粉颗粒的细胞壁被撕开，磨得越细，糊化和液化越容易。但磨得太细时，也会撕碎谷物中蛋白质，使麦芽醪过滤困难，麦汁浑浊。一般原料粉以通过 40 目筛为宜。

（2）生淀粉的糊化是淀粉吸水膨胀过程，因此，需要大的加水比（1∶6 以上），否则糊化不彻底，醪液黏稠，影响糖化。

（3）外加酶或麦芽是促进谷物糊化、液化的必要手段。加麦芽量应为总辅料投料量的 20%~25%。

如使用辅料为脱脂玉米或大米，也可采用加压糊化工艺，这对辅料的淀粉利用率提高有利，但人们对酿造风味有异议，因此此法采用不多。

脱脂玉米粗粒或大米粉+水（1∶6）→搅拌加热至 121℃，保持 0.5h →降压至 100℃→倒入糖化锅。

近代也有人采用直接蒸汽喷射（拉伐尔喷嘴），加热至 145℃，然后用 2~3 个后熟器降压至常压再倒入糖化锅。

近代也有采用不发芽谷物的膨化技术加工，经过膨化后的辅料，组织松软，淀粉完全达到液化。在啤酒糖化时，可以和麦芽粉一起直接投入糖化锅中糖化。此法辅料中淀粉利用率高。但是需要注意的是谷物中的脂肪含量。

（二）复式一次煮出糖化法

此法已在国内广泛应用（图 4-12），适合于各类原料酿造浅色麦汁，此法常用于酿制比尔森型啤酒。

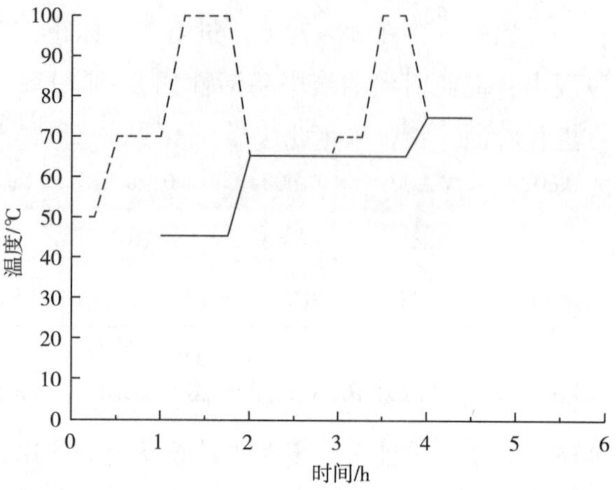

图 4-12 复式一次煮出糖化法曲线

（三）复式浸出糖化法（煮-浸法）

近代国内外 Lager 型浅色啤酒，有一种倾向，追求色泽极浅（5.0~6.0EBC），高发酵度（12°P 啤酒真正发酵度 66%左右），残余可发酵性糖少（麦汁极限发酵度-成品啤酒发酵度=0.5%），啤酒泡沫好（泡持时间>5min），糖化工艺特别喜欢采用复式浸出糖化法。此法常用于酿制淡爽型啤酒。

（1）辅料糊化有两大特点：一是加水比较高（1∶6 以上），二是尽可能利用外加 α-淀粉酶，协助糊化、液化，避免添加过多麦芽，在糊化煮沸时，促进皮壳溶解和形成焦糖、类黑精。

（2）辅料比较大，一般大米辅料占总投料的 30%~40%。

（3）辅料糊化醪分两次倒入糖化锅。

（4）在辅料糊化醪倒入时调整 pH 至 5.3（用乳酸或磷酸）。蛋白质休止温度为 50~52℃，时间短 20min。

（5）采用二段式糖化温度，提高可发酵性糖含量。

（6）第二段 70℃糖化休止，由碘试至醪不呈色时，再升温至 75℃时糖化结束。

（四）麦芽皮壳分离、分级糖化法

对麦芽粉碎后各级筛分研究结果如表 4-24 所示。

表 4-24　　麦芽粉碎各级筛分特性

筛分	占总量/%	占浸出率/%	特性
谷皮	15	6.0	很少参与浸出物，谷皮物质溶解有损于麦汁质量
粗粒	20	12.0	在发芽中分解少，坚硬、酶含量低，溶解困难，浸出率低
细粒	30	32.0	溶解适中，酶含量适中
粉	35	50.0	溶解充分，酶含量充分，糖化时易形成可发酵性糖

（1）把溶解差、酶含量低的麦芽粗粒，投入糊化锅，和辅料一起参与煮出糊化、液化，可提高其浸出物收率。

（2）将细粒和部分细粉混合投入糖化锅，经过蛋白质休止。将辅料和麦芽粗粒的糊化醪泵入，并适当加水，再加余下细粉进行糖化分解。62.5℃分解 20~30min 后，再升温并搅拌，加入麦芽谷皮，调节温度至 70℃，进行第二段休止，直至碘试完全后，升温至 75℃时糖化结束（图 4-13）。

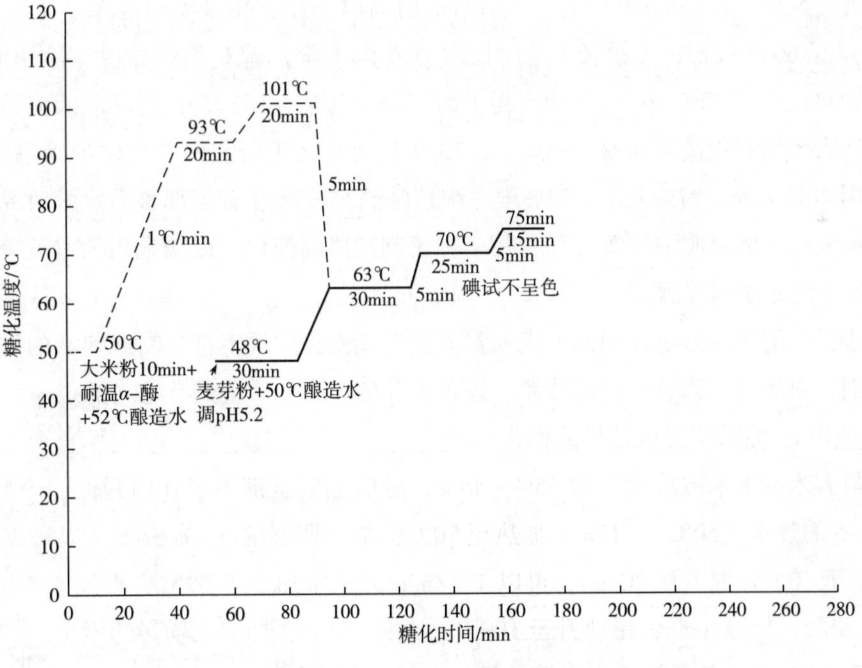

图 4-13　复式浸出糖化法曲线

本法优点：粗粒经过预糊化，提高了收得率；细粉的一部分；不参与蛋白质休止，不引起其中多肽的过度分解，麦汁泡持蛋白质丰富，泡沫好；麦芽皮壳既没有经过煮沸，又在糖化中时间短，皮壳物质溶解减少，提高了啤酒的柔和性，降低了啤酒的色泽；皮壳刚性好，有利于过滤。

此法应采用回潮五辊、六辊并带有分级筛的特殊粉碎机。

五、外加酶制剂糖化法

1. 外加酶制剂糖化的意义

麦芽作为原料是提供啤酒组分的物质基础，也是提供糖化时各种生化反应的催化剂——酶。酿造啤酒，麦芽是必不可少的原料。但从大麦加工成麦芽，干物质损失近10%，价格也提高了70%以上。麦芽和其他谷物，如大米、玉米等相比，含可利用的浸出物少10%以上。因此，在不降低啤酒质量的前提下，在法律许可范围内（各国规定不一），使用不发芽谷物代替麦芽有经济利益和社会效益。

实践证明，在麦芽质量优良，含水解酶丰富时，不发芽谷物占总原料比重的25%~30%，麦芽中淀粉酶足以承担这部分额外淀粉的糖化。酿出的啤酒，口味淡爽。泡沫细腻洁白，稳定性高。但当不发芽谷物占总原料比例超过30%~35%时，人们发现，由麦芽提供的水解酶不足，糖化困难，麦汁组成差，发酵滞缓，啤酒风味不佳。近代生化技术的发展，提供了众多的酶制剂，为实现高比例辅料酿造啤酒开辟了途径。

20世纪60年代初，无锡轻工业学院（现江南大学）曾利用麸曲浸出液协同糖化，使大米辅料提高到50%~60%。1968年上海啤酒厂等应用BF7658枯草杆菌淀粉酶液化工艺，使大米辅料提高到40%~48%。1973年黑龙江轻工研究所和哈尔滨啤酒厂协作，成功地用20%大麦、27%大米、53%麦芽酿造啤酒。1974年轻工部食品发酵研究所、北京发酵研究所、北京啤酒厂等协作，用多种酶制剂协同糖化，成功地用50%大麦、25%大米、25%麦芽酿制啤酒。

由于天气等年成影响，酿酒大麦质量差，造成麦芽质量不符合制造啤酒的需要，外加酶制剂，对协助、调整水解酶体系，改善麦汁的产率和质量是有意义的。

2. 应用α-淀粉酶促进辅料的糊化

辅料大米或玉米占总投料的35%~45%，经磨细后全部通过40目筛，于糊化锅中加入1∶6的热水（50℃），15min加热至70℃，加入调湿的α-淀粉酶（以每克大米加3.5U），于70℃保温液化20min，再以1℃/min的速率加热至92℃，再加3.5U/g大米的α-淀粉酶，保温5min，迅速升至100℃，煮沸20min，即完成辅料的糊化。

由于BF7658α-淀粉酶为中温淀粉酶，80℃时很快钝化，所以分两次添加，效果更好。若用高温淀粉酶，可在投米时加入酶（一次）。用淀粉酶液化，糊化醪黏度为（8~14）$\times 10^{-3}$Pa·s，小于麦芽促进糊化的黏度（0.02~0.03Pa·s），而且色泽浅。国产耐高温α-淀粉酶（液体酶）已有生产，一般用量为0.4~0.6 L/t辅料。

3. 高比例辅料的外加酶酿造

（1）配料和大麦预处理　配料为优级麦芽占总投料25%，大米占总投料25%，大麦占总投料 50%。

大麦在浸麦槽中洗涤 4h，并换二次水，浸至水分 30%~35%，置于麦芽干燥炉中，在 70℃下通风干燥至水分 12%。此法可降低大麦 β-葡聚糖 20%。用麦芽粉碎机粉碎大麦，要求麦皮基本裂成几片，大麦胚乳粉碎成粗、细粒为主，通过孔径 0.92mm 筛孔之粉只占总量的 5%。

（2）酶制剂　高温 α-淀粉酶由地衣芽孢杆菌产生，在淀粉醪中可耐温 105~110℃，最适温度为 95℃，pH 6.0~6.5（醪中）应有 20~40mg/L Ca^{2+}保护。使用量为淀粉的 0.06~0.08L/100kg，部分国产酿造用酶制剂特性见表 4-25。

表 4-25　部分国产酿造用酶制剂的特性

酶制剂名称	来源	主要活性	作用条件	用量参考
β-葡聚糖酶	里氏木霉	降解 β-葡聚糖为寡糖	pH4.5~6.5 40~75℃	0.1‰~0.5‰
β~淀粉酶	大麦提取	降解淀粉为麦芽糖	pH5.0~6.0 50~60℃	100U/g
中性蛋白酶	解淀粉芽孢杆菌	降解麦芽中的组织蛋白	pH6.0~7.5 40~65℃	0.1‰~0.5‰
耐高温 α-淀粉酶	芽孢杆菌	液化淀粉	pH5.8~6.8 90~100℃	15~20U/g
中温 α-淀粉酶	枯草芽孢杆菌	水解淀粉为糊精、低分子糖和葡萄糖	pH5.8~7.0 60~70℃	6U/g
真菌 α-淀粉酶	米曲霉	水解淀粉为三糖、二糖和葡萄糖	pH4.0~6.6 50~60℃	6 U/g
木聚糖酶	里氏木霉	降解非淀粉多聚糖	pH4.5~6.5 40~80℃	0.1‰~0.5‰
啤酒复合酶	酶制剂复配	β-葡聚糖酶、木聚糖酶、蛋白酶	pH4.5~6.5 40~75℃	0.1‰~0.5‰
啤酒复合酶	酶制剂复配	β-葡聚糖酶、木聚糖酶	pH4.5~6.5 40~75℃	0.1‰~0.5‰
低卡里路酶	复配酶制剂	糖化酶、普鲁兰酶	pH4.5~6.5 40~75℃	0.1‰~0.5‰

六、配料的计算

啤酒糖化投料的配料包括：①麦芽和辅料比的选择。②麦芽中各等级和指标的搭配。③投料水的分配。

工厂为了酿造啤酒风格的一致，麦芽进厂后通过分析，进行麦汁组成的概算，决定配料方案，再通过小型糖化检查、验证，最后定出配料生产试验方案。通过生产验证修改，最终订出配料及糖化工艺。

1. 由麦芽糖化力估算辅料比

据资料报道，在正常糖化操作下（65~68℃糖化 30~45min），每千克混合原料投料中，应含有 1500~2000WK 的糖化力。上限值可以缩短糖化时间，并得到较高发酵度的麦汁；下限值糖化时间长，发酵度低。如小于 1500WK 会影响糖化作业、影响原料利用率、影响麦汁组成。

如：设某原料糖化力为 200 WK/100g 绝干麦芽，工艺规定每千克投料应有 1500WK 的糖化力，此麦芽配料中辅料比为 $X\%$。

则：

$$1000\times X\%\times 200\text{WK}/100\text{g}=\sum \text{WK}=1500\text{WK}$$

$$X\%=75\%$$

即：此麦芽只宜配总投料 25%的辅料。

2. 麦汁总氮的估算

12°P 浅色啤酒定型麦汁的总可溶性氮水平为：

全麦芽麦汁　　　　　　　900~1 200mg/L

加辅料浓醇型啤酒麦汁　　700~850mg/L

加辅料淡爽型啤酒麦汁　　550~700mg/L

工艺规定某啤酒麦汁总氮水平（如 700mg/L）就可计算麦芽比例或工艺系数。

（1）若辅料用大米、脱脂玉米等，麦汁总氮绝大部分来自麦芽。工艺上可假设全部来自麦芽。

（2）大生产糖化和协定法糖化相比，蛋白质分解强度可以在 0.85~1.20。

$$\text{此工艺蛋白质分解系数}=\frac{\text{大生产麦汁总氮}}{\text{协定法麦汁总氮}}\times 100\%$$

当麦芽 Vz①（45℃）>38%，大生产蛋白质休止 pH 为 5.2~5.3，休止温度为 50~52℃，休止时间为 30~60min，此系数可以在 1.1~1.15。

反之，麦芽 Vz（45℃）<36%，蛋白质休止条件不好，时间短，系数在 0.9± 0.05。

现设工艺蛋白质分解系数为 1.1。

（3）麦汁煮沸时将析出凝固性氮为麦汁总氮的 5.0%~8.0%，良好煮沸工艺应达到析出 7%凝固性氮。

若设：某麦芽水分为 7.0%，总氮为 1.92%，库尔巴哈值为 35%。按上述工艺规

① Vz 是哈同比较数，Vz（45℃）即哈同 45℃比较数，是麦芽的重要指标，它是将麦芽细粉在 45℃下糖化 1h，测出此时麦汁浸出物含量和协定法糖化麦汁浸出物含量之比值，该值反映了麦芽中存在的低温酶系统（蛋白酶、二肽酶、磷酸酯酶、β-葡聚糖酶等）的酶活性，标准值为 36%。

定，原料中麦芽比例：

设：每 100g 混合投料中麦芽为 Yg

每 100g 混合投料可得到 12°P 定型麦汁 0.6L

$$\frac{Y\times(1-\text{麦芽水分})\times\text{麦芽总氮}\times\text{库值}\times\text{工艺系数}\times(1-\text{析出量})}{12°\text{P 麦汁产量}}$$

$$=\text{定型麦汁总可溶性氮}=700\ (\text{mg/L})$$

代入数据：

$$\frac{Y\times(1-7.0\%)\times1.92\%\times35\%\times1.1\times(1-7.0\%)\times1000}{0.6}=700(\text{mg/L})$$

则：$Y=65.7$（g）

按此工艺和麦芽质量，辅料比只能在 35%。

3. 麦汁 α-氨基氮的估算

12°P 浅色定型麦汁，麦汁 α-氨基氮水平应≥180mg/L。

麦芽的 α-氨基氮是由协定糖化法麦汁计算而得。生产糖化工艺与协定糖化法 α-氨基氮水平在 0.9~1.3。麦汁在加酒花煮沸时 α-氨基氮只有 2%~3%的损失，可忽略。

现设：定型麦汁 α-氨基氮为 180mg/L，工艺增加系数为 1.2，煮沸损失为 2%，每 100g 投料得到定型麦汁为 0.6L，麦芽比为 65%，水分为 7.0%。

计算：此时麦芽应含有的 α-氨基氮水平

$$\frac{\text{总投料量}\times\text{麦芽比例}\times(1-\text{麦芽水分})\times\text{麦芽 }\alpha\text{-氨基氮}\times\text{工艺系数}}{\text{麦汁产量}}=\text{定型麦汁 }\alpha\text{-氨基氮（计为 }Z\text{）}$$

代入数据：

$$\frac{100\times65\%\times(1-7.0\%)\times Z/100g\times1.2}{0.6}=180(\text{mg/L})$$

$Z=150$mg/100g 绝干麦芽时麦汁 α-氨基氮才能符合要求。

通过上述计算方法，也可在配料一定时，修订合理工艺，调整工艺系数值，使麦汁组成符合要求。

4. 啤酒糖化投料水的分配计算

（1）糖化投料水分配原则

①制造浅色啤酒，过滤后的头号麦汁的浓度（°P）应比定型麦汁（即制造啤酒规定浓度）的浓度高 2~4°P。

②糊化锅内物料（辅料+辅料量 20%~30%的麦芽）的加水比，应尽可能大一些，一般要求 1∶(5.0~6.5)。稀醪有利于辅料的糊化、液化。若加水比小于 1∶4.5，会造成辅料糊化、液化不彻底，最终影响收率。

③糖化锅内麦芽的加水比，应适当小一些，一般可在 1∶(2.8~4.0)。

（2）糖化总投料水量的计算式（4-2）

$$W = \frac{A(1-B_0)}{B_0} \cdot G \tag{4-2}$$

式中 W——总投料水，kg

A——麦芽和辅料的浸出物含量,%含水计

B_0——工艺规定头号麦汁的浓度,°P

G——麦芽和辅料的混合投料量，kg

（3）投料水分配计算

①并锅后温度符合工艺规定：当被煮沸的糊化醪倒入糖化锅，使糖化锅麦芽醪从蛋白质休止温度，正好升到工艺规定的糖化温度（即不考虑分配原则②、③）。

此分配计算可由热量平衡方程计算式（4-3）：

$$G_1C_1t_1 + G_2C_2t_2 = (G_1 + G_2)C_3 \cdot t_3 \tag{4-3}$$

式中 G_1、G_2——糊化醪、麦芽醪的质量，kg

C_1、C_2、C_3——糊化醪、麦芽醪、混合醪的比热容，J/(kg·℃)

t_1、t_2、t_3——糊化醪、麦芽醪、混合醪的温度,℃

由于工程计算各比热容之间相差很小，蒸发和原料水分均很小。

上式可简化为式（4-4）：

$$G_2 = G_1\frac{t_1 - t_3}{t_3 - t_2} \tag{4-4}$$

当糊化温度为 $t_1=100$℃，糖化锅蛋白质休止温度为 $t_2=45\sim52$℃，并醪后混合醪的糖化温度为63~67℃。

当总加水比在1∶(4.2~4.5）时

辅料占总投料的质量分数/%	糖化锅加水比	糊化锅加水比
25	1∶(4.0~4.5)	1∶(4.5~5.2)
30	1∶(4.2~4.7)	1∶(4.2~4.5)
35	1∶(4.5~5.0)	1∶(4.0~4.3)
45	1∶5.5	1∶(3.0~3.2)

显然，随辅料比例增加，无法按倒醪后的混合温度来分配两锅的投料比。

②合理分配计算方法

a. 糊化醪两次倒入糖化锅，即把糖化锅在35℃预浸渍后，用糊化醪倒入一部分使之升高至蛋白质休止温度，另一部分待蛋白质休止结束后再倒入，使之升至糖化温度（降低 t_2法）。

b. 辅料比>35%时，宜采用将糊化醪用换热器降温后再并醪（降低 t_1法）。只要不把糊化醪降至70℃以下，不会造成困难。

c. 固定糊化锅加水比（≥1∶5.0），再由总加水计算出糖化锅加水比，如>1∶3.0，

先在糖化锅加 1∶2.5 的水，把计算出的余水，在并锅时加入冷水（实际上也属于降低 t_2法），但需要注意的是，不能使冷水接触糊化醪（防止淀粉回生）。

在高比例辅料糖化时，有时得把上述三种方法结合使用，才能使投料水分配合理。

七、 糖化设备

世界上大多数啤酒厂，麦汁制造至今沿用分批间歇式，制造麦汁设备以锅和槽为主，辅以泵及管道、加热器等构成，按锅、槽组合型式可分成表 4-26 几大类别。

表 4-26 麦汁制造设备典型组合

名称	典型设备组成	单批麦汁产量范围	每日批次数
二器组合	糖化/煮沸锅 1 只 过滤/回旋沉淀槽 1 只	≤$1m^3$	≤3
三器组合	糖化锅 1 只 煮沸锅 1 只 过滤/回旋沉淀槽 1 只	≤$2m^3$	≤4
四器组合	糖化锅 1 只 煮沸锅 1 只 过滤 1 只 回旋沉淀槽 1 只	≤$10m^3$	≤4
五器组合 （三锅二槽）	糊化锅 1 只 糖化锅 1 只 煮沸锅 1 只 过滤槽 1 只 回旋沉淀槽 1 只	5~$30m^3$	≤6
六器组合 （三锅三槽）	糊化锅 1 只 糖化锅 1 只 煮沸锅 1 只 过滤槽 1 只 回旋沉淀槽 1 只 麦汁暂存槽 1 只	20~$100m^3$	8~10
多器组合 （过滤槽）	糊化锅 1 只 糖化锅 1 只 过滤槽 2 只 煮沸锅 2 只 回旋沉淀槽 1 只	30~$100m^3$	8~12

续表

名称	典型设备组成	单批麦汁产量范围	每日批次数
多器组合（压滤机）	糊化锅 1~2只 糖化锅 1~2只 压滤机 1只 煮沸锅 2只 回旋沉淀槽 1只	$30\sim100m^3$	10~14

1. 圆筒形糊化-糖化锅

近代，为了工艺调整方便，把糊化锅和糖化锅设计制造成相同规格和结构。

（1）型式与结构　以不锈钢制造成圆筒形的锅身（图4-14），以球形、椭球形或锥形夹套式底，以弧形或锥形顶盖组合。夹套内用直接蒸汽加热，夹套能耐0.15~0.25MPa压力，锅内夹底为了强化传热，较多采用紫铜板。锅底部设有桨叶式搅拌器，搅拌器由电机通过立式涡轮减速箱，直接带动搅拌桨叶旋转。锅顶有一排汽升气管，锅顶盖设有移门或密封人孔。

（2）容器计算工厂生产啤酒的浓度各不相同，啤酒糖化设备设计常以12°P为标准，糊化加水比在1：(5~6)，总加水比为1：(4.0~4.3)，糊化一糖化锅经验容积以每100kg混合原料投料需要700~600L全容积计算。现在也有厂家为了减小设备，从而减少投资，将料水比缩小到1：(3~4)，这样生产出来麦汁浓度就会比标准12°P高。

球形底时，锅容积可按式（4-5）决定尺寸：

$$V = 0.785D^2h_1 + \pi h_1\left(\frac{D^2}{8} + \frac{h_2}{6}\right) \tag{4-5}$$

式中 V——锅全容积，m^2

D——圆筒体直径，m

h_1——圆筒体高，m

h_2——球底高，m

（3）特性参数　为了缩短工艺作业时间，在传热计算时，应保证辅料比为40%，加水比在1：6.3时全部醪液在60~100℃温度区间内，升温速率为1~1.5℃/min。依此计算加热面积。一般夹套加热面积与锅有效容积之比为(1~1.3)：1。

锅直径D和圆筒体高度h_1之比，一般取2：1，这样有利于提高加热面积和醪液对流。

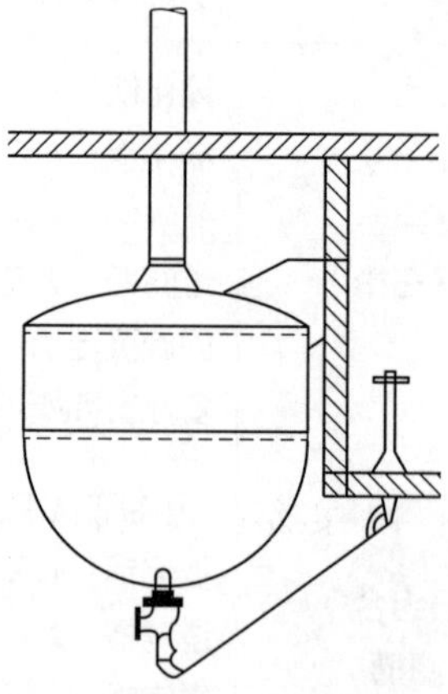

图4-14　圆形糊化-糖化锅结构

如计算加热面积不足时，锅体内可加设蛇

管加热。

排汽管截面积为液体蒸发面积的 1/50~1/30。

搅拌器转速设二级，用以投料搅拌为 40~50r/min（直径较大锅体在 20~30r/min，线速度一般控制在 3m/s 以内，减少对醪液的剪切），用以醪加热搅拌为 12~20r/min。

2. 矩形锅

在 20 世纪 70 年代初，国外曾推出矩形锅作为糊化、糖化、麦汁煮沸锅（图 4-15）。

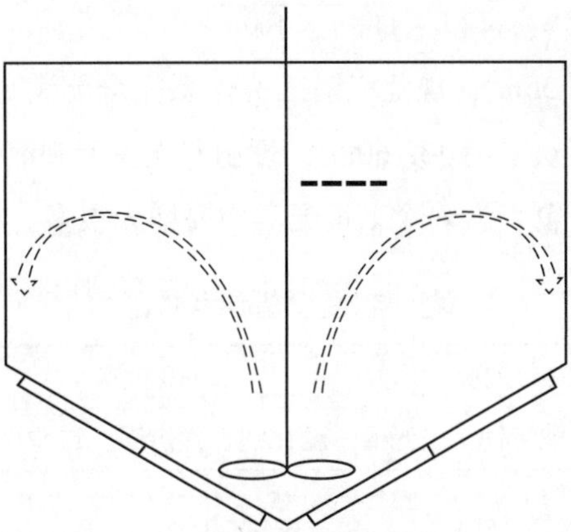

图 4-15 矩形糖化锅

矩形锅横截面为矩形，底为球底（夹套加热）或不等边锥底（管式加热器）。矩形筒体有长条形观察视镜，顶盖是平盖结构，并设有搅拌器传动、变速装置。搅拌器是螺旋桨式，由顶盖伸至锅身内。搅拌器可以有一至数个。

矩形糖化锅的优点是：在车间中容易排列，比较节省车间面积并能在某一边延伸，加大槽的容积，便于扩大产量。缺点是：搅拌不易均匀，制造并不方便。因此，在 20 世纪 80 年代后较少被采用。

3. 国内某些麦汁制造设备的规范

我国生产麦汁制造设备已经规范化，大多数是四器组合，即三锅二槽，或三锅三槽，规范以每批次麦汁产量而定，有 10、15、25、35、50、60、100m^3 多种，工厂可根据产量选择某规范一套至数套。如年产啤酒 1~1.5 万 t 的工厂可选用 13m^3，三锅三槽一套（日糖化批次 6 次）。年产 5.0 万 t 的啤酒厂，可选用 35m^3，三锅三槽一套（日批次数为 7 次）（表 4-27）。

糖化锅规范选择可按式（4-6）计算：

$$V = \frac{Q \times 1.002 \times b}{(1 - \Phi) \times n \times m} (m^3) \tag{4-6}$$

式中 V——热麦汁批次产量即规范产量，m^3

Q——啤酒年产量，t 或 m^3

1.002——啤酒的相对密度

b——旺季（2~3季度）产量比例，国内一般应达到70%

Φ——啤酒总损失（包括冷却体积收缩损失一般取11%~12%）

n——旺季（2~3季度）预定开工天数，可选150~170d

m——日糖化最大批次数，三锅三槽可达7~8次

例：某年产5万t啤酒

$$V = \frac{50000 \times 1.002 \times 70\%}{(1 - 11\%) \times 160 \times 7} = 35(m^3)$$

由以上计算可知选用35m³，规范三锅三槽体系完全能满足年产啤酒5万t的需要，但国内一些新建啤酒厂喜欢采用50~60m³，理由是为今后啤酒生产增加产量留有余地，但由于麦汁批次量、水、电、汽、冷工程配套均要增大很多，故不太合理。

表4-27 麦汁制造设备参考规范

糖化能力/（t/批）	10m³/批次			30m³/批次			60m³/批次		
设备参数	糖化锅	煮沸锅	过滤槽	糖化锅	煮沸锅	过滤槽	糖化锅	煮沸锅	过滤槽
总容积/m³	14.5	15.8	23	45	52	60	75	108	100
有效容积/m³	10.5	11.7	10.5	30	34	30	55	72	62
筒体内径/mm	2600	2700	4000	3600	4400	6200	4500	5400	8000
筒体高度/mm	2550	2700	1800	4200	3000	2000	4380	4000	2000
盖高/mm	720	800	1100	800	960	1550	1000	1800	2200
底高/mm	550	720	平底	650	1100	平底	1000	1400	平底
加热面积/m²	15	25	—	28	43	—	50	76	—
夹套蒸汽压力/MPa	0.6	0.6	—	0.6	0.6	—	0.6	0.6	—
搅拌器直径 ϕ/mm	2150	—	4240	3000	—	6600	3800	—	8600
电机功率/kW	7.5	—	7.5	9.2	—	15	11	—	18.5
过滤面积	—	—	12.6	—	—	30.2	—	—	50.2

第五节 麦芽醪的过滤

一、概述

糖化过程结束时，已基本完成了麦芽和辅料中高分子物质的分解、萃取。因此，必

须在最短时间内把麦汁（溶于水的浸出物）和麦糟（残留的皮壳、高分子蛋白质、纤维素、脂肪等）分离。此分离过程称麦芽醪的过滤。

麦芽醪的过滤包括如下三个过程：

（1）残留在糖化醪仅剩的耐热性的α-淀粉酶，将少量的高分子糊精（特别是两次煮出法中第二次被煮出糊化的糊精）进一步液化，使之全部转变成无色糊精和糖类，提高原料浸出物收得率。

（2）从麦芽醪中分离出“头号麦汁”。

（3）用热水洗涤麦糟，洗出吸附于麦糟的可溶性浸出物，得到“二滤、三滤麦汁”。麦芽醪的过滤，基本上属物理分离，工艺基本要求是：迅速和较彻底地分离可溶性浸出物，尽可能减少有害于啤酒风味的麦壳多酚、色素、苦味物，以及麦芽中高分子蛋白质、脂肪、脂肪酸、β-葡聚糖等物质被萃取；尽可能获得澄清透明的麦汁。

麦芽醪的过滤设备，通常有三类：

（1）依赖于液柱静压力为推动力的过滤槽法。

（2）依靠泵送醪的正压为推动力的压滤机法。

（3）依赖于液柱正压和麦汁泵抽吸局部负压的渗出过滤槽法。

个别工厂由（2）或（3）再配合离心机法。

二、过滤槽法

过滤槽是最古老的方法，也是至今采用最普遍的方法（国内外85%~90%的厂均采用），它是以过滤筛板和麦糟构成过滤介质，用醪的液柱高度1.5~2.0m产生静压力为推动力实现过滤。

过滤槽的操作是间歇分批式作业。每一批麦芽醪的过滤操作，包括如下作业单元组成；过滤槽准备（热水预热顶气）、进麦芽醪、耕糟机开动、静置过滤层形成、头号麦汁滤出、耕糟、热水洗糟、二和三滤麦汁的滤出、排出麦糟、槽洗涤。

1. 过滤槽的主要结构

过滤槽方法虽然十分古老，但槽的结构日新月异，目的是提高过滤速度，保证分离效果。

过滤槽是由不锈钢制成的圆筒形体，配有弧球形或锥形顶盖，槽底大多是平底（或锥形底）。平底槽有三层底，最上部是水平筛板，接着是麦汁收集底，最外层还有可通入热水保温的夹底，过滤槽中心有一可升降的轴，带动两至四臂的耕槽机。

（1）过滤槽的容积和尺寸　我国啤酒厂通常酿造11~12°P啤酒，每吨混合原料投料的加水比为1∶(4.2~4.6)，即每吨投料约需5~5.5m。槽有效容积。槽充满系数为75%~80%。槽的圆筒体高度是受麦糟层高度控制的，麦糟层厚度，是滤过阻力的主要因素，因此，不论槽有多大，麦糟层的厚度必须遵循：

麦芽干法粉碎（含回潮粉碎）糟厚度为25~40cm。

麦芽湿法粉碎（含连续浸渍湿粉碎）糟厚度为40~50cm。在相同投料量和粉碎方法下，降低糟厚度即加大槽直径（加大过滤面积）可以提高滤过速度，但糟过滤层薄会降低麦汁透明度。我国过去设计的过滤槽，糟层厚度一般在25~42cm，近几年来较多采用28~35cm（干法粉碎）。

计算麦糟层厚度，国外常常采用每吨麦芽投料干法粉碎可以形成1.8m^3麦糟，作者根据国内麦芽皮壳含量高（国内麦芽含皮壳为11%~13%。进口麦芽大多在8.5%~9.5%），粉碎又较粗，经测定每吨国产大麦制麦芽形成麦糟为2.1~2.3m^3（含水83%~85%），每吨辅料（大米或玉米）形成糟体积为0.3~0.4m^3。

当配料为70%麦芽，30%辅料，每吨混合原料投料，干法粉碎约形成1.6~1.7m^3麦糟。

国内万吨级啤酒工厂过滤槽直径为3.4m，过滤面积为9.07m^3，当投混合原料2.3t，麦糟层厚度是多少呢？

$$糟层厚度\ h = 投料量 \times 麦糟产率/槽过滤面积 = 2.3 \times 1.65/9.07 = 0.4184\ (m)$$

对于我国啤酒大麦芽加辅料的工艺特点，干法粉碎宜采用28~32cm的麦糟层厚度，即比负荷为165~200（kg/m^2）；连续浸渍湿法粉碎可采用40~45cm糟层厚度，比负荷为230~280（kg/m^2）。

（2）过滤槽筛板　老式的过滤槽筛板均采用3.5~4.5mm厚度的紫铜、黄铜、磷青铜，用铣床铣出条形筛孔，上面孔宽为0.6~0.7mm，下面孔宽3~4mm，孔长20~30mm。筛板开孔率为6%~8%。

新式过滤槽筛板用不锈钢梯形钢条焊接而成，其开孔率可达15%~20%，上孔宽宜采用0.6mm，下孔宽可采用2.5mm。

德国拿尔采斯教授认为，当开孔率不足15%时，提高开孔率可增加滤过速度，>15%开孔率并不明显提高过滤速度。

（3）筛底间距　筛板和麦汁收集底之间距为筛底间距，是由筛板支脚划条形板焊接钢条构成。传统筛底间距一般仅有8~12mm。过去认为间距较小时，在麦汁通过麦汁阀排出时能形成抽吸力，有利于过滤。但多年实践发现，由于使用辅料较多，沉积在收集底的泥状沉结物过多，导致阻塞过滤孔，特别是采用梯形钢条焊接筛板，由于筛孔热胀冷缩造成筛孔变形，渗漏沉积于收集底颗粒和泥状物是影响过滤速度的又一重要因素。若加大筛底间距至20~40mm，并在筛底装置清洗管喷嘴和排污阀等，可在不拆开筛板时，进行清洗排除沉积物。

（4）麦汁收集管　平底过滤槽在麦汁收集底每1.25~1.5m^2均匀分布一根收集麦汁管，管径为25~45mm，在过滤槽液柱为0.1~1.0m液压下，麦汁流速为1.4~4.4m/s，每根麦汁出管阀流量为 0.7～6.65L/s。为了保证收集底保持麦汁液位，防止由麦汁出口阀及麦汁管吸进空气，堵塞滤板，出口阀上装有鹅颈管（图 4-16）。鹅颈管出口，必须高于筛板 5cm。

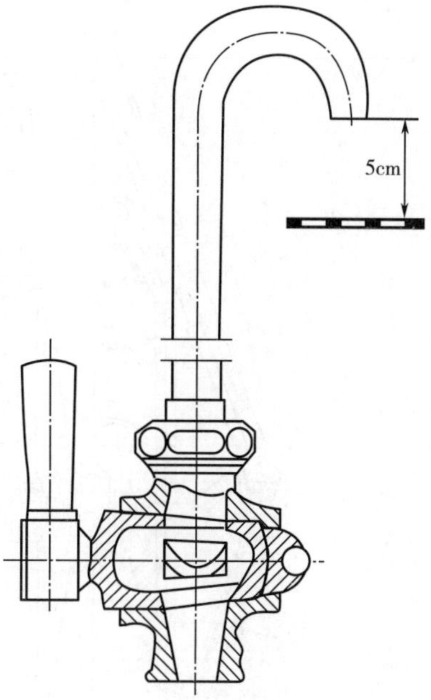

图 4-16　过滤槽麦汁阀和鹅颈管

近代大型过滤槽直径达 8～12m，筛面积达 50～110m^2，若按上述原理布置麦汁排出管、阀，就无法顺利操作。一般按同心圆分区汇集各麦汁收集管成 1～3 根总管，连接麦汁泵输送麦汁（回流入过滤槽或送至煮沸锅），废除了排出阀、鹅颈管、麦汁受皿，实现了在隔绝空气下过滤，减少了麦汁的氧化。

（5）糖化醪送入管　传统过滤槽连接糖化醪送入管，醪从槽盖顶自由落体进入槽，速度可达 6～10m/s，易造成糖化醪中各物质由于相对密度不同而离析，使蛋白质等黏结物沉积于筛板上，造成很大的过滤阻力。近代的槽改成从槽底分散成 2~4 个进口管，用泵送醪进入槽的速度降为 2m/s，使醪均匀分布在筛面上。

（6）耕糟机　耕糟机由双速电机、减速器、油压升降轴：耕糟臂、耕糟刀等组成。耕糟转速为 0.4~0.5r/min，排出麦糟转速为 3～4r/min。

耕糟臂有 2、3、4 臂（相应投料为<3、3～5、6～10t），耕糟臂上每隔 20～30cm，装有垂直于筛板的耕糟刀或波形切割刀。大型槽还有排糟臂，装挂可旋转角度的出糟刀。

（7）洗糟水喷洒装置　小型过滤槽用耕糟机在轴顶端，装置洗糟水承接杯、承接杯连接两根喷水管，水平反向开孔，利用水力反作用力旋转洒水于麦糟层。

中、大型槽在槽盖内装有内、外两圆喷水管，并均匀分布喷嘴，洗糟水在喷嘴以细液滴喷至糟面进行均匀洗糟。

现工厂大多使用新型过滤槽，具体结构如图 4-17 所示。

2. 过滤槽滤过程序

（1）在进醪前，从麦汁引出管进 78℃ 热水直至溢过滤板，藉此预热槽及排除管、筛底的空气。

（2）泵送糖化醪，送完后开动耕糟机转 3~5r，使糖化醪在槽内均匀分布。

（3）静置 10~30min，使糖化醪沉降，形成过滤层。

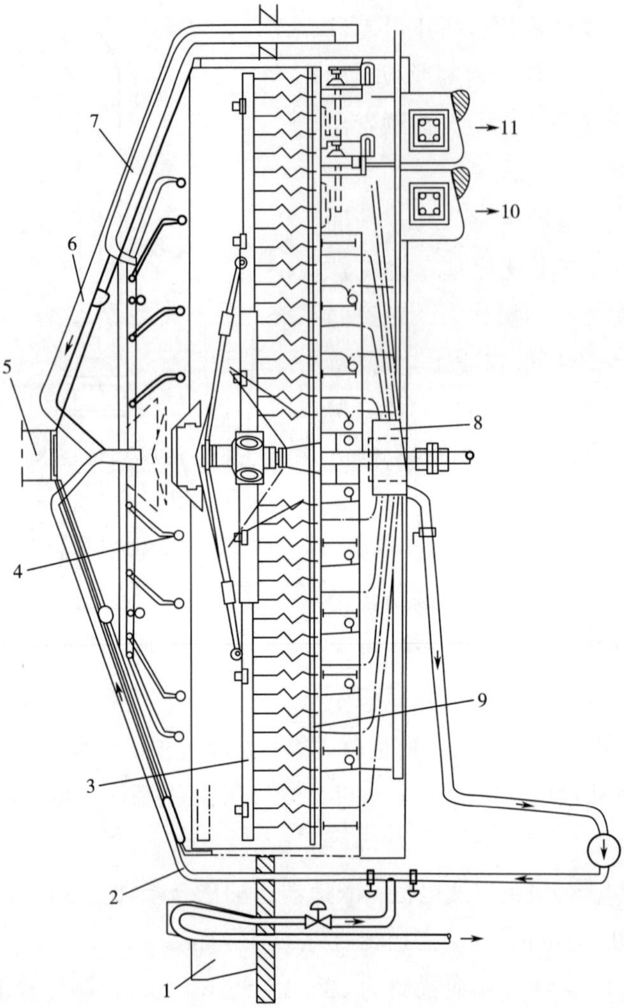

图 4-17 新型过滤槽

1—过滤操作控制台 2—浑浊麦汁回流 3—耕糟机 4—洗涤水喷嘴 5—二次蒸汽引出 6—糖化醪入口 7—水 8—滤清麦汁收集 9—排糟刮板 10—废水出口 11—麦糟

（4）通过麦汁阀或麦汁泵抽出浑浊麦汁，回至槽内，直至麦汁澄清。一般为 10~15min。

（5）进行正常过滤，注意调节麦汁流量（逐步减少）。收集滤过“头号麦汁”。一般需 45~90min。

（6）待麦糟露出或将露出，开动耕糟机耕糟，疏松麦糟层。

（7）喷水洗糟，采用连续式或分 2~3 次洗糟，同时收集“二滤麦汁”，开始较浑浊，需回流直至澄清。在洗糟时，如果麦糟板结，尚需耕糟数次。

（8）待洗糟残液流出浓度达到工艺规定值（如 0.7°P 或 1.0°P 或 3.0°P），过滤结束，旋转耕糟机刀或出糟刀，开动耕糟机及打开麦糟排出阀，干式排麦糟，排空槽，用槽内 CIP 洗糟及过滤筛板，收集底同时清洗排污。

3. 过滤槽过滤的工艺控制

（1）过滤槽过滤的质量是在较短时间下（头号麦汁滤过 45~90min，洗糟 60~90min）得到澄清透明的麦汁。它取决于溶解良好的麦芽，正确的糖化工艺，特别是粉碎度适当和精良的过滤槽。

（2）良好的过滤，必须保证在过滤时醪温保持不变（一般控制在 73~76℃）。麦糟降温将导致麦糟收缩，增加过滤阻力。糖化醪的 pH 应保持在 5.5~5.75。

（3）头号麦汁收集量，取决于混合原料的浸出物含量和由加水比决定的头号麦汁浓度。

当混合原料浸出物含量为 76%，头号麦汁浓度为 16°P 时，每吨原料头号麦汁收集量 V：

$$V = \frac{投料量 \times 混合原料浸出物含量 \times 原料利用率 \times 头号麦汁浸出物收率}{头号麦汁浓度 \times 相对浓度 \times 温度系数}$$

$$= \frac{1000 \times 76\% \times 98.5\% \times 84\%}{16\% \times 1.0654 \times 0.98}$$

$$= 3745\ (\mathrm{L/t})$$

头号麦汁中浸出物收率约为总浸出物含量的 75%~80%，残留于麦糟中浸出物量约等于头号麦汁的浓度。

（4）洗糟水将参与二至三滤麦汁，因此，必须采用酿造水作洗糟水，在洗糟时由于麦糟中酸性物质被洗出，pH 会逐步升高，若 pH 超过 6.0，就不利于过滤和麦汁组分，此时洗糟水需调节 pH 至 5.3~5.6。为了保持过滤温度不变，洗糟水温度应高于糖化醪过滤温度（表 4-28）。

表 4-28　洗糟水组分和麦汁质量

洗糟水组分	头号麦汁		一次洗糟麦汁		二次洗糟麦汁		三次洗糟麦汁	
	浓度/°P	pH	浓度/°P	pH	浓度/°P	pH	浓度/°P	pH
蒸馏水	16.91	5.75	7.11	5.93	1.81	6.07	0.5	6.64
0.005mol/L HCl 溶液	16.99	5.73	7.24	5.68	1.87	5.55	0.48	5.37
0.0005mol/L Na_2CO_3溶液	16.80	5.74	7.36	6.22	2.14	7.04	0.75	7.56
10 度* $Ca(HCO_3)_2$溶液	16.93	5.77	7.14	6.05	1.81	6.7	0.45	7.17
20 度* $Ca(HCO_3)_2$溶液	16.94	5.76	7.11	6.29	1.78	7.1	0.45	7.47

注：* 指水硬度。

（5）洗糟终点随着洗糟进行，被洗出麦汁浓度的降低，pH 升高，被洗出浸出物中影响啤酒风味和稳定性的有害成分——高分子含氮化合物、多酚、无机盐的比例会增加（表4-29）。

表4-29 洗槽和洗滤麦汁组分

组分	头号麦汁	洗滤麦汁				
浓度/°P	16.6	11.75	5.56	2.84	1.14	0.74
pH	5.8	5.83	6.05	6.22	6.34	6.49
灰分/（g/100g浸出物）	1.3	1.42	1.74	2.16	3.16	4.28
总氮/（mg/100g浸出物）	804.0	806.7	907.7	1032.0	1250	1388
多酚/（mg/L）	107.42	64.78	45.1	36.9	25.4	20.5
多酚/（mg/100g浸出物）	67	62.8	76.4	127.2	136.3	145.4

从回收浸出物观点，洗槽终点应在最终残留液浓度<1.0或0.5~0.7°P。但从提高啤酒质量，降低麦汁中有害成分的观点，洗槽终点应为残留液浓度3.0~5.0°P。但这样会使原料浸出物收率降低1.2%~2.0%，许多酿造优秀啤酒的工厂均把洗槽终点定得较高（3.5~5.0°P）。残余的浸出物，进一步洗出，糟水通过活性炭过滤后作投料水。

（6）洗槽水的用量受头号麦汁浓度、洗糟终点和由煮沸蒸发强度、煮沸时间制约的混合麦汁浓度的制约。一般为投料量的3~3.8倍。

（7）影响过滤槽过滤速度的主要因素［式（4-7）］

$$\frac{dV}{FdT}=\frac{n\cdot\pi\cdot d^4\cdot\Delta p}{128\cdot\mu\cdot\alpha L}=\frac{1}{R}\cdot\frac{\Delta p}{\mu} \tag{4-7}$$

式中 dV/dT——单位时间内过滤麦汁量，即过滤速度，t/h

F——过滤面积，m^2

d——毛细孔直径，m

n——毛细孔根数，根

Δp——滤层（糟层）两端压力差，即过滤推动力，Pa

αL——经过修正的毛细孔长度，m

μ——麦汁的黏度，Pa·s

$$dV/dT=\frac{1}{R}\cdot\frac{\Delta p\cdot\text{滤层渗透性}}{\text{滤层厚度}\cdot\text{麦汁黏度}} \tag{4-8}$$

由上面两个过滤公式［式（4-7）或式（4-8）］可知，过滤速度是和过滤层疏松性（即毛细孔直径 d）及过滤推动力成正比，和滤层厚度（即毛细孔长度 αL）及麦汁黏度成反比。

滤层渗透性（疏松性）取决于麦芽的溶解度（蛋白质溶解度和细胞溶解度）、辅料的种类和比例、麦芽的粉碎方法和粉碎度及糖化方法。

麦汁的黏度取决于麦芽中β-葡聚糖分解的程度、头号麦汁的浓度和过滤时温度。麦糟层厚度受到过滤槽比负荷的制约。单位过滤面积的投料量越大，麦糟层厚度越高，过滤速度越小。但当相同的比负荷下，麦芽的粉碎越粗，虽然麦糟层厚度会增加，但滤层疏松性增加，Δp 会增大，反而有利于提高过滤速度。

三、 压滤机法

板框式压滤机是由容纳糖化醪（过滤后为麦糟）的框和分离麦汁的滤布及收集麦汁的滤板（沟纹板或栅条板）各若干组成过滤元件，再配以顶板、支架、压紧螺杆或液压系统组成。

过滤槽板框有正方和长方形，现在很少有圆形的，如法国 NORON 公司生产的 1200mm× 1400mm，1500mm× 1800mm，糖化醪用泵送入滤框室，滤框室的板框紧贴于套在沟纹板上的滤布，麦汁受压穿过框内厚 60~80mm 的滤糟，穿过滤布，汇集在沟纹滤板上收集排出（表 4-30）。开始装料时压力为 0.03~0.05MPa，流速为 1.65m/s，装料时间为 20~30min，结束时压力为 0.1~0.2MPa。由于外压较大，麦糟被挤压得较干（含液量为 72%~73%，过滤槽法为 83%~85%）。因此，每吨麦芽形成麦糟仅只有 1.2~1.4m^3（过滤槽法为 1.8~2.0m^3）。压滤机滤框数可以在 10~60 个。

表 4-30 板框尺寸及特性

每块框容纳投料量	（1200×1400×7.5）mm	（1500×1800×9.0）mm
框容积/m^3	0.126	0.243
纯麦汁/kg	100	170
$\frac{75\%麦芽}{25\%大米}$/kg	115	200

压滤机头号麦汁过滤和洗槽操作如图 4-18、图 4-19 所示。

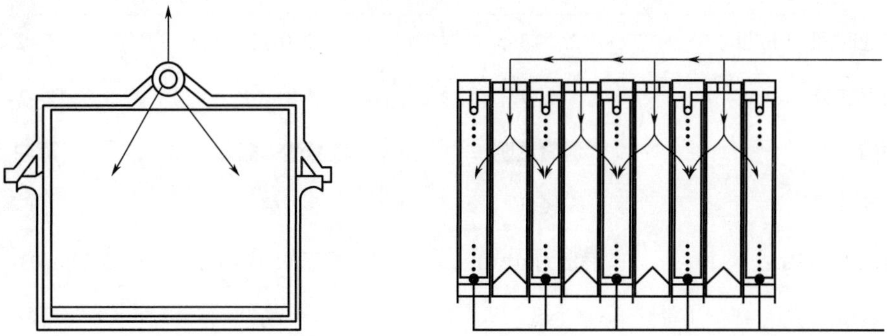

图 4-18 头号麦汁过滤流程

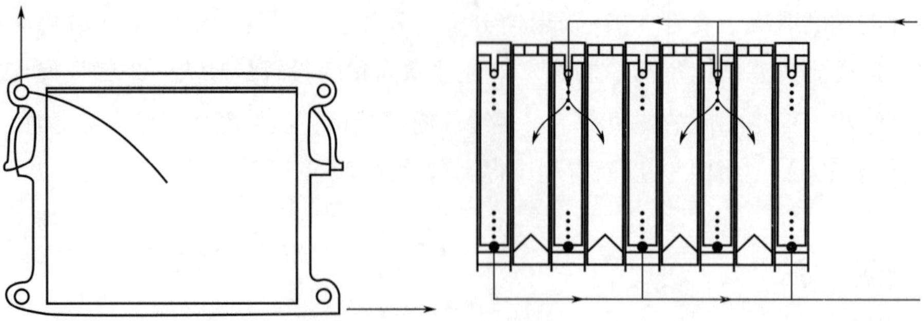

图 4-19 洗糟流程

压滤机过滤的操作及控制如下：

（1）压滤机装毕用 80℃热水泵入，并静置 20～30min，预热压滤姆及排出机内空气。

（2）排出预热水，并同时泵入糖化醪。泵入糖化醪前，糖化锅应先开动搅拌，充分搅匀糖化醪。

（3）泵入糖化醪初，即打开压滤机麦汁排出阀，边装料边滤出头号麦汁。在未形成麦糟滤层前，头号麦汁较浑浊，可回流至糖化锅。30～45min 完成头号麦汁滤出。压滤压力从 0.03～0.04MPa，逐步升至 0.07～0.08MPa。

（4）头号麦汁滤完，立即泵入洗糟热水。洗糟水入口位置和糖化醪泵入位置相反，让洗糟水从一边穿过麦糟层，充分洗出糟吸附的麦汁。洗糟压力应小于 0.1MPa。洗糟作业时间为 90～100min。

（5）洗糟结束，再通入压缩空气（0.2MPa），充分挤出糟内吸附的残留麦汁，以提高收率。

（6）解开压滤机，排出麦糟，洗涤滤布，装机待用。每批次作业总时间为 2.0～3.0h。

过滤方法比较如表 4-31 所示。

表 4-31 过滤方法比较

	过滤槽	压滤槽	渗出过滤槽
过滤作业时间/（h/批）	2.5～3.5	2.0～2.5	1.5～2.0
每昼夜批次数	6～7	8～10	12～14
麦汁质量	澄清透明	较澄清、略浑浊	浑浊
麦汁收率	较低	高	低
过滤推动力/MPa	静压力<0.01	泵压 0.03～0.1	泵吸 0.03～0.05
机械化程度	低	高	高
自控程度	困难	可自控	完全控制

续表

	过滤槽	压滤槽	渗出过滤槽
设备费用	低	中等	高
操作费用	低/水耗大	滤布更新/水耗小	动力耗大/水耗小
生产弹性	-50%～+20%	±5%	30%～+10%
维修保养	容易	较困难	较容易

四、 麦糟的输送

从过滤槽或压滤机排出的麦糟（水分为72%～83%）为“干”式，进入过滤设备附近中间贮槽，再通过输送，送至厂区边的麦糟出售罐中。

麦糟的输送有多种方法：

（1）麦糟在中间贮槽加2～3倍水，用泥浆泵送至数十米远的麦糟出售罐中。此法虽然操作简单但不足取，因为，在出售前还需分离水，造成废水公害及损失麦糟中营养成分。

（2）麦糟用单螺杆泵挤压输送，水平距离为100m，垂直高度为10m。此法中小型厂采用较多。

（3）麦糟中间罐为圆筒圆锥底压力罐，输送时用0.7～0.9MPa蒸汽或压缩空气，可送至200m远的出售罐。

（4）活塞式气流输送（脉冲式气流输送），该法也可输送至200m远，而且可边排糟边输送，减小中间麦糟罐的容积。

（3）（4）两法在国内外大型啤酒厂中广泛使用。

第六节　麦汁的煮沸和酒花的添加

一、 目的

（1）蒸发水分、浓缩麦汁　过滤得到的头号麦汁和洗糟麦汁混合后，形成的混合麦汁，其浓度低于定型麦汁浓度（1.0～1.5°P），通过煮沸、蒸发浓缩，可达到规定浓度。

（2）钝化全部酶和麦汁杀菌　过滤后麦汁中还有少量残余的酶活性，主要是α-淀粉酶，为了保证在以后酿造过程中麦汁组分（主要是糊精）的一致性，需通过热处理使酶变性钝化，为了发酵的安全性对麦汁进行热杀菌。煮沸 1~2h 能杀死全部对啤酒发酵有害的微生物。

（3）蛋白质变性和絮凝　过滤麦汁中尚含有高分子水溶性蛋白质（如清蛋白、球蛋白和高肽），它们会造成啤酒的浑浊，在麦汁煮沸时利用蛋白质热变性与单宁结合等反应，使麦汁中高分子蛋白质变性和絮凝，以便在后面工序中分离除去。

（4）酒花有效组分的浸出。

（5）排除麦汁中的不良气味或异杂味。

（6）通过美拉德反应，产生一些还原性物质，赋予啤酒特殊的香气。

二、 麦汁煮沸的设备

分批式麦汁煮沸，在一个有加热装置的特殊容器中进行，该容器称煮沸锅。煮沸锅是糖化设备中发展变化最多的设备。

1. 外形

煮沸锅外形有滴水形、圆筒球底、圆筒 W 底（梨形）和矩形不等边锥底等各种形式，较为普遍的是圆筒球底，球形或锥形盖，中央有一圆筒形升气管。

2. 材料

传统煮沸锅均用紫铜板制成，近代较普遍采用不锈钢板，由于紫铜导热系数大 [$\lambda_{铜}$=401W/(m·K)，$\lambda_{碳钢}$=45W/(m·K)，$\lambda_{不锈钢}$=16W/(m·K)]，而且和麦汁表面反应为非浸润性，因此，传热系数高，不易发生结焦现象，故广泛被采用。但随着麦汁煮沸锅的不断增大，铜强度小，耗用材料多，板厚度大（>8mm）时焊接困难（要铆接），因此，逐步被不锈钢所取代。

3. 加热方式

古老的传统煮沸锅均用直接燃烧火焰加热（古代用木柴、木炭，近代用燃油或煤气，图 4-20），虽然操作困难，但由于热效率高，煮沸后麦汁蛋白质絮凝充分和紧密，酿成的啤酒具有光泽，故至今还有少数工厂采用。近代绝大多数工厂采用间接加热，热源有：饱和蒸汽、过热蒸汽、过热水（140~165℃）。从总热效率比较，用高压过热水热效率要比蒸汽高 20%（蒸汽仅 60%左右），但对设备（加热器）耐压要求高，制造成本高，所以真正在工厂实际采用的极少见。

采用间接加热的加热器也有多种形式，小型锅（<15m^3）可采用锅底夹套（分段或不分段，图 4-21）加热；大型锅采用内加热器或外加热器加热（图 4-22、图 4-23）。内加热器形式也有多种，采用内加热器由于结构紧凑，不需要动力（泵），国内 35m^3左右的锅采用较多，主要缺点是：在麦汁未沸腾前加热时，麦汁在加热器中流动慢，易造

成局部过热。引起麦汁色度加深，同时，加热面结垢，清洗困难。为了缩小锅内加热器尺寸，一般均用0.35~0.50MPa的中压蒸汽。外加热器由于采用循环泵泵送麦汁就克服了上述缺点。由于它在外部故易清洗，并可以采用大加热面积后，使用低压蒸汽(0.2~0.25MPa)，它的主要缺点是需要一台大容量（每小时泵送量为麦汁体积7~8倍）、低压头（扬程为200~250mH_2O）耐热泵，电耗增加，外循环加热在50m^3以上煮沸锅上使用逐渐普遍。

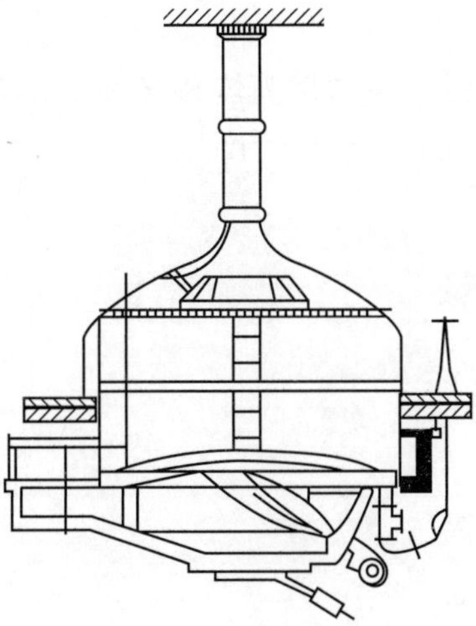

图4-20　直火加热煮沸锅

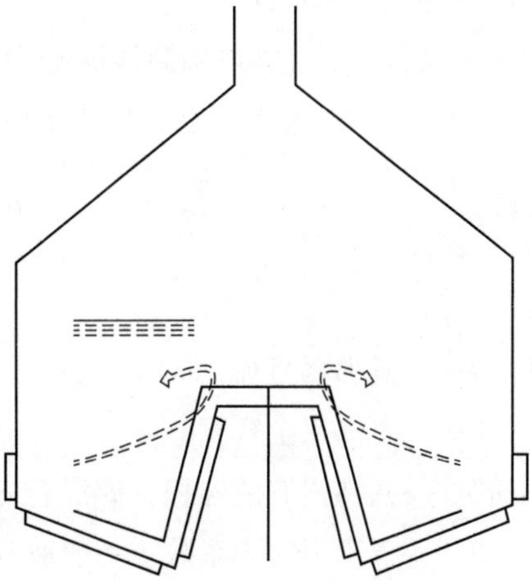

图4-21　W型夹套加热煮沸锅

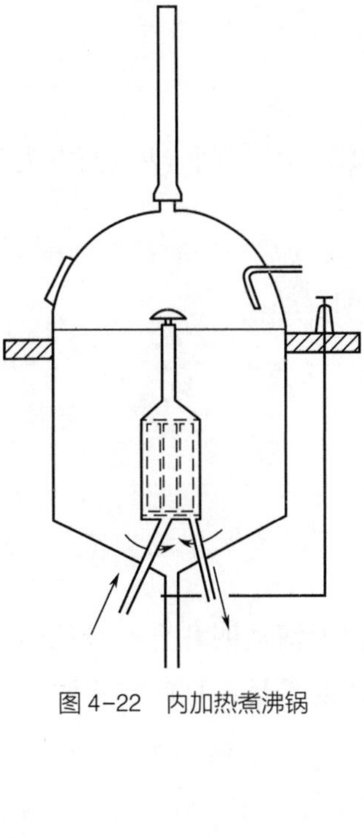

图4-22　内加热煮沸锅

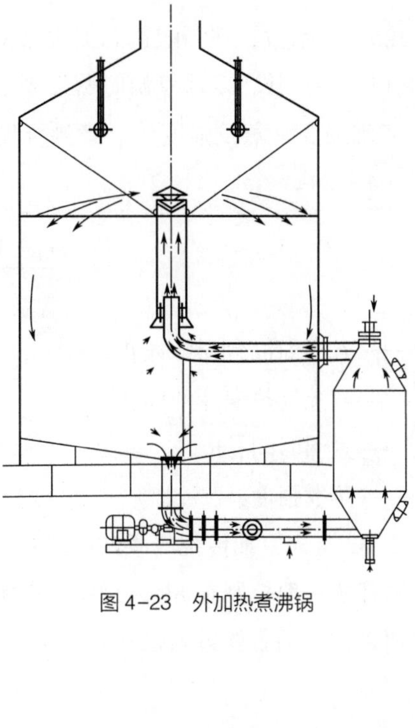

图4-23　外加热煮沸锅

国内许多啤酒厂均采用列管式内加热器。列管会影响麦汁在管内流动速度，管上部由于直接和蒸汽接触，温度接近蒸汽温度，造成麦汁沸腾；而下部温度较低形成强烈的对流，管长度越大，温差也越大，对流也越激烈。据经验，加热管长度一般需 1.5~2.0m，而管长小于 1.0m，易发生结垢，麦汁加深色泽。

4. 蒸发方式

传统煮沸锅均采用常压煮沸，近代较多采用密闭煮沸、加压煮沸，特别是低压煮沸更受到普遍欢迎。

5. 煮沸锅技术特性

（1）设备容积计算以圆筒体球底为例：工艺设计上，一般圆筒体高 H 和直径 D 之比取 $H:D=1:2$，有利于获得较大加热面积［式（4-9），式（4-10）］。

则
$$D = 1.15\sqrt[3]{V} \tag{4-9}$$

$$V = V'/\Phi \tag{4-10}$$

式中 D——煮沸锅直径，m

V——煮沸锅全容积，m^3

V'——煮沸锅有效容积，即混合麦汁装载量，m^3

Φ——煮沸锅充满系数，一般取 0.65~0.75

若已知每锅啤酒产量为 $Q\mathrm{m}^3$，V'可由式（4-11）计算：

$$V' = \frac{Q}{(1 - 0.125)}(1 + 0.15) \tag{4-11}$$

式中 0.125——系数，啤酒酿造总损失（对热麦汁而言）

0.15——系数，麦汁煮沸时蒸发系数

（2）煮沸强度（蒸发强度） 煮沸强度是指煮沸锅单位时间（h）蒸发麦汁水分的百分数式（4-12）。

$$\Phi = \frac{V_1 - V_2}{V_1 \cdot t} \times 100\% \tag{4-12}$$

式中 V_1——煮沸前混合麦汁体积，m^3

V_2——煮沸后热麦汁的体积，m^3

t——煮沸时间，h

Φ——蒸发强度，/%/h

由表 4-32 可知，在传统的煮沸方式中，为了获得澄清透明并含有较低热凝固氮的麦汁，煮沸强度一般控制在 8%~12%。煮沸锅煮沸强度不足，是许多啤酒厂生产的啤酒易发生消毒浑浊的主要原因之一。

表 4-32　传统煮沸模式下的蒸发强度和效果

Φ/（%/h）	麦汁澄清情况	蛋白质凝固	麦汁热凝固氮/（mg/L）
4~6	不澄清	凝结差、沉淀困难	30~45
7~8	一般	絮状、沉淀较慢	18~25
9~10	较好	凝结成紧密絮状及块	12~17
10~12	良好	凝结成块、结实	8~12

但是近年来，为了节约能源，同时也是为了减少麦汁的热负荷，减少老化前驱物质的产生，啤酒厂往往大幅度降低麦汁煮沸时的蒸发强度，缩短煮沸时间。目前一般常压煮沸的时间控制在50~60min，低压煮沸时间在40~50min，虽然煮沸时间缩短，蒸发强度下降，但是麦汁的热凝固氮含量仍能控制在较低水平，不至于造成啤酒的非生物酶。另一方面，蒸发产生的二次蒸汽通过回收，既可以减少对环境污染的压力，也可以回收其中的热能，通过热能贮罐，对进入煮沸锅前的麦汁预热，达到近似沸点进料的状态，减少内加热器的结焦现象；同时减少麦汁煮沸所需要的蒸汽，达到降本增效的目的。

（3）沸腾强度　是指热麦汁在煮沸时的“流型”，即麦汁在煮沸时，翻腾的激烈程度，或对流运动的程度。混合麦汁中高分子蛋白质受热变性后，絮凝情况和蛋白质碰撞有关，翻腾越激烈，碰撞机率越大，变性蛋白质絮凝越多，麦汁中停留的热凝固性氮越少，酿制的啤酒愈稳定。煮沸时麦汁流型和锅结构有关，某些煮沸锅用夹套加热，夹套耐压太低，球底曲率半径太小，造成麦汁沸腾时，翻动不好，形成的泡沫不能自动消失，造成煮沸强度低，蛋白质碰撞机会减少。

（4）影响煮沸强度的因素　由总传热公式 $Q=K\cdot F\Delta t_m\cdot T$ 可知，蒸发强度主要取决于传热量 Q，Q 主要取决于总传热系数 K、传热面积 F 和蒸汽温度。

$$\text{铜夹套}\ Q=292\,600\text{kJ/(m}^2\cdot\text{h)}$$

$$\text{不锈钢夹套}\ Q=209\,000\sim250\,800\text{kJ/(m}^2\cdot\text{h)}$$

$$\text{中央循环内加热器（铜管）}\ Q=418\,000\text{kJ/(m}^2\cdot\text{h)}$$

$$\text{中央循环内加热器（不锈钢管）}\ Q=376\,200\text{kJ/(m}^2\cdot\text{h)}$$

上述数据的蒸汽表压相同（0.25MPa），如果中央循环内加热器为不锈钢，可采用0.35MPa，单位面积传热量就和紫铜管很接近。（上述数据均是在沸腾下的传热量）。

当加热方法一定，蒸汽压力一定，蒸发强度主要取决于麦汁量 V' 和传热面积 F 之比值（表 4-33）。

优良煮沸锅，用夹套加热，铜加热底一般 $F/V'_{\text{有效}}\geq1.2$，不锈钢需增加 20%，内加热器加热面比值一般取（1.3~1.4）：1。

为了保证一定的煮沸强度，在操作中还需注意，经常清除加热面两侧的垢层，及时排出加热器的不凝结气体及蒸汽的冷凝水，保证蒸汽的压力，煮沸时不形成泡沫等。

表 4-33　　麦汁量和传热面积比值

项目	混合原料投料量/t				
	1.0	1.5	2.0	3.0	5.5
煮沸锅总容积/m^3	9.0	12.5	16.5	25.2	46.5
有效容积/m^3	6.12	9.00	12.4	18.0	36.5
加热面积/m^3	7.2	13.0	13.6	6.2	47.2
F/V'	1.2	1.47	1.1	1.45	1.30

三、麦汁煮沸中水分的蒸发

（1）由煮沸前后浸出物含量不变的原则，可得式（4-13）：

$$V_1 \cdot B_1 \cdot d_1 = V_2 \cdot B_2 \cdot d_2 \tag{4-13}$$

式中　V_1——煮沸前麦汁体积，m^3

B_1——煮沸前麦汁浓度，g/100g

d_1——煮沸前麦汁密度，kg/m^3

V_2——煮沸后麦汁体积，m^3

B_2——煮沸后麦汁浓度，g/100g

d_2——煮沸后麦汁密度，kg/m^3

由于 d_1 和 d_2 麦汁相对密度差较小可得到

$$V_1 \cdot B_1 \approx V_2 \cdot B_2$$

$$V_2 \approx \frac{V_1 B_1}{B_2}$$

（2）由蒸发强度公式

$$\Phi\% = \frac{V_1 - V_2}{V_1 \cdot t} \times 100$$

$$t = \frac{V_1 - V_2}{V_1 \cdot \Phi} \times 100$$

由上两式可知：

$$t = \frac{1 - \dfrac{B_1}{B_2}}{\Phi} \times 100$$

由上式可知，当 Φ 一定，需要煮沸的时间，仅仅决定于煮沸前后的浓度差，由此可计算煮沸时间。

或改写上式为式（4-14）：

$$B_1 = \left(1 - \frac{\Phi \cdot t}{100}\right) \cdot B_2 \tag{4-14}$$

若工艺规定煮沸时间一定，锅蒸发强度一定，热麦汁浓度（B_2）一定时，麦汁洗糟就受麦汁浓度（B_1）制约。

四、酒花的添加

传统啤酒酿造中较多采用整朵酒花或颗粒酒花，分次添加在煮沸麦汁中，目的是为了萃取不同量的酒花组分。如利用异构化酒花浸膏，可以直接加入到发酵前的麦汁中，以减少损失，提高 α-酸的利用率，但至今酿造师们应用酒花浸膏不超过 50%酒花中 α-酸的量。

近代，麦汁煮沸均采用密闭煮沸，酒花的添加采用 2~3 个酒花添加器，把颗粒酒花预先加在添加器中，煮沸麦汁用小泵送入添加器，将酒花和麦汁混合后送至煮沸锅。

1. 酒花主要组分的萃取和变化

（1）酒花中的多酚物质　酒花一般含多酚物质 3%~5%，它们易溶于水，在热麦汁中溶解十分迅速。麦汁中多酚物质来自麦芽约 0.3~0.5g/L，来自酒花约 0.03~0.07g/L。多酚物质中的缩合单宁（又称鞣酐）和棓酸单宁，很容易和煮沸麦汁中清蛋白、球蛋白及高肽结合，形成单宁-蛋白质复合物，它在热或冷麦汁中均不溶解，即形成絮状热凝固物沉淀。非单宁化合物（包括酚酸、黄酮类化合物、儿茶酸类化合物及花色素原等）和蛋白质结合力较弱，而且形成的复合物在热麦汁中为可溶性，只有在麦汁冷却至 35℃才被析出（工艺中称“冷凝固物”），这些相对分子质量低的多酚类物质，将较多地残留于麦汁中，它和冷凝固物一起是造成啤酒非生物浑浊的主要物质。

酒花中的多酚物质和麦芽中的相比有较多的单宁和缩合单宁，因此，和蛋白质结合力大。如果麦汁煮沸一开始就加入酒花，会减少麦芽中多酚物质和蛋白质的结合。

麦汁中存在过多的 HCO_3^-，会促进多酚类物质中单酚的聚合，氧化形成红褐色物质，使麦汁色泽加深（麦汁有氧煮沸时，生成色泽物质更多）。麦汁 pH 低（如 5.2~5.3）可减少氧化聚合，使麦汁色泽浅而且带绿色。

（2）酒花精油　酒花精油是啤酒重要的香气物质，和啤酒的开瓶闻香关系极大。

酒花在麦汁煮沸时，绝大多数（85%~95%）酒花精油随水蒸气蒸发而被挥发，煮沸时间越长，挥发越多，而且最易挥发的是精油中的香叶烯。香叶烯的香气粗俗，俗称“生酒花香”，残留在麦汁中的精油主要是葎草烯、石竹烯及香叶醇，它们将使啤酒带有典雅的香气。最终成品啤酒中含有精油 0.5~3.0mg/L。

我国啤酒厂目前使用的大多是苦型花，含精油仅为 0.1%~0.75%，香型花含精油一般达 1.5%~2.5%，国内生产的啤酒缺乏典型的酒花香气，原因之一是缺乏香型花或兼型花，原因之二是大量使用不正确粉碎得到的酒花粉。作者曾测定新疆芳草湖酒花场生产的一级酒花，贮存半年后含精油为 0.45%，经啤酒厂自己用锤碎机粉碎成酒花粉，测定仅含酒花精油 0.03%~0.05%，而且精油颜色也从黄绿色变成褐色（有的带红褐色），已经缺乏典型香气。

酒花中精油在煮沸时如果接触过多氧，很容易氧化形成脂肪臭。

（3）酒花的苦味物质　酒花的苦味物质在麦汁煮沸中变化十分复杂，随麦汁组分及煮沸条件的不同有很大差别。

①一部分苦味物质溶解而进入麦汁，并在煮沸中不断变化。溶解进入麦汁的苦味物质，随麦汁的 pH 不同，溶解度也不同。约占酒花苦味物质总量的 25%~35%溶解进入麦汁（表 4-34）。

表 4-34　麦汁 pH 和酒花组分溶解度　单位：mg/L

物质成分	pH5.0，25℃	pH5.0，100℃	pH0.25，100℃	pH4.0，0℃
α-酸	40	60	720	4
β-酸	1.2	9.0	16	3
异-α-酸	—	200	—	—
β-软树脂	—	720	—	—

虽然麦汁 pH 越高，苦味物质溶解愈多，但此时溶解的以苦味酸盐形式溶解，结果造成苦味粗糙而不愉快。

进入麦汁的苦味物质，在加热的情况下还会发生变化，如 α-酸→异 α-酸、衍生-异 α-酸、α-软树脂，β-酸→β-软树脂。由 α-酸形成的异 α-酸，是啤酒真正苦味来源的主要部分。α-酸异构化程度是温度的一次函数。在 100℃下煮沸，异构率如表 4-35 所示。

表 4-35　α-酸异构率与煮沸时间的关系

煮沸时间/min	异构率/%	煮沸时间/min	异构率/%
5	3	45	33
15	12	60	41
30	25	120	42

通常情况下，有 15%~25%的 α-酸形成衍生-异 α-酸和 α-软树脂，它们和异 α-酸相比，溶解度较小，苦味值低，防腐力也较低。

β-酸在煮沸中形成无定形的 β-软树脂，增加了溶解度，并且使它的苦味变得更加细腻柔和。

若过度的煮沸和氧化将使 α-软树脂、β-软树脂转化成 γ′硬树脂，会给啤酒带来不愉快的后苦味。

②被变性絮凝蛋白质吸附，在热凝固物分离后将被除去。被吸附减少量取决于煮沸前麦汁含热凝固蛋白质量。高浓度麦汁、浸出法糖化等由于含热凝固蛋白质多，吸附苦味物质也多。这部分约占酒花苦味物质40%~60%。

③未从酒花中萃取出来，残留在酒花糟中，此量随酒花添加的方法和时间不同而有很大差别。采用酒花粉比用球果残留少得多，加入煮沸的时间短，残留就多，其波动在10%~30%酒花苦味物质总量之间。

由表4-36中可知，传统酿造法保留在最终成品啤酒的苦味物质仅占15%~25%，现代酿造法约占40%~45%，而且主要是异α-酸（占65%）。但啤酒的口感苦味要大得多，约占原来酒花的50%左右。

表4-36 酒花苦味物质在酿造中的变化（传统酿造）

总苦味物质（总计）	葎草酮	异葎草酮	蛇麻酮	葎草灵酮	希鲁酮
全酒花/%（100）	45	—	40	5	10
热凝固物/%（34）	5	5	20	1	3
酒花槽/%（16）	3	2	10	—	1
冷凝固物/%（13）	5	2	5	—	1
冷麦汁中/%（35）	5	18	3	4	5
泡盖/%（7）	2	3	—	1	1
酵母泥/%（5）	1	2	—	1	1
后酵沉淀/%（4）	1	1	—	1	1
成品啤酒/%（19）	1	12	3	1	2

2. 酒花的添加量和添加方法

酒花的添加量应依据酒花的质量（含α-酸的量）、消费者的嗜好习惯、啤酒的品种、浓度等不同而不同。

10~14°P浅色啤酒苦味值（Bu）为15~40，各厂可根据啤酒固有风格及特点，在15~40范围内选择一个固定值，允许在此自选固定值上波动±5Bu，测定Bu方法是采用EBC的国际法，即从酸化的啤酒中用异辛烷萃取其苦味物质，在波长275 nm下比色，消光值乘50，此结果主要反映异α-酸和氧化α-酸、氧化异α-酸，不包括β部分，所以，它并不反映全部苦味物质。也可用异葎草酮=E_{275}× 43. 5+2. 0（mg/L）。

麦汁加酒花以后，由于酒花中的苦味物质含量不同，麦汁组成不同（主要是pH、热凝固物质含量）、添加方法和时间不同、发酵工艺不同（敞口还是密闭、发酵时间）、酵母品种（粉末还是凝聚）、酵母代数、酵母在发酵中增殖倍数、过滤方法等不同，酒花中苦味物质的损失有很大区别，所以，至今还未取得酒花的添加量和成品啤酒Bu之间定量的关系式。酒花添加量可依据如下因素调节：

（1）酒花中 α-酸含量。

（2）消费者嗜好，消费者嗜好口味属清淡型，如我国南方，应降低酒花添加量。

（3）啤酒浓度低，色泽浅，淡爽型应少加酒花，反之浓度高，颜色深（并非深色啤酒），发酵度低可以多加酒花。

（4）敞口发酵法、粉末型酵母、贮酒期长、苦味物质损失多，可以适当增加酒花添加量。

现在国际上浅色啤酒的苦味，远远低于 20 世纪 40~50 年代，而且有下降趋势，特别是美国及北欧国家 11~12°P 啤酒控制的 Bu 仅在 16~20。我国也有下降趋势，而且是“南低北高”（南方酿造淡爽型啤酒多），沈阳雪花啤酒 26~30，青岛啤酒 24~26，上海啤酒 20~22，广州啤酒 16~18。

国际上添加酒花习惯以加 α-酸（g/hL 热麦汁）计，如丹麦 6.5g/100L，美国 AB 公司 6~8g/100L，捷克比尔森 12~16g/100L 式（4-15）。

$$\text{Wollmer 氏提出根据 } B=\alpha+\beta/9 \text{ 公式计算酒花量} \tag{4-15}$$

式中 B——苦味度，BU

α——酒花中 α-酸，%

β——酒花中 β-酸和软树脂，%

一般每百升啤酒 B 苦味度控制在 800~1500。

若某酒花含 α-酸为 5.8%，β-酸 5.2%、β-软树脂为 7.4%

若厂原来控制 B 为 860/hL

$$\text{该酒花每克苦味度 } B=5.8+\frac{5.2+7.4}{9}=7.2\text{B°/g}$$

当 $B=860$ 时每百升应加酒花量 W：

$$W=B/b=860/7.2=120\text{g}$$

现在认为 β 组分为 1/3 的异 α-酸苦味。

我国还是以原始的每立方米热麦汁加酒花千克法，目前为 0.8~1.3kg/m^3。

酒花添加工艺根据酒花添加时间进行区分，包括糖化时添加、煮沸时添加、澄清时添加和发酵时添加。

早期英格兰和比利时的酿酒师有在煮沸前添加酒花的记载，1995 年，德国的酿酒杂志报道在头号麦汁中添加酒花，但是现在酿造工艺基本不太采用，普遍认为没有太大的实际意义，因为酒花的利用率非常低，现在普遍采用在煮沸过程中添加酒花，主要强调煮沸锅的酒花风味。煮沸酒花添加一般可以分为一次添加，两次添加，三次添加等。以三次法为例（煮沸 90min）：

酒花的添加方法，我国还是采用传统分 3~4 次添加法为主。

第一次：煮沸 5~15min 后，添加总量的 5%~10%，主要是消除煮沸物的泡沫。

第二次：煮沸 30~40min 后，添加总量的 55%~60%，主要是萃取 α-酸，并促进其异构。

第三次：煮沸后 80~85min，添加总量的 30%~40%，主要是萃取酒花油，提高酒花香。

近代由于：①广泛采用酒花颗粒，酒花的苦味物质比酒花球果易溶解。②煮沸设备改进、麦汁循环强化、蒸发强度提高，煮沸时间缩短（从 90~120min 减少到 50~70min）。③酒花使用量减少，更强调 α-酸的异构化率。因此，加酒花次数大多改成 1~2 次。如丹麦卡斯伯啤酒厂，初沸 10min 以后，加入 α-酸 5. 4g/hL，煮沸结束前 15min 加入 α-酸 0. 4g/hL，而且后一次添加，大多采用香型酒花。也有一次添加法，即保证加入酒花在麦汁中煮沸 50~60min，使 α-酸充分异构化。此两法比 3~4 次添加，能获得更细腻柔和的苦味。

酒花的主要香气成分是酒花油，在煮沸过程中大部分酒花油蒸发掉，所以现在越来越多人开始在后期，也就是发酵阶段添加酒花，包括主发酵、后发酵、二发阶段、贮酒阶段等。下面介绍一下现在比较流行的一种酒花干投工艺。

酒花干投也是现在以生产 IPA 为主的一类啤酒的主要酒花添加工艺，泛指在啤酒酿造过程冷端添加酒花的工艺。酒花干投对啤酒酿造的影响非常大，包括风味、香气、口味、抑菌、澄清等方面的影响：能够带来特殊的酒花香气，包括果香、花香和草本香等；口味上，苦味物质随着 α-酸的溶解，会导致啤酒苦味的增加，但由于干投酒花没有经过异构化，而且溶解度有限，因此增加的苦味值并不是特别多；酒花干投后，酒花中的多酚会溶解出来，导致涩味增加，与蛋白结合在发酵过程可以去除这些敏感蛋白，有利于后期成品的澄清度，同时酒体变得更加丰满；溶解的酒花苦味物质可以有效抑制细菌的繁殖，因此干投酒花具有很好的抑菌效果；当然，由于酒花 α-酸溶解度比较低，酒体会变得浑浊。

下面来介绍一下酒花干投工艺：

干投时间，主发酵阶段产生的 CO_2 和液体不断翻滚，会带走大量的酒花香气，因此它比二发干投或在 Keg 桶里干投酒花数量来说，损失的酒花香气要更多，一般添加量要增加。很多时候二发干投、Keg 桶干投也是一些家酿爱好者通常的做法，干投温度，温度越高，酒花中有效成分的溶出速度会加快；16~23℃ 会突出果香、多汁的味道，柑橘的组分，比较高的温度可以提升转化率和酵母对双乙酰的还原；10~16℃ 时干投酒花，会平衡果香、青草、松香、泥土香等风味；在 10℃ 以下干投，往往突出粗糙的青草味、植物的风味和香气，低温干投时，酒花有效成分的得率相对较低，因此需要延长与酒体的接触时间。

酒花的添加量没有明确规定，酿酒师会根据酒花品种、酒花油含量和产品特点确定酒花添加量，一般情况酒花干投范围在 1.5~3g/L，很少超过 6g/L。

酒花品种，一般会选择风味酒花或香气显著的酒花，通常选择 α-酸比较低的酒花。

现在常用来干投的酒花有 Cascade、Willamette、East Kent Golding 等，酒花干投也可以采用颗粒酒花、干酒花、新鲜酒花和酒花制品等。

酵母的状态会影响作用效果，发酵液中酵母数量与状态会影响干投效果，发酵液中酵母细胞 100 万/mL 以上时，酒花干投会比较好一点。

干投方式包括整花、颗粒花，酒花浆料等，可以直接干投入罐，装入容器后投入酒中，或采用一些设备，如酒花枪、酒花炮等，采用外部循环设备干投时，可以采用静止、搅拌或循环。

酒花干投也存在一些风险：有报道，酒花干投后啤酒会发生再次发酵的现象，导致发酵液比重下降，酒精度上升，罐压上升。这个称之为酒花干投效应（Hop Creep）。产生的原因可能是酒花中存在一些淀粉酶，会改变啤酒的残糖，降解为可发酵性糖，所以导致啤酒再次发酵。经检测，发现酒花中的淀粉酶有 α-淀粉酶 0.35U/g，β-淀粉酶 0.41U/g，还含有极少量的淀粉转葡糖苷酶和极限糊精酶，酒花中还会带入一些少量糖，含量在 1.5%~2.5%。实验发现，干投酒花的啤酒外观浓度（即啤酒中残留的浸出物浓度）有时候会下降约 0.3°P；酒花干投 40d 后，外观浓度累计下降 1.9°P，酒精度增加了 1.3%。

酒花干投存在以下风险：①染菌的风险；②啤酒溶解氧增加；③生酒花味道；④双乙酰含量上升；⑤酒花干投效应；⑥酒损增加。

根据以上风险，可以针对性采取一些解决方案：①为了避免染菌的风险，在干投过程中注意设备及人员的清洁与消毒，由于酒花本身具有抑菌效果，所以大量干投酒花实际上并不会明显增加染菌风险，但是也需要考虑到酒花本身是否带有一些杂菌的风险；②为了减少啤酒溶解氧的增加，可以采取带压干投、用 CO_2 保护等措施隔绝空气，这些措施可以有效避免溶解氧进一步增加；③生酒花味道的问题。可以通过选择一些有效的酒花品种和配方，减少不愉快的生酒花风味；④双乙酰含量上升的问题，可以通过添加 α-乙酰乳酸脱羧酶解决，或提高酒花干投的温度，利用原有的酵母细胞还原双乙酰；⑤为了避免酒花干投效应，可以采用低温干投，或在煮沸前期干投，或缩短酒花与酒体的接触时间；⑥酒损增加问题。可以采用专用的酒花枪、酒花炮等专业设备进行干投，可以减少一些酒损。当然也可以采用酒花制品，避免由酒花糟排放引起的酒损。

五、 麦汁煮沸中蛋白质的变性絮凝

过滤后的混合麦汁中含氮物质，主要是：氨基酸、低肽、多肽、高肽及少量的水溶性清蛋白和盐溶性球蛋白、核苷酸、核苷等，其中高肽、清蛋白和球蛋白虽为水溶性，有一定的溶解度，但由于 pH 降低、受热、振荡和多酚结合、氧化等原因将会从啤酒中分离出来，影响啤酒的非生物稳定性。

天然清蛋白、球蛋白等多肽长链绕卷，外部充满了亲水性基团（—OH、—COOH、—NH_2），这些极性基团易水化，因此，清蛋白、球蛋白呈水溶性。当这些蛋白溶液被加热至超过 50℃时，首先蛋白质的空间立体结构被破坏，进一步绕卷多肽链之间的氢键被打开，蛋白质变成长线型，虽然此时氨基酸顺序和相对分子质量均没有变化，但丧失了生物物质活性，由于肽链疏水—C—C—暴露，蛋白质水溶性丧失。此现象称“蛋白质的变性”。

变性的线状蛋白质，如果进一步丧失表面电荷，并受到激烈的搅拌，线状蛋白就变成絮状（称“絮凝”），随着强烈加热和搅拌，絮状蛋白进一步脱水，形成蛋白颗粒。

煮沸中蛋白质变性和絮凝条件：

1. 麦汁温度和加热时间

麦汁被加热的温度越高，变性越充分，因此，近代较多采用高压或低压煮沸（120℃或 106~108℃）。在常压下煮沸时间延长，能促进蛋白质变性和絮凝，但如果超过 2h，已经絮凝的蛋白质会重新被打碎而分散，使麦汁浑浊（表 4-37）。

表 4-37 麦汁煮沸时间和效果（混合麦汁浓度为 10.8°P）

参数		常压煮沸时间/h					加压煮沸
		0.5	1.0	1.5	2.0	3.0	106℃/0.5h
蒸发水分/%		5.0	7.5	10.0	12.5	15	7.0
除去蛋白质/%		5.4	6.2	7.7	8.5	8.4	9.5
热凝固物蛋白质含量/(mg/L)	热麦汁	42	33	25	18	17	15
	冷麦汁	35	26	20	16	22	11
	啤酒	29	21.5	15.5	13.2	20.5	8
啤酒保存期（周）		9	14	16	16	15	22

2. 麦汁煮沸 pH

麦汁煮沸时的 pH 取决于煮沸前混合麦汁的 pH，在煮沸中由于热凝固物蛋白质沉淀、磷酸盐形成等都会使 pH 上升，而由于酒花的溶解，温度升高使 H^+ 解离增加，pH 降低。综合 pH 变化在 0.2~0.4。

只有在等电点下，蛋白质表面电荷为零时絮凝好。清蛋白等电点 pH 为 5.5~5.75，α-球蛋白（相对分子质量 26000）pH 5.0，β-球蛋白 pH 为 4.9，γ-球蛋白 pH 为 5.7，δ-球蛋白 pH 为 5.2。因此，麦汁 pH 越接近 5.2，煮沸后变性蛋白质絮凝效果越好（表 4-38）。

表 4-38 麦汁煮沸 pH 及效果（混合麦汁浓度 10.8°P，蒸发强度 8%）

	pH6.5	pH6.0	pH5.5	pH5.2
冷麦汁中热凝固氮/（mg/L）	52	38	25	15
麦汁情况	极浑浊	浑浊	较清絮状	清絮状块

每百升麦汁如果要降低 pH0.1，可在麦汁中加 37% HCl 4.5mL 左右，或加 H_3PO_4 调节 pH。

3. 沸腾状态

变性后的不溶性线型蛋白质絮凝、结块要依赖于碰撞，煮沸中形成的气泡迅速破碎也促进絮凝，气液界面-膜是蛋白质的浓缩物，膜的低表面张力，促进了溶解蛋白质的凝聚（表 4-39）。

表 4-39 外加热煮沸锅煮沸效果

项目	数值			
麦汁煮沸温度/℃	108	106	106	106
煮沸时间/min	70	70	60	60
每小时循环次数	7	7	7	5.7
蒸发量/%	12	10	8.5	7.0
麦汁分析 12°P				
色度/EBC	11.5	11.0	10.0	10.5
pH	5.47	5.49	5.51	5.48
热凝固氮/（mg/L）	9.0	11	14	18
二甲硫/（μg/L）	117	124	138	118
成品啤酒分析				
色度/EBC	8.3	7.5	7.0	7.4
热凝固氮/（mg/L）	6.0	8.0	11.0	15.0

煮沸的沸腾状态取决于传热量 Q 和锅的流型。近代外加热器的煮沸锅，循环次数达 7~8 次，沸腾碰撞次数增加，促进了絮凝作用。

4. 单宁和 Ca^{2+}、Mg^{2+}的促进作用

麦汁中单宁类化合物和蛋白质结合大多是以氢键结合，所以是可逆的，在麦汁冷却后形成“冷凝固物”，而麦汁中聚多酚（如棓酸单宁等）和蛋白质结合是以共价键结合，在热麦汁中就能形成不溶性沉淀。

在麦汁煮沸中，如酒花添加量太少，采用无多酚酒花浸膏，或由于麦汁含热凝固蛋白太多，为了促进蛋白质絮凝可以外加五倍子单宁（鞣酸）改善絮凝效果。

Ca^{2+}、Mg^{2+}等两价金属离子，能促进带负电荷的蛋白质颗粒形成盐桥絮凝，也能降低蛋白质的表面电荷，促进沉淀。一般要求麦汁含 Ca^{2+}浓度>35mg/L。

六、 麦汁煮沸中的其他变化

1. 还原物质的生成

麦汁中还原物质来自麦芽、酒花和煮沸中生成，它主要包括如下两类物质：还原糖及其生成物（如还原酮）、类黑精等为第一类，它们很容易被氧化；第二类，来自麦芽、酒花的多酚、酒花苦味物质、少数带羰基的蛋白质等，它们的氧化作用极其缓慢。

当啤酒受到氧化时，由于第一类物质易氧化，它们首先氧化，同时保护了第二类还原物质。第二类还原物质被氧化，将会使啤酒产生老化味、不愉快苦味，也会引起啤酒冷雾浊和氧化混浊。

在麦汁煮沸中生成的还原物质类黑精，由于浅色啤酒色泽的关系要求不能太多。

还原酮的生成如下：

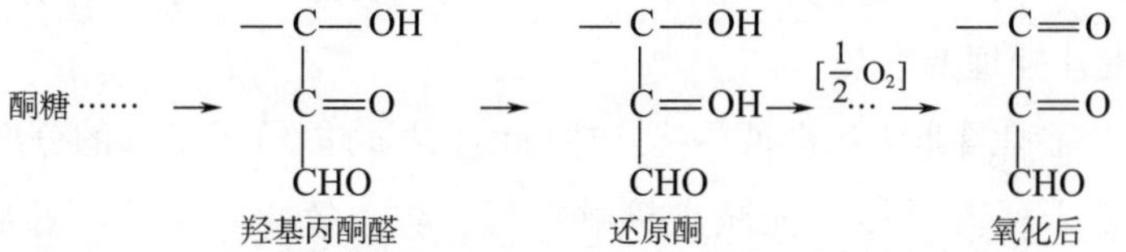

还原酮随着煮沸时间的延长而增加，但若煮沸在有空气下，（敞开式）进行，大量还原物质将受氧化而损失。

2. 麦汁色泽的增加

煮沸中麦汁色泽迅速增加，正常情况下色泽增加 0.5~1.0 倍，色泽增加原因如下：

（1）麦汁被浓缩。

（2）焦糖和类黑精的形成，特别在煮沸锅结构差，麦汁对流不好，在加热面形成局部过热产生大量焦糖。

（3）酒花多酚的溶解和多酚被氧化成醌和多聚酚，色泽增加和麦汁 pH、酒花氧化程度、麦汁煮沸是否有氧存在有关系（表 4-40）。

表 4-40　麦汁煮沸 pH 和色泽加深　增加 EBC 单位

煮沸前麦汁 pH	不加酒花	加 0.15%酒花	加无多酚酒花浸膏
6.25	3.0	4.8	3.6
5.98	2.4	3.9	2.4
5.60	2.0	3.0	1.8
5.16	1.4	2.4	1.4

3. 其他物质的变化

来自麦芽和辅料中的易挥发物，由蛋白质分解形成二甲硫等硫化物，由糖褐变形成糠醛、甲基糠醛、丙醛、异丁醛等气味物质，在煮沸中随二次蒸汽蒸发，改善了麦汁的气味。

第七节 麦汁的处理

一、概述

由煮沸锅放出的定型热麦汁，在进入发酵以前还需要进行一系列处理，它包括：酒花糟分离、热凝固物分离、冷凝固物分离、冷却、充氧等一系列处理，才能制成发酵麦汁。由于发酵技术不同，成品啤酒质量要求不同，处理方法有较大差异。最主要差别是冷凝固物是否分离。

近代的啤酒生产，大大缩短了发酵和贮酒周期，发酵容器也增大到数百至上千立方米，因此，对麦汁处理要求是：

（1）对能引起啤酒非生物混浊的冷、热凝固物尽可能给予足够的分离。

（2）麦汁处于高温时尽可能减少接触空气，防止氧化。麦汁冷却后，在发酵前，根据进罐时间，必须补充适量空气，供酵母前期呼吸。

（3）在麦汁处理各工序中，严格杜绝有害微生物的污染。

麦汁处理因使用设备和要求不同，流程很多，现根据要求分成如下 5 种：

（1）传统流程

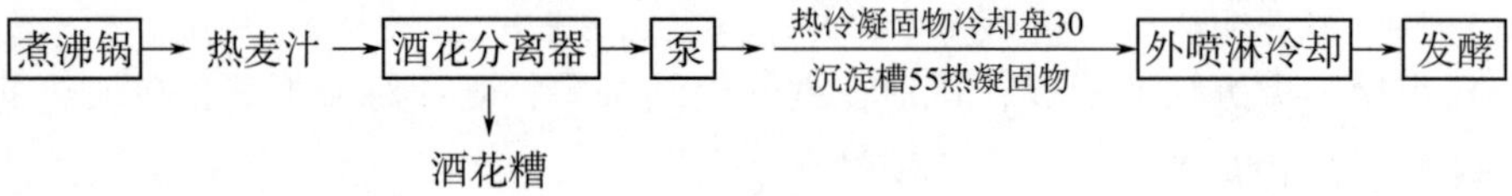

（2）国内目前采用较多的流程

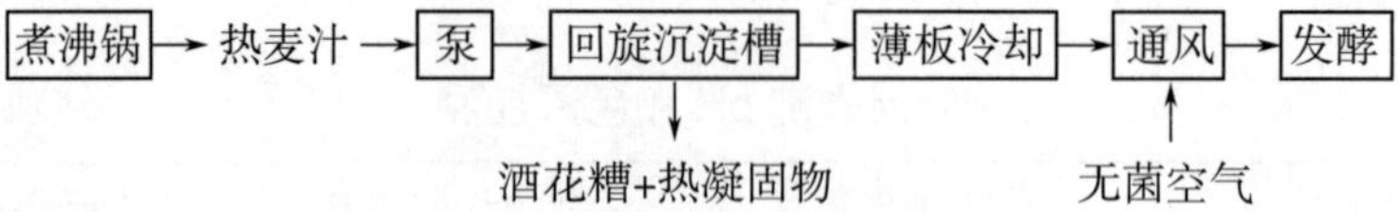

（3）加离心机法

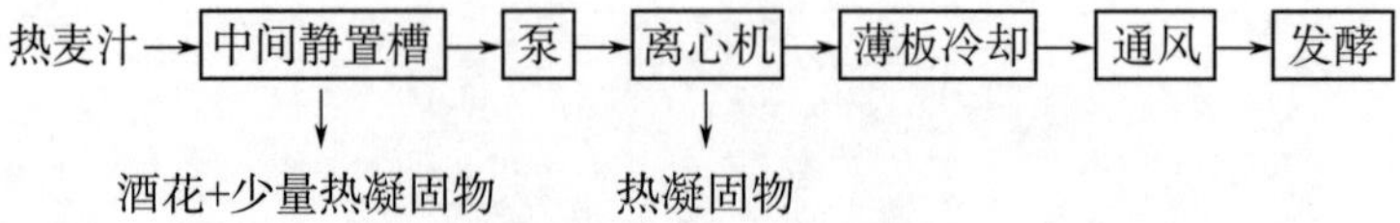

热麦汁→泵→回旋沉淀槽→泵→薄板冷却→泵→离心机→通风→发酵

（回旋沉淀槽↓酒花+热凝固物；离心机↓冷、热凝固物）

（4）加硅藻土过滤机法

热麦汁→泵→回旋沉淀槽→泵→薄板冷却→硅藻土过滤→通风→发酵

（回旋沉淀槽↓酒花+热凝固物；硅藻土过滤↓废硅藻土+冷凝固物）

（5）加浮选法

热麦汁→泵→回旋沉淀槽→泵→薄板冷却→席尔泵→通风→（酵母）→浮选罐→（通风）→发酵

（回旋沉淀槽↓酒花+热凝固物；浮选罐↓冷凝固物）

二、　酒花的分离

使用酒花球果并加入到煮沸锅（不采用酒花萃取器）的工艺，在煮沸结束后应采用酒花分离器。尽快分离出酒花糟。我国广泛采用罐底带箅子的酒花分离器，另一种酒花分离器是德国推出的称“Hopstar”，它带有废糟螺旋排出机构，并进行螺旋压榨，可减少废酒花糟带走麦汁的量。

传统酒花分离器和新型酒花分离器如图4-24，图4-25所示。

每添加1kg酒花球果，在废酒花糟中将吸附，损失麦汁6～7L。为了降低损失，可用75℃热水洗涤，使用煮沸麦汁量1%～5%的热水洗涤废酒花糟，可使废糟中残余浓度降至2%～4%，每千克酒花约得到含水量85%的废糟3.0kg，再经螺旋压榨排出时，含水量可降至70%，得到相当“干”的废酒花糟。

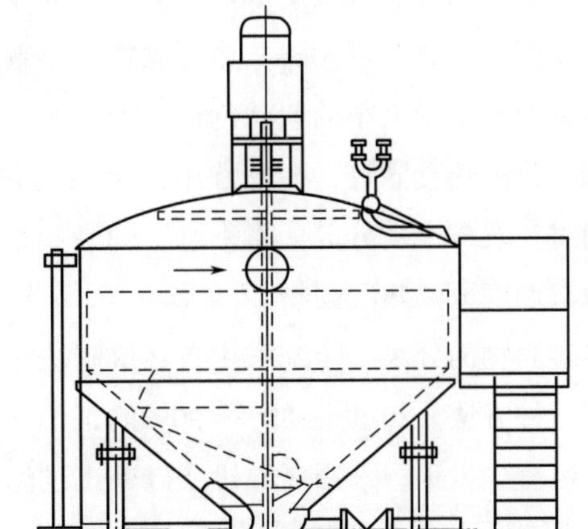

图4-24　传统酒花分离器

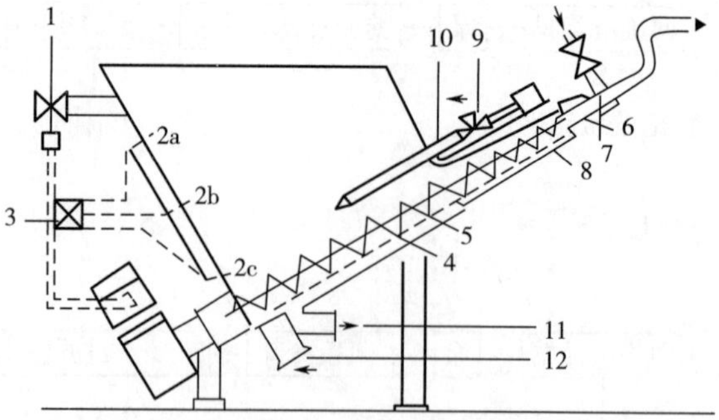

图 4-25 新型酒花分离器

1—阀 2a、2b、2c—浊度控制电极 3—控制阀 4—螺旋输送机 5—过滤筛板 6—压缩箱 7—支持 8—框式筛 9—三向阀（麦汁循环和洗涤水） 10—循环管 11—麦汁出口 12—洗涤出口

三、 热凝固物的分离

1. 热凝固物

糖化醪过滤后得到的麦汁中含有水溶性清蛋白和部分盐溶性球蛋白及水溶性高肽等，它们在煮沸中变性和多酚结合形成“热凝固物”，其主要成分如下：

粗蛋白质	50%~60%
酒花树脂	16%~20%
灰分	2%~3%
多酚等有机物	20%~30%

湿热凝固物（含挥发物 80%~85%）为麦汁量的 0.3%~0.7%，每立方米麦汁约得绝干热凝固物为 0.5~1.0kg。热凝固物最小颗粒为 30~808μm，随着煮沸絮凝，可形成肉眼可见的几毫米大小的絮状物或颗粒。

如不分离热凝固物，在发酵中，会引起热凝固物吸附大量活性酵母，使发酵不正常。同时在发酵中被分散，将来进入啤酒，影响啤酒的非生物稳定性和风味。所以，工艺上力求彻底分离热凝固物。

热凝固物的分离，传统采用自然沉降法——冷却盘或沉淀槽法。近代啤酒厂已经很少采用这种方法。20 世纪 80%~90%的工厂均采用回旋沉淀槽法，利用旋转麦汁离心力分离，也有少量工厂采用离心机或硅藻土过滤法。

2. 回旋沉淀槽分离热凝固物

（1）结构 20 世纪 60 年代刚推出的回旋沉淀槽是带有锥底的圆筒体，底部有铰龙排出热凝固物（图 4-26）。近代流行的是平底圆筒体，热凝固物在水力喷射打碎后，用洗涤水冲洗排出（图 4-27）。

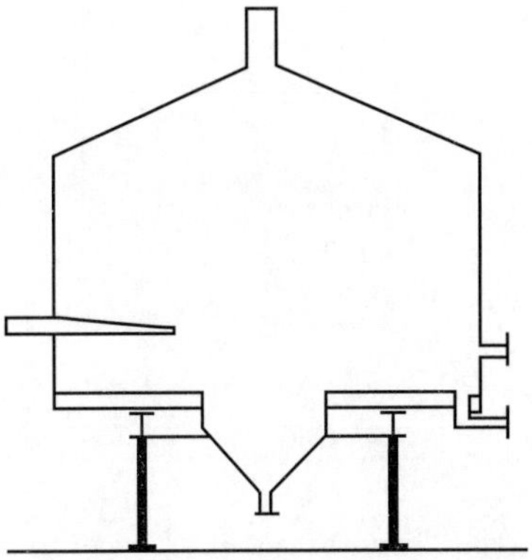

图 4-26　具有收集底的回旋沉淀槽

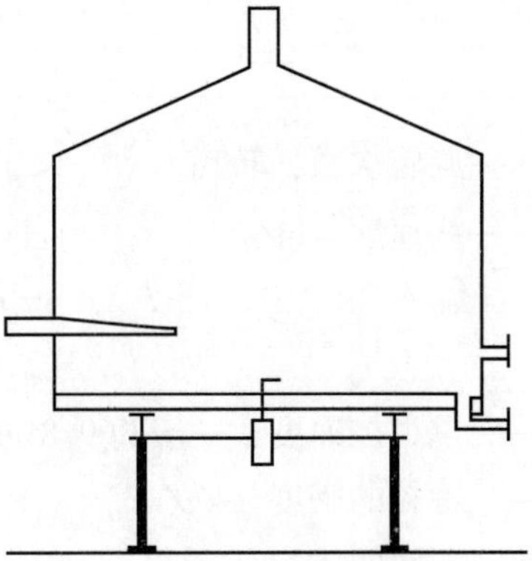

图 4-27　平底回旋沉淀槽

平底回旋槽的特性尺寸如下：

$$H_{麦汁}:D=1:(1.5\sim2.0)$$

$$H_{麦汁}\leqslant3.0\text{m}$$

$$\text{麦汁切线进槽速度 } \nu=10\sim20\text{m/s}$$

如某厂的回旋槽：

$$D=5750\text{mm}$$

$$H_{槽}=4250\text{mm}$$

$$V_{有效}=90.0\text{m}^3$$

$$H_{麦汁}:D=3450:5750=1:1.67$$

泵送麦汁管径为 $d=300$mm，经过变径。

切线进口管径 $d'=65$mm，截面积几乎缩小 20 倍。

90m^{3}麦汁泵送 30min 完成

$$V=\frac{V_{有效}}{\frac{\pi}{4}d^2\cdot30\cdot60}=15(\text{m/s})\text{，即进槽线速度为 15m/s}$$

麦汁切线进口位置约为槽中麦汁量的 1/3 高度。

（2）原理　热麦汁经泵送，由槽切线方向进槽，麦汁在槽内回转，产生离心力，由于在槽内运动，离心力的反作用力（即向心力）与重力、阻力的合力把颗粒（热凝固物）推向槽底部中央（式 4-16）。

$$F_{合}=\sqrt{F_{离}^2+(F_{重力}-F_{阻力})^2} \tag{4-16}$$

$F_{合}$——热凝固物沉淀的综合力，N（kg · m/s^2）

$$F_{向}=m\cdot r\cdot\omega^2 \tag{4-17}$$

式中　m——热凝固物颗粒的平均质量（取决于颗粒的直径，m），kg

r——麦汁旋转的平均当量半径，m

ω——旋转角速度，s^{-1}

$$\omega = 2\pi n \tag{4-18}$$

$$v = \omega r \tag{4-19}$$

式中 n——旋转次数，转/s

v——线速度，m/s

$$F_{向} = 4\pi^2 m \cdot r \cdot n^2 = m \cdot V^2/r \tag{4-20}$$

$$F_{重力} = m \cdot g = \rho \cdot V \cdot g \tag{4-21}$$

式中 g——重力加速度，一般为 9.8 m/s^2

ρ——颗粒的密度（kg/m^3）

V——颗粒的体积（m^3）

由此可见，重力与热凝固物颗粒的大小（体积）及密度的乘积成正比。

由上述公式可知：热凝固物在回旋沉淀槽的沉淀能力与下列因素有关：

①和麦汁切线速度有关，实际上取决于麦汁在槽内的旋转次数 n，一般情况需要 $n \geqslant 5 \sim 8$ 转/s；

②和热凝固物颗粒大小成正比，即和热凝固物絮凝情况有关；

③和麦汁黏度成反比，麦汁黏度越小，则凝固物沉淀就越好，而麦汁黏度是温度的函数，因此，麦汁在进回旋沉淀槽前不应该冷却，在沉淀槽中，由于自蒸发及辐射传导损失，麦汁温度从 101℃至出沉淀槽时 93~95℃。

（3）操作和效果

操作：

进罐：20~30min

静置：80~40min

出罐：30~40min

除渣情况：20~30min

作业周期：100~140min

效果：

①热凝固物残剩量和在槽中静置时间有关（当 n=5r/min）

静置时间/min	10	15	20	25	30	35	45
麦汁热凝固氮/(mg/L)	45	83	26	20	41	53	48

要保证残剩在沉淀后的麦汁中热凝固氮降低到 50mg/L 以下，静置时间应不少于 30min。

②热麦汁回旋槽由于温度较高易形成羟甲基糠醛（HMF）和类黑精，使麦汁色度上升，此两类反应均是美拉德反应。

	煮沸结束	泵送结束	静置 30min	泵出后（40min）	
色度/EBC	8.9	7.35	7.65	8.4	+1.5 增量
HMF/(mg/L)	12.7	13.14	14.42	15.27	+2.57

采用回旋沉淀槽比传统重力沉淀槽可缩短作业时间 2~2.5h，沉淀的热凝固物紧密，回旋槽含挥发物 81%，传统重力槽 85%~82%。从回旋槽出来的麦汁残剩热凝固物一般在 20~50mg/L。

回旋沉淀槽工艺规定，煮沸结束后热麦汁（101~102℃）进罐，在罐内没有冷却装置，因此，送进至泵出温度差较小（8~10℃），若麦汁在罐内停留时间过长（如薄板冷却跟不上），又接触空气，将会出现麦汁色度上升、HMF 等增加、还原物质损失等一系列缺点。

回旋沉淀槽可以装置在糖化室的煮沸锅旁，尽可能缩短输送管长度，输送泵也应采用低速（国外一般采用 850r/min）涡轮泵，当然也可以用离心泵，叶轮应半开或全开式。这一些要求，均是为了避免已经煮沸絮凝的蛋白质，在泵送中重新被打碎、乳化，造成回旋槽沉降困难。

四、 冷凝固物分离

1. 冷凝固物

冷凝固物是分离热凝固物后澄清的麦汁，在冷却到 50℃以下，随着冷却进行，麦汁重新析出的浑浊物质，并在 25℃左右析出最多。若把此麦汁重新加热到 60℃以上，麦汁又恢复澄清透明，因此，这是可逆的。它和瓶装啤酒的“冷雾浊”完全一致。冷凝固物主要是由麦汁中 β-球蛋白、醇溶蛋白 δ 和 ε 区分解的高肽，和麦汁中多酚以氢键相连，变成不溶性物质。由于冷凝固物颗粒是弹丸形，直径仅 0.1~1.0μm，所以，它的浑浊仅仅是胶体浑浊，如雾样。当麦汁重新加热至 60℃，蛋白质和多酚之间连接的氢键断裂，蛋白质重新水化，麦汁恢复透明。

麦汁中冷雾浊物质的组成为：多肽 45%~65%、多酚 30%~45%、多糖 2%~4%、灰分 1%~3%，相对分子质量在 10^4~10^5，具有两个等电点，pH3.9 和 pH8.0。在麦汁中带有负电荷。

2. 冷凝固物分离方法

（1）酵母繁殖槽法　冷却麦汁添加酵母后，在开口或密闭的酵母繁殖槽停留 14~20h（即刚开始起沫前），即由浮球出液法泵出上层澄清麦汁，或用位差法，在底部小心排出澄清麦汁，残留在器底沉渣中的有冷、热凝固物及死酵母等。

此法若操作得当，可以分离 30%~40%冷凝固物。我国不少厂均采用此法。

（2）冷静置沉降法　麦汁冷却到 0℃（或 6℃），在无菌的贮槽中静置 24~48h，待冷凝固物沉降后，分离上层澄清麦汁。

此方法和繁殖槽法一样均是利用冷凝固物颗粒自然沉降，遵循斯托克斯公式式（4-22）：

$$V_0 = \frac{\rho_t - \rho_0}{18} g d^2 \tag{4-22}$$

式中 V_0——颗粒的沉降速度，m/s

ρ_t——颗粒的密度，kg/m^3

ρ_0——液体的密度，kg/m^3

μ——液体的黏度，Pa·s

g——重力加速度，m/s^2

d——颗粒直径，m

由于颗粒直径 d 仅为（0.1~1.0）$\times 10^{-8}$m，沉降速度极小，主要依靠和麦汁中带正电荷颗粒，或与酵母结合共同沉淀。

冷静置法，由于不加酵母，存在污染危险，如静置时间过长，使用前需进行巴氏低热杀菌并冷却后接种，才能安全发酵。

（3）硅藻土过滤法　麦汁过滤通常采用硅藻土过滤机，型号为：带有垂直板的压力叶片式过滤机、带有水平板压力叶片式过滤机、烛柱式过滤机。过滤介质为硅藻土或珍珠岩或凹凸棒土等。

在一封闭的过滤机罐内，过滤筛网（叶片或烛柱）上预涂滤层。当麦汁通过过滤层时，截留了麦汁中冷、热凝固物颗粒，为了防止堵塞过滤层流通道，在过滤时还应连续添加助滤剂（硅藻土或其他助滤剂）。

麦汁过滤法，流程有两种，第一种是：

煮沸锅→麦汁缓冲罐→麦汁过滤机→麦汁冷却器

此流程主要除去热凝固物，也能同时吸附冷凝固蛋白质。过滤介质，直接投入煮沸锅。

第二种是在麦汁冷却至低温以后，主要除冷凝固物，去除率可高达80%。由于冷凝固物主体是β-球蛋白和脲，同时，它们也是主要的泡沫物质。所以，不宜彻底清除，常常只过滤2/3麦汁，1/3麦汁不通过过滤，即控制冷凝固物去除率在60%左右。

麦汁过滤能力为1000~1500L/(m^2·h)。

助滤剂用量为70~100g/100L。

此法优点是：去除凝固物能力大、损耗低（麦汁损耗约0.35%）、清洗方便、能耗低。缺点是：需要消耗助滤剂、成本高、冷麦汁过滤会增加麦汁污染的危险、CIP水耗高。

（4）麦汁离心分离法　在液体中，颗粒的沉降速度与重力成正比，在离心机中依靠离心力进行分离，离心分离因素=离心力/重力，一般在6000~11000，可以分离>0.5μm的颗粒，冷凝固物平均颗粒在0.5~1.0μm（最小在0.1~0.5μm），所以冷却后麦汁通过离心机可以除去60%~70%的冷凝固物。啤酒厂广泛采用盘式离心分离机（分批自动排出沉渣的离心澄清机）。

本法的优点：封闭系统，易于防止污染，体积小，自动化程度高，清洗用水少，不需要辅助材料。缺点：投资大，能量消耗大（每小时离心 $10m^3$ 麦汁，电耗 15kW · h）。麦汁损耗偏大（4.0%），维修费用高。

（5）浮选法　浮选技术是将分离热凝固物后的冷却麦汁，通入无菌空气（每百升麦汁通入分布细密的无菌空气 20～60L），混合均匀后，泵送至一专用密闭罐——浮选罐，空气微小气泡从麦汁中溢出时，冷凝固物被吸附在细密气泡表面，形成泡沫，聚集在麦汁上，用撇沫法或放出麦汁将泡沫留在罐内法，使冷凝固物从麦汁中分离（表 4-41）。

表 4-41　　不同空气混合方式的浮选效果

混入空气方法	空气量/（L/100L 麦汁）	麦汁+ 泡沫体积增加/%	冷凝固物分离
微孔素磁管	40～60	60～80	45～55
离心排气圆盘	20	30	60
离心混合器	20～30	25～40	60～65
文丘里管+ 混合泵	20～30	25～40	60～65

通常采用文丘里管加混合泵法和离心混合器法。

浮选法关键在于混合的空气形成泡沫的细密度。麦汁在带压的浮选罐中存放 8～16h，是麦汁中空气从麦汁中吸附冷凝固物逸散到麦汁表面所需时间。在浮选前或后，均可加入酵母，浮选罐停留时间长，应在浮选前加酵母。本法最大优点是操作费用低，麦汁损耗低，只有 0.6%～0.75%（分离泡沫引起损耗），除去冷凝固物比例适中。在 1985 年第二十届 EBC 会上此法得到推荐。缺点是：操作麻烦，占地面积大，工厂需有 4～6 个大型（1～2 批的麦汁量）浮选罐。

3. 冷凝固法分离的评价

冷凝固物特殊分离技术，至今并不是所有的啤酒厂，生产各种牌号啤酒都必须采用的技术。是否分离冷凝固物，取决于所使用大麦和麦芽的质量及生产啤酒非生物稳定性的要求。当大麦有较高的 β-球蛋白，麦芽溶解不足，又需制造高非生物稳定性的啤酒时，冷凝固物分离法的采用是有意义的。

近代也经常采用，在成熟啤酒过滤时，添加硅胶可使啤酒中蛋白多酚化合物被硅胶吸附而减少，提高啤酒的抗冷浑浊和延长啤酒的保存期。

夏季生产，在夏季、秋季饮用的啤酒，不需要太长的保存期，不分离冷凝固物也是可以的，而且对啤酒的泡沫性能有利。

五、麦汁的充氧

1. 热麦汁的氧化

麦汁在高温之下接触氧，此时氧很少以溶解形式存在，而是和麦汁中糖类、蛋白质、酒花树脂、多酚等发生氧化反应（表 4-42）。

表 4-42 麦汁浸出物吸氧量

麦汁浸出物	含量/（g/L）	吸氧率/［mL/（g·h）］	麦汁中吸氧量/（mL/h）
麦芽糖	60	0.023	1.38
葡萄糖	5	0.096	0.48
果糖	3	1.165	3.5
多酚	0.1~0.2	0.315	0.07
含氧物质	5	0.054	0.27
酒花树脂	0.14	1.94	0.27
每升麦汁每小时吸氧总量			5.97

注：此数据是麦汁浓度为 10.0°P，于 60℃下测定的，若麦汁在激烈振荡时，要比静态吸氧高 4~5 倍，在 100℃时，运动下每升麦汁在煮沸时可吸氧 40~60mL。

对热麦汁吸氧的利弊，酿造师们有不同观点，认为吸氧是有利的依据是：

（1）热麦汁接触氧，使 β-酸氧化，生成 β-软树脂，它赋予啤酒淡雅柔和的苦味（又称“宝贵苦味”），同时又使 α-酸、β-酸氧化成软树脂使粗俗的苦味减少。

（2）热麦汁接触氧能促进 β-球蛋白的羟基氧化、聚合而发生沉淀，减少了啤酒中不稳定的球蛋白。

$$R—SH+R'—SH \xrightarrow{\frac{1}{2}O_2} R—S=S—R'+H_2O$$

反对热麦汁吸氧者认为：

（1）热麦汁吸氧是不可逆氧化反应，麦汁（啤酒）中天然抗氧化物质（如还原酮）被氧化，将来影响成品啤酒的抗氧性。

（2）麦汁在高温、高 pH 下，多酚很快被氧化成醌，使麦汁色泽加深。

（3）酒花精油、苦味物质过度氧化会形成脂肪臭和不愉快的苦味。

麦汁在高温下（60℃以上）应该接触空气和应该严格禁止接触空气，两种对立观点在啤酒界共存。但近代，酿造淡爽型风格啤酒，多数酿造师坚持认为从麦芽粉加水投料至冷却前，隔氧操作是关键措施，此观点也日益得到我国啤酒界的认可。

2. 冷却麦汁的充氧

麦汁冷却至发酵接种温度后，接触氧，此时氧反应微弱，氧在麦汁中呈溶解态，它是酵母前期发酵繁殖必需的。

麦汁中氧的溶解量，符合“亨利-道尔顿”定律，氧在麦汁中的溶解度和麦汁氧分压成正比，和麦汁温度成反比。麦汁浸出物浓度增加，将减少饱和溶解氧量，但影响较小。在6℃以下，空气通风12℃麦汁，饱和溶氧约为9.5mL/L，而8°P麦汁约为10.2/L，若用纯氧在0.1MPa下通风12°P 6℃的麦汁，溶氧达到40mL/L。

3. 冷麦汁通风方法

采用纯氧通风麦汁，只有极少数快速发酵法啤酒厂采用，绝大多数啤酒厂采用无油、无菌的压缩空气通风，多数在麦汁冷却的输送路程中，通过文丘里管或不锈钢舌片混合器、钛管混合器，在线上通风充氧。

传统发酵中，全部麦汁在半饱和含氧量下（即5~6mL/L)，送入发酵。

大罐发酵（麦汁接种直接进罐）工艺，若分多批（4-5批）进罐，冷麦汁通风时间宜早不宜晚，最后1~2批进罐麦汁不再进行通风，因为太迟通风，会延长酵母停滞期，增加双乙酰，并使罐中泡沫增加，影响罐容积。

大罐分批麦汁通风，应根据分批次数，间隔时间、酵母类型、接种方法、温度等调整。

第八节　麦汁收率和麦汁质量

一、浸出物收得率和原料利用率

为了比较麦芽和其他原料的糖化完全程度和过滤时浸出物的回收情况，常采用浸出物收得率或原料利用率考察糖化车间量的关系式（4-23）。

$$E=\frac{V\cdot d\cdot B}{M}\times 0.96\times 100\% \qquad (4-23)$$

式中　E——糖化室浸出物收得率,%

V——煮沸锅热麦汁（96~100℃）定型后的容积，L

B——定型麦汁的浓度，质量分数,%

d——定型麦汁的相对密度

0.96——综合容积的溢度修正系数

M——糖化室麦芽和其他原料投料量，kg

因为麦汁浓度和相对密度，均是在20℃下的测定值，麦汁在96~100℃下容积测定值降至20℃时将收缩4.08%，煮沸锅定容在常温下进行，100℃下锅容积将增加0.3%，酒花和热凝固物在麦汁中占体积收缩0.16%，因此，热麦汁容积修正系数为0.96。

原料浸出物收得率 E 一般在 72%~80%。它主要取决于原料浸出物含量及糖化完全程度和过滤情况，只有在原料浸出物的含量恒定时，才可以计算糖化室“量”的回收情况。

$$\text{糖化室原料利用率}/\% = \frac{\text{糖化室浸出物收率}E_{\text{现}}}{\text{实验室标准协定法浸出物收率}E_{\text{实}}} \times 100\%$$

标准协定法糖化，是 EBC 规定的统一实验室糖化方法，天平称取 50.00g 麦芽，用 EBC 磨粉机磨成细粉（细粉占 90%），在金属糖化杯中，加入 47℃蒸馏水 200mL，置于 45℃水浴中，杯中置平浆搅拌器 100r/min，45℃保温 30min，再以每分钟升 1℃的速率，在 25min 内升温至 70℃，并加入 70℃蒸馏水 100mL，于 70℃保温 1h，在 10~15min 内迅速冷却至室温，擦干杯外壳，加蒸馏水至重 450.00g，于直径 20cm 漏斗，采用 30cm 中速滤纸（折叠），全量过滤，初滤液 100mL 回滤，收集滤液。溶解良好的麦芽，全部过滤完毕约在 1h 以内。

实验室标准协定法浸出物收率如式（4-24）。

$$E_{\text{实}} = \frac{450 \cdot B}{50} \times 100\% \tag{4-24}$$

式中 450——糖化总物料重 450g

B——糖化后过滤麦汁由测定相对密度再查表得到的麦汁浓度，°P

50——糖化物料质量，g

若使用非发芽谷物辅料，应将辅料磨成细粉，按投料比例，预先加辅料量 20%的麦芽粉，加水比为 1∶5，预先糊化、液化，稍冷却，加余下麦芽及蒸馏水，配成 45℃，250g，按标准协定法进行。

测定、计算原料利用率，完全排除了原料浸出物含量差异。优良的糖化工艺、精良的设备、精细严格的操作，原料利用率一般可达 98%~99%。

若原料利用率低于 96.0%，应分析原因，在排除“跑、冒、滴、漏”非正常损失外，其原因主要是：

（1）原料中淀粉没有全部被糖化成麦汁浸出物（可溶性糊精和糖），即麦糟中残留过多的淀粉或糊精。

（2）麦糟洗涤不充分，麦糟残留过多的可洗出浸出物。因此，只需分析麦糟中可糖化或可洗出浸出物含量就能分析出是在糖化还是在糖化醪过滤有问题。

二、 最终麦汁质量

最终麦汁是指加酒花煮沸，麦汁定型并分离凝固物后的麦汁。最终麦汁质量，因原料质量、配料和制造啤酒类型不同而有较大不同。

（本小节数据，除特殊注明外均系 11~12°P Lager Beer 麦汁的情况）

（1）正常外观透明，夹有少量大块的棕色凝固物。

（2）正常气味甜香、麦芽香、酒花香。浓色麦汁有焦糖香。

（3）正常口味麦芽的香甜味，饮后有明显苦味。

（4）相对密度和浓度取决于制造啤酒规范订的原麦汁浓度±0.2°P。

国外一般有以下习惯，最终麦汁浓度如下：

淡啤酒	5.0~8.0°P
桶装啤酒	8.0~11.0°P
贮藏啤酒（普通）	10.0~11.0°P
贮藏啤酒（高级）	11.0~12.6°P
普通浓色啤酒	11.0~13.0°P
烈性浓色啤酒	16.0~18.0°P

（5）麦汁的黏度

麦汁浓度	20℃的黏度（$\times 10^3$Pa·s）
6.5°P	1.3~1.4
10.7°P	1.6~1.7
12.0°P	1.80~1.85
16.0°P	2.0~2.1
18.0°P	2.5~2.6
水	1.0

（6）表面张力　11~12°P 麦汁表面张力为（4~5）$\times 10^{-4}$N/cm。

（7）pH　11~12°P 麦汁在20℃时 pH 为5.1~5.7，我国一般控制 pH 在5.3~5.55。

（8）色泽和色度

浅色啤酒：拉格（Lager）型为淡黄色至麦秆黄，7~13EBC

　　　　　艾尔（Ale）型黄至金黄，7~25EBC

浓色啤酒：维也纳（Vienna）型琥珀色，50~70EBC

　　　　　慕尼黑（Munich）型棕褐色，70~200EBC

　　　　　世涛（Stont）、波特（Porter）型棕黑色，200~300EBC

（9）化学组成分　可溶性浸出物组成如下：

可发酵性糖：70%~75%

非发酵性糖：15%~25%

含氮化合物：3.5%~5.5%

矿物质：1.0%~2.5%

其他：1.0%

①麦汁中糖类物质：麦汁中糖类物质是浸出物的主要部分，它占浸出物的90%~93%（表4-43）。

②麦汁中含氮化合物

总氮：800~1200mg/L。

（总蛋白质=总氮× 6.5=800mg/L× 6.5 → 5g/L）

其中：

蛋白质氮　300mg/L

多肽氮　300mg/L

α-氨基氮　200mg/L，氨基酸 1.3g/L

脯氨酸　0.3g/L

核苷类氮　70~100mg/L

表 4-43　麦汁中的糖类　单位：g/100mL 麦汁

参数	加拿大		丹麦	德国	英国
	Lager 1	Lager 2	Lager	Lager	Lager
相对密度（20℃）	1.0548	1.0487	1.0438	1.0485	1.040
果糖	0.15	0.13	0.21	0.39	0.33
葡萄糖	1.03	0.87	0.91	1.47	1.00
蔗糖	0.42	0.75	0.23	0.46	0.53
麦芽糖	6.04	5.57	5.24	5.78	3.83
麦芽三糖	1.77	1.6	1.28	1.46	1.14
总可发酵性糖	9.41	8.58	7.37	9.56	6.89
麦芽四糖	0.72	0.54	0.26	—	0.20
DP5~12 糖	2.68	2.52	2.13	—	2.32
总糊精	3.40	3.06	2.39	—	2.52
总糖类	12.81	11.64	10.26	—	9.41
总浸出物	13.522	12.078	10.908	12.031	9.993
糖占浸出物/%	94.8	98.3	94.06	—	94.16
外观发酵度/%	73.7	73.7	76.7	—	73.3

麦汁中氨基酸含量、含氮组分含量以及不同比例大麦麦汁中氮及氨基酸组成见表 4-44~表 4-46。

表 4-44　麦汁中氨基酸含量范围（12°P 麦汁）

氨基酸名称	含量范围	氨基酸名称	含量范围
丙氨酸	62~93	甲硫氨酸	17~40
精氨酸	90~160	脯氨酸	240~350
天冬氨酸	55~68	丝氨酸	59~85
缬氨酸	85~120	酪氨酸	83~115
组氨酸	42~65	苏氨酸	35~75

续表

氨基酸名称	含量范围	氨基酸名称	含量范围
甘氨酸	18~32	色氨酸	35~58
谷氨酸	33~46	苯丙氨酸	100~145
异亮氨酸	57~78	酰胺	300~400
亮氨酸	100~155	氨	7~15
赖氨酸	47~100	总氨基酸	1200~1900

表 4-45 两种麦芽的 12°P 全麦汁含氮组分

	溶解正常（库值 41%）		溶解不足（库值 35%）	
	含量/（mg/L）	区分/总氮/%	含量/（mg/L）	区分/总氮/%
总氮	1058	100	850	100
$MgSO_4$	217	20.5	212.5	25
凝结性氮	60	5.7	64	7.5
相对分子质量区分				
<2600	801	75.7	467	55
2600~4600	125	11.8	110	13
4600~12000	87	8.2	127.5	15.5
12000~30000	10	0.95	58	6.8
30000~60000	5	0.47	42.5	5.0
>60000	30	2.84	44.2	5.2

表 4-46 优质麦芽+不同比例大麦的麦汁组成

非发芽大麦的比例/%	麦汁总氮/（mg/L）	α-氨基氮/（mg/L）	α-氨基氮占总氮/%
0	953	310	34
20	850	267	31.4
30	816	244	30.6
40	761	219	28.8
50	729	202	27.8

③多酚物质和酒花物质：麦汁中含总多酚物质为 100~200mg/L，其中花青素苷约占 30~50mg/L，淡爽型高稳定性啤酒麦汁（12°P）控制总多酚≤130mg/L，花青素苷≤40mg/L。

麦汁中酒花的异 α-酸 25~50mg/L，α-酸为 3~5mg/L。

麦汁中酒花精油：1~2mg/L（其中 C、H 占 20~30%，C、H、O 占 70%~80%）。

④矿物质：麦汁中矿物质含量见表 4-47。

表 4-47 麦汁中矿物质（12.8°P） 单位：mg/L

	来自麦芽	来自酿造水	来自酒花	总和	麦汁	损失/%
K^+	556	3	68	627	627	0
Na^+	6	17	微量	23	24	0
Ca^{2+}	100	75	25	200	33	83
Mg^{2+}	184	21	9	214	100	53
Fe^{2+}	6.1	0.4	0.6	7.1	0.05	99
Cu^{2+}	1.1	微量	1.2	2.3	0.11	95
Mn^{2+}	2.1	0.04	0.3	2.4	0.14	94
Zn^{2+}	3.7	微量	0.3	4.0	0.1	97
Al^{3+}	—	0.01~0.02	—	—	0.03	—
PO_4^{3-}	—	—	—	—	540	—
SiO_2	—	50	—	—	152	—
Cl^-	—	40~60	—	—	375	—
SO_4^{2-}	—	50~80	—	—	157.2	—

⑤维生素：麦汁中维生素含量见表 4-48。

表 4-48 麦汁中维生素含量 单位：μg/L

名称	生物素	叶酸	肌醇	烟酸	泛酸	吡哆酸	维生素 B_1	维生素 B_2
含量	8.5~11.5	100~130	18000~60000	8000~17500	450~980	580~1050	330~690	280~600

⑥溶解氧：11~12°P 麦汁中，在充无菌空气时溶解氧为 6.5~8.5mg/L。

⑦乳酸和总滴定酸

	不调乳酸麦汁	糖化调乳酸麦汁
L-乳酸	15mg/L	180mg/L
D-乳酸	50mg/L	120mg/L
（L+D）-乳酸	65mg/L	300mg/L

11~12°P 麦汁每 100mL 中用 1mol/L 的 NaOH 滴定的总酸度为 1.2~1.8mL，相当于乳酸计的酸含量为 0.1~0.162g/100mL。

第五章

啤酒发酵

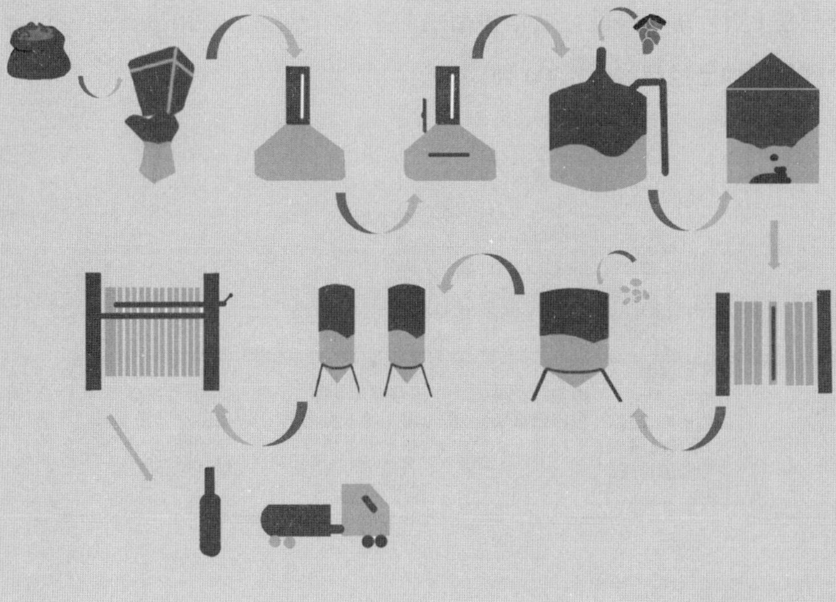

第一节 啤酒酵母

一、 啤酒酵母

人类酿酒的历史比人类文明还早，但对酿酒本质的认识却很晚。1680 年荷兰列文 · 虎克（Leeuwenhoek）制作了第一架由复合透镜做成的原始显微镜（100~150 倍），观察到啤酒发酵液中有许多“小小圆形物”。直到 1818 年底，捷克斯洛伐克科学家爱文斯本（Erxleben）在著作中叙述了“小小圆形物是活的生物，由它引起发酵”。

1837 年前后，法国自然科学家拉图乐（Latour）、德国生物学家施旺（Schwann）等发现酿制酒的微生物，具有细胞结构，能以出芽的方式繁殖，而且酒精发酵和微生物繁殖是同时进行的，并将它命名为“糖真菌”（Zuckerpilz），之后生物学家梅因（Mayen）在分类时将其定名为“*Saccharomyces*”。1860 年，法国路易 · 巴斯德（L · Pastear）在巴黎科学院宣读了确立发酵生物学说的论文。

德国科学家汉逊（Emil · Hansen）在丹麦卡尔斯伯啤酒实验室中，成功地对啤酒酵母进行单细胞分离和纯种培养，纯种发酵技术才得以在啤酒酿造中得到推广。

能使含糖液体自然发酵，生成 CO_2 和酒精，液面上形成“膜”，器底形成“沉淀”的生物，统称为“酵母”。酵母这一名称并不严格和科学，广义上说，凡是单细胞、世代时间较长的低等真核生物，统称为“酵母”。

从分类学上看，大多数酵母属子囊菌类，小部分的酵母属担子菌类（图 5-1）。目前已知的酵母菌种已经超过了 1500 种。

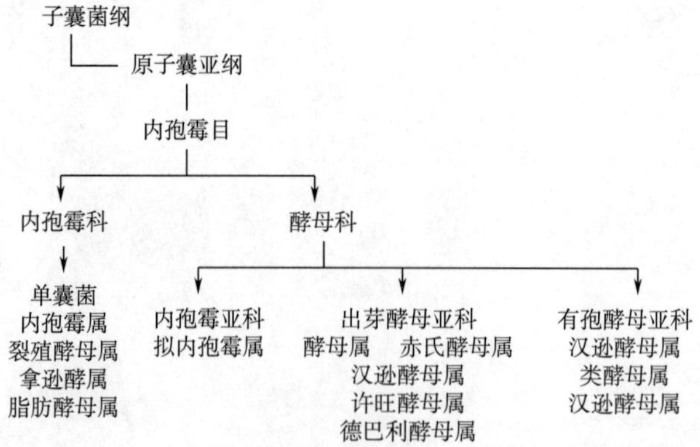

图 5-1 酵母的分类

著名酿造科学家维第西（Windisch），1960 年发表的分类中，把酵母分为两大类：第一类为真酵母类，第二类为拟酵母类。其中包括：假性酵母属、圆酵母属、克勒酵母属和红酵母属。此分类是依据产孢子能力，第一类能产孢子（图 5-1）。

酵母是单细胞真核微生物，外层由厚的细胞壁和细胞膜所包裹；细胞质内有许多细胞器，有核、线粒体、微体、内质网、液泡、核糖体等，还存在作为能源的糖原、脂质及多磷酸盐等颗粒贮藏物质。

酿造啤酒的酵母，在分类学上属：

子囊菌纲-原子囊菌亚纲-内孢霉目-酵母科-出芽酵母亚科-酵母属。

在啤酒酿造工业中常用的酵母为啤酒酵母，根据其发酵的不同特点又将啤酒酵母分为两组，分别为上面发酵啤酒酵母和下面发酵啤酒酵母。上面发酵啤酒酵母主要用于生产艾尔（Ale）、世涛（Stout）或者波特（Porter）型啤酒。下面啤酒酵母主要用来制造拉格（Lager）型啤酒。最初，这些酵母是通过其沉降或絮凝性能来区分的。上面发酵啤酒酵母在发酵结束时会上浮至麦汁表面，由此而得名。相反，下面发酵啤酒酵母在发酵结束时会沉降到发酵罐的底部。

在 19 世纪中期前，由于没有冷却设备，大多数发酵都是采用上面发酵啤酒酵母进行的。

大多数上面发酵酵母都与酿酒酵母（*S. cerevisiae*）接近，主要由德国、英国和小麦啤酒酵母组成。上面发酵啤酒酵母种类繁多，长久以来也经过了多次的杂交与长期的驯化。例如从比利时修道士啤酒中发现的上面啤酒酵母菌株中有 25%的菌株是杂交菌株。上面发酵啤酒酵母与酿酒酵母的种名相同，而下面发酵啤酒酵母则是由酿酒酵母与真贝酵母（*S. eubayanus*）杂交而来，见图 5-2。两种酵母发酵生产的啤酒的风味有非常大的区别。我国啤酒酿造业常用的啤酒酵母一般为下面发酵啤酒酵母，其细胞一般为卵圆形或圆形，直径为 5~10μm（图 5-2）。工业生产中将上面发酵酵母称为 Ale 酵母，而将下面发酵酵母称为 Lager 酵母。两者在出芽方式、糖利用能力、细胞形态特征上都存在一定的差异（表 5-1）。

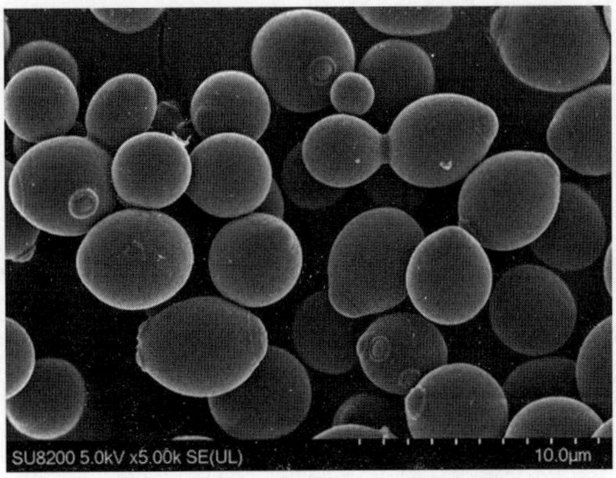

图 5-2　典型下面啤酒酵母形态

表 5-1 上面发酵啤酒酵母与下面发酵啤酒酵母的区别

区别内容	上面发酵啤酒酵母	下面发酵啤酒酵母
收集方式	悬浮于液面，从液面收集	沉于器底，从底部收集
出芽方式	与长轴相同，易形成芽簇	与长轴成 30°夹角，单个
棉子糖发酵	发酵 1/3	全部发酵
蜜二糖发酵	不能	能
甘油醛发酵	不能	能
产生 H_2S	较低	较高
发酵温度/℃	最适 18 ~22	最适 6 ~10

下面啤酒酵母（*S. pastorianus*）是杂交菌株。经过了数十年的研究发现导致下面发酵啤酒酵母的这种杂合状态的出现主要归因于人为的这种低温条件下发酵生产啤酒的生产模式。在这种低温的生产条件下，出现同时具有酿酒酵母和非酿酒酵母的性状的杂交体是最为合适的。但是，这种非酿酒酵母来源的基因的出现仍然是一个谜。2009 年之前，大家都认为下面啤酒酵母是由酿酒酵母和贝酵母（*S. bayanus*）的杂交菌株，但是后来发现贝酵母的基因序列与啤酒酵母中非酿酒酵母来源的基因组的同源性只有 92. 5%。2011 年在阿根廷的巴塔哥尼亚地区发现了真贝酵母，该菌株与啤酒酵母中非酿酒酵母来源的基因组的同源性达到 99. 5%。同时在北美、东亚、新西兰也发现该菌株。由此，下面啤酒酵母被证明是由酿酒酵母和真贝酵母的杂交菌株。真贝酵母具有非常好的耐低温性能，而且啤酒酵母中存在的真贝酵母的基因组比例越高，其耐低温性能就越好。但是，该菌株对酒精表现出较高的敏感性，比一般的酿酒酵母耐受性要差。

根据酵母的发酵特性，下面酵母又被分成了两组：组Ⅰ Saaz 型和组Ⅱ Frohberg 型。这种分类其实是基于菌株在地理上的传承，但通过分子生物学手段分析其转座子的分布也支持了这种分类方法。直到最近，大家开始关注两种菌株的不同的发酵性能。研究发现，组Ⅰ Saaz 型酵母可以适应更低的发酵温度（10℃），但是其生长速度比组Ⅱ Frohberg 型菌株要慢。Forhberg 酵母能够利用麦芽三糖而 Saaz 酵母不能利用。另外，从风味角度分析来看，Forhberg 酵母所产生的风味物质如乙酸异戊酯（香蕉风味）高于 Saaz 菌株数倍之多。对组Ⅰ和组Ⅱ的啤酒酵母进行测序分析后发现两者存在一些重要的差异。一般认为 Saaz 型的酵母是由于 Ale（酿酒酵母）与真贝酵母杂交而来的，而 Frohberg型酵母则是由 Saaz 型酵母进一步与不同类型的酿酒酵母菌株杂交而来。由于其经过了 2 次或者更多次的种间杂交，Frohberg 型菌株通常至少含有 2 个以上的独立母本来源。所以对于每一个下面啤酒酵母的基因组进行分析，会发现来源于酿酒酵母和真贝酵母的基因组的不同类型的组合方式。Saaz 型与 Forhberg 型两种类型的酵母在倍性上存在 1*n* 的倍性差异。根据研究发现，Saaz 型酵母一般为 2*n* 的倍性，而 Forhberg 型酵母通常为 3*n* 的倍性，也有一些酵母被发现是非整倍体。直到最近，基于下一代测序方法与流式细胞仪并用发现了卡尔酵母（*S. carlsbergensis*）（Saaz 型）为三倍体菌株，而 Weihenstephan 34/70（Forhberg 型）为异源四倍体。基于下一代测序技术的研究还发现了在不同酵母菌株中基因组的拷贝数也存在一些差异（图 5-3）。

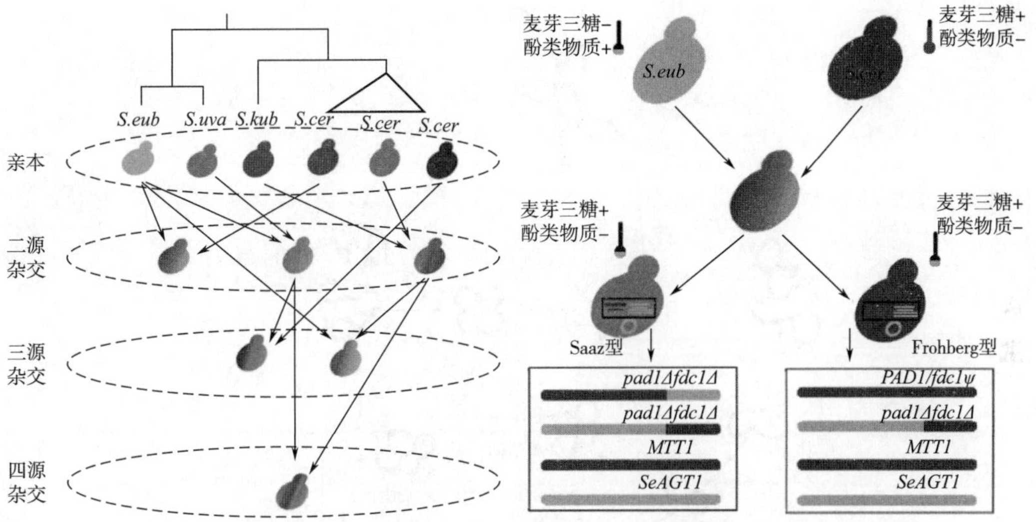

（1）不同类型酵母的杂交过程　　（2）伴随酵母杂交产生的发酵性状的变化

图 5-3　啤酒酵母的进化历程

S. eub—真贝酵母　*S. uva*—葡萄汁酵母　*S. kub*—克鲁维酵母　*S. cer*—酿酒酵母 *pad1*—苯丙烯酸脱羧酶基因
fdc1—潜在的苯基丙烯酸脱羧酶　*MTT*—麦芽三糖转运酶基因　*SeAGT1*—真贝酵母来源 α-葡萄糖苷透性酶基因

另外，在一些啤酒酵母菌株中也发现了来源于其他酵母属的基因。所以，由于基因组中不同来源基因的存在以及不同的组合方式，造成了每一个生产菌株之间都会存在一些差异，这种差异包括遗传性状的差异和发酵性能的差异。

二、 啤酒酵母的生活史

啤酒酵母的营养细胞核中各有再现二次的基因载体之一的染色体，所以称为“双倍体”细胞，共有 17 对染色体。在形成子囊孢子过程中，核进行减数分裂，一般形成 4 个核，每个核具有 17 条染色体（单倍体核）。每一个单倍体核和周围的原生质结合形成孢子，即为子囊孢子。若子囊孢子脱离母体，出芽，就形成单倍体细胞。

啤酒酵母生活史有两种类型。“同宗接合”酵母没有单倍体期，在形成子囊孢子时，受到双元化基因控制，子囊孢子结合，就成双倍体。“异宗结合”酵母才有一个长的单倍体期，当形成四个子囊孢子后，这四个子囊孢子各具有两个“a”型和两个“α”型的子囊孢子。若分离后各自单独培养，就形成“a”和“α”结合性单倍体营养细胞；若将这两种单倍体营养细胞混合培养，“a”和“α”单倍体细胞就会杂交，两细胞结合、融合形成哑铃状的一个细胞，这个细胞再出芽繁殖就形成一个杂合子双倍体细胞（图 5-4）。

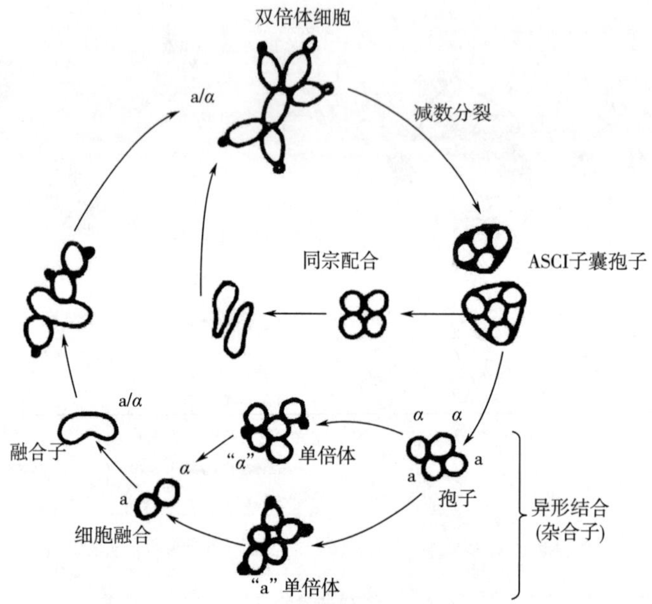

图 5-4　酵母的有性繁殖过程

在正常条件下，营养细胞的无性、出芽繁殖过程如图 5-5 所示。

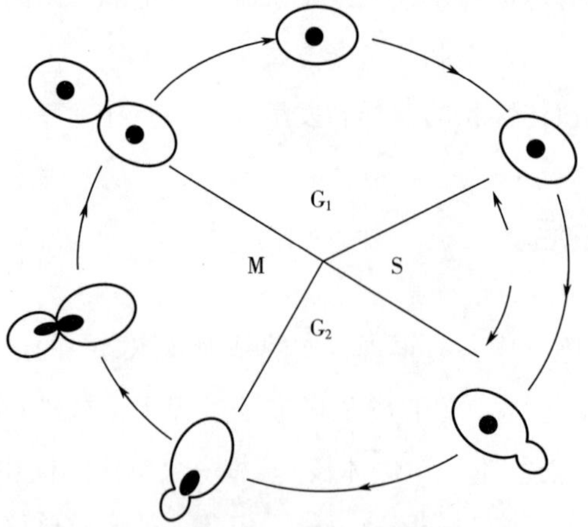

图 5-5　啤酒酵母出芽过程

M—分裂期　G_1—DNA 合成前期　S—DNA 合成期　G_2—DNA 合成后期

啤酒酵母在长轴一端，单端多边芽殖，从理论上讲大约可以形成9~43个芽，但在实际生产中一般仅形成1~6个芽，少数细胞形成12~15个芽。

啤酒酵母在液体麦汁中出芽繁殖时，芽在长轴一端，且经常和长轴垂直。子细胞长大后不立即脱离母细胞，子细胞再出芽，形成芽簇或3~6个细胞或串相联。

三、 啤酒酵母的一般特性

1. 生物学分类特性

（1）形状　圆形、卵圆形、椭圆形

（2）细胞大小　如：8.5μm× 6.5μm

（3）细胞体积　由计算得：188μm^3，由粒子计数器测定：195μm^3

（4）巨大菌落（25℃培养2周）

颜色（正、背面）：乳白色。

尺寸：24mm。

菌落边缘性：呈波浪形不整齐。

菌落特性：突起，易挑起。

（5）呼吸缺陷型突变株　应<5%。

（6）絮凝性　可分成强凝聚性、中等凝聚性、弱凝聚性和粉末性。

2. 碳水化合物糖类的同化

当前啤酒厂常用的Frohberg型酵母可同化葡萄糖、果糖、蔗糖、麦芽糖、麦芽三糖、半乳糖、棉子糖、蜜二糖。不同化异麦芽糖、异麦芽三糖（潘糖）和麦芽四糖、糊精、淀粉。

3. 啤酒酵母的培养和酿造特性

（1）最高发酵速率（每小时每个细胞产生酒精的克数），啤酒酵母可以在（0.7~1.5）$\times10^{-11}$。

（2）合成每克酵母干物质，需要消耗游离氨基氮量和糖中碳元素量（反映酵母合成效率）如某酵母，每毫克游离氨基氮能合成16.65mg的绝干酵母；每毫克碳能合成0.71mg的绝干酵母。

（3）酵母发酵时同化氨基酸的顺序（麦汁发酵时氨基酸减少一半的时间顺序），氨基酸同化顺序可分成四类：

A——和酵母细胞生长同时，并呈线性关系：如酪氨酸、甲硫氨酸、赖氨酸、亮氨酸。

B——滞后于酵母细胞生长：如Ile、Asp、Val、His、Phe。

C——在A类氨基酸同化大部分以后：如Arg、Tyr、Ala、Gly、Trp。

D——几乎不同化：如 Pro。

啤酒酵母菌株不同，常常反映在 A、B 两类同化顺序有个别差异。

（4）在发酵时酵母细胞生长曲线一般用 11°P 全麦芽汁在等发酵温度下（如 8℃、10℃、12℃），在相同接种浓度（10×10^6 CFU/mL）时，测定发酵液中细胞浓度曲线。比较最高浓度细胞数和需要时间及最高浓度维持时间和酵母沉降（浓度减少速率）。

4. 啤酒酿造特性

在 100~1000L 小型酿造设备中酿造啤酒，并对啤酒进行分析和比较。

（1）残糖分析　用高压液相色谱或纸上层析法，主要比较残糖中麦芽三糖的量。此值反映酵母对麦汁发酵的深度。

（2）啤酒常规分析

①比较酒精和发酵度，反映酵母发酵深度。

②比较总酸和 pH，反映酵母产酸能力和对麦汁缓冲物质同化或吸附特性。

③比较苦味值和色度，反映酵母对异 α-酸和色泽物质吸附能力。

④比较 α-氨基氮和总氮，反映酵母吸收氨基酸（同化）能力和异化（分泌、自溶）倾向。

⑤比较连二酮类物质的含量。

用国标法测总连二酮类物质（VDK）含量：

气相色谱法分析 2,3-戊二酮和 2,3-丁二酮的含量，某些菌株虽然 VDK 相似，但若 2,3-丁二酮比例高，VDK 味倾向大（因 2,3-戊二酮阈值要比 2,3-丁二酮高 6 倍）啤酒装瓶后在 62℃，保温 2h 后，用国标法测定总 VDK 值，减去国标法常规测定值，此差值反映 VDK 的前体 α-乙酰乳酸残留量，反映在包装以后 VDK 回升倾向。

（3）啤酒风味物质测定

①醛类：乙醛应在 5~10mg/L。

②高级醇类：正丙醇、异丁醇、异戊醇、活性戊醇等脂肪族醇类总水平小于 90~110mg/L，β-苯乙醇 10~50mg/L，尤其是异戊醇水平应比较低（<45mg/L）。

③挥发酯类：乙酸乙酯、乙酸异戊酯、丁酸乙酯、已酸乙酯、辛酸乙酸、乙酸苯乙酯等，总挥发酯水平在 25~50mg/L。醇：酯（除 β-苯乙醇外高级醇和挥发酯之比）应在（3~4）：1，大于 5：1，高级醇味太突出，小于 2：1，酯香太突出。

（4）啤酒泡沫特性　比较起泡性、是否喷涌、泡沫的颜色、泡沫的细密度（第 100mL 泡沫消失后啤酒的体积）、泡沫的持久性、泡沫的黏着力（测定泡沫消失后形成啤酒的黏度）。

（5）啤酒的风味品尝　特别在纯正（clean）、爽口、柔和（mild）或醇厚（full）、淡爽（1ight）或浓烈（heavy）和香味（果香、酵母香）等方面比较。

四、 优良啤酒酵母的评估与选育

筛选生产性能优良酵母的是啤酒工厂十分重要的经常性的工作。长期的酿造生产过程中，如果工厂不注意分离筛选或没有一套正确的评估体系，容易造成生产菌株退化，经常表现为起发酵迟缓；发酵力衰退（高泡站不住）；发酵不彻底，发酵度明显降低；双乙酰峰值升高，还原慢，延长后酵、贮酒后也达不到<0.05mg/L水平；酵母凝聚性变差，过滤困难；啤酒风味改变，如喝后易上头或有酯香等。这些退化表现，严重影响了啤酒的正常生产和啤酒的质量。

但这一套啤酒酵母评估体系略显烦琐，啤酒优良菌株的评估工作十分困难，其原因是：

（1）缺乏统一的尺度，各工厂由于设备工艺不同或习惯观点不同，造成对优良菌株的观点不一致，有时甚至是矛盾的。

（2）实验室各项评估测定难以和大生产实际完全吻合。

（3）评估缺乏指标体系，缺乏筛子，特别是有否决权的筛子（指标）。

下面介绍的评估体系主要是针对我们研究啤酒酵母的新菌株，而筛选方法是针对工厂从原菌株中筛选优良菌株的方法。

1. 优良啤酒酵母的评估

（1）形态学上的要求

①细胞的形态：细胞为圆形、卵形和椭圆形，应该注意：典型的啤酒酵母短轴与长轴之比为1∶（1.0~1.5），而且大多数优良菌株在1∶（1.1~1.3）。细胞拉长是变异的结果或发酵后期营养不足造成的。

在液体培养时，细胞是单个的或有一个子细胞，子细胞达到母细胞2/3体积即脱落，若发现细胞成链，不是下面啤酒酵母特征。

②细胞大小：在我们研究的菌株中，细胞可以分成两类，大型细胞尺寸为（6.8~8.0）μm×（8.0~9.0）μm，体积>176μm^3；中小型（3.6~6.5）μm×（6.0~8.0）μm，体积100~160μm^3。中小型酵母虽有的凝聚性很好，但大多数不如大型的。中小型细胞，在相同的接种量下，细胞比表面积大，发酵速度较快。近年来人们选种倾向于挑选中小型细胞的菌株。细胞尺寸与凝聚性和发酵速度的关系如表5-2所示。

表5-2　细胞尺寸与凝聚性和发酵速度的关系

菌株名称	细胞大小		长轴∶短轴	凝聚性	发酵速度
	大小/μm	体积/μm^3			
青岛酵母	7.4×8.8	222	1∶1.19	+++	++
沈阳酵母	8.3×9.6	271	1∶1.16	+++	+

续表

菌株名称	细胞大小		长轴：短轴	凝聚性	发酵速度
	大小/μm	体积/$μm^3$			
五星酵母	7.2×8.1	199	1：1.13	++	++
丹麦（华光）	3.7×7.0	88	1：1.89	—	+++
德国 G-02	6.5×7.8	173	1：1.2	+	++++
荷兰 Q-05	5.5×8.3	155	1：1.36	+	++++
比利时 Q-06	6.2×8.3	177	1：1.36	++	++++

（2）生理学要求

①繁殖速度：近代啤酒生产酵母使用代数低（<5 代）。为了缩短酵母扩培时间和发酵前期的酵母增殖时间，希望选择繁殖速度快的菌株。

研究菌株在 15℃和 10℃两种培养温度下的延迟期和平均世代时间（倍增时间），如表 5-3 所示。

表 5-3　菌株的平均世代时间　单位：h

菌株		青岛酵母	沈阳酵母	五星酵母	丹麦（华光）	德国 G-02	加拿大
延迟期	10℃	2.0	4.0	6.0	2.0	2.0	2.0
	15℃	—	—	2.0	—	—	2.5
世代时间	10℃	8.5	7.0	5.5	4.3	7.2	10.1
	15℃	6.8	6.7	3.6	3.3	4.1	6.3

参考指标：

a. 15℃繁殖的延迟期应<2.0h。

b. 15℃平均世代时间应<8.0h。

c. 15℃和 10℃繁殖时间，两者平均世代时间相差愈小，反映菌株对温度适应性大，有利于控制。

②增殖倍数和细胞浓度：酵母的发酵速度是发酵液中细胞浓度的函数（也有人认为是细胞表面积的函数）。研究发现，在相同接种量下（如 $10×10^6$CFU/mL），发酵液中细胞增殖级数为 2~3 次（细胞出芽分裂一次称为增殖级数为 1），相应发酵液中细胞最高浓度为 $40×10^6$~$80×10^6$CFU/mL，细胞最高浓度越大，发酵速率也越快。但酵母代谢的各种副产物（如高级醇等），也随增殖级数的提高而增加，啤酒风味也有明显不同。如青岛酵母一般最高浓度仅为（45~50）$×10^6$CFU/mL，而一些引进酵母常达到（60~70）× 10^6CFU/mL。

进一步研究发现，酵母发酵时对麦汁的 α-氨基氮同化能力差异很大，青岛酵母的

α-氨基氮同化率仅为50%~60%，而引进酵母达60%~75%。也有人研究发现，每吸收1mg α-氨基氮形成酵母干物质波动于12~17mg。因此，在相同麦汁和培养条件下形成细胞数量有明显差别。

若想发酵速度快、发酵度高、双乙酰还原快、啤酒较淡爽的应选择增殖级数大（但不能超过3）、发酵液中细胞浓度高［$(60\sim70)\times10^6$CFU/mL］的菌株，如表5-4所示。

表5-4　菌株在12°P麦汁接种量为（10~12）$\times10^6$CFU/mL以下 α-氨基氮同化率和最高细胞密度关系

菌株	青岛	沈阳	五星	丹麦华光	德国G-02	荷兰Q-05
α-氨基氮同化率/%	59.8	54.2	61.05	70.0	70.6	72.3
细胞最高浓度/（$\times10^6$CFU/mL）	50	42	58	68	62	62

（3）发酵力的要求　酵母对糖的发酵能力包括：起酵速度、发酵最高降糖能力、啤酒发酵度、酵母对麦汁的极限发酵度。

前三种特性，应该是我们希望的发酵温度下的测定值。众所周知，酵母在2~38℃，温度相差5℃，发酵速度可差1.5倍。有些酵母提高发酵温度，可加速发酵，但有时会影响最终啤酒发酵度，或酵母易衰退。所以，对一株新菌株，应设计3~4个温度进行测定（如8、10、12、14℃）。若对生产菌株分离筛选，应按照工厂习惯进行发酵温度测定。

提高发酵温度缩短酿造周期是大势所趋，当今大家能接受的（主酵最高温度）是12℃，主酵前期即酵母繁殖期采用高温发酵会影响啤酒的风味。

①酵母麦汁极限发酵度的测定：酵母麦汁极限发酵度测定，是在最有利的发酵温度25~27℃时，酵母对麦汁中可发酵性糖类的最大可能发酵程度。实际上主要反映酵母对麦汁中麦芽三糖的发酵能力和发酵极限。如表5-5所示。

表5-5　各菌株外观极限发酵度和麦芽三糖发酵率（12°P麦汁）

	青岛	沈阳	五星	德国G-02	荷兰Q-05	比利时Q-06
外观极限发酵度/%	79.87	79.56	75.54	79.34	84.94	84.5
成品啤酒发酵度/%	61.9	61.3	59.6	63.5	67.9	68.1
麦芽三糖发酵率/%	68.2	69.8	66.9	72.7	94.8	95.3

近代啤酒比较倾向于高发酵度，相应也要求酵母麦汁极限发酵度高，在我们实验室用极限外观发酵度（E）= 80%±3%作为第一级筛选，淘汰对麦汁糖利用率低的菌株。

②起酵速度：麦汁接种酵母发酵后，酵母为适应新环境，有一个明显的延迟期（细胞几乎不增加），以后细胞数增殖至（20~25）$\times10^6$CFU/mL，发酵液表面有白泡沫出现，

从接种至起白沫总称为起酵时间。不论采用什么温度开始发酵，一般均采用起酵时间短的菌株。因为酵母起酵快，滞缓期短，增殖快，容易在麦汁中形成生长优势，在生产中不易污染杂菌。

③发酵速度：啤酒酵母起酵后，进入高泡阶段（旺盛发酵阶段）。此阶段每天降糖速率或释放CO_2的速率：相同的发酵温度下（如12℃），发酵速率有差异，如降糖2.0°P/d、2.5°P/d、3.0°P/d，而且各菌株维持的最高发酵度天数也有差别，有的仅1.5d，有的2d，有的可达2.5~3.0d。人们倾向于追求发酵降糖快（如2.5°P/d），维持2~3d的快速发酵菌株。

快速发酵菌株，不但缩短发酵周期，而且发酵快，pH降低快，有利于获得淡爽风格的啤酒，啤酒稳定性也好。但是最新的研究发现，发酵速度越快，不利于挥发酯的形成，因此造成啤酒的醇酯比失调，“上头”现象更加明显。

④啤酒主酵发酵度：近代成品啤酒的发酵度倾向于高发酵度，我国淡爽型12°P啤酒的发酵度，优秀啤酒大多在65%~68%，而一些传统发酵、传统酵母酿制的大多在62%~63%。低于60%发酵度的啤酒很难成为优质啤酒。

在实验室研究菌株，用10~12℃主酵发酵5d，希望能达到53%以上发酵度，在我们研究中倾向于选择发酵度为55%~58%的菌株。

⑤麦汁极限发酵度（$F_{极}$）和啤酒发酵度（$F_{啤}$）：丹麦、荷兰、比利时等国向我国推荐的优良啤酒酵母有此特性，即$F_{极}-F_{啤}=\Delta F<1.0\%$。说明菌株在发酵温度（10~12℃）和啤酒酵母最适合在发酵温度25~28℃下发酵，对糖的发酵没有差别，ΔF小的啤酒，口味清爽，生物稳定性好，而$\Delta F>5.0\%$，口味黏稠并带有不爽口的甜味，则得不到消费者欢迎。

我们选育的WLA-02、WLH-01和WLG-02、03，在生产现场ΔF均<1.0%，而在实验室测定也不超过2.0%。一些传统酵母，形态比较大，凝聚性特别好的菌株，在实验室测定下$\Delta F\geqslant5.0\%$。

（4）凝聚性和沉淀能力

①酵母絮凝的机理：啤酒酵母凝聚现象的发现和应用已很久，但对凝聚机理的研究还很不完善。关于酵母絮凝的机制，研究者提出过许多假说，目前被人们普遍接受的是“类凝集素假说”：酵母的絮凝由絮凝素产生。絮凝素是一种蛋白，其C端包含糖基化磷脂酰肌醇（GPI）锚定的结合位点，它能将絮凝素连接到细胞壁上。絮凝素N端通常包含一个碳水化合物或多肽结合区域，中间区域存在多个富含丝氨酸和苏氨酸的保守重复序列；这些保守区可进行高频率的重组，是絮凝基因可变性的主要来源。

对于下面发酵啤酒酵母（Lager型酵母）来说，絮状物沉降在发酵罐的底部。与甘露聚糖进行特定粘连的类凝集素蛋白由酵母细胞合成，位于细胞壁外部，主要起到絮凝的作用。酿造酵母的絮凝性会受到麦芽糖、葡萄糖和蔗糖的可逆性抑制，可能是由于这些单糖和二糖会与酵母细胞壁上的类凝集素蛋白结合，从而遏制了酵母细胞的沉降。因此，下面酵母的絮凝通常发生在麦汁中大多数可发酵性糖被酵母吸收利用完毕之后。

酿酒酵母携有数个絮凝基因，包括五个功能较清楚的絮凝基因 *FLO*1、*FLO*5、*FLO*9、*FLO*10、*FLO*11。其中 *FLO*1、*FLO*5、*FLO*9、*FLO*10 的功能是实现细胞与细胞间的黏附，而 *FLO*11 使细胞与基质产生黏附。现在一般认为酵母凝聚性主要受基因 *FLO*1 和 *FLO*5 控制，部分啤酒酵母的絮凝则更受到 *Lg-FLO*1 基因的控制。调节絮凝的基因家族异常的不稳定，每一个都有复杂的调节机制，且酵母的种属差异也导致不同菌株的絮凝基因稳定性差异较大。

酵母絮凝的机理十分复杂，受多方面因素的影响。絮凝的调节分为多个层次，既有基因复制水平，也有转录和表观遗传水平，同时也受一系列物理化学因子影响，包括氧含量、pH、温度等。

金属离子对凝聚作用影响极大。除遗传因素以外，凝聚作用的强度还依赖于基质离子浓度，特别是 Ca^{2+}。Ca^{2+}不但参与细胞壁结构，还在细胞之间形成所谓“钙桥”立体效应，此立体效应对环境条件如糖浓度、pH 等极为敏感。基质中 Ca^{2+}浓度是细胞凝聚还是分散的重要因素，一般认为在啤酒中 Ca^{2+}达到 30mg/L 以上，啤酒酵母才能呈良好的凝聚性。其他二价离子也能促进凝聚，但远比 Ca^{2+}低。单价离子（如 Na^{+}、K^{+}）由于“反离子效应”起到所谓中和细胞表面电荷，抑制凝聚的作用，常常由于水质原因，啤酒中 Na^{+}>300mg/L，使酵母凝聚性变差。

②啤酒酵母凝絮性分类

a. 在整个发酵阶段，酵母是完全分散在发酵液中的，即使发酵完全停止时，酵母也是以单个或数个形式悬浮在液体中。酵母的沉降按斯托克自然沉降计算，当酵母的平均直径为 8μm，密度为 1.05~1.073kg/m^{3}时，沉降速度为 1.5~3.7μm/s。因此，发酵结束时，器底只有少量松散沉淀酵母，大量酵母分散于液体中，如轻轻振荡器皿，沉淀酵母立刻浮起，再形成沉淀需很长时间。这种酵母为典型非凝絮性或称“粉末型酵母”。

b. 发酵初期酵母是分散的，当达到某发酵度，酵母在发酵液中细胞密度突然降低，器底逐渐沉结酵母凝块，发酵结束时，发酵液中细胞密度很低为（0.3~1）×10^6 CFU/mL，即使强烈振动器皿打散凝块，静置短时间也立即形成凝块，此类酵母称作凝聚性酵母。

c. 介于 a、b 之间，发酵减弱后，酵母开始形成并不紧密的絮状沉淀，发酵结束时，器底形成较多沉淀，经振荡，酵母较快分散，静置一段时间，又能重新沉降，此时沉降酵母以 10^{3}个左右结合。此类酵母以前称做“弱凝聚性”酵母，现在称“絮凝性”酵母，是目前酿造中用于快速发酵制造清爽型啤酒常采用的酵母。

酵母的凝聚性受酵母的遗传和外界条件的影响，我国传统啤酒生产常用凝聚性菌株，发酵后便于收集酵母，啤酒过滤快。但凝聚性太强的菌株，一般发酵慢，发酵度偏低，双乙酰还原慢。丹麦、比利时等向我国推荐的菌株多数属凝聚性差的粉末型酵母。有的虽然凝聚性差，但发酵后沉淀能力好，不使用离心机也可利用硅藻土过滤器过滤；有的沉淀性不好，只能先用啤酒离心机过滤。

③啤酒酵母凝絮性和沉降能力：啤酒酵母的凝絮特性是其重要的生产特性，它会影响酵母回收再利用于发酵的可能，影响发酵速率和发酵度，影响啤酒过滤方法的选择，乃至影响啤酒风味。絮凝酵母应用于酿酒工业中，细胞絮凝形成颗粒后能够快速沉降，降低了分离菌株的成本，提高了分离效率。

我国大多数啤酒工厂均没有啤酒离心机，因此，优选啤酒酵母时，应选择凝聚性中等或强的酵母，对于粉末型酵母应选择发酵后沉淀结实（虽不结凝块，但沉淀不易摇起）的沉淀良好菌株，我们已优选的 WLA-02、WLG-03，就是属中等凝聚性，而且沉淀好，在没有离心机时工厂能顺利用硅藻土过滤啤酒。而 WLG-02 属粉末型，沉淀也较好，但工厂用棉饼过滤就比较困难。

酵母在发酵麦汁中凝聚时间是指达到多少发酵度开始凝聚，在国外称此开始凝聚的发酵度称“凝聚点”。据资料报道和我们的研究发现，各菌株的凝聚点多在 35%～50%。凝聚点小，由于凝聚早，并不是理想的菌株。近代优良凝聚性酵母的凝聚点希望在 45% 以上。而我国北京、青岛所使用的酵母，凝聚点在 30%～35%。凝聚点太小（如 35%～40%）的酵母，不能用来酿造高发酵度啤酒。

（5）啤酒酵母的自溶　1875 年自溶现象首次被命名，按照 1985 年的定义，自溶是指胞内生物聚合体分解成小分子的伴随着细胞死亡而发生的一种反应（图 5-6）。酵母细胞自溶发生在细胞稳定期后期，自身的胞内酶参与水解反应。自溶是全局化且不可逆的反应，尤其是当环境条件恶劣或者缺乏营养时，细胞的活力与活性降低，细胞内结构开始被降解，空泡内的蛋白酶释放到细胞质中。释放的蛋白酶最初被特异的胞质抑制剂（Cytoplasmic Inhibitors）抑制，然后由于这些抑制剂的降解而被激活。随后胞内大分子组分水解，水解产物如蛋白质、氨基酸、核苷酸、多糖、多肽、无机盐等物质在周质空间中积累。当这些物质的分子质量低到可以穿过细胞壁的空隙时，水解产物就会释放出来。

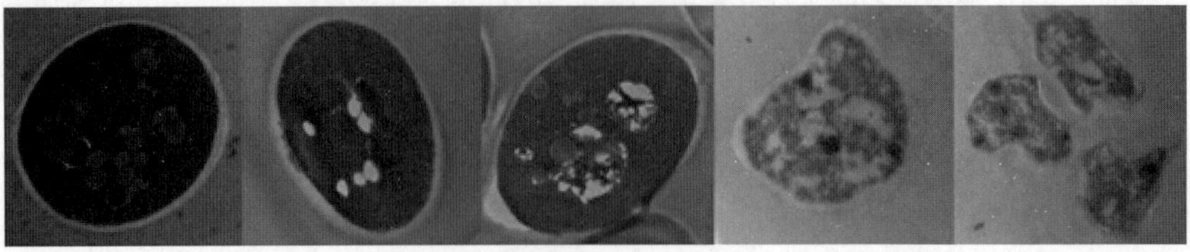

图 5-6　下面啤酒酵母在传代过程中的自溶

自溶根据作用的主要酶类和发生位置分为外自溶型（Exo-type Autolysis）和内自溶型（Endo-type Autolysis），其中酵母的自溶是内自溶型。发酵过程中酵母因环境压力和自身衰老等原因发生自溶，胞内被激活的蛋白酶水解细胞膜使其破裂。由于细胞壁具有一定的坚硬程度，在自溶过程中细胞壁不会发生彻底的裂解。胞内物质由于自溶程度的不断加深而逐渐被释放至细胞外，胞内外渗透压不平衡，细胞发生皱缩，细胞壁的边界模糊，但整个过程中细胞仍能保持完整的轮廓（图5-7）。

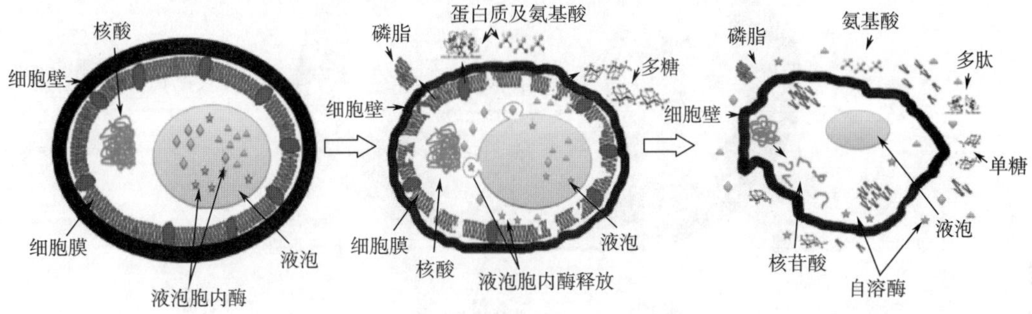

图5-7 啤酒酵母的自溶过程

酵母自溶有两种方式，一种为细胞自发的、缓慢的自然自溶，在葡萄酒酿造过程中会利用酵母的自然自溶使得细胞壁上的多糖与细胞内物质溶出，提升葡萄酒的风味和香气。另一种为人工加速自溶程度与速度的诱导自溶，常用于工业破碎细胞壁提取胞内物质，在啤酒废酵母的处理中，利用高温高压均质、外加蛋白酶、搅拌离心等方法加速酵母的自溶进而抽提得到酵母抽提物。

①酵母自溶的影响：在发酵中酵母的自溶不可避免，会给不同的酒类带来不同的影响。对于葡萄酒发酵来说，酵母的自溶能够给葡萄酒的质量带来正面的影响。胞内释放的脂质、蛋白质及细胞壁上释放的葡聚糖能够增强葡萄酒的发泡性能，细胞壁主要组分甘露聚糖的溶出能够优化酒体的口感，蛋白质水解产物氨基酸可以给酒体带来独特的香气等。因此在葡萄酒发酵过程中，采用二次发酵延长酵母自溶的时间以增加酵母的自溶程度，利用自溶促进酒体的成熟，提高葡萄酒的质量。

对于啤酒发酵来说，啤酒酵母的自溶对啤酒的质量有不利的影响。胞内大分子如蛋白质、核酸等物质由于自溶被水解为氨基酸、核苷、核苷酸等小分子释放至发酵液中，其中甲硫氨酸、亮氨酸、异亮氨酸具有苦味，5′-鸟嘌呤核苷酸是最主要的呈味核苷酸，这些小分子会影响酒体的风味，导致酒体中酵母味、苦味、涩味加重。另外胞内蛋白酶能水解泡沫蛋白，大幅影响啤酒泡持性。并且自溶物中的高肽、蛋白质和多糖会影响啤酒的胶体稳定性，造成啤酒浑浊，易引起微生物污染（图5-8）。因此在啤酒发酵过程中需要控制酵母自溶的程度，尽量减少自溶的发生。通常可以选育抗自溶能力较好的菌株进行发酵，优化发酵条件，以提高啤酒的品质。

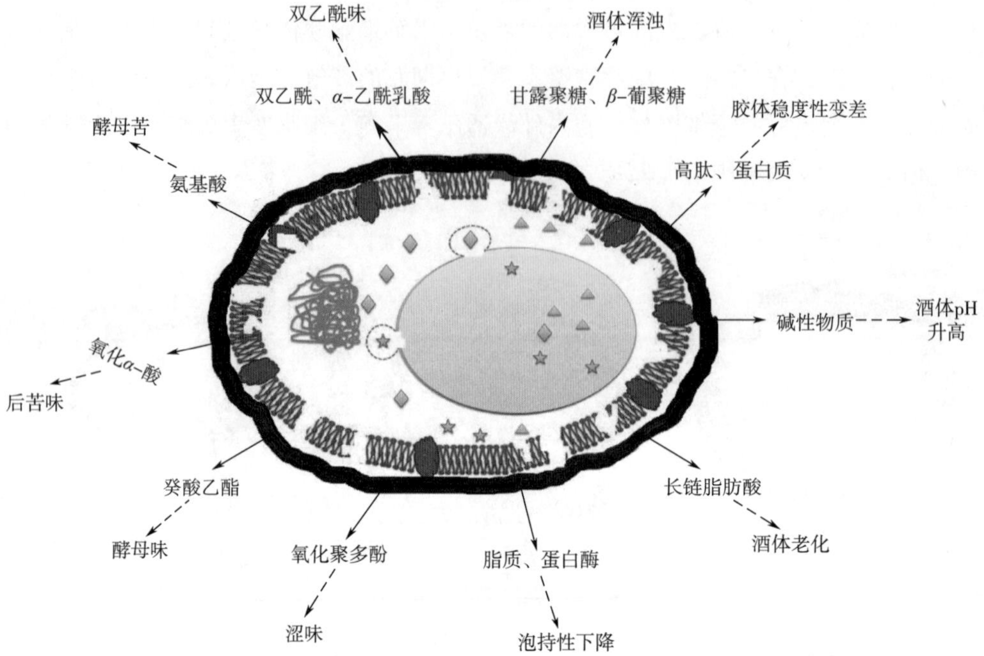

图 5-8 啤酒酵母自溶物及对风味的影响

②影响酵母自溶的因素：在啤酒酿造过程中，从发酵初期的高糖、高渗透压条件至后期的酒精毒性和营养缺乏的压力，啤酒酵母会因各种因素而发生自溶，包括非生物因素和生物因素。

非生物因素主要有麦汁质量、发酵工艺等。麦汁为酵母生长提供不可缺少的营养成分，如可发酵性糖、氨基酸、无机盐、微量元素等物质，保证酵母的正常代谢，减缓细胞衰老，有利于提高酵母的抗自溶能力。对于发酵工艺来说，不同的发酵工艺条件如温度、pH、溶解氧等会影响酵母自溶程度，啤酒低温发酵有利于酵母保持较好的活性，但发酵后期如若溶氧不足或 pH 过低会导致啤酒酵母加速自溶。

生物因素有酵母接种量、酵母回收及贮藏、生物污染、酵母质量等。酵母的接种量要适宜，过低的接种量会延长发酵周期，生产效率得不到提高甚至有污染杂菌的危险，而过高的接种量会导致发酵过快，影响酒体的质量和口感，且代谢产物的积累会引起酵母加速自溶。酵母的回收及贮存需要控制无菌且及时，才能保证作为下一批发酵的种子洁净并具有高活力，从而最大程度减缓酵母自溶。生物污染也是极易导致酵母加速自溶的因素，发酵过程中培养基富含营养适合微生物生长繁殖，若出现杂菌污染，酵母的生长受到一定影响，从而发生自溶。不同酵母之间抗自溶能力差异很大，酵母质量是影响酵母自溶程度的重要因素，因此选育抗自溶能力好、活性高的啤酒酵母对于啤酒工业的现代化生产极其重要。

酵母自溶给啤酒质量带来负面的影响，因此需要通过控制上述因素减少自溶现象的发生。目前传统的方法有 a. 提高麦汁的质量，可以通过适当增加镁的浓度，促进酵母细胞中三磷酸腺苷酶的活性从而提高酵母的活性，减缓酵母自溶。b. 保证低温发酵的环境，防止发酵罐中温度不均匀而导致的酵母自溶。c. 定时监测罐内的溶氧和 CO_2 含量，能够避免发酵罐内压力过高导致酵母加速自溶。虽然传统方法在一定程度上可以减缓酵母的自溶，但是无法从根本上解决酵母菌株本身抗自溶能力的问题，不具备广泛适应性。近年来国内外逐渐开始重视对酵母自溶的研究，探究酵母自溶的机理，对酵母菌株进行筛选和改良。可基于细胞壁多糖组分的压力耐受性对啤酒酵母进行紫外诱变筛选，得到在乙醇、高温、渗透压、饥饿的混合压力下耐受性强的突变菌株。但对于酵母抗自溶能力差异的原因和酵母自溶的机理仍需进一步探究。

③自溶评价的研究现状：目前酵母自溶评价没有非常准确的指标。长久以来，啤酒生产企业大都是以腺苷酸激酶（Adenylate Kinase，AK）的酶活性作为判断啤酒酵母自溶情况的指标。AK 是一种胞内酶，健康的细胞并不分泌该酶，当在胞外检测到该酶存在时，即表征酵母已经自溶了。因此，可通过测定培养液中的 AK 含量判定酵母的自溶情况。酵母自溶过程中 Δ 非 α-氨基氮/Δα-氨基氮值会在 2.24~7.91，还可通过测定该值判断酵母自溶情况，比值越小自溶程度越高。除此之外，A_{260}/A_{280} 是一个综合反映核酸类物质与蛋白类物质含量关系的物理量，酵母菌株自溶程度越高，(A_{260}/A_{280})/死亡率比值越小（图 5-9）。

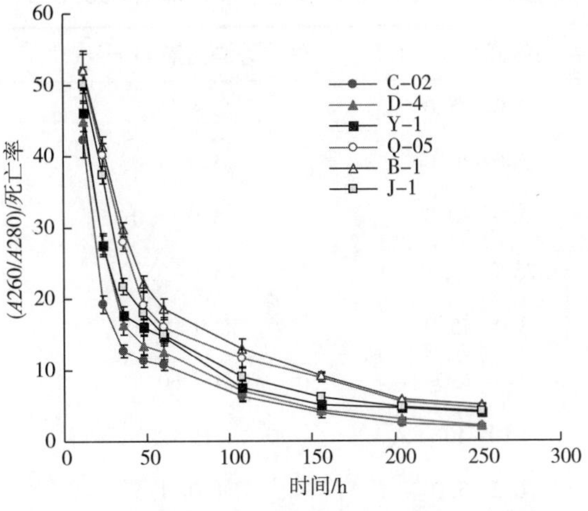

图 5-9　啤酒酵母的自溶指数

（6）双乙酰峰值和还原速度　世界各国优秀浅色啤酒的双乙酰含量均在 0.03~0.06g/L。从 20 世纪 70 年代以后，世界啤酒先进国均在优选低双乙酰的酵母菌株及改进发酵技术以后，很好地解决了此问题，而我国不少啤酒厂曾经被双乙酰指标能否合格所困扰。我们从丹麦、荷兰、德国、比利时等国啤酒酵母分离底物中得到的若干菌株，发现这些酵母在双乙酰方面的特点是：①双乙酰峰值低，在麦汁 α-氨基氮在 160mg/L 以上时，峰值仅为 0.3~0.4mg/L，而我国传统酵母高达 0.7~1.0mg/L，有些退化菌株高达 2.0mg/L。②双乙酰峰值出现在发酵第二至第三天。主酵第三至第四天双乙酰迅速下降，在主酵结束时，双乙酰已经下降到 0.20mg/L 以下。③在 8~12℃后酵时，双乙酰还原快，一般 5~7d 可降至 0.10mg/L 以下。④双乙酰前体（α-乙酰乳酸）在啤酒中很少残留，因此，啤酒装瓶消毒以后，不会因为乙酰乳酸氧化形成双乙酰，升高值在 0.01~0.03mg/L，我国某些工厂成品啤酒常常要升高 0.05~0.07mg/L，我们认为发酵技术也是主要原因。不同菌株峰值如表 5-6 所示。

表 5-6　菌株双乙酰峰值和还原速度比较

12°P 生产麦汁接种后 15×10^6CFU/mL	12℃主酵双乙酰峰值/(mg/L)	12℃ 5d 后双乙酰/(mg/L)	8℃还原 5d 双乙酰/(mg/L)	0℃贮藏 7d 双乙酰/(mg/L)
华光传统酵母	3d/0.8	0.25	0.16	0.12
德国 G-02	2d/0.35	0.13	0.06	0.04
某厂退化酵母	2d/1.1	0.65	0.45	0.30

（7）挥发性风味物质　表 5-7 是国外优秀浅色啤酒的挥发性风味物质。

表 5-7　成品啤酒的风味物质水平（大米辅料<30.0%）

主要挥发性物质	可能含量/(mg/L)	优秀啤酒含量/(mg/L)	允许极限值/(mg/L)
乙醛	3.0~25.0	3.5~5.5	<10
正丙醇	5.0~20.0	5.0~7.0	<10
异丁醇	5.0~30.0	5.0~7.0	<10
异戊醇	25.0~70.0	25.0~35.0	<45
β-苯乙醇	3.0~45.0	8.0~12.0	<35
总高级醇	40~150	45~60.0	<75
乙酸乙酯	10~40	15~25	<35
乙酸异戊酯	0.5~5.0	1.0~1.5	<2.5
H_2S	0.2~2.0	0.2~0.4	<2.0
SO_2	2~30	3.0~5.0	<15
2,3-戊二酮	0.02~0.05	0.02~0.03	<0.07
2,3-丁二酮	0.03~2.0	0.05	<0.05

上述这些挥发性物质，会明显影响啤酒风味，但由于测定比较麻烦，很难在菌种筛选（初筛，复筛）时作为评估筛子，常常只作为最后鉴别时评估。也有例外，青岛啤酒厂主要出口美国，美国对啤酒中游离 SO_2的要求特别严格，在优选青岛酵母时就应打入 SO_2的筛子。

（8）酵母对压力的耐受性　在大罐发酵中由于罐高常常为 10~20m，液柱压力和 CO_2浓度对酵母的生长繁殖和代谢产物形成均可能产生影响。

国外在研究大罐酵母菌种选育时，十分注意酵母对压力的适应性。他们用不带压、带氮气压、带 CO_2压力，研究压力为 0.075MPa、0.15MPa、0.20MPa。研究发现带 N_2压力对酵母生长繁殖几乎没有影响，而带 CO_2压力对各菌株有明显不同，有的生长繁殖受抑制，有的影响较小。代谢产物中对乙酸乙酯生成的抑制有明显不同。在主酵第 4d 后悬浮酵母细胞也有明显不同，有些酵母受压后明显有利于凝聚和沉淀。研究认为，大罐啤酒酵母必须要对压力有较强的耐受性。

（9）酵母的稳定性　在筛选优良酵母时最后应测定比较该酵母 10~12 代，若在 7 代酵母中，发酵速度、发酵度、双乙酰含量没有十分显著地变化，可以认为此酵母是十分稳定的。若 6 代以内发酵度明显降低，双乙酰含量升高，此酵母是不稳定、易退化的。

（10）主酵液和成品啤酒的风味品尝　不论在哪一阶段筛选酵母，均应有风味品尝评价，对有特殊异香、异味的菌株有完全的否决权，而对风味的优好程度，由于实验室和大生产条件差异大，只能得到参考性意见，在 30L 以下规模很难作出有否决权的判别。

（11）啤酒泡沫特性　在相同条件下，不同菌株进行发酵酿制的啤酒其泡沫特性差异很大，有的疏松，有的洁白细腻如奶油状，这是因为酵母吸附性能和代谢产物的影响。啤酒泡沫特性，只能在相当规模生产性试验中比较才有意义。

2. 优良啤酒酵母的选育

（1）四级筛选法

①底物和处理：工厂每年至少应进行一次生产菌株的筛选，在正常情况下安排在每年停产前 2 个月（10 月份）进行。

分离筛选底物为斜面保藏菌株、主发酵高泡液、沉淀酵母泥等，除非该罐酒主酵特别好时，可用该酒的发酵液或酵母泥，否则一般用保存菌株，以减少杂菌的污染。

首先将分离底物接种于 8~9°P 麦汁活化 2~3 次，于 25℃，2d 一次。活化后，用 0.05% EDTA -Na 的无菌溶液稀释 10^6~10^7倍，浇注麦汁琼脂双重皿各三个。

双重皿于 27℃培养 2~3d，啤酒酵母正常菌落为直径 5mm 以上，乳白色，表面光滑有少量折皱纹，有光泽，易用接种针挑起，菌落向中央凸起，但菌落中心有微小凹坑，边缘较整齐。菌落背部为无色。

特别应剔除小菌落（有可能是呼吸缺陷突变株），无光泽、皱纹过多、菌落表面干燥的菌落。

②单细胞分离：将上述供试菌，接一环于10°P麦汁中，于25℃下培养2~3d，使之活化，并用血细胞计数器计数，精确测定培养液的细胞浓度（为了细胞分散可先在培养液中加0.05% EDTA-Na无菌液2mL。激烈振荡后测细胞浓度）。稀释率可按下面估算。

设：每一小滴液体积为0.0002mL（2×10^{-4}mL），内有细胞为1个。

$$稀释率\ n=\frac{小滴中细胞浓度}{培养液细胞浓度}=\frac{\dfrac{1}{2\times10^{-4}}}{\dfrac{5\times10^{7}}{1}}=1\times10^{-4}$$

取1mL培养液，注入9mL的11°P麦汁试管中，经激烈振荡后，再重复，直至稀释倍数为10^4。

用1μL的自动微量吸管，吸10^{-4}管内液注于血细胞计数器盖玻片上，并在显微镜低倍镜下（15×8），检查每一个液滴，若此稀释倍数的五个液滴中细胞为0~4个，出现1个细胞的液滴，即为恰当的稀释倍数，否则，需小心调整稀释倍数。

在血球计盖玻片上，每一块可滴6~9滴，需做5~10个盖玻片，并逐滴认真在显微镜低倍镜下观察整个液滴，并记下只有一个细胞液滴位置。将盖玻片四周涂无菌凡士林，倒扣于凹形载玻片上（液滴向下），也可以在凹形载玻片中加上2μL无菌水构成湿室。将凹形载玻片置于25℃恒温箱培养。培养6h后，在显微镜下观察只有一个细胞的出芽情况，剔除由2个重叠细胞开始出芽形成2个芽的液滴。继续保温至20~24h，使液滴中一个细胞生长成8~15个细胞。停止培养，小心用刀片取出盖玻片。用三角形灭菌滤纸，吸收确证为一个细胞生长的液滴，将三角形小滤纸投于3mL 10°P麦汁试管中，于25℃培养3d，加3mL麦汁再培养2d。每一次分离至少形成30个单细胞培养物。30个单细胞培养物各接斜面麦汁试管保存，供复检用。取1mL扩大至10mL于25℃培养2d，即可作第一级筛底物。

全部稀释、滴小滴、滤纸吸收等操作应严格在超净台中操作，防止杂菌污染。

③第一级筛选——菌株形态和大小测量：取30个单细胞培养液一滴于载玻片上，用一滴EDTA-Na稀释，测量大小，每一供试单细胞测50个细胞，计算平均大小。

取一滴第二天的培养液10μL，涂片观察。酵母出芽应单端芽殖，细胞应为单个或带一个芽，不能成串。

可参考测定值进行比较，剔除细胞大小不正常值。引进菌株剔除大型细胞。

30个单细胞培养物，以此级可以剔除10个不合格菌。

④第二级筛选——低温发酵能力的测定：取上一级20余个待测酵母样品各5mL注于100mL 11°P麦汁瓶中，于20℃培养3d，培养中每天摇瓶振荡4~5次，全部转移至500mL 11°P麦汁锥形瓶中。于15℃培养3d，离心得酵母泥（2000r/min，10min）。

取 500mL 锥形瓶，内装 12°P 带酒花生产型麦汁 300mL，置于装有橡皮塞及发酵栓（内装浓 H_2SO_4）的锥形瓶中，每锥形瓶接种 1. 8g 酵母泥。摇匀后，于试验规定温度下发酵，前 2d 每天定时摇瓶 3 次，每天称重、计算 CO_2 失重。主酵结束后，取酵母泥测定一次（进行第二代发酵）试验。

第二级筛选，可参照表 5-8，保留优良菌株样品 10 个。

表 5-8 发酵速度参考值

发酵温度/℃	8	10	12
起始发酵速度第 1~2d 失重/（g/d）	>1. 3	>1. 8	>2. 3
最高发酵失重/（g/d）	>2. 3	>3. 0	>3. 5
总 CO_2 失重>10g 的天数/d	7~8	6	5
主酵后酒精质量分数/%	3. 2	3. 4	3. 6
主酵后双乙酰含量/（mg/L）	<2. 5	<2. 2	<1. 8

⑤第三级筛选——凝聚性测定

a. 直观判别：上述发酵锥形瓶，主酵后摇动锥形瓶，观察沉淀酵母，是否形成凝聚块及凝块大小，不形成凝块的，比较酵母沉淀、发酵液变清时间，比较凝聚性和沉淀性。

b. 本斯值测定（Helm 改良液）：取 5g 沉淀酵母泥于 30mL 0. 051% $CaSO_4$ 中，洗涤离心，再重复洗涤、离心。称取 1. 0g 离心酵母泥于 15mL 锥底有刻度带盖离心管中，加入 10mL pH4. 5 含 $CaSO_4$ 的醋酸缓冲液（配制：0. 510g $CaSO_4$+6. 8g 醋酸钠+4. 05g 冰醋酸溶解定容成 1. 00L，校正 pH4. 5），于 20℃水浴保温 20min。用振荡器充分振荡均匀后，再于 20℃下保温 10min。观察沉于锥底离心管底部沉淀的毫升数。

一般凝聚性中、强的酵母在离心管锥底形成>0. 5mL 结实沉淀；离心管呈三层，清-浑-沉淀。记下 10min 界面毫升数，再保温 10min 会发现：强凝聚性酵母清-浑界面下降，浑-沉淀界面略有增加；弱凝聚性沉淀在 0~0. 5mL。

本斯法不能判别粉末酵母、弱凝聚性酵母，它们在本斯法测定中几乎无沉淀层，只呈明显两层，上层较清，下层较浑浊。

若记下第一个 10min 的界面刻度，再静置保温 10min。界面上升的属典型非凝聚性酵母；界面下降明显的属弱凝聚性但属沉淀型酵母。

c. 浊度改良法：称取发酵结束的酵母泥 1. 0g，用 0. 01mol/L 的 EDTA-Na 洗涤、离心数次，沉淀注入 50mL 的具塞比色管中，加入 50mL 的 pH4. 5 醋酸-醋酸钠缓冲液（每升缓冲液中加入 0. 51g $CaSO_4$）；振荡摇匀后，立即在 670mm 下测定浊度 A_1，静置 30min（于 20℃水浴），离液面 l cm 处，吸取该液，测出浊度 A_2：

$$凝聚值\ F = \frac{OD_1 - OD_2}{OD_1} \times 100\%$$

F 值反映酵母的凝聚性和沉淀性，F 值越大，酵母凝聚、沉淀性也越大，如表 5-9 所示。

表 5-9 酵母的凝聚性情况

菌株	1	2	3	4	5	6	7
F 值/%	87.31	76.62	74.0	75.30	51.66	54.0	2.7
本斯值/mL	1.5	2.0	2.4	2.8	2.8	2.9	
凝聚评价	强凝聚	强	强	次强	中等沉淀	中等	非凝聚

根据生产菌株需要，保留 5 株左右菌株。

⑥第四级筛选——EBC 管发酵性能测定：EBC 发酵管是国际通用研究啤酒酵母的装置，它的内径 55mm，高为 1.8~2.2m，不锈钢管，底部有可折 70°锥底，具冷却夹套，配有 30L 麦汁贮槽和麦汁瞬时消毒器、自动定时取样器及样品低温浴，也有顶部有自动压力调节器（0.01~0.2MPa）。我们的研究室根据此原理用玻璃、有机玻璃及不锈钢制 EBC 发酵管，内径为 55mm，高为 2m，底部有小锥底，内装 3L 麦汁，高度为 1.6m。没有其他附属装置，置于低温恒温室（也可用夹套调温）。在离底部 0.5m 处有取样口及温度计插口。

称取 21g 酵母泥（二代），添加 300mL 12°P 麦汁用振荡器振荡，充分打碎酵母泥，再倾至 2.7L 12°P 麦汁（9℃）充分摇动均匀，倒入 EBC 管。若用 12℃发酵，10℃繁殖 1d，12℃发酵 5~6d。

每天从取样口取样测定：细胞密度和芽生率；α-氨基氮；双乙酰；外观浓度；pH；总酸等。

主酵完成再加测真浓度、酒精、总酸和高级醇、挥发酯（气相色谱）。

从取样口取出嫩啤酒 630mL，注入无菌啤酒瓶，于 8℃开口发酵 1 d，压盖后于 8℃再发酵 6d。每天降 2℃，4d 降至 0℃，在 0℃下贮存 7d。取出，按主酵规定项目，测定成品啤酒并进行品尝。

绘制曲线，按优良酵母评估项目，挑选优良菌株。

由 EBC 管底部酵母可测定该酵母麦汁极限发酵度（麦汁应和 EBC 管发酵麦汁相同），比较极限发酵度和成品啤酒发酵度之差。

也可取酵母泥复测酵母凝聚性。

也可再用酵母泥重新 EBC 发酵，测第三代酵母性能。

由此筛选 1~2 株优良酵母菌株，即可作试产菌株。我们的研究证明，由 EBC 管发酵得到优良菌株，扩大至大生产，不论用传统主酵或大罐发酵，主酵情况均很相似，有较大的相对准确性。

上述评估和筛选麦汁技术十分重要，尽可能用实验室制备相同的配料和糖化方法所得到的麦汁。若麦汁质量不一，重复时，测定数据会有偏差。但同一级筛选时，用相同一批麦汁，各菌株测定数据之间还是有可比性的。

通过上述四级筛选，得 1~2 株性质优良的菌株，可以作为试产菌株。

若有足够时间，可以在 EBC 管收集酵母泥，反复测定至 6 代，进一步了解此菌株的稳定性。

（2）杂交育种　至 20 世纪末，基因工程改造已经应用于饮料工业中。20 世纪 90 年代时，采用基因工程改造的面包酵母和啤酒酵母获得了英国政府的许可被用于商业用途，但他们从来没有被真正地使用。虽然基因工程技术在快速地发展，但是由于社会以及大众对基因工程菌株的认识以及道德的屏障问题，人们一直不能接受基因工程菌株的使用。因此，到目前为止啤酒酵母的选育仍然更多地采用传统的选育方法进行。

啤酒酵母的杂交在酵母育种工作中占有非常重要的地位，其主要是基于有性及无性的杂交。有性杂交在工业菌株中一般来说不太可能发生，尽管在酿酒酵母中交配是非常正常的繁殖方式。但是，由于啤酒酵母菌株长期在丰富的营养环境中生存，其主要的压力只有渗透压、温度以及酒精压力，而生孢的最基本条件是饥饿，因此，啤酒酵母的产孢率非常低。同时，由于啤酒酵母的非整倍体性，啤酒酵母基本丧失了有性繁殖的能力。为了解决这一问题，啤酒酵母的选育大多采用了例如基因组重组、原生质体融合等方法来进行杂交。

①罕见杂交（Rare Mating）：这种杂交方式不需要孢子的产生，采用二倍体酵母细胞进行交配，这种方式有可能会丢掉杂合性而形成纯合的二倍体细胞，进一步与不同倍型的单倍体细胞进行交配而形成三倍体，并形成更高倍性的杂交子。

②随机突变杂交（Mass Mating）：这种杂交方式主要基于的是在一个菌株群体细胞中发生随机突变，例如，利用化学或紫外诱变的方式获得大量的随机突变细胞，其中某些可能会体现出我们想要的性状，在特定的筛选培养基中我们可能获得相应的希望出现的表型，进一步通过基因组杂交或重复突变来获得相应的表型特征。

③原生质体融合（Protoplast Fusion）：原生质体融合技术指制备两种遗传性状不同的细胞原生质体，然后加入诱导剂［$Ca_3(PO_4)_2$、PEG］或利用其他方法（离心沉淀、电脉冲）诱导融合，借以获得兼有双亲遗传性状的稳定重组子的过程。它突破了物种间的生殖隔离，实现了远缘菌株的基因重组。与其他育种技术相比，具有杂交频率高、遗传物质的传递更为完整等优点。灭活原生质体融合是指在原生质体融合技术的基础上，对单亲或双亲本的原生质体进行灭活处理，使其本身丧失再生的能力，而与另一个亲本的原生质体融合后形成重组体，并能够再生成细胞的过程。常用的灭活方法有热灭活、紫外灭活等。热灭活的作用部位主要在细胞质中，高温能使核糖体或核糖体 RNA 受到

损伤，结果使细胞内的功能蛋白、酶蛋白的合成受到影响或使其变性失活，从而产生致死作用。紫外灭活的作用部位一般被认为是 DNA，这是因为 DNA 具有吸收紫外线的功能，当吸收过量时会引起 DNA 结构的变化，如 DNA 链的断裂，DNA 分子内和分子间的交联，核酸与蛋白质的交联，胞嘧啶的水合作用以及胸腺嘧啶二聚体的形成。关于灭活细胞融合后获得重组体的机制，Wright 及 Hopwood 等认为这是由于致死或损伤的原生质体经过融合，没有受到破坏的部位得以互补的结果。特别地，对于双亲本灭活原生质体融合，由于不同灭活方式对细胞致死损伤机制不同，根据致死损伤互补机理，只有经过不同灭活方式处理的原生质体在融合后可以互补再生。与其他筛选标记相比，该法排除了双方亲本类型的再生细胞、亲本与本身原生质体融合的再生细胞，有利于选择重组融合子，提高了筛选效率。

（3）进化工程方法　进化工程是改造酵母各种复杂生理性状的主要策略和手段。通过在基因组中引入突变配合人工筛选可以有效地实现微生物的定向进化。进化的关键在于变异，选择以及筛选。变异是指遗传型发生改变，从而引发表型的改变，使得子代细胞具备与母本细胞不同的性状。选择是指在特定的选择压力下使得细胞向着特定的方向变化。筛选是从不同的突变体中选出最符合需要的菌株。在实际操作中，通常需要进行多轮反复的变异选择筛选流程，才能获得具有理想表型的工业微生物菌株，实现性能的连续提升。基因的多样性造成的表型多样性从根本上决定了能否最终获得性能优良的菌株，因而变异是进化工程的基础。正常情况下微生物 DNA 复制保真性极高，碱基突变率约为 10^{-10}~10^{-9}/复制。DNA 复制的高保真性保证了遗传信息的稳定传递，有利于物种的延续。

为了引发 DNA 复制错误，加快突变产生，在菌株改造过程中会使用各种理化诱变剂处理细胞，例如紫外线、甲磺酸乙酯、等离子气体等（表 5-10）。但是诱变剂的使用会对细胞造成极大伤害，而且容易使细胞对特定诱变剂产生抗性。这些方法需要耗费大量的时间和精力且难于分析，而且这些方法也难以通过定向预测来得到相应的表型。因此，需要更为有效的方法来推动酵母的定向进化。近年来又出现了以随机敲除和随机过量表达、人工转录因子工程、全局转录机器工程、核糖体工程和基因组改组为代表的多种新型进化工程技术，能够高效地扰动复杂的细胞生理与代谢网络，在菌群中引入多样性，为表型筛选提供材料。例如，RNA 介导辅助基因组进化是一个普遍应用于酿酒酵母基因组规模改造的方法。该方法通过多次在酵母中引入 RNAi 文库，使得功能基因退化，辅助以高通量筛选，积累了正向基因修饰的菌株能够不断地进化来提高目的性状。但是目前现行的各种技术手段仍存在着不同程度的进化效率低，可重复性差，对人工介入依赖性强，连续性差等问题和缺陷，降低了整个进化工程的效率和连续性。

表 5-10 酵母进化方法比较

	方法	优势	不足
传统手段	化学诱变（EMS）	不受宿主遗传背景的限制	劳动强度大，费时
	物理诱变（UV、ARTP）	诱变手段简单，易操作	检测困难，可重复性差
现代手段	代谢改造	规模范围大	需要对目的菌株的遗传
	全局转录调控	高效	背景有充分的认知
	核糖体工程/基因组工程	精确	工程菌暂时无法被中国啤酒行业所接受

DNA 的复制是在 DNA 聚合酶参与下的碱基互补配对过程，其高度的精确性是由复杂的、多层次的保真机制来维持的，包括精确的碱基配对、3′-5′外切校正、甲基化介导的 DNA 错配修复和 DNA 损伤修复等。其中 DNA 聚合酶对碱基的正确选择是复制准确性的第一道保证，只有正确的碱基互补配对才能满足 DNA 聚合反应。聚合酶合适的空间结构保证整个过程的顺利进行。而错配一旦发生，聚合酶复合物会因构型变化终止反应，DNA 聚合酶所具有的 3′-5′外切酶活性会将错误碱基进行切除，随后在校正系统的作用下重新进行正确的复制过程。基于 DNA 保真复制的机理，中国科学院微生物所李寅研究员团队提出了基因组复制辅助工程连续性进化（GREACE）技术，该技术通过在体内引入突变机制，可以有效地提高基因组复制突变率，从而加速压力条件下菌株的进化过程，相关工作在原核微生物大肠杆菌进化中已有良好的表现。本实验室将 GREACE 技术应用到酿酒酵母的进化中，为酵母选育工作提供新的思路。

GREACE 技术的核心是在基因复制机制中引入基因扰动元件（错配倾向 DNA 聚合酶）。为了在酵母中建立 GREACE 技术，将具有错配倾向的 DNA 聚合酶 pol3 通过可独立复制的质粒引入细胞体内。结果表明校正缺陷因子（pol3-01）、配对缺陷因子（pol3-L612M）及双突变因子（pol3-01/L612M）分别可使得酵母的突变率提高约 53、26 及 237 倍。为了进一步验证该技术在不同酵母中的可行性，将双突变因子导入不同倍性的酿酒酵母中（单倍体、双倍体、多倍体），并以乙酸耐受性作为衡量指标。当细胞在不断提高的乙酸浓度下培养时，不断富集适应性突变的细胞得以存活并被筛选。最终在 2 个月内将酵母的乙酸耐受性由 0.5%提高至 1%（图 5-10），另外研究发现单倍体酵母的提升效果更为明显，这可能是由于单倍体更容易积累有益突变，而多倍体由于等位基因的存在限制了其效果。将该技术用在风味啤酒酵母的选育中，在进化过程中，酵母乙醛的产量逐渐降低，经过一个月的进化，得到了一株乙醛含量降低约 60%的菌株，在 EBC 罐式发酵中乙醛产量为 2.2mg/L，优于行业标准的 5mg/L。

随后通过连续传代丢失基因扰动因素，使得酵母的优良性能能够得到稳定遗传。对该菌株进行连续传代，结果表明其传代 25 代后乙醛产量稳定（表 5-11），表明该菌株具有遗传稳定性。同时，该菌株生产稳定性也较好，其连续发酵 6 代乙醛产量未发现明

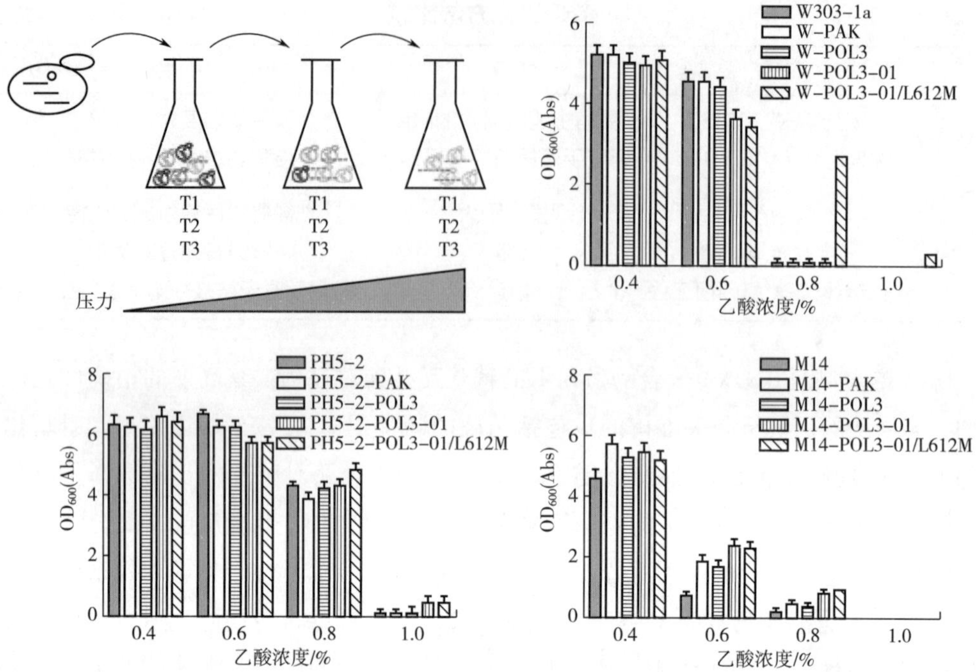

图 5-10　不同倍体酿酒酵母菌株利用 GREACE 技术进行乙酸耐受性进化

W303-1a—单倍体酿酒酵母　pH 5-2—双倍体酿酒酵母　M14—工多倍体酿酒酵母

显波动（表 5-12）。

表 5-11　进化菌株乙醛产量传代稳定性（乙醛产量）　单位：mg/L

菌株	5 代	10 代	15 代	20 代	25 代
CAE1	6. 61 ±0. 22	7. 01 ±0. 39	5. 92 ±0. 31	6. 48 ±0. 25	6. 21 ±0. 19
M14	10. 23 ±0. 28	11. 26 ±0. 37	9. 58 ±0. 24	9. 98 ±0. 28	10. 11 ±0. 26

表 5-12　进化菌株 CAE 乙醛产量生产稳定性（乙醛产量）

发酵代数	1	2	3	4	5	6
乙醛产量/（mg/L）	8. 23 ±0. 12	8. 06 ±0. 15	9. 31 ±0. 07	8. 11 ±0. 21	7. 98 ±0. 17	8. 06 ±0. 15

注：由于发酵使用不同批次麦汁，乙醛绝对量存在差异。

通过对菌株的基因组测序可以有效的分析突变方法所引入的突变谱。与出发菌相比，突变菌含有 8072 个 SNPs 以及 1457 条 InDel。其中杂合 SNPs 8003 个，纯和 SNPs 69 个。转换和颠换分别由 5814 和 2258 个，Ts/Tv 比例为 2. 57. 突变类型主要有 6 种，其中 T：A>C：G 和 C：G>T：A 最多（图 5-11）。因此，GREACE 技术可以在基因组层面造成多种形式的突变，阐述更多的基因表型，有利于生物的进化和筛选。

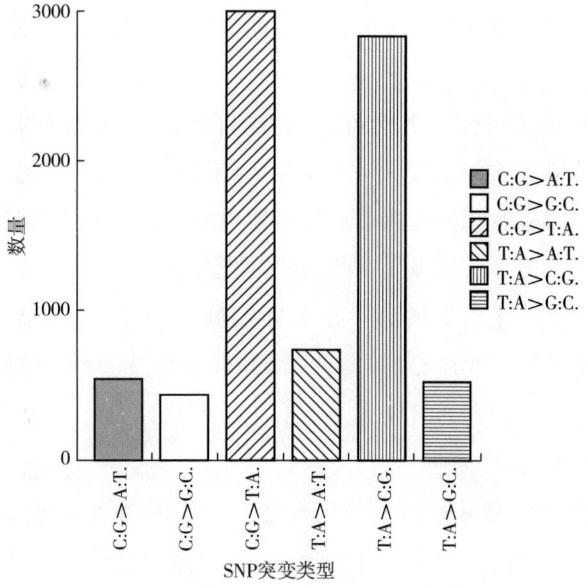

图 5-11 GREACE 技术突变偏好性

五、 啤酒酵母扩大培养与贮存

1. 啤酒酵母的扩大培养

最能决定啤酒品质的因素是啤酒酵母，最能影响酿酒工艺和控制的因素也是啤酒酵母。嗥酒工厂从单细胞分离得到一个酵母细胞，经鉴定确认为是本厂生产用的优良菌株，然后经过若干次扩大培养，最后制备成 10^{13} ~ 10^{14} CFU/mL 后供发酵用。酵母的扩大培养关键在于：第一，选择优良的单一细胞出发菌株；第二，在整个扩大培养中保证酵母品种、强壮、无污染。传统酿造啤酒，比较粗放的酵母扩大培养也在最后一、二级比较粗放（开口培养）。近代发酵规模越来越大，对接种酵母要求也越来越严。各工厂扩大培养方式和顺序大致相同，而扩培结果得到种酵母的纯度、强壮情况、污染情况差异很大，其原因在于是否有一个科学的扩大培养技术。

（1）出发菌株的选择 作为扩大培养的出发菌株，无论是实验室保藏菌株还是生产现场（主酵或酵母泥）分离得到的菌株，一般均需进行单细胞分离，并通过一系列生理特性和生产性能测定，包括酿酒口味鉴评后，确认是工厂生产需要的优良纯种后才允许投入扩大培养。此单细胞分离和菌株鉴定，必须在有丰富微生物理论和实践经验的中、高级技师或工程师指导下进行，否则可能弄巧成拙。如某厂在发酵液中分离出一株发酵力强、发酵度高的菌株，但未经过全面鉴别，贸然投产后，发现主酵结束时，酵母漂浮于液面不沉降，后酵双乙酰下降困难，啤酒虽然发酵度极高，但口味和原酒有很大不同，之后请专家鉴别酵母种，发现出发菌株中混有上面啤酒酵母。若工厂缺乏培养酵母人才和经验，建议每年换种时，应从原生产菌株供应厂购买，作出发菌株，以保证菌株的纯洁性。

（2）扩培过程的无菌操作　近代扩大培养应严格建立在纯种的基础上，扩大培养过程的无菌技术是扩培成败的关键。它包括：培养器皿、设备的无菌，移种操作的无菌，培养过程中通风调节温度的无菌。在汉生罐以后从麦汁进罐至移种结束，必须保证汉生罐处于正压操作，这是杜绝吸入有菌空气的先决条件。

（3）优良的培养基　麦汁是啤酒厂最方便的酵母培养基，但绝对不是“凡可以用来酿造啤酒的麦汁均是优良的培养基”。许多工厂，常常从大生产啤酒麦汁中分割作为任何一级扩培培养基，由于麦汁组成太差，造成扩大培养失败。无论哪级扩培，培养基均需要有特殊要求的麦芽汁。

实验室（从试管至大锥形瓶）培养用麦汁，一般应由实验室自己制备，可按如下方式制备：使用粒大皮薄的一级麦芽（如300g），经过粗粉碎（通过20目筛），加40℃热水9200mL，于35℃保温30min，利用水浴升温至45℃保温60min，再升温至63℃保温30min，再升温68～70℃保温至糖化完全。全过程均在水浴中，并在不停搅拌（100r/min）下进行，糖化结束后，即进行布袋过滤。澄清麦汁用H_3PO_4调整pH为5.2，置于电炉加热煮沸。在煮沸时，边搅拌边加入1～2个预先打成泡沫的鸡蛋清，煮沸45min，而后调整浓度为8～9°P，pH 5.2。用滤纸过滤，分装入培养器皿中，于蒸汽灭菌釜中，在0.08MPa下灭菌30min，备用。

从卡氏罐至各级扩大培养，由于培养基用量太大，一般由生产车间制备，但此麦汁也应是专供培养酵母用的，剩余麦汁可供啤酒生产用。要求配料为：一级麦芽为75%～85%，辅料用量为15%～25%（不宜太大），酒花为0.01%～0.013%。α-氨基氮为200～240mg/L，总氮为800～1000mg/L，麦芽糖9.0%，麦汁要澄清透明。

现在，由于许多啤酒厂生产的麦汁，α-氨基氮偏低，核苷酸、泛酸、肌醇不足，导致扩大培养中酵母营养不良，影响增殖。在扩大培养中，酵母从培养基吸收氨基酸，合成新细胞的蛋白质、RNA等，从下面计算可知酵母增殖所需α-氨基氮含量。

设接种细胞浓度为10×10^6CFU/mL，培养后增殖至80×10^6CFU/mL，每1亿个酵母细胞（含水75%）重7.14mg，酵母细胞中含氮为8.54%（绝干计）。

解：每升培养液增殖细胞数

$$(80-10)\times10^6\times1000 = 700\times10^8\text{个}$$

$$\because \quad 10^8\text{个} = 7.14\text{mg}$$

$$\therefore \quad 700\times10^8\times\frac{7.14}{10^8} = 4998\ (\text{mg})$$

每升新增细胞的干物质量

$$4998\times(1-75\%)=1249.5\ (\mathrm{mg})$$

每升新增细胞的含氮量

$$1249.5\times 8.54\%=106.7\ (\mathrm{mg})$$

酵母培养时对麦汁中 α-氨基氮同化率为50%左右。

为了增殖，麦汁中必须具有 α-氨基氮水平为：

$$106.7\div 50\%=213.4\ (\mathrm{mg/L})$$

若扩培麦汁营养太差，要添加商品酵母食物。

（4）恰当的扩大比例　在逐级扩大培养过程中，正确选择扩大比，会影响起始细胞浓度、扩大培养时间、酵母菌龄一致性以及在扩大培养中抵抗杂菌污染的能力。扩大比遵循的原则如下：在汉生罐以前各级，由于采用较高培养温度（25~27℃），酵母倍增时间短，无菌操作条件好，可采用1∶(10~20)；反之，汉生罐以后各级，采用低温培养（不高于13℃），酵母倍增时间长，杂菌污染机会多，扩大比宜小，一般1∶(4~5)。例如：大罐发酵，每罐麦汁量为100m^3。若希望发酵接种后细胞浓度为（15~20)×10^{6}CFU/mL，则汉生罐以后各级扩大比若定为1∶5，可按如下安排，设每一级细胞培养后浓度为75×10^{6}CFU/mL。则：最末一级（n）罐有效容积为大罐容积。

$$Vn=\frac{18.75\times10^6}{75\times10^6}\times100\mathrm{m}^3=25\mathrm{m}^3$$

$n-1$：$25\mathrm{m}^3/5=5\mathrm{m}^3$

$n-2$：$5\mathrm{m}^3/5=1\mathrm{m}^3$

$n-3$：$1\mathrm{m}^3/5=0.2\mathrm{m}^3$(即定为汉生罐容积)

现在很多厂，酵母扩大培养增殖级数太少，常常用培养过程中追加麦汁（分次追加法）来补救，例如上例缺少5m^{3}一级，直接从1m^{3}至25m^{3}级。可用先加5m^{3}麦汁培养24h，再补6m^3。麦汁培养8~12h，再补13m^3。麦汁培养6~8h，但这种方法只是不得已而为之。因为最末一级酵母将长期培养于低缬氨酸麦汁中，形成双乙酰前体 α-乙酰乳酸多，同时由此培养出的种酵母，菌龄差异大，大小不整齐，均会影响第一次发酵。

（5）恰当的移种时间　酵母在一次培养基中培养，将经历延迟期、对数生长期、稳定期、衰亡期等阶段。大家都清楚在对数期移种，可获得出芽最多、死亡率最低、最强壮的种细胞，而且延迟期最短，增殖最旺盛。困难在于如何判别接种后的对数期。

①培养时间估算法：在优良麦汁培养基中，正确的扩大培养，酵母稳定期细胞数可达（90~120)×10^{6}CFU/mL，移种在对数后期浓度一般为75×10^{6}CFU/mL。

培养温度/℃	36	33	28	18	12	10	8	6
培养时间/h	3.8	1.8	2.4	3.7	6.0	9.0	24	40

若我们采用10℃培养，查世代时间为9h，接种后细胞浓度为15×10^{6}CFU/mL，规

定移种细胞浓度为 75×10^6CFU/mL。

求：培养时间即移种时间

酵母在对数增殖期遵循如下增殖公式：

$$2^n \cdot a_0 = A \tag{5-1}$$

式中　n——为增殖次数

a_0——为起始增殖细胞浓度，它不等于起始细胞浓度，一般接种后仅有 50%以下细胞能出芽增殖，余下细胞虽然可能是活细胞。但不出芽。设 $a_0 = 15\times10^6\times 50\%$

A——移种时细胞浓度

则

$$培养时间\ t = t_0 + nt_m \tag{5-2}$$

式中　t_0——延迟期时间，h（和培养温度有关，在10℃培养一般为6~13h，取8h）

n——增殖次数

t_m——酵母在培养温度下倍增时间，h

则　$t=8+3.3222\times 9.0=37.9$（h）

若采用12℃培养，则 $t_0=6$h，$t_m=6$h

$$t=6+3.3222\times 6=25.9\ (h)$$

由上计算，如在10℃培养需38h，如在12℃培养则在26h移种。

②降糖判别法：在实验室和工厂中发现，啤酒酵母在11~12°P麦汁中通风培养，当酵母使麦汁还原糖降至1/3~2/5时，酵母增殖曲线一般在对数的中期，或中偏后，此时外观泡沫最高并开始下降。结合镜检，汉生罐芽生率45%~50%、细胞数经通风搅拌后约（65~75）$\times10^6$CFU/mL，死亡率在0~1%。增殖罐芽生率在35%~45%，细胞数在（50~65）$\times10^6$CFU/mL，死亡率在0.5%~1.0%。对于凝聚性好的酵母，必须经通风搅拌后取样测定。

移种太早，虽然芽生率高，但细胞太嫩，不但会延迟下一级扩大培养时间，而且会增加下一级酵母死亡率；移种太迟，虽然细胞数多，但芽生率低，下一级培养后细胞大小差异大。

（6）严格控制培养条件

①温度：卡尔酵母最适生长温度是31~34℃，实际生产的扩大培养过程中，还需考虑到减少酵母的死亡率、减少染菌的可能及让酵母逐步适应发酵温度。因此，酵母扩大培养采用逐级递降温度培养法。

例如：

液体试管→	小三角瓶→	大三角瓶→	卡尔罐→	汉生罐→	一级繁殖罐→	二级繁殖罐→	发酵
28℃	25℃	23℃	20℃	13~15℃	12~13℃	11~12℃	10℃

应指出酵母工艺发酵温度和培养温度是随酵母菌种的不同而异，上述培养温度适合于国内菌株（如青岛酵母）。目前引进的某些国外菌株，并不适应低温发酵，因为培养温度太低，也会影响菌株的繁殖，应参照该菌株的最佳发酵温度。

②通风：虽然啤酒酵母可以在好气或厌气条件下繁殖，但效果不同，如下反应式：

有氧呼吸：$C_6H_{12}O_6+38Pi+38ADP+6O_2 \longrightarrow 6CO_2+6H_2O+38ATP+\Delta Q$（废热）

无氧呼吸：　$C_6H_{12}O_6+2ADP+2Pi \longrightarrow 2C_2H_5OH+2ATP+\Delta Q$（废热）

从反应式可知酵母菌在有氧呼吸 1mol 麦芽糖时可以获得较多合成细胞用的能量（38 个 ATP），而无氧发酵，不但得到 0. 5g 酵母干物质，而且会积累较多抑制繁殖的酒精。在有氧呼吸中每克糖的消耗可以得到 0. 5g 酵母干物质，而无氧发酵只得 0. 0278 g。酵母菌有氧呼吸按 TCA 代谢，同时可以和乙醛酸代谢相联，合成新的氨基酸，同时比较容易合成 RNA 等，供酵母细胞生长需要；若无氧发酵，当培养基缺乏某一氨基酸（虽然其他氨基酸还很多），由于氨基酸转换困难，细胞合成就受到阻遏。因此，在培养细胞为目的的扩大培养过程中，应把氧作为主要“营养物质”。近代研究证明，酵母细胞合成初期需有酵母固醇，而酵母固醇的合成，必须在有氧条件下进行，而且氧是限制性营养物质，即扩培过程必须有适当通风培养。通风不足是影响酵母增殖促进细胞衰退的主要因素。但我们培养啤酒酵母的目的是为了酵母进行后面的厌氧发酵，如果一味追求细胞数，过度通氧（特别是最后 1~2 级），也会造成酵母细胞呼吸酶活性太强，而酵母酶活性不足，影响以后的发酵。

实际生产中溶氧控制是：

a. 实验室培养阶段。容器装量不超过 1/2，留有空隙，有 O_2。用棉塞，提供 O_2 进入途径。灭菌后，培养基放置 2~3d 再接种，使培养基吸氧，最好每天振荡 1~2 次。在接种后的培养过程中，要定期摇动它，边排出 CO_2，边使 O_2 溶解。一般 4~8h 振荡一次。

b. 汉生罐、繁殖罐。优良培养罐应装有溶氧指示或控制通风。培养中应装有空气分布器（鼓泡管或鼓泡球），使通入的空气分布成细小气泡，提高氧的传递速度。溶氧控制水平从 6. 0~3. 0mg/L 逐级降低，即汉生罐控制水平 6. 0mg/L，一级繁殖罐 4~5mg/L，二级繁殖罐 3~4mg/L。

如没有溶氧指示，一般以通风次数、通风时间来控制。

汉生罐：培养 4h 后，每隔 1~2h，通风 10min；培养 24h 后，每隔 3~4h 通风 5min。

繁殖罐：培养 6h 后，每隔 6h 通风 10~15min；培养 20h 后，每隔 6h 通风 10min。

在汉生罐以后，罐顶应具有超压阀，杜绝外界有菌气体进入培养罐。但应控制超压不宜过大，必要时可适当排气。由于间断式通风，不通风时，超压时会有 CO_2形成，CO_2在麦汁中溶解度是与压力成正比，超压越大，培养液中 CO_2溶解度越大，会影响酵母增殖，同时会促进凝聚性酵母细胞沉淀。沉淀的酵母细胞接触养分困难，易衰老和死亡。按规定时间通风也是为了不使酵母过早地沉淀。一般罐顶超压在培养前期仅需0.02MPa。以后略微增加，但不超过0.05MPa。

（7）汉生培养罐留种

①每次更新麦汁前，汉生罐应预先通过手动搅拌或压缩空气搅拌，使已经沉淀的酵母被均匀搅拌成乳浊液，搅拌和通风必须足够打碎结实的凝聚状酵母，然后按罐实际容积放走90%~85%酵母悬浊液，留下10%~15%，再补充新的麦汁。如果留种量偏大，虽然起发酵时间可缩短，但补充新麦汁后，新生酵母细胞会偏少，酵母容易衰老。

②更换麦汁：汉生罐不论是否需要扩大，每月要更换一次新的麦汁。更换的麦汁如前所述，必须是优良的麦汁，通过杀菌罐，在压力0.08~0.01MPa下杀菌1h，并迅速在杀菌罐用夹套冷却至60℃以后，麦汁中必须通入无菌空气搅拌。冷却至比汉生罐培养温度高3~5℃，使重新发生凝固的蛋白质沉降，如杀菌罐底部只有一个出口，应先从罐底排出5%~10%带有大量蛋白质沉淀的浑浊麦汁；如有高低2个出口，则可从高出口段把麦汁压到汉生罐中。(连接管路预先消毒后，临时接通)。

③留种汉生罐培养：作为留种汉生罐培养，应注意培养时间，切勿使培养过头，否则在低温饲养酵母时，由于营养缺乏，会加速酵母的衰老。

培养方法如下：更换新麦汁，使罐内保持在12~13℃，通风20min后，保温培养，一般在6h左右可以起发酵。在起发酸后，注意冷却控温，每隔1~2h通风20min，继续培养18~24h（在12~13℃），在18h后注意取样检查：a. 发酵度控制在30%~35%。b. 酵母细胞浓度在6.0×10^7CFU/mL。如上述两指标接近时，应开大冷却水，在4h内降至2~3℃，转入酵母饲养阶段。饲养阶段温度应尽可能均衡维持在（2±1）℃。汉生罐存在酵母时，不论哪一阶段，罐压均保持在+0.03MPa，以防止空气渗漏入罐内。

汉生罐饲养酵母要转入投产扩大时，最好按上述培养步骤培养一次再移种，因为饲养虽然在低温中，酵母新陈代谢大大减慢，此时酵母也会逐步衰老，如不重新培养，拿来就扩大，后一代衰老细胞会较多，繁殖时间也会延长。

如果培养麦汁营养太差，缺乏α-氨基氮和生长素，可以在麦汁中添加1%麦根（粉碎后用35℃热水萃取3h，过滤备用）浸出液，增加营养。如果长期用全麦芽汁培养酵母，酵母营养过好，酵母易长得过分肥大而影响发酵力。也可以在麦汁中加30%葡萄糖，加水调节成11°P，杀菌后培养酵母。

啤酒酵母扩大培养体系见图5-12。

2. 啤酒酵母的贮存

在啤酒酵母的传代使用过程中，啤酒酵母的管理至关重要。啤酒酵母管理过程包括对酵母的化学和物理处理，这些方法统一被称为酵母处理（yeast handling）。如图5-13所示，现代酵母处理包括啤酒酵母从一个发酵罐接种于下一个发酵罐中的过程。发酵过程中，酵母消耗营养物质产生乙醇和CO_2，在这种环境下，酵母面临着包括pH、压力、

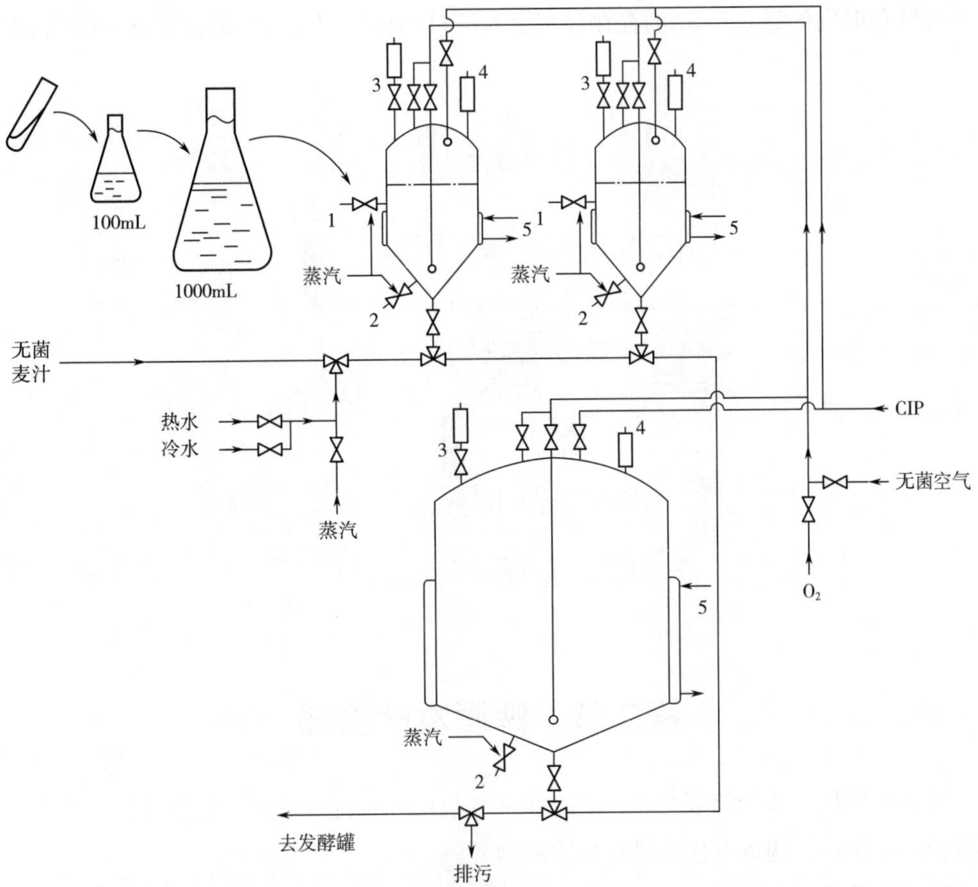

图 5-12 啤酒酵母扩大培养体系

1—接种口 2—取样口 3—排气阀 4—安全阀 5—冷却水进出口

乙醇、营养枯竭等一系列压力，因此，发酵结束后，一定比例的死细胞和衰老细胞将被废弃，剩下的啤酒酵母泥将被回收，回收后的酵母将被转移至酵母储罐。若一批酵母泥中大多都是衰老细胞，将造成迟滞期的延长；而若主要都是新的出芽产生的细胞（newly budded virgin cells）将耗费过多时间达到酵母分离所需的细胞大小，进而造成生长的延迟。因此，在酵母处理过程中，选择继续使用的酵母中不含有过多新细胞和衰老细胞是至关重要的。发酵过程一旦结束后，需要防止酵母的污染并尽量避免细胞生理性能的改变。回收酵母时，常用稀释液（dilution liquor）对酵母泥进行处理，稀释细胞表面潜在的乙醇，同时可起到对酵母泥降温的作用。在我国，这一过程使用的液体通常为无菌水。此后啤酒酵母将进入酵母储存阶段。啤酒酵母通常在低温（3~4℃）下储存，在酵母储存过程中，可以对酵母的生理性能进行监控。酵母的储存过程将持续到回收酵母泥被用于下一轮发酵。若回收酵母泥不满足质量检测标准，或使用代数超出所需代数，酵母泥将直接被废弃，此时，需要繁殖新鲜酵母。在酵母储存过程中，储存温度的升高将使乙醇毒性增强，使细胞释放出的蛋白酶增多，并使 O_2 吸收率、酸化力下降。

而酵母储存时间的延长、O_2 的存在等都会对酵母后续使用过程中的发酵性能造成危害。

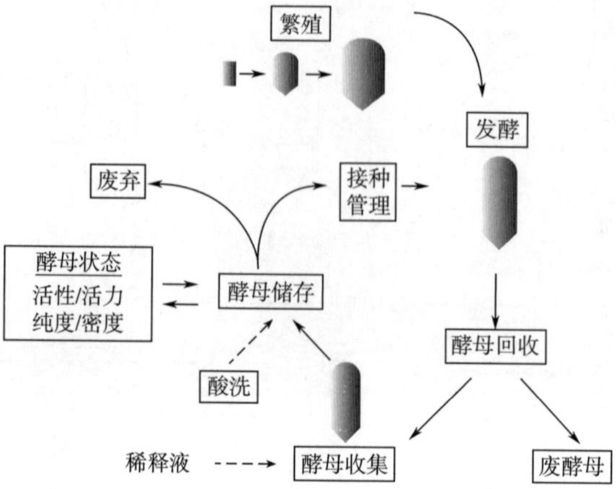

图 5-13 处理拉格酵母的主要流程

第二节 啤酒发酵机理

啤酒是依赖于纯种啤酒酵母，对麦汁某些组成分进行一系列的代谢过程，产生酒精等各种风味物质，构成有独特风味的饮料酒。

影响啤酒质量的主要因素：

（1）麦汁组分。

（2）啤酒酵母的品种和菌株特性。

（3）投入发酵的酵母数量和质量状况，以及在整个发酵中酵母细胞的生活状况。

（4）发酵容器的几何形状、尺寸和材料，它会影响发酵流态和酵母的分布、CO_2的排出。

（5）发酵工艺条件——pH、温度、溶氧水平、发酵时间等。

这些影响因素的重要次序，受啤酒类型和各工厂酿造情况而有显著差别。

一、糖类的发酵

啤酒麦汁的浸出物中，糖类约占90%，其中葡萄糖和果糖约占糖类物质的10%，蔗糖约占 5%，麦芽糖占 45%～50%，麦芽三糖占 10%～15%，DP4～8 的寡糖占 20%～25%。还有少量的戊糖和戊聚糖、β-葡聚糖、异麦芽糖（占 3%～5%）。能被酵母发酵的糖类称“可发酵糖”，啤酒酵母的可发酵糖和发酵顺序是：

葡萄糖>果糖>蔗糖>麦芽糖>麦芽三糖

麦芽四糖以上的寡糖、戊糖、异麦芽糖等均不能发酵，它们将成为啤酒中浸出物的主体。

葡萄糖和果糖能直接透过酵母细胞壁，并受到酵母细胞壁中磷酸化酶作用而磷酸化。蔗糖必须先被酵母细胞壁分泌的转化酶水解成葡萄糖和果糖后才能渗透进入细胞。麦芽糖和麦芽三糖要与细胞壁分泌的麦芽糖渗透酶、麦芽三糖渗透酶结合后才能输送至酵母细胞内，再通过细胞壁分泌的水解酶水解，然后再进入代谢途径。

当麦汁中含有高于0.2%~0.5%葡萄糖浓度时，葡萄糖会抑制酵母分泌麦芽糖渗透酶，抑制麦芽糖的发酵，只有当葡萄糖浓度低于0.2%时，抑制解除，麦芽糖才能开始发酵，这称为“葡萄糖阻遏效应”。

作者发现，在大量添加蔗糖的麦汁中，发酵在旺盛期也有短时间（几小时）的突然减慢现象，啤酒酵母分泌蔗糖转化酶和麦芽糖渗透酶之间也存在竞争性抑制作用。

麦芽三糖渗透酶也受到麦芽糖的阻遏作用，当麦汁中还存在>1%麦芽糖时，麦芽三糖就很难发酵，麦芽三糖只有在后发酵中才能显著地被发酵。啤酒酵母各菌株之间，分泌麦芽三糖渗透酶的能力有很大差异，这造成在相同的麦汁和发酵条件下，不同啤酒菌株发酵，啤酒发酵度会出现5%~10%的差异。高分散性酵母，发酵中强化对流（如大罐发酵），麦芽三糖发酵比较彻底，啤酒发酵度也高。

啤酒酵母对各种可发酵性糖类的发酵，均是通过EMP途径代谢生成丙酮酸后，进入无氧酵解或有氧TCA循环。酵母在有氧条件下经TCA循环可获得更多的生物能（38个ATP），此时无氧发酵代谢就会受到抑制，这种氧抑制厌氧发酵代谢称为“巴斯德效应”。

在发酵基质（麦芽汁）中含有较高的葡萄糖（包括果糖）浓度（0.4%~1.0%以上）时，分子氧存在不能抑制发酵，有氧呼吸反而受到一定抑制，这称“反巴斯德效应”（“Crabtree”）。因此，在麦芽汁接种酵母后主要是无氧酵解途径，也存在少量有氧呼吸代谢。

因此，啤酒发酵可归纳反应式如下：

$$C_{12}H_{22}O_{11}+H_2O+4ADP+4Pi \longrightarrow 4CO_2+4C_2H_5OH+4ATP+\Delta Q$$

理论酒精发酵生成率：

$$342:184=x:1 \qquad x=1.859\ (\text{g 麦芽糖/g 酒精})$$

在啤酒正常发酵中，不是全部可发酵糖转化成酒精，有1.5%~2.5%糖类转化成发酵副产物——高级醇、有机酸、酯等，还有2.0%~2.5%形成酵母的碳骨架，可发酵性糖类酒精发酵效率为95%~96%。

实际麦芽糖酒精转化率　$x'=1.859/96\%=1.937\ (g/g)$

麦芽糖自由能　$\Delta G=-16.51kJ/g$

酒精自由能　$\Delta G=-29.85kJ/g$

每 mol ATP 转化为 AMP 在啤酒发酵中可释放的自由能 $\Delta G = -39.71kJ/mol$。

因此，在啤酒发酵中 1mol 麦芽糖发酵发热

$$\Delta Q = 342\times16.51-\frac{342}{1.937}\times29.85-4\times39.71$$
$$= 217.21\ (kJ/mol)$$
$$= 0.635\ (kJ/g)$$

若在完全封闭体系中，12°P 麦汁在发酵度为 65%时，没有热量损失，啤酒发酵放热会使温度升高近 12℃。

二、 麦汁含氮物质的转化

啤酒发酵初期，接种啤酒酵母必须通过吸收麦汁中的含氮化合物，用于合成酵母细胞蛋白质、核酸和其他含氮化合物，繁殖细胞。活啤酒酵母只能分泌很少的蛋白酶，因此，啤酒酵母只能从麦汁中吸收氨基酸、二肽、三肽等低肽氮化合物，而且二肽、三肽吸收能力很低。

啤酒酵母吸收氨基酸和吸收糖一样，不是靠简单的浓度差的扩散作用，而是依赖于细胞壁分泌一系列的氨基酸输送酶调节吸收。发酵初期只有 8 种氨基酸（A 组）——天冬酰胺、丝氨酸、苏氨酸、赖氨酸、精氨酸、天冬氨酸、谷氨胺、谷酰氨，很快被吸收，麦汁中其他氨基酸只是缓慢地吸收或不吸收。只有当前面 8 种氨基酸浓度下降 50%以后，酵母才分泌其他氨基酸的输送酶，输送其他氨基酸进入细胞体内。合成酵母细胞的蛋白质，不能只有 8 种氨基酵，还需有其他氨基酸参与，不能很快吸收进入细胞内的氨基酸，只能靠酵母自己生物合成，尽管这些氨基酸在酵母周围大量存在（表 5-13）。

表 5-13　　啤酒酵母吸收氨基酸速率分组

A 组（快速吸收）	B 组（缓慢吸收）	C 组（后期吸收）	D 组（不吸收）
天冬酰胺	组氨酸	丙氨酸	脯氨酸
丝氨酸	异亮氨酸	氨	羟脯氨酸
苏氨酸	亮氨酸	甘氨酸	
赖氨酸	甲硫氨酸	苯丙氨酸	
精氨酸	缬氨酸	酪氨酸	
天冬氨酸		色氨酸	
谷氨酸			
谷氨酰胺			

注：（1）每一组各氨基酸吸收速率随菌株而变化。

（2）C 组只有在 A 组吸收至很低水平时才吸收。D 组在发酵中无变化。

因此，发酵初期酵母必须合成一系列的氨基酸，由葡萄糖通过 EMP 途径形成酮酸，酮酸接受—NH_2构成早期不能吸收的那些氨基酸。—NH_2 是早期快速吸收氨基酸（主要是天冬酰胺、天冬氨酸、谷酰胺、谷氨酸）经转氨酶脱下的。

通常酵母细胞“经济”合成，只需产生“需要量”的 α-酮酸，作为合成氨基酸的前体。α-酮酸的合成受到细胞合成反馈控制，即在发酵前期，旺盛合成作用下，α-酮酸不积累。在发酵中后期，特别是缺乏足够氨基酸的麦汁（如高辅料比麦汁），酵母合成细胞速度减慢，对 α-酮酸的反馈抑制建立不起来，产生多量的酮酸无法转化成氨基酸，酵母又无法承受高酮酸量的积累，α-酮酸则转化成高级醇。

酵母吸收氨基酸总量和酵母繁殖密度密切相关。影响酵母吸收氨基酸数量的因素，除了接种浓度、繁殖温度和酵母品种外，还与麦汁中总可同化氨基酸量（即 α-氨基氮）有关，和个别氮基酸浓度关系很大（图 5-14）。

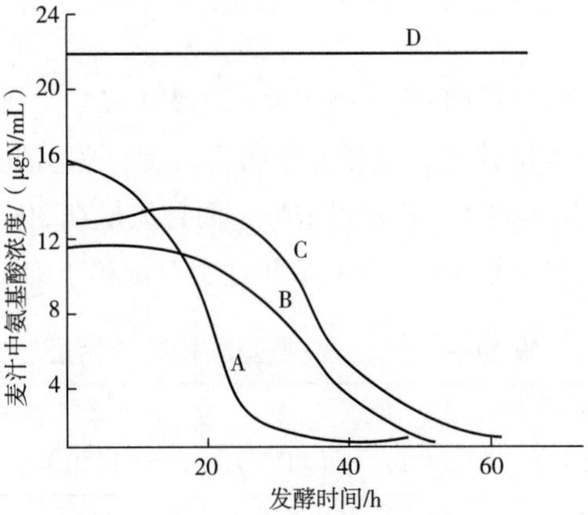

图 5-14　在发酵中酵母对氨基酸吸收速率

A—快速吸收　B—缓慢吸收　C—后期吸收　D—不吸收

麦汁中—NH_2能被酵母吸收，而硝酸盐不能被吸收。核酸的降解产物，只有嘌呤、嘧啶才能被吸收，核苷酸很难被吸收。高肽和蛋白质在发酵中被吸附沉淀而减少，多肽几乎不变化。发酵后期，酵母细胞向发酵液分泌多余的氨基酸（主要是甘氨酸、丙氨酸和脯氨酸），使酵母衰老和死亡，细胞内蛋白酶被活化，分解细胞蛋白质形成多肽—蛋白质，通过被适度水解的细胞壁进入发酵液，若发酵后期，酵母细胞死亡太多，会造成啤酒浑浊，麦汁发酵中的氮平衡见图 5-15。

啤酒发酵后残留于啤酒中含氮化合物的质量分数：

$$
\begin{aligned}
N\% &= 1 - \text{酵母吸收} + \text{酵母吸收后分泌和自溶} - \text{吸附沉淀} \\
&= 1 - 1 \times (40\% \sim 50\%) + 1 \times (40\% \sim 50\%) \times 30\% - 1 \times (5\% \sim 10\%) \\
&= 55\% \sim 65\%
\end{aligned}
$$

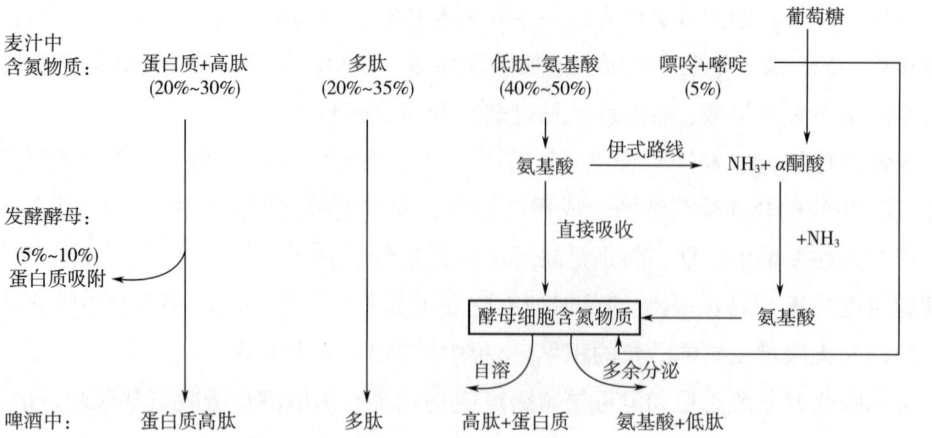

图 5-15 麦汁发酵中氮平衡

在高含氮麦汁发酵后约剩余 55%~60%含氮化合物于啤酒中，而在低含氮麦汁中约剩余 60%~65%。

啤酒中残存含氮化合物对啤酒风味影响极大（表 5-14）。啤酒中含氮化合物（特别是肽和蛋白质），在饮用者口腔中，很容易浸润口舌、口腔、喉头，使之有湿润感，这种高含氮量的啤酒（>450mg/L），就显得浓醇，而含氮量在 300~400mg/L 就显得爽口，若低于 300mg/L 也会显得寡淡如水。啤酒浓醇性主要依赖于啤酒中含氮化合物的量。

表 5-14 啤酒中总氮、α-氨基酸和风味特征

啤酒企业序号	1（12°P）	2（12°P）	3（11°P）	4（12°P）	5（12°P）	6（12°P）
总氮/（mg/L）	630	320	305	520	720	250
α-氨基酸/（mg/L）	85	65	45	65	95	75
啤酒风味特性	浓醇	淡爽	淡爽	较淡爽	极浓醇	寡淡

啤酒酵母不能全部吸收麦汁中氨基酸，对 α-氨基酸的吸收率，随酵母的品种和发酵条件的不同有较大的差异，波动在 50%~75%。残存于啤酒中的氨基酸量还取决于酵母分泌氨基酸的情况。啤酒中氨基酸含量对啤酒风味影响的报道还不多，但可以肯定，高氨基酸含量的啤酒，并不是酿造师们所希望的，它不但会影响啤酒的生物稳定性，而且大多数氨基酸呈甜味或苦味，有的呈鲜味（天冬氨酸钠、谷氨酸钠），高氨基酸含量能降低啤酒的爽口性。

三、 啤酒中风味物质的发酵代谢

啤酒麦汁没有令人愉快的风味，只有通过发酵产生一系列的代谢产物，才能构成啤

酒特有的香味和口味。啤酒中酒精和 CO_2 对啤酒风味的影响，远远没有比它少得多的发酵副产物影响大。各种副产物的数量和配伍关系是造成啤酒之间风味差异的主要原因。啤酒发酵中副产物如超过某一限量范围，就成为人们不能接受的异杂味的主要来源。但应该认识到，随着发酵技术的进步，发酵副产物——风味物质在啤酒中含量会发生明显变化，它反过来也会引导消费者口味爱好的变化。例如典型的德国式下面发酵啤酒中，历来把啤酒明显酯香味作为不愉快风味，而近代流行北美的下面发酵啤酒——如美国米勒公司“Lite Meller”就有淡淡的酯香味，也有很多厂商做低浓度啤酒时，也追求淡雅的酯香味以弥补酒花香味的不足，引导消费者逐渐爱好有酯香味的啤酒。

很多学者测定了啤酒中微量风味物质的风味阈值（最低可感受到物质的含量），但由于各种啤酒风味物质含量不同，各风味物质之间共同作用影响某风味物质阈值的变化，造成某风味物质在啤酒中不是一个常数。

啤酒风味品尝师认为：为了啤酒具有协调的风味，应使啤酒中某风味物质不能太突出。这样就要求某发酵副产物的风味强度控制在 0.5 以下。

$$\text{啤酒中某风味物质强度（Fu）} = \frac{\text{某物质在啤酒中含量}}{\text{某物质的风味阈值}}$$

如果某物质 Fu>1.0，就感到太强烈，0.5~1.0 一般消费者能接受，<0.5 此物质不会影响风味。

1. 高级醇

高级醇是酒类中最主要的风味物质之一。

（1）高级醇的代谢途径　1907 年，德国化学家伊里希（Felix Ehrlish）提出由氨基酸形成高级醇的途径，在 50 年中不断修正完善，现可归纳为：有 10 种氨基酸，在发酵时酵母将其氨基转移到 α-酮戊二酸上，形成谷氨酸和 α-酮酸，后者经脱羧、还原，形成比原氨基酸少一个碳的高级醇（图 5-16）。

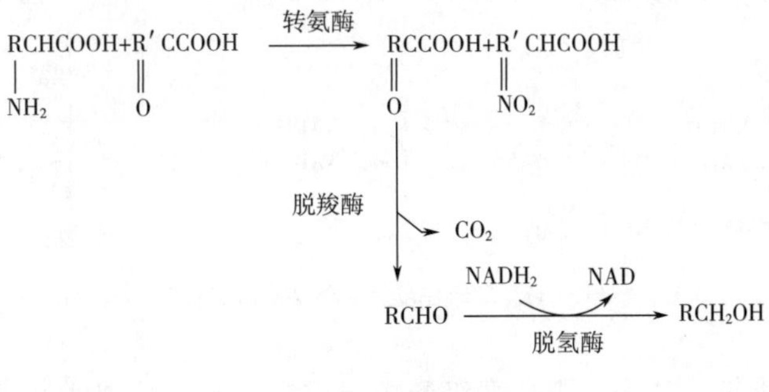

图 5-16　高级醇合成

1953 年，哈里斯（Harris）研究提出高级醇由糖代谢通过丙酮酸的合成的途径（图 5-17）。

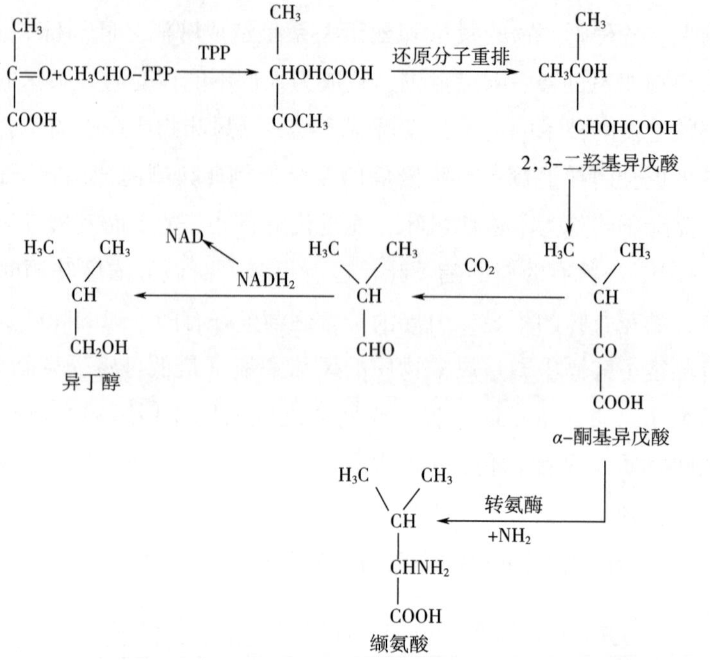

图 5-17　丙酮酸途径合成高级醇

酵母在发酵中形成主要高级醇途径综合如下（图 5-18）。

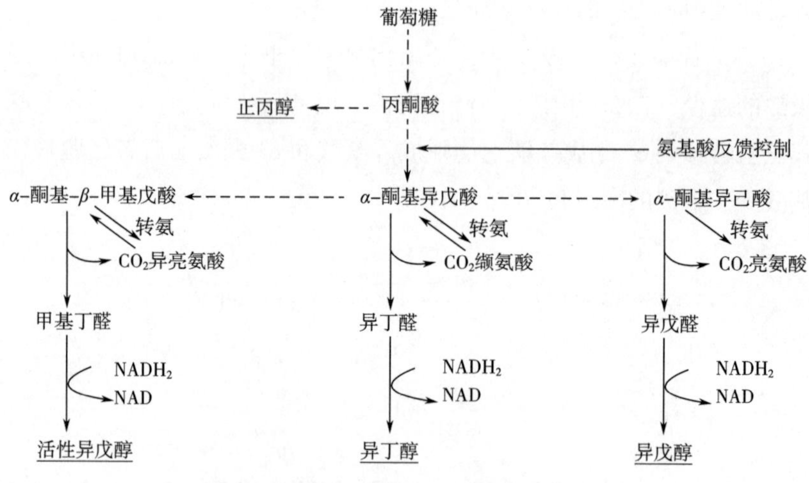

图 5-18　酵母在发酵中合成高级醇途径

Growall（1961 年）认为，酒类高级醇中异戊醇、异丁醇和活性戊醇，75%来自糖代谢，25%来自相应的亮氨酸、缬氨酸、异亮氨酸的伊氏路线。酪醇来自酪氨酸，β-苯乙醇来自苯丙氨酸，色醇来自色氨酸。

（2）高级醇对啤酒风味的影响　高级醇是各种酒类的主要香味和口味物质之一，

它能促进酒类具有丰满的香味和口味，并增加酒的协调性（表5-15）。高级醇过量存在也是酒主要异杂味的来源之一。过量戊醇有汗臭味和腐败味，异戊醇和异丁醇混合物是酒杂醇油臭的典型来源，也使酒具有不愉快的苦味。酪醇、色醇均有强烈的不愉快苦味，β-苯乙醇有玫瑰花香味，并不特别令人讨厌。德国式啤酒认为由β-苯乙醇产生的花香味和酒花的香味不协调，也是不愉快的香味。

色醇和对羟基苯乙醇，如果超过8mg/L，会产生强烈的酚味，是啤酒中讨厌的杂味。

表5-15 啤酒中高级醇阈值和含量

<table>
<tr><th rowspan="2">高级醇</th><th rowspan="2">阈值/（mg/L）</th><th colspan="4">含量/（mg/L）</th></tr>
<tr><th>拉格啤酒</th><th>青岛啤酒</th><th>某厂一</th><th>某厂二</th></tr>
<tr><td>正丙醇</td><td>25</td><td>5~25</td><td>4.4</td><td>7.15</td><td>16.3</td></tr>
<tr><td>正丁醇</td><td>50</td><td>1~10</td><td>1.3</td><td>—</td><td>—</td></tr>
<tr><td>异丁醇</td><td>75</td><td>15~30</td><td>7.5</td><td>31.9</td><td>10.3</td></tr>
<tr><td>异戊醇</td><td>50</td><td>30~100</td><td rowspan="2">45</td><td>51.0</td><td rowspan="2">83.3</td></tr>
<tr><td>2-甲基丁醇（活性戊醇）</td><td>75</td><td>15~30</td><td>1.5</td></tr>
<tr><td>总高级醇</td><td>100</td><td>70~150</td><td>60</td><td>96</td><td>110</td></tr>
<tr><td>β-苯乙醇</td><td>50</td><td>5~80</td><td>35.5</td><td>19.9</td><td>未测</td></tr>
<tr><td>酪醇</td><td>10</td><td>1~3</td><td>1.5</td><td>—</td><td>—</td></tr>
<tr><td>色醇</td><td>1</td><td>0.1~1</td><td>—</td><td>—</td><td>—</td></tr>
</table>

注：（1）总高级醇中不含β-苯乙醇；（2）上述数据由气质联用仪测定。

啤酒中醇类物质已经检出的有30余种，通常只研究表5-15的几种。优秀的Lager型低温发酵啤酒，高级醇通常在50~90mg/L，如超过100mg/L就会使啤酒带有令人不愉快的杂醇味。但近代用高温发酵、快速发酵菌株酿造啤酒，高级醇常常超过100mg/L，过量饮用，易致醉，饮后易上头。但若经常饮用高级醇在120~150mg/L的啤酒，慢慢也会适应、习惯，反而感到此类酒“有劲”，但我国目前消费者还不能接受啤酒中的高级醇>140mg/L。

（3）影响啤酒中高级醇含量的主要因素

①酵母品种：啤酒酵母各菌株之间，高级醇生成量差异高达50%~100%。据报道，粉末型酵母高级醇生成水平在69~90mg/L，而絮状酵母在49~122mg/L。我国生产中发现，传统老菌株（强凝聚型）均比引进新菌株（粉末型）的高级醇要低。高发酵度菌株，倾向于形成高级醇多。

②酵母在啤酒发酵中增殖的影响：啤酒中的高级醇是酵母合成细胞蛋白质时的副产物，因此，若在发酵时酵母增殖倍数越大，合成细胞副产物高级醇一般较高。如青岛酵

母当接种后浓度在 10×10^6 CFU/mL，发酵最高浓度在（45~50）$\times10^6$ CFU/mL，增殖 4 倍。它的高级醇很少超过 100g/L，而某啤酒厂用江南大学优选的 G-03 菌株，最高浓度可达（70~75）$\times10^6$CFU/mL，增殖倍数达 5 倍以上，高级醇达 96mg/L。

发酵中细胞最高浓度越大，发酵会越快。德国拿尔采斯教授认为，为了减少代谢副产物的增加，适当限制酵母在发酵中最高浓度是有意义的，应控制增殖倍数小于 4。

③麦汁 α-氨基氮的影响：麦汁中高 α-氨基氮能促进酵母发酵力的提高。当麦汁中缺乏可同化的 α-氨基氮时，酵母必须通过糖代谢走酮酸路线去合成必需的氨基酸，用于合成细胞的蛋白质，当缺乏合成能力或氨不足时，就会导致由酮酸形成高级醇。

当麦芽溶解不好，辅料比太大，或加蔗糖太多，常常导致麦汁缺乏 α-氨基氮，必然导致高级醇的增加，这是我国许多啤酒厂高级醇太高的主要原因。

当麦汁中 α-氨基氮太高时，也会造成由氨基酸脱氨，经脱羟基形成的高级醇增加。

用不同配料，相似糖化工艺，制成 12°P 麦汁，用青岛酵母接种浓度为（10~12）$\times10^6$CFU/mL，于 12℃下低温发酵，嫩啤酒中高级醇情况如表 5-16 所示。

表 5-16　麦汁 α-氨基氮和高级醇的生成

配料	麦汁 α-氨基氮量/（mg/L）	发酵最高浓度/（$\times10^6$CFU/mL）	高级醇含量/（mg/L）
100%全麦汁（麦芽 α-N 165mg/100g）	250	57	122
70%麦芽+ 30%大米（麦芽 α-N 165mg/100g）	185	52	107
60%麦芽+ 40%大米（麦芽 α-N 115mg/100g）	122	45	135.7

因此，调整适宜的麦汁 α-氨基氮是降低高级醇的重要工艺措施。

在加辅料糖化麦汁中，每克浸出物应保证具有 1.4~1.5mg 的 α-氨基氮，不但可以减少高级醇，而且也不会因酵母缺乏营养而变得衰弱，影响发酵。

④啤酒酵母对 α-氨基氮同化率的影响：各种啤酒酵母菌株，对麦汁中 α-氨基氮同化力各异，一般波动在 50%~75%，同化率强的酵母增殖密度也大，可能使啤酒中高级醇增加，这实际上可能是影响因素①②的另一种说法。

在国内优良啤酒酵母选育的研究中发现结果如表 5-17 所示。

⑤主发酵温度的影响：下面啤酒酵母能在 2~33℃下繁殖，而在 20℃时能有最高繁殖浓度，发酵前期是酵母的繁殖阶段，所以，当提高发酵温度，必然促进酵母的繁殖，相应也会增加高级醇的产生。据报道，在 28℃发酵，高级醇有最大的生成速度，而 20℃发酵，有最高的高级醇生成量（表 5-18）。

表 5-17　　α-氨基氮同化率和高级醇含量的关系

酵母品种	青岛	北京	北京丹麦	五星丹麦	德国 G-05	荷兰 Q-05	比利时 G-06	比利时 Q-11
α-N 同化率/%	59.8	62.5	65.5	72.7	70.6	72.3	72.5	73.6
最高浓度/（×10CFU/mL）	50	50	58	58	62	62	65	68
高级醇含量/（mg/L）	95.5	98.5	104	105.5	112	104.5	124.5	145

表 5-18　　发酵温度和高级醇生成量的关系　　单位：mg/L

发酵温度/℃	正丙醇	异丁醇	活性戊醇	异戊醇	β-苯乙醇	总高级醇
10	9.5	8.1	15.3	30.4	9.6	72.9
25	14.5	9.3	20.7	43.5	28.5	116.5
增加百分数/%	53	15	35	43	196	60

注：发酵温度对 β-苯乙醇含量影响最大，西方常用 β-苯乙醇含量作为监督发酵温度的指标。

⑥麦汁充氧水平或发酵中通风搅拌的影响：麦汁充氧水平过高如>9mg/L，或用纯氧通风，在发酵中通风搅拌或倒池时接触空气，工厂中传统敞口池对池口强烈通冷风等，均能增加酵母的繁殖，也会导致高级醇的增加，正丙醇增加更剧烈（表 5-19）。

表 5-19　　麦汁含氧量和挥发物的含量　　单位：mg/L

麦汁含氧量	0.92	1.58	9.82
乙酸乙酯	16.6	11.5	10.0
乙酸异戊酯	1.9	2.2	2.8
正丙醇	11.3	14.0	17.8
异戊醇+ 活性戊醇	51.4	56.0	68.2
乙醛	15.0	2.7	1.2

高级醇是由酵母繁殖菌体代谢的结果，在不影响酵母发酵力的前提下，控制酵母的繁殖是发酵中降低高级醇的关键。

降低啤酒中“上头”物质——高级醇的主要方法是：

（1）提供合适的麦汁 α-氨基氮水平，如 11～12°P 麦汁中 α-氨基氮在 160～180mg/L。

（2）优选产生高级醇低的产生菌。

（3）适当提高酵母接种浓度 15×10^6CFU/mL。

（4）降低主酵前期发酵温度，控制酵母增殖级数<3。

（5）控制麦汁含氧水平，防止倒罐时接触空气。

（6）传统发酵限制后酵中的酵母细胞浓度≤25× 10^6CFU/mL；大罐发酵，及时排出沉淀酵母，防止酵母自溶。

（7）适当控制啤酒发酵度（68%之内）。

2. 挥发酯

（1）啤酒发酵中挥发酯的代谢　酯类可由醇类和羟酸通过单纯酯化反应生成：

$$RCH_2OH+R'COOH \rightleftharpoons RCH_2COOR'+H_2O$$

酯化反应速度十分缓慢，在常温下需几年才能达到酯化反应平衡。在啤酒长期贮酒中酯的增加，依赖于化学酯化反应。在发酵中酯的生成主要依赖于酵母的生物合成，它比此温度下化学反应速度快1 000倍。

酵母的酯类生物合成是由酵母先形成酯酰辅酶A，在酵母酯酶催化下和醇化合形成酯。

$$RCH_2OH+R'COSCoA \rightleftharpoons RCH_2COOR'+CoASH$$

酯酰辅酶A的来源：

①麦汁中脂肪酸的活化

$$R'COOH+CoASH \xrightarrow[ATP \quad AMP+Pi]{} R'COOSCoA+H_2O$$

②α-酮酸的氧化脱羟

$$R'COOH+CoASH \xrightarrow[NAD \quad NADH_2]{} R'COOSCoA+H_2O$$

③脂肪酸合成的中间代谢产物——使酯酰辅酶A的碳链延长。

$$R'COSCoA+HOOC \cdot CH_2 \cdot COSCoA \xrightarrow[2NADH_2 \quad 2NAD]{} R'CH_2CH_2COSCoA+CoASH+CO_2\uparrow+H_2\uparrow$$

如由乙酰辅酶A和丙二酰辅酶A作用，可形成丁酰辅酶A，再和丙二酰辅酶A作用生成己酰辅酶A，以延长碳链。

酸形成酯的规律：

①酸与酸之间存在竞争性抑制作用，如在乙酸中加入丁酸，乙酸乙酯量就会降低，这是由于竞争性抑制减少了乙酰辅酶A的量。

②随着羧酸的碳链增加，形成酯的米氏常数K_m会降低。

③低碳链脂肪酸酯积累对酵母是有害的，可能因为形成了酯酰辅酶A，消耗了辅酶A，有害于酵母合成细胞的类酯化合物。高碳链脂肪酸酯的合成（$C_8 \sim C_{14}$），有利于酵母，因为它在酵母细胞内能参与酵母脂肪合成并释放出辅酶A。

④直链脂肪酸酯类合成后与细胞壁结合。滞留在细胞壁和膜之间（仅少部分释放于发酵液中），癸酸乙酯以上的酯类几乎均在细胞内，只有在细胞自溶或带酵母蒸馏（如威士忌）才可释放出来，因此，啤酒中常常只能检出辛酸乙酯以下的低碳链脂肪酸酯。碳链越长，被细胞壁结合越多，释放在啤酒中越少。

由酸形成酯的示意图见图 5-19。

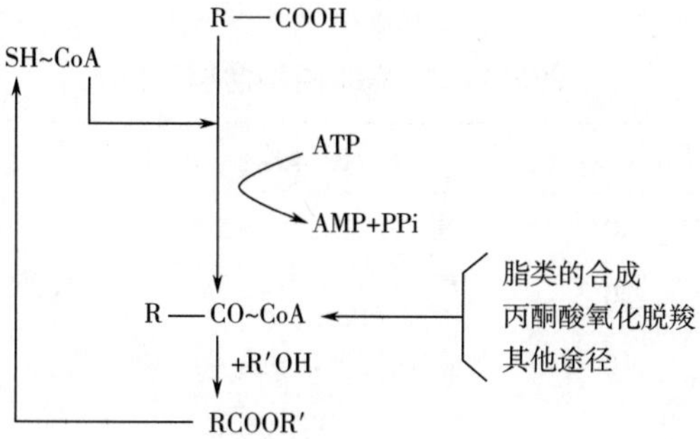

图 5-19　酸形成酯示意图

醇形成酯的规律：

①醇类在各种条件下都能形成酯，但有侧链比直链的形成酯困难。

②醇和酸一样，在成酯生化反应中也存在明显的竞争性抑制，低碳链醇更易成酯。

（2）挥发酯对啤酒风味影响　挥发性酯是啤酒香味的主要来源之一，也是主要风味物质，啤酒中应该含有适量的挥发酯，才能使啤酒香味丰满协调。传统啤酒风味观点（欧洲大陆）认为啤酒主体香是酒花香，过高的酯含量或超过阈值酯含量，是啤酒不愉快的香味，或异香味。

上述观点，在现代啤酒中常常被打破，由于追求啤酒不太苦，大幅度减少酒花的添加量，酒花香味常常不足。由于酵母菌株的改变，发酵技术的变化，啤酒中挥发酯含量也和高级醇一样普遍有升高的趋势，它也逐渐引导消费者接受有一定酯香味的啤酒，如北美、荷兰的啤酒中乙酸乙酯的含量大于阈值，有淡雅乙酸乙酯的果实香味，此香味也成了它们的独特风格。

但贮藏期过长的啤酒，野生酵母（汉逊酵母、柠檬型酵母）污染的啤酒有强烈的酯香味，至今还不能被接受。

一般典型 Lager 啤酒挥发酯含量均小于它的阈值，但乙酸乙酯和乙酸异戊酯在啤酒中香味强度往往>0.5，有时可能达到 1.0 以上，这样>1.0 就会使啤酒带有明显的酯香味。

（3）影响啤酒中酯含量的主要因素

①酯酶：属羧酸酯水解酶（E. C. 3. 1. 1. 1），由酵母产生，存在于细胞壁膜两侧。

酯酶可逆性催化酯的合成和分解，在 pH4.5~6.5 有利于酯合成，<4.5 或>7.5 有利于酯的分解。Mg^{2+}对酯酶有激化作用（6~8mmol/L）。

②酰基辅酶 A：凡对酰基辅酶 A 形成和消耗有影响的因素均对酯积累有影响。

如增加培养基氮源、泛酸盐、β-丙氨酸、Mg^{2+}等都有利于酰基辅酶 A 的合成，因此，也有利于酯类的合成。

增加生物素 Ca^{2+}的含量，均可抑制酰基辅酶 A 的合成。

表 5-20　　啤酒中挥发酯阈值和含量范围

挥发酯	阈值/（mg/L）	拉格啤酒/（mg/L）	12°P 青岛啤酒/（mg/L）
乙酸甲酯	50	1~8	1~3
乙酸乙酯	30	15~25	12.5~22
丙酸乙酯	10	1~5	0.5~2
乙酸丁酯	8	1~5	1~2
乙酸异戊酯	2	1~5	1.0~1.5
丁酸乙酯	0.5	0.1~0.2	—
异丁酸乙酯	0.2	0.05~0.1	0.1
己酸乙酯	0.3	0.1~0.6	0.3~0.5
辛酸乙酯	1.0	0.2~0.6	0.1~2.0
乳酸乙酯	15	1~5	2~3
乙酸苯乙酯	5	0.2~1.5	1.0~2.0
总挥发酯	—	25~75	20~35

③酵母菌种：酵母菌种的酯酶活性差异很大，汉逊酵母、球拟酵母、毕赤酵母均能形成多量的乙酸乙酯，尤以异常汉逊酵母为甚，它能以乙醇和葡萄糖为碳源，在有氧条件下，氧化形成乙酰辅酶 A，在酯酶催化下与醇反应形成酯。但延长培养和通风，形成酯的还会水解供酵母合成类酯化合物。

酯类的合成与酵母遗传特性有密切关系，同一菌种的各菌株形成酯的遗传特性也有明显差别。现代高活性啤酒酵母（生长和发酵活性均强）往往产生较多的酯类。上面啤酒酵母比下面啤酒酵母产酯多。

④发酵温度：主酵最高温度，下面啤酒酵母 8~13℃，对酯类的积累没有明显的差别。酯类形成的最适温度对大多酿酒酵母是 20~25℃。

主酵温度/℃	乙酸乙酯/（mg/L）	乙酸异戊酯/（mg/L）
10	12.5	0.5
25	21.5	1.1

也有人认为在8~12℃发酵中,虽然乙酸酯和总挥发酯变化不大,但乙酸异戊酯α随温度升高而增加,同时也会增加啤酒酯香味。

⑤麦汁浓度和麦汁含氮量:麦汁的浓度,影响麦汁的营养成分,必然会影响酵母的增殖,也会影响酯的含量(表5-21)。

表5-21　麦汁浓度对酯含量影响

麦汁浓度/°P	6.0	10.5	13	16
乙酸乙酯/(mg/L)	4.8	14.4	19.0	27
乙酸异戊酯/(mg/L)	0.32	0.49	1.20	1.85

现代发酵技术中高浓酿造后稀释工艺，如果采用15°P以上浓度发酵，就会使酯合成比例增加，稀释后易感到啤酒有明显酯香味，改变了此浓度啤酒传统发酵的风味。

有人认为麦汁中α-氨基氮在正常情况下，在100~300mg/L变动，此范围内对酯类含量没有明显差异。但也有人认为，氨基酸占发酵性糖的比例，对酯产生有影响，如每克可发酵性糖相对含有2.0mg α-氨基氮，对酯合成有促进作用。

⑥麦汁通风：对麦汁含氧量与酯类形成的关系，见表5-22。乙酸酯的合成，依赖于乙酰辅酶A；麦汁含氧量高，促进酵母的生长，消耗了辅酶A，所以，能抑制乙酸酯的合成。但也有报道麦汁通氧过多（如用纯氧通风）会大大促进乙酸异戊酯的生成（>2mg/L，超过阈值）。在发酵中通风、搅拌、转罐等措施，均会增加酯的含量。

表5-22　麦汁含氧量和啤酒挥发酯含量的关系　单位：mg/L

麦汁含氧量	0.9	1.58	9.82
乙醛	15.0	12.7	9.2
乙酸乙酯	16.6	12.7	10.0
乙酸异戊酯	1.9	2.2	2.8
异丁酯	11.3	14.0	17.8
异戊酯	51.4	56.0	68.2

⑦发酵方法：连续发酵比分批式发酵形成更多的酯类。主发酵加压有利于抑制低碳链挥发酯的合成，但高碳链酯类庚酸乙酯、癸酸乙酯不但不会减少，反而会增加。当此类酯在0.1~0.3mg/L时，不会造成不愉快的酯香味，反而增加啤酒协调的香味。

固定化酵母发酵，常常使酯含量明显升高，使啤酒带有过分强烈的酯香味。

⑧贮酒：啤酒在低温贮酒中由于化学酯化反应，会使啤酒酯含量升高，但由于酯化反应极缓慢，只有酒龄在半年以上时，才能在分析中出现差别。

3. 醛类

啤酒中被检出的醛类物质已经有20余种，甲醛、乙醛、丙醛、异丁醛、正丁醛、异戊醛、正庚醛、正辛醛、糠醛等。它们来自麦汁煮沸中美拉德反应，或发酵中醇类的还原。对啤酒风味影响较大的是乙醛和糠醛。

乙醛主要来自丙酮酸，它在丙酮酸脱羧酶作用下；不可逆形成乙醛和 CO_2。大部分乙醛受酵母乙醇脱氢酶作用还原成乙醇。在正常发酵中，乙醛在发酵啤酒中只有很低的积累量（3.5~15.5mg/L）（图 5-20）。

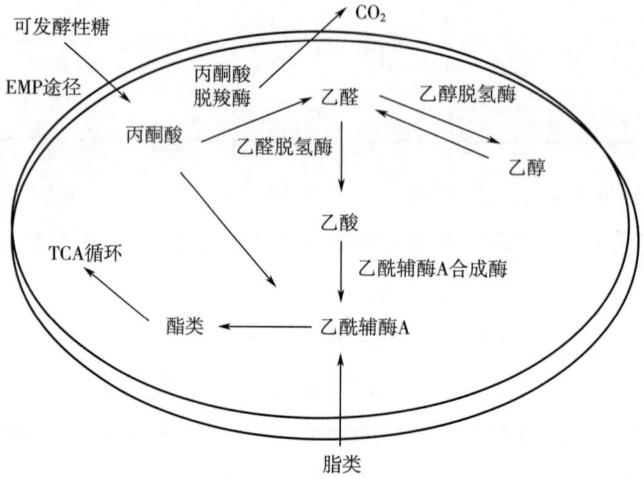

图 5-20　啤酒酵母乙醛代谢图

乙醛在啤酒中含量如>25mg/L，有强烈的刺激性辛辣感（在上颚近咽部感受到），也有郁闷性口感；>10mg/L 有不成熟口感，腐败性气味和类似麦皮不愉快苦味；>50mg/L 有无法下咽的刺激感。成熟的优质啤酒乙醛含量一般在 3~8mg/L 以下，在啤酒中可以检测范围一般在 16mg/L 以下（图 5-21）。

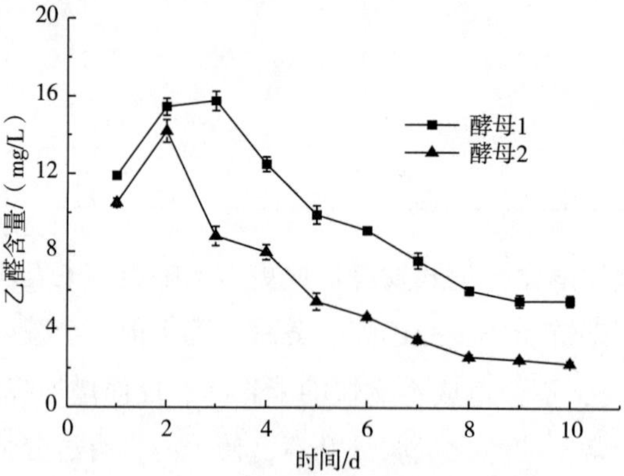

图 5-21　200L 发酵过程中乙醛含量的变化

乙醛在正常发酵后期迅速减少，而且后酵温度越高，后发酵越强烈。发酵度越高，残留啤酒中乙醛越少，如果后发酵由于温度突降，压力突升等原因造成发酵中断，就会有较高（>15mg/L）乙醛残留。后酵双乙酰还原后期采用CO_2洗涤，可以促进乙醛挥发（乙醛沸点为21.0℃），经过CO_2洗涤，优秀啤酒中乙醛可低于6mg/L。乙醛在贮酒期可被亚硫酸盐固定，或形成乙缩醛，游离性乙醛减少。在瓶装啤酒中由于瓶中溶氧和瓶颈空气中氧的氧化，乙醛含量会有轻微上升（表5-23）。

表5-23 啤酒中醛类化合物阈值和含量范围

醛类	阈值/（mg/L）	含量范围/（mg/L）	正常含量/（mg/L）
乙醛	1.5	3~35	6~8
丙醛	5	0.1~0.5	0.2~0.3
异丁醛	1.0	1.0~0.5	0.2~0.3
异戊醛	0.5	0.05~0.2	0.1
正庚醛	0.1	0.05~0.1	0.05~0.07
正辛醛	0.4	0.05~0.3	0.1~0.2
糠醛	50	0.2~10	0.5~2

4. 酸类

（1）啤酒中总酸的定义　麦芽、麦汁和啤酒中含有各种有机酸，在普通生产和研究中只测定滴定总酸。我国在麦汁和啤酒中总酸的定义：用1mol/L NaOH滴定100mL啤酒，滴至pH 9.0为终点，用消耗NaOH的毫升数表示总酸度。美国以滴定总酸度换算成乳酸浓度g/100mL表示。滴定总酸度可通过式（5-3）换算成某酸的浓度：

$$W=\frac{c\cdot V\cdot\frac{M}{n}\cdot\frac{1}{1000}}{\text{被滴定样品体积}}\times 100(\text{g/100mL}) \tag{5-3}$$

式中 W——某酸的浓度，g/100mL

c——碱液的浓度，mol/L

V——滴定时消耗碱液的体积，mL

M——某酸的摩尔质量，g/mol

n——某酸电离出氢离子的个数

1/1000——毫升转化成升

由上反应计算式，每100mL样品，消耗1mol/L NaOH

1mL相当于：	乙酸	0.06g
	乳酸	0.09 g
	柠檬酸	0.064g
	酒石酸	0.075g
	琥珀酸	0.059 g

美国啤酒总酸标准：11~12°P 总酸≤0.21g/100mL（以乳酸计），实际上相当于我国 NaOH 毫升数=0.21/0.09=2.3（mL）。

（2）啤酒中总酸的来源　啤酒中的总酸来自麦芽等原料、糖化发酵的生化反应和化学反应、水（经常由于水质碱度消耗酸）及工艺调节外加酸。

①来自麦芽和麦汁：麦芽中总酸可分成已经存在于麦芽的原始总酸和由于糖化中生化反应产生的两类（表 5-24）。

表 5-24　麦芽中的总酸

单位：mL(1mol/L NaOH)/100g 绝干麦芽

	浅色麦芽	深色麦芽
原始总酸	4.5~7.0	5.0~7.5
酶解总酸	10.5~13.0	7.0~12
麦芽总酸	15.0~20	12~19.5

原始总酸指粉碎麦芽用中性酒精钝化酶后用水浸出后滴定测得；酶解总酸指麦芽在 53℃ 糖化 3h 后测得麦芽总酸减去原始总酸得到的值。

麦芽中的总酸带入麦汁，若按我国啤酒工业的情况，100g 投料中麦芽占 65%，制成 12°P 麦汁 0.61L，则

$$\text{由麦芽糖化带入的总酸}=\frac{(15\sim20)\times65\%\times(1-8\%)}{610/100}$$

$$=1.47\sim1.96\ [\text{mL}\ (1\text{mol/L NaOH})/100\text{mL}]$$

其中，式中 15~20 为浅色麦芽总酸，8%为麦芽水分含量。

在麦汁制造工艺中，常常因为麦芽总酸不足，或酿造水中碱度太大，为了调节糖化、洗糟，麦汁煮沸时需外加酸（食用级乳酸、磷酸、盐酸），若每 100mL 麦汁共用纯乳酸为 0.03g，折合成麦汁总酸为 0.33mL（1mol/L NaOH）。实际上由于酿造水中碱度和上部分调节酸不能全部进入麦汁，一般要求 12°P 定型麦汁总酸为 1.4~1.5mL（不大于 1.6mL）（1mol/L NaOH）。

麦芽和麦汁中的酶解酸，主要来自大麦中植酸钙镁盐受到麦芽磷酸酶的水解，形成磷酸和酸性磷酸盐。其次，甘油磷酸酶分解磷脂和卵磷脂中甘油磷酸酯中甘油磷酸；淀粉磷酸酶水解和支链淀粉结合的磷酸酯；蛋白质水解氨基酸后，被利用氨基后形成的羟基酸；糖类有氧呼吸中间产物（有机酸等）。但可以看到麦芽和麦汁中主要酸性物质是磷酸性盐组成的缓冲液。

②来自发酵的酸：啤酒酵母酒精发酵中伴随形成有机酸，主要是酮酸、羟酸、二元羧酸、三元羧酸和脂肪酸。

啤酒中的挥发酸主要是脂肪酸，尤以乙酸为主。过高的挥发酸含量是啤酒酸败的标志。

啤酒中非挥发酸有丙酮酸、α-酮戊二酸、乳酸、苹果酸、琥珀酸、柠檬酸、酒石酸等，其中以琥珀酸含量为最高。过高的乳酸也是啤酒后期发酵中酸败（污染杂菌）的标志。

a. 丙酮酸。丙酮酸是糖代谢的中间产物，也是酵母各种代谢的汇集点，在啤酒发酵中，当酵母生长到最高浓度时，由于酵母分泌丙酮酸脱羧酶不足或辅酶 TPP 不足，丙酮酸呈最高积累量超过 100mg/L。随着发酵的深入，丙酮酸迅速降低。

b. α-酮戊二酸。α-酮戊二酸主要来自酵母利用谷氨酸为氮源时，脱氨后产生的，少量来自含氮不足时 TCA 循环分支代谢过程。在啤酒发酵中，α-酮戊二酸水平变化较小，一般维持在 6~64mg/L。

c. 乳酸。啤酒酵母在正常发酵中，由丙酮酸在乳酸脱氢酶催化下还原而得 D（-）乳酸或 L（+）乳酸。由于酵母乳酸脱氢酶活性远远低于乳酸菌和野生酵母（裂殖酵母、毕赤酵母、柠檬型克拉克酵母和异常汉逊酵母），在正常啤酒中酵母只形成 40~120mg/L，如麦汁含糖量过高或缺乏硫胺素，均可能使啤酒酵母产乳酸量增加：如啤酒中乳酸含量超过极限值 400mg/L，可以肯定污染了乳酸菌。由于乳酸阈值为 47mg/L，对啤酒风味有明显影响。

d. 苹果酸。麦汁中只有少量的苹果酸，酵母形成苹果酸的代谢途径如下：

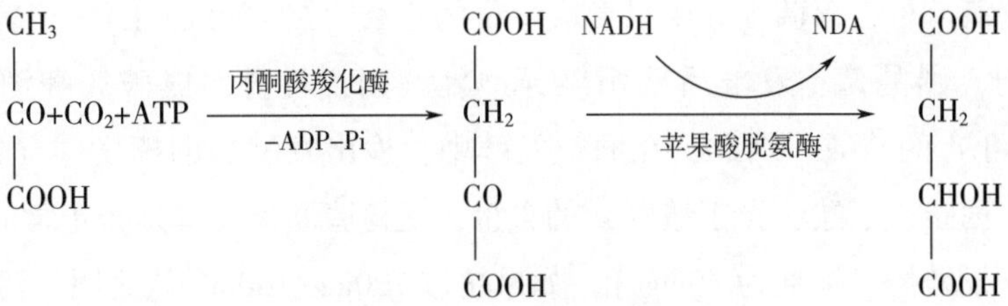

下面啤酒酵母形成的苹果酸量高于上面啤酒酵母，在 Lager 啤酒中含量为 78~105mg/L，阈值为 87mg/L。

e. 琥珀酸。琥珀酸是酒精发酵中生成量最多的非挥发酸，它对酒风味有较大影响。发酵初期酵母糖代谢在 TCA 循环中形成草酰乙酸，最后转化成琥珀酸。大多数琥珀酸是由谷氨酸转化而来。

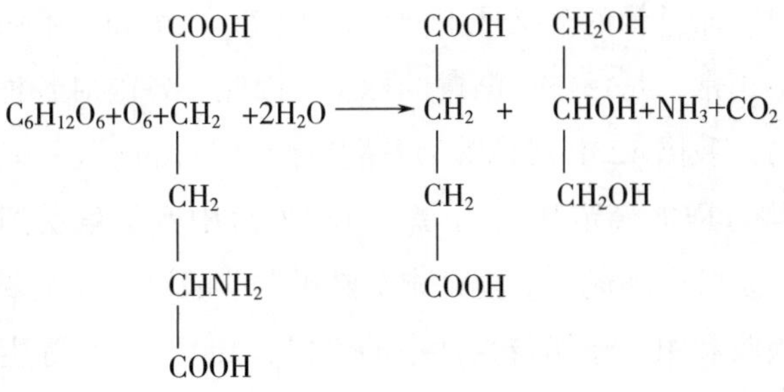

上述反应式受氢体是磷酸甘油醛，产物除了琥珀酸外，还有甘油，脱下的 NH_3 被酵母利用。

琥珀酸含量取决于发酵液中谷氨酸含量，中国黄酒、日本清酒用大米为原料，用小曲为糖化剂，糖液中谷氨酸含量特别高，黄酒和清酒有机酸中琥珀酸高达 500～800mg/L。在啤酒中一般为 36～180mg/L，但若采用高比例辅料大米时也可高达 400mg/L。

f. 脂肪酸。在啤酒中检出的脂肪酸是含 1～12 个碳原子的全部直链脂肪酸和异戊酸、异丁酸等 20 余种。

其中乙酸是脂肪酸中最多、对啤酒风味影响最高的挥发酸。啤酒酵母形成乙酸途径主要有两条：

在发酵前期麦汁含氧和贮酒中不正常通风情况下，由乙醛和乙醇氧化成乙酸。

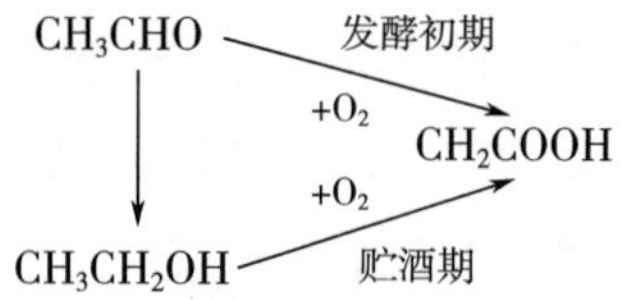

在发酵后期酵母吸收丙酮酸进行歧化反应形成乙酸和乳酸。

通常，啤酒酵母在灭菌麦汁中只形成少量的乙酸（50～80mg/L），但若在发酵前期污染野生酵母、醋酸菌、发酵后期污染异型乳酸菌，就会形成破坏啤酒风味的大量（100～500mg/L）的乙酸。因此，在酒类发酵中，检出发酵酒的挥发酸（以乙酸为主，其他有甲酸、丙酸、丁酸、异丁酸等）的含量，是检验酒类发酵是否正常的标志之一。

啤酒中挥发酸控制标准为 80mg/L，如果超过 100mg/100mL 认为明显污染发酵。

异丁酸、异戊酸主要来自酵母氨基酸代谢形成的异丁醇、异戊醇的氧化。C_6～C_{12} 的直链脂肪酸在发酵中有少量增加，C_{14}～C_{18} 的脂肪酸在啤酒中比麦汁要低，它们可能被酵母吸收（酵母在发酵初合成细胞壁需要脂肪酸），不饱和油酸和亚油酸等上面酵母厌氧发酵生长因子，主要来自麦汁。

（3）总酸物质对啤酒风味的影响　“无酸不成酒”，酸类物质虽然并不构成啤酒的香味，但它是主要呈味物质。啤酒中适量的酸使啤酒口感活泼、爽口。缺乏酸类，啤酒呆滞、黏稠、不爽口。而过量的酸又使啤酒口感粗糙、不柔和、不协调，同时过量的酸也意味着啤酒发酵不正常，是污染产酸菌的标志。因此，各国对各种酒类均提出总酸的最高含量（表 5-25）。我国 12°P 浅色啤酒总酸指标为 $<$2.6mL（1mol/L NaOH）/100mL。

啤酒在发酵中均可增加滴定酸 0.9～1.2mL，发酵中产酸量受到麦汁总酸量的负影响，麦汁总酸越高，发酵产酸越少。麦汁中酸除了调节酸以外，主要是磷酸和磷酸盐体系。磷酸能被酵母吸收利用，还能与麦汁中的 Ca^{2+}、Mg^{2+}、Fe^{2+} 等生成盐沉淀，消耗损失一部分，实际上麦汁和啤酒发酵中产生酸只有70%~80%最后残留在啤酒中。

表5-25　　啤酒发酵产生酸类的阈值、极限值、正常值

	乳酸	柠檬酸	丙酮酸	苹果酸	琥珀酸	乙酸	C_3~C_{12}
阈值/（mg/100mL）	4.7	4.3	87.3	8.7	22	52.6	—
极限值/（mg/100mL）	40	18	25	7.0	40	10	3~10
正常含量/（mg/100mL）	4~12	15	15	3.5	14	6	2~5
折算成1mol/L NaOH/mL	0.044~0.13	0.234	0.04	0.05	0.28	0.1	0.2

（4）啤酒中总酸的控制　我国啤酒国标（GB4927—2008）规定，对淡色啤酒而言，原麦汁浓度不同，总酸的控制略有差别，≥14.1°P的啤酒，总酸应≤3.0mL（mL/100mL）；对于10.1~14°P啤酒，总酸应≤2.6mL（mL/100mL）；对于≤10.0°P的啤酒，总酸应≤2.2mL（mL/100mL）。

根据啤酒总氮、发酵度、啤酒原麦汁浓度的不同，总酸要求也应不同，当然还得顾及当地消费者的习惯。原麦汁浓度越高、啤酒总氮水平越高、发酵度越低，适当提高总酸含量就更协调。反之，淡爽型高发酵度啤酒，啤酒总酸高一些，就会酸露头，不协调。

表5-26　　11~12°P啤酒总酸推荐值

单位：mL(1mol/L NaOH)/100mL

	浓醇型啤酒		淡爽型啤酒	
	低发酵度（60%~63%）	高发酵度（>65%）	低发酵度（60%~63%）	高发酵度（65%~70%）
不加或很少辅料	2.3~2.5	2.1~2.3	—	—
加辅料>30%	2.0~2.3	1.9~2.1	2.0~2.2	1.7~1.9

控制啤酒总酸，首先要控制麦汁总酸。现在国内啤酒厂，由于酿造水碱度太大（如>8度德国度），工艺中为了调节糖液中pH，在麦汁制造中大量添加调节酸，麦汁总酸有时达1.8~2.1mL。麦汁总酸抑制了正常发酵的产酸，即使啤酒总酸在上述范围内，由于酸太单调，风味也不会协调。

正常啤酒发酵产酸量和发酵温度有关，高温发酵产酸多。但在正常情况下，一般使啤酒维持在pH 4.0~4.5，任其自发调节。

非正常发酵、污染杂菌的发酵将导致啤酒酸败。发酵前期主要是醋酸菌和野生酵母，发酵后期和贮酒阶段主要是乳酸菌。特别在工艺卫生条件差的啤酒厂，降低主酵温度，后酵低温和贮酒必须降至2℃以下，才能避免酸败。灌装啤酒如消毒不彻底（条件差的厂，巴氏杀菌单位应在Pu>35），也会引起瓶装啤酒酸败和浑浊。

有些啤酒，总酸并不高［如2.2~2.3mL（1mol/L NaOH）］，但饮用时，酸刺激感

强，酸露头。其原因除了麦汁总酸太高外，经常是因为啤酒中挥发酸太高。啤酒中挥发酸应控制在（以醋酸计）<80mg/L。若挥发酸达到100mg/L，就意味着啤酒已经酸败了。

5. 连二酮类（VDK）

（1）连二酮类和啤酒的风味　在20世纪50年代欧洲啤酒工业大发展期，工业界为了日益扩大，增加啤酒产量，广泛采用缩短啤酒酒龄，对啤酒成熟指标的研究，发现当啤酒中双乙酰<0.1~0.15mg/L，H_2S<5μg/L，CH_3SCH_3<20μg/L，乙醛<30mg/L，高级醇<75~90mg/L，乙偶姻<15mg/L，啤酒就成熟了。而其中双乙酰（$CH_3COCOCH_3$）又是较为突出的成熟限制性指标。戊二酮（$CH_3CH_2COCOCH_3$）几乎和丁二酮（双乙酰）有相同的风味影响。20世纪50年代后，啤酒界几乎把此两种化合物（连二酮类）看成啤酒成熟与否的决定性指标。我国在20世纪70代引入此理论，把它列入啤酒标准中。

双乙酰是挥发性的、有强烈刺激性的化合物，它是多种香味物质的前体，是黄油、干酪等乳制品的主要香味物质，也是白酒等蒸馏酒的重要香味物质。

双乙酰在啤酒中味阈值在0.1~0.2mg/L，戊二酮约在1.0mg/L。

啤酒中双乙酰和戊二酮的气味是十分接近的，当含量>0.5mg/L时有明显不愉快的刺激味，似馊米饭味；当含量>0.2mg/L时，有似烧焦的麦芽味。在淡爽型啤酒中当含量>0.15mg/L时，也能辨别出不愉快的刺激味，而在浓醇啤酒中，特别是深色啤酒酒花香和麦芽香强烈时，即使达到0.2~0.3mg/L，双乙酰刺激味被掩盖，也是能接受的。因此，常常有些啤酒双乙酰测定为接近0.20mg/L，品尝时没有双乙酰味，而某些低于0.20mg/L啤酒（如0.15mg/L），反而有时会有双乙酰味。

优秀淡爽型啤酒双乙酰应该控制在0.10mg/L以下。我国国标规定：成品啤酒用水蒸气蒸馏液与邻苯二胺反应，形成2,3-二甲基喹喔啉，在紫外光335nm波长下比色测量。此法测定值，实际上包括了全部双乙酰，大部分2,3-戊二酮和部分残留于啤酒中的双乙酰前体——α-乙酰乳酸在蒸馏等操作中氧化形成双乙酰的总和，测定值是连二酮类，以双乙酰表示。

若啤酒中残留较多的α-乙酰乳酸，而测定操作中氧化程度不同，会造成测定值波动很大，没有重现性。作者在研究中发现，若把待测瓶或罐啤酒置于63℃水浴中，保温2h，每半小时小心摇动瓶（注意爆炸），冷却至室温，再用上法测定，可基本上将残留啤酒中α-乙酰乳酸全部氧化，此测定值是包装啤酒贮藏可能出现的最高值。

正常啤酒中双乙酰和戊二酮之比一般为（3~6）：1，但有时也会（2~3）：1。由于戊二酮在紫外光比色法中，不如双乙酰吸光度大，因此，当戊二酮含量较高时，比色法测定会小于气相色谱法。

（2）连二酮类代谢途径　连二酮类化合物的生物合成是酵母的含氮物质生物合成的旁路产物。其中起点物质是丙酮酸和α-丁酮酸，而关键酶是E_1-活性乙醛和酮缩合酶（简称缩合酶），E_1缩合酶又受到麦汁中缬氨酸和异亮氨酸的反馈抑制。

α-乙酰乳酸和α-酮基α-羟基丁酸是双乙酰和2,3-戊二酮的前体。

从图5-22的反应式可知，双乙酰是由α-乙酰乳酸氧化脱羧形成的。这一步反应至今未找到相应的催化酶，因此，此反应被证实为非酶氧化分解反应。此反应在啤酒发酵正常pH范围（3~6）内随温度升高而加速。游离氧的存在能加速此反应，但并非绝对必要。当缺乏氧时，反应放出2H⁺，$2H^+ + 2e \rightarrow 2H \rightarrow H_2$，如反应中有$Fe^{3+}$、$Cu^{2+}$，在反应中还伴随还原$Fe^{3+} + e \rightleftharpoons Fe^{2+}$，也可促进反应进行。在低pH（pH<3）下，α-乙酰乳酸能越过双乙酰直接脱羧形成乙偶姻（3-羟基丁酮）。

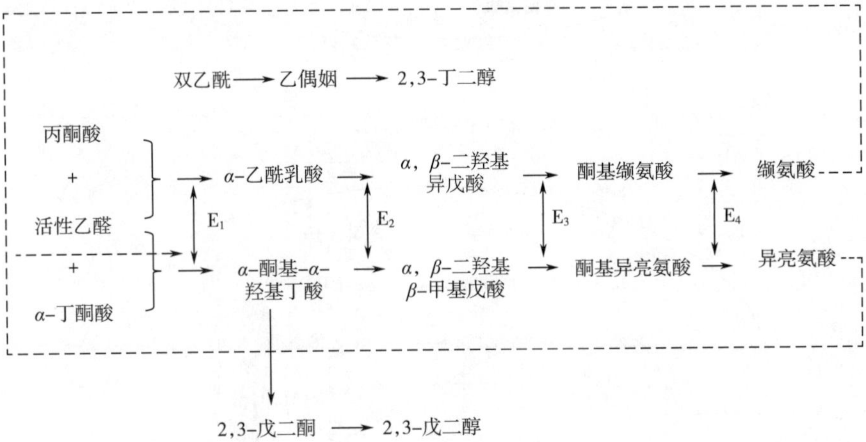

图5-22　酵母氨合成和连二酮生物合成

E_1—缩合酶　E_2—还原异构酶　E_3—脱氢酶　E_4—转氨酶

形成的双乙酰在酵母还原酶催化下，首先还原成乙偶姻，进一步还原成2,3-丁二醇，由于乙偶姻和2,3-丁二醇的味阈值远远大于双乙酰。双乙酰的良好还原就能消除双乙酰不愉快的气味。

将双乙酰还原成乙偶姻和丁二醇的酶主要是酵母酒精发酵的将乙醛还原成乙醇的醇脱氢酶（ADH）和乳酸脱氢酶。

由图5-23的反应可看出，双乙酰前体α-乙酰乳酸是酵母合成缬氨酸时形成的，只有酵母在大量出芽繁殖时，需要合成酵母细胞蛋白质原料缬氨酸时才合成较多的α-乙酰乳酸，因此，双乙酰形成峰值是在发酵液中酵母达到最高浓度数小时后出现的。

双乙酰的消除依赖酵母的醇脱氢酶的还原，只有当氧化还原电势（*rh*）降低至<10时（麦汁发酵前*rh*为16~17），醇脱氢酶才会强化，即只有当发酵液中大量形成酒精时，双乙酰才会迅速还原。

（3）影响和消除双乙酰的方法

①减少α-乙酰乳酸的生成：

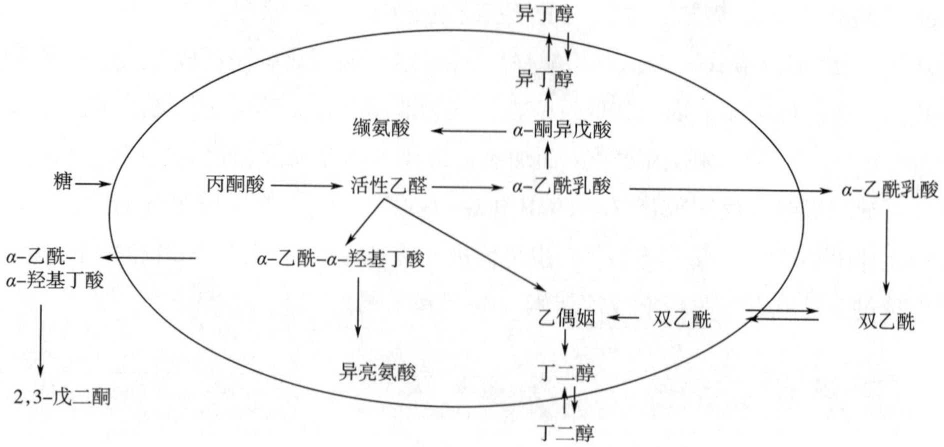

（1）正常啤酒酵母

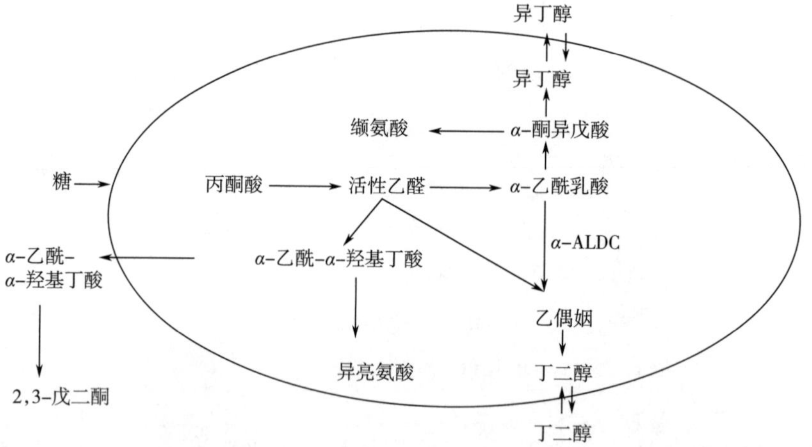

（2）基因工程（α-乙酰乳酸脱氢酶）啤酒酵母

图 5-23　酵母连二酮类代谢图

a. 酵母菌株：现代研究发现，酵母菌株不同，由活性乙醛和酮酸合成 α-乙酰乳酸的缩合酶活性差异很大。作者在“国内优良菌株选育”的研究中发现，相同发酵条件（包括接种量）下，双乙酰值有的（大多传统菌株）峰值达 0.8～1.2mg/L，有的仅 0.3～0.4mg/L，这也证明前体 α-乙酰乳酸合成量有很大差别。这一些低双乙酰峰值菌株，可以用化学诱变法获得，也可以从传统菌株自然变异中优选出来。德国和美国生物学家还用基因修饰技术选育不形成缩合酶的基因工程菌株，此菌株几乎不形成双乙酰。

双乙酰的合成和消除途径见图 5-24。

b. 提高麦汁中 α-氨基氮水平：由实验证实把麦汁中缬氨酸水平从 85mg/L 增加到 160mg/L，双乙酰峰值从 0.85mg/L 降低至 0.40mg/L（图 5-25）。

在生产实践中证实，提高麦汁 α-氨基氮水平也能降低双乙酰峰值（表 5-27）。

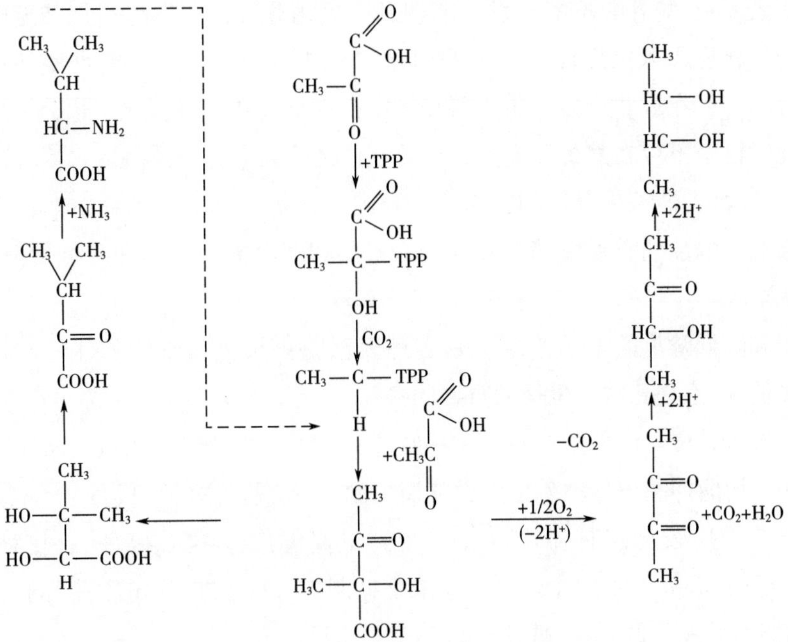

图 5-24　双乙酰的合成和消除途径

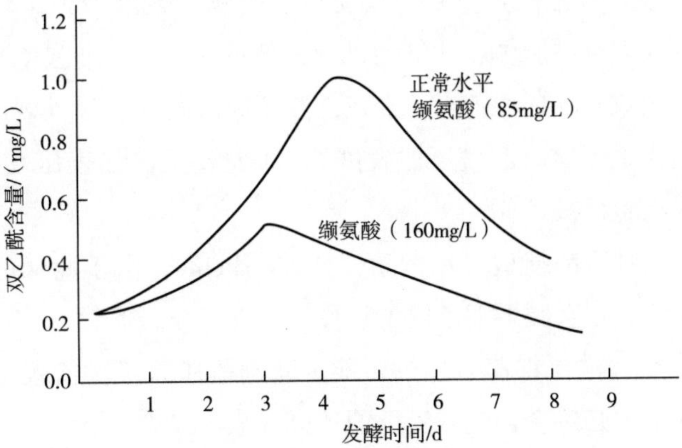

图 5-25　缬氨酸含量和双乙酰峰值

表 5-27　　麦汁 α-氨基氮和双乙酰峰值关系

α-氨基氮含量/（mg/L）	100	120	140	160	180	220
双乙酰峰值/（mg/L）	1.40	1.10	0.90	0.80	0.60	0.45

②加速 α-乙酰乳酸的非酶氧化分解：由于 α-乙酰乳酸是双乙酰的前体，它的非酶促氧化分解速度远远低于酵母对双乙酰的酶促还原速度（有人研究认为差 100 倍）。

$$\alpha\text{-乙酰乳酸}\xrightarrow{\text{非酶氧化}}\text{双乙酰}\xrightarrow{\text{酶促还原}}2,3\text{-丁二醇}$$

这总反应速度取决于非酶氧化分解速度，加快此速度也能最终加速降低啤酒中双乙酰的含量。若α-乙酰乳酸不能在发酵前期迅速氧化分解，在发酵后期乃至贮酒期，由于发酵液中氧化还原电位降低，α-乙酰乳酸氧化更困难，它就不能彻底转化成双乙酰而残留于啤酒中，在罐装以后，由于瓶和罐中存在空气和溶氧，此氧化分解反应会继续发生，而此时已经不存在酵母还原酶，导致在包装啤酒中，双乙酰含量回升。

加速α-乙酰乳酸氧化分解的技术为：提高麦汁溶氧水平，发酵前期适当进行通风搅拌，酵母在发酵前期有强发酵力（生产CO_2）和产酸能力，迅速降低发酵液pH（从pH5.4降低至4.4~4.3）。

③控制和降低酵母的增殖浓度：α-乙酰乳酸是酵母繁殖细胞的伴随产物，控制增殖浓度是降低α-乙酰乳酸产生量的重要因素。

提高酵母接种量，降低酵母在发酵液中繁殖温度，控制麦汁中α-氨基氮水平不高于220mg/L，均能抑制酵母增殖浓度，从而控制α-乙酰乳酸的生成量。

现代工艺采用较低接种温度（低于主酵最高温度3~4℃接种），接种后浓度在$(15\sim20)\times10^6$CFU/mL，主酵中酵母最高浓度控制在$(60\sim70)\times10^6$CFU/mL（即增殖级数<3），均能有效地降低α-乙酰乳酸的产量。

④加速双乙酰的还原

a. 酵母菌株影响。双乙酰产生后被酵母细胞分泌至发酵液中，双乙酰还原必须依赖于双乙酰渗透进入酵母细胞体，才能促进。各种啤酒酵母，细胞壁透过双乙酰的能力差异很大，严重影响双乙酰还原速度。在双乙酰还原阶段（麦汁外观浓度降至3.6°P以下的发酵阶段，现代工艺称双乙酰还原发酵），加大罐压（如表压0.16MPa），也能促进双乙酰渗透进入细胞而被还原。

酵母变异株——呼吸缺损型（小菌落变异株）Petite，由于此酵母缺乏琥珀酸脱氢酶和细胞色素氧化酶，也会减弱双乙酰的还原。

b. 双乙酰还原阶段酵母细胞浓度的影响。双乙酰还原阶段依赖于酵母分泌的醇脱氨酶，过低酵母细胞数必然会影响双乙酰的还原（表5-28）。

表5-28　后酵初期酵母细胞浓度和后酵时间对双乙酰还原的影响（10℃后酵开始）

后酵时间/d	20×10^6CFU/mL	10×10^6CFU/mL	7×10^6CFU/mL	3×10^6CFU/mL
0	0.711	0.718	0.69	0.70
2	0.54	0.628	0.65	0.69
5	0.28	0.356	0.52	0.60
8	0.15	0.22	0.39	0.55
12	0.10	0.15	0.225	0.43
15	0.08	0.10	0.13	0.35
20	0.06	0.08	0.10	0.30

在传统发酵中，主酵结束，外观浓度降至4.2~4.0°P时，即分离酵母，转罐进入后酵，此后酵阶段酵母细胞浓度一般在（5~7）$\times 10^6$CFU/mL，不利于双乙酰的还原。在现代大罐发酵中，外观浓度降至3.8°P，一般不分离酵母，悬浮在发酵液中，酵母细胞浓度取决于酵母的凝聚性，但不论酵母的凝聚性如何，其细胞浓度可维持在（40~10）$\times 10^6$CFU/mL，远高于传统发酵，因此，能加速双乙酰还原。

c. 双乙酰还原阶段温度的影响。醇脱氢酶对双乙酰还原速度是温度函数，提高还原温度是促进双乙酰迅速降低的有效措施（表5-29）。

表5-29 双乙酰还原阶段温度和时间对双乙酰含量的影响 单位：mg/L

还原时间/d	18℃	10℃	4℃	0℃
0	0.74	0.74	0.74	0.74
3	0.20	0.44	0.56	0.68
5	0.08	0.32	0.46	0.62
10	0.03	0.16	0.31	0.45
15	0.03	0.10	0.16	0.36

注：还原阶段初酵母细胞浓度 10×10^6CFU/mL。

6. 含硫化合物

啤酒中存在多种含硫化合物，其中94%是不挥发性硫化物，主要是SO_4^{2-}、—S—S—、含硫氨基酸和含硫蛋白质，它们和香气关系不大。6%是挥发性含硫化合物，主要是SO_2、H_2S、CH_3SCH_3、CH_3—S—S—CH_3、CH_3SH、HSC_2H_5等，它们在啤酒中含量十分低，均在10^{-9}~10^{-6}级，但由于它们的特殊气味，会影响啤酒风味，是近代啤酒企业关心的焦点。

麦汁中的含硫化合物，主要来自麦芽、辅料、酒花和酿造水。酿造水和水质调整会带来100~200mg的SO_4^{2-}，从麦芽糖化中带入甲硫氨酸6mg/L、半胱氨酸10mg/L、生物素10μg/L、硫胺素500μg/L，谷胱甘肽和蛋白质中有机硫50~100mg/L。在麦芽和麦汁制造中产生少量的H_2S、SO_2、CH_3SCH。等挥发性硫化合物，但大多数在麦汁煮沸和冷却中挥发，只有少量（10~50μg/L）留在麦汁中。酵母在合成蛋白质和某些酶及辅酶时，需要消耗硫，酵母细胞干物质约含0.2%~1.0%的硫元素。硫对酵母生长和发酵起着重要作用。酵母中的硫几乎全部来自麦汁中的含硫氨基酸。一般麦汁中只需要有25~40mg/L含硫氨基酸就足够了，大多数麦汁含有足够酵母需要的硫，若含硫氨基酸不足，酵母也能从无机硫（主要硫酸盐）中获得硫元素。酵母对无机硫的代谢，也能促进啤酒中含硫化合物（挥发硫）量的升高。

（1）H_2S 麦汁制造中形成的H_2S，在煮沸中大多已挥发，只残留10~40μg/L。啤酒中的H_2S主要由胱氨酸经半胱氨酸，再经半胱氨酸脱硫酶作用而产生。

H_2S的生成量，受酵母菌株特性、麦汁中含硫氨基酸、发酵温度的左右。近代优选菌株常常采用含 PbAc 培养基（0.05% PbAc），当产生 H_2S 较多，菌株变成黑色或深褐色（PbS），然后剔除。在发酵时形成 H_2S 随 CO_2 排出而减少；在贮酒阶段，如果酵母自溶，酵母蛋白质水解，形成的酵母臭中，H_2S 是主要成分。H_2S 在啤酒中气味阈值为 5~10μg/L。当啤酒中 H_2S>10μg/L，啤酒有生酒味（类似洋葱的异味）；当>50μg/L，啤酒有坏鸡蛋的气味。成熟的优秀啤酒中只有 1~5μg/L H_2S。啤酒用 CO_2 洗涤工艺，是降低挥发性 H_2S 的有效方法。

（2）SO_2　如果麦芽和酒花采用硫熏蒸，麦汁制造时添加 $NaHSO_3$ 等盐抗氧化剂，会给麦汁带来过高的 SO_2（几十 mg/L），但随着煮沸的氧化和挥发，麦汁（发酵前）一般只有几 mg/L 游离 SO_2。在发酵时形成的 SO_2，是由酵母从硫酸盐还原形成的，最高含量 5~20mg/L。在贮酒和装瓶后，游离 SO_2 能被醛、酮、糖等结合，形成不挥发硫，不影响口味。

长期以来在贮酒和过滤时，酿造师为了抑制杂菌繁殖．增加啤酒的抗氧性，还添加 $NaHSO_3$ 或 H_2SO_4 或液态 SO_2，使啤酒中在装瓶初游离 SO_2 达到 25~35mg/L。一般认为啤酒在品尝时 SO_2 只要<10mg/L，不会带来不愉快的风味。我国发酵酒卫生标准中规定，游离 SO_2<50mg/L。

20 世纪 80 年代以来，美国对进口啤酒中规定游离 SO_2 必须<8mg/L，人们发现在不添加任何含 SO_2 抗氧剂啤酒中的 SO_2 含量波动于 5~12mg/L，有时会超过美国规定值。

减少啤酒酿造水中 SO_4^{2-}，避免高压（>0.1MPa），采用 CO_2 洗涤工艺，均能有效降低啤酒中的游离 SO_2。

（3）硫醇（R-SH）、硫醚（R-S-R）　甲硫醇 CH_3SH、乙硫醇 CH_3CH_3SH，气味阈值在 5~10μg/L，有臭鼬味。二甲硫（DMS）有腐烂卷心菜味，气味阈值为 30~50μg/L。

啤酒中二甲硫是人们关心的焦点，它也是啤酒生酒味物质之一。

麦芽制造时，在绿麦芽阶段就形成二甲硫的前体，大多数二甲硫前体在绿麦芽焙焦时蒸发损失，少部分在焙焦和麦汁煮沸时形成二甲硫。二甲硫主要由胱氨酸、半胱氨酸在麦芽焙焦时形成的，所以，二甲硫属麦芽香气组成之一（图 5-26）。啤酒中二甲硫也有人认为可能是酵母生物合成的结果。

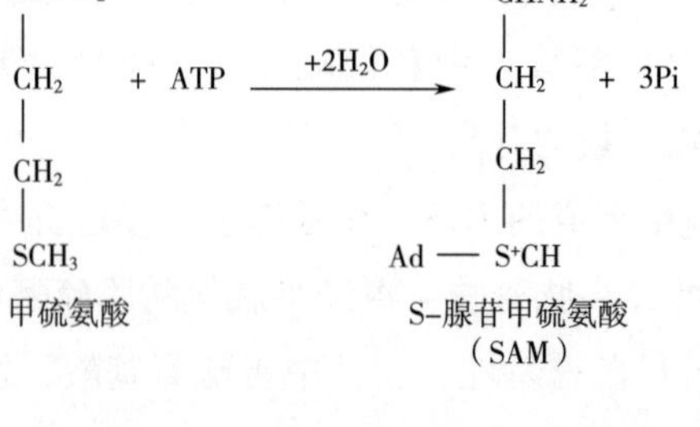

①

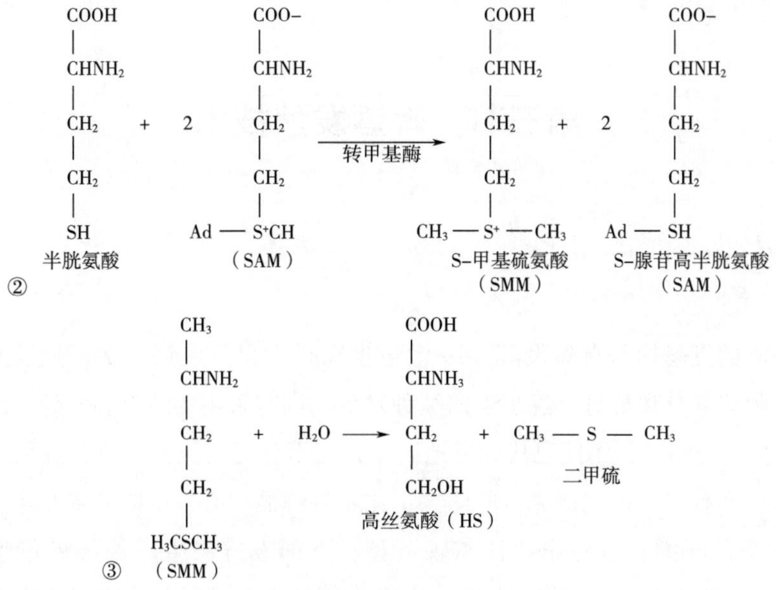

图 5–26 啤酒中二甲硫的形成

许多学者研究证实，啤酒酵母在正常发酵中并不形成二甲硫，啤酒中二甲硫除了麦芽带入以外，主要由污染细菌形成。他们认为控制麦芽焙焦时生成二甲硫量就能控制正常啤酒中二甲硫量（<30μg/L），美国、加拿大已经把麦芽中二甲硫纳入标准（成品麦芽二甲硫<2mg/L）。

酵母形成硫醇的代谢机制还不清楚。

由酵母硫代谢图可知，硫醇是代谢副产物，但日本和美国至今未检测到啤酒中的硫醇，在其他酒中已检测到（图 5–27）。有人检测到啤酒中仅含二甲硫 1~2μg/L，所以，实际意义也不大。

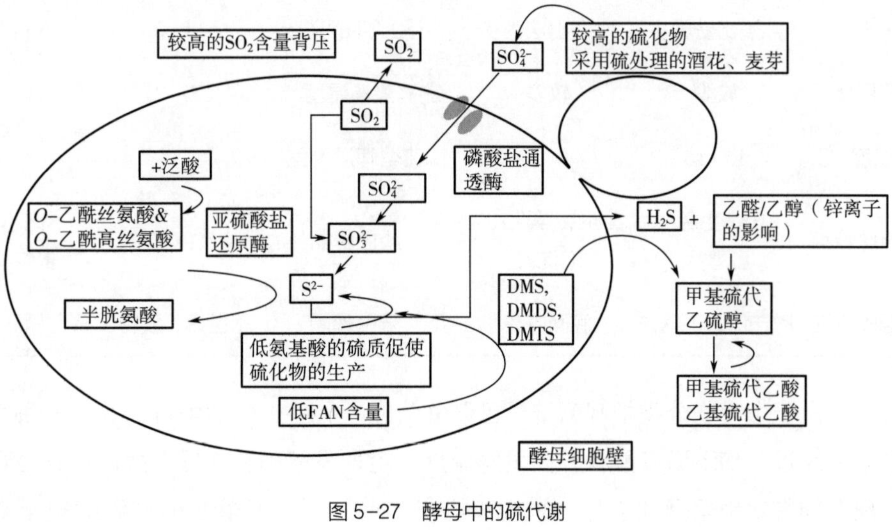

图 5–27 酵母中的硫代谢

第三节 啤酒发酵技术

一、 概述

古代啤酒的发酵均是自然发酵，19 世纪生物科学得到发展，认识到发酵是由酵母引起的，并收集、分离酵母，逐步走向纯种发酵，当时采用的酵母和发酵技术均属“上面发酵”。19 世纪中叶，德国巴伐利亚地区首先秘密分离出拉格酵母，并研究出下面发酵法。此酵母和技术被带到捷克，并建立了比尔森啤酒中心，所以，至今用下面发酵法生产的捷克淡色啤酒，被称作“比尔森”型，下面发酵法生产德式浓色啤酒被称作“慕尼黑”型。下面发酵法被带入丹麦，在汉逊等不少啤酒科学家在丹麦卡尔斯伯中心研究和推广下，逐渐在世界上取代了上面发酵法，现今下面发酵法生产啤酒占世界总产量 90%左右。英国至今还保留较多的上面发酵法，除英国外，澳大利亚、加拿大、比利时、美国等也有上面发酵法啤酒生产，许多小型啤酒厂也有较多的采用上面发酵法。我国（如 1900 年建立的第一家啤酒厂）一直采用下面发酵法，而近年来发展起来的工坊啤酒大多采用上面发酵啤酒（表 5-30）。

表 5-30 典型的上面发酵法和下面发酵法比较

	上面发酵法	下面发酵法		上面发酵法	下面发酵法
菌种	艾尔酵母（S. cerevisiae）	拉格酵母（S. pastorianus）	后酵起始温度/℃	14~15	传统 4~5
糖化方法	以浸出法为主	以煮出法为主	贮酒时间/d	1~2	30~120
酒花用量	较少	较多	主酵最高温度/℃	20~23	8~12
起酵温度/℃	15~16	6~8	典型啤酒类型		
啤酒风味特点	发酵度高、酯香大	细腻、柔和、泡沫好	淡色啤酒	淡色艾尔	比尔森 多特蒙德
酵母回收方法	撇沫法、下落法	底面收集	浓色啤酒	世涛、波特	慕尼黑、维也纳

近代，由于微生物分类把啤酒酵母已归并为一个种——啤酒酵母，其他各种发酵方法均在互相靠近，如下面发酵在升高发酵温度，上面发酵则在降低发酵温度；酵母回收技术，现在均喜欢用絮凝性酵母，采用离心机回收；下面发酵法的贮酒缩短至 2~8d，

啤酒的发酵度也在提高，风味也有人喜欢酯香味。所以，实际上两种方法，现在是互相靠近，界限淡化，乃至逐步统一。本章讨论发酵以下面啤酒发酵为代表。

世界啤酒工业主要的发酵方法，依旧为分批式发酵，在20世纪60年代推出连续式发酵，后为分批式大罐发酵所取代。我国和世界各国均致力于研究固定化菌体发酵，但还未取得工业规模的突破，至今还停留在研究阶段（图5-28）。

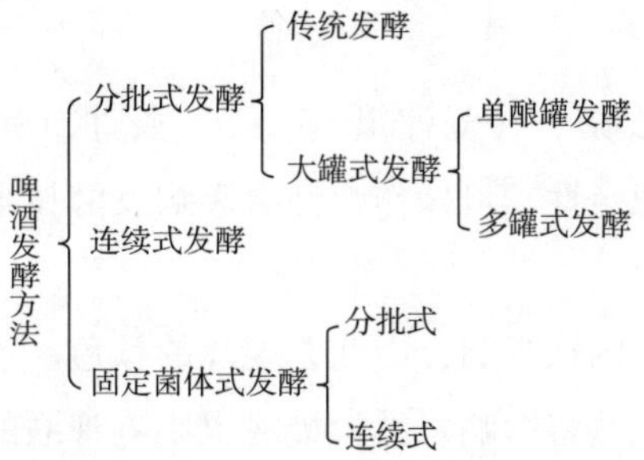

图5-28　啤酒发酵方法分类

我国中、小型啤酒厂尚有较多的传统式分批发酵，20世纪70年代推行大罐发酵，已经广泛为中、大型啤酒厂采用。

二、 啤酒发酵工艺技术控制

啤酒发酵工艺技术控制，至今尚未深入发酵代谢控制，所谓工艺控制多数停留在外界影响因素的选择性（非定量）控制，它包括如下几方面：

（1）啤酒酵母的菌株选择。

（2）麦汁组成分。

（3）酵母接种量和接种技术。

（4）起酵温度和发酵温度。

（5）发酵设备和酵母在发酵中的流态。

（6）后酵（或双乙酰还原）条件选择。

（7）酵母分离时间和方法。

（8）贮酒条件和时间。

（9）发酵中压力或CO_2浓度。

上述诸方面的控制技术，不但影响发酵工艺过程，而且深刻影响啤酒风味物质的代谢。由于发酵工艺的多变性，造成啤酒风味千差万别。

1. 酵母菌株选择

如前所述，啤酒菌株特性深刻影响糖类的发酵，氨基酸的同化、酒精和副产物的形成、啤酒的风味、啤酒的稳定性等方面，在优选良种条件下还必须注意啤酒酵母菌株对发酵过程控制的影响。

（1）发酵速度　酿造现场外观浓度下降速率影响工艺操作。

（2）发酵限度　主发酵终了发酵度和啤酒发酵度，保留足够可发酵性糖在后发酵。

（3）凝聚性　酵母凝聚性的易变性，会影响发酵工艺操作。

（4）回收性　主发酵酵母回收条件和回收量，不单会影响再次利用，也深刻影响后酵工艺。

（5）稳定性　分批式发酵，在麦汁组成、工艺条件、有害微生物污染诸方面均易波动，而酵母菌株特性的稳定性、可操作弹性会影响发酵技术。

2. 麦汁组成

啤酒是发酵后直接饮用的饮料酒，因此，麦汁的颜色、芳香味、麦汁组成有一些会直接影响啤酒的风味，有一些将影响发酵，最终也影响啤酒的风味。

麦汁组成中通过它影响发酵的主要因子是：原麦汁浓度、溶氧水平、pH、麦汁发酵性糖含量、α-氨基氮（游离氨基酸浓度）、麦汁中不饱和脂肪酸含量等。

（1）原麦汁浓度　原麦汁浓度是指发酵前麦汁中含可溶性浸出物的质量分数，它主要通过酵母营养因子和渗透压，影响酵母的生成量，从而影响发酵。原麦汁浓度在10%~15%，一般发酵正常。原麦汁浓度过低（<9%），麦汁中氨基酸、核苷酸、酵母生长素不足，酵母增殖受到抑制；原麦汁浓度过高（>15%），由于渗透压太高和代谢产物积累太快，会减弱酵母的增殖，降低发酵强度，减弱麦汁发酵时 pH 的下降速率。

（2）麦汁溶氧水平和不饱和脂肪酸含量　麦汁中含溶解氧水平会影响发酵过程中酵母的增殖速度和增殖量，影响发酵速率，影响连二酮类前体——α-乙酰乳酸的生成量和氧化速度，影响高级醇、挥发酯等代谢产物的生成量。

麦汁溶氧水平首先影响发酵前期酵母的增殖，溶氧高，酵母增殖快和多，在 3~9mg/L 正常溶氧水平下，酵母增殖浓度可差 50%。发酵速率也因酵母增殖速率和数量而变化，酵母的增殖数量不同会引起高级醇、挥发酯量的变化。这也可由 α-氨基氮同化速率得到证明。

在麦汁溶氧缺乏时，酵母前期增殖受到麦汁中不饱和脂肪酸含量的调节，不饱和脂肪酸含量从 0.5~10.0mg/L，明显会促进酵母增殖。麦汁不饱和脂肪酸可从测定麦汁中热凝固物含量来反映（图 5-29）。

3. 接种量

啤酒在生产过程中常用上一批回收酵母泥接种；接种量是以每百升中的千克数表示，一般为 0.4~1.0kg/hL，而酵母泥中细胞浓度常为（15~20）$\times10^8$ CFU/g（受到酵母凝聚性影响）。

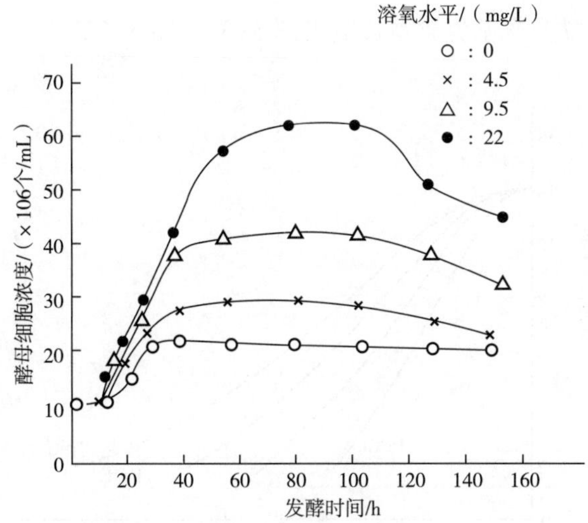

图 5-29 麦汁中溶氧水平和发酵中酵母的增殖

提高酵母接种量即起酵浓度，可以加快发酵，但由于在分批发酵中，酵母营养成分（主要是氨基酸、核苷酸和生长素）不变，因此，提高接种量，发酵时酵母最高细胞度相应增加，但新生酵母细胞浓度反而减少，增殖倍数显著降低（表 5-31）。

表 5-31 发酵接种量和细胞增殖

接种量（*A*）（$\times 10^6$CFU/mL）	发酵最高浓度（*B*）（$\times 10^6$CFU/mL）	增殖量（*B-A*）（$\times 10^6$CFU/mL）	增殖倍数
5.0	49.0	44.0	8.8
10.0	55.0	45.0	4.5
20.0	56.0	36.0	1.8
30.0	58.0	28.0	0.93

提高酵母接种量，由于发酵最高浓度增加，主发酵速度可明显提高。由于新细胞增殖减少，所以，双乙酰峰值降低，高级醇生成减少，乙酸乙酯增加。

接种量过高，由于新生成细胞减少，导致后发酵不彻底，酵母增殖倍数减少。

4. 发酵工艺条件控制

（1）发酵温度　啤酒发酵是采用变温发酵，发酵温度是指主发酵阶段的最高发酵温度（图 5-30）。

由于传统原因，啤酒发酵温度远远低于啤酒酵母的最适温度。上面啤酒发酵采用 18~22℃，下面啤酒发酵采用 7~15℃。因为，采用低温发酵可以防止或减少细菌的污染，代谢副产物减少，有利于啤酒风味。下面啤酒发酵习惯上主发酵最高温度（即发酵温度）分成四类（图 5-30）。

发酵温度对双乙酰及氨基氮含量影响见图 5-31、图 5-32。

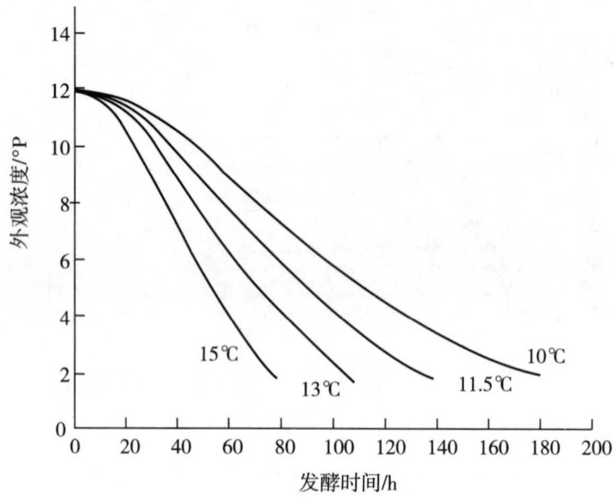

图 5-30　发酵温度和发酵速率

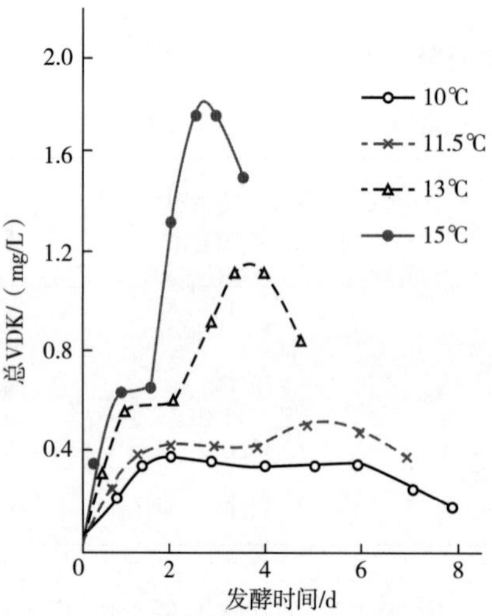

图 5-31　发酵温度和 VDK 的关系

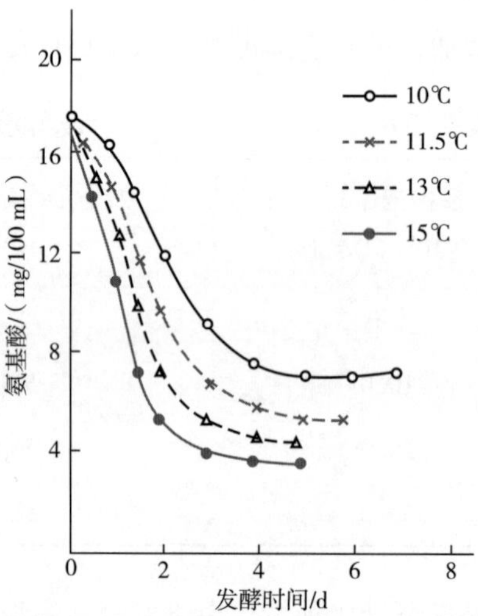

图 5-32　发酵温度和氨基酸的同化

低温发酵，酵母增殖慢，最高浓度低（图 5-33），发酵中形成高级醇等代谢副产物少，同化氨基酸少，pH 降低缓慢，酒花香气和苦味物质损失少，酿成的啤酒细腻，柔和，浓醇性好。酵母自溶少，酵母使用代数高。

发酵温度较高，酵母增殖浓度高（图 5-33），氨基酸同化率高，pH 降低迅速，高分子蛋白质、多酚和酒花树脂沉淀较多，不但易酿成淡爽啤酒，而且在相同贮酒期可以酿成非生物稳定性好的啤酒，见图 5-33。

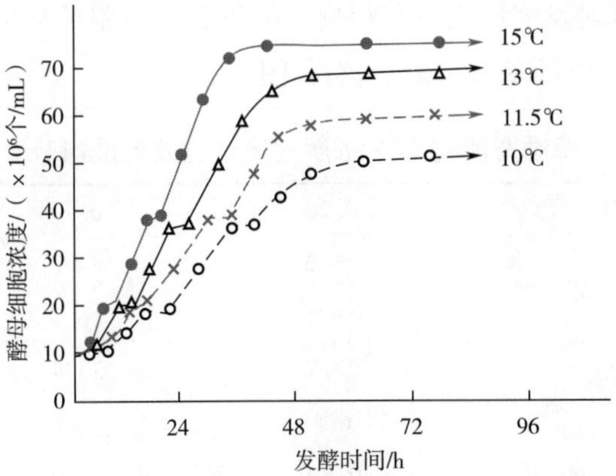

图 5-33 发酵温度和酵母浓度

近代，啤酒类型崇尚淡爽，因此，比较喜欢采用较高温度（10~12℃）发酵。很多学者认为，啤酒副产物主要在酵母增殖阶段大量形成，为了使啤酒风味保持原有风格，应该采用较低接种温度（8~9℃），主酵最高温度不宜超过 12℃。发酵温度和副产物形成的关系如表 5-32 所示。

表 5-32 发酵温度和副产物形成 单位：mg/L

副产物	9.0℃	10.0℃	11.5℃	13℃	15℃
乙酸乙酯	38.5	40.0	40.7	42.3	42.8
正丙醇	9.0	9.6	11.6	13.6	16.2
异丁醇	11.0	12.8	16.8	21.1	25.5
活性戊醇	3.0	3.1	4.4	5.0	5.3
异戊醇	45	68	82	86	96

（2）罐压、CO_2浓度对发酵的影响　过去传统发酵均为敞口式发酵（主），近代不论大罐还是传统发酵池均采用密闭式发酵。为了回收 CO_2，主酵采用带压发酵，人们发现绝大多数现在采用的啤酒酵母菌株，在有罐压下发酵，增殖浓度减少，发酵滞缓，代谢副产物也减少。用 N_2和 CO_2加压证明，带罐压发酵主要是 CO_2浓度对酵母的影响（表 5-33）。

表 5-33 啤酒发酵时 CO_2浓度对酵母增殖的影响

罐压/MPa	CO_2浓度/（g/100g）	发酵麦汁中酵母最高浓度/（$\times10^6$CFU/mL）
0	0.25	77
0.3	0.31	67
0.6	0.37	61
0.9	0.44	53
0.9（N_2压）	0.1	73

发酵初，CO_2浓度对发酵速率略有影响，但明显会抑制风味物质中乙酸乙酯和异戊醇的生成，这是加压发酵的基础（表 5-34、图 5-34）。

表 5-34 啤酒发酵初 CO_2浓度对风味物质形成影响

CO_2浓度/（g/100g）	0.20	0.40	0.56
乙酸乙酯	56.2	44.2	38.5
正丙醇	16.1	16.3	16.6
异丁醇	23.7	23.4	23.5
活性戊醇	6.4	5.6	5.1
异戊醇	102.0	90.0	81.0

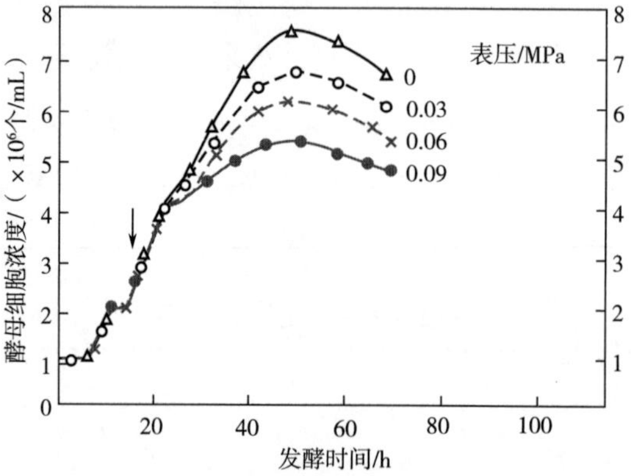

图 5-34 罐 CO_2压力和发酵细胞的增殖

第四节 传统啤酒发酵

传统式分批发酵，每批（一锅或二锅）定型麦汁，经过添加酵母、前发酵（酵母增殖）、主发酵、后发酵和贮酒等阶段。相应的设备是：酵母添加器、密闭或敞口式前发酵池和主发酵池，密闭式后发酵罐和贮酒罐。各阶段发酵均在有绝热围护层，并具有室温调节装置的厂房内进行，一般分为前酵室（7~8℃）、主酵室（6~7℃）、后酵和贮酒室（2~0℃）等部分。

一、 酵母的添加和前发酵

1. 酵母接种量

传统式分批发酵常常采用低温、缓慢发酵，因此，接种量比较小，接种后细胞浓度常控制在（5~12）$\times 10^6$CFU/mL。

压榨酵母每克有30亿~40亿个细胞，凝聚性酵母、自然沉降酵母泥中每克有18~25亿个细胞。

若酵母泥浓度为20×10^8CFU/g，工艺规定接种后酵母浓度为8×10^6CFU/mL，每千克麦汁接种酵母泥克数（n）：

$$n=\frac{8\times 10^6\times 1000}{20\times 10^8}=4\text{g}$$

即接种量为0.4%

2. 酵母添加方法

（1）干道和湿道添加法

①干道添加法：在酵母添加器中加入每批麦汁所需的酵母泥，再加上一倍量的冷却麦汁，用无菌压缩空气充分混合，压到前酵池麦汁中，再用无菌压缩空气搅拌均匀，即可。

②湿道添加法：酵母泥预先加5倍量麦汁（温度为13~15℃），预先保温培养10~12h，使休眠态酵母能完全进入出芽繁殖阶段，然后均匀混入发酵麦汁，直接进入主发酵池。此法较麻烦，现在传统发酵几乎不采用，而大罐发酵中有些工厂采用。

当今传统式发酵酵母均采用干道添加法，在不同场合，常采用如下添加法。

（2）倍量添加法　在二批（锅）麦汁装一个发酵池时，第一锅麦汁中，用干道添加法加入全部满池使用的酵母泥，经无菌压缩空气搅拌充分后，发酵6~8h，再加入第二锅麦汁（温度比第一锅高0.3~0.5℃），再用无菌压缩空气搅拌，发酵10~15h，转入主发酵。

（3）分割法　当接种酵母泥不够生产使用时，采用分割法，可分割1~3次。

前酵池用干道法接种后，发酵24~30h，待酵母浓度增加到20×10^6CFU/mL时，用压缩空气充分搅拌后，一池分成二池，再补满同温度的冷却麦汁，然后发酵18~24h，可再分割或转入主发酵。只能分割1~2次，多次分割，会影响发酵啤酒风味。

（4）递加法　若首次培养酵母不够一池的接种量，可采用逐步（分数次）递加麦汁，每次递加麦汁间隔时间为6~10h。

分割法和递加法的要点是在前酵池麦汁中应具有足够的酵母细胞浓度（8×10^6CFU/mL），使麦汁中有足够的酵母优势，防止杂菌的繁殖。分割和递加时间，均应在酵母繁殖达到一定浓度后进行。

3. 前发酵

所谓前发酵，实际上是接种酵母泥处于休眠阶段（芽生率为0%），酵母和麦汁接触后，有较长（数小时至十小时）生长延迟期，才能进入出芽繁殖，当酵母克服生长延迟期，出芽繁殖细胞浓度达到20×10^6CFU/mL，发酵麦汁表面开始起沫，此阶段为前发酵。

前发酵时间，随接种温度、接种量变化。一般低温发酵常在16~20h，中温发酵在12~14h。前发酵阶段糖降不明显，外观浓度降在0.5~1.0°P，温度自然升高0.7~1.0℃。

前发酵室一般在主酵室上方，下酒可用自然位差法。前酵池平底，设有高于池底3~5 cm酵母挡，用于阻挡自然沉降的死酵母和冷凝固蛋白质。

于前发酵是酵母启动阶段，室温一般控制比接种温度略高（1~2℃），无菌要求比主发酵室更严格，发酵池内不设冷却排管。

二、 传统啤酒的主发酵

主发酵前期酵母吸收麦汁中氨基酸和营养物质，利用糖类发酵释放自由能（ATP）合成酵母细胞。此阶段糖降较缓慢，而α-氨基氮下降迅速。由于有机酸产生和麦汁缓冲物质（磷酸盐和氨基酸）减少，麦汁pH下降迅速。酵母达到最高浓度时，糖降最快，每天外观浓度降可达1.5~2.0°P。双乙酰峰值出现在最高酵母浓度后12~24h。此阶段大量释放出发酵废热，必须冷却以保持最高发酵温度。

当发酵度达到酵母凝聚点时（一般发酵度在35%~45%），酵母开始凝聚，发酵液中悬浮酵母细胞数开始下降，发酵糖降速率也随之降低。为了促进凝聚和保存凝聚酵母的活性，发酵后期逐步降低温度，使发酵温度逐步趋近于后发酵温度。

当主发酵后期每日糖降小于0.3°P时，发酵缓慢，泡沫消失，逐步形成泡盖。泡盖是由CO_2带至发酵液表面的多酚、酒花树脂、高分子蛋白质接触空气氧化、聚合而形成的。在主酵结束前，小心捞去泡盖，即可下酒至后发酵和回收沉于池底的凝聚酵母泥。

完成主发酵下酒的工艺条件是根据酵母发酵能力和后发酵时间而有变化。对12°P浅色啤酒，外观浓度一般在3.6~4.0°P，温度为4.2~5.5℃。

典型低温发酵实例如表5-35所示。

表5-35 典型低温发酵实例

发酵天数/d	1	2	3	4	5	6	7	8	9	10	11
泡高/cm	1.5	7.5	18	25	19	7	3	2	1	泡盖	
品温/℃	6.7	7.1	7.8	8.5	8.5	8.1	7.4	6.5	5.0	4.5	4.0
外观浓度/°P	11.7	11.2	10.5	9.7	8.3	7.0	6.1	5.4	4.9	4.5	4.2
α-氨基氮/(mg/L)	183	178	156	132	102	92	90	85	85	85	84

续表

发酵天数/d	1	2	3	4	5	6	7	8	9	10	11
酵母浓度/（$\times10^6$CFU/mL）	9.5	13.8	23	45	55	44	40	35	31	29	15
酵母消耗率/%	6	10	50	40	30	10	5.5	3	3	1	0.5
双乙酰/（mg/L）	0.10	0.32	0.51	0.72	0.85	0.80	0.72	0.51	0.32	0.25	0.20

当今为了酿制淡爽型啤酒，经常采用发酵力强、双乙酰峰值低、双乙酰还原快的啤酒酵母，发酵温度也偏高（属中温发酵 10~12℃），见表 5-36。

表 5-36　　WIL-G-03 酵母快速发酵实例（第二代）

发酵天数/d	1	2	3	4	5	5.5	6
泡高/cm	2	12	20	10	2	泡盖	下酒
品温/℃	9.5	11.0	12.0	11.0	7.0	4.0	3.8
外观浓度/°P	11.5	10.1	7.6	6.0	4.5	3.7	3.6
α-氨基氮/（mg/L）	170	120	80	65	54	50	48
酵母浓度/（$\times10^6$CFU/mL）	15	30	75	60	45	30	15
酵母芽生率/%	10	40	55	30	15	10	3
双乙酰/（mg/L）	0.10	0.25	0.32	0.25	0.22	0.15	0.16
pH	5.0	4.5	4.3	4.25	4.25	4.2	4.2
高级醇/（mg/L）	20	47	85	95	98	100	102

典型低温、中温下面酵母发酵，上面酵母快速发酵曲线如图 5-35~图 5-37 所示，WIL-G-03 快速发酵实例如表 5-36 所示。

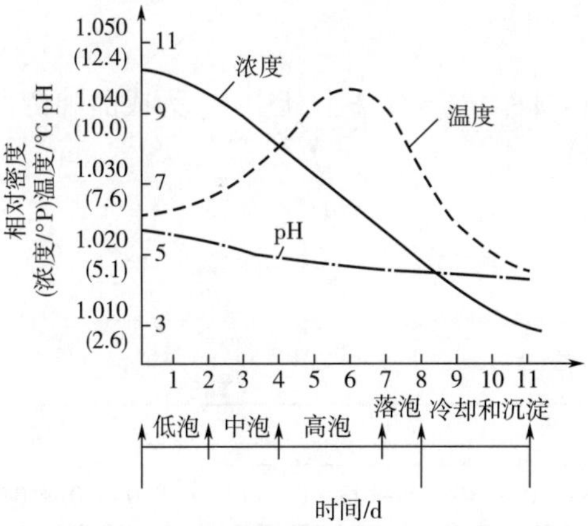

图 5-35　典型低温下面酵母发酵曲线

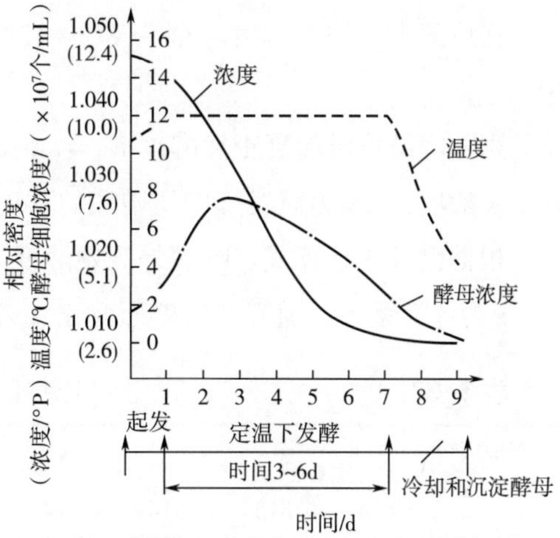

图 5-36　典型中温下面酵母发酵曲线

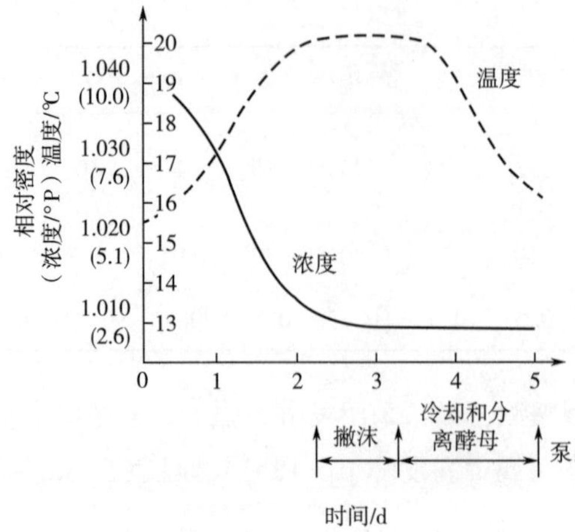

图 5-37 典型上面酵母快速发酵曲线

主发酵下酒（将嫩啤酒从主发酵室引入后发酵室）的条件控制，实际上决定了后发酵开始的条件和后发酵。结束时主发酵的指标，根据实际情况有很大不同。

1. 下酒的可发酵性糖

保留足够又不过剩的发酵糖并能在后发酵全部发酵，一般保留在后发酵中增加 10% 发酵度的糖类。如保留可发酵性糖太少，后发酵不充分，CO_2不足，异杂味排除不彻底，啤酒非生物稳定性就差。如保留过多的可发酵性糖，由于后发酵库温低，啤酒品温在 7~10d 会和室温一致，酵母凝聚，导致发酵结束时残留较多的可发酵性糖，使啤酒风味变差（甜、黏），生物稳定性也变差。

作者认为可按如下计算，控制下酒外观浓度。预先测定，12°P 麦汁极限真正发酵度，如 $F_{max}=68\%$

传统发酵，成品啤酒发酵度一般小于麦汁极限发酵度 2%~4%，如 $F_R=65\%$。

在后酵中增加发酵度一般为 8%~12%，根据工厂实际情况（统计）若定为 $\Delta F=10\%$。

则主酵结束时的真正发酵度 $F_主=F_R-\Delta F=64\%-10\%=54\%$，其中 F_R 为成品啤酒的真正发酵度，ΔF 为后发酵期间增加的真正发酵度。

根据巴林氏计算式：啤酒外观发酵度 $F_外=F_主/r$

r 为计算系数，随麦汁浓度而变化（表 5-37）。

表 5-37 巴林氏换算系数

麦汁浓度	5	6	7	8	9	10	11	12	13	14
r	0. 8167	0. 8157	0. 8149	0. 8143	0. 8138	0. 8130	0. 8123	0. 8117	0. 8109	0. 8104

$$F_外=54\%\div0.8117=66.53\%$$

按巴林氏计算式：

$$外观浓度\ E_A = 原麦汁浓度 \times (1-外观发酵度)$$
$$= 12\% \times (1-66.53\%)$$
$$= 4.02\%$$

$$真正浓度\ E_R = 原麦汁浓度 - (原麦汁浓度 - 外观浓度) \times r$$
$$= 12\% - (12\% - 4.02\%) \times 0.8117$$
$$= 5.52\%$$

即此麦汁适宜下酒外观浓度为 4%。

2. 下酒的温度

传统下面啤酒酵母可在 2℃以上发酵，过去为了防止在后发酵中酵母自溶，破坏啤酒的风味，常常采用低温后发酵，即下酒温度在 4.5℃左右，这样低温后发酵时间要 10~15d 才能完成。现在为了加速双乙酰还原，常常采用较高后发酵温度 5~8℃。因此，下酒温度应根据下酒时双乙酰的含量和后发酵时间而定。若下酒时双乙酰比较高（>0.3mg/L），应采用较高温度（如 5~6.5℃），可缩短后发酵时间。

3. 下酒的酵母细胞浓度

有可发酵性糖，有适宜的发酵温度，后发酵能否顺利进行，还必须依赖于有相当数量的活性啤酒酵母。过去传统长时间后发酵，为了保持啤酒风味，常采用低浓度酵母（5×10^6CFU/mL）。根据双乙酰还原理论，提高酵母浓度，可加速双乙酰还原。因此，现在下酒酵母浓度常控制在（10~20）$\times10^6$CFU/mL。但若酵母比较衰老，不但不能加速双乙酰还原，还会增加啤酒中酵母的自溶味。为了避免此问题，在后发酵中可以采用加高泡酒后发酵的技术。

三、　主发酵沉淀酵母收集和冷储

当发酵糖降小于 0.2~0.3°P/d，发酵液比较澄清，无明显气泡产生，主发酵结束时，小心捞去液面泡盖，用位差法将嫩啤酒送入后发酵。主发酵池底沉结一层酵母泥沉淀（靠酵母档阻挡）。

酵母泥数量，随酵母最高浓度和凝聚性而有差别，通常每百升发酵液有 1.75~2.5L 酵母泥。此酵母泥上层，带有较多泡盖物质和衰老酵母，下层有较多热凝固蛋白质和死酵母，中层是正常凝聚酵母，应分层刮出酵母，留中层酵母（约占 75%）作为种酵母。

传统种酵母泥回收方法，取中层酵母泥，用齿轮泵，泵送至无菌酵母冷储室，边加无菌的 1~2℃的水，边经 100 目振荡筛，除去夹杂酒花树脂和热凝固蛋白质。筛下酵母泥再用 1~2℃无菌水漂洗 2~3 次（每隔 2~3h 换水一次）。此酵母保存在 1~2℃冰水下（称作“冷储”），1~3d（不超过 5d）。每天换 1~2 次冰水。

此冷储无菌冰水，必须具有适宜离子浓度（>300mg/L 总无机离子），特别 Ca^{2+} 浓度应>50mg/L。缺乏无机离子会加速酵母死亡，缺乏 Ca^{2+} 会影响酵母的凝聚特性。

过去认为，通过漂洗冷储，可减少酵母泥死细胞和污染微生物。现在研究证明，冷储时间过长会减少酵母肝糖，使酵母衰老，因此，应尽可能缩短酵母在水中（0~2℃）的冷储时间（不超过 3d）。

回收酵母泥作种酵母的条件：

（1）镜检　细胞大，无异常细胞（细胞拉长是衰退标志），液泡和颗粒物正常。

（2）肝糖染色　酵母泥用 0.1% EDTA-Na 稀释后，再用 2%鲁化碘液染色 5~6min，镜检十个视野有大颗粒肝糖细胞，有红棕色颗粒，反之，无肝糖细胞为黄色。有肝糖细胞应>70%~75%。

（3）死亡率测定　适当稀释酵母泥，用 0.1%亚甲蓝染色 3min 被明显染上深蓝色的细胞为衰老或死亡酵母。亚甲蓝染色率<5%为健壮酵母泥，10%尚可使用，>15%不能使用。

（4）杂菌检查　用 0.1% EDTA-Na 适当稀释酵母泥，使之每一个显微镜（中倍）镜检视野有酵母细胞 50 个左右，检查 20 个视野其共 1000 个酵母细胞周围，含杆菌应≤1 个。

（5）其他　无异常酸味和酵母自溶味。凝聚性正常（过强或过弱均为变异）。酵母代数，新扩大培养得到的酵母，生产上称“零”代，此酵母每参与一次发酵，收集酵母泥就增加一代。现在传统发酵以七代之内为好。

四、主发酵池和主发酵室

1. 主发酵池

（1）外型和尺寸　主发酵池大多为方形（个别也有立式圆桶形），主酵池容积为 10~100m^3（相当于 1~3 次冷却麦汁容积的 1.2 倍），池高 1.5~3m，池充满系数为 80%（冷却麦汁高度加上 0.35m 泡沫高度）。国内大多为高 2.2~2.4m 形敞口槽，国外现有敞口槽大多装有可移动的有机玻璃拱形盖（图 5-38）。

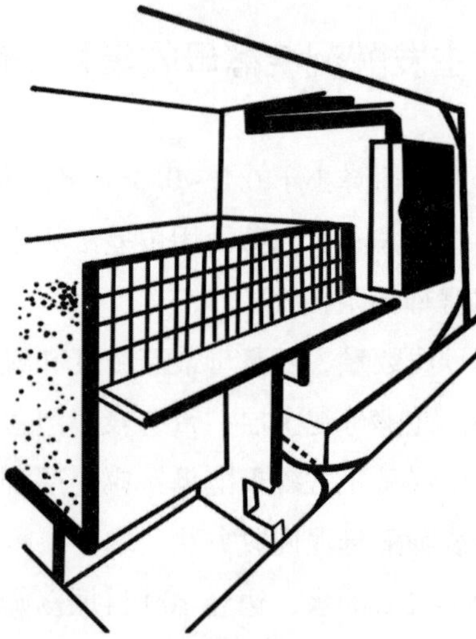

图 5-38　传统啤酒主发酵池

（2）材料　最古老的发酵池为木制的，国内大多数为混凝土浇筑、碳钢、不锈钢、铝及个别有搪瓷等材料制成。钢筋混凝土及碳钢制造必须有内壁涂料。传统发酵池喜欢用沥青石蜡涂料，沥青石蜡涂料表面带有强正电荷，能吸引带负电荷 CO_2 气泡沿壁排出，也有利于吸附带负荷的蛋白质、酵母的沉降。但沥青（5 号沥青）涂料，每年需修补，并因毒性问题，现很少采用。

国内曾经采用过不饱和聚酯树脂、7535 环氧树脂，也因牢度和毒性（固化剂）不令人满意。应用夏布衬里、中国改良漆涂料，在很多厂使用比较满意。“七五”期间我国研制的涂料，虽然价格比较高，但无毒性，使用寿命长，已开始推广。

（3）冷却每千克糖类的发酵，将释放出 605kJ 热量，若在完全绝热容器内，啤酒主发酵将放热使品温增加 10℃。在传统发酵池均装有浸沉式冷却蛇管。

冷却蛇管有镀锡铜管，或不锈钢管制作，冷却介质用 1~2℃低温水，或-3℃乙醇水溶液。传统低温缓慢发酵需要较少的冷却面积，每立方米发酵麦汁只需 0.2m²。冷却面积，现在快速发酵，主发酵温度高（10~12℃），并要求冷却迅速，必须增加冷却面积（1~2℃水冷却介质，F=0.45m²/m³麦汁，-3℃乙醇水 0.35~0.40m²/m³麦汁）。若采用高浓发酵，后稀释工艺，还需增加冷却面积。

2. 主发酵室

（1）有良好隔水绝热层围护厂房，主发酵室内墙和天花板贴磁砖或涂防霉涂料。

（2）有良好调温设施，使主发酵室能维持在 6~8℃（图 5-39）。

调温方式
- 直接冷排式-7~-5 ℃酒精水溶液或氨直接蒸发冷排
- 冷风式
  - 集中空调，冷风道
  - 吊顶式

图 5-39　主发酵室常见调温方式

上述各种空调方式各有优缺点，现在较多采用冷风式，大型工厂多用集中空调、冷风道，而中小型厂用吊顶式冷风机更方便。

（3）主发酵若采用敞口式，发酵中产生大量 CO_2，每 1m³ 发酵液在发酵时将形成 14m³（或 27.8kg）CO_2。为了操作工人健康平安，发酵室 CO_2 浓度应<20mg/m³，因此，发酵室必须有通风换气设施，室内空间换气系数每小时为 3~4。

五、后发酵和贮酒

传统式发酵在主发酵结束后，下酒至密闭式后发酵罐，前期进行后发酵，后期进行低温贮藏（图 5-40）。后发酵和贮酒目的是：糖类继续发酵、促进啤酒风味成熟、增加 CO_2 的溶解、促进啤酒的澄清。

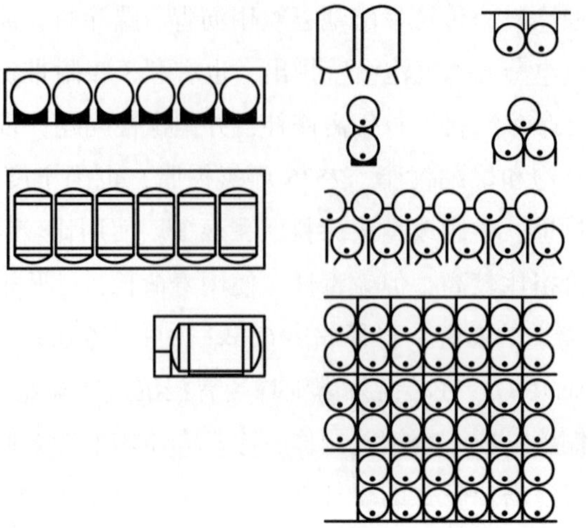

图 5-40 传统啤酒后发酵和贮酒

1. 糖类继续发酵

主发酵后期由于大量酵母凝聚沉淀于器底，悬浮在发酵液中的酵母大多也凝聚成10^2~10^3个细团颗粒，虽然尚有较多的可发酵性糖，但发酵滞缓。通过下酒至后发酵，发酵液受到外力冲击，悬浮于发酵液中的酵母凝聚团，受到分散，重新均匀分布于发酵液，发酵又可获得加强。

由表 5-38 可见，在后发酵中发酵糖类主要是残余麦芽糖和主发酵中大多未发酵的麦芽三糖。12°P 麦汁中有 1.0%~1.4%糖类未被发酵。

表 5-38 12°P 麦汁嫩啤酒、成品啤酒中的糖类

	麦汁	嫩啤酒	成品啤酒
原浓度/°P	12	12	12
真正浓度/°P	—	5.1~5.8	3.8~4.1
酒精质量分数/%	—	3.2~3.5	3.7~4.2
真正发酵度/%	—	51.6~57.5	60~68
总糖类/%	10.8~11.1	4.7~6.3	2.75~4
戊糖、戊聚糖含量/%	0.2~0.3	0.2~0.25	0.2~0.25
β-葡聚糖含量/（mg/L）	200	180	150
葡萄糖、果糖、蔗糖含量/%	1.5~2.0	0.1~0.15	0.05~0.1
麦芽糖含量/%	5.5~6.2	1.0~1.5	0.2~0.4
麦芽三糖含量/%	1.5~1.8	1.3~1.5	0.3~1.0
麦芽四糖含量/%	0.5~0.1	0.5~0.7	0.45~0.1
DP=4%~8%	1.5~2.0	1.5~2.0	1.45~1.95
DP=9%~12%	0.1~0.2	0.1~0.2	0.1~0.2

酵母对麦芽三糖的发酵能力有较大差异。作者对国内酵母调研中发现，传统强凝聚性酵母，麦芽三糖发酵只有45%~55%，而快速发酵絮状酵母及粉末酵母，麦芽三糖发酵可达85%~90%。

不论用什么啤酒酵母，只需控制麦汁极限发酵度和下酒嫩啤酒真正发酵度之差，就能保留足够的糖类在后发酵中发酵。

传统式后发酵大多用室温来调节品温，即发酵罐无冷却或加热装置，影响后发酵品温的是下酒温度（即后发酵起始温度）、后酵室温度和发酵时的放热。

大中型工厂，后发酵和贮酒室分隔成若干的独立室，在后酵7~10d，可以控制室温偏高3~4℃，从而保证后发酵能在4.5℃左右：在7d以后逐步降至0~1℃使酒能进入低温贮酒阶段。在小型工厂，后发酵和贮酒室常常只有一个低温室，室温既要顾及到后发酵，又要顾及到贮酒。室温不能依据后发酵和贮酒要求调节，一般控制在2±0.3℃。后发酵每天糖降至0.3°P以内，发酵产生热量远远不能抵偿散热损失（特别是小罐）。若品温低于2℃，即使有较多可发酵性糖，发酵也会停滞。

作者在某厂实测，12°P浅色下面啤酒，后酵罐为直径2m、30m^{3}卧式密闭罐，青岛啤酒酵母，下酒外观糖度为4.2°P，室温控制在2± 0.2℃，不同下酒温度，后发酵结果如表5-39所示。

表5-39 后发酵实例

后发酵天数/d	0	1	2	3	4	5	6	7	8	9	10
品温/℃	7.5	7.0	6.4	6.0	5.5	4.8	4.1	3.5	3.1	2.7	2.5
外观浓度/°P	4.3	4.0	3.8	3.6	3.45	3.2	3.1	3.0	2.9	2.85	2.8
酵母细胞数/（$\times10^6$CFU/mL）	15	10	8	5	4	3	1.5	0.8	0.3	0.2	0.2
罐压/MPa	0	0	0	0.01	0.03	0.04	0.07	0.08	0.08	0.08	0.08
品温/℃	4.5	4.3	4.0	3.7	3.6	3.4	3.0	2.8	2.6	2.5	2.3
外观浓度/°P	4.0	4.1	4.0	3.8	3.7	3.6	3.55	3.5	3.45	3.4	3.4
酵母细胞数/（$\times10^6$CFU/mL）	10	8	5	3	2	1	1	0.8	0.5	0.2	0.1
罐压/MPa	0	0	0.02	0.03	0.04	0.05	0.07	0.07	0.07	0.07	0.07

由表5-39可知，在后酵室库温比较低，提高下酒温度和酵母浓度能促进后发酵的进行。

2. 增加CO_2的溶解

CO_2是啤酒的重要组分，它能赋予啤酒起泡性泡沫和杀口性，也能增加啤酒的防腐性和抗氧化能力，CO_2在啤酒中溢出能拖带啤酒芳香味散发。没有 CO_2的啤酒，只是一杯苦水。近代优质的瓶装啤酒 CO_2 的质量分数常达 0.45%～0.53%，CO_2 密度为 1.977g/L，啤酒中 CO_2体积比为 2.2～2.7L/L。

传统主发酵是敞口容器，发酵时大多 CO_2溢散在室内，溶解在嫩啤酒中 CO_2的质量分数仅为 0.20%～0.28%。

根据 Henry 定律：在一定温度下，气体在液体中溶解度和气体平衡压力成正比。

根据本生氏研究：CO_2在水中溶解度是温度函数，符合式（5-4）。

$$CO_2\text{体积分数}\ \varphi = 1.7967—0.7761t+0.001642t^2 \tag{5-4}$$

式中 t——溶液温度，℃

啤酒工厂常用如下经验式，预测在贮酒阶段，啤酒中 CO_2的含量和罐压、温度的关系。

$$CO_2\text{的质量分数（\%）} = 0.298+0.4p-0.008t \tag{5-5}$$

式中 p——贮酒罐气压（压力表读数），MPa

t——啤酒品温，℃

CO_2在水中和在酒精中的溶解度不一样，较精细计算，可根据表 5-40 所列数据计算。

表 5-40 CO_2在不同温度、0.098MPa 下在纯水和酒精中的溶解度 单位：mL/mL

t/℃	H_2O	C_2H_5OH	t/℃	H_2O	C_2H_5OH
0	1.7067	4.3295	16	0.9753	3.1438
1	1.1707	4.2368	17	0.9419	3.0908
2	1.6481	4.1466	18	0.9318	3.0402
3	1.5787	4.0589	19	0.9150	2.9921
4	1.5126	3.9736	20	0.9104	2.9465
5	1.4497	3.8908	21	0.8900	2.9034
6	1.3901	3.8105	22	0.8860	2.8628
7	1.3378	3.7327	23	0.8710	2.8477
8	1.2809	3.6573	24	0.8630	2.7890
9	1.2311	3.5844	25	0.8560	2.7558
10	1.1847	3.5140	26	0.8505	2.7251
11	1.1416	3.4461	27	0.8460	2.6969
12	1.1016	3.3807	28	0.8420	2.6711
13	1.0613	3.3177	29	0.8390	2.6478
14	1.0321	3.2573	30	0.8370	2.6270
15	1.0020	1.1993			

例：某啤酒含有酒精 3.65%，真浓度 4.63%，啤酒品温 4℃，CO_2表压为 0.05MPa，啤酒中 CO_2的含量为多少？计算 100g 啤酒中 CO_2的克数。

①酒精体积：$V=m/d=3.65/0.794=4.60$（mL）（其中 d 为酒精密度，0.794），查表可知在 4℃每毫升酒精可溶解 3.9736mL CO_2。

则 $$3.9736\times4.60=18.28(\text{mL})$$

②每 100g 啤酒中含水量

$$100-(3.65+4.63)=91.72(\text{g})$$

查表得水中 CO_2： $91.72\times1.5126=138.74(\text{mL})$

在表压为 0 下，啤酒中 CO_2：$18.28+138.74=157.02(\text{mL})$

在表压为 0.05MPa 下 $CO_2=157.02\times(1+0.5)=235.53(\text{mL})$

③CO_2的密度在 0℃，0.098MPa 下为 1.9767g/L。

则 啤酒中 $CO_2=0.23553\times1.9767=0.466(\text{g})$

啤酒中 CO_2呈两个状态：

气态 CO_2：存在于水分子的空隙中

和水结合： $CO_2+H_2O \rightleftharpoons H_2CO_3$

综合： CO_2（气态）$\rightleftharpoons H_2CO_3$

在低温下，随着贮酒时间的延长，反应向右方进行，CO_2在啤酒中越稳定。

根据麦芽糖酒精反应方程可知，每克麦芽糖发酵可形成 0.511g CO_2，啤酒在后酵中发酵 1.0%~1.2%糖类，罐压保持在 0.078MPa，啤酒中 CO_2就可>0.5%。

3. 促进啤酒的成熟

啤酒风味成熟是复杂过程，它包括还原、氧化、酯化、聚合等过程。仅研究对风味有明显影响的物质变化。

（1）连二酮类的还原 连二酮类物质包括：双乙酰（2,3-丁二酮）、2,3-戊二酮，以及它们的前体 α-乙酰乳酸和 α-乙酰丁酸。在主酵结束时总双乙酰（包括前体），水平在 0.20~0.30mg/L，通过后发酵和贮酒（主要是后发酵），由酵母的醇脱氢酶还原而降低。连二酮的还原速度和水平，主要取决于：活性酵母浓度，还原温度、pH 和氧化还原电位。其中关键是酵母的醇脱氢酶的活力，酵母在后发酵中降糖能力也显示了醇脱氢酶活性，也就是只有在后发酵中有充分发酵，才能迅速降低双乙酰。酵母出芽会形成双乙酰前体。若后发酵中由于接触氧过多，酵母自溶等原因，导致后发酵中酵母出芽率>3%，会发现双乙酰还原停滞。

啤酒发酵成熟指标之一：

双乙酰<0.1mg/L，或更低 0.05mg/L。

乙偶姻由嫩啤酒 10~15mg/L 还原到 1~1.5mg/L 以下。

应该指出，发酵完全停止后，由于醇脱氢酶存在，双乙酰会继续缓慢还原，即使品温在 0℃也能进行。

（2）游离乙醛降低　乙醛是丙酮酸的脱羧产物，会在酵母生长期大量积累。在发酵后期，这些积累的乙醛能在醇脱氢酶（ADH）的作用下进一步还原成乙醇，或在乙醛脱氢酶（ALDH）的作用下氧化为乙酸。同位素标记结果显示两者的分配比例约为 8∶2。值得一提的是，游离乙醛还会与发酵液中的谷胱甘肽、二氧化硫等含硫化合物结合。尽管这种结合态的乙醛不会表现出乙醛原有的风味特征，但其造成的含硫化合物的减少会导致成品啤酒的货架期缩短。

目前，我国成品酒中的游离乙醛含量一般控制在 5~15mg/L，而国外优质啤酒的乙醛含量通常控制在 3mg/L 以内。因此，我国成品啤酒的乙醛含量控制仍有待进一步加强。

（3）酯化　长期后发酵和贮酒会增加啤酒的贮藏香味，在后发酵和贮酒过程中，挥发酯将增加 30%~100%，其中乙酸乙酯增加最多。

$$RCHO+R_1CHO \rightleftharpoons RCOOCH_2R_1$$

$$RCH_2OH+R_1COOH \rightleftharpoons R_1COOCH_2R+H_2O$$

（4）挥发性含硫物质的变化　挥发性含硫物质，包括 H_2S、SO_2、CH_3SCH_3 等，它们超过阈值含量，是啤酒风味的有害物质，成熟啤酒指标是：

$$H_2S<5.0\mu g/L$$

$$SO_2<20mg/L$$

$$CH_3SCH_3<0.1mg/L$$

挥发性含硫化合物在后发酵中，主要靠排出 CO_2 或 CO_2 洗涤的拖带效果而减少（表 5-41）。

表 5-41　　嫩啤酒下酒吸收氧量对 H_2S 变化的影响

下酒吸收 O_2/（mg/L）	后发酵物 H_2S/（μg/L）	后发酵中极值 H_2S/（μg/L）	贮酒结束 H_2S（μg/L）
<0.01	8	8	4
0.04	8	20	16
0.12	8	40	25
0.30	8	85	35（CO_2洗涤）

4. 促进啤酒的澄清

在发酵全部结束后，啤酒中还存在悬浮酵母、大分子蛋白质、酒花树脂、多酚、β-葡聚糖等悬浊物质。过去啤酒的过滤只有简单的粗滤，最终包装后啤酒的透明度、非生物稳定性主要取决于过滤前啤酒的澄清度。因此，啤酒在后发酵和贮藏过程的澄清极为重要。现在，啤酒工业有各种澄清技术，相对来说，在后发酵和贮藏过程“自然澄清”意义要小得多。

(1) 影响澄清的主要因素

①酵母絮凝性和酵母细胞浓度：发酵结束以后，啤酒中最大量悬浮物质是啤酒酵母。若啤酒酵母凝聚性强，后发酵结束酵母浓度只有 $(0.2\sim2)\times10^6$CFU/mL，低温度贮藏后更少，绝不会引起过滤困难。粉末型酵母，后发酵结束后常维持在 $(10\sim20)\times10^6$ CFU/mL，而且沉降很慢，造成过滤困难。

由于酵母衰老和贮酒温度太高，造成酵母自溶，使啤酒浑浊。

②后发酵度：良好的后发酵，产生较多的 CO_2气泡，能促进高分子蛋白质和多酚结合、沉淀，能促进酵母凝聚沉淀，能加速澄清。

③贮藏温度：贮藏温度越低，越能减少大分子物质的溶解，促进澄清（表 5-42）。特别是冷凝固蛋白质的析出，贮酒温度越低（-2～-1℃），成品啤酒抗冷雾浊能力越强。

当然，在贮酒期内，温度和罐压的恒定，可防止啤酒的对流，以保持啤酒的澄清。

表 5-42 贮酒温度和啤酒含氮化合物的变化

贮酒温度/℃	4	2	0	-2
总氮/(mg/L)	828	827	824	816
$MgSO_4$沉淀氮/(mg/L)	176	175	174	172
热凝固氮/(mg/L)	29	28	27	26
含氮化合物相对分子质量区分/(mg/L)				
>2600	230	235	233	225
>4600	79	78	76	74
>12000	24	24	25	25.5
>30000	17	17	17.5	18
>60000	14	13	13	12
泡沫 Σ 值/s	123	125	127	130

④啤酒成分的影响：啤酒中高分子氮的含量、β-葡聚糖含量、啤酒黏度、糊精含量（碘值）和原麦汁浓度，均影响啤酒的澄清。

⑤贮酒容器：啤酒贮藏容器越小，垂直高度越小，越有利于啤酒的澄清。在传统式发酵中，均采用直径为 2～3m 的卧式圆筒形的后发酵贮酒罐。

（2）澄清啤酒过滤前的条件　多数啤酒厂，啤酒的初级过滤，均采用硅藻土助滤过滤。能保证正常过滤的条件是：

①啤酒中悬浮酵母浓度<（0.2~2.0）$\times 10^6$CFU/mL

②啤酒黏度≤1.85MPa·s

③啤酒过滤前浊度<60EBC

④β-葡聚糖含量<150mg/L

⑤碘值0.20ΔE.

（3）加速澄清的措施　影响啤酒澄清的因素，从原料选择到整个酿造工艺均有深刻影响，在这里仅讨论在贮酒工序促进澄清的方法。

美国Anheuser-Bush公司在贮酒罐添加山毛榉木片（Beech Wood Chips），放至卧式罐高的1/4处增加悬浊物吸附、沉淀表面积，促进澄清。

有些工厂常采用如下添加物质，促进澄清或改善过滤性能。

①添加五倍子单宁（鞣酸）：单宁和啤酒中某些大分子蛋白质具有强烈的亲和作用（主要依赖单宁大量氢氧根基团），它和蛋白质结合后，能通过沉淀或过滤除去。

在啤酒中加入五倍子单宁的量为20~80g/m^3，常用25~35g/m^3，在过滤前3d以上加入，最佳澄清温度为0~2℃。

②添加明胶或鱼膘胶：明胶（骨胶层）和鱼膘胶，相对分子质量≥30 000，由三个螺旋多肽形成长链，在pH 4.4以下，带有大量正电荷和负电荷，并在啤酒中形成无规律线；网状可以吸附带负电荷的酵母细胞和高分子蛋白质，形成较大颗粒，自然沉降于贮酒罐底。

20g精制鱼膘胶（切成小块）+3g酒石酸+30g 5% H_2SO_4使胶膨胀后，强烈搅拌制成乳浊液，用细麻布过滤，加入10m^{3}贮存啤酒中，静置澄清数天，即可过滤。

③添加蛋白酶：国外作为啤酒澄清剂的蛋白酶有：

Collupulin（美国，胃蛋白酶等复合酶）

Collerls Scintillase（英国，木瓜酶等复合酶）

Malilyase（德国，麦芽蛋白酶）

Molsin（日本，霉菌蛋白酶）

上述这些酶均能在贮酒温度下，分解大分子蛋白质，它们的加入量和作用时间，必须根据酶的性质和活力，加入量过高或过低，反而会使啤酒更浑浊。

我国常用菠萝蛋白酶、木瓜蛋白酶的单一酶制剂，用量为0.5~1.0mg/m^3。由于这些酶制剂作用温度较高（最适作用温度为45℃、pH 5.0）。所以，贮酒期加入效果更佳，它们的作用只是在啤酒巴氏杀菌过程中。此两种酶制剂使用对澄清无明显作用，但能提高啤酒非生物稳定性，特别是抗冷雾浊（表5-43）。

表 5-43　　贮酒期加入蛋白酶的作用

	对照		菠萝蛋白酶		黑曲霉酸性蛋白酶	
	蛋白质含量/（g/100g）	占总蛋白质/%	蛋白质含量/（g/100g）	占总蛋白质/%	蛋白质含量/（g/100g）	占总蛋白质/%
啤酒总氮	0.4438	100	0.4951	100	0.4383	100
隆丁区分 A	0.069	15.3	0.0697	14.07	0.0429	9.18
隆丁区分 B	0.0752	16.9	0.0808	16.31	0.0716	16.33
隆丁区分 C	0.3006	67.7	0.3446	69.6	0.3238	73.87

注：隆丁区分是对蛋白质分子质量大小的区分，即高、中、低分子质量的蛋白质，A 区为相对分子质量大于 60000 的蛋白质，B 区为相对分子质量 12000~60000 的蛋白质，C 区为 12000 以下的低分子质量含氮物质。

也有工艺主酵带压发酵（见后面带压发酵法）。

也有工艺主发酵后期升至>0.1MPa，在双乙酰还原期间，采用突然降压（分 2~3 次），降至 0.2MPa，在过滤后补充 CO_2。此法原理是，使用凝聚性强的酵母菌，由于主发酵末酵母过多凝聚，发酵液中酵母浓度过低（<5×10^6CFU/mL），影响连二酮类的还原，利用降罐压，使过饱和溶解 CO_2 大量急速释放，促进凝聚酵母分散和浮起，加速双乙酰的还原，同时，还具有 CO_2 洗涤功能，即依赖于 CO_2 快速排出，拖带发酵液中双乙酰、硫化物等影响风味的副产物排出，改善啤酒的风味。

第五节　啤酒大型发酵罐发酵

一、概述

德国酿造师 L. Nathan 发明了立式圆筒体锥底发酵罐，$H:D=2:1$，夹套冷却，密闭式（罐压在 0.05MPa），这种型式发酵罐称“奈当罐”。发酵结束后，先从锥底排放酵母，再用 CO_2 充气洗涤啤酒，后降温至 0~1℃冷藏，过滤。

由于当时德国啤酒工厂生产规模小（数千立方米/年~数万立方米/年），此发明未获得重视和推广。

20 世纪 50 年代，由于二次大战后经济普遍得到迅速发展，啤酒需要量激增，啤酒工厂不断扩大产量，发酵设备容积从 10~30m^3 逐步走向大型化 100~500m^3，相应的大型发酵罐从冷藏库走向室外（露天、户外），奈当罐技术得到改进和发展。在 20 世纪 50 年代后期新建大型化啤酒厂（3 万~5 万 m^3/年以上），啤酒发酵型式有：圆筒体锥底发酵罐（我国常称锥形罐）、塔式发酵罐、联合发酵罐等。我国在 20 世纪 70 年代中期，广州啤酒厂和北京啤酒厂先后采用室外圆筒体锥底发酵罐发酵。此发酵罐发酵方法现在几乎已经遍及全国中、大型啤酒工厂，逐步取代了传统冷藏库内的传统发酵。

二、圆筒体锥底发酵罐（C. C. T）发酵

1. 发酵方法分类

常见 C. C. T 发酵分类见图 5-41。

- C.C.T发酵
  - 单酿罐发酵：前发酵、主发酵、后发酵、贮酒全部在一个罐中完成
  - 两罐法发酵
    - ①前发酵、主发酵在发酵罐完成
      后发酵和贮酒在贮酒罐完成
    - ②前、主、后发酵在发酵罐完成
      贮酒在另一贮酒罐完成

图 5-41 常见 C. C. T 发酵分类

国内多数厂采用单酿罐发酵法，国外和国内特别注意啤酒质量的厂均喜欢采用两罐法发酵，特别是把所有各段发酵均放在一个罐，将贮酒移至贮酒罐的两罐法。

2. 设备的结构特点

C. C. T 发酵最大特点在于大型化，容积从 $100\sim600m^3$（国内也有 $60m^3$ 小型的）。

（1）设备的外型特点　外筒体蝶形或拱形盖，锥形体底，罐筒体壁和锥底有各种形式的冷却夹套。

筒体直径（D）和筒体高度（H）是主要特性参数。对单酿罐一般是 $D:H=1:(1\sim2)$。对两罐法的发酵罐 $D:H=1:(3\sim4)$，对两罐法的贮酒罐 $D:H=1:(1\sim2)$，也有采用直径为 3~4m 的卧式圆筒体罐作贮酒罐。增加 H 有利于加速发酵，降低 D 有利于啤酒的自然澄清。

发酵罐锥底角，考虑到发酵中酵母自然沉降最有利，取排出角为 73°~75°（一定体积沉降酵母在锥底中占有最小比表面积时摩擦力最小），对于贮酒罐，因沉淀物很少，主要考虑材料利用率常取锥角为 120°~150°（图 5-42）。

（2）罐材料　大型 C. C. T 均采用碳钢加涂料或不锈钢两种材料制成。啤酒是酸性液体，能造成铁的电化学腐蚀，啤酒发酵时产生的 H_2S、SO_2 对铁材料会造成氧化还原腐蚀。

不锈钢是一种含铬（>8%、>9%、>12%）较多的合金，它之所以能够抗腐蚀，原因在于其表面能形成铬含量高、化学性质稳定的氧化层。铬钢中常加入镍、钼、钛、锰

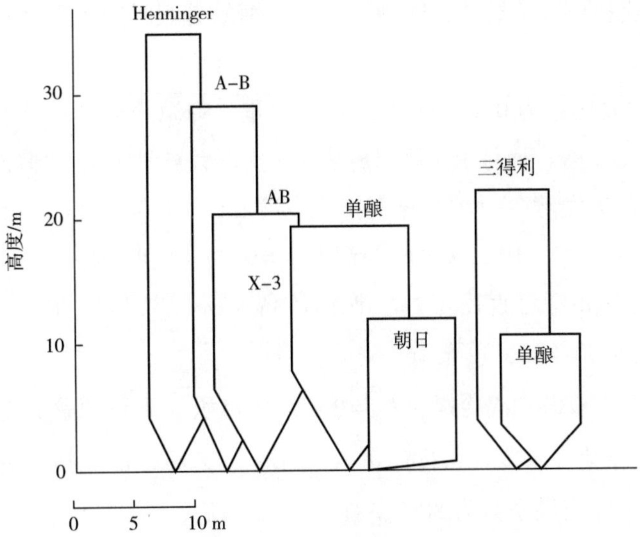

图 5-42　大罐罐型

等元素，可以改善耐腐蚀性和工艺性能。啤酒厂（包括发酵罐）常用的是 8Cr18Ni 的不锈钢。提高铬、镍、钼含量可增加抗腐蚀性。在啤酒厂，麦汁、啤酒输送管道，盐水冷却管需用 17Cr12Ni2Mo 的不锈钢。由于国内不锈钢价格是碳钢的 8 倍左右，因此，推荐碳钢加涂料为材料。我国在“七五”期间研制“T-541”无毒环氧涂料系列，在涂布良好时可使用 10 年以上，而且表面光滑，与酵母和蛋白质间属非浸润性表面，更易于清洗。

（3）冷却夹套　先进的 C. C. T 均采用换热片式（爆炸成型）一次性冷媒直接蒸发式换热，一次性冷媒（如氨蒸发温度为-4～-3℃）蒸发后的压力在 1.0～1.2MPa，也就是说换热片需耐高压，制作困难。国内大多用低温低压（-3℃、0.03MPa）液态冷媒在半圆管、弧形管的夹套，或米勒板式夹套内流动换热。

冷却夹套的发酵罐或单酿罐内一般分成三段，上段距发酵液面 15cm 向下排列，中段在简体的下部距支撑裙座 15cm 向上排列，锥底段尽可能接近排酵母口，向上排列。

啤酒冰点温度可按式（5-6）计算：

$$t_{冰} = -(A \times 0.42 + P \times 0.04 + 0.2)(℃) \tag{5-6}$$

式中　A——啤酒中酒精质量分数，%

P——发酵前原麦汁浓度，°P

如 12° P Lager Beer，酒精含量为 4.1%，其 $t_{冰} = -(4.1 \times 0.42 + 12 \times 0.04 + 0.2) = -2.4℃$

由于啤酒冰点温度为-2.0～-2.7℃。为了防止啤酒在罐内局部结冰，冷媒温度应在-3℃左右。国内常用 20%～30%酒精水溶液，国内更多用 20%丙二醇水溶液为二次冷媒。一次冷媒常用 NH_3。

罐体冷却面积由复杂传热计算求得。冷媒移走热量由三部分组成：发酵罐环境（露天）太阳的辐射热和环境传导热；啤酒发酵时，糖的有氧呼吸和厌氧发酵热；啤酒降温（0.4℃/h）放热。

啤酒发酵最大放热量为0.15g糖/h产生的热量。啤酒冷却（从+5℃→0℃）最大放热（0.3℃/h）并不重叠，而且由于降温放热大，实际计算是由第一部分和第三部分组成。

对于单酿C.C.T发酵，一次冷媒直接蒸发冷却，［冷却面积（F），发酵啤酒体积（V）］$F/V=0.25\sim0.30$，用二次冷媒冷却$F/V=0.35\sim0.40$。

作者设计的通用单酿罐直径4.2m，圆筒体高6.3m，锥角为70°，锥底高3.0m，发酵$T_{max}=12℃$，还原$T=8℃$，单酿16d完成。

用20%乙醇水溶液做二次冷媒，$T_{进}=3℃$，全容积（不计顶盖）为101.3m³，锥底容积为13.85m³，糖化冷却麦汁每批产量为13.4m³，六批满罐，接种量为0.5%酵母泥，满罐体积为80.8m³（充满系数为80%左右）。

经传热计算，冷却总面积为32.4m²，$F/V=0.4$，上段冷却面积按计算布置为10.2m²，占总面积的31.5%，中段冷却面积17.43m²，占53.8%，锥底段4.8m²，占14.7%。

（4）隔热层和防护层　绝热层材料应具有：导热系数低、体积质量低、吸水小、不易燃等特性。啤酒C.C.T常用如下材料：绝热材料聚酰胺树脂，可现场喷涂发泡，施工方便，价格中等，但易燃。自熄式聚苯乙烯泡沫塑料是最佳绝热材料，但价格贵。采用上述两种绝热材料只需厚度150~200mm。膨胀珍珠岩粉和矿渣棉价格低，因吸水性大需增加厚度200~250mm（表5-44）。

表5-44　C.C.T常用绝热材料

绝热材料名称	体积质量/（kg/m³）	导热系数/［kJ/（m·h℃）］	吸水性
自熄式聚苯乙酰泡沫塑料	20~30	0.105~0.125	极小
聚酰胺树脂	30~40	0.074~0.151	较小
膨胀珍珠岩	40~130	0.125~0.167	易吸水
矿渣棉	70~120	0.146~0.188	较小

外防护层一般采用0.7~1.5mm厚的合金铝板或0.5~0.7mm的不锈钢板，特别是瓦楞型板更受欢迎。

（5）罐主要附件　在上中下三段冷却介质进口位置下装智能型铂温度传感器（图5-43）。在圆筒形下部装可清洗取样阀。温度传感器和取样管均需深入罐中300mm。罐顶部应有安全阀、真空破坏阀，CIP执行机构应装在液面上150mm。还应装上视镜、灯镜、空气和CO_2排出管等装置。

锥底有直径500mm的快开人孔。如做单酿罐应具有深入锥底800~1200mm的出酒管和排酵母底阀及四通视镜（图5-44）。

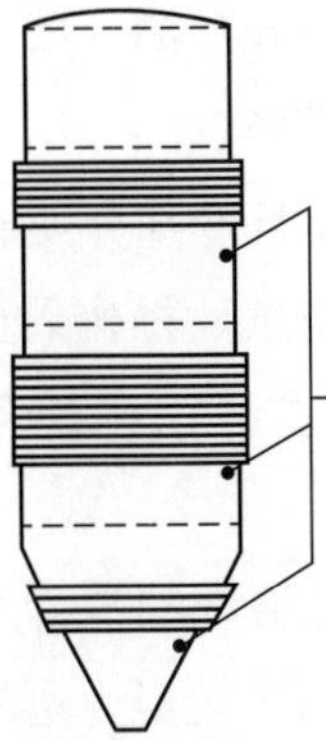

图 5-43　C. C. T 冷却面积分布

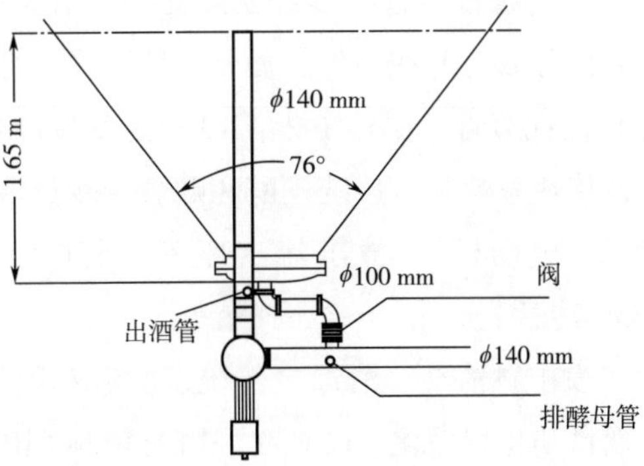

图 5-44　C. C. T 底部结构

3. 圆筒体锥底发酵罐发酵的优点

（1）加速发酵　C. C. T 发酵和传统发酵相比，由于发酵基质（麦汁）和酵母对流获得强化，可加速发酵。

C. C. T 发酵由于罐高度要大于传统 5~10 倍，发酵液对流的三个推动力得到强化。①发酵罐底部产生 CO_2气泡上升，对发酵液拖曳力大。②在发酵阶段，由于底部酵母细胞浓度大于罐上部，底部糖降快，酒精生成快，造成罐上、下部间密度差而造成对流。③在发酵时控制罐下部温度高于上部（差 1~2℃），由于温差引起热对流，特别在发酵后期第一、二推动力减小后，温差对流更能发挥作用。

在 C. C. T 发酵技术中，主发酵结束不排酵母，全部酵母参与后发酵中连二酮类的还原，特别是凝聚性差的酵母，发酵液有高浓度酵母参与连二酮类还原，大大缩短了还原时间。发酵温控自由，可以灵活采用各种温度（大多较高温度）下连二酮类的还原，更可以缩短后发酵周期。

传统发酵酿造周期，低温发酵需 50d 以上，快速发酵需 25~30d，而 C. C. T 发酵如单酿罐发酵，酿造周期一般为 16~22d，如两罐法发酵一般 20~30d，即酿造周期可缩短 1/3~1/2 倍。可大幅度减少罐数，节省投资（表 5-45）。

表 5-45　　传统发酵与 C. C. T 发酵的发酵技术和酿造周期比较

	传统发酵			C. C. T 发酵		
	主发酵	后发酵	贮酒	主发酵	后发酵	贮酒
低温发酵						
温度/℃	8.5	4.5 → 0	0	9	9	1~0
时间/d	8~9	14~21	30 以上	6~7	7~9	5~8
快速发酵						
温度/℃	12	6 → 0	0	12	12	
发酵时间/d	7	10~14	8~10	5	5~7	5~7

（2）厂房投资节省　传统发酵必须在有绝热层的冷藏库内发酵和贮酒。C. C. T 发酵可以大部分或全部在户外，而且罐数、罐总容积减少，厂房投资节省。

（3）冷耗节省　C. C. T 发酵冷却是直接冷却发酵罐和酒液，而且冷却介质在强制循环下，传热系数高。传统发酵和贮酒，冷量多消耗在冷却厂房、空气、操作人员和机器（如泵、电动机）、发酵罐支座等。根据计算和测定，C. C. T 发酵比传统可节省 40%~55%冷耗。

（4）发酵罐清洗、消毒　传统发酵罐和贮酒罐基本上依赖人工清洗和消毒，根本无法实现自动化程序化。C. C. T 发酵可依赖 CIP 自动程序清洗消毒，工艺卫生更易得到保证。

当然 C. C. T 发酵也有弱点。由于罐体比较高，酵母沉降层厚度大，酵母泥使用代数一般比传统低（只能使用 5~6 代）；贮酒时，澄清比较困难（特别在使用非凝聚性酵母），过滤必须强化；若采用单醣发酵，罐壁温度和罐中心温度一致，一般要 5~7d，短期贮酒不能保证温度一致。

在大、中型啤酒工厂用 C. C. T 发酵取代传统发酵法是必然趋势。

三、 圆筒体锥底发酵罐发酵工艺

C. C. T 发酵工艺，由于各厂使用的酵母特性、啤酒风格有差别，工艺差异比较大，本文只讨论一些共性。

1. 进罐方法

以前比较喜欢采用冷却麦汁混合酵母后每两批到三批麦汁用一繁殖罐，使酵母克服延迟期，进入对数生长期（一般要 16~20h）再泵入 C. C. T。

现在喜欢采用直接进罐法。即冷却通风后的麦汁用酵母计量泵定量添加酵母，直接泵入 C. C. T 发酵。如酵母凝聚性强，在进罐时用文丘里管或静态混合器，使空气、酵母、麦汁混合均匀。

2. 接种量和起酵温度

麦汁直接进罐法，为了缩短起发酵时间，大多采用较高接种量，0. 6%~0. 8%，接种后细胞浓度为（15± 3）$\times 10^6$CFU/mL。

直接进罐法，麦汁是分批进入 C. C. T 的，为了减少连二酮类前体 α-乙酰乳酸的生成量，要求满罐时间在 12~18h。

麦汁接种温度是控制发酵前期酵母繁殖阶段温度的，一般低于主发酵温度 2~3℃。目的是使酵母繁殖在较低温度下进行，减少酵母代谢副产物过多积累。

若某发酵 C. C. T 罐，四批麦汁满罐每批间隔 4h，接种量为 0. 7%，主发酵温度为 12℃，接种可如下控制（表 5-46）。

表 5-46 C. C. T 罐接种控制

麦汁批数	麦汁温度/℃	接种量/%	溶氧/(mg/L)
1	9.0	0.15	8~9
2	9.3	0.25	8~9
3	9.5	0.3	5~6
4	9.7	—	3

3. 主发酵温度

大罐发酵就国内采用的啤酒酵母菌株而言，大多采用低温（9~10℃）发酵和中温发酵（11~12℃）。

低温发酵主要用于<11°P 麦汁浓度或发酵周期（单酿）>20d 的啤酒。

中温发酵普遍用于新引进菌株和新培育快速发酵菌株，酿制淡爽啤酒。单酿发酵周期<18d。

原麦汁浓度为 12°P，对于高发酵度啤酒（>65%），外观浓度<3.4°P；中等发酵度啤酒（52%~64%），外观浓度<3.7°P，均认为主发酵结束。

4. 连二酮类还原

在大罐发酵中，后发酵一般称作“连二酮类”还原阶段。连二酮类还原初期一般不排放酵母，也就是发酵全部酵母参与连二酮类还原，这可缩短还原时间。还原阶段温度控制有三种：

（1）低于主发酵温度 2~3℃　这是模拟传统发酵控制，有利于改善啤酒风味，但还原时间较长，一般要 7~10d。酵母也不易死亡和自溶。

（2）和主发酵相同温度 实际上发酵不分主、后发酵，操作容易，还原时间短，许多工厂在旺季大多采用此法。

（3）高于主发酵温度 2~4℃　高温还原，还原时间可以缩短至 2~4d，此法是近代快速发酵法的一大特点。

许多研究证明，啤酒风味物质的形成，主要在酵母繁殖和主发酵阶段，采用高温还原并不增加很多的代谢副产物，如高级醇、挥发酯等。

能否采用高温还原，主要取决于酵母的特性。虽然任何啤酒酵母菌株，提高还原温度均可加速连二酮类还原，但实际上不是所有酵母菌株均选能于高温还原，其原因是：

①若为发酵度偏低的酵母菌株，在主发酵后糖降很少，放热少，温度升不起来（有的仅能升 1~2℃）。

②某些酵母菌在主发酵后，由于嫩啤酒中营养物质大幅度消耗，酵母比较衰弱，还原阶段高温会引起酵母死亡加速，连二酮类虽然下降较快，但很难降至最低值（如<0.06mg/L）。酵母死亡率增加，不单影响回收种酵母的质量，而且会使啤酒带有明显的

自溶酵母的臭味。

③若工厂卫生不好，麦汁和嫩啤酒中杂菌较多，采用高温还原，促进杂菌（兼性嫌氧细菌）繁殖，挥发酸升高，啤酒风味恶化。

5. 冷却、降温

连二酮类还原阶段的终点，是根据成品啤酒应控制连二酮类的含量而定。现在优质啤酒若需控制连二酮类含量为0.06mg/L，则要求连二酮类<0.1mg/L，才称还原阶段基本结束，可降温。在降温、排酵母、贮酒中，连二酮类有少量下降，则可达到要求。

啤酒降温依赖于C.C.T冷却夹套。控制冷媒进入量可调节降温速率，降温速度应控制在0.2~0.3℃/h，据资料报道，在不同温度下啤酒最大浓度在3℃条件下。因此，前期冷却主要依赖于筒体上段，其中段冷却夹套流型是近罐壁啤酒降温后向下流动，罐中央啤酒向上流动，进行热交换。降至3℃以后，主要依赖锥底，其次是筒体下段冷却夹套冷却。

单酿法（单酿罐发酵）排放酵母的时间，原则上是连二酮类还原至某一水平（比还原终点略高）后，尽可能早排放酵母，这样有利于改善种酵母泥的品质。但实际上受酵母菌株凝聚或沉淀条件的控制，某些酵母菌株，除了要达到一定发酵度外，必须降温至某一较低温度下才能凝聚或絮凝沉淀。

下面是几种酵母菌株，单酿法发酵曲线（图5-45~图5-47）。

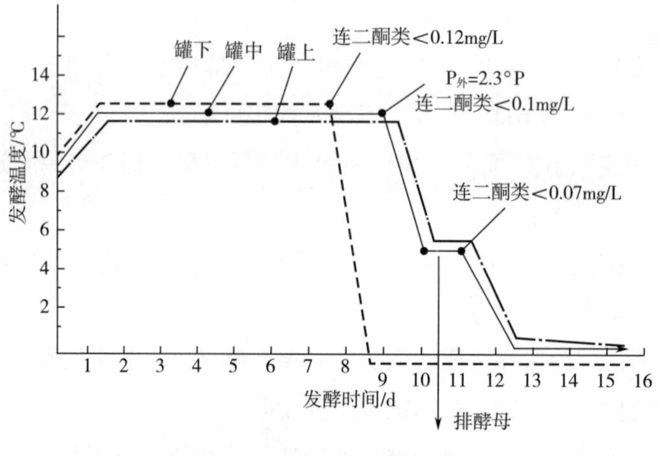

图5-45 G-03酵母单酿法发酵（主酵、后酵降温）曲线

6. 罐压控制

在传统式发酵中，主发酵是在无罐压（敞口式）或微压（密闭、回收CO_2）下进行的。发酵液中CO_2是酵母的毒物，会抑制酵母繁殖和发酵速率。因此，大多数C.C.T发酵主发酵阶段均采用微压（0.01~0.02MPa），主发酵后期才封罐逐步升高，还原阶段1~2d才升至最高值。由于罐耐压强度和实际需要，C.C.T罐压一般最大控制在

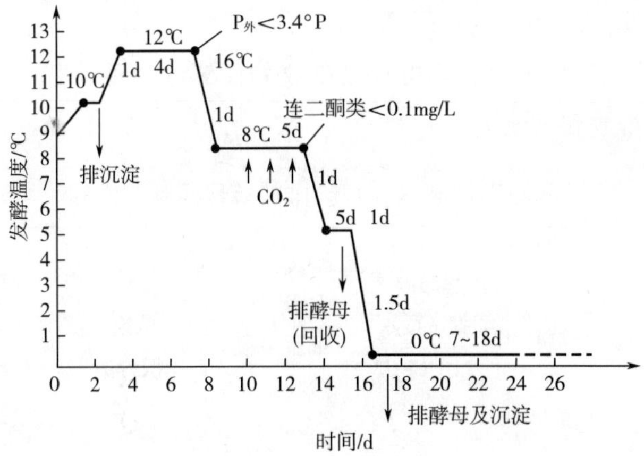

图 5-46　Q-05 酵母单酿发酵（后酵降温）

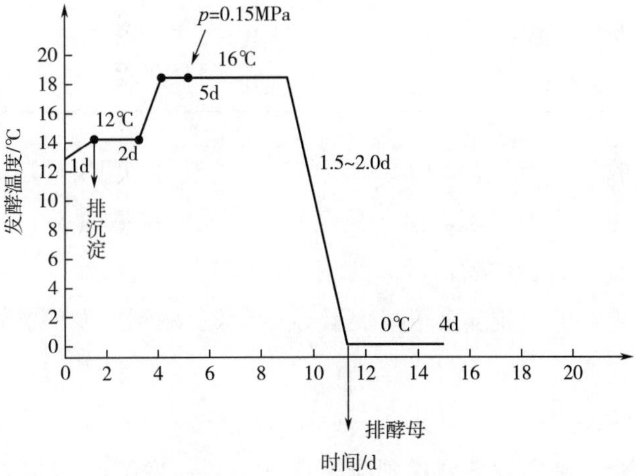

图 5-47　Q-06 酵母发酵曲线（后酵升温）

0.07~0.08MPa，以后保持（或略有下降）至啤酒成熟。

发酵大罐在排放酵母前，酵母收集罐先在夹套通入冷却介质，使罐温降至 2~4℃，并用压缩空气对接受罐备背压至 0.1~0.14MPa。发酵大罐锥底沉淀酵母也像传统的一样，酵母的质量不一致的，即锥底最底部先排放的酵母泥，沉淀过早的衰老和死酵母较多，此酵母泥排至废酵母罐，取中层酵母泥至种酵母罐，这部分种酵母为大罐有效容积的 1.5%~2.5%，上、下层为 2%~3%。

酵母排放速度应缓慢些，使锥底壁沉结酵母慢慢下滑的速度和排出酵母速度相同，这样才能收集到更多的酵母泥，还需间断排放，以保证大罐内沉结酵母得到最大的排放量。中层酵母泥在种酵母罐，只需冷却夹套冷却，保证种酵母泥品温<4℃，即可保存 1~2d。在正常生产中，种酵母重复使用，间隔时间越短越好，一般<2d。若想在种酵母

罐停留 2d 以上，种酵母收集罐需用 CO_2 备压。

表 5-47 上列出的三株酵母，均可直接排放分离酵母，而丹麦（华光）酵母应采用离心机分离，否则排放和过滤损失太大。

表 5-47　　不同凝聚性菌株，发酵排放酵母泥状况比较

菌种名称	凝聚特性	发酵最高细胞浓度/（$\times10^6$CFU/mL）	连二酮类≤0.1mg/L时嫩啤酒细胞浓度/（$\times10^6$CFU/mL）	排放酵母总量（体积分数）/%	酵母泥浓度/（$\times10^9$CFU/mL）	酵母泥含挥发物的质量分数/%
无锡轻工大学（现江南大学）杂交株	强凝聚性	67.0	5.0	2.1	28	78
青岛酵母	强凝聚性	53.0	7.0	2.2	21	81
WIL-G-03	絮状沉淀性	65.0	12.0	2.9	18	83.5
丹麦（华光）酵母	粉末型	64.0	24.0	3.1	13	88

大罐直接排放收集酵母，应采用酵母接收罐，一般每一组发酵罐需 3 只。酵母接收罐是有夹套和保温层的小型锥罐，前 2 只全容积为发酵锥罐的 5%，作为种酵母接收，后 1 只为发酵罐全容积的 8%左右，作为废酵母收集罐。

过高的罐压是多余的，相反由于减少了 CO_2 排放，不利于发酵有害挥发物的排放和提高啤酒非生物稳定性。

7. 酵母的排放和收集

凝聚性啤酒酵母，啤酒发酵度达到凝聚点（一般在发酵度 35%~45%），啤酒酵母就逐步凝聚沉淀于器底，而且沉淀紧密。温度和压力影响不大。如上所述，当连二酮类还原至某规定值（如<0.1mg/L）时，即可顺利地从锥底排放泥状酵母。

絮凝性和粉末性啤酒酵母，虽然随着发酵度（>35%）提高，悬浮在发酵液中细胞浓度也在减少（较慢），但只有当发酵趋于停滞和品温降至较低（如 3~5℃）时，酵母才会絮凝在器底，而且沉淀疏松，如此时酒液发生对流，沉淀酵母很容易重新漂起来，而且再沉淀就十分困难。对于粉末性或絮凝性特别差的酵母，当发酵结束时，悬浮在啤酒中酵母细胞的浓度如>10× 10^6CFU/mL，就需要用离心机分离酵母。

收集酵母后，用酵母泥的 1~1.5 倍的无菌低温酿造水（1~2℃）覆盖并控制存放温度≤2℃，每天换一次无菌水。

8. 单酿罐发酵贮酒

单酿罐发酵法一般适宜制造淡爽型啤酒，此类啤酒追求新鲜口感，因此，贮酒期较短。发酵啤酒在 3~6℃排放酵母，罐内继续降温至 0℃（约需 1 d），在 0℃左右下贮酒

2~7d，若理化和感官指标达到标准，即可过滤、包装。

单酿罐发酵和贮酒在同一个发酵罐内进行，罐内啤酒酵母常常排放不够彻底，罐内啤酒的品温、罐壁和中心，上、中、下段之间不易均衡降至0℃以下，很容易引起酵母自溶，增加杂味，因此，单酿法贮酒不宜时间过长。

四、 两罐法发酵

典型皮尔森型啤酒常称作 Lager Beer，即陈贮啤酒。此啤酒特点为有较长陈贮后熟期（传统发酵长达50~90d），啤酒风味特性有陈酿香味，口味柔和、醇厚、细腻，泡沫细腻和稳定，. 啤酒浓度一般为11~13°P，在啤酒中属高级酒。

大罐酿造 Lager Beer，国内外较多采用两罐法发酵技术。

啤酒在低温（0~-1.5℃）下贮酒期，一般可分三类：

7~10d	普通型
8~20d	国内销售高级酒
18~30d	外销高级酒

贮酒期长是它们的共同特点，贮酒期间，在酒中发生的化学和生物化学反应并不多，但是物理化学反应却较多，这些变化促使酒体更成熟、完美、稳定性更好。

两罐法技术常有两大类。

1. 典型两罐法

嫩啤酒在连二酮类降至0.1mg/L以下，发酵基本完成后，酒品温降至4~6℃，采用凝聚性酵母直接排放酵母后，嫩啤酒中啤酒酵母浓度降至（2~3）$\times10^6$CFU/mL下，嫩啤酒通过薄板冷却器串联，急速降至-1~0℃，进入贮酒罐。

若采用粉末或絮凝性差酵母，啤酒降温至4~6℃以后，锥底少量排放沉淀酵母后，嫩啤酒先进入啤酒离心机，分离大部分酵母，使嫩啤酒中酵母浓度降至（3~5）$\times10^5$ CFU/mL，再进入板式换热器，急冷至0~-1℃进入贮酒罐。

啤酒离心机分离出的酵母泥常常比较稀薄（含固形物25%~28%），为了回收其中的啤酒，再通过一台滗析式卧式离心分离机（Decanter centrifuge），可使酵母泥固形物含量提高到40%~45%。

啤酒进入贮酒罐，发酵已结束，再加上已分离酵母，此时啤酒不能和空气接触，因此，全过程（管道、设备、贮酒罐）均需在CO_2背压下操作。

若贮酒罐全容积为200m^3，发酵罐在排酒前压力为0.06MPa（顶空压力），罐高为16m酒液高。

$$贮酒罐背压=发酵罐顶空压+（发酵罐酒液高/100）\times1/2+0.01$$
$$=0.06+（16/100）\times1/2+0.01=0.15（MPa）$$

在此压力下进酒才可使发酵中 CO_2 不溢散损失。贮酒罐先从罐底打入 1/4 罐容积的 CO_2（如上罐 50m = 100kg）后，再在贮酒罐顶打入无菌压缩空气，使空罐压力为 0.15MPa，静置数小时，使 CO_2 下沉，再导入分离酵母和冷却至 0~-1℃ 的嫩啤酒，使啤酒可在 CO_2 活塞层下，防止氧化。当然若有足够的 CO_2，大罐背压全部采用 CO_2 更好。嫩啤酒导入，贮酒罐逐步排气，但应始终保持背压为 0.15MPa。

此法的最大困难在于防止啤酒和空气接触，工厂应有充足的 CO_2 回收装置。贮酒罐宜采用 $D:H=1:(1\sim1.5)$，大直径，120°大锥角的立式圆筒圆锥罐。

2. 模拟传统两罐法

在立式圆筒圆锥罐发酵至主发酵结束，约 50%~55%真正发酵度时，此时啤酒降温至 5~7℃，（提前 1~1.5d 慢慢降温），从锥底直接排放酵母（必须是凝聚性较好的酵母），嫩啤酒酵母细胞浓度在 $10\sim15\times10^6$CFU/mL，嫩啤酒直接进入卧式圆筒体或立式圆筒锥底贮酒罐后发酵 7~10d。在后发酵中根据连二酮类下降速率，逐步降温至 0℃（此时连二酮类应<0.07mg/L），罐压也逐步升高至 0.07~0.1MPa。啤酒在 0℃ 和此罐压下贮酒 8~25d。开始几天在罐底小心排放沉淀酵母。

此法后发酵和贮酒在同一贮酒罐（有较大冷却面积）中进行，因此，在转罐时，不必严格隔绝空气操作。但此法后发酵、双乙酰还原在分离酵母后进行，双乙酰还原酵母浓度较低 $(10\sim15)\times10^6$CFU/mL，若为双乙酰还原力差的菌株，需要较长时间的后发酵。虽然后发酵贮酒罐有较大冷却夹套面积（$0.3m^2/m^3$），降温较慢。

此法，应使用凝聚性较强的酵母。

不论卧式或立式后发酵贮酒罐，不论罐在室内或室外，罐壁均应该有冷却夹套。

某些厂采用室内卧式大罐，罐容量在数百立方米，采用低温库，冷却室内由冷空气控制罐温，啤酒后发酵后降至 0℃ 常常要数十天以上才能平衡，这是不经济的。

第六节　啤酒酿造过程中微生物的质量保证

一、 概述

啤酒生产过程的核心是微生物的代谢过程，通常涉及有益微生物的利用以及有害微生物的控制。啤酒通常被认为是一个微生物安全的酒精饮料，常见的食源性致病菌，如沙门氏菌、大肠杆菌等，通常无法在啤酒中生存，其主要原因如下：

（1）在麦汁糖化过程中强烈的煮沸会杀灭原料中带来的微生物。

（2）麦汁在煮沸过程中会添加较多酒花（0.3%~0.5%，w/v），酒花中含有的 α-

酸在煮沸过程中会转变为异-α-酸，在提供啤酒苦味的同时能够抑制啤酒酿造中潜在的革兰染色阴性细菌和野生酵母。

（3）得到定型麦汁后，酵母接种量较大，可以保证所接种酵母能够获得种群生长优势；且下面型酵母啤酒发酵过程温度较低（4～12℃），不利于食品有害微生物的生长。

（4）在啤酒发酵过程中，酵母会几乎耗尽啤酒中的营养物质，且会生产酒精（≥3%）、有机酸（pH<4.5）以及大量 CO_2，这不利于好氧、不耐酸、不耐酒精的微生物生长。

（5）啤酒生产厂家一般所在地空气新鲜、水源纯净，且啤酒生产企业对工艺设备、管道、生产车间以及操作人员有严格的卫生管理，近年来啤酒生产设备也逐渐更新，这些均有利于厂家对于微生物的控制。

然而，在啤酒中除去人工接种的酵母以外，仍然存在着其他微生物。啤酒生产企业以及研究者非常重视啤酒微生物，且对其认识逐渐加深。目前将啤酒酿造过程中除接种的酵母以外存在的微生物分为对啤酒有害的微生物和对啤酒无害的微生物。其中，对啤酒有害的微生物是指在啤酒中存在时会引起啤酒酸败、异味、黏稠、浑浊、薄膜等不利于啤酒品质的一类微生物，如乳杆菌和片球杆菌；而对啤酒无害的微生物是指无法在啤酒生产过程中繁殖且不会腐败啤酒的微生物，包括一些好氧杆菌及部分小球菌和微球菌。

在过去和部分现代啤酒生产中，微生物管理工作并不到位，其目标是使有害微生物的存在不危害啤酒质量。其啤酒发酵过程或多或少受到有害微生物的污染。在近代啤酒生产中，啤酒酿造周期由过去的2～4个月缩短至二十几天甚至更短，因此污染菌（例如部分产酸菌）即使存在也不至于使啤酒总酸超过国家标准；与此同时，我国几乎所有成品啤酒（包括瓶装和罐装）均经过低温巴氏杀菌，少部分纯生啤酒所采用的啤酒过滤技术也得到飞速发展，啤酒微生物的管理也逐步规范，因此我国啤酒的生物稳定性逐渐得到保证。

然而，在现代啤酒生产过程中，由于生态环境的恶化，导致啤酒原料、空气以及酿造用水中的污染微生物存在情况逐渐浮现；与此同时，随着淡爽型啤酒和低酒精啤酒的流行使得在啤酒生产过程中的酒花添加量大幅下降，从而使微生物抑菌物质异-α-酸的含量大幅降低。此外，鉴于纯生啤酒不采用热灭菌而采用过滤除菌，因此对于纯生啤酒的微生物控制要求更高；最后，近年来啤酒工厂规模扩大，设备大型化，输送管道距离增加，更容易造成微生物污染，且消费者对于啤酒品质及纯净度的要求越来越高。因此，和过去相比，现代啤酒生产过程中对微生物的控制更为严格。例如，在过去啤酒生产过程中，在接种前冷却麦汁的微生物控制要求是麦汁在24h内不浑浊或麦汁细菌数<50CFU/mL。在近代啤酒生产要求每100mL定型麦汁中总细菌数不超过5个。近代对于

麦汁细菌数的要求比过去对应值相差1000倍。由此可见，近代啤酒生产对于微生物的控制要求更高，这才能保证啤酒品质，符合现代消费者的需求。

对于啤酒生产有害的微生物，通常被称为啤酒污染微生物，其存在于啤酒生产过程会对啤酒生产造成诸多不利的因素，具体如下：

（1）污染微生物会导致啤酒产生异味　污染微生物在啤酒发酵过程中会利用啤酒营养物质产生各种代谢产物，多种微生物能够产生过量双乙酰，这将使啤酒产生异味；尽管污染微生物在啤酒杀菌过程中被杀死或被除去，但其代谢产物带来的异味仍会残留在啤酒中。

（2）污染微生物会导致啤酒产生浑浊和沉淀　污染微生物在啤酒发酵和贮酒中会导致啤酒的澄清发生困难，导致啤酒浑浊，同时给啤酒过滤带来困难。尽管污染微生物在啤酒杀菌过程中被杀死或被除去，但其形成的导致沉淀的物质会在啤酒中累积，影响啤酒的澄清透明。

（3）污染微生物会提高啤酒黏度　部分啤酒污染微生物能够分泌胞外多糖，从而提高啤酒黏度，使啤酒丧失爽口性。

（4）污染微生物会导致啤酒压力升高　部分产气微生物（如乳酸菌和野生酵母）在成品啤酒中生长，会产气导致啤酒压力过大，严重时会导致啤酒瓶或罐爆炸。

（5）污染微生物会导致啤酒成本升高　现代啤酒发酵为单一菌种发酵，若啤酒酿造过程中存在污染微生物，啤酒的热灭菌或者过滤会更加困难，提高啤酒生产成本，且无法保证产品质量。

二、啤酒酿造过程中污染微生物的分类

麦汁为弱酸性环境（pH5.0~5.4），且啤酒发酵为厌氧发酵；与此同时，成品啤酒具有一系列不利于微生物生长的因素，因此常见的食品污染菌（如芽孢杆菌和葡萄球菌）在啤酒生长过程中未被发现。尽管霉菌和放线菌很难在啤酒中生长，在啤酒样品中未被检出，但是使用处理不当的麦芽为原料进行啤酒生产会导致真菌毒素超标，影响产品品质。可严重影响啤酒质量的微生物主要为能够在麦汁和啤酒中生长的微生物。根据微生物的需氧性，目前将啤酒污染微生物分为好氧微生物、微好氧微生物、兼性厌氧微生物和绝对厌氧微生物四类。好氧微生物霉菌和放线菌主要存在于啤酒原料大麦表面或发酵设备及贮酒设备表面，其在麦芽清洗以及制麦过程中会全部被杀死或清除，在啤酒发酵过程中无法生长；啤酒发酵过程中的主要污染微生物为微好氧和兼性好氧微生物。在麦汁糖化过程中主要分离得到的污染微生物为耐热性细菌（如乳酸菌）；在麦汁冷却后到接种酵母时，分离得到的污染微生物被称为“麦汁细菌”，主要包括醋酸菌、变形肥大杆菌、大肠菌群等好氧和微好氧菌；在啤酒发酵以及贮存过程中的主要污染微生物

为严格厌氧菌、微好氧菌和兼性厌氧菌，主要包括野生酵母（包含酵母属或非酵母属）、乳酸菌（如短乳杆菌、干酪乳杆菌等）、球菌（如八叠球菌、足球菌）和单胞菌等。

三、 啤酒生产过程中的主要污染细菌

1. 麦汁常见污染细菌

麦汁制备中的主要污染微生物是肠道菌群和变性肥大杆菌，与此同时也存在少量革兰染色阴性细菌（如节杆菌属、假单胞菌属和黄细菌属）。好氧菌会污染麦汁，但是其仅在发酵前三天能够生长，随着发酵时间的延长，pH 的降低及 O_2 的耗尽，其密度会逐步下降。

（1）肠道菌群　从啤酒麦汁中经常性能够检出 14 属的肠道细菌，主要包括产气杆菌属、埃希杆菌属、欧氏杆菌属、克氏杆菌属和多变杆菌属。肠道细菌多为革兰染色阴性、无芽孢、好氧或微好氧。肠道细菌广泛存在水、土壤和植物中，可以通过人类活动进入麦汁。大肠埃希菌在麦汁中会通过代谢活动产生乙醇、乳酸、CO_2 以及少量双乙酰、乙偶姻以及 2,3-丁二醇，而产气杆菌会产生 2,3-丁二醇、乙醇、乙酸、甲酸和乳酸，在污染较严重时（>100CFU/mL）会产生二甲硫醚和丙醇。其他肠杆菌会带来的味道还包括药房味（酚臭味）。在肠道细菌中，氧化酶阴性且过氧化氢酶阳性的菌株对啤酒危害较大，其在麦汁中能够迅速繁殖，产生芹菜或烂白菜的气味，严重时会产生臭鸡蛋味（H_2S）。这些菌株最适生长温度为 30~37℃，最适生长 pH 为 5~5. 7，在 pH4. 3 以下或乙醇浓度高于 2%时生长受到严重抑制。因此，麦汁冷却后未及时接种酵母或者种酵母中污染了肠道细菌时肠道细菌容易在麦汁中大量繁殖，破坏啤酒风味。因此，应注意种酵母扩培时候的纯度以及尽快在定型麦汁中接种酵母。

（2）变形肥大杆菌（又名变形黄杆菌）　变形肥大杆菌为革兰染色阴性、宽杆状，无芽孢、无活动能力、大小一般为（1~1. 2）×（4~5）μm、培养时形态多变、好氧或兼性厌氧，最适生长温度为 30~32℃，最适生长 pH 为 6. 0；变形肥大杆菌在 pH<3. 9 时不能生长，能够耐受 6%乙醇。变形肥大杆菌在麦汁中会产生欧洲防风草气味和二甲硫醚味。由于下面发酵啤酒发酵过程中 pH 低于 4. 3，因此在下面发酵啤酒发酵过程中不能生长。

2. 啤酒污染细菌

啤酒起始发酵后接种酵母后酵母迅速占据主导地位，抑制杂菌的生长。但是，在部分控制措施不良的啤酒发酵中，仍然出现了啤酒微生物污染现象。啤酒中主要的污染细菌主要包括乳酸菌、醋酸菌、发酵单胞菌及部分严格厌氧菌。

（1）乳酸菌　乳酸菌是啤酒中最重要污染微生物，主要包括乳杆菌属和足球菌属

(*Pedicoccus*)。乳杆菌为革兰染色阳性、无活动能力、微好氧、其在麦汁中为中长杆状，在啤酒中呈长杆状。研究发现能够污染啤酒的乳酸菌能够耐受酒花苦味物质和酸性环境，能耐受5%乙醇，且具有强发酵糖能力，但蛋白质分解能力很弱，为异型发酵乳酸菌。乳杆菌的最适生长温度是30℃，最适生长 pH 4~5。目前从啤酒中筛选得到的乳杆菌主要为短乳杆菌、植物乳杆菌、干酪乳杆菌、布氏乳杆菌、巴氏乳杆菌等。在所有乳杆菌中，最有代表的是巴氏乳杆菌，在 CO_2 和酵母存在条件下仍能生长良好，其为异型乳酸发酵菌，部分糖被转化为具有旋光性的乳酸、酒精和 CO_2，而另外部分糖被转化为甘油、乙酸乙酯以及少量的双乙酰和2,3-丁二醇，其不仅会给啤酒带来异味，同时会造成啤酒浑浊。乳杆菌为啤酒发酵的最常见的菌株，在2011—2014年欧洲啤酒微生物污染事件约90%是由乳杆菌造成的。异型发酵乳杆菌一般不耐热，在啤酒进行热灭菌时即可杀灭。在啤酒糖化过程中也发现过戴氏乳杆菌，其为同型发酵乳酸菌，也被称为糖化嗜温菌。该菌株能够在50~55℃生长，因此能够耐受高温糖化过程，因此经常存在于过滤槽过滤板下。然而，戴氏乳杆菌耐受酒花苦味物质能力较差，且在低温下生长缓慢，因此该菌在啤酒发酵过程中不易存活。研究发现，目前能够污染啤酒的乳杆菌均是从啤酒相关环境中分离得到，从非啤酒相关环境分离得到的乳杆菌不具备腐败啤酒的能力，这说明乳杆菌具有种内特异性。与此同时，将具有啤酒腐败能力的乳杆菌在非啤酒环境中培养一段时间后该菌株会丧失腐败啤酒的能力，再将该菌株放回啤酒环境中，其又会恢复腐败啤酒的能力。

乳酸菌中的另外一种——足球菌属（是巴斯德在研究腐败啤酒时发现的），是四联体细胞。从啤酒生产厂家分离得到的足球菌几乎都是四联体。足球菌为革兰染色阳性、微好氧或厌氧、耐受酒花苦味物质，营养和生理特点与乳杆菌相似，其最适生长 pH 3.5~5.5。在啤酒污染事件中，足球菌是仅次于乳杆菌的重要污染微生物，在2010—2013年，由极恶足球菌（*Pedicoccus damnosus*）引发的啤酒污染事件约6%，其他偶发性啤酒污染的足球菌有意外片球菌（*Ped. inopinatus*）和克劳森片球菌（*Ped. claussenii*）。足球菌为同型乳酸发酵菌，在啤酒中生长会代谢产生双乙酰、酸类物质以及荚膜多糖，因此其会导致啤酒产生双乙酰味（当啤酒中密度 $>2\times10^3$ CFU/mL，啤酒双乙酰 $>$ 0.3mg/L）、酸化、黏稠和浑浊。

乳杆菌和足球菌是啤酒生产厂家最主要的污染细菌，其可能存在于发酵罐、管道、阀门间隙、啤酒残液，甚至回收种酵母泥中。由于乳酸菌在啤酒中的生长繁殖条件和啤酒酵母相近，因此理论上其很容易污染酵母。但是，在实际生产过程中，啤酒酵母在啤酒发酵过程中会消耗大量营养物质，包括乳酸菌生长必需的6种氨基酸，因此乳酸菌在啤酒中会逐渐被抑制。若种酵母不够强壮或在发酵或贮酒过程中提前自溶即会为乳酸菌的生长提供营养，不利于啤酒的生物稳定性。目前啤酒生产企业对于乳杆菌和足球菌的控制主要通过良好的清洗和消毒。用1%~3% NaOH、0.1%漂白粉、高于66℃的热处理以及在 pH 1.5~2.5 处理 2h 均可以杀死这些微生物。另外，啤酒生产企业有时会在污染啤酒中添加终浓度 40~80mg/L 的 SO_2，从而抑制菌株的进一步繁殖。

（2）醋酸菌　醋酸菌为好氧或微好氧、革兰染色阴性或可变、无芽孢，椭圆形至短杆形，通常通过空气传播。其通常以一对或一簇存在，有周边鞭毛，可移动。醋酸菌的最适生长 pH 5~6.5，单在 pH 3~4 时也能生长。醋酸菌具有较强的耐酸性和耐酒精能力，且对酒花苦味物质不敏感，在啤酒中能够将乙醇氧化为醋酸。严重的醋酸菌污染会使啤酒带有明显醋味，挥发酸和总酸极高，同时啤酒会变得浑浊。与此同时，该菌株会产生荚膜多糖，因此会使啤酒变得黏稠且有臭味。

醋酸菌的分类较复杂，目前与啤酒污染有关的醋酸菌主要包括醋杆菌和葡糖杆菌属两个属。醋杆菌属属于过氧化细菌，可以将乙醇氧化成醋酸，并在 O_2 存在情况下会进一步被氧化为 CO_2 和水。巴氏醋酸菌、纹膜醋酸菌和恶臭醋酸菌均属于醋杆菌，容易污染麦汁，偶尔也在贮藏啤酒中检出，使啤酒中醋酸含量>0.07%，形成明显的醋味，破坏啤酒风味。葡糖杆菌属为弱氧化菌，其能把乙醇转化成醋酸，但是其无法将醋酸完全转化为 CO_2 和水，转而形成醋酸盐。葡糖杆菌属微生物的生长需要游离氨基酸和维生素，因此啤酒是它良好的培养基，该菌株通常在啤酒贮酒桶和售酒机等处被发现。近年来随着啤酒生产设备密封性以及厌氧发酵控制的越发严格，该菌株导致的啤酒污染事件基本得到控制。

（3）发酵单胞菌　发酵单胞菌曾被称为厌氧无色杆菌，现被称为运动性发酵单胞菌亚种。其为革兰染色阴性、无芽孢、有鞭毛（1~5 根）、假性厌氧菌（但 O_2 不能抑制其生长）。发酵单胞菌耐受酒花苦味物质和酒精（6%~10%），具有较广泛的生长环境（pH 3.5~7.0、4~32℃）。与酵母相似，发酵单胞菌能够在厌氧情况下通过 ED 代谢途径将葡萄糖、果糖和蔗糖转化为酒精、CO_2 以及乙醛、H_2S 等产物，但是其不能利用麦芽糖和麦芽三糖。因此，被发酵单胞菌污染的啤酒会具有臭鸡蛋味，严重影响啤酒风味。鉴于其与啤酒酵母的生长和发酵条件相似，很难从啤酒中除去该类菌株。其主要是通过洗瓶刷、回收啤酒瓶等途径污染啤酒。

（4）绝对厌氧菌　具有啤酒污染能力的绝对厌氧菌具有进化上和生理特性上非常相似。绝对厌氧菌的生长需要绝对的厌氧环境。在 20 世纪 70 年代，首株绝对厌氧菌在啤酒中被发现。近年来，随着啤酒灌装技术的进步以及非巴杀杀菌啤酒的兴起，啤酒中含氧量的降低（从 1~2mg/L 下降到 0.1~0.3mg/L）为绝对厌氧菌的生长提供了可能。目前发现的能够污染啤酒的绝对厌氧菌包括啤酒巨球形菌属、梳状菌属、新月形单胞菌属和丙酸螺菌属，其中最重要的为啤酒巨球形菌和梳状菌属。啤酒巨球形菌属主要包括三株啤酒污染菌：酿酒巨球形菌（*Megasphaera cerevisiae*），寡食巨球形菌（*Me. paucivorans*）和苏西兰巨球形菌（*Me. sueciensis*）。这几株菌株在进化途径上与其他来源同属微生物相距较远，证明了其独特的进化路径。啤酒巨球形菌为革兰染色阴性、不产孢、无运动能力、绝对厌氧，单个直径1.3~1.6μm，可呈单个、双个或成短链，该属菌株可生长在蛋白胨-酵母膏培养基上，同时可在无糖含蛋白质水解物的培养基上生长良好、具有良好的耐酒花苦味物质及耐乙醇能力（5.5%）。啤酒巨球形菌偏好利用果糖和乳酸，产物为各种脂肪酸（乙酸、丙酸、丁酸、戊酸、己酸）、水和CO_2。啤酒巨球形菌在啤酒中生长会使啤酒变得恶臭难闻，但是其不耐热，因此在啤酒巴氏杀菌过程中可以将其杀灭，但是其代谢产物仍会残留在啤酒中影响啤酒风味。另外一株能够造成啤酒浑浊和异味的绝对厌氧菌为梳状菌属。在20世纪70年代从啤酒中筛选得到一株嗜啤酒硫壮菌（*Pectinatus cerevisiiphilus*），其在一般厌氧条件下（如Gas Pak罐）中不生长，代谢利用糖类不产生酒精、周生鞭毛、耐酒精（4.5%）、耐低pH（4.5）、不耐热。该菌株在啤酒中生长会产生丙酸、CO_2、醋酸、琥珀酸和乙偶姻，其中大量产生丙酸是该属菌株的特点。在啤酒生产过程中，60℃处理1min即可杀死该菌株，且该菌株对含氧、含碘的消毒剂敏感。过去对于这两类绝对厌氧菌的培养比较困难，近年来随着厌氧培养技术的提高，已经能够检出。对于梳状菌属微生物的培养需要采用乳酸铅-醋酸（LL）培养基（并需加入抗坏血酸等强还原性物质），在绝对厌氧李氏管中32℃培养2~3d形成黑色的菌落。

四、 啤酒酿造过程中污染微生物的来源

尽管啤酒酿造属于高自动化生产，但是在多个环节仍存在微生物污染的风险。啤酒生产过程中污染微生物的主要来源于以下几处：

（1）麦芽。

（2）冷却麦汁。

（3）酿造用水。

（4）空气（包括通入物料无菌空气和环境空气）。

（5）酿造用器具和操作人员。

（6）物料输管道、阀门及容器。

（7）种酵母（或种酵母泥）。

（8）硅藻土和啤酒发酵贮酒中使用的各种添加剂。

（9）包装容器和瓶盖等。

在传统啤酒发酵过程中，发酵为敞口式，因此发酵车间及酵母室是污染微生物存在的主要地点。近年来随着啤酒发酵方式转变为现代大罐密闭发酵方式，发酵罐封闭且大型化，物料运输管道距离显著变长且趋向于使用固定管道，因此管道的清洗消毒存在一定困难，拐角等位置存在的污垢成为了污染微生物繁殖和生存的良好环境。此外，在包装车间灌装设备，特别是灌装口，由于长期与啤酒酒液接触，其表面也容易附着具有啤

酒腐败能力的微生物菌株。另外，种酵母，特别是回用酵母泥，是污染微生物进入啤酒酿造过程的最主要途径。最后，空气和酿造用水是啤酒污染微生物的最初污染源。下述为主要的啤酒污染微生物来源渠道。

1. 冷麦汁

麦汁在生产过程中会逐渐升温并煮沸 60~90min，该过程为热灭菌的过程，能够杀灭绝大部分啤酒污染微生物，从某种意义上来讲煮沸后麦汁为无菌的。将麦汁通过管道输送至发酵罐中时直到未接种之前，冷却麦汁营养丰富，是微生物的良好培养基。由于在麦汁运输的过程中会接触空气、水和管道阀门等，若管道未彻底消毒，极易造成微生物污染，称为啤酒酿造过程的第一污染源。好氧、厌氧和兼性厌氧等微生物均可以污染冷却麦汁，但是由于在接种前冷却麦汁存在 O_2，实际只需要控制好氧细菌（总细菌数）和大肠菌群。过去总细菌数要求是<10CFU/mL，目前一般要求达到 5CFU/100mL，大肠菌群的要求是每百毫升为 0。

2. 酿造用水

这部分提到的酿造用水是指可能和麦汁、啤酒接触的水，包括用于顶麦汁和发酵液的水、引导啤酒的水、硅藻土过滤预涂用水和洗涤酵母用水以及管道、发酵罐清酒罐清洗用水。与投料水和洗糟水不同，这部分酿造用水需要尽量做到无菌。由于这部分用水量较大，控制用水无菌比较困难，因此现代啤酒生产厂家通常通过控制总酿造用水微生物量（例如<10CFU/mL）进行控制。在有需要时，部分酿造用水可通过砂滤除菌，涉及酵母洗涤、管道及发酵罐洗涤用水需通过紫外线除菌，尽可能做到无菌水的要求。

3. 空气

这部分空气主要是指啤酒企业环境空气和发酵过程使用压缩空气。环境空气，即啤酒生产车间内的空气，在传统敞口式发酵过程中对啤酒发酵有重要影响。近年来现代化密闭式大罐发酵中部分残留的空间也与环境空气密切相关，因此也受到环境空气影响。因此，生产车间空气的消毒十分重要。啤酒生产企业使用的压缩空气大多已经通过总过滤器除菌，但是由于输送至压缩空气使用地点（如麦汁充氧、罐备压等）的距离较远，因此需要配备精良二级过滤器（采用孔径 0.2μm 的多层无菌过滤膜或钛过滤器）。

目前对于环境空气中微生物的检测一般采用营养琼脂培养基和李氏多级选择性培养基的培养皿进行，将上述培养基在环境空气中暴露 5~10min 后，营养琼脂培养皿在 37℃ 培养 2~3d，李氏多级培养皿在厌氧条件下 28℃ 培养 5d，读取菌落数后按照式（5-7）计算每立方米空气中杂菌数 n：

$$n = 1000 \div \left(\frac{A}{100} \times t \times \frac{10}{5}\right) \times N \tag{5-7}$$

式中　A——培养皿面积，cm^2

t——暴露空间时间，min

N——培养皿中细菌菌落数，个

采用该方式进行计算时，每百平方厘米暴露空气 5min 后得到的菌落数相当于 10L 空气中的细菌数。

4. 啤酒酵母和种酵母泥

在啤酒生产过程中酵母的接种有两种方式。第一种为将种酵母进行扩大培养，从而获得足够数量、纯培养、强壮的种酵母。第二种为采用回收酵母泥，转接进入下一批啤酒发酵。啤酒生产厂家对于种酵母的纯培养要求很高，要求在整个扩大培养过程中只存在种酵母单一微生物。但由于从试管菌种至待接种种酵母，整个扩大培养过程很漫长，做到绝对无杂菌污染存在一定困难。近年来啤酒生产厂家对于种酵母的扩培非常重视，但是如果在扩大培养麦汁灭菌不彻底、输送管道等存在污染或扩培设备保压不好、无菌空气存在污染的话就会导致种酵母被污染。在啤酒生产中，从上批发酵液中回收酵母泥用于下批发酵（一般可重复使用 5~6 次）。如果上批发酵过程中存在微生物污染，那么回收酵母泥也会带有污染菌，则会导致下一批发酵失败。

目前啤酒生产企业通常通过显微镜观察判断酵母是否染菌。采用无菌 0.01%乙二胺四乙酸二钠溶液将种酵母稀释至中倍镜（每个视野约 50 个酵母细胞），检查 20 个视野，观察除酵母以外是否存在其他微生物（杆菌、球菌等）。若存在 1 个上述菌株，则认为无法进行接种。由于酵母接种量达到 10^7CFU/mL，如果存在每 1000 个酵母中存在 1 个污染菌株，则接种时污染菌数量达到 10^4CFU/mL，该浓度足以污染啤酒。如果接种酵母泥中杂菌数>10^3CFU/mL，则其不适合用于接种，或在接种前需要通过酸洗减少污染菌。酸洗一般是通过将 5%食用级磷酸添加至酵母泥调节酵母泥 pH 2.2~2.5，搅拌放置 3~4h，去除酸水后采用大量麦汁进行中和，最后得到可以利用的种酵母。

5. 发酵物料输送管道和容器设备

现代化啤酒生产工厂采用密闭发酵罐进行，但是衍生出了大量输送管道，现在污染微生物的来源与容器设备、管道及其连接管阀相关。啤酒生产企业一般通过 CIP 系统来保证上述地点的安全。

五、 C.I.P 清洗系统

C.I.P 清洗系统可以在无需拆卸和安装设备的前提下采用一系列清洗剂和消毒剂对啤酒生产设备和管道及管阀进行周期性清洗和消毒。C.I.P 系统包括清洗剂站（包括清洗剂、消毒剂的储存、调配制造以及过滤）、循环调节体系（高压输送泵、管道及回流泵等）和执行装备（含在设备和装置中安装好的清洗器，如喷嘴、洗球等）。

啤酒生产厂家对于设备及管路的清洗要求有以下三点：

（1）物理清洁度 被清洗表面不存在感官能感受到的污垢和酒石结晶等物质。

（2）细菌学清洁度 被清洗消毒表面或最后残余清洗水中，污染细菌浓度低于工艺控制允许值。如最后残余洗涤水中总细菌数<1CFU/10mL。

（3）化学清洁度 被清洗表面上不存在一切化学污染物（特别是残留清洗剂），pH应为6.8~7.2。

为了达到上述要求，清洗剂的选择对于洗净效果起着关键作用。因此清洗剂的选择需要考虑的因素较多，包括污染物的性质和污染特点、清洗剂自身的安全性和耐热性、设备的腐蚀要求以及清洗剂对公共环境及操作的安全性。过去啤酒生产厂家对于清洗剂的选择主要遵循经济性优先（实际洗净性），作业性次之（安全性和对材料的影响），对环境公害的影响最后。但是近年来，啤酒生产厂家对于清洗剂的选择以对环境公害的影响（安全性和对材料的影响）优先，作业性（实际洗净性）次之，经济性最后（单价和消耗）。

1. 啤酒生产厂家污染物的特性

啤酒生产厂家的糖化设备的污染物主要包括麦芽和辅料中粉尘（主要为淀粉）、染化和煮沸过程中糖分焦化形成的垢层、蛋白质变性及凝固后形成的垢层和酒花树脂氧化聚合形成的垢层。在所有污垢中，糖分在加热表面局部过热碳化形成的污垢层比较紧密，黏着力机枪。若投料水硬度较大，加热形成的碳酸钙水垢与糖分糖化产物结合后形成的垢层强度更大。

酵母扩培罐以及清酒罐的污染物主要为酵母菌体以及啤酒蛋白质形成的絮凝物，为酸性、带负电荷，由于罐表面温度较低（0~10℃），因此污染物较紧密，易附着在容器上方。

在啤酒发酵罐和清酒罐中，草酸钙（啤酒石）结晶附着在容器底部，结构特别紧密；此外，由酒花树脂受到氧化聚合形成褐色多酚（酒花硬树脂络合物垢层）经常出现在发酵罐和清酒罐上部。

2. 清洗剂的选择

啤酒生产企业对于清洗剂的选择一般考虑特性。

（1）安全性 安全性是清洗剂选择的第一准则。清洗剂首先要对使用者的健康不造成危害，其次要对被清洗设备不造成腐蚀。现代啤酒生产企业的设备和管路大多采用不锈钢或有涂料的碳钢，因此能够耐受不同pH的清洗剂，但是对Cl^-敏感。

（2）浸润性和渗透性 清洗剂依赖润湿性和被清洗表面上的污染物的接触，并依赖对污染物内部的渗透性，促进污染物崩解。

（3）溶解性、悬浮性及乳化性 清洗剂需要能够溶解污染物或能使污染物分散成微粒并悬浮或乳化于清洗剂中，才能促进污染物离开被清洗表面。

（4）杀菌效果 清洗剂一般具有一定的杀死微生物的能力。

(5) 溶解钙的能力　清洗剂需要具备溶解 CaO、$CaCO_3$和草酸钙的能力。

3. 清洗剂的组成

啤酒生产企业采用的洗涤剂受到使用场合污染物的特性、使用经验等因素影响，根据啤酒生产企业的特点，清洗剂生产厂家采用多种清洗剂复配，形成专用清洗剂。目前已经存在回收瓶专用清洗剂，而对于生产装备、容器、管路等专用清洗剂生产，啤酒生产企业通常按照经验选用一种或多种清洗剂复配使用。啤酒生产企业常见的清洗剂无机原料包括碱性物质（NaOH、硅酸钠、磷酸盐和碳酸盐）和酸性物质（葡萄糖酸钠、EDTA-Na、柠檬酸钠、阴离子表面活性剂和非离子型表面活性剂）两种，表 5-48 为不同清洗剂的特点。

表 5-48　主要清洗剂的洗净特性

特性	表面活性剂	NaOH	Na_2CO_3	Na_2SiO_3	Na_3PO_4	葡萄糖酸钠
降低表面张力	+++	+++	-	-	+	+
扩张系数	+++	+++	-	-	+	+
乳化力	+++	+++	-	+	++	+
悬浊力	+++	+++	+	++	++	+
防止再附着力	++	++	+	++	++	+
解凝结/胶力	++	++	+	+++	+++	+++
水转化力	+	+	++	++	+++	+++
铁络合力	-	-	-	-	+++	+++
钙盐溶解力	++	+	-	-	+++	+++
水溶解性	+++	+++	+++	+++	+++	
缓冲作用	中性/碱性	碱性	碱性	碱性	碱性	碱性
碱稳定性	+++	-	-	-	+	+
硬水稳定性	++	-	-	-	+++	+++
高温稳定性	+++	+++	+++	+++	+++	+++

注：+++非常好，++良好，+一般，-不好。

目前推荐的啤酒生产使用（特别是发酵大罐）符合清洗剂配方如下：①2.5%~3% NaOH（渗透、溶解、杀菌）、0.5% Na_2SiO_3（溶解、浸提、润湿、分散）、0.5%葡萄糖酸钠（金属封锁钙盐溶解）和 0.1%中性无泡表面活性剂（润湿、渗透、悬浊）；②77% Na_2SiO_3，20% Na_3PO_4和 3%非离子型表面活性剂（此为贮存液，使用时稀释至 0.5%~2%）。

4. 清洗剂洗净效果影响因素。

对于清洗剂洗净效果的影响因素主要包括以下 4 点。

（1）清洗剂组分的物理、化学作用力

（2）清洗剂的温度（热力作用力） 温度越高，有利于降低污染物与污染表面的物理结合力。降低清洗剂的黏度，提高雷诺数；提高污染物与清洗剂的化学反应速度；提高清洗剂对污染物的溶解度。

（3）物理作用力洗净效果的物理作用力 这部分一般由两部分组成。第一部分是洗净剂喷射力对污染物的机械撞击力，这一般取决于清洗剂喷射压力。目前采用的喷射压力为 0.15～0.6MPa，在该范围内随喷射压力的提高，洗净效果增强。但是超过 0.6MPa 时液体会形成雾状，洗净效果反而下降。第二部分是由清洗剂流量、流速、洗净表面积、黏度等因素构成的雷诺数决定。雷诺数计算公式如下：

$$R_e = V \cdot d/v = \rho \cdot v \cdot d/\mu \tag{5-8}$$

式中，V——平均流速，m/s

d——在管路中为管路当量直径，cm，若为开路，则为液流的流通面积和湿润周壁长之比

ρ——清洗剂密度，g/cm^3

v——清洗剂动力黏性系数，cm^2/s

μ——清洗剂黏度，g/cm · s

一般认为雷诺数>30000 时即达到稳定湍流，雷诺数为 25000 时为洗净效果的突变点，小于该值时则说明洗净效果很差。

（4）洗净时间 一般而言洗净效果随洗净时间的延长而增加，但是过长洗净时间会造成资源和时间的浪费，降低效率。洗净时间的确定取决于清洗剂洗净的效果、清洗剂的流量和污染物脱离被污染物体所需时间。一般来说对于洗净时间的评价由以下因素影响：①清洗剂抗冲击力（即喷射压力）占 10%；②清洗剂雷诺数占 30%～35%；③洗净时间占 40%～45%；④清洗温度占 15%～20%。

5. 消毒

清洗剂在清洗污垢的同时具备杀死污染微生物的作用（例如 NaOH），但是其杀菌效果并不彻底，并不能满足啤酒生产的要求。啤酒生产厂家一般要求消毒效果达到 D 值（Decimal Reduction time）为 10^{-4}～10^{-8}。尽管清洗剂有一定杀菌效果，但是在之后啤酒生产企业仍然会对设备和管路再进行消毒。在其他发酵工厂或食品生产企业通常采用蒸汽进行消毒，但是蒸汽消毒对于啤酒设备，特别是啤酒发酵罐的消毒并不适用。啤酒发酵属于低温发酵，发酵罐及其管路大多处于低温状态，适用蒸汽消毒需要经历升温和冷却的过程，效率较低且成本较高；此外，蒸汽冷凝水属于碱性，在管路缝隙处易形成碱

性水垢，增加污染物。因此，啤酒生产企业多使用化学消毒剂。

由于化学消毒剂存在争议，因此在使用前一般会对其安全性进行评价。消毒剂的安全性一般以口服半致死量（LD_{50}=mg/kg 体重）进行区分。该值在<5、5~50、50~500、500~5000、5000~15000 和>15000 时分别对应剧毒、强毒、中等毒性、轻毒、微毒和无毒。

啤酒生产企业经常采用的消毒剂包括甲醛、氯系统、四价季铵盐、过氧乙酸以及消毒气体。部分国内外啤酒生产企业发酵大罐及酵母扩培罐等会采用甲醛蒸汽进行熏蒸。将甲醛放置于密闭容器中并加入促使其汽化，当罐压达到 0.2MPa 时将甲醛蒸汽送入待消毒罐中，每立方米罐采用 10~20mL 汽化甲醛熏蒸 2~3h 后，采用无菌空气将蒸汽压出，即可进行生产。甲醛蒸汽的消毒效果优于液体消毒剂，穿透力更强，不易造成消毒死角。但是甲醛属于剧毒，因此应用并不广泛。应用较多的消毒剂多为轻毒物，包括氯系统、四价季铵盐和过氧乙酸。氯系统（以漂白粉溶液为代表，含 1%~2%有效氯）是一种有效的消毒剂，但是不适宜在不锈钢设备和管路中使用。四价季铵盐溶液无腐蚀性，且对酸、碱稳定，可以有效杀死酵母和四联球菌，但是对革兰染色阴性菌杀死效果较差，且易起泡。该类消毒剂在啤酒生产中应用较广泛。过氧乙酸（0.1%~0.3%）由市售过氧乙酸溶液稀释而得，其毒性较小且消毒效果好，但是其易分解，不易储存。部分国外啤酒生产厂家也会采用气体（如环氧乙烷或 12%环氧乙烷+88%二氯二氟甲烷）对设备内部进行消毒。

6. 啤酒工厂 C.I.P 系统的应用

国内外啤酒生产企业一般在不同车间配置多套 C.I.P 系统，如糖化车间、发酵车间、过滤车间和包装车间等。

在糖化车间，C.I.P 系统主要承担湿碎机、糊化锅、糖化锅、过滤槽、中间槽、煮沸锅、回旋沉淀槽等设备内表面及连接管路、泵的清洗，同时对蒸汽水垢进行清洗。C.I.P 清洗站一般同时配有碱性清洗液（3%~5% NaOH+0.2% EDTA，需加热至 85℃使用）和酸性清洗液（3% H_3PO_4 或 0.5% HNO_3）。在企业日常生产过程中，3d 内每生产 15~20 批次即会采用 85℃热碱清洗剂进行循环清洗；每 15~30d 采用酸性清洗剂清洗设备内表面或采用蒸汽循环清洗一遍。

发酵车间 C.I.P 站如图 5-48 所示。

对于发酵大罐的清洗，采用的步骤如下：

（1）采用 80℃热水清洗大罐 20min，加热污垢。

（2）排走热水。

（3）加入碱性清洗剂，清洗 30min，同时补入无菌空气。

（4）泵回碱性清洗剂。

（5）采用消毒剂消毒 15min。

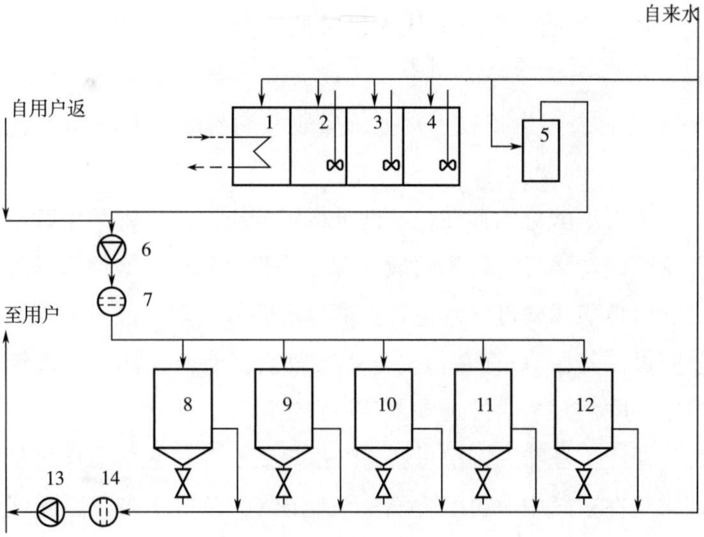

图5-48 发酵车间C·I·P站

1—热水加热槽 2—碱性清洗剂调配槽 3—酸性清洗剂调配槽 4—消毒剂调配槽
5—无菌水过滤槽器 6、13—泵 7、14—过滤器 8—热水槽 9—碱性清洗剂贮槽
10—酸性清洗剂贮槽 11—消毒剂贮槽 12—无菌水贮槽

（6）泵回消毒剂。

（7）采用无菌水清洗 10min，边清洗边排走残余水。

（8）在整个清洗中保压 0.01MPa 备用。

每月都需要加入酸性清洗剂清洗 20min，以去除大罐中的草酸钙结晶。

六、 野生酵母病害

1. 引起啤酒病害的野生酵母的普遍性及其特征

目前啤酒生产经常使用的酵母通常包括酿酒酵母（用于上面发酵啤酒）和巴斯德酵母（用于下面发酵啤酒）两种。但是在一些特种啤酒中也采用非酿酒酵母属酵母作为发酵菌种，如 *Dekkera bruxellensis* 用于比利时啤酒生产；目前已经在啤酒生产中发现了多种酵母。除去特定应用于啤酒的酵母菌株，从 20 世纪 50 年代开始，啤酒生产企业和研究者开始从腐败啤酒中分离得到一些不利于啤酒生产的酵母。同时期，威尔斯从啤酒酿造车间与设备、腐败啤酒及接种酵母等处分离并鉴定了一系列野生酵母，并将其定义为“任何未经严密选用与控制的酵母。”野生酵母不一定都是污染啤酒的菌株，部分也是上述提到的特种啤酒酿造的菌种。目前从啤酒中分离得到的野生酵母主要包括克勒克酵母属、汉逊酵母属、假丝酵母属、毕赤酵母属、圆酵母属、红酵母属及酒香酵母属的酵母，其他发现的酵母包括葡萄酒酵母、浑浊酵母、糊精酵母、魏氏酵母、柠檬形克氏酵母、强壮酵母、葡萄汁酵母及巴氏酵母。上述绝大部分酵母在啤酒中生长都会引起啤酒浑浊。研究者认为最常见的会导致啤酒浑浊的酵母是浑浊酵母和卡尔斯伯酵母。这些菌株在啤酒中生长往往会使啤酒口味淡薄。与此同时，部分啤酒酵母在麦汁中发酵时会产生超过正常量的醋酸乙酯与醋酸异戊酯，造成啤酒产生不正常的风味。

研究者对啤酒中野生酵母的存在普遍性进行了分析，发现啤酒中普遍存在的酵母为膜醭毕赤酵母和菌膜假丝酵母，偶尔发现的有克柔假丝酵母、皱褶假丝酵母、异常汉逊酵母、胶红酵母和白色隐球酵母。其他野生酵母也偶有发现。假丝酵母、毕赤酵母和汉逊酵母都是产膜酵母，其在 O_2 存在情况下生长较快，能产生浑浊，近年来发现假丝酵母和毕赤酵母造成的啤酒污染事件远多于其他野生酵母，柔氏假丝酵母与膜折毕赤酵母在啤酒中生长会代谢产生怪味。圆酵母属、红酵母属和克拉克酵母属酵母也好氧，但不产膜。除非长期暴露在空气中，由于啤酒一般瓶内 O_2 含量不多，因此该两属酵母对啤酒危害不大。

除去能够腐败啤酒的野生酵母，野生酵母也存在各种酒香酵母，其中最重要的是布鲁塞尔酒香酵母和香台尔酒香酵母，其生长速度极慢，在六星期之后才能检出，因此不会对啤酒质量造成影响。但是如果普通啤酒经过长期自然后熟则可能会产生怪味，但是在高浓度瓶装酒中则能产生令人愉悦的特殊香味。表 5-49 所列为最重要的污染啤酒的野生酵母。

2. 野生酵母的检出方法

目前存在多种酵母鉴定方法，包括生理学检测方法和分子生物学手段。对于啤酒而言，如果要从种酵母中检测野生酵母，由于是从数百万或成亿细胞中检测少数野生酵母，因此难度相对较大；如果从污染啤酒中进行野生酵母检测，由于污染野生酵母在菌落中所占的比例相对较大，因此检测难度相对较低。一般而言，对于不同类型野生酵母的检出方法并无太大差别，但是需要根据不同酵母的特点设计不同的实验方法，且大部分实验需要得到对应酵母的纯培养物之后才能进行。总而言之，没有一种万能的方法可以检测出各种不同类型的野生酵母。与此同时，根据不同的样品需要采用不同的试验方法，见表 5-49。

3. 种酵母中野生酵母的检测

目前啤酒感染野生酵母的主要原因是种酵母中存在污染野生酵母。在麦汁中接种酵母时，每毫升麦汁会接入 500 万~1000 万个酵母细胞，因此种酵母中极少数野生酵母的污染在发酵时造成污染酵母的繁殖。在发酵过程中，如果接种酵母无法竞争过污染酵母或者接种酵母趋向消亡时，任何污染酵母会占据优势，从而导致啤酒变质。来自车间环境及容器的野生酵母在现有生产条件和工艺下基本不会造成啤酒污染。因此，采用纯种酵母进行麦汁接种是重中之重。

表 5-49　重要的野生酵母的形态和生理特征

酵母种类	形态性质			生理性质发酵									
	假菌丝	细菌形态	细胞大小	孢子形成	液体基质表面皮膜	葡萄糖	半乳糖	麦芽糖	蔗糖	乳糖	棉子糖	蜜二糖
浑浊酵母	+	圆、椭圆或腊肠形	(2.5~8)μm × (5~12)μm	+	+	+	+	+	+	+	+	+
卡氏酵母	-	圆、椭圆或短椭圆	a. (5~10)μm × (5~13)μm b. (4~8.5)μm × (5~15.5)μm	+	-	+	+	+	+	+	+	+
魏氏酵母	+	椭圆长形	a. (2.2~5.5)μm ×(6.14~33)μm b. (3~6.5)μm × (6.14~33)μm c. (4~7)μm × (8~16~22)μm	+	+(薄)	+	+	+	+	+	+	+
葡萄汁酵母	+	椭圆长腊肠形或线状	(2.5~6.5)μm × (5~15~28)μm	+	+	+	+	+	+	+	+	+
糊精酵母	-	长、椭圆或卵形	(3~7)μm × (4~10)μm	+	-	+	+	+	+	+	+	+
巴氏酵母	+	卵形、长或腊肠形	(2.5~4)μm × (7~26)μm	+	偶尔	+	-	+	+	-	+	-
克氏酵母	-	柠檬或卵形	(2~4.5)μm × (5~8)μm	-	偶尔薄而黏	+	-	-	-	-	-	-
异常汉逊酵母	+	圆到椭圆或圆柱形	(2.5~6)μm × (4.5~2.0)μm	+	+	+	+	-	+	-	+	-
菌膜假丝酵母	+	圆形柱形	a. (1.7~4)μm × (4.3~9.5)μm b. (1.7~4)μm × (5.5~12)μm c. (3~5)μm × (4.5~10)μm	-	+	+	-	-	-	-	-	-
膜折毕赤酵母	+	卵或长卵形圆筒形	3.5 μm × (5~12)μm	+	+	+	-	-	-	-	-	-
圆酵母	-	圆至卵形	(3.5~5.55)μm × (4~6.5)μm	-	-	+	-	+	-	+	+	-
胶红酵母	-	短卵形	(2.5~5)μm × (4~7)μm	-	-	-	-	-	-	-	-	-
酒香酵母	+	卵形或橄榄形	(2.5~4)μm × (3~9)μm	-	薄	+	-	+	+	-	+	-

将野生酵母和啤酒酵母的区分需要根据两者的特点和理化性质来判断。目前认为可以区分两者的具有实际意义的特征包括显微镜检查形态、耐热能力、是否形成子囊孢子、发酵糖类能力、在选择性培养基上的生长能力和血清学差别，其他也可用于区分两者的相对次要的特点包括凝集性、巨大菌落形态、澄清性质和是否需要生长素。需要重点提出的是目前上述实验对于微量污染酵母和大量感染酵母的检测能力是不一样的。将野生酵母和啤酒酵母的区分通常采用如下方法：

（1）镜检形态　通过显微镜检测取样样本中的酵母形态，如果能够发现两者区别时，一般啤酒已经出现发酵反常、浑浊或风味异常等情况。因此，该方法很难获得有用的数据。与此同时，部分酵母，如毕赤酵母、圆酵母、假丝酵母与酒香酵母，在含量较少的情况下在显微镜下很难与正常啤酒酵母进行区分，但是如果具有足够的细胞数量，则不难区分。

（2）耐热能力　目前一个比较有效筛别啤酒酵母和野生酵母的方法是判断小牧的耐热能力。其依据是部分野生酵母具有较强的耐热能力，而大部分培养酵母在53℃处理10min即全部死亡。取一定量（10^6CFU/mL）接种酵母悬浊液于53℃处理10min，再取1mL涂布麦汁固体培养基，能够生长出的绝大部分是野生酵母，包括圆酵母、汉逊酵母、毕赤酵母、假丝酵母和糊精酵母。

（3）子囊孢子的形成　啤酒酵母不会产生子囊孢子，但是部分野生酵母在适宜条件下很容易生产子囊孢子，因此孢子生产试验可以用来检测野生酵母的存在。操作方法如下：将接种酵母涂布在孢子生产培养基（常见为石膏块或醋酸盐固体培养基）上，在湿润条件下培养，如果早期生长出现子囊孢子这说明野生酵母的存在。但是，由于不是所有野生酵母都会产生子囊孢子，部分酵母（如克勒酵母、假丝酵母和圆酵母）并不产子囊孢子，因此该实验并不能完全验证野生酵母的存在与否。目前啤酒生产企业将耐热能力测试与子囊孢子测定相结合，可以测定接种酵母中葡萄酒酵母的存在。

（4）发酵糖类能力测定　另外一种良好的分辨野生酵母的方法是测定酵母对不同糖类的发酵能力。例如艾尔型啤酒发酵酵母一般可以利用葡萄糖、果糖、甘露糖、蔗糖、麦芽糖、棉子糖和麦芽三糖，但不能利用蜜二糖。目前无论是艾尔型酵母还是拉格型酵母菌无法完全利用掉麦汁中所有的糖分，因此存在极限发酵度。但是部分野生酵母的糖利用能力有所不同，部分不能利用麦芽三糖的野生酵母菌株鉴于其具有较高的繁殖率会导致极限发酵度降低，造成啤酒黏稠。对于此类酵母的检出一般采用将样品在麦芽三糖固体培养基上进行培养，再采用三苯基四唑（嗡）盐覆盖，若培养3d后能够利用麦芽三糖的菌株呈现鲜红色，而无法利用麦芽三糖的菌株会呈现明显的淡红色。在啤酒生产企业实际生产过程中，也出现过具有极高极限发酵度的菌株，例如糊精酵母。该菌株能够利用糊精进行进一步发酵，因此，具有其若在啤酒中生长时会导致啤酒具有极高极限发酵度。幸运的是，糊精酵母的竞争力不如正常啤酒酵母，其增殖速度弱于啤酒酵母，因此其在啤酒发酵中无法占据多数，对于啤酒品质的影响有限。另外一种会造成较高极限发酵度的酵母是布鲁塞尔酒香酵母，其细胞为橄榄状，比较容易识别，其在啤酒生长中会带来不正常的风味。由此可见，测定极限发酵度是一种有用的判断污染酵母存在的方法。

假丝酵母、毕赤酵母和圆酵母属酵母只能利用极少或不能利用葡萄糖，菌膜假丝酵母可以利用乙醇，柠檬状克氏酵母只能利用葡萄糖，而异常汉逊酵母和平常圆酵母的糖类利用能力与啤酒酵母相似。因此部分研究者认为可以利用含不同糖类（如阿拉伯糖、甘露糖、鼠李糖、清凉茶糖等）的选择性培养基进行野生酵母分离。

（5）选择性培养基　一般而言，野生酵母的检测可以使用液体培养基或固体培养基，一般直接就地取材使用麦汁培养基，但是需要添加一些基质。目前啤酒生产企业用于检测野生酵母的培养基主要采用以下几种基质：①含放线菌酮的培养基；放线菌酮是一种抗生物质，对于啤酒酵母的致死量为 0.2mg/L，但是大部分野生酵母（如毕赤酵母、圆酵母和酒香酵母）对放线菌酮具有较大耐受能力，例如酒香酵母在 100mg/L 放线菌酮条件下依旧可以生长。因此含放线菌酮的培养基可以培养出多种野生酵母。②以赖氨酸为唯一氮源的培养基；啤酒酵母在 L-赖氨酸为唯一氮源的合成培养基上不能生长，而部分啤酒酿造中出现的野生酵母能够在该培养基上生长，因此该培养基能够有效区分啤酒酵母和野生酵母。采用赖氨酸为唯一氮源的培养基的培养方法目前已经称为国内外啤酒生产企业分析室检验接种酵母是否纯粹的简单有效方法。但是，该培养基无法检测生成浑浊的酵母属微生物。③含结晶紫的培养基。据报道，含 20mg/L 结晶紫的鉴别培养基可以抑制啤酒酵母的生长，但是适合巴氏酵母、葡萄酒酵母及糊精酵母的生长。这弥补了赖氨酸培养基的缺陷，将其与赖氨酸培养基结合使用可以检出所有常见的野生酵母。

（6）血清学的鉴别　采用血清学方法鉴定细菌已有多年历史，但是目前并不存在一个合适的鉴定野生酵母的方法。近年来，研究者采用免疫荧光法可以在啤酒酵母细胞中以 1∶100 万的比例鉴定出野生酵母，但是该方法需要建立在对野生酵母有特征反应的抗血清上，由于萤光素和蛋白质抗体的结合从而显示荧光，通过显微镜观察即在 3h 内得到结果。

在国内外生产企业，经常采用上述 6 种方法进行野生酵母的鉴定，其他采用的较少的方法主要基于酵母的凝聚性能、巨大聚落形态、对生长素的需要及澄清性质等。

4. 啤酒中野生酵母的检查

对于啤酒样品中野生酵母的检测除去考虑酵母的特性之外，仍需要考虑样品中酵母数量的不同。一般通过过滤和巴氏杀菌后的啤酒中含有的活酵母细胞数极少，采用薄膜过滤富集后即可涂布在麦汁培养基上，并采用前述方法对培养所得菌株进行鉴定。在酵母含量较少的情况下（如好氧状态的麦芽汁、添加放线菌酮的买压制和过滤后啤酒），一般需要通过离心对酵母进行浓缩，然后使用显微镜进行镜检，最后在不同培养基上进行培养。在麦芽汁中添加放线菌酮可以抑制啤酒酵母属以外的酵母生长，将富集得到的菌株在固体培养基上可进一步采用上述方法区别野生酵母和培养所得酵母的形态。另外一种对于过滤后啤酒野生酵母的检测方法是将样品澄清后培养 7~14d，如果出现浑浊则说明存在污染酵母。如果样本比较浑浊，污染酵母数量较大，则可以直接涂布在各种固体培养基上。

5. 野生酵母的鉴定

在啤酒生产企业实际生产过程中，在大部分情况下检测得到野生酵母就可以，并不需要对检测得到的污染酵母进行鉴定。原因是在啤酒生产中控制污染微生物的目的是发现早期病害并采取预防措施。如需要弄明白所感染污染酵母的种类，根据上述方法已经可以对污染酵母有初步的判断。如果要对污染酵母进行全面鉴定，则需要对酵母的形态以及生化性质进行一系列的测定，主要包括以下 6 点：

（1）无性繁殖。

（2）细胞大小与形状。

（3）子囊孢子形成。

（4）菌膜形成。

（5）糖类发酵的能力。

（6）碳水化合物的同化。

按照上述程序进行鉴定，每次完整的鉴定需要两周。在形态检索时，根据显微镜检验的形态判断酵母的类型，但是其在不进行生化性质测定时并不准确。虽然孢子形成对于酵母鉴定非常重要，但是孢子的形成一般不容易诱发，而无性繁殖、多糖类形成、产生色素、发酵与糖的同化和硝酸盐的同化这些特征比较稳定。表 5-50 为啤酒中主要野生酵母的特征。

七、 微好氧杂菌的检测方法

啤酒生产过程中常见的细菌包括乳酸菌、醋酸菌、发酵单胞菌、多变黄杆菌和大肠菌群等。目前根据国家标准，国内大多数啤酒生产企业只测定好氧条件下的总细菌数及大肠菌群，但是并没有测定啤酒生产过程中的微好氧菌（如乳酸菌和发酵单胞菌等）。由于微好氧菌对于啤酒质量有较大影响（轻者影响啤酒口味，重者造成啤酒浑浊和沉淀），因此对啤酒生产过程中的微好氧菌进行检测有重要意义。下述方法时根据 EBC 推荐的微好氧菌检测方法，我们在其基础上进行修改的比较适用于国内生产企业的微好氧菌检测方法。

表 5-50 啤酒中主要野生酵母的特征

菌名	细胞	孢子		培养特征	发育温度及 pH	糖类发酵及其他特征	病害
		形态/大小	最适温度				
巴氏酵母	麦芽汁 25℃培养 24h，幼细胞圆至卵圆形（3~7）μm ×（4~15）μm，单独生长或出芽连接生长，细胞或沉底或上浮成岛状，培养 3d 后细胞呈伸长形（3~6）μm ×（8~17）μm，15d 后细胞沉淀	圆形、平滑、25~30℃，40h 内形成 1~4 个孢子/1.5~5 μm	5~35℃	琼脂培养菌落呈白色、湿润光滑、边缘变曲、13~15℃液体培养 15~30d、26~28℃，7~10d 即生成皮膜及环	5~34℃/4.7~8.5	下面发酵，发酵葡萄糖、半乳糖、半乳蔗糖、棉子糖，不能同化硝酸盐。对乙醇能力弱	下面发酵啤酒厂危害性大的野生酵母之一，阻碍啤酒贮藏期的澄清，产生讨厌的苦味及不愉快气味
啤酒酵母浑浊变种	以麦汁新鲜培养，细胞呈形至长卵形（4~4.5）μm ×（6~12）μm。单独生长或二个连接	圆形、滑面、25~30℃，40h 内形成 1~4 个孢子/1.5~5 μm	4~35℃	琼脂培养菌落淡黄色、软质、锯齿状边缘。液体培养 13~15℃，8~19d 形成皮膜，使麦芽汁脱色、26~28℃，4~5d 形成皮膜。	5~40℃	上面发酵，能发酵葡萄糖、半乳糖、蔗糖、麦芽糖及 1/6 棉子糖，不能同化硝酸盐，以乙醇为碳源发育良好	在上面发酵啤酒厂常找到，能引起啤酒很强的浑浊及刺鼻难闻的气味
强壮酵母	细胞呈伸长至腊肠状（2~3）μm ×（9~10）μm。1~2 个连接，菌膜细胞较长	球形、40h 内形成 2~3 个孢子/2~4 μm	4~29℃	菌落呈淡黄色、软质、湿润、光滑波纹状。边缘为锯齿状 13~15℃，10~25d，26~28℃，7~10h 形成菌膜	5~40℃/4.7~8.5	上面发酵、能发酵葡萄糖、蔗糖、麦芽糖、棉子糖，不发酵乳糖，以乙醉为碳源能良好发育	为下面发酵啤酒危害性较大的野生酵母，能使啤酒产生浑浊
魏氏酵母	细胞长卵圆形（4~8）μm ×（9~18）μm，单独生长或 2 个连接，老年培养呈长链	球形、滑面，培养 1h 便形成孢子	4~11℃	琼脂斜面培养菌落软泥状，有光泽，而稍皱，边缘弯曲，液体中数天后出现沉淀及环		下面发酵，能发酵葡萄糖、半乳糖、蔗糖、麦芽糖、棉子糖，以乙醇为碳源难发育	使啤酒产生特殊的涩味、烂水果味，产生浑浊

续表

菌名	细胞	孢子		培养特征	发育温度及 pH	糖类发酵及其他特征	病害
		形态/大小	最适温度				
膜醭毕赤酵母	细胞呈卵形至圆筒形（3~4.5）μm ×（6.5 ~ 10）μm，常出芽接合。在特殊条件下形成拟菌丝，每个细胞中有数个油滴	扁球形，>4 个	20℃	麦芽汁表面迅速形成鲜黄色皮膜，初平滑，后成褶皱。菌落灰色、软质、平滑、粗面、平坦，中央部分略离起，周缘部分有微细皱纹	2~33℃、麦芽汁中60℃便可杀死	此菌无发酵力，能同化葡萄糖、果糖、有机酸，以乙醇为碳源发育良好	它在啤酒比麦芽汁中更易发展，能使啤酒浑浊和产生不适当的气味
异常汉逊酵母	细胞圆至椭圆，形或圆柱形（2.5~6）μm ×（4.5~20）μm。多边出芽繁殖，能形成假菌丝	草帽形，孢子 1 ~ 4 个	25℃	麦芽汁 25℃培养 3d 液面有白色菌膜，培养液浑浊，有菌体沉于管底。麦芽汁琼脂上菌落平坦乳白色，无光泽，边缘丝状	4~40℃/4.0~8.0	此菌有发酵力，能发酵葡萄糖、麦芽糖、半乳糖、蔗糖和棉子糖，不能发酵蜜二糖和乳糖，能利用乙醇	啤酒感染机会大，使啤酒浑浊和发生怪味
菌膜假丝酵母	细胞卵圆形，柱形（1.7~5）μm ×（4.3~12）μm。多边出芽繁殖能形成假菌丝	不形成孢子	30℃	菌落白或奶油色，在基液表面长皮膜	5~40℃/4.0~8.0	微发酵性菌，能发酵葡萄糖，能利用乙醇	在啤酒中感染机会大，使啤酒产生怪味
膜醭毕赤酵母	细胞卵形成或长卵形，圆筒形（3~5）μm ×（5~12）μm，多出芽繁殖能形成假菌丝	球形，半圆形或帽形，1~4 个	25℃	菌落白或奶白色，无光泽，在基液表面长白色干燥皮膜	5~40℃/4.0~8.0	只发酵葡萄糖，有的称微发酵菌能利用乙醇	在啤酒中感染机会大，使啤酒产生怪味

1. 材料

主要使用到的试剂为200mg/L无菌放线菌酮溶液、厌氧指示剂和番茄汁。200mg/L无菌放线菌酮溶液的配制方法如下：称取20mg放线菌酮于蒸馏水中，定容至200mL，并通过0.2μm无菌滤膜过滤，于4℃保藏。厌氧指示剂配制方法如下：将50mL 13%四硼酸钠、50mL 9%巯基乙醇、1.5mL酚红溶液、5～7.5mL 1%标准次甲基蓝溶液和100mL 2.5%琼脂溶液依次混合，煮沸后注入无菌安瓿瓶，灭菌后使用。其颜色呈无色至淡绿色，使用时有氧为蓝色，无氧为灰色。番茄汁配制是采用打浆机将市售番茄4～5只匀浆，再用布氏漏斗过滤后得到清液，即为番茄汁（也可使用八层纱布将去皮剪碎的番茄用力挤压而得）。

检测方法使用的培养基包括Kissel&Dakin法（pH5.0）（针对乳酸菌）、UBA培养基（pH4.2）（针对乳酸菌）、LMDA多级选择培养基（针对各类微好氧菌）、MYGP培养基（针对发酵单胞菌）和足球菌培养基。

①Kissel&Dakin法（pH5.0）

酵母浸膏 2.5g

10°P 酒花麦芽汁 50mL

KH_2PO_4 0.25g

$CaCl_2$ 0.075g

KCl 0.2g

$FeCl_3$ 0.0025g

琼脂 7.5g

$MnSO_4$ 0.2g

水 500mL

②UBA培养基

番茄汁 120mL

葡萄糖 10g

琼脂 12g

自来水 750mL

蛋白胨 15g

混合灭菌后加入250mL灭菌啤酒

③LMDA多级选择培养基

番茄汁 120mL

蛋白胨 20g

酵母浸膏 10g

泛酸钙 2g

柠檬酸 1.1g

KH_2PO_4 0.5g

K_2HPO_4 0.5g

$MgSO_4$ 0.2g

$MnSO_4$ 0.01g

$FeSO_4$ 0.5g

吐温 80 0.5g

溴甲酚绿 0.022g

琼脂 15g

蒸馏水 1L

$CaCO_3$ 5g

④MYGP 培养基

麦汁浸出物 0.6g

酸母浸膏 0.6g

葡萄糖 4g

蛋白胨 1g

蒸馏水 200mL

pH4.0

⑤足球菌培养基

酵母浸膏 2.5g

葡萄糖 10g

琼脂 10g

苯乙醇 0.3mL/100mL

pH4.8

2. 主要设备及仪器

微好氧菌培养可采用厌氧培养盒/袋、厌氧罐等。

所需仪器包括：

10mL 移液管 1 根

1mL 移液管 4 根

试管 4 根

培养皿 4 根

5mL 注射器 1 个

200mL 三角瓶 1 个

上述仪器均需灭菌。

3. 实验方法及具体操作步骤

对微好氧菌的检测方法首先为利用厌氧发酵罐制造无氧环境，再采用特殊选择性培养基对啤酒样品的微好氧细菌进行检测。

（1）对麦汁样品中微好氧细菌的检测 麦汁细菌多为好氧菌，因此采用牛肉汤培养基或者麦康凯（MacConkey）固体培养基在好氧条件下进行培养即可。

（2）主发酵液和后发酵液中细菌的检测 对主发酵液或后发酵液中细菌的检测方法如下。

①采用酒精棉球将取样口清洗后接取发酵醪液。

②取4支无菌试管，在每支试管接取9mL无菌水和1mL发酵液，并依此梯度稀释至10^{-1}、10^{-2}、10^{-3}和10^{-4}。

③配制四块含100mg/L放线菌酮的培养基，并在每根稀释后的试管中取1mL稀释液涂布平板。

④将培养基置于厌氧培养罐中培养，并将厌氧指示剂迅速导入培养罐中，并充入CO_2。

⑤在30℃培养4~5d后，挑取单菌落采用革兰染色进行镜检。对于已浑浊的啤酒样品，根据啤酒样品不同的浑浊程度，对稀释梯度进行改变，其他操作同上。

（3）种酵母中微生物的检测 对种酵母中微生物的检测操作步骤如下。

①挑取一株种酵母于无菌试管中，用无菌水稀释至5mL，取1mL稀释液于血球计数板上进行计数。

②将剩余4mL稀释液用无菌水稀释至50mL，并采用0.2μm无菌滤膜进行过滤富集。

③将用于富集的无菌滤膜置于无菌培养皿中，并加入3mL无菌放线菌酮和融化的LMDA培养基，摇匀后放入厌氧培养罐中进行培养。长出单菌落后进行计数。结果表示为4mL细菌数/4mL稀释液中的酵母数。

（4）成品清酒的检测 由于成品啤酒一般通过热灭菌或者过滤已经去除大部分微生物，因此在其中指存在少量微生物，因此一定需要先使用滤膜进行富集再进行培养。大致操作步骤如下：采用无菌真空过滤器将150~200mL清酒样品于0.2μm无菌滤膜进行过滤富集后，将滤膜放置在无菌培养皿中并加入2~3mL放线菌酮（也可以不加），导入融化培养基后摇匀，放入厌氧培养罐中培养，最后进行计数。

4. 建议和总结

（1）乳酸菌的检测，可以采用UBA培养基和Kissel&Dakin法。

（2）微好氧菌总数的测定，采用LMDA多级培养基，因为啤酒生产企业仅需了解杂菌的污染程度。

（3）乳杆菌和足球菌在显微镜下细胞形状分别为杆状和球状，极易区分；对于革兰染色阴性菌大肠杆菌和发酵单胞菌，在显微镜下一种为细杆状，一种为短粗杆状，也极易区分。

（4）发酵单胞菌的检测需采用MYGP液体培养基，具体方法如下：将6mL MYGP培养基放入含杜氏小管的10mL试管中（注意将杜氏小管充满培养基），并加入1mL过滤除菌的放线菌酮溶液和 1mL 样品，最后加入灭菌培养基至 10mL 后 28℃ 培养 5d。如果发现杜氏小管产气则说明存在发酵单胞菌。如果需要技术则需要用 LMDA 固体培养基进行培养后进行计数。

（5）对于细菌繁殖旺盛的样品，可以适当加大浓度梯度。

（6）啤酒生产过程中浑浊样品杂菌的检测路线图如图 5-49 所示。澄清啤酒样品的杂菌检测路线图如图 5-50 所示。

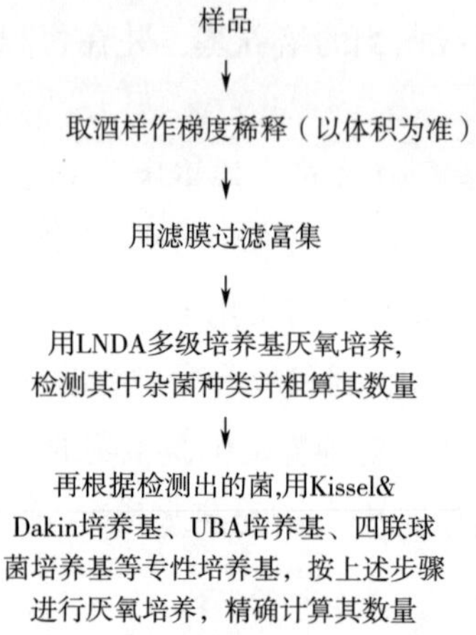

图 5-49 浑浊样品杂菌的检测路线图

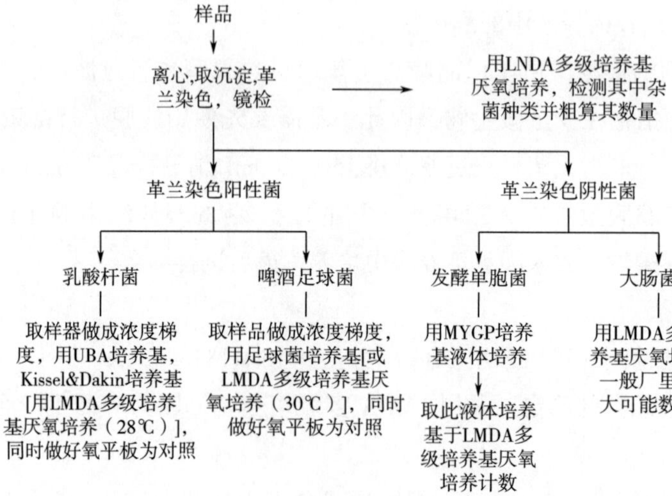

图 5-50 澄清啤酒样品的杂菌检测路线图

第七节 高浓酿造法

一、 概述

1. 历史

传统德国式啤酒酿造法，麦汁煮沸和冷却后称“定型麦汁”。近代欧洲税率规定是以此麦汁的浓度和体积为收税标准，因此，定型麦汁浓度在发酵和成品制造过程中是不允许改变的。成品啤酒计算的“原麦汁浓度”应和制造时麦汁浓度一致。麦汁浓度是由原料加水比确定的。有人提出在糖化时加水和在发酵时加水或在啤酒过滤前加水有什么不同。20 世纪 70 年代（The Brewer1977），美国、加拿大等国啤酒厂推出“高浓酿造，后稀释工艺”。采用高浓度［西方喜欢用密度（Gravity）］麦汁糖化和发酵。啤酒成熟以后，在过滤前用饱和 CO_2的无菌水稀释成传统浓度的成品啤酒（表 5-51）。

表 5-51 国内外稀释啤酒产品

厂商	国家	冷麦汁浓度/°P	成品啤酒后麦汁计算浓度/°P	稀释度/%
Anheuser-Bush	美国	15.0	11.0	30.0
Stroh	美国	18.0	10.5	71.4
BSN	法国	13.0	11.4	14.0
Molson	加拿大	15.4	11.8	30.5
Courage	英国	13.0	10.7	12.1
Caauhtemoc	墨西哥	14.5	11.0	31.8
华光啤酒厂	中国	12.0	10.5	14.3
某厂	中国	14.0	10.0	40.0

传统型浅色下面发酵啤酒的浓度，习惯上在 14°P 以下，对于超过 15°P 以上酿造（糖化和发酵），以后再稀释传统 8~12°P（原麦汁计算浓度）的啤酒，在工艺上称“高浓酿造稀释法”。由于商业原因，人们讨厌稀释法，所以，此工艺常称“高浓酿造法”。

$$稀释度（\%）=\frac{高浓酿造时啤酒麦汁浓度-成品啤酒原麦汁浓度}{成品啤酒的原麦汁浓度}\times 100\%$$

国外较普遍采用稀释度在 20%~40%，除德国外，国外许多大公司生产啤酒均采用“高浓酿造稀释法”。

2. 高浓酿造法的特点

（1）优点

①糖化和发酵设备的利用率提高，节省工厂建设投资。

②生产费用的降低，热能和冷量的显著降低，成本的降低。

③实物劳动生产率的提高。

④啤酒非生物稳定性提高。

⑤香味稳定性提高。

⑥淡爽风格更突出。

（2）缺点

①糖化时原料浸出物收率下降。

②酒花 α-酸的利用率下降。

③不易制造浓醇风格的啤酒。

（3）工艺关键

①和常规传统酿造啤酒风味的差别。

②原料配比十分重要。

③发酵工艺对高浓的适应性。

④稀释水的制备技术。

⑤定比混合。

3. 进展

当前啤酒发展的特点：生产日趋垄断化、大型化、旺季销售量的猛增、啤酒浓度逐步淡化和多样化、啤酒风味日趋淡爽化等，这些都对高浓酿造法注入了巨大的生机，现在北美和北欧的国家已经把高浓酿造法作为正常生产技术。

稀释方法有三种：

（1）麦汁稀释　糖化麦汁采用高浓度，在回旋沉淀槽稀释。此法仅使用在糖化能力不足的工厂。

（2）前稀释　主发酵用高浓度，后发酵（双乙酰还原）时稀释。此法对稀释水脱氧要求低。

（3）后稀释　啤酒发酵、贮酒结束，成熟酒在后处理或过滤前稀释。此法是典型的高浓酿造后稀释法。

我国在 20 世纪 60~70 年代，就有麦汁稀释和前稀释工艺。华光啤酒厂在 20 世纪 80 年代初，首先推出，由 12°P 酿造，成熟后稀释后 10.5°P 的工艺。现在许多啤酒企业均采用 12~13°P 酿造成熟后稀释成 8~10°P，此工艺从原则上还不属于高浓酿造法。近几年国外致力于高浓酿造法的研究，发酵麦汁浓度已经提高到 18~24°P，乃至 30~36°P，稀释度从 60%~300%。如此高浓度酿造，糖化工艺、酵母选育、发酵技术、稀释水的处理均有特殊的要求，难度更大，而经济意义更显著，不过，投入生产的还是较多采用稀释度为 30%~60%的工艺。

二、高浓酿造法

高浓麦汁的酿造，为了不影响实际生产，提出如下目标：

①典型六器组合糖化设备要求日生产批次不低于6次。

②在C. C. T发酵中主发酵周期<8d、后发酵和贮酒周期<18d。

③啤酒过滤机能力和常规相似。

1. 高浓麦汁制备

(1) 增加投料量　每锅多投入麦芽和辅料，即减少加水比，此法受到物料吸水和流动性的限制。加水比不能少于1∶2.7。

若麦芽和辅料的混合无水浸出率$A=80\%$。加水比为$M:W=1:2.8$头号麦汁浓度为P_0。

则
$$P_0 = A/(A + W) = 80\%/(80\% + 2.8) = 22.2\%$$

若按此方法可以直接调制18~20°P浓度的麦汁。实验证明，此浓度醪的糖化并没有太大的困难。

糖化醪的过滤发生一系列问题，首先是由于投料量增加30%~40%，麦糟层厚度也增加30%~40%，麦汁浓度增加，过滤时间要延长30min。头号麦汁过滤后，麦糟中吸附浸出物增加，而洗糟又受到时间和煮沸锅容量限制，洗糟终点提高，残余麦汁浓度从0.5~0.7°P，将提高到2.5~3.5°P，若不考虑淡麦汁的回收利用，终将影响糖化收得率。

为了不影响收率，一般在洗糟到5.5~7.0°P以后，淡的洗糟麦汁单独收集，并经过活性炭吸附过滤后，作为第一次洗糟用水。

(2) 煮沸时加糖或糖浆　用糖或糖浆作辅料，已经流行多年，若用它们来提高麦汁浓度，方法简便且不会影响前面糖化和过滤。国内很多啤酒厂在常规啤酒酿造中加投料量的6%~8%蔗糖代替大米辅料，能降低麦汁色度，但大量添加糖类，会改变麦汁组成，减少麦汁中α-氨基氮、维生素等酵母生长营养物质，以致影响酵母的生长和发酵。例如，常规12°P麦汁α-氨基氮为180mg/L，相当于1.5mg/g浸出物。若用蔗糖把麦汁浓度提高至18°P，添加蔗糖量Wkg/100 L，可按下式计算：

$$12\%\times1.0484\times100+W=18\%\times1.07416\times(100+0.626W)$$

$$W=7.684\ (\mathrm{kg/100L})$$

煮沸时加糖，由于蔗糖相对密度大（1.587），易沉于器底，应先加水加热溶解，化成糖浆，在煮沸结束前30min加入。

浸出物浓度提高，并不提高其他营养成分。如α-氨基氮从1.5mg/g，降低至1.0mg/g。因此，用蔗糖和糖浆提高麦汁浓度必须配“酵母食物”（Yeast food），补充酵母营养和调整麦汁组分。酵母食物在国外已商品化（表5-52）。

表 5-52 世界商品化的酵母食物

商品名称	厂商	性质	组分含量/（mg/L）			无机离子含量/（μg/g）					
			蛋白质	氨基酸	氨	S	P	Zn	Cu	Mg	Ca
Amberex~1003	Vniversal Foods	酵母自溶喷雾干燥	340	16	3	6.2	18.5	93	3	3.8	1.6
Bio factor AB	Siebelsons Schwary	混合制品	380	—	0.93	7.3	9.3	5.7	15	3.8	2.2
Biofood	Bicom Canad lnc	无机、有机养料混合物	40	48	14.2	未测					
Casamino Acids	Difco Lab	干酪素酶水解物	64	29	2.6	5.8	18.6	94	22	2.7	1.3
Amber Ehc	Fisher	干酪素酶水解物	660	23	14.2	10	260	7	2	60	22
Taslone-50	Vniversal Foods	酵母自溶转鼓干燥物	468	8	2.5	4.1	12.3	148	9	1.3	76
酵母浸膏	Difco Lab	酵母自溶的水溶部分	100	46	168	25.5	155	10	5	52.5	7.0
Yeaster-61	Difco Lab	维生素、磷铵等配合养料	256	5	16.75	19.2	29	13.4	15	2.3	3.7
Yeaster-82	Siebelsons Schwary	蛋白质、氨基酸、矿物质配合	254	28	0.78	7.44	14.5	130	7	389	158

（3）大麦全酶法糖浆的应用　当今生物技术的发展，有各种商品酶制剂可选择，用不能发芽的大麦（比啤酒大麦价格低 1/3～1/2），外加多种酶制剂制造“大麦糖浆”，经浓缩、脱色。工艺流程如图 5-51 所示。

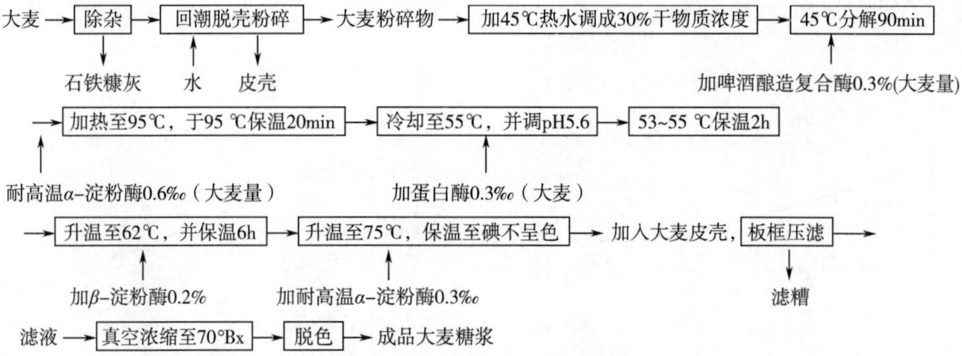

图 5-51　“大麦糖浆”制造流程

大麦糖浆组成如下：

浓度：70°Bx

DE 值：75%

极限发酵度：70%

总可溶性氮：≥600mg/100g 浸出物

α-氨基氮：≥110mg/100g 浸出物

色度，稀释成 12°P：8 EBC

工艺中使用酶：

啤酒酿造复合酶——内含 β-葡聚糖酶 300U/mL、蛋白酶 7000U/mL、（中性）α-淀粉酶 500 U/mL，是无锡轻工大学（现江南大学）研制，连云港酶制剂厂生产。

耐高温 α-淀粉酶，中性蛋白酶——无锡酶制剂厂生产。

β-淀粉酶——甘薯或麸皮提取（10×10^4U/mL）

大麦糖浆组成分非常接近麦芽汁用它在煮沸麦汁时添加，提高浓度，不会造成发酵困难。国内对此有待于开发，以代替日益昂贵的大米辅料。

2. 高浓麦汁煮沸时添加酒花的变化

对于传统的酒花，国外高浓麦汁制造中发现，酒花利用率下降，其原因：

（1）α-酸的溶解度随着酒花添加量增加而降低（图 5-52）。

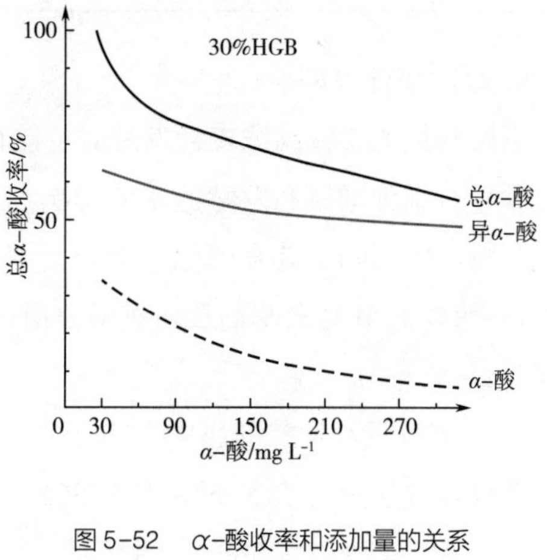

图 5-52　α-酸收率和添加量的关系

（2）总 α-酸和 α-酸收率随凝固物增加而减少，但异 α-酸收率几乎保持不变（图 5-53）。

（3）高浓酿造麦汁的 pH 要低于正常浓度（如 18°P，pH 5.0），α-酸和异 α-酸的收得率有明显下降（图 5-54）。

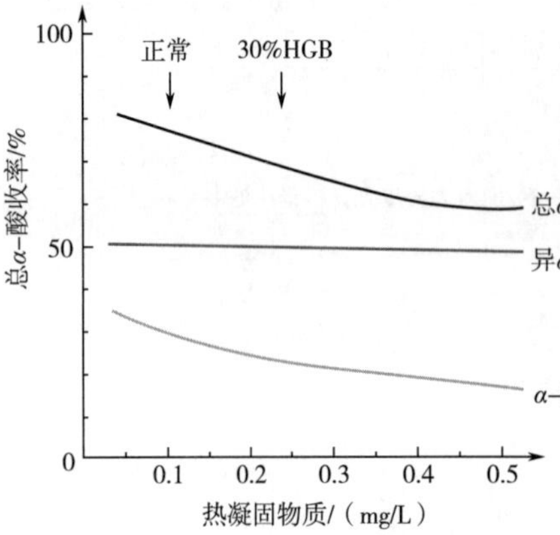

图 5-53　α-酸收率和热凝固物关系

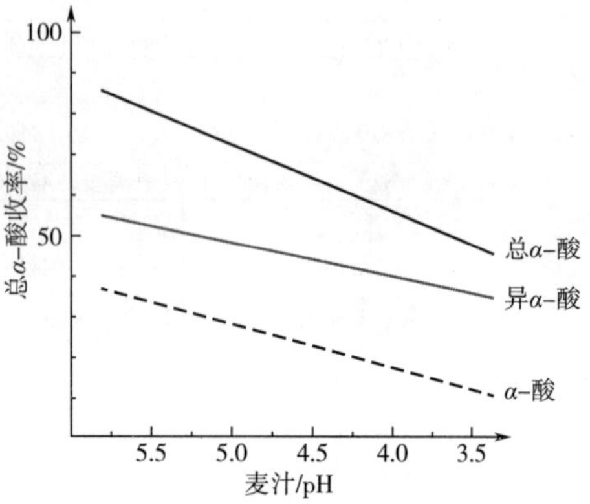

图 5-54　α-酸收率和麦汁 pH 的关系

因此，在高浓酿造中，酒花添加量要增加才能达到正常浓度酿造的风味值（表 5-53）。

表 5-53　　酒花添加和苦味值收率

	麦汁浓度/°P	酒花添加量/（g/L）	α-酸添加量/（mg/L）	麦汁苦味值/（IBUs）	苦味收率/%	收率比/%
正常麦汁	12.0	1.05	43.1	36.2	84.0	100
30%HGB	15.6	1.76	72.1	50.0	69.5	82.7
50%HGB	18.0	2.55	104.6	59.7	57.1	68

3. 高浓麦汁发酵

据资料报道，在高浓麦汁发酵时可能存在的问题是：①麦汁含氧水平的影响。②酵母接种量对细胞增殖和发酵速率的影响。③麦汁 α-氨基氮水平对发酵的影响。④发酵对风味物质的影响。⑤发酵温度和压力对发酵速率和风味物质的影响。无锡轻工大学（现江南大学）和青岛啤酒股份有限公司联合研究所在研究高浓酿造方面初步得到了如下实验数据。

（1）溶解氧对发酵的影响　由于麦汁浓度提高，麦汁溶氧水平降低，若通入纯氧可提高麦汁含氧量（表 5-54~表 5-56）。

表 5-54 不同浓度麦汁通入空气饱和含氧水平（10℃）

麦汁浓度/°P	12	14	16	18	20	22	24	26	28
饱和含氧量/（mg/L）	9.3	8.6	8.1	7.8	7.5	7.1	6.9	6.4	6.0

表 5-55 不同浓度麦汁通入纯氧后饱和含氧量（10℃）

麦汁浓度/°P	12	14	16	18	20	22	24	26	28
饱和含氧量/（mg/L）	33.2	32.4	31.8	30.5	29.3	27.8	26.0	24.7	23.3

表 5-56 麦汁含氧水平对发酵的影响

麦汁浓度/°P 和接种量/（CFU/mL）	空气		纯氧		25℃发酵时间/h	发酵度/%	细胞密度/（$\times 10^6$CFU/mL）	α-氨基氮同化率/%
	一	二	一	二				
28	6.0	—	—	—	144	44.6	88	36.8
37×10^6	6.0	3.8	—	—	144	52.8	122	51.8
	—	—	23.7	—	144	59.5	114	46.8
	—	—	13.3	8.1	128	64.1	142	58.6
24	6.7	—	—	—	136	58.4	82	40.7
31×10^6	6.0	—	—	—	136	64.3	114	51.3
	—	23.7	23.7	—	136	61.8	94	47.1
	—	13.3	13.3	8.1	120	65.4	136	59.1
18	7.8	—	—	—	112	63.8	69	45.8
23×10^6	6.7	—	—	—	104	65.1	89	53.8
	—	26	26	—	112	64.8	81	51.2
	—	26	26	10.6	96	65.8	96	57.0

实验研究中：

①麦汁含 α-氨基氮 1.51mg/g 浸出物。

②麦汁充空气或氧第一次接种充 30min。第二次接种后 12min 充 30min。

③发酵在 25℃下进行。

由表 5-57 可知，在高浓酿造中用纯氧两次通风，可提高发酵度，增加细胞密度。在低温发酵时也同样如此。

（2）接种量对发酵的影响 常规 12°P 麦汁发酵时接种量为 12×10^6CFU/mL，即每毫克浸出物有 0.1×10^6个细胞，发酵高潮时细胞浓度增至 60×10^6CFU/mL，即每毫克浸出物有 0.5×10^6个细胞。若想保持发酵降糖速率，接种量和最高浓度一定要增加。

表 5-57　一次和二次通纯氧对低温发酵的影响（24°P 麦汁）

发酵时间/h	外观浓度/°P		真浓度/°P		酒精质量分数/%		真正发酵度/%	
	一次	二次	一次	二次	一次	二次	一次	二次
12	23.5	23						
24	22.5	22						
36	21.5	20.9						
48	20.0	19.4						
60	18.5	17.5						
72	15.2	14.5						
96			14.93	13.45	4.4	5.17	37.8	43.96
120			13.66	12.17	5.0	5.76	43.1	49.3
148			12.77	11.4	5.43	6.08	46.8	53.3
172			12.13	10.7	5.64	6.45	48.8	55.5
196			11.9	10.1	5.82	6.7	50.5	57.75

由表 5-58 可看出，提高接种量，发酵细胞浓度可增加，虽然每细胞的发酵速率（每小时每细胞降糖）并不提高，但由于细胞浓度提高，发酵时间可以缩短。若接种浓度为 30×10^6个/mL，发酵最高浓度可达 130×10^6CFU/mL，发酵至 58%真正发酵度可在 8d 内完成。

表 5-58　24°P 麦汁在不同接种量下增殖细胞浓度和发酵速度

单位：$\times10^{-8}$mg 糖/(h · CFU)

发酵时间/d	接种量/（CFU/mL）					
	19×10^6		31×10^6		42×10^6	
	增殖浓度	发酵速率	增殖浓度	发酵速率	增殖浓度	发酵速率
0.5	53	0.79	66	1.26	84	1.49
1.0	71	0.85	88	0.95	96	1.3
1.5	84	1.56	105	1.0	118	1.1
2.0	95	1.67	118	1.06	131	1.27
2.5	100	1.71	126	1.26	141	1.43
3.0	106	1.82	132	1.35	148	1.57
3.5	104	0.96	128	0.82	142	0.8
4.0	101	0.48	124	0.71	135	0.4

续表

发酵时间/d	接种量/（CFU/mL）					
	19×10^6		31×10^6		42×10^6	
	增殖浓度	发酵速率	增殖浓度	发酵速率	增殖浓度	发酵速率
4.5	103	0.48	119	0.32	128	0.32
5.0	98	0.48	115	0.32	126	0.28
5.5	94	0.4	115	0.24	121	0.28
6.0	89	0.4	99	0.16	115	0.21
7.0	85	0.4	91	0.16	99	0.14
8.0	76	0.2	85	0.16	—	—
9.0	75	0.1	—	—	—	—

注：接种温度 12℃，发酵温度 14℃，恒温，两次充氧。

（3）麦汁不同 α-氨基氮对连二酮类和高级醇的影响　在正常麦汁中每克浸出物有 α-氨基氮为 1.5~2.0mg，α-氨基氮减少会使有害副产物增加（表 5-59）。

表 5-59　　24°P 麦汁中 α-氨基氮对风味物质产生的影响

α-氨基氮/（mg/g 浸出物）	1.21		1.37		1.51	
风味物质量/（mg/L）	连二酮类	高级醇	连二酮类	高级醇	连二酮类	高级醇
发酵时间/d						
4	1.17	—	1.08	—	0.91	—
5	0.89	145	0.83	120	0.71	110
6	0.67	—	0.61	—	0.44	—
7	0.48	—	0.46	—	0.31	—
8	0.39	2.45	0.33	231	0.20	210

注：高级醇为化学分析法测定。

（4）不同稀释度高浓酿造中的风味物质 虽然在发酵中、发酵麦汁浓度升高会使代谢副产物增加，但若经稀释成正常浓度后，风味物质变化不大，而且是可以接受的。

不同稀释度均回复至 11°P，发酵条件均是 14℃，恒温发酵至发酵结束，0℃ 贮存 2d。

在实际发酵中，发酵泡沫高度，随浓度提高，按种量提高和发酵温度提高而增大，据报导在 CCT 中充满系数只能到 70%~75%，损失罐容积。

三、 稀释用水

1. 稀释用水的基本要求

在高浓酿造啤酒中，稀释用水（以下简称水）占很大比例（10%～50%）。稀释用水的质量对啤酒风味和稳定性带来巨大的影响（表 5-60）。

表 5-60 不同稀释率啤酒风味物质

风味物质量/（mg/L）	正常 11°P	HGB30%	HGB50%	HGB80%
乙酸乙酯	12.3	14.5	17.2	18.1
乙酸异戊酯	2.5	3.1	2.7	2.5
正丙醇	13.2	10.0	9.5	8.5
异丁醇	17.26	16.7	12.9	13.1
活性戊醇	2.9	2.7	2.0	2.8
异戊醇	56.7	52.7	64.0	68.1
15d 连二酮类	0.04	0.05	0.035	0.03

注：风味物质为气相色谱分析测定，HGB 为高浓酿造。

（1）稀释用水应是完全可靠的、无生物量存在的可饮用水　生物量指动植物、微生物和病毒的数量。一般均需经过 2～3 级除生物操作（如砂滤、紫外线消毒、臭氧消毒法、无菌过滤等）。也有采用巴氏热消毒法，水经过板式热交换器加热至 80℃，维持 25～30s，再冷却。

（2）稀释用水必须是无任何气味和异杂口味，而且必须是清澈、透明、无色的。

（3）如果稀释用水含有消毒的余氯，必须经过严格的脱氯处理（如用二级活性炭过滤）。

（4）水中可溶性铁和锰离子应十分低，总铁离子应<0.04mg/L，铁加锰离子应<0.05mg/L。

（5）稀释用水中溶解氧应该十分低　不同稀释度对氧含量要求也不同。当稀释度在 10%～20%，要求在 0.2～0.3mg/L，当稀释度 30%时，要求<0.1mg/L，当稀释度更大时，要求<0.04mg/L。

（6）稀释用水中一般无机离子应该符合饮用水的标准　应该是低 Na^+、低总盐量的软水。

（7）稀释用水中总碱度应比较低　至少要比糖化投料水和洗糟水更低（一般要求碱度+2～-2 度）。此水中 Ca^{2+} 应低于正常啤酒中含有 Ca^{2+}（一般 11～12°P 浅色啤酒含 Ca^{2+} 为 20～40mg/L），避免和草酸结合，形成草酸盐沉淀和喷涌病。

（8）稀释用水的温度和混合啤酒的温度一致，水中 CO_2 含量应接近和略高于混合啤酒中的含量。

2. 稀释用水处理流程

饮用水→水处理和调整离子→除生物→脱氧→冷却和充 CO_2 →稀释用水

3. 水脱氧技术

（1）亨利（Henrg）定律　在一定温度下，溶解在一定溶剂中的气体质量（m）与压力（p）成正比。即：$m = Kp$ 。

亨利定律另一个说法：溶解在一定溶剂中气体的体积一定，或溶液的气体浓度和该气体分压力成正比。

$$D——K \cdot \frac{p}{p_0} \tag{5-9}$$

式中 D——某气体的溶解度，mg/L

K——某气体的溶解常数，mg/L，空气在水中溶解度和温度成反比

p——某气体在混合气体中分压，MPa

p_0——混合气体的总压力，MPa

道尔顿分压定律：在一定温度下，混合气体的总压力，等于各组分的分压力之和。即 $p_0 = p_1 + p_2 + p_3 + \cdots\cdots$ 。

混合气体中某组分气体之分压（p_1），等于该气体的摩尔分数（m）和总压力（p_0）之乘积。

即

$$p_1 = p_0 \cdot \frac{m_1}{m_1 + m_2 + m_3 \cdots} \tag{5-10}$$

如果，各种气体同时存在于水面上，每一种气体的溶解度，与各自气体的分压力成正比。

（2）水中脱氧方法

①水加热除氧法：由表 5-61 可知，在 0.1MPa，水只有加热至 100℃（煮沸），才能除去水中溶解氧，但由于表面张力、黏度等影响，100℃加热并不能立即除去水中氧。

表 5-61　　水中含氧量和温度、压力的关系

绝对压力/MPa	水温/℃										
	0	10	20	30	40	50	60	70	80	90	100
	含氧量										
0.1	14.5	11.2	9.1	7.5	6.4	5.5	4.7	3.8	2.8	1.0	0
0.08	11.0	8.5	7.0	5.7	5.0	4.2	3.4	2.6	1.6	0.5	0
0.06	8.7	6.4	5.3	4.3	3.7	3.0	2.3	1.7	0.8	0	0

续表

绝对压力/MPa	水温/℃										
	0	10	20	30	40	50	60	70	80	90	100
	含氧量										
0.04	5.7	4.0	3.8	2.7	2.2	1.7	1.1	0.4	0	0	0
0.02	2.8	2.0	1.6	1.4	1.2	1.0	0.4	0	0	0	0
0.01	1.2	0.9	0.8	0.5	0.2	0	0	0	0	0	0

②真空脱氧法：由表5-62可知，当在平衡体系中，降低水面上总气压（真空），即可减少氧分压力，使水中平衡溶解氧向水面溢散，从而降低水中含氧量。由图5-55可知，当水温在40℃，真空度达到90%（水面上绝对压力为0.01MPa）时，水中含氧量可达0.2mg/L。

表5-62　　持续煮沸时间与水中含氧量的关系

煮沸时间/min	0	5	10	20	30	45	60
水中含氧量/(mg/L)	1.08	0.10	0.056	0.017	0.006	0.003	0

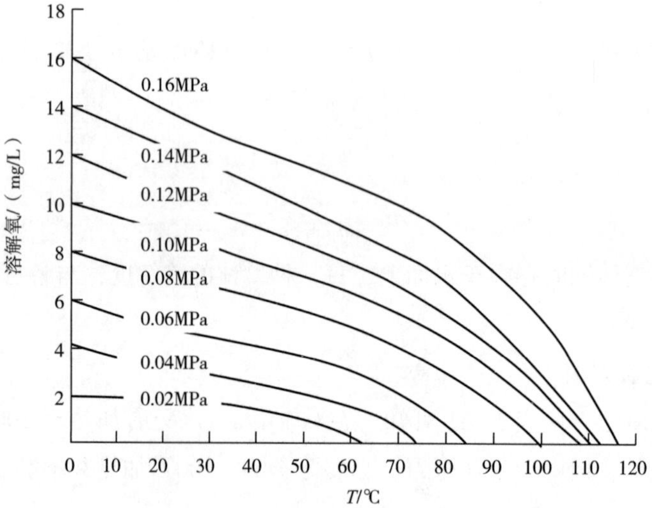

图5-55　不同压力下水中的溶氧量

真空脱氧法除了保证较高的真空度外，还要有一定温度，如40~50℃。真空脱氧装置，处理水经过温度调节装置加热至40~50℃，泵送至填料塔，在填料中形成薄膜下降，塔顶用水力真空泵（或机械真空泵）抽真空，维持填料塔顶绝对压力<0.01MPa，塔底排出水含氧量<0.2mg/L，经板式换热器冷却至2~4℃，用文丘里管混入CO_2，并使CO_2含量达到质量分数0.5%，至贮存罐备用（图5-56）。

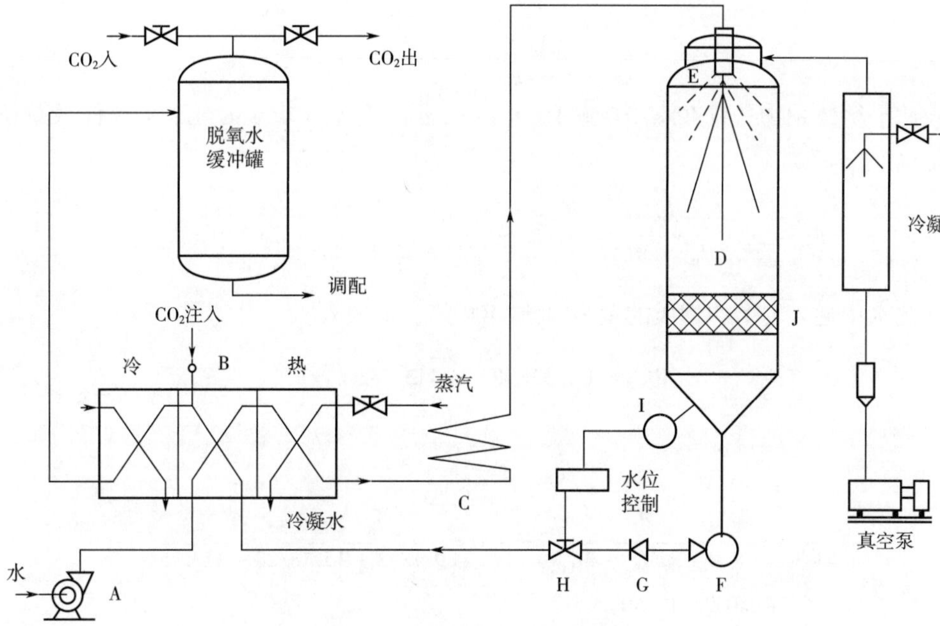

图 5-56　水真空脱氧流程图

A—泵　B—换热器　C—维持管　D—真空填料塔　E—喷淋器

F—水泵　G—单向阀　H—三通阀　I—液位计　J—填料

在国外，脱氧水含氧量要求<0.1mg/L 时，常常采用二级真空脱氧。

近年来随着啤酒高浓稀释工艺的广泛应用，并且稀释用水占比越来越大的情况下，脱氧水中的溶解氧含量受到各啤酒企业的格外重视，真空法脱氧逐渐被 CO_2 置换法脱氧所取代。

③CO_2 置换法脱氧：由上亨利定律：

$$b = K \times \frac{p_1}{p_2}$$

$$p_0 = p_1 + p_2 + p_3 + \cdots\cdots = p_{O_2} + p_{N_2} + p_{CO_2} + p_{H_2}$$

$$p_{O_2} = p_O \frac{M_{O_2}}{M_{O_2} + M_{N_2} + M_{CO_2} + M_{H_2O}}$$

$$\frac{p_{O_2}}{p_0} = \frac{M_{O_2}}{\sum M}$$

在平衡体系中，如不改变 p_o 总压力，向水中注入 CO_2，提高 CO_2 的物质的量，而水中溶解气体总物质的量提高，CO_2 物质的量占总气体物质的量降低，就可降低气体的 p_{O_2} 的氧分压，从而降低氧在水中溶解度：

$$b_{O_2} = K \times \frac{p_{O_2}}{p_0}$$

设：水和空气平衡体系，在水温 20℃，$p_0 = 0.1\text{MPa}$ 大气压下。

$$b_{O_2} = K \times \frac{p_{O_2}}{p_0} = 9.1\ (\text{mg/L})$$

设此平衡体系物，仅在水中溶解有 O_2 9.1mg/L 和 N_2 15.18mg/L，平衡体系总压力 $p_0 = 0.1\text{MPa}$。

$$p_{O_2} = p_0 \cdot \frac{M_{O_2}}{M_{O_2} + M_{N_2}} = 0.1 \times \frac{9.1/32}{9.1/32 + 15.18/28} = 0.0344(\text{MPa})$$

在此水中通入 CO_2 的物质的量为 O_2 的 400 倍，即通入：

$$M_{CO_2} = 9.1/32 \times 400 = 113.75\text{mmol/L}$$

若 p_0 不变

则

$$p_{O_2} = p_0 \frac{M_{O_2}}{M_{O_2} + M_{N_2} + M_{CO_2}} = 0.1 \times \frac{9.1/32}{9.1/32 + 15.18/28 + 113.75}$$
$$= 0.000248\ (\text{MPa})$$

$$b'_{O_2} = b_{O_2} \times \frac{p'_{O_2}}{p_{O_2}} = 9.1 \times \frac{0.000248}{0.0344} = 0.066(\text{mg/L})$$

通入每升水中 113.75μmol CO_2 即 113.75×44=5005mg/L，CO_2 密度为 1.977g/L，所以，每升水应通入 2.53L 标准工况的 CO_2。

我国近几年引进丹麦、美国的脱氧水装置，大多数属此类。处理水通过文丘里管通入 CO_2（纯度为 99.9%），经过填料塔，塔顶维持一定总压力（p_0），水即可脱氧和饱和 CO_2。

啤酒厂大多数有 CO_2 回收装置，此法相对较经济。由于填料塔需排气维持压力，实际上需要更多的 CO_2。

由上计算，脱氧水的含氧量实际上取决于通入 CO_2 量，还取决于原水中的含氧量，上述计算是在 20℃水中饱和氧时进行的。若原水是地下水，或经过加热水中含氧量为 4.5mg/L，在工艺中还可采用通过薄板换热水加热脱氧，后再冷却，CO_2 消耗量可减少。由于填料塔需排气维持压力，实际上需要更多的 CO_2。

采用此方法的脱氧设备可分为以下三种类型：

a. 冷法脱氧。经处理后的水在脱氧塔顶部经塔内部的多孔筛进入塔底，CO_2 从脱氧塔底通入，水进入脱氧塔后 O_2 的分压降低，O_2 从水中溢出被底部通入的 CO_2 从上部带走，从而实现水的脱氧。从脱氧塔底部出来的水经紫外线杀菌后冷却并充 CO_2 进入贮水罐贮存。

b. 热法脱氧。经处理后的水先加热到 72℃左右，再从脱氧塔顶部进入经塔内部的多孔筛进入塔底，CO_2 从脱氧塔底通入，与水流充分接触将 O_2 带走，从脱氧塔底部出来的水与进入脱氧塔的预处理水热交换然后冷却至2~4℃进入贮水罐贮存，此方法是通过加热和CO_2置换两种方式结合除去水中的氧。

c. 混合式。用CO_2置换法和真空脱氧法结合，可减少CO_2消耗和降低真空度（降低能耗）待处理水先用文丘里管通入CO_2（如水：CO_2体积比为1：1），注入真空填料塔，维持一定真空度（如80%，可用水力真空泵组成），脱氧后再用板式换热器降温至2℃，再经文丘里管补充CO_2至$CO_2 \geq 5$ g/L。此法已经在国内生产中使用，水中含氧量可达到0.1~0.3mg/L，能耗低，CO_2使用少。

啤酒企业大多数有CO_2回收装置，此法相对较经济。近年来伴随着CO_2回收装置提纯和节能方面的技术进步，CO_2的回收纯度得以提高，而能耗在不断降低，这也促进了CO_2置换法在啤酒企业中的应用。我国近几年引进丹麦、美国的脱氧水装置，以热法脱氧和冷法脱氧居多（图5-57），如使用的CO_2纯度足够高，国外先进的热法或冷法脱氧设备制备的脱氧水含氧量可低至0.01mg/L。相较而言，冷法制水的能耗较低，可以节省生产成本，但对预处理水的微生物稳定性要求较高。

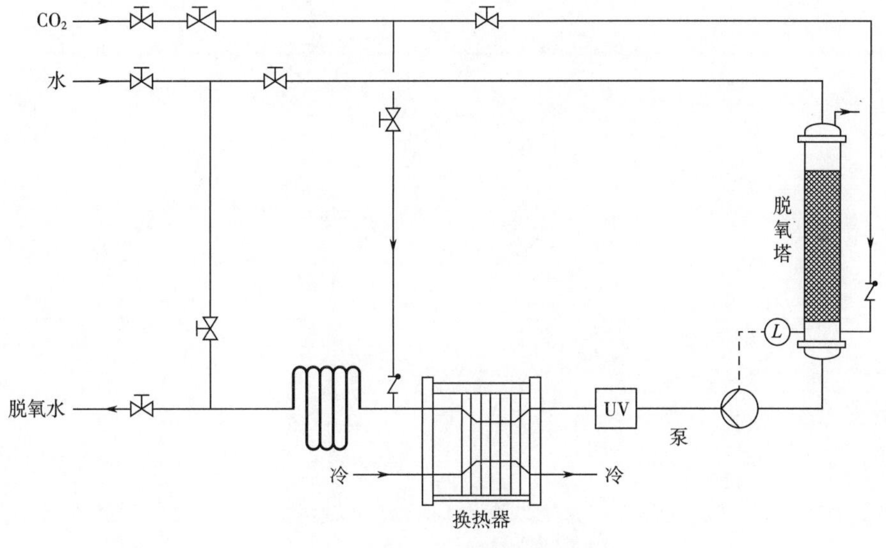

图5-57 冷法CO_2置换脱氧流程图

四、定比混合（混合兑比系统）

此系统是将高浓酿造的成熟啤酒按比例与脱氧过饱和CO_2的稀释用水均匀混合的系统。它由两台高精度流量计、过程控制微机和自控阀组成，见图5-58。

在啤酒流量范围内不调节。两台流量计分别测出啤酒和稀释水瞬时流量。通过微机的处理，和事先输入配比进行比较，将所得误差信号处理后送出，通过交换器进入I/P

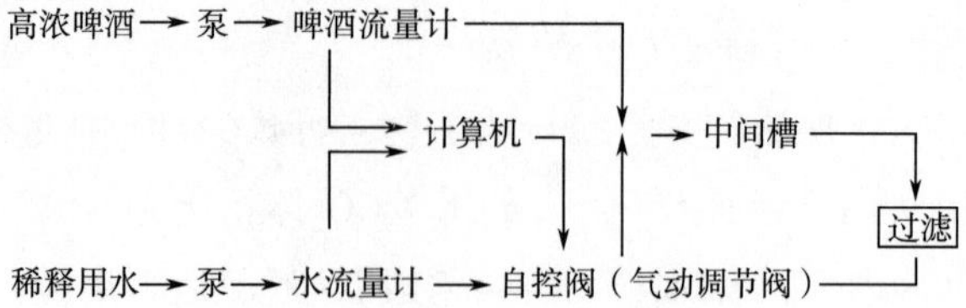

图 5-58 定比混合系统

转换器，转换成 4~20mA 的电流变化，对应压力为 0.02~0.1MPa，来控制稀释水的气动调节阀开启度，从而控制稀释水的流量，要求混合后浓度误差范围为 0.05~0.10°P。

经过中间贮罐，再通过正常过滤系统，即成品。

第六章

成品啤酒

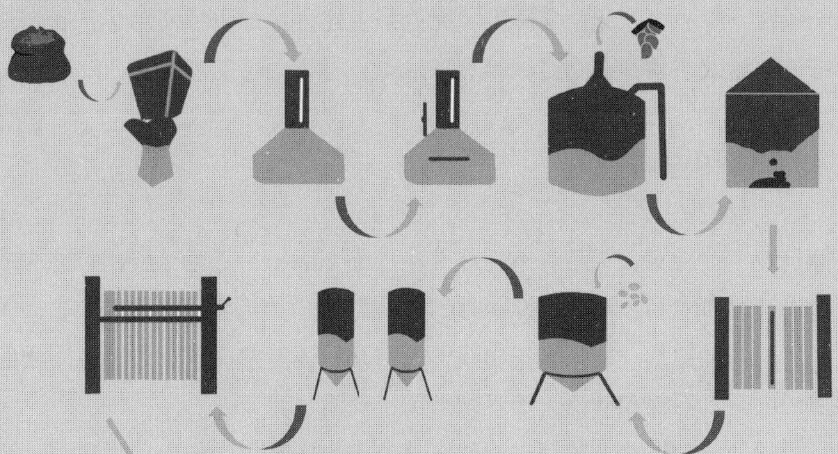

第一节 啤酒的过滤

一、 概述

啤酒的过滤是指将发酵后啤酒中的酵母、沉淀蛋白质和多酚形成的雾浊等物质去除的过程。成熟啤酒经过后发酵和澄清工序之后，其溶液中的大部分酵母根据其特性已经沉淀于底部或者浮于成熟啤酒上层，而大部分蛋白质颗粒也已经沉淀在底部，只有少量上述物质仍悬浮于酒液中，必须经过过滤之后方能进行包装，过滤后啤酒需要稳定且在市售期间无可见瑕疵。目前常用的啤酒过滤方法有棉饼过滤法、硅藻土过滤法、板式过滤法、微孔薄膜过滤法、离心分离法和错流过滤法。每种过滤方法根据其自身的特点均存在优点和缺点，根据生产设备现状和产品质量要求，目前较合理的工艺是多种过滤方法联合进行处理。硅藻土过滤法和离心分离法通常用作粗滤，而板式过滤法和微孔薄膜过滤法常用于精滤。单独使用棉饼过滤法或硅藻土过滤法处理成熟啤酒可以得到鲜啤酒，但是得到的鲜啤酒无法达到无菌水平。棉饼过滤法较古老，目前国外啤酒生产企业已不再使用。

由于酵母的存在为啤酒提供了还原性环境，酵母存在于成熟啤酒中时通常认为有利于啤酒风味稳定性，因此酵母的移除应该在包装前进行较为妥当。目前啤酒生产厂家对于啤酒的过滤要求是：啤酒产量大、透明度高、酒损小、易操作、CO_2 损失少、污染少、不影响风味、啤酒少氧化。实际上，无论是上述方法的单独使用还是联合使用要达到完美的啤酒过滤效果均存在一定困难。

二、 过滤介质和过滤原理

在啤酒行业中，棉花、芦苇等植物纤维在传统方法中一直是重要的过滤介质。1886 年硅藻土过滤被注册专利，而在 1890 年纸浆过滤法开始应用于啤酒酿造业，在同一时期石棉也开始用作助滤剂。根据多年实践，人们开始逐渐掌握了近代过滤介质的实践基础，并采用纤维素、石棉和硅藻土等不同组用于啤酒过滤。

研究者根据经验尝试总结啤酒过滤的数学公式，1956 年 Darcy 认为啤酒过滤速度与液体流速、压力差、过滤介质面积、液体黏度及介质厚度等因素有关，并提出了啤酒的过滤公式：

$$Q = \varphi pA/L\mu \tag{6-1}$$

式中　Q——流速，mL/s

φ——可透性系数

p——压力差，Pa

A——过滤介质面积，cm^2

μ——液体黏度，Pa · s

L——质厚度，cm

从上述公式可以看出，啤酒过滤速度与压力差和过滤面积成正比，与液体黏度成反比。可透性系数 φ 为每种过滤介质的特征参数，其可以通过公式 $\varphi = QL\mu/pA$ 进行计算。由于公式中未考虑溶液中存在悬浮颗粒的阻塞这个因素，所以可透性系数对于透明溶液比较准确，但是在啤酒过滤过程中也是可以作为理论指导依据的，具有实用价值。根据公式，对于一种特定设备和确定的过滤介质质量，密度的提升会降低溶液的可透性，因此过滤介质的等级是按照介质的密度进行划分。为了提高啤酒的过滤效率，可以通过提高可透性系数、提高压力差和过滤面积或者降低过滤介质厚度或液体黏度。然而，通过提高温度达降低过滤介质厚度或液体黏度一般会造成雾浊增多等不利现象，因此一般难以实现。在不同的啤酒过滤系统中，通常都应考虑上述公式。

啤酒过滤的机制主要可以分为阻挡作用、深度效应和静电吸附作用三种。

阻挡作用（又名筛分过滤或表面过滤）属于物理过程，包括常见的薄膜式滤片和金属网过滤方式。其主要作用机制是过滤机制中含有较多空隙，比过滤介质孔隙大的颗粒无法通过，而小于其孔隙的小颗粒可以顺利通过，与此同时从而实现物质的分离。如果是硬质或多孔性颗粒会累积在介质进滤液面形成粗滤层，可以减少滤层内部结构负担，而可变性或黏性颗粒附着在过滤介质间则会堵塞过滤介质，降低过滤效率。由于啤酒中的浑浊物大部分属于可变性或黏性颗粒，因此采用此种过滤介质其过滤质量随时间延长提高，但是过滤体积会逐渐减小。这也是硅藻土滤机的预涂层及随后向酒液中掺和硅藻土的理论根据。逐步添加硅藻土可以保持过滤介质的相对通透性，从而增加过滤能力。

深度效应（又名机械网罗作用）主要是通过过滤介质中细长曲折的微孔途径对颗粒产生阻滞作用，从而实现颗粒与液体的分离。此种过滤方式要求过滤介质中充满迷宫式的孔径。由于颗粒会逐渐堵塞孔径，因此过滤流速会逐渐减小。棉饼过滤和硅藻土过滤都有深度效应。

静电吸附作用是另外一种有助于物质分离的是方式。由于部分比介质微孔直径更小的粒子可与其他多种分子形成作用力（例如 ξ-电位），因此其被吸附从而滞留。啤酒 pH 范围中石棉的 ξ-电位为阳性，即浸润啤酒的石棉带有正电荷，因此其可以吸附啤酒中带负电荷的粒子，如常见的微生物。研究发现，多数情况下啤酒溶液中的微小颗粒不是直接被过滤介质吸附，而是粒子间相互吸附形成链状或团状，再被过滤介质吸附。由于蛋白质、酒花树脂、色素、高级醇、酯等均带有一定电荷或具有高表面活性，因此其也会被过滤介质吸附或截留，这是过滤后酒液口味和色泽和过滤前相比相对寡淡的原因。

三、 棉饼过滤法

棉饼过滤法是指采用棉饼作为主要的过滤介质进行酒液过滤的一种方法，其在 19 世纪末开始用于啤酒酿造业。棉饼（滤棉）主要是由精制木浆和石棉（1%～5%）组成。用于啤酒过滤介质的石棉主要化学成分为钙镁二硅酸盐，必须经过煅烧和化学处理。石棉具有吸附性强等特点，在啤酒过滤中加量越多，棉饼吸附力越强，但过滤速度越慢。棉饼的要求是水溶物含量不能过高，因为其将直接溶于酒液中。由于棉饼过滤法存在较多缺点，从 20 世纪 30 年代后开始逐渐被硅藻土过滤法取代，目前已经几乎没有厂家使用棉饼过滤法了。

棉饼过滤法在啤酒过滤中除了存在阻挡作用和深度效应之外，棉饼中的石棉对酒体的吸附作用也存在重要影响。棉饼过滤机的操作要点一般包括洗棉、压棉和过滤三步，新棉饼和回收棉饼都需漂洗，用 80～85℃热水杀菌。补添新棉饼的原则是每 40 块棉饼补 0.5～2.0kg 滤棉，石棉 15～30g。之后进行压棉。压棉机压力 0.35～0.50MPa，棉饼厚 4.0～4.5cm。压好的棉饼于 0～2℃存放，存放时间≤24h。酒液入滤酒机之前必须冷却至-1℃～0℃。棉饼过滤机正常过滤能力为 500 L/m^2，滤速为 1500～5000 L/(h·40 块)。滤酒可以在贮酒罐中通入二氧化碳或无菌空气或者采用滤酒泵将酒液送入滤机，后者生产能力大，对罐体损伤较小。滤出酒液的浊度应小于 0.5 EBC 单位，无明显悬浮粒和短纤维。目前基本上已经没有企业采用棉饼过滤，因此棉饼过滤法内容仅供参考。

四、 硅藻土过滤法

硅藻土过滤法是采用硅藻土作为主要过滤介质的啤酒过滤方法。硅藻土是一种较纯的 SiO_2 矿石，可作绝缘材料、清洁剂和过滤介质。在起始时，硅藻土通常被加入啤酒中再使用棉饼进行过滤，这样可以提高过滤速度和过滤效率。在 20 世纪 30 年代开始，英国啤酒企业首先开始单独采用硅藻土进行啤酒过滤，20 世纪中叶，在美国硅藻土过滤法开始被广泛采用。我国从 20 世纪 80 年代开始在啤酒生产企业推广硅藻土过滤机的使用，目前已经建成国产硅藻土生产基地。

与棉饼过滤法相比，硅藻土过滤的特点是使用时可以不断添加助滤剂，使过滤性能得到补充和更新，因此硅藻土的过滤能力是优于棉饼过滤法的。在过滤较为浑浊的啤酒时，无需棉饼过滤中洗棉和拆卸等劳动，从而省汽、省水、省工，同时减少酒损。硅藻土密度较小，但是其表面积却很大，其密度为 100～250kg/m^2，而表面积 10000～20000m^2/kg。微小颗粒可提供极大的吸附能力，能吸附 0.1～1.0μm 的颗粒，且化学性质稳定。天然硅藻土含各种可溶性无机物杂质和有机杂质，须经 800～1100℃煅烧除去杂质或将杂质变成不溶性盐后再粉碎分级。

藻土过滤机的特点为体积小、过滤能力强和自动化程度高。其关键部件是硅藻土的支撑单元，根据其结构不同，可以分为板框式过滤机、加压叶片式过滤机（立式和水平式）和柱式过滤机三种。

（1）板框式硅藻土过滤机　板框式压滤机具有操作方便、稳定的特点，在欧洲广泛使用。主要是由不锈钢制成，由一系列垂直放置的滤板和滤框交替排列，滤板两侧通常由金属丝网再覆盖单层纤维素滤纸制成。板框式压滤机在过滤啤酒时先通过硅藻土精滤，再通过纤维素滤纸进行进一步的精滤。图 6-1 为板框式硅藻土过滤机，酒液从滤框进入，从滤板流出从而实现过滤。板框式过滤机的优点是结构简单、板框可拆洗，从而维持较长的使用寿命，与此同时，板框过滤机的过滤能力可以通过增减板框数量进行调整。

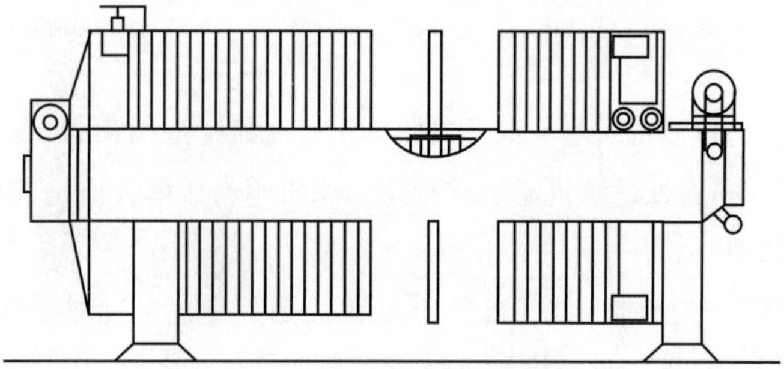

图 6-1　板框式硅藻土过滤机

（2）叶片式硅藻土过滤机　叶片式过滤机是由在罐体中垂直或水平放置的多片不锈钢滤板组成，其结构如图 6-2 所示。通常在垂直放置不锈钢滤板两侧均涂有硅藻土，而在水平放置的不锈钢滤板上仅在其上侧涂布硅藻土。近年来出现了一种新型不锈钢膜，其厚度为 0.4mm，孔径为 2mm 长、35μm 宽。使用此种新型不锈钢膜可以免去硅藻土的预涂步骤，这将为每平方米过滤片减少 800g 硅藻土的使用。这种方式更加省时，同时提高过滤啤酒的质量。

立式硅藻土过滤机使用流量一般较小，一般小于 25m^3/h；水平式硅藻土过滤机流量较大，可超过 50m^3/h。立式叶片式硅藻土过滤机的过滤面积为 6～34m^2，滤速为 600～1000L/（m^2·h）。立式硅藻土过滤机的优点为过滤介质在滤板两侧沉积、过滤容积较小、效率较高，且可以通过灌顶喷水清洗滤饼，但是一定要开罐才可清洗，稳定性不如板框式硅藻土过滤机和水平式硅藻土过滤机。使用立式硅藻土过滤机时压力要稳定，

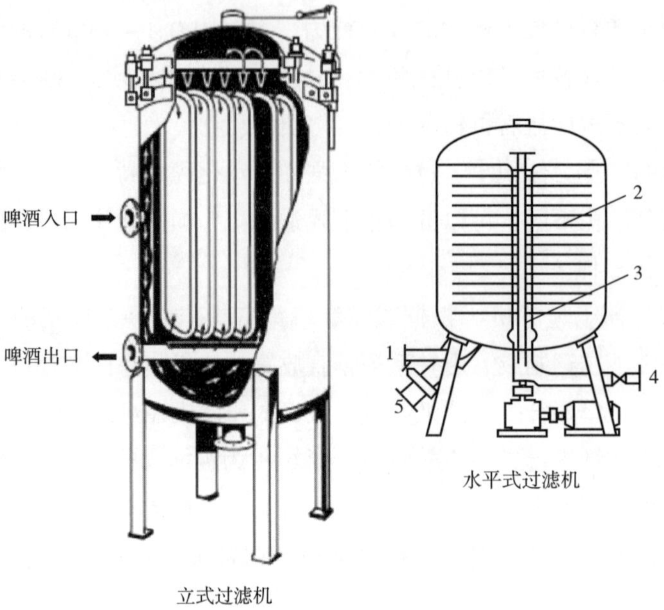

图 6-2　叶片式硅藻土过滤机（立式和水平式）

1—啤酒入口　2—滤板　3—穿孔轴　4—过滤后啤酒出口　5—滤渣出口

如果有波动的话会造成滤饼脱落。水平式硅藻土过滤机过滤面积为 20~100m²，滤速为 600~1000 L/(m²·h)，该过滤机滤层较稳定，滤饼不易脱落，但是其单位容积的过滤面积比立式过滤机要小。

（3）柱式硅藻土过滤机　柱式硅藻土过滤机是一种包含过滤元件的垂直圆柱体。如图 6-3 所示，柱式硅藻土过滤机的过滤单元类似蜡烛，主要是一根 Y 型金属杆和套在其上的多个环形盘，每根过滤株长 1067mm，柱中 28mm，过滤面积为 93~150m²，过滤速度为 75000~130000 L/h。过滤时，酒液从环形盘之间滤过，从中心孔之间的狭缝和 Y 型金属棒的凹型槽进入清酒室，最终得到澄清啤酒。通常大型柱式硅藻土过滤机由 500~700 垂直圆柱体单元组成，其可以连续工作 8h 以上。酒液（含酵母 50000~1500000 个/mL）通过柱式硅藻土过滤机一次性得到浊度为 0.4~0.6 EBC 单位甚至更低的澄清酒液，每升清酒中酵母数为 10~20 个。柱式硅藻土过滤机的优点是滤层固定在 Y 层金属柱上，不易脱落变性。

五、 板式过滤法

板式过滤法是指采用滤板作为过滤介质的一种过滤方法。啤酒厂中标准滤板为 60cm×62cm，最大的滤板尺寸在 100cm×100cm。大型过滤及滤框可以包含多达 240 块滤

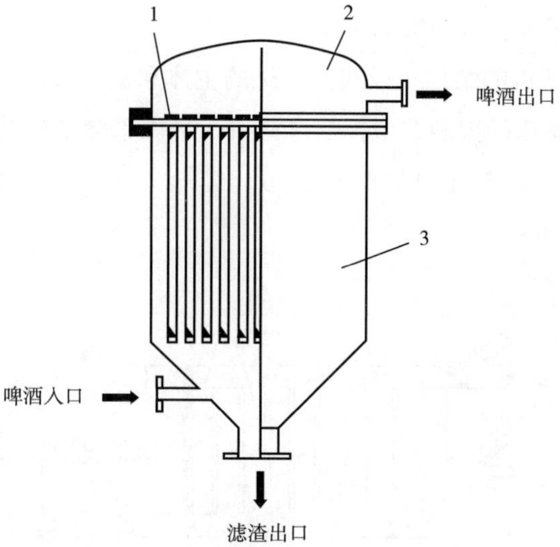

（1）柱式硅藻土过滤机

（2）单体柱细节

图 6-3　柱式硅藻土过滤机

1—隔板　2—罐顶　3—罐体

板，使过滤速度达到 12m^3/h。鉴于其流速较低，在啤酒厂中一般用于深度过滤之后的二道过滤。

板式过滤机滤框通常采用不锈钢作为边框，瓦楞纸作为支撑。滤板通常是由纤维素、石棉纤维和硅藻土的混合物组成。近年来，珍珠岩、玻璃纤维和棉纤维也被通常用于制作滤板。由于部分种类具有致癌性，因此石棉目前不再被用作助滤剂使用在啤酒过滤中。作为替代，在无石棉过滤板中添加 Al_2O_3、Zr_2O_3和 ZrO_2或在液体流出面涂布一层树脂以防过滤介质脱落。此外，交联聚乙烯吡咯烷酮（PVPP）经常被添加在滤板中用于吸附多酚以提升啤酒稳定性。在大型工程生产实践中，使用过的 PVPP 可以采用 0.5% NaOH 进行重生。目前滤板的组成及其性能仍在不断更新之中。

与棉饼相比，滤板具有相当强度的耐用性，且在车间无需棉饼制饼清洗设施。在滤板中，纤维类物质可以起到吸附作用，而硅藻土可以提高通透性。因此，板式过滤的机理结合了阻挡作用、深度效应和吸附作用三种。然而，板式过滤比较适合较低流速的过滤，当流速超过一定程度时压力会使酵母及雾浊颗粒通过滤板，从而进入啤酒。一般采用滤板过滤时，滤板两段压力差不得超过 0.7bar（1bar=0.1MPa）。当使用时压力超过此值或者滤板被悬浮物饱和后，需要通过反向冲洗对滤板进行清洗。滤板可以使用蒸汽杀菌（0.6bar），温度为83~94℃。需要注意的是经过蒸汽杀菌的滤板需要降温至与酒液同温方可进行啤酒过滤，以防啤酒出现异味。

图6-4为板式过滤机的结构。板式过滤机的主体和槽沟板为不锈钢，滤板则固定在槽沟之间，槽沟板和滤板的组装类似板框过滤机。采用精滤纸板的板式过滤可直接滤出无菌啤酒，但须对包装系统（包括所有管道、空瓶、瓶盖及环境）进行严格的无菌操作。

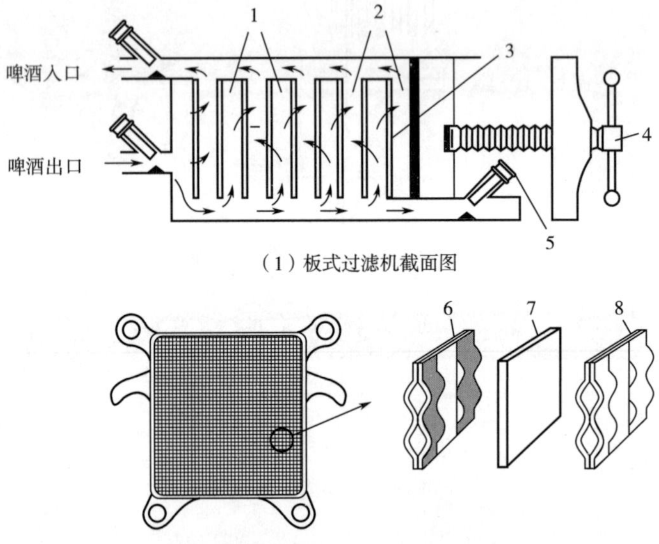

（1）板式过滤机截面图

（2）滤板正面图　（3）滤板安装图

图6-4　板式过滤机

1—进液槽沟　2—出液槽沟　3—滤板　4—压紧螺钉　5—排水管　6，8—板框　7—滤层

六、 微孔滤膜过滤法

微孔滤膜过滤法是指使用微孔滤膜作为过滤介质对啤酒进行过滤的方法，该方法主要用于生啤酒的过滤和熟啤酒的精滤。微孔滤膜是一种由合成纤维和塑料制成的多孔膜，其主要可以分为无机膜（不锈钢、陶瓷、烧结材料等）和有机膜（聚丙烯、尼龙等）两种。微孔滤膜一般生物稳定性和化学稳定性较强，耐浓酸、浓碱和125~200℃高温。目前应用于啤酒行业的微孔滤膜组件主要有筒式、管式、中空纤维式和平板式几种，其中筒式微孔滤膜组件具有截留效果好、体积小、通量大、运行成本低等优点，从而被广泛采用。微孔滤膜过滤时啤酒通常以垂直方向通过滤膜表面。以美国Millipore公司产品为例，其滤膜主要以醋酸纤维、尼龙和聚四氟乙烯为材料，部分产品规格如表6-1所示。

表 6-1 Millipore 微孔滤膜规格

种类号	孔径/nm	膜厚/nm	水流量/[mL/(min·cm)]
1	14.0±3	150	1020
11	1.200.3	150	300
15	0.800.05	150	212
19	0.500.05	130	67
26	0.200.05	130	21
29	0.050.003	130	1

啤酒一般先通过硅藻土过滤或者离心机过滤进行粗过滤，再通过微孔滤膜精滤得到无菌鲜啤酒。用于啤酒精滤的滤膜孔径一般为 0.8~1.2nm，生产能力为 $(20 \sim 22) \times 10^3$L/h，通过该方法得到的啤酒具有生物稳定性。

微孔滤膜过滤法的优点是通过此法可直接得到无菌啤酒，在灌装时可以在不使用巴氏杀菌机的同时获得生物稳定性可靠的成品啤酒；通过微孔过滤膜有利于啤酒泡沫稳定性，且成品啤酒无过滤介质污染，产品损失率减少。缺点为滤膜易堵，需要经常更换，提高生产成本。

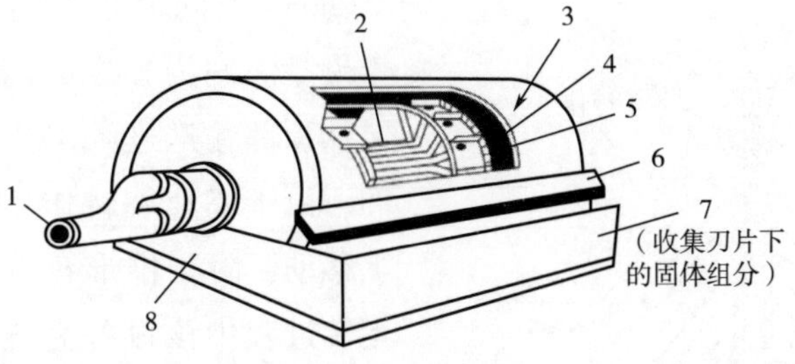

图 6-5 微孔薄膜过滤机

1—出料口 2—滤液收集管 3—涂层 4—隔板 5—隔板支架
6—切片 7—分离槽（收集刀片下的固体组分） 8—泥渣接收盘

七、 离心机分离法

在 20 世纪初开始啤酒酿造行业开始采用离心机，自 1939 年离心机改良后开始被逐步推广。离心可以加速重力的作用，从而加速过滤的速度。转速为 5000r/min 的离心机的使用效果是同样重力沉降效率的 8000 倍。采用重力自由沉降速度为

$$Vs = \frac{D^2 \times \Delta P \times G}{18 \times \eta} \tag{6-2}$$

而采用离心机的沉降速度公式为

$$V_2 = \frac{D^2 \times \Delta P \times r \times \omega^2}{18 \times \eta} \tag{6-3}$$

式中 D——固体粒子直径，mm

G——重力，N

ΔP——相对密度差，kg/m^3

η——溶液动力黏度，$N \cdot s/m^2$

r——离心机半径，m

ω——角速度，弧度/s

从公式可以看出，沉降速度与固体粒子直径的平方（D^2）、重力（G）及相对密度差（ΔP）三者成正比，与溶液的相对密度（η）成反比，其中 D、ΔP 和 η 三项都由溶液本性所决定的，不易改变。因此，重力沉降和离心机两种方式相比，（$r\times \omega^2$）和 G 之间的比值在 4000~6000，由此可见离心机的沉降速度是自然沉降速度的 4000~6000 倍。目前啤酒生产企业常用的离心机主要包括倾析式离心机、盘式除渣式离心机和密封除渣式离心机。倾析式离心机主要用于回收麦汁和麦槽压榨液，盘式除渣式离心机多用于麦汁的分离，而密封除渣式离心机主要用于啤酒和冷却麦汁的分离。图 6-6 为用于分离啤酒的喷嘴式离心机的结构示意图。其含有多重不锈钢锥形盘，盘间距一般为 0.5~2.0mm，其间距可以根据需求调整。每两个锥形盘之间为独立的离心空间，酒液通过泵从顶部输送进入中心转鼓进入该离心空间，由于高速旋转作用，固体可以被迫往上移动，附于锥形盘壁，进入沉渣室。在运转过程中该设备为全系统密闭，啤酒出口施反压防止 CO_2 外泄。根据不同啤酒沉淀含量，该设备的运行速度为 4~60m³，且不会影响啤酒质量。

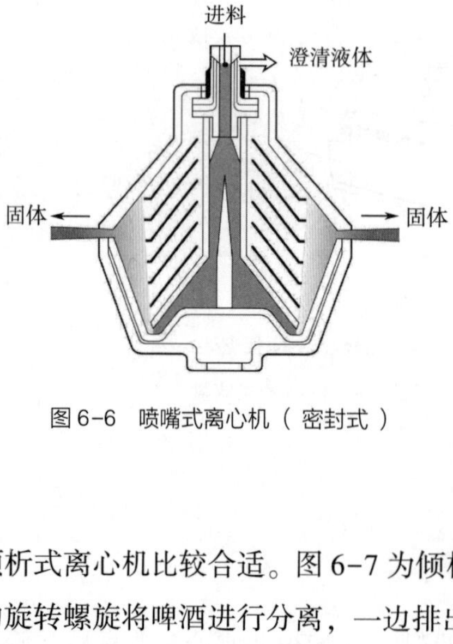

图 6-6 喷嘴式离心机（密封式）

如果啤酒中固体物质的含量较高（罐底部分，固态物质体积占比，60%），则使用倾析式离心机比较合适。图 6-7 为倾析式离心机的结构。倾析式离心机通常采用套管中的旋转螺旋将啤酒进行分离，一边排出固体，另一边排出过滤后啤酒。该设备的运转速度通常为 4m³。

离心分离法对于酵母的移除和啤酒的澄清有一定优势，其占地较少且容易保持无菌状态。离心机通常可以严格密封，所以有利于 O_2 的排除。采用离心可以将酒损降至最低，离心机运转过程不会出现过滤的失调现象，几乎无污染，不会造成啤酒风味物质损

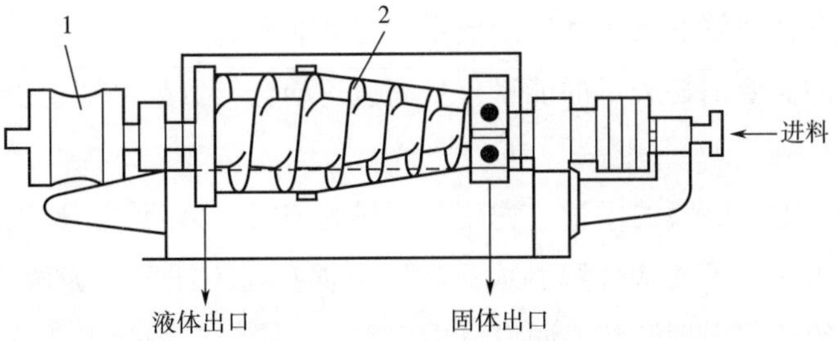

图 6-7 倾析式离心机

1—回转驱动轴 2—滚动轴

失且无过滤介质的排污问题。离心机的缺点也比较明显，离心机对于电力资源的要求较高，通常每百升啤酒的常规离心机过滤（$20m^3/h$）需要消耗 0.35mJ 的能量；离心机通常噪声较大［超过 85dB（A）］，因此现场需要耳部的保护措施；离心机是一种较为复杂的设备，维护维修成本相对较高；离心机另一个比较明显的缺点是过滤过程中对于啤酒和酵母温度的提升。离心机的高速转动和空气摩擦生热会使啤酒升温，出口流速为 $1m^3/h$ 会使酒液升温 3.5℃。啤酒温度的升高会导致冷凝固物重新溶解在酒液中，且升温导致的 CO_2 损失会导致需要重新冷却啤酒，因此通过离心机分离得到的啤酒具有冷浑浊敏感性。此外，由于酵母在离心机里受到剪切力的影响，其无法用于酵母的重新接种。

近年来离心机在欧美国家使用较为广泛，首先采用离心机做粗滤，然后用板式过滤可以克服了啤酒冷浑浊的缺点。离心机分离效率同样取决于贮酒罐酒的透明度，上层清酒分离快，而下层接近罐底较浑浊的酒液分离较慢。

八、 错流过滤

错流过滤是近年来在啤酒生产过程逐渐被广泛使用的一种过滤方法。在错流过滤中，待过滤酒液通过循环泵泵入不同孔径的滤膜孔道中，其在压力作用下做高速循环作用。滤液在过滤时以切线透过滤膜滤出，而未过滤酒液在压力下形成湍流，不断冲刷滤膜内表面，将附着在滤膜上的固形物冲走，冲走的同时完成部分酒液的过滤，在错流过滤系统中，可以保证时刻正在过滤，且可以防止滤膜被堵塞，保证过滤正常进行。通过不断循环固形物浓度会越来越大，最终达到酒液与固形物的分离。和硅藻土过滤以及其他过滤方式相比，错流过滤具有以下优点：①错流过滤在清洗和过滤过程中都是处于密闭环境，其自动化程度高，可实现连续生产，其维修方便，从而极大提高生产效率；②错流过滤对环境友好，无废料排放，酒损小，从而实现清洁生产；③错流过滤可以代替硅藻土和精滤机的二级过滤，无需助滤剂，可以用于纯生啤酒的生产，降低生产成本。然而，尽管存在较好的效率和应用效果，也并非所有生产厂家会采用该种方法，主要原因是错流过滤需要消耗大量的能量，且高速运动会导致酵母细胞受损，在啤酒中释放出不良风味。

错流过滤的关键为滤膜的质量，滤膜的材料为塑料、聚丙烯、聚砜或陶瓷膜，近年来常用的滤膜常由聚合膜或陶瓷膜制成。滤膜根据孔径不同可分为微孔滤膜、超滤膜、纳滤膜和反渗透膜等，根据性状不同可分为中空纤维膜、毛细管膜、管状膜和螺旋卷式膜等。中空纤维膜可反向进酒液，但是有效过滤面积较小，耗能高；陶瓷膜化学和压力耐受性较强，但是有效过滤面积小，成本较高，且再生困难；卷式滤膜可处理固体含量高的酒液，但是其使用时对于反压耐受性差；平板膜剪切力低、流速高，但需要高压夹具。在啤酒生产过程中适宜采用卷式膜和平板膜，卷式膜和平板膜的过滤能力一般为40~50L/(m^2·h) 和50~90L/(m^2·h)。表6-2为某生产厂家同一批酒液通过硅藻土过滤和错流过滤的效果比较。从表中可以看出，和硅藻土过滤酒相比，错流过滤所得酒液的黏度、浊度以及β-葡聚糖含量更低，而啤酒的基本指标几乎相同。

表6-2 错流过滤对啤酒理化指标的影响

指标	未过滤啤酒	硅藻土过滤后	错流过滤后
原麦汁浓度/%	11.40	11.37	11.39
外观浓度/%	2.21	2.21	2.21
真实浓度/%	3.93	3.91	3.92
酒精度/%	3.84	3.83	3.84
发酵度/%	80.60	80.60	80.60
色度/EBC	7.2	6.7	7.0
可滤性/mL	—	1830	6940
黏度/(MPa·s)	1.62	1.57	1.56
苦味值/BU	27.8	27.2	27.6
总氮12°P/(mg/L)	870.2	868.9	868.1
总多酚/(mg/L)	113.4	110.7	112.8
花色苷/(mg/L)	36.7	36.2	36.4
β-葡聚糖/(mg/L)	242.3	228.0	203.8
泡沫稳定性/(mg/L)	—	112	111
浊度0℃/EBC	32	0.53	0.39

第二节　啤酒的包装和灭菌

一、概述

啤酒经过过滤后必须经过包装和灭菌才能进入市场。包装和灭菌作为啤酒生产的最后环节受到了各个啤酒生产企业的重视。目前啤酒在市场上通常以瓶装、灌装和桶装进行售卖，其中比重最大的是瓶装，近年来灌装啤酒也有长足的发展，桶装由于鲜啤酒的流行在主要啤酒生产企业所在区域较为多见。包装是啤酒生产过程中最依赖人力资源的部分，因此包装设备变得越来越精细以减少人力并保证啤酒质量。包装成本占啤酒成本的较大部分，因此啤酒包装设备的运行效率对于啤酒生产企业至关重要。

啤酒灌装线是指将啤酒灌入制定包装并将灌装好的啤酒运输至仓库的由一系列设备组成的体系。灌装线的设计一般由包装类型（瓶装、灌装或桶装）、包装速度要求以及啤酒类型共同决定。现代化啤酒灌装线通常具有较强的灌装能力，瓶装速度可达到1000瓶/min以上，而灌装速度可达到2000罐/min以上。对于现代化啤酒灌装线最重要的注意事项为以下三点：①一定需要防止空气，特别是O_2，进入灌装好的啤酒。由于成品啤酒要求其溶氧要小于0.2mg/L或者0.1mg/L，因此有灌装带入的O_2需要<0.02mg/L。过多的O_2存在于成品中会给啤酒带来不良的风味。因此，对于O_2的控制是灌装线的重中之重；②需要严格控制啤酒的温度和CO_2带来的压力。啤酒在灌装前一般为-1~0℃且存在CO_2备压。在灌装时控制温度保持在2~3℃以下可以保证CO_2压力的存在，从而保证啤酒风味并延长啤酒的货架期；③所有的灌装设备需要保持清洁，特别是与啤酒直接接触的部分。

啤酒包装的材料主要包括玻璃、金属和塑料。玻璃是一种化学惰性、不透水、不透气以及易清洗的材料。棕色或琥珀色玻璃可以吸收550nm以下波长，因此可以对于啤酒进行适当保护。金属罐可以保护啤酒免受光纤伤害，但是啤酒风味会受到润滑剂、罐头衬里、装饰涂料以及与金属的直接接触的影响。因此啤酒通常采用铝罐为主要包装材料，也有少量啤酒生产企业采用PET塑料作为啤酒包装材料。

二、瓶装工艺流程

目前大部分市售啤酒为瓶装啤酒，其玻璃瓶分为可回收玻璃瓶和不可回收玻璃瓶。两者之间总体操作流程是一样的，差别在于可回收瓶在灌装前的处理部分。合格的瓶装线需要符合以下要求：①保证啤酒中的溶解氧含量<0.2mg/L，部分厂家要求溶解氧含量<0.05mg/L；②保证灌装啤酒直至消费者饮用时没有活性微生物；③保证瓶颈空气<2mL；④故障率低，运转效率高。一条瓶装啤酒灌装线包括如下几个部分：卸垛机、卸箱机、洗瓶机、验瓶装置、瞬时巴氏杀菌或者无菌过滤装置；灌装机、压盖机、隧道巴氏灭菌、整瓶验视装置、贴标机、装箱机、码垛机和清洗设备。整个瓶装啤酒灌装流程如图 6-8 所示。

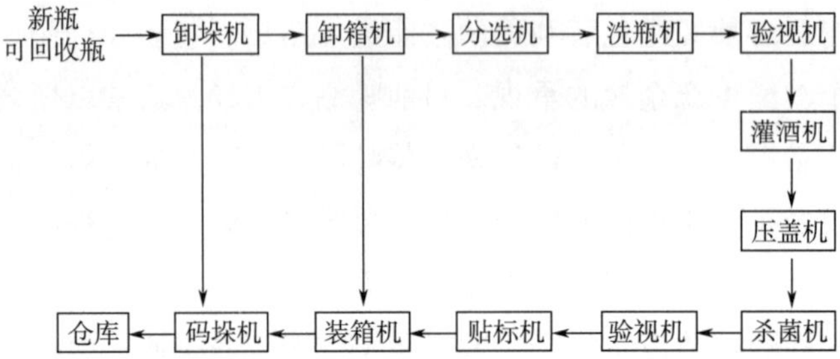

图 6-8　啤酒包装流程

啤酒灌装车间涉及的第一项流程为卸垛，而最后一项流程为码垛。通常码垛机和卸垛机放置在靠近的位置，以提高操作的便利性和效率，也是灌装车间中与外界运输直接接触的部分。在接收到可回收瓶或不可回收瓶箱子后卸垛机会在去除外包装盒后，将其运输至后续洗瓶阶段。

1. 空瓶洗涤

空瓶清洗是可回收瓶重复利用中非常重要的一步。可回收瓶和新瓶均须清洗，且回收瓶在清洗前还须经挑选，去除油瓶和毛口瓶等。由于可回收瓶从不同地点回收，其较脏且部分瓶子仍贴有标签，因此需要在灌装前去除可回收瓶所有标签，清洗并对瓶子进行消毒。一般选择较新的空瓶进行清洗，因为使用时间过长的空瓶会导致瓶子外观污损对于成品啤酒的售卖造成影响。鉴于此，部分生产企业开始使用不回收瓶进行啤酒灌装。对于啤酒空瓶清洗，空瓶的浸泡、润洗、温度以及洗涤剂的选用对于清洗效果有重要影响。一般空瓶清洗的用时为 10~15min，一个典型的清洗过程为将脏瓶在热水中浸泡，然后先后通过热碱水、热水和冷水冲洗。图 6-9 为洗瓶机的构造。在洗瓶机中，首先是将瓶内参与液体或者脏污倒出，紧接着将空瓶进行 35~40℃的预浸泡以去除易去除的可溶性脏污，并对瓶子进行预热。瓶子会进一步浸润在 75~85℃的 20~35g/L 热碱水中。热碱水会冲洗瓶身以去除残留标签。浸润后，空瓶会通过热碱水、热水和冷水进行润洗。通常使用的热碱水温度为 45℃，热水温度为 35℃，而冷水温度为 20~25℃，最终将通过清水将空瓶温度控制在 15℃左右。清洗结束之后的空瓶将进入空瓶检验。洗瓶采用的洗涤剂一般为 NaOH 溶液，其对于瓶子清洗和标签清除具有良好效果，但是空瓶洗涤产生的污水含有较多脏污以及标签，需要进行严格处理。

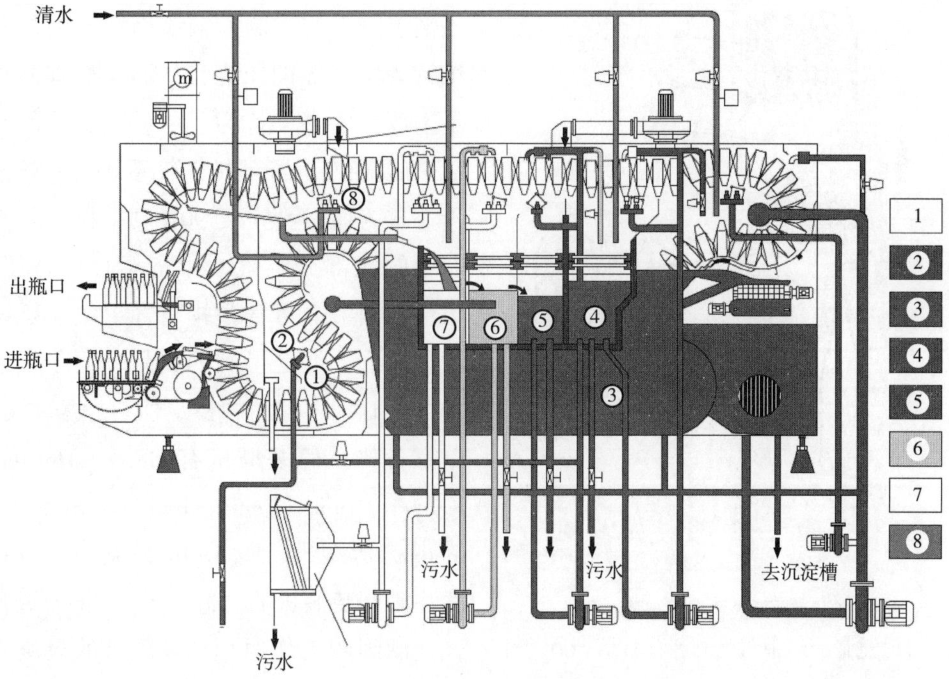

图 6-9　洗瓶机构造

2. 灌装

啤酒经过过滤后为清澈液体且温度较低（-2/-1℃），其通过二次发酵或者充入 CO_2，使其 CO_2 压力一般略大于成品啤酒中的 CO_2 压力。在对啤酒品质进行检测后即进入灌装环节。在灌装过程中，首先要控制到严格的无菌，且尽可能减少 O_2 的进入，最后要防止 CO_2 泄漏。因此，包装管道及设备需要经常清洗且使用除气水对设备及管道驱除其中的空气。啤酒在灌装时需尽量减少湍流，以免起泡，造成 CO_2 损失。对于啤酒过滤常用考察的三个啤酒指标为 CO_2、溶氧以及澄清度（包括风味）。

近年来，啤酒灌装设备的效率有了大幅度的提高。现代瓶装啤酒灌装设备的生产能力一般可以达到 30000~80000 瓶/h。灌装设备的生产能力一般需要匹配近年来的设计能力和技术水平，但是同时需要考虑制造的啤酒的必要性质，如低酒损、低溶氧和易维修。与此同时，灌装设备也得匹配洗瓶机、灭菌设备和贴标机的生产速率，且需有大面积的包装材料及成品啤酒堆放区域。灌装设备的噪声也是生产企业需要考虑的重要问题，不同国家对于啤酒包装车间的噪声有一定规定，一般为最高噪声为 90dB（A）。通过改进机械设计，并控制最合理生产效率，一般可以使噪声达到要求。当前灌装机通常采用无菌空气或 CO_2 进行备压，按照其内部结构可分为单室灌装机和三室灌装机两种。

（短管式）单室备排风管装酒机具有一个用于装啤酒的环形槽，且其与备压气体会

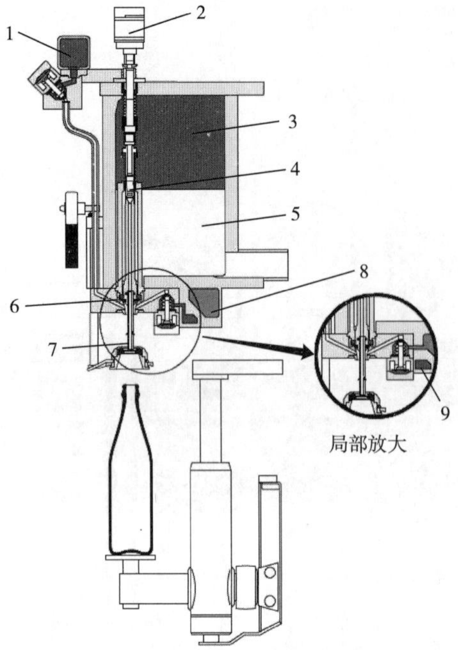

图 6-10　克朗斯短管注酒阀装酒机

1—校正通道　2—液阀/增压控制筒　3—CO_2
4—气针　5—啤酒　6—虹吸式气锁　7—排气管
8—真空/CIP 通道　9—吸入式气体通道

有小量接触面积。在运行过程中酒液从近底部进入环形槽，而备压气体存在于酒液上方，在控制酒液液面恒定的同时维持备压气体的压力，从而均衡啤酒流量。部分生产设备为了尽量减少啤酒与 O_2 的接触增设了预排空气系统。一般操作方式为通过真空度 90% 真空槽排除空瓶中的大部分空气，并充入 CO_2 备压，再注入酒液。尽管预排空气系统会延缓灌装速度，但是得到的成品啤酒吸氧量较少，有利于啤酒的稳定性。（短管式）单室备排风管装酒机有 Meyer、Holstein Kappert、Seitz-Venta、Bell-crown 和 Simonazzi 等型号。图 6-10 为克朗斯短管式注酒阀装酒机的构造，图 6-11 为短管式注酒阀的工作原理。灌酒机的最核心部件是注酒阀，其设计必须充分考虑进酒、清洗、维修、密封保 CO_2 及微生物工艺等方面的要求。

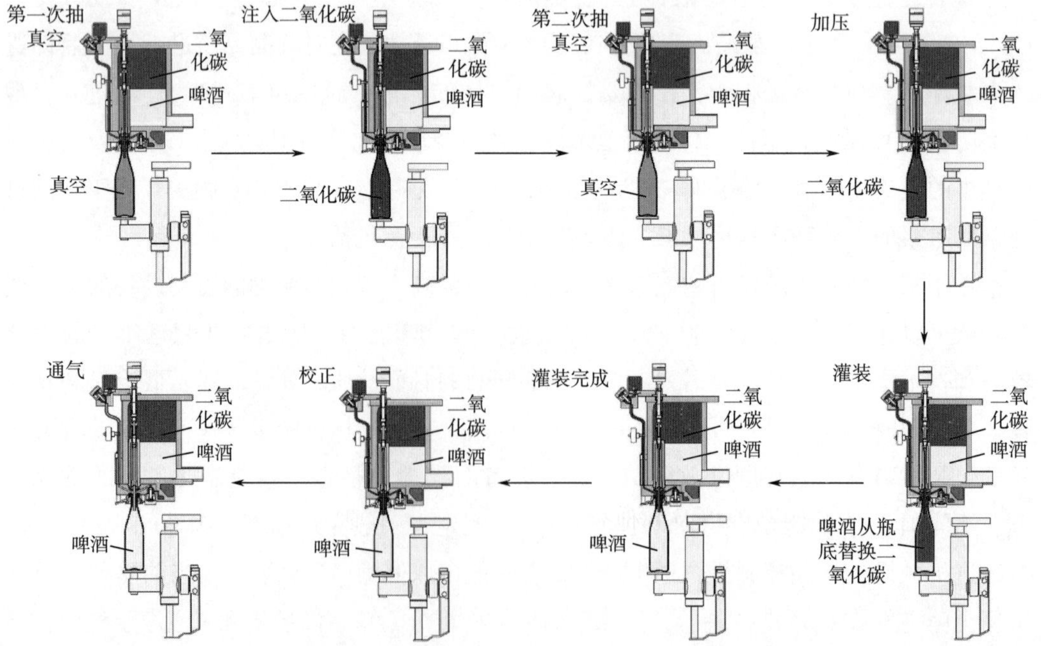

图 6-11　短管式注酒阀（克朗斯生产）工作原理

短管式注酒阀的优点是酒损小、管移动距离小和机件磨损小。但是该方法中酒液的暴露面/酒体积比值较大；若采用 CO_2 背压减少酒液 O_2 吸收，但是会延长灌装时间。

三室长管式灌酒机通常由啤酒槽、背压气箱、回气箱（或压力解除箱）等部分组成。该设备可以避免背压气体（通常为无菌空气）与啤酒的混合，从而减少了啤酒的吸氧量。酒液从三室装酒机长管从瓶底进行注入，并逐渐上升，回风经过长管上端的回风管进入环形槽的回风箱。当啤酒瓶内充满酒液后，酒阀封闭且瓶子下落，造成瓶内酒液面下降，产生了瓶顶空间。进酒管配有一个脚阀，可防止酒液外流。三室长管式装酒机通常有 Seitz-Rola、Enzinger、Semco、Simonazzi 等型号。

和短管式注酒阀相比，长管式注酒阀无需预排瓶内空气，也无需 CO_2 气体备压，而采用无菌空气备压。此设备中整个进酒过程酒液不会形成湍流，可以保证酒液与空气接触极少，及其空气暴露面/酒液体积比值较小。但是长管式注酒阀对啤酒瓶口径大小要求较高，不然会造成管子入瓶故障。现代先进三室长管式灌酒机遇到不合格啤酒瓶时会自动关闭气阀和酒阀，且可以防止碎玻璃进入酒液。

啤酒灌装机的选择应该根据啤酒生产企业自身特点以及市场需求来定。例如，啤酒瓶规格不符合要求则不适宜使用长管式注酒阀。目前供应啤酒灌装设备的企业较多，且型号更新换代较快，啤酒生产企业可以根据自身需求进行选择，通常需要考虑灌装设备与自身每天产量的适配。一台良好的啤酒灌装设备要求灌装后酒液溶解氧应<1mg/L；酒损<0.6%；且装瓶量均匀。在灌装时，需要将酒液温度控制在-1~3℃。若清酒罐与灌酒设备距离较远，中间需增设薄板冷却器从而保证酒液的温度。

3. 酒瓶压盖

啤酒灌装以后，啤酒瓶需立即封闭，因此压盖的过程通常是灌装设备中的一个重要组成部分，在啤酒灌装以后立马进行。啤酒瓶在灌装机中注满酒液后会向页面喷射无菌水流，从而产生气泡挤出空气。当形成隆起泡盖时进行压盖，瓶盖垫片多采用聚氯乙烯（PVC）。采用该方法进行压盖可使瓶颈空气含量<1mL。近年来，也有部分啤酒生产企业采用螺旋瓶盖，开启及封闭时相对方便。

4. 贴标

在啤酒灌装和检视之后啤酒需要进行贴标才能出厂售卖，现在标签的设计及质量也需要达到较高品质，低质量标签通常预示着较差的啤酒。一般啤酒瓶上含有至少一张标签，但是大部分品牌会在玻璃瓶主体、背部以及瓶颈处进行标签张贴，部分企业在瓶盖上也会有金属薄片或塑料薄膜。标签一般由两种作用：一为提供企业所在国法律要求的所有信息，二为啤酒品牌以及其他企业想要传达给消费者的信息。通常啤酒标签为纸质，但是近年来也出现金属纸和铝箔等材质。

图 6-12 为贴标机工作原理。贴标机通常是一种旋转设备，由标签架和标签转移装置组成，其速度与灌装机相同。在标签架上将标签纸背后的薄膜撕去，并将其贴在玻璃

瓶对应位置。现代贴标机最大速度可以达到 70000 瓶/h。

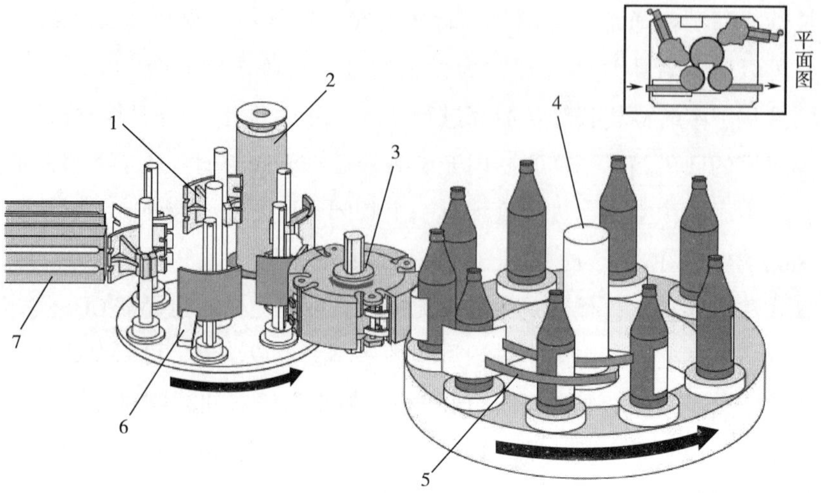

图 6-12 贴标机工作原理

1—胶合托盘转盘 2—胶辊 3—夹爪气缸 4—酒瓶转盘 5—贴标单元 6—数据编码单元 7—标签

5. 杀菌

灌装后啤酒需要经过杀菌才能保证成品啤酒中不含活性微生物。灌装后啤酒通常采用隧道式巴氏杀菌机进行杀菌。图 6-13 为隧道式巴氏杀菌机的构成及流程。

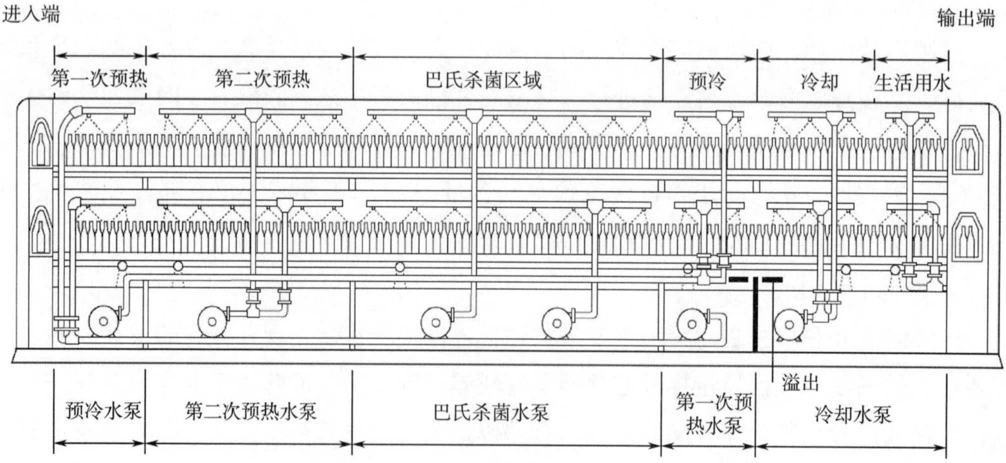

图 6-13 隧道式巴氏杀菌机的构成及流程

隧道式杀菌机主要包括一个大型金属组成的密闭罩，而啤酒瓶通过传输系统在其中移动。在移动过程中，啤酒瓶分别经过一次预热、二次预热、巴氏杀菌、预降温和降温等过程。隧道式杀菌机可分为单层轨道和双层轨道两种。单层轨道为啤酒瓶进口和出口分设在隧道的两端，设备仅有一层，而双层轨道为设备有两层，啤酒瓶先经上层加热和杀菌，再在下层降温，瓶子进出口都在隧道同一端。现代灭菌设备通常采用的是双层轨道。图 6-14 为双层设备的灭菌流程。

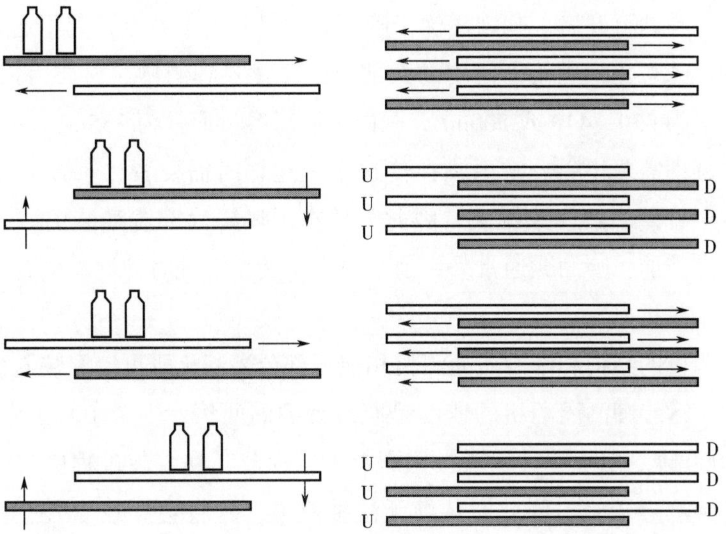

图 6-14　双层设备的灭菌流程

D—向下运动　U—向上运动

在双层轨道隧道式杀菌机中，啤酒瓶从上传轨道进入传输至末端，然后下移到下层轨道，并从下层轨道相同方向移出。在此系统中，水直接喷洒在上层轨道预热啤酒瓶并逐渐传至下层用于啤酒瓶的冷却。这样可以在杀死所有微生物的同时尽可能节省能源。所有区域的温度均会被记录，从而计算灭菌所用 Pu 值。啤酒瓶通过双层轨道隧道式杀菌机进行杀菌需要消耗 1h。隧道式杀菌机是包装车间中占地最大的设备，现代设备的生产能力可以达到大于 15 万瓶/h。杀菌机使用水应尽可能使用 pH8.0 低硬度水，以抑制微生物在杀菌机里生长，防止喷头被钙镁盐堵塞。水中也可以添加多价络合剂（如 5~20mg/L 聚磷酸盐）或者适量碱液，防止瓶损后酒液降低水 pH，腐蚀瓶盖。

三、 罐装啤酒生产工艺流程

罐装啤酒生产线和不可回收瓶装啤酒灌装线有较多相似之处。罐装啤酒最早在 1935 年出现在美国，当时罐体由马口铁制成，金属防腐和耐压（0.6~0.7MPa）等问题较为突出，且成本较高，因此并没有广泛应用。在此之后，出现了三片罐体（即罐身、罐底和罐盖）。在 1958 年发明了二片罐。自此美国啤酒市场主要由罐装啤酒占据。但是到了 1993 年，美国市场上 60%啤酒为罐装，其余 40%变为瓶装。欧洲大陆由于考虑到啤酒罐较难处理，因此罐装啤酒较少，而英国市场上罐装啤酒占 20%~30%。随着时代的发展，罐装啤酒已经逐渐占据了重要的市场地位。

和瓶相比，啤酒罐更轻且不易破碎。与此同时，罐装啤酒可用于展示信息的表面积更大，且无需工具即可开启。啤酒罐优于啤酒瓶的另外一个特点是其不透光，因此不会出现光诱发的风味恶化。近年来使用的大部分是二片式啤酒罐，材质为铝或者不锈钢。啤酒罐容量一般为 330、440 或 500mL，国内啤酒罐容量通常为 355mL。

啤酒罐的处理需要小心。啤酒罐在传送带上运输时需要紧挨着没有空隙以防罐跌落。啤酒罐生产日期一般印于罐底，因此需要在干燥罐（润洗灌装前）上通过喷墨打印机进行。在灌装前，啤酒罐通常采用清水喷雾清洗，清洗时啤酒罐倒置通过重力作用可将清洗用水全部排出。

啤酒罐灌酒机的结构和啤酒瓶灌酒机相似，部分灌酒机既可以灌装瓶装啤酒又可以灌装罐装啤酒。罐装啤酒灌酒机的速度是瓶装啤酒的两倍，一个 100 头灌装机 1min 至少可以灌装 2000 罐。由于啤酒罐罐口比瓶口大，因此其在灌装过程中与空气的接触面比较大。由于啤酒罐较轻，因此灌装前无法抽真空，这将会导致 CO_2 损失并引入 O_2。与此同时，这也会更容易产生酒损。所以，啤酒罐灌装时通常采用 CO_2 备压，并在罐封口喷 CO_2 于罐口引沫，从而尽可能减少啤酒的吸氧量。图 6-15 为罐装啤酒灌装过程。灌装过程主要包括 CO_2 吹扫、备压、灌装、排气和提升阀门五步。空啤酒罐经 80℃热水冲洗、淋干后达到无菌水平，并采用 CO_2 置换空啤酒罐中的空气后进行灌装，喷 CO_2 引沫至罐口后迅速封口。最后进行称重，要求每罐质量相同。

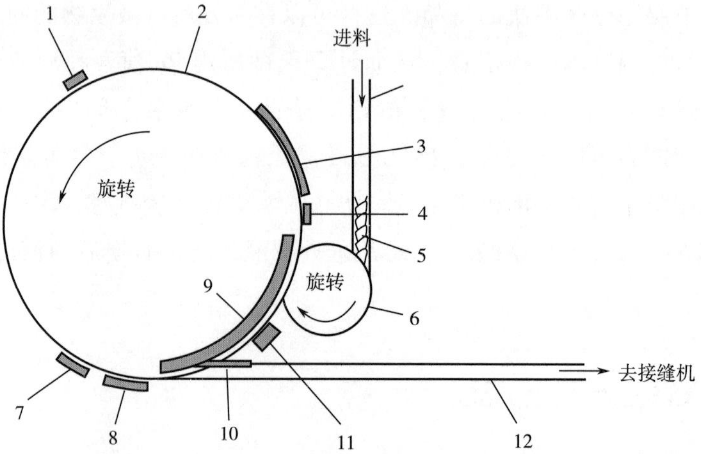

图 6-15　罐装啤酒灌装过程

1—固定空挡凸轮　2—灌装转筒　3—气动真空凸轮　4—气动跳闸阀　5—进料蜗杆
6—进料星轮　7—固定关闭凸轮　8—固定快速凸轮　9—漏斗型气门操纵凸轮
10—分流器导向设备　11—吹扫凸轮　12—卸料输送机

由于啤酒罐制造工艺复杂，且较为脆弱，因此包装过程的罐的检验工作十分严格。表6-3为啤酒罐从运输到出厂前的检验项目和方法。

表6-3　　国外推荐的检验项目和方法

取样点	检验内容	检验方法	检验次数
空罐运送过程	破损/空罐质量	目测	每批次
空罐运送过程	装璜	目测	每批次
空罐运送过程	涂料质量	电解法	每天20次
注酒阀	阀杆外端润滑剂	目测	每批次
注酒阀	封罐气体	目测	每批次
装酒阀抽样	封口	测微仪/投影	每天每头一次
装酒阀抽样	CO_2	测压计/CO_2测定仪	每小时一次
装酒阀抽样	空气/CO_2	Zahm仪/溶氧测定仪	每小时一次
装酒阀抽样	装酒量	称量	每天每头一次
杀菌机	区域温度	目测	每小时一次
杀菌机	区域温度	传送记录仪	每班4次
杀菌机	水泵的运转	目测	每小时一次
装酒水平检测仪	仪器功能	用罐核实	每小时一次
印标	质量	目测	每小时一次

罐装啤酒的杀菌通常采用巴氏杀菌，具体参数见表6-4。杀菌后罐体外水分通过鼓风干燥，同时冷却。

表6-4　　罐装啤酒巴氏杀菌的温度和时间（6万瓶/h的罐装线）

区域	处理时间/min	喷淋水温/℃	备注
预热1	4.4~6.7	26~28	进机罐温5~10℃（通常比灌装温度+2℃）
预热2	4.4	32~37	视杀菌机不同设计
预热3	4.4	41~47	视杀菌机不同设计
预热4	4.4	50~60	视杀菌机不同设计
巴氏杀菌1	4.4	约68	界限按各工厂要求55~60℃或其他
巴氏杀菌2	4.4	约68	杀菌区温度根据工厂的水温和相关要求定制设计
巴氏杀菌3	4.4	约64	
巴氏杀菌4	4.4	约64	

续表

区域	处理时间/min	喷淋水温/℃	备注
预冷却	4.4	44~49	根据工厂的水温和相关要求定制设计
再冷却	4.4	35~39	
最后冷却 1	4.4	30.2	最后冷却可能合并 1 个区并缩短时间
最后冷却 2	4.4	24.2	出罐温度 28℃(或 30℃、35℃)(视露点温度)

罐装啤酒的优点为空罐不回收，节省运费；罐体小而轻易堆放且便于携带；罐体在灌酒前印刷商标，因此无需贴标机；罐壁较薄传热快，灭菌速度快。罐装啤酒的缺点为空罐不回收，从而增加了包装成本；罐酒损失大于瓶装；灌装以后的检测项目较多且复杂。

四、 桶装工艺流程

桶装啤酒在英国和爱尔兰较为常见，国内比较少见。桶装啤酒容量一般为 25L、30L、50L 或 100L。啤酒桶一般为可回收，因此其与可回收啤酒瓶的使用相似，两者最大的区别是更大容器的清洗、杀菌和灌装。啤酒桶通常由不锈钢或铝制成。不锈钢桶通常为铬/镍合金。50 L 不锈钢啤酒桶质量达到 12~15kg；铝桶的材质通常为含镁和硅的合金，质量相对较轻。铝桶的清洗不能使用热碱，需要使用酸液或者稀释碱水，而不锈钢桶可以使用酸或碱溶液进行清洗。综上，不锈钢啤酒桶更有利于生产厂家进行操作。啤酒桶通常采用 CO_2 进行备压，灌装以后采用巴氏瞬时杀菌法进行灭菌。

第三节 成品啤酒的质量

一、 啤酒分类

1. 根据酵母性质分类

(1) 拉格型啤酒（下面发酵啤酒） 采用拉格型啤酒酵母（下面啤酒酵母）进行发酵，用煮沸糖化法制备麦汁。拉格型啤酒是世界上最流行、产量最大的啤酒。代表性产品如下：

①比尔森啤酒（Pilsner Beer）：起源于捷克比尔森，属于淡色啤酒，平均原麦汁浓度 11~12°P，酒花用量为 400g/100L 或更高。麦芽多采用低温发芽，80℃培焦 4~5h。糖化用水硬度较低，采用二次或三次煮出法工艺。发酵度高，贮藏期 3 个月，并且加高

泡酒。我国啤酒基本属于比尔森啤酒，但根据实际国情采用的酒花用量较低。

②慕尼黑啤酒（Munich Beer）：起源于德国慕尼黑，属棕色芳香型啤酒，麦汁浓度约 12°P。原料大麦总氮含量高，发芽温度较高，大麦焙焦温度较高。糖化用水碳酸盐含量高，采用长时间浓醪糖化工艺，酒花用量低，麦芽香味突出。一般采用低温发酵，成品略带甜味，贮酒期 3 个月。

③多特蒙德啤酒（Dortmund Beer）：以德国多特蒙德市命名，苦味低于比尔森啤酒。大麦发芽时间较长，溶解度稍高于比尔森麦芽。糖化用水含碳酸盐和 $CaCl_2$ 较高，用二次煮出糖化法。酒花用量介于比尔森和慕尼黑啤酒之间。低温发酵，发酵度高，贮酒期间加木片。

④青岛啤酒（Tsingtao Beer）：青岛啤酒的最大特点是水质软而甜，采用二次煮出糖化法，原麦汁浓度 12°P，酒花用量低于比尔森啤酒。低温发酵，发酵度适中，传统贮酒时间为 70～90d。

（2）艾尔型啤酒（上面发酵啤酒） 用艾尔型酵母（上面啤酒酵母）进行发酵，多采用浸出糖化法制备麦汁。近年来无论国外还是国内艾尔型啤酒开始逐渐流行。从总量上看，艾尔型啤酒所占比例不大。主要的上面艾尔型啤酒如下：

①淡色艾尔啤酒（Ale Pale）：起源于英国的上面发酵啤酒，是最具代表性的艾尔型啤酒。淡色艾尔啤酒采用淡色、溶解充分的麦芽酿造，酿造用水 $CaSO_4$ 含量高。在制备过程中在煮沸锅加糖，加 100～200g/100L 香型酒花，其平均浓度 11～12°P，出口酒浓度 16～17°P。此类啤酒可分为淡色艾尔（或苦味型艾尔）和浓色艾尔，前者苦味重、酒花香浓、酒精度高、口味淡爽，后者色深味甜、麦芽香浓、酒精分较前者低、口味略甜而醇厚。

②世涛黑啤酒（Stout）：起源于英国的黑啤酒，采用中等糖化力的淡色麦芽，再加 7%～10%的焙焦麦芽或焙焦大麦作原料，部分产品在煮沸锅添加焦糖。一般采用浸出糖化法工艺，没有蛋白分解温度区，酒花用量高达 600～700g/100L，其原麦汁浓度一般为 12°P，较高者可达 20°P。根据焦香麦芽、酒花、焦糖及发酵度的不同，可分甜味世涛和干味世涛。

③波特黑啤酒（Porter）：起源于英国的另一种黑啤酒，实际为世涛啤酒的低浓度产品。波特啤酒颜色较深、麦芽味很浓、带烘烤味。目前我国有少量波特黑啤酒生产，原麦汁浓度约为 14°P。

2. 根据啤酒色度分类

（1）淡色啤酒 这种啤酒色泽相对很浅，呈淡黄或者金黄色，口味淡爽而且醇和，比尔森啤酒和青岛啤酒都属此类型，是我国市场上销量最大的啤酒。按碘液浓度表示的色度，一般为 0.4～0.7mL。

（2）浓色啤酒 浓色啤酒相对淡色啤酒不太常见，一般采用部分深色麦芽进行生产，颜色一般呈红褐色或红棕色，而且口味纯正醇厚，有轻微苦味，浓色艾尔啤酒是典型的浓色啤酒。按碘液浓度表示的色度，一般为1~3.5mL。

（3）黑色啤酒　这类啤酒颜色呈深红褐色至黑色，原麦汁浓度高，麦芽香味突出醇厚，口味醇厚，泡沫细腻，不同黑色啤酒的苦味有轻有重，慕尼黑啤酒就是典型的黑啤。按碘液浓度表示的色度，一般为5~15mL。

3. 根据原麦汁浓度分类

（1）低浓度啤酒　此类啤酒的原麦汁浓度通常为2.5~8°P，乙醇含量为0.8%~2.2%。此外，无醇啤酒乙醇含量0.5%以下，也属此类型。

（2）中浓度啤酒　此类啤酒的原麦汁浓度通常为9~12°P，乙醇含量为2.5%~3.5%，几乎都属淡色啤酒。

（3）高浓度啤酒　此类啤酒的原麦汁浓度通常为13~22°P，乙醇含量为3.6%~5.5%，多为浓色啤酒。

二、啤酒的化学成分

啤酒是一种复杂的混合物，目前已经从啤酒中鉴定出超过450种物质，包括蛋白质、核酸、多糖和脂质等大分子，而这些物质的存在共同决定了啤酒的性状。啤酒组分可以分为非挥发性成分和挥发性成分。挥发性组分决定了啤酒的香气，其主要可以通过气相色谱为代表的气液色谱进行分析和鉴定。非挥发性组分主要包括无机盐、糖类、氨基酸、核苷酸、多酚和酒花树脂等，可以通过高效液相色谱进行分析。由于啤酒的组分会随原料及其配比、酒花种类及用量、麦汁浓度、发酵酵母菌种、发酵条件及糖化用水等多种因素的不同发生变化，因此，不同种类啤酒含有的组分千差万别。尽管啤酒的化学组成成分很难得到一个平均值，仍有国际标准和国家标准对部分重要的组分进行了规定。对啤酒组成成分的研究，主要目的在于提高啤酒的质量，为啤酒的生产提供帮助。表6-5列举了部分啤酒的理化分析数据。

表6-5　啤酒理化分析结果

指标	全麦芽啤酒	慕尼黑式啤酒	印度淡色艾尔	红啤酒	小麦啤酒
相对密度	1.00682~1.01411	1.00258~1.10166	1.00739~1.01646	1.00627~1.01986	1.00449~1.02385
外观浓度/°P	1.75~3.60	0.66~3.31	1.89~4.19	1.61~5.04	1.15~6.04
酒精度/%	3.05~4.66	3.26~4.81	2.25~7.26	3.17~6.28	3.03~6.51
真实浸出率/%	3.52~5.17	2.64~4.89	3.31~6.92	3.31~6.77	2.91~7.46
原麦汁浓度/°P	10.87~13.06	9.88~13.50	7.78~20.35	9.81~18.42	10.01~19.32

续表

指标	全麦芽啤酒	慕尼黑式啤酒	印度淡色艾尔	红啤酒	小麦啤酒
真实发酵度/%	56.0~70.2	59.2~76.4	58.2~70.8	52.7~71.0	45.6~72.9
pH	3.74~4.63	3.99~4.77	3.87~4.74	3.86~4.99	3.66~4.82
色度/EBC	2.9~8.8	3.1~15.3	6.7~26.0	9.4~54.4	3.8~49.0
苦度/IBU	3.1~51.2	13.7~30.5	24.3~78.6	12.4~35.5	8.2~33.9
双乙酰/(mg/L)	0.01~0.04	0.01~0.09	0.01~0.20	0.01~0.16	0.01~0.22
钠盐/(mg/L)	3~45	11~50	14~113	17~100	14~86

1. 无机物

在啤酒浸出物中，无机盐占3%~4%，对啤酒的质量有重要影响。无机盐主要来源于酿造用水以及从麦芽和酒花中提取，其在啤酒生产过程中会与大分子物质结合形成沉淀或被酵母吸附，因此其含量在发酵过程中会发生较大变化。表6-6为不同种类啤酒的无机盐含量。从表中可以看出，啤酒中主要的无机阳离子为K^+、Na^+、Mg^{2+}、Ca^{2+}，阴离子为氯化物、硫酸盐、硝酸盐和磷酸盐。国际上对这些例子已经建立了通用的检测方法，例如阳离子采用原子吸收光谱，而阴离子采用离子交换色谱。痕量金属离子的存在对酵母生长有重要作用，而当金属离子含量过高会对人体有毒，同时也被法律禁止。当对啤酒的部分指标没有规定时，通常参考饮用水的标准。英国法律规定啤酒中As（1959）和Pb（1979）含量≤0.2mg/L。英国食品标准委员会建议啤酒中的铜限量需<7.0mg/L。尽管Co添加在啤酒中可以提高啤酒泡沫稳定性及防止喷涌，但是过量饮用含Co啤酒容易引起急性心脏疾病，因此Co^{2+}在啤酒中被禁止使用。啤酒中硝酸盐含量不宜过高，原因是其被还原为亚硝酸盐后会与胺类物质结合形成致癌物质*N*-亚硝胺。

表6-6 啤酒中的无机物 单位：mg/L

物质	含量	物质	含量
K	220~1100	Pb	0.06
Na	9~230	As	0.02
Mg	34~250	氯化物	143~984
Ca	4~140	硫酸盐	107~400
Fe	0.02~0.84	磷酸盐	260~995
Cu	0.01~0.80	亚磷酸盐	90~400
Zn	0.01~1.48	硝酸盐	1.4~101.3
Mn	0.04~0.51	氟化物	0.08~0.64

2. 乙醇和 CO_2

在啤酒发酵过程中，麦汁中大部分可发酵性糖在酵母的作用下生产乙醇和 CO_2，部分可发酵性糖用于酵母细胞的生长繁殖，剩余部分生成甘油、有机酸和酯类等副产物。鉴于反应的复杂性，很难通过化学反应方程式对由可发酵性糖到各种产物的过程进行计算。由可发酵性糖转变为酒精的发酵过程通常采用如下反应式：

$$C_6H_{12}O_6 \longrightarrow 2C_2H_5OH+2CO_2$$

在 20 世纪中上叶，研究者根据啤酒生产厂家的生产数据进行总结归纳得到了巴林公式，经过不断修正，巴林公式被公认为迄今为止计算和检验啤酒原麦汁浓度的唯一公式，该方法也被列入欧洲酿造协会和美国酿造家协会的方法中。巴林公式的公式如下：

$$\text{原麦汁浓度（\%，质量分数）} = {}^\circ\text{Plato} = p = 100\left(\frac{2.0665A + ER}{100 + 1.0665A}\right) \tag{6-4}$$

式中 A——酒精度，%

ER——真实浸出物浓度，°P

美国酿造者协会同时规定了真实发酵度和外观发酵度的计算公式，如下：

$$\text{真实发酵度} = \frac{100(p - ER)}{p} \tag{6-5}$$

$$\text{外观发酵度} = \frac{100(p - E)}{p} \tag{6-6}$$

式中 p——原麦汁浓度，°P

ER——真实浸出物浓度，°P

E——外观浸出物浓度，°P

在啤酒发酵过程中，可发酵性糖在转变成乙醇的同时会产生 CO_2。由于在发酵过程中大部分 CO_2 向外挥发，所以通常测出的啤酒中 CO_2 含量并非发酵过程中全部 CO_2 的产量。在啤酒包装过程中，会向啤酒中充入 CO_2。普通啤酒中 CO_2 含量可以达到 3.5~4.5g/L，而超饱和啤酒中 CO_2 含量可以达到 6g/L。

3. 碳水化合物

在啤酒行业，我们通常采用浸出物来代表麦汁或啤酒中存在的固形物浓度，通常被称为真浓度，成熟啤酒的真浓度通常在 4%左右，其中约 80%为碳水化合物。在麦汁的碳水化合物中，葡萄糖、果糖、蔗糖、麦芽糖和麦芽三糖通常会被酵母利用产生乙醇和 CO_2，因此其含量和初始相比有大幅度的下降（表 6-7）。除去上述糖类，啤酒中仍存在痕量的糖类物质，例如 D-核糖、L-阿拉伯糖、D-木糖、D-甘露糖、D-半乳糖、异麦芽糖、纤维二糖和潘糖，不同种类啤酒中的糖含量详见表 6-7。

表 6-7 啤酒中的糖类 单位：g/100mL

啤酒类型	原麦汁浓度/°P	真实浸出物浓度/°P	果糖	葡萄糖	蔗糖	麦芽糖	麦三糖	麦四糖	总糖
淡色艾尔 1	12.60	2.81	0	0.06	0	0.54	0.28	0.04	0.92
棕色艾尔	8.01	3.07	1.0	1.0	痕	痕	0.2	0.4	2.6
世涛	8.29	3.22	0.53	0.61	痕	痕	0.08	0.06	1.2 8
甜世涛	11.20	5.58	0.6	1.2	痕	痕	0.6	0.3	3.6
淡色艾尔 2	16.60	4.83	0.01	0.1	0	0.7	1.7	0.4	2.9
烈性艾尔	20.66	6.57	痕	痕	0	0.16	0.21	0.12	0.49
贮藏啤酒	8.01	1.80	0	0	0	痕	痕	痕	痕
出口贮藏啤酒	12.39	2.05	0	痕	0	痕	0.28	0.18	0.46
老熟世涛	10.96	2.05	0	0	0	0	痕	0	痕

啤酒中总氮含量为 300~1000mg/L，如果按照 6.25 系数换算成蛋白质后啤酒中蛋白质含量为 0.11%~0.63%，部分原麦汁浓度较高的啤酒中总氮含量也相对偏高。按照 Bamforth 的观点，蛋白质是指具有完整结构、能够行使独立功能的未被降解的氨基酸组成物，而由小于 10 个氨基酸残基和 11~100 个氨基酸残基组成的成分分别称为肽和多肽。目前在啤酒中认为相对分子质量>17000 的氨基酸组成物算作蛋白质。因此，在啤酒生产过程中，大部分蛋白质被降解，并以氨基酸、短肽或者多肽形式存在于啤酒中。

近年来研究者通过多种方式在啤酒中纯化得到了四种抗原，其中最主要的一种是来源于大麦的蛋白质 Z。蛋白质 Z 是一种大麦丝氨酸蛋白酶，分子质量在 40ku 左右，通常以 Z_4 和 Z_7 两种亚型存在。另外一种存在于啤酒中的蛋白质是脂转移蛋白 1（Lipid Transfer Protein 1，LTP1，相对分子质量 9700），其在煮沸过程中结构发生过一定改变。啤酒中存在的另外一种蛋白质为蛋白酶 A，其是在发酵过程中由酵母释放至啤酒中，其含量在非巴氏杀菌啤酒中通常为 $0 \sim 38 \times 10^{-5}$ 单位/mL，而经过巴氏杀菌的啤酒中其活力全部丧失。

啤酒中大部分氨基酸均在发酵过程中被酵母消耗，因此啤酒中氨基酸的含量较低。部分啤酒中的氨基酸含量见表 6-8。由表可见，在所有氨基酸中含量最高的为脯氨酸，原因在于脯氨酸为一种亚氨酸，很少被酵母利用，其占啤酒总氮含量的 4%~10%。啤酒中核酸的含量较低，但是其降解产物核苷酸、嘌呤、嘧啶在啤酒中也能检测得到。其他在啤酒中存在的非挥发性含氮物质有胆碱、色醇、烟酸、维生素 B 以及痕量的烟酸乙酯、*o*-氨基苯乙酮和酰胺类物质。

表 6-8 啤酒中氨基酸含量 单位：mg/L

氨基酸	IPA	苦型鲜啤	世涛	氨基酸	IPA	苦型鲜啤	世涛
Ala	—	0.43	0.2	Phe	—	0.49	—
Arg	—	0.18	—	Ser	—	0.15	0.2
Asp	—	0.16	0.2	Thr	—	0.66	0.2
Glu	—	0.14	—	Try	1.77	2.66	0.5
Gly	0.21	0.08	—	Tyr	—	0.35	—
His	0.14	—	—	Val	—	0.03	0.4
Ile	—	0.01	0.4	AAN	3.61	7.39	4.4
Leu	—	0.03	0.4	Pro	28.25	28.53	38.0
Lys	0.42	0.50	0.2	总氮	276	459	—
Cys	—	0.24	—				

注：IPA 为 Indian Pale Ale，印度淡色艾尔。

在啤酒生产过程中，麦汁浸出物中含氮物质占 8%~10%，其中高分子氮占 20%~30%，中分子氮占 40%~50%，低分子氮占 20%~30%。麦汁经发酵后，含氮物质含量明显下降。在所有啤酒含氮物质中，二甲胺（DMA）需要特别注意，其能与氧化氮反应生产致癌物二甲基亚硝胺（NDMA），美国法律规定啤酒中 NDMA 含量不得超过 5ng/L。通过改进麦芽干燥工艺可以控制 NDMA 含量处于较低水平，但要较好控制 NDMA 含量必须注意不得使用变质原料和被污染水源。

4. 非挥发含碳化合物

啤酒中的非挥发性含碳化合物主要是发酵过程中酵母的代谢产物，其中含量最高的物质为定量甘油，其在啤酒中的含量通常为 436~3971mg/L。总体而言，上面发酵啤酒中甘油含量通常高于下面发酵啤酒。啤酒中高级多元醇的含量不高，主要为 2,3-丁二醇、2,3-戊二醇和 3-羟基丁-2-酮，这些物质均为挥发性连二酮的还原产物。研究者从啤酒中也分离得到了 2,4,5-三甲基-1,3-二氧戊环（约 0.1mg/L）和酪醇（拉格型啤酒 22.1~29.4mg/L；艾尔型啤酒 3.0~13.6mg/L）。

表 6-9 为啤酒中的非挥发性酸。从表中可以看出，啤酒中含量较高的酸类物质为丙酮酸（1~127mg/L）、苹果酸（6~136mg/L）、乳酸（10~1362mg/L）和柠檬酸（6~211mg/L），在比利时酸啤酒中乳酸和乙酸含量较高。在啤酒中应含有尽量少的草酸，因为其与 Ca^{2+}形成的不溶性钙盐易导致啤酒形成雾浊或喷涌。啤酒含有痕量的脂质，其主要成分为甘油三酯（0.1~0.2mg/L）、甘油二酯（0.1mg/L）、甘油单酯（0.1~0.3mg/L）、固醇酯（0.01mg/L）、游离固醇（0.01~0.02mg/L）和游离脂肪酸 C_4~C_{10}（10~15mg/L）、C_{12}~C_{18}（0~0.5mg/L）。亚油酸通常会被氧化成二羟基亚油酸或三羟基亚

油酸，这些羟基酸是2-反壬烯醛的潜在前体，从而给啤酒提供不良的纸板味。

表6-9 部分啤酒中的非挥发酸

	酸类化合物	拉格啤酒	德式啤酒
C_2	草酸	—	9.9~22.8
C_3	D-乳酸	—	20~200
	L-乳酸	—	40~152
	乳酸	188	—
	丙酮酸	—	42~75
	丙二酸	0.02	—
C_4	芥子酸	48	—
	苹果酸	—	55~105
C_5	2-羟基-3-甲基丁酸	0.26	—
	戊二酸	0.01	—
C_6	2-羟基-3-甲基戊酸	0.29	—
	2-羟基-4-甲基戊酸	0.33	—
	柠檬酸	—	130~230
C_7	苯甲酸	0.45	—
	2-羟基苯甲酸	0.02	—
	4-羟基苯甲酸	0.13	—
	羟庚酸	0.06	—
	3,4-二羟基苯甲酸	2.4	—
	庚二酸	0.01	—
C_8	苯乙酸	0.93	—
	2-羟基辛酸	0.04	—
	3-羟基辛酸	0.07	—
	4-羟苯乙酸	0.04	—
C_8	辛二酸	0.15	—
	香草酸	2.4	—
	邻苯二甲酸	0.02	—
C_9	苯丙酸	0.01	—
	顺式-肉桂酸	0.5	—
	反式-肉桂酸	<0.01	—
	苯基乳酸	1.2	—
	4-羟苯基丙酸	0.02	—
	顺式-香豆酸	1.9	—
	反式-香豆酸	0.02	—
	壬二酸	1.5	—
C_{10}	羟基癸酸	0.16	—
	顺式-阿魏酸	4.6	—
	反式-阿魏酸	1.1	—
C_{11}	十一碳二酸	0.13	—
C_{12}	十二烷二酸	0.18	—
C_{18}	9,12,13-10-顺式-三羟基十八烷酸	—	4.9~9.0
	9,12,13-11-顺式-三羟基十八烷酸	—	1.0~2.4
	9,10,11-12-顺式-三羟基十八烷酸	—	0.4~0.7

啤酒中的酚酸类物质和多酚主要来自麦芽和酒花。多酚结合铁盐会赋予啤酒颜色。啤酒中同样含有原花青素（花色素），其中二聚原花青素含量较高（0.5~4.0mg/L）。研究者在啤酒中发现了多达20种原花青素二聚体和三聚体，而并没有发现原花青素四聚体和五聚体。

5. 挥发性风味物质

1970年Harrision用气相色谱研究啤酒风味物质，提出了一部分成分的风味界限值，并提出了风味指数的概念。所谓风味指数即指该成分的风味界限值与该成分在啤酒中的实际含量的比值，并逐渐被阈值的概念所代替。啤酒是一个多成分复杂溶液，且物质含量高并不能代表其对啤酒风味贡献度高，因此啤酒的风味组成较为复杂，目前并未完全解析。

（1）醇类　尽管少量麦芽和酒花来源挥发性风味物质能够进入啤酒，但是啤酒中的挥发性风味物质主要是发酵过程的产物。除去乙醇，挥发性风味物质中主要成分是高级醇，其在啤酒中的组成及含量见表6-10。

表6-10　啤酒中的挥发性醇类

	醇类化合物	含量/（mg/L）	风味阈值/（mg/L）
C_1	甲醇	—	10000
C_2	乙醇	5000~40000	14000
C_3	丙醇	15	800
C_4	丁醇	<1	450
	2-甲基丙醇	4.8	200
C_5	戊醇	0.15	—
	2-甲基丁醇（活性戊醇）	84.0	70
	3-甲基丁醇（异戊醇）	84.0	65
	糠醇	1.20	3000
C_6	己醇	0.33	4.0
	己-2-乙烯醇	0.025	13
	己-3-乙烯醇	0.020	15
C_7	苯甲醇	—	900
C_8	辛-2-醇	0.005	0.04
	辛-1-烯-3-醇	0.030	0.2
	2-苯乙醇	1.8	125
	酪醇	—	200
	4-乙烯基苯醇	0.025	—
C_9	壬-2-醇	0.01	0.075
	4-乙烯愈创木酚	0.01	0.30
C_{10}	癸-2-醇	0.005	0.015

醇类中对啤酒风味影响大的是3-甲基丁醇异戊醇、苯乙醇、2-甲基丁醇和丙醇，这些高级醇含量过高，将产生刺激性口味。其他重要的醇类物质为4-乙烯基苯酚和4-

乙烯基愈创木酚，其在大部分啤酒中被认为是异味。然而，4-乙烯基愈创木酚在小麦啤酒和烟熏啤酒中被认为具有丁香等风味。4-乙烯基愈创木酚在普通拉格啤酒和艾尔啤酒的含量通常为0～0.09mg/L，低于其阈值（0.3mg/L），而小麦啤酒中其含量为0.8～1.5mg/L。

（2）醛类 醛类物质在啤酒中含量较低，在啤酒中通常被认为是不受欢迎的物质。乙醛是啤酒中的主要的醛类物质，其在英国拉格啤酒中含量为2.3～28.2mg/L，在淡色艾尔啤酒中为3.8～33.8mg/L，在世涛啤酒中为0.5～10.0mg/L，在美国啤酒中为2～18mg/L。在啤酒储存过程中，高级醇会被氧化形成醛类物质，这些醛类物质的阈值通常低于对应的醇类物质，因此在啤酒中会产生异味。啤酒的纸板味是由2-反-壬烯醛和2-甲基糠醛等物质产生。研究者经过调查，发现德国啤酒中5-羟甲基糠醛的含量为0.5～4.0mg/L，此外醛类物质含量随着啤酒色度提高而上升。另外，糠醛含量与存放时间和巴氏杀菌息息相关，含小于15μg/L糠醛的啤酒经过巴氏杀菌和40℃存放后，其最高水平达1843μg/L。啤酒中主要的挥发性醛类种类、含量及风味阈值见表6-11。

表6-11 啤酒中的挥发性醛类

	醛类化合物	含量/（mg/L）	风味阈值（mg/L）
C_2	乙醛	0～37.2	10
C_3	丙烯醛	1.6	15
C_4	丁醛	10.9	—
	丁烯醛	1.33	8
C_5	戊醛	2.7	0.5
	3-甲基丁醛	7.0	0.6
	戊-2-醛	0.59	—
	糠醛	25.0	150
C_6	己醛	1.6	0.3
	己-2-烯醛	0.36	0.5
C_7	庚醛	1.2	0.05
	庚-2-烯醛	0.08	0.0005
	苯甲醛	10	2
C_8	辛醛	1.4	0.04
	辛-2-醛	0.03	0.0003
	2-苯乙醛	5	1.6
C_9	壬醛	3.7	0.015
	壬-2-烯醛	0.07	0.0003

续表

	醛类化合物	含量（mg/L）	风味阈值（mg/L）
C_{10}	癸醛	0.9	0.005
	癸-2-烯醛	痕量	0.001
C_{11}	十一醛	0.4	0.002
C_{12}	十二醛	0.2	0.002

（3）挥发性酸类物质　啤酒中挥发酸主要是乙酸，其主要来源于乙醛的氧化。拉格啤酒中乙酸的含量通常为57～145mg/L。比利时酸啤酒中酸含量较高，其乙酸和乳酸含量分别达到460～1210mg/L和1890～3434mg/L。从C_3～C_{18}的酸类物质在啤酒中含量一般低于10^{-7}，因此这些酸类物质对啤酒风味没有明显影响。

（4）挥发性酯类物质　酯类是啤酒的香味成分，其主要是有啤酒中存在的醇类物质和醛类物质在发酵过程中发生酯化反应产生。啤酒中的主要酯类物质为乙酸乙酯、己酸乙酯和乙酸异戊酯，其风味阈值分别为30mg/L、0.3mg/L和2mg/L。除去乙酯类物质外，高级醇的醋酸盐（通常称为“香蕉酯”）对于啤酒也很重要。在啤酒发酵过程中，酯类物质的积累给啤酒带来了丰富的风味，但是含量过高也会导致啤酒产生异味。野生酵母如汉逊酵母（*Hansenula*）和毕赤酵母（*Pichia*）在有氧条件会产生大量乙酸乙酯。因此，在啤酒中需要适量的酯类物质，需要采用过高水平酯类物质含量的工艺措施。目前在啤酒中发现的酯类物质主要来自发酵过程，极少来源于酒花精油，例如4-癸烯酸甲酯和4,8-十二烯酸甲酯。目前在啤酒中发现的挥发性酯类物质已经超过76种，以乙酸形成的酯类为最多，含量都很低，多数都在10^{-7}以下。啤酒中主要挥发性酯类和高级醇含量见表6-12。

表6-12　　啤酒中主要挥发酯和高级醇含量　　单位：mg/L

	沸点/℃	世涛	淡色艾尔	棕色艾尔	拉格
乙醇含量	78	1.59-7.12	2.7～3.18	1.67～3.58	2.22～2.54
正丙醇	97	13～60	31～48	17～29	5～10
2-甲基丙醇	108	11～98	18～33	11～33	6～11
2-甲基丁醇	128	9～41	14～19	8～22	8～16
3-甲基丁醇	131	33～169	47～61	28～77	32～57
β-苯乙醇	220	20～50	36～53	19～44	25～32
乙酸乙酯	77	11～69	14～23	9～18	8～14
乙酸异戊酯	139	1.0～4.9	1.4～3.3	0.4～2.6	1.5～2.0

（5）酮类物质 酮类物质和醛类物质均属于羰基化合物，但其并不是发酵的主要产物。大部分酮类物质来自酒花油或酒花树脂的降解产物。至今在啤酒中发现的挥发性酮类 C_4~C_{11} 已经超过 19 种，其含量多在 10^{-8} 以下。啤酒酮类物质中最重要的一种物质是连二酮类，包括双乙酰（丁二酮）和 2,3-戊二酮。丁二酮和戊二酮在啤酒中的阈值分别为 0.07~0.15mg/L 和 0.9mg/L，超过阈值会给啤酒带来馊饭味。尽管这两物质过多在拉格啤酒中被认为会带来不良风味，其在艾尔啤酒或世涛啤酒中可以接受这两种物质适量超标。双乙酰的前体物质是 α-乙酰乳酸，而 2,3-戊二酮的前体物质是 α-乙酰 α-羟基丁酸，由于 2,3-戊二酮的风味阈值约是双乙酰的 10 倍，因此该种物质一般不重点考虑。从 α-乙酰乳酸形成双乙酰的过程是非酶促反应，而双乙酰可以通过酵母内部的还原酶进行消除。双乙酰是啤酒成熟的标志，研究者和生产厂家一直在为发酵过程中尽快降低双乙酰至规定指标而努力。我国规定啤酒中双乙酰含量需低于 0.15mg/L。表 6-13 列举了部分啤酒中的双乙酰和 2,3-戊二酮的含量。

表 6-13 啤酒中连二酮类含量

啤酒种类	双乙酰/（mg/L）	2,3-戊二酮/（mg/L）
大麦酒	0.11~0.40	0.04~0.08
拉格型啤酒	0.02~0.08	0.01~0.05
艾尔型啤酒	0.06~0.30	0.01~0.20
世涛	0.02~0.07	0.01~0.02

6. 挥发性含硫化合物

啤酒中通常含有 100~400mg/L 的硫酸盐。啤酒中最主要的非挥发性含硫化合物为半胱氨酸、甲硫氨酸以及含有这两种氨基酸的肽、多肽及蛋白质。另一种主要的非挥发性含硫化合物为二甲基硫醚，其主要是由麦芽中的甲基甲硫氨酸和二甲基亚砜转变而来。

和非挥发性含硫化合物相比，啤酒中的挥发性含硫化合物测定相对比较困难。其在气相色谱高温预处理过程中结构可能发生变化形成其他化合物。针对此现象，近年来出现的顶空气相色谱法以及吸附毛细管柱法对于这些物质具有较好的测定效果。据文献报道，啤酒中的挥发性含硫化合物主要有 26 种，其浓度多数以 10^{-9} 级计算。在啤酒发酵过程中可能会产生多达 10mg/L 的 SO_2。然而，欧洲经济委员会将啤酒中 SO_2 含量限定在 20mg/kg 以下，而在蒸馏酒和苹果酒中其限定含量在 160~400mg/kg 和 200mg/kg。大部分 SO_2 在啤酒中时以结合态存在，如乙醛亚硫酸氢盐。H_2S 在啤酒中同样以结合态存在，但是其总含量通常会超出其饱和度。当 H_2S 含量较低时，啤酒并不会出现不愉快的味道，但是当其含量偏高，就会出现臭鸡蛋味。二甲基硫（DMS）是另外一种拉格啤酒中重要的含硫化合物，其在拉格型啤酒中的含量远高于艾尔型啤酒。甲基硫主要来源于麦芽中甲基甲硫氨酸的降解。在拉格型啤酒中，其麦芽烘焙程度较轻，因此其麦芽中甲基甲硫氨酸含量较高，因此部分厂家在购买麦芽时会明确标出其麦芽中甲基甲硫氨酸的含量。在前期形成的甲基硫在麦汁煮沸过程中会挥发进入空气，后期形成的甲基硫部分会随着 CO_2 进入空气，部分会留在啤酒里面。在麦汁煮沸过程中，部分甲基硫也会被转化成二甲基亚砜（DMSO），而部分酵母菌株可以将 DMSO 还原成二甲基硫。表 6-14 列举了部分啤酒中的甲基硫含量水平，其风味超过阈值会产生洋葱味。

表 6-14 啤酒中二甲基硫含量

啤酒	二甲基硫含量/（mg/L）	啤酒	二甲基硫含量/（mg/L）
英国艾尔啤酒	14	加拿大艾尔啤酒	92
英国拉格啤酒	16~27	加拿大拉格啤酒	114
欧洲大陆拉格啤酒	44~114	加拿大低醇啤酒	82
绿麦芽啤酒	80	美国啤酒	59~106
德国拉格型啤酒	32~205		

三、 啤酒的营养价值和健康价值

啤酒的营养价值主要由啤酒中含有的糖、蛋白质和维生素组成。表 6-15 列举了部分种类啤酒的成分和热量，从表中可以看出，尽管啤酒中大部分的糖类物质已经被啤酒酵母转换为乙醇，但是啤酒仍然具有一定的热量，能够满足部分人体需求。

表 6-15 啤酒发热成分和发热量

	乙醇	固形物	碳水化合物	蛋白质（N×6.25）	热量	
棕色艾尔啤酒	2.2	4.2	3.0	0.3	28	117
淡色艾尔啤酒	3.3	3.3	2.0	0.3	32	133
世涛	4.3	3.6	2.1	0.3	39	163
烈性艾尔	6.6	8.0	6.1	0.7	72	301

注：乙醇、固形物、碳水化合物和蛋白质单位为 g/100mL；热量单位分别为 kcal/100mL 和 kJ/100mL。

啤酒是某些 B 族维生素（如维生素 B_1、维生素 B_2、维生素 B_6、维生素 B_{12}和叶酸）和矿物质（特别是 SiO_2）的重要来源，也是中度啤酒消费者骨质疏松症发生率较低的原因。啤酒、香蕉和四季豆是饮食中硅摄入的主要来源。硅很容易从啤酒中吸收，从而防止骨质疏松症。啤酒花组分 8-异戊烯基柚皮素对抗骨质疏松症有一定功效。啤酒能为身体提供能量和维生素，适量饮用啤酒对于身体健康有积极促进作用。

四、 啤酒的泡沫

泡沫是区分啤酒和其他酒精饮料的最大特点。啤酒开瓶后产生的洁白细腻泡沫是啤酒质量的重要指标之一，与此同时也是影响消费者选购的重要因素。啤酒泡沫的主要评价指标包括泡沫形态、起泡能力、泡沫持久性（泡持性）和泡沫附着力（挂杯性）。良好的啤酒泡沫要求泡沫细腻洁白、总体积大、起泡快、泡沫持久性好、泡沫附着力（挂杯性）强。

啤酒泡沫的性能主要受到蛋白质及其糖聚合物、异 α-酸、乙醇和高级醇等表面活性物质的影响，其可以显著降低啤酒泡沫表面张力，从而保证泡沫薄膜不易破裂。低表面张力主要可以提升泡沫的持久性，而对泡沫的总体积影响不大。CO_2与泡沫总体积有密切关系，瓶子开启后随着压力的释放，CO_2释放和大量表面活性物质共同作用形成泡沫，当 CO_2含量较高时泡沫总体积越大。

由于啤酒泡沫质量受到多种因素影响，啤酒泡沫性能测定就较为复杂。啤酒泡沫的起泡性、稳定性、泡沫体积、附着力、洁白度等形态指标均有不同的测定方法。另外，从瓶中、罐中或者桶中释放出来的泡沫情况也各不相同。因此，目前并没有一种可以完整测定啤酒泡沫质量的设备。虽然通过专业评判小组可以对啤酒泡沫质量进行评判，但该方法价格高昂、无法普遍使用且受到性别、人种和社会背景的影响。泡沫稳定性在所有啤酒泡沫性质中是最为重要的一个指标，虽然部分生产厂商同时很重视泡沫挂杯性，但是根据调研发现并不是所有消费者均看重挂杯性。现阶段对啤酒泡沫稳定性的评价主要是通过测定啤酒泡沫的泡持值，常用的方法包括秒表法、啤酒泡持测定仪法、NIBEM法、Rudin 法、瞬时起泡法等，其中秒表法和啤酒泡持测定仪法是目前我国国标 GB/T 4928—2008 规定的啤酒泡持性测定方法。这些方法在实际测定过程中都具有一定的适用性，但是都有其各自的局限性。例如，秒表法虽然操作简单，但是其重复性较差，实验误差较大。啤酒泡持测定仪法中外加 CO_2进行起泡增大了外源因素的引入带来的误差，对于罐装啤酒泡持性的测定准确性较差。与此同时，上述方法都只能测定包装啤酒的泡沫稳定性，无法评价啤酒发酵过程中的泡沫性能。近年来研究者发现啤酒起泡后至泡沫完全塌陷过程中，形成泡沫酒液体积的对数与泡沫塌陷时间呈线性关系，并验证了此原理在较小啤酒体积和恒定条件下的可靠性。因此，基于上述原理，研究者建立了一种通过超声振荡仪释放啤酒中自身溶解的 CO_2形成泡沫的啤酒泡持性测定方法。图 6-16 为该方法的装置示意图，具体测定步骤如下：选取一定体积经过 20℃ 预处理后的啤酒样品，使用 28kHz 超声振荡频率处理 15s 释放啤酒中溶解的 CO_2形成泡沫，通过泡沫塌陷时间与形成泡沫液体对数之间的线性关系，计算啤酒样品的泡持值 T_{HRV}。该方法可以规避其他方法稳定性差、误差较大的缺陷，不仅适用于瓶装啤酒和灌装啤酒泡持性的测定，同时对于发酵过程样品也具有良好的适应性。

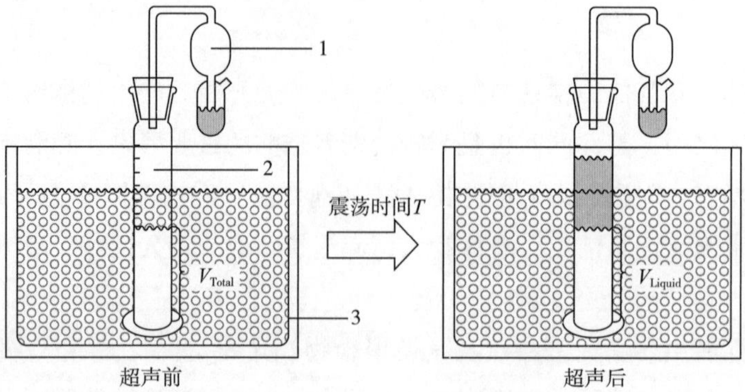

（1）将量筒置于超声振荡仪中，记录起泡前量筒内啤酒总体积（V_{Total}）

（2）将量筒置于超声振荡仪中处理一段时间，记录起泡后量筒中液体体积（V_{Liquid}）

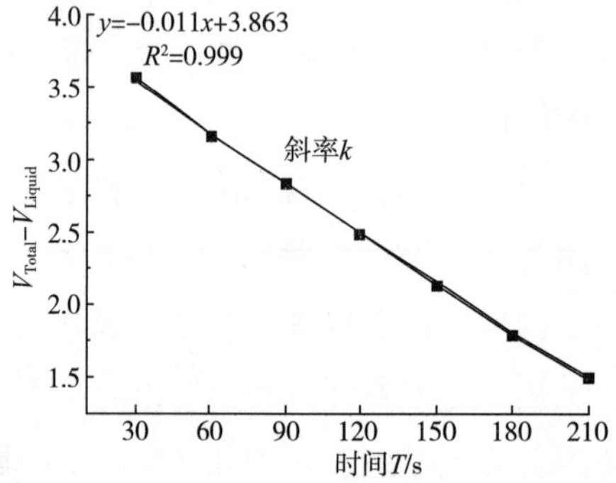

$$泡持值T_{HRV}=\frac{\ln V_{Total}}{-2k}$$

（3）记录不同处理时间后的V_{Total}和V_{Liquid}数值，对处理时间和ln（$V_{Total}-V_{Liquid}$）进行线性拟合并计算斜率k，通过上述公式计算啤酒泡持值T_{HRV}

图6-16　超声振荡法测定啤酒泡持性能装置示意图

1—发酵栓　2—具塞量筒　3—超声振荡仪

近年来大量的科学研究对影响啤酒泡沫质量的关键组分进行了分析。通过消除法确定麦芽蛋白质（>5ku）与酒花酸之间的相互作用有助于促进啤酒泡沫的质量。目前已经确定对啤酒泡沫质量产生帮助的蛋白质有蛋白质Z、脂转移蛋白LTP1和一系列大麦醇溶蛋白来源的蛋白质。二价金属离子则可以通过交联异-α-酸强化泡沫薄膜从而提升泡沫质量。多酚、非淀粉多糖（如β-葡聚糖和阿拉伯木聚糖）等物质对于啤酒泡沫质量影响较小，而脂质、碱性氨基酸和高浓度乙醇则会破坏啤酒泡沫稳定性。

脂转移蛋白LTP是由91个氨基酸组成的一种大麦糊粉层蛋白质，约占啤酒蛋白质总量1%。LTP由9ku的LTP1和7ku的LTP2两个亚形构成，其中LTP1占主要部分。脂转移蛋白LTP二级结构由四个螺旋线构成，由四个二硫键稳定，蛋白结构中有一个典型的碳端结构，内部含有一个疏水空腔能够结合不同脂类物质如酰基辅酶A、脂肪酸等。LTP 在制麦过程的第三天也被监测到糖化修饰的发生，发生修饰的 LTP 结构会发生相应的变化，同时研究发现啤酒酿造过程中 LTP 二级结构部分解折叠能够增强啤酒起泡性。在麦汁煮沸过程中 LTP1 会发生变性，其变性产物会提升啤酒泡沫质量，对啤酒的起泡性有重要的促进作用。LTP1 单独存在时对啤酒泡沫稳定性并没有太大影响，但当其与低分子量醇溶蛋白/谷蛋白或者高分子量泡沫组分结合的时候就能大幅提高啤酒泡沫稳定性。另外一种重要的影响啤酒泡沫稳定性的蛋白质为蛋白质 Z。蛋白质 Z 分子量为 43ku，能在啤酒酿造过程中抵抗酶类的降解、高温的影响，最终成为啤酒中含量较多的蛋白质。蛋白质 Z 可以分为 Z_4、Z_7和 Z_x等亚形构成，其中蛋白质 Z_4的含量占蛋白质 Z 总含量的 80%以上。蛋白质 Z_4在所有啤酒蛋白质中具有最高的表面黏度和弹性，且其在从麦汁到成品啤酒中其二级结构变化较小，啤酒制备过程中蛋白质 Z 的少量 α-螺旋和β-片层含量降低而β-转角和无规卷曲含量有所上升。在啤酒起泡过程中，蛋白质 Z_4在泡沫中存在明显的富集现象，且通过线性拟合证明了其对啤酒泡沫稳定性有利。啤酒中最终约有 30%的蛋白质 Z 与糖类发生反应，且其在煮沸过程中的糖化修饰蛋白质 Z 的糖化修饰才是其稳定啤酒泡沫能力的关键因素。另外也有研究表明，蛋白质 Z_4和 LTP1 的相互作用才是提高啤酒泡沫稳定性的重要原因。其他对啤酒泡沫品质会产生影响蛋白质包括氯仿/甲醇可溶性蛋白（主要为 α-淀粉酶和部分胰蛋白酶抑制剂）、大麦二聚体 α-淀粉酶抑制剂-1、部分醇溶蛋白和酵母代谢蛋白。

为了提高或改善啤酒泡沫质量，需从原料选择和酿造过程等方面进行考虑。在原料方法，需要选用质量良好，泡沫蛋白质含量适中且具有正常的溶解度的麦芽。选用小麦作为辅料可以提升啤酒泡沫质量。在麦汁煮沸过程中，尽管 LTP1 和蛋白质 Z 对热稳定且可抵抗酶解，但是醇溶蛋白等会受到高温和酶解的破坏，因此麦汁糖化的工艺需要根据不同的要求进行调整。糖化过程中低温（低于 55℃）会造成醇溶蛋白大量被酶解，反之高温糖化有利于啤酒泡沫。麦汁煮沸温度应该尽量控制在 102℃以下，超过该温度会大量减少啤酒泡沫蛋白质，且酒花用量要适中不能太少，尽量减少煮沸过程中气泡造成的泡沫蛋白损失。在发酵和过滤过程中，研究者提出了如下措施以保证或提高啤酒泡沫质量：

（1）选用没有泡沫抑制活性的酵母菌株（如选用尽可能蛋白酶 A 分泌少的酵母）。

（2）选用后期絮凝性好的酵母。

（3）不添加外源蛋白酶等。

（4）尽量不要采用膜过滤。

（5）如需提高泡沫持久性，可人为添加褐藻酸丙二醇酯（PGA）、四氢或六氢酒花浸膏，但是不能影响啤酒其他性状。

五、 啤酒的颜色

颜色是啤酒重要的物理特性之一。啤酒的颜色主要来源于麦芽和所用辅料中的黑色素和焦糖以及由麦汁煮沸过程中发生的焦糖化产生。通过在啤酒中添加焦糖可以适当调节啤酒颜色，而氧化多酚也会导致啤酒变色，尤其是微量金属（如 Fe 或 Cu）。另外，在淡啤酒中，黄色维生素核黄素（<1μmol/L）可能显著改变啤酒颜色。

近年来测定啤酒色度主要有 EBC 法和 ASBC 法两种，EBC 测定啤酒色度的吸光度在 430nm，因为该波长（紫色）与欧洲市场主要淡色啤酒（黄色）的透射色互补。在 Analytical-EBC 测定方法中通常采用 1cm 光程的比色皿，公式为 EBC 色度 = A_{430} (10mm)×10；ASBC 啤酒色度标准方法开始于 20 世纪 50 年代，使用半英寸单位比色皿进行吸光度测定，对吸光度读数进行处理，使其接近当时的标准°Lovibond 值，公式如下：ASBC 色度 = A_{430}（1/2 英寸）×10 或者 ASBC 色度 = A_{430}（10mm）×10×1.27。

1. 啤酒喷涌

图 6-17 啤酒喷涌现象

啤酒喷涌是指啤酒开瓶后的泡沫喷涌而出的现象（图 6-17），属于啤酒的一种病害。喷涌的确定定义是 1963 年由 Gjertsen 提出：啤酒喷涌现象是指啤酒开瓶（移除啤酒上方的压力），在啤酒中产生大量细气泡并快速上升，从而导致啤酒泡沫涌出瓶口，严重者甚至喷出瓶口。由于喷涌可以被消费者直接观察得到，啤酒喷涌现象的发生不仅会造成经济损失，同时会造成公众不利影响。由于目前并没有测定喷涌的可靠方法，因此这于啤酒生产企业来说是一个未知风险。

自从 1920 年首次被报道以后，喷涌现象已经得到广泛研究。研究发现，啤酒喷涌与较多因素相关，包括麦芽、酒花提取物、金属离子、草酸钙、瓶子内部粗糙表面和洗瓶清洁剂。1963 年，Gjertsen 将啤酒喷涌分为两类：初次喷涌和二次喷涌。初次喷涌通常与被霉菌污染麦芽的不当使用相关，而二次喷涌通常与加工过程中的生产故障或对啤酒的不当处理导致啤酒中存在胶体或固体颗粒相关。因此，引入污染麦芽导致的喷涌会影响整个啤酒生产过程，而二次喷涌的发生情况则比较零星，例如过滤发生问题而出现颗粒物。

2. 喷涌的物理基础

每升成品啤酒通常含有 4~5gCO_2。由于啤酒中 CO_2 是过饱和的，所以啤酒开瓶后产生泡沫很常见。但在正常情况下，当开瓶后释放压力时，CO_2 会缓慢从啤酒中逸出，并形成啤酒典型的泡沫。而在喷涌情况下，啤酒开瓶后 CO_2 会被迅速释放，导致啤酒喷出。喷涌常常与大量的微小气泡以及过度不可控的 CO_2 释放有关。表面张力是形成气泡的重要因素，降低表面张力会导致更多的微气泡。也就是说表面张力较低，气泡更不稳定，涌出的风险更高；而温度则会影响 CO_2 的溶解，其结果是储存期间的温度越低，打开啤酒瓶时的温度越高，喷涌出的量越大。其他影响啤酒喷涌的因素主要包括溶解 CO_2 的成核位点的引入，例如草酸钙、金属离子、表面活性剂、酒花提取物异构物、冠状软木塞、助滤剂和瓶子的内表面等。

3. 初次喷涌

啤酒生产企业和研究者发现麦芽与啤酒的初次喷涌有密切的关系，而主要原因是存在于麦芽上面的真菌区系。近年来对麦芽枯萎病的研究发现其与镰刀菌密切相关。

早在 1950 年，美国啤酒企业发现采用感染网斑病的麦芽进行酿造得到的成品啤酒容易发生喷涌，之后逐渐鉴定得到了几种能引起喷涌的真菌属，这些物种包括曲霉属、链格孢属、柄蕨属、青霉属、根霉属、黑孢菌属和木霉属等，其中镰刀菌属也许是对商业实践影响最大的，从而建立了谷物微生物与啤酒喷涌之间的联系。近年来由于世界上许多大麦产地镰刀菌枯萎病（FHB）的暴发，研究者对镰刀菌属密切关注，采用感染镰刀菌麦芽制作的啤酒开瓶喷涌会损失 14%~44% 的体积。在美国、加拿大、中国和欧洲，禾谷镰刀菌在大麦中占主要地位，其他存在的镰刀菌包括枯萎镰刀菌、梨孢镰刀菌、孢子孢镰刀菌、马蹄镰刀菌和三线镰刀菌。镰刀菌等病原菌能够分泌细胞壁降解酶以及蛋白酶类，从而影响麦芽质量，更为重要的是其能够产生霉菌毒素。镰刀菌属通常能产生玉米赤霉烯酮和单端孢霉烯族毒素。脱氧雪腐镰刀菌烯醇（DON）通常与禾谷镰刀菌相关，而高产镰刀菌菌株可能产生 DON 或雪腐镰刀菌烯醇（NIV）。由于麦芽中存在的 DON 大部分将被保留到啤酒中，因此通常会对 FHB 影响地区生产的麦芽大麦进行 DON 或其他单端孢霉烯族化合物进行测定。在大麦浸泡过程中霉菌毒素会逐渐减少采用了浸泡的大麦其酿造啤酒喷涌情况有大幅度缓解，但是润洗并不能完全避免喷涌，在大麦发芽阶段霉菌的生长或菌株破裂会释放出一定量的霉菌毒素。

喷涌因子是能引起啤酒喷涌的物质的总称，包括 DON 和 NIV，其是大麦与真菌菌丝体相互作用的结果。目前已从真菌中分离出许多喷涌因子，并对喷涌因子的结构和特性进行了描述（表 6-16）。喷涌因子通常是分子质量<20ku 的小蛋白质，其具有强烈的疏水性，可降低啤酒表面张力，从而导致泡沫的加剧形成，最后形成喷涌。除去疏水蛋白质，霉菌释放的酶类，特别是蛋白酶，将可能通过改变谷物蛋白质组成对啤酒喷涌产生影响。目前对于能够引起的疏水蛋白质浓度也有所研究。从表 6-16 中可以看出，梨

孢镰刀菌分泌疏水蛋白质含量超过 0.1mg/L 即会导致啤酒喷涌，其他蛋白质浓度基本在 0.05~4mg/L。

表 6-16 微生物分泌啤酒喷涌因子

来源	化学成分	分子质量/ku	引发喷涌的浓度/(mg/L)
黑孢霉属（*Nigrospora* sp.）	疏水多肽	16.5	0.05
黑孢霉属（*Nigrosphora* sp.）	疏水蛋白质	8.5	0.03
葡柄霉属（*Stemphylium* sp.）	糖蛋白质	未测定	4
禾谷镰孢菌（*Fusarium graminearum*）	六肽	未测定	0.4
产黄青霉（*Penicillium crysogenum*）	环四肽	未测定	0.3
麦芽	疏水蛋白质	10	0.5
瑞氏木霉（*Trichodema reesei*）	疏水蛋白Ⅰ和Ⅱ	7.5	0.003
梨孢镰刀菌（*Fusarium poae*）	疏水蛋白质	8.5	0.1

近年来，研究者尝试建立了麦芽和啤酒喷涌的评价机制，其中包括需要一周甚至更长时间的实验室酿造试验或者简单的预测测试。预测测试无法直接测定啤酒喷涌，而是预测与喷涌相关的因素，因此其可用于减少问题谷物样品的采购，然而预测测试无法完全消除风险。未来在更好的了解啤酒喷涌的机理及其影响因素后，预测测试的精度会进一步提高。

针对啤酒的初次喷涌现象，可以采用一系列方法避免啤酒初次喷涌的产生。鉴于啤酒初次喷涌与霉菌有密切关系，最简单的控制喷涌的方法也是最广泛使用的方法是避免购买和使用受污染的麦芽。啤酒生产厂家对麦芽的情况以及其分泌霉菌毒素的情况设定了严格的规定，但是严格规避并非总是可行，因为其会带来巨大经济成本。解决霉菌污染的最切实的方法是开发抗 FHB 的大麦和小麦品种，或者通过田中栽种技术和杀真菌剂控制该病。

对于存在潜在霉菌污染风险的麦芽，目前啤酒生产企业通常在制麦前对大麦进行清洗。清洗可以有效移除镰刀菌污染的小麦颗粒，然而对于大麦的清洗，若霉菌污染发生在污染晚期其对籽粒颗粒大小影响较小时，清洗对于去除污染大麦籽粒的效果并没有小麦那么明显。采用温水（45~50℃）能够有效消除麦芽镰刀菌污染同时不影响制麦效果。研究者曾经尝试采用甲醛、H_2O_2 和臭氧对麦芽进行过处理，但是目前并没有规模化使用。自 20 世纪 90 年代以来，利用微生物竞争性以及抑菌特性构建生物防腐剂用于控制大麦霉菌生长成为了研究热点。近年来已经筛选得到多株菌株可以有效抑制镰刀菌的生长，包括白地霉和部分乳酸菌，其中白地霉在大麦中的应用已经获专利保护。

4. 二次喷涌

啤酒的二次喷涌通常涉及啤酒内溶解 CO_2 成核位点的引入，其与多种因素相关，包括草酸钙、金属离子、表面活性剂、酒花提取物异构物、冠状软木塞、助滤剂和瓶子内表面等。通过改变啤酒酿造过程中的 Ca^{2+} 浓度和 CO_2 浓度对啤酒二次喷涌产生影响，但是其不会影响啤酒的初次喷涌。

在啤酒中高浓度草酸钙通常以晶体形式存在，且这些颗粒作为种子晶体可以诱导 CO_2 释放，从而导致啤酒喷涌。啤酒中 Ca 和草酸主要来源于麦芽、酿造用水和啤酒花。大麦麦芽中草酸盐的含量为 100~500mg/kg，而小麦麦芽中其含量更高。大麦麦芽中 Ca^{2+} 含量为 100~200mg/kg，而在小麦麦芽中约为 100~120mg/kg。在啤酒生产企业中，Ca^{2+} 浓度的主要影响因素为酿造用水和 $CaCl_2$ 的添加。然而，在过滤过程中大量 Ca^{2+} 会存在于皮壳中从而未进入啤酒。目前发现会导致麦汁和啤酒中出现喷涌现象的 Ca^{2+} 和草酸盐最终浓度分别为 60mg/kg 和 20~30mg/kg。据报道，15mg/kg 的 Ca^{2+} 和草酸盐即会形成草酸钙晶体。因此，酿造过程中需要控制 Ca^{2+} 的浓度，以确保在啤酒过滤之前使大部分草酸钙形成沉淀并通过过滤进行去除。因此，可以在过滤前添加 Ca^{2+}，且在过滤后应避免 Ca^{2+} 污染。

啤酒生产企业和研究者在很多年前就认识到金属离子对啤酒二次喷涌的影响。啤酒喷涌风险与离子浓度和 pH 显著相关。对啤酒二次喷涌影响最大的金属离子为 Fe^{3+}，其次为 Ni^{2+} 和 Co^{2+}。目前对于金属离子引起啤酒二次喷涌的理化机理尚不清楚。鉴于乙二胺四乙酸（EDTA）的添加会抑制金属引起的啤酒喷涌现象，金属碳酸盐的形成可能为金属离子引起啤酒喷涌的原因。据报道 Ni^{2+}、Fe^{3+} 以及啤酒中的其他物质（例如蛋白质）会影响啤酒表面张力从而引起啤酒喷涌。表面张力越低，啤酒喷涌的风险越高。啤酒中表面活性剂的主要来源是洗瓶用的 NaOH。目前啤酒生产企业中洗瓶工艺的优化通常可以防止啤酒中含表面活性剂。

另外一种重要的影响啤酒喷涌的物质为异构化啤酒花提取物。目前已经确定脱水腐殖酸是一种啤酒喷涌的强效促进剂，其部分衍生物也表现出较强的喷涌促进作用。氢化异-α-酸（即四氢异-α-酸和六氢异-α-酸）据报道也具有较弱的诱导喷涌作用。然而，酒花油中多不饱和脂肪酸对啤酒喷涌具有抑制作用。

瓶子和瓶子灌装技术对于啤酒二次喷涌也有重要影响。瓶子的粗糙内表面与溶解气体的自发释放之间有明确关系。因此，瓶子的准备和清洁会导致喷涌问题。用碱洗瓶会溶解玻璃表面性能并改变其性能，另一种方式为引入具有不同内涂层的 PET 瓶。除了玻璃瓶表面性能，还应检查啤酒涂层的透气性、挥发性有机碳的渗透性和迁移性。瓶子的形状、填充程度以及瓶塞的不当使用也会导致啤酒二次喷涌，例如从冠状软木塞中排出的洗涤剂或软木塞结构的损坏导致 Fe^{3+} 的释放会降低啤酒的表面张力。

来自硅藻土的极细小颗粒和离子转移到成品啤酒中会引起喷涌。在现代实践中，许多啤酒厂已改用膜过滤，因此已经消除了硅藻土颗粒引起的啤酒喷涌风险。

六、 啤酒风味及感官指标

消费者需要通过多重感官来评判啤酒品质。啤酒的外观会影响人们对酒精含量、营养价值的判断，纯净的口感和丰富的泡沫有助于提升啤酒带来的愉悦感，但真正决定一款啤酒的可接受性的仍然是风味，口味和香味。在啤酒生产过程中，啤酒的品质首先由酿酒师掌控，近年来在出厂之前通常会由品评小组进行风味品评。近年来随着感官分析技术的发展，欧洲酿造协会（EBC）和美国酿造者协会（ASBC）同意使用国际感官分析方法，并且已经出版了《感官分析手册》。

风味是指消费者品尝过程中感知到的嗅觉和味觉的组合，包括触觉、热觉、痛觉和动觉感。对啤酒而言，口味和香味是风味最重要的方面。口味是由某些可溶性物质刺激口腔中的味觉受体而产生的感觉。遍布整个口腔的游离神经末梢和味蕾是目前已知的两种化学感受器。自由神经末梢没有可识别的受体，负责刺激性和涩味的感知。味蕾是由25~50个专门细胞组成的神经复合物，它们出现在口腔局部区域。在舌头上，它们出现在称为乳头的突起上。

在人体整个口腔中都能感觉到四种基本口味，即甜味、酸味、咸味和苦味，但它们在特定区域的感觉更强烈，且不同的人的味觉敏感性差异很大。苦味的感受主要集中舌根；咸味在菌状乳头上产生，需要较高浓度的无机离子（尤其是对 Na^+、K^+ 和 Li^+），但咸味在啤酒中很少占主导地位；酸味的感受主要在舌侧的叶状乳突上，在大多数啤酒中酸味被认为是异味，但在比利时酸啤酒中被认为是其重要特征。鲜味主要是描述由氨基酸味精、肌苷酸钠和鸟苷酸钠核苷酸引起的感觉，而辛辣和涩味是在自由神经末梢产生的感觉。和口味相比，气味的识别更加复杂。人类的嗅觉上皮细胞仅有 2~4 cm^2，却包含了900万个神经元，气体经鼻腔与上呼吸道的嗅觉上皮的受体结合时，这些细胞产生的轴突成束进入嗅球，并加入肾小球的小体中。二尖瓣细胞从肾小球直接进入大脑的嗅叶，从而产生嗅觉。饮用啤酒过程中释放的气味进入鼻后腔，就会发生鼻后嗅觉。这两种不同形式的嗅觉输入很可能在大脑的不同部位进行分析。在啤酒中，气味强度与水中的分子的挥发性有关，即取决于空气-水分配系数。口味和香味可以被分开单独感受，但是在消费者饮用啤酒时这两种感觉常常融合在一起产生风味。消费者对于部分风味物质的变化较为敏感，而对部分风味物质的变化不敏感。阈值又称临界值，是指一个效应能够产生的最低值或最高值。目前存在四种阈值，分为检测阈值、差异阈值、识别阈值和终端阈值。检测阈值（又称绝对阈值）是指产生感觉所需的最小感官刺激；差异阈值是指察觉到刺激强度的最小改变度；识别阈值是指区分刺激物所需要的最小感官值；终端阈值是指产生感觉所需的最小感官刺激。表6-17列举了部分代表性化合物的检测阈值。奎宁通常被认为是苦味标准物，是表中列出的最苦的化合物。啤酒的酸味可以通过pH（pH3.8~4.7）或可滴定的酸度来测量。正常啤酒的乙酸和乳酸水平均低于味觉阈值。啤酒的无机成分如KCl、NaCl、$CaCl_2$和$MgSO_4$的含量会超过阈值，但啤酒很少被提到咸味。啤酒中的果糖，葡萄糖水平也超过了味觉阈值，但并没有影响口味。作为风味改良剂，啤酒中的谷氨酸水平不超过味觉阈值。许多因素会影响阈值的大小。例如，温度对味道的影响目前并没有规律，而唾液的缓冲作用（pH 7.0）会影响感知。

表6-17 各种常见味道物质的检测阈值

味道	化合物	摩尔浓度/（mol/L）	mg/L
苦	咖啡因	5×10^{-4}	97
	$MgSO_4$	3.85×10^{-4}	46.35
	盐酸奎宁	1.4×10^{-6}	0.505
	蔗糖八乙酸酯	3.58×10^{-6}	2.43
	尿素	$1.07\sim1.72\times10^{-2}$	642~1033
咸	NH_4Cl	8.39×10^{-4}	44.89
	$CaCl_2$	8×10^{-6}	0.888
	NaCl	1.02×10^{-3}	59.62
	KCl	$6.31\sim6.49\times10^{-3}$	470~484
	味精	5×10^{-4}	84.5
	L-精氨酸	1.23×10^{-3}	214.3
	L-谷氨酰胺	9.77×10^{-3}	1428
甜	阿斯巴甜	$1.76\sim2.08\times10^{-5}$	5.17~6.12
	果糖	8.9×10^{-4}	160
	葡萄糖	7.33×10^{-3}	1321
	甘氨酸	3.09×10^{-2}	2317
	糖精钠	$8.58\sim10.1\times10^{-6}$	1.76~2.07
	蔗糖	6.5×10^{-4}	222.5

续表

味道	化合物	摩尔浓度/（mol/L）	mg/L
酸	醋酸	$1.07 \sim 1.12 \times 10^{-4}$	6.43～6.73
	柠檬酸	7×10^{-5}	13.45
	盐酸	1.6×10^{-4}	5.84
	苹果酸	7.3×10^{-5}	9.79
	酒石酸	4.78×10^{-5}	7.17

通常，同一种化合物的嗅觉阈值比味觉阈值低几个数量级，这可能是由于化合物是通过口腔而后进入嗅觉上皮。基于阈值和风味单位（Flavour Units，FU＝浓度/阈值），啤酒的风味化学物质可以分为主要风味物质、二级风味物质、三级风味物质和背景风味物质四类。啤酒的通用主要风味物质（>2FU）为乙醇、酒花苦味化合物（如异葎草酮）和CO_2，在特色啤酒中主要风味物质也包括酒花香气化合物（如草二烯酮）、焦糖味化合物、一些酯和醇（高浓啤酒）和短链酸，劣质啤酒中还会存在2-反式-壬烯醛（氧化味，老化味）、双乙酰和2,3-戊二酮（发酵）、硫化氢，二甲基硫和其他化合物、乙酸（发酵）、2-甲基丁-2-烯硫醇（轻型酒花）和其他风味（微生物感染等）。二级风味成分（0.5～2.0FU）主要包括香蕉酸酯（如乙酸异戊酯）、苹果酯（如己酸乙酯）、脂肪醇（如异戊醇）、C6脂肪酸、C8脂肪酸、C10脂族酸、乙酸乙酯、丁酸和异戊酸苯乙酸、非挥发物质、多酚、各种酸、糖和酒花化合物。三级风味成分（0.1～0.5FU）包括2-苯乙酸乙酯、邻氨基苯乙酮、异戊醛、甲硫氨酸、乙酰、4-乙基愈创木酚和γ-戊内酯，而其余风味化合物为背景风味成分（<0.1FU）。任何主要风味成分的去除都会对啤酒的风味产生巨大的影响。二级风味成分也参与构成啤酒的主要风味，去除任何一种二级成分都会使啤酒风味产生细微差别，同一类型啤酒的风味差别正是由此差异导致。三级风味成分增加了辅助风味。去除此类成分不会对风味产生明显的变化。

感官分析是指利用人类的感官来评估风味。感官分析的形式有很多，如“成对比较检验”“三角检验”和“两三点检验”。从中我们可以判断添加物质的阈值，用专业术语对样酒进行描述以及等级排序。感官分析有描述产品和区别两个或多个产品两个主要应用。为了更加科学地进行感官分析，感官分析的每一个环节都有严格的控制。啤酒厂质量控制区应当设置专门的中型感官评估区，甚至可以在每个展位配置一台计算机以便自动分析品评人员的结果。品酒室的装修材料、展位大小和布局等均有相关的专业要求。品评时的酒杯、装液量及温度也有严格的要求。评估人员需要进行筛选和后期培训，候选人的总体健康状况，是否接受常规药物治疗，是否吸烟以及口头交流能力都是筛选的参考。

Analytica-EBC/ASBC 命名并定义了啤酒中出现的122种可单独识别的风味，这也成为了受国际认可的啤酒风味术语。该术语基于以下原则：①每个可单独识别的风味特征都有其自己的名称；②将类似的口味放在一起；③对于相同的风味特征，没有术语重复；④该系统与酿造行业的 EBC 词库兼容；⑤不包括主观术语，例如好/坏，年轻/成熟，平衡/不平衡；⑥尽可能用容易获得的参考标准说明每个术语的含义。该系统可以分为 14 个大类，任何给定的风味都可以找到自己所属的大类。对于这个系统里的风味物质有三种描述语，类术语、第一层术语和第二层术语。通常，类术语和第一层术语包含大多数人熟悉的通用术语，满足了非专业的需求。为了更好地帮助人们熟悉和记忆相关术语在系统的定位，风味轮作为一种记忆辅助工具也因此产生。啤酒风味轮如图 6-18 所示。

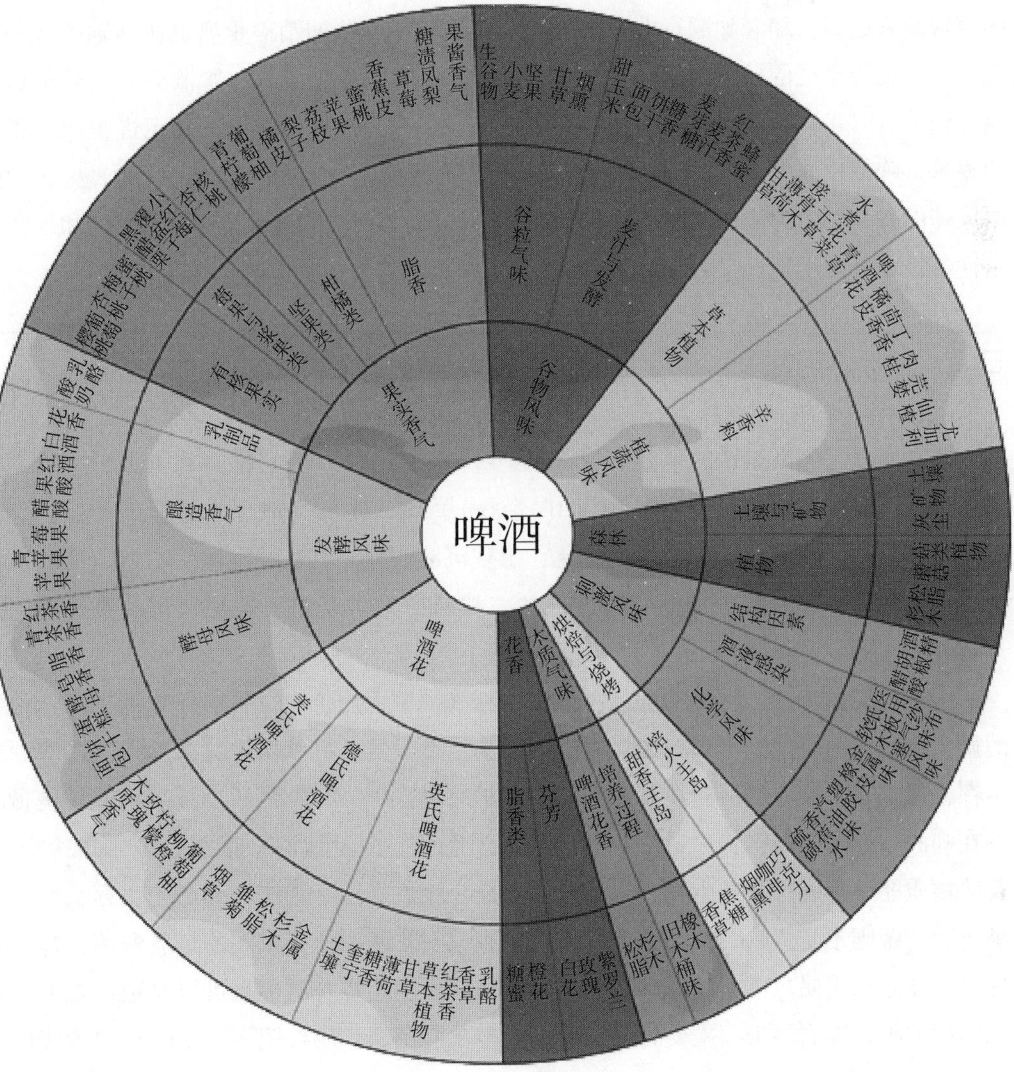

图 6-18　啤酒风味轮

第四节 啤酒的稳定性

一、 概述

随着啤酒工业的发展和人们生活水平的提高，消费者对于啤酒的澄清透明以及风味的要求越来越高。随着啤酒行业的大型化和集团化，啤酒的销售距离也从本国扩展到了全世界，销售半径的扩大也给啤酒的货架期带来了考验，要求成品啤酒具有更长的保质期。消费者对于啤酒的风味及品质都有着更高的要求，因此给啤酒的稳定性提出了更高的要求。啤酒由原来的澄清透明变为浑浊甚至沉淀，即为啤酒外观稳定性的丧失，而啤酒风味的恶化称为啤酒风味稳定性的丧失。啤酒的稳定性可以分为外观稳定性和风味稳定性，其中外观稳定性又可以分为生物稳定性和非生物稳定性。

二、 生物稳定性

啤酒酵母是啤酒酿造的主要菌株，但是啤酒生产过程中仍可能存在其他微生物。如果过滤后啤酒中菌株数量较少（10^2~10^3个/mL）时，啤酒一般还是澄清透明，但是随着微生物繁殖，啤酒的口味会发生恶化，出现沉淀或浑浊。这种由微生物造成的啤酒稳定性被破坏即为啤酒的生物稳定性被破坏。啤酒如果不经除菌处理，其品质仅能保持7~30d。

由于啤酒的特性，常见的食品源微生物在啤酒中无法生存。目前在啤酒中筛选得到的微生物主要为野生酵母和细菌。由于啤酒为厌氧发酵，好氧微生物霉菌无法在啤酒中生存，但是其污染原料后会在其上残留毒素最终进入啤酒。啤酒污染微生物通常是指能够在啤酒中繁殖的微生物，最终导致啤酒品质恶化。由于啤酒中存在的异-α酸等酒花苦味物质能够抑制部分微生物，大部分革兰染色阳性菌通常无法在啤酒中生存，而革兰染色阴性菌则不受影响。在革兰染色阳性菌中，对于啤酒危害较大的是乳酸菌，包括乳杆菌属和足球菌属。部分微球菌属和葡萄球菌属微生物在啤酒中也可以繁殖。在革兰染色阴性菌种，啤酒污染菌主要为醋酸菌、发酵单胞菌属和肠杆菌。野生酵母包括接菌酵母和环境中来的不利于啤酒发酵的酵母属微生物，包括德巴利酵母属（*Debaromyces*）、德克酵母属（*Dekkera*）、毕赤酵母属（*Pichia*）、有孢汉逊酵母属（*Hanseniaspora*）、克鲁维酵母属（*Kluyveromyces*）、孢圆酵母属（*Torulaspora*）、拟威尔酵母属（*Williopsis*）以及非酿造用酵母属（*Saccharomyces*）。

啤酒原料麦芽及辅料、酿造用水、接种酵母和酒花中均存在微生物，但是其经过麦汁煮沸高温过程，且酒花苦味物质具有抑菌作用，大部分微生物在麦汁煮沸高温过程中均被杀死。在麦芽中存在的微生物主要包括交链孢菌、枝孢菌、埃克球菌和镰刀菌，其分泌物质是啤酒喷涌的原因之一。另外，麦芽微生物会分泌霉菌毒素（如黄曲霉毒素B1、曲霉毒素A、泽拉酮、脱氧雪腐酚DON和烟熏菌素 B_1/B_2）和亚硝胺，这些物质会部分残留至成品啤酒中，影响啤酒的安全。接种酵母是野生酵母的最主要来源，且其会影响不同批次啤酒的发酵。野生酵母的存在会使啤酒产生异味，严重时会阻碍啤酒发酵。酒花尽管具有抑菌活性，但是部分昆虫和真菌仍能在酒花中存活。

在发酵过程中，对啤酒生产影响最大的是乳酸菌，其会导致双乙酰和乳酸含量明显提高。肠杆菌的存在会延迟发酵过程。在高浓发酵中，高麦汁浓度和高酒精度使污染菌的数量和种类明显减少，但是依然有部分菌株能够耐受12%~13%酒精度，如乳酸菌、醋酸菌和发酵单胞菌等。灌装车间是啤酒污染菌株发现较多的场所，尽管啤酒生产企业对灌装车间的卫生及清洗已经比较彻底，但是通过核糖体RNA测试发现灌装车间中污染微生物的种类及数量较多。目前认为成品啤酒中如果存在极少个数的细菌或者其他微生物就存在潜在的污染风险。表6-18为啤酒不同生产阶段易感染的微生物种类及其产生的不良影响。

表6-18　　啤酒生产阶段易感染微生物及其影响

阶段	污染菌	影响
大麦及麦芽	镰刀菌	喷涌、毒素和亚硝胺
水	大肠菌群	麦汁不稳定
酵母	野生酵母	异味；抑制啤酒酵母；影响酵母絮凝
	肠细菌、乳酸菌和醋酸菌	双乙酰和二甲基硫含量超标
麦汁	肠细菌	降低发酵速率；产生异味或雾浊
发酵	乳酸菌	延迟发酵；产生异味
储存及结束	乳酸菌和醋酸菌	醋味异味；过量产气乳酸菌
包装及成品啤酒	乳酸菌、梳状菌属（*Pectinatus*）和巨球形菌属（*Megasphaera*）	异味；雾浊；腐烂味
流通	醋酸菌、乳酸菌和野生酵母	表面菌膜；雾浊

目前啤酒生产企业对于生产过程中的污染微生物检测采用传统检测方法和快速检测方法两种。传统鉴定方法主要是基于微生物的生化、形态和生理性质进行分析。这些方法通常比较耗时，需要数周时间对微生物进行初步鉴定以及纯种鉴定。取样后微生物在培养基中的生长一般需要2~3d，且采用厌氧培养。常用的培养基目前有MRS（deMan，

Rogosa and Sharpe）培养基、Raka-Ray 培养基和 UBA 培养基。由于传统培养基培养方法结果不完全且比较耗时，因此快速检测方法近年来得到飞速发展。常见的快速检测方法包括物理方法（阻抗/电导测量法、微量量热法、浊度法、流式细胞仪）、生化方法（直接落射荧光滤光片技术、ATP 生物荧光法、蛋白质指纹图谱、免疫 ELISA 法、气相色谱法）和分子生物学方法（分子探针法、核糖体分型、核型分析、荧光定量 PCR、RAPD-PCR）。

然而，上述方法仅能鉴定啤酒生产过程中污染微生物的存在，而无法判断其是否能够在成品啤酒中生长。传统预测方法为将污染微生物在啤酒中接种并观察其生长情况，但是这种方法作为啤酒品控方法耗时过长。近年来啤酒生产企业和研究者希望通过其他方法能否预测啤酒污染微生物及其对啤酒的影响。然而，由于污染微生物具有种内差异性，且常用生物标志基因的假阳性和假阴性均较高，且需要使用昂贵仪器，在啤酒生产企业目前无法推广。因此，对于成品啤酒进行有效除菌依旧是目前最为可行的方法。

除去在啤酒生产地销售鲜啤酒以外，常规啤酒均需要进行除菌。目前通常采用低热杀菌法（例如巴氏杀菌）和过滤除菌法两种方法对啤酒进行除菌。通过低热消毒法得到的啤酒称为熟啤酒，而通过过滤除菌法得到的啤酒称为纯生啤酒。

热消毒法，目前称为巴氏杀菌法，是指采用较低温度（65℃左右）处理 30min 或者 75~90℃处理 15~20s 杀死啤酒中的微生物。其机制的通过温度破坏微生物中的蛋白质、核酸等从而杀死微生物，但是其只能杀死微生物的营养体，并不能杀死全部微生物，仅要求使啤酒中微生物不能重新繁殖起来。表 6-19 为啤酒中常见微生物生长和杀死的温度与时间。

表 6-19　　啤酒中常见微生物生长和杀菌条件

	最低生长温度/℃	最适生长温度/℃	最高生长温度/℃	杀死温度/时间/（℃/min）
啤酒酵母	2	25~30	37	52~54/5~10
其他酵母	0.5	25~32	39~40	52~57/10
乳酸菌	5	35~40	55	Oct-58
醋酸菌	4~10	28~37	33~45	Oct-55
大肠菌群	5~10	30~40	45~55	Oct-55
足球菌	4~6	25	40~45	Oct-55
野生酵母	—	—	—	Oct-56
孢子	-5~1.5	25~27	31~36	120/5

热致死是一个一级指数函数，温度越高，死亡出现越快即所需时间越短。以杀灭时间为横坐标，以细胞残存对数百分率为纵坐标，细胞致死率呈直线，如图 6-19 所示。

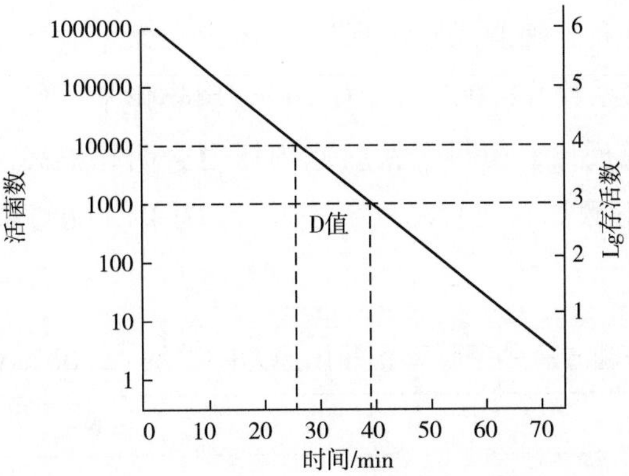

图 6-19　由方程 $t=D(\lg a-\lg b)$ 表示的对数存活曲线

20 世纪 50 年代 Baselt 等发现温度对于微生物具有致强效应，在高于最高生长温度时，温度每提高 7℃，对于微生物的致死率可以提高 10 倍。目前将在 60℃处理 1min 为 1 个巴斯德热杀菌单位（1*Pu*），计算公式如下：

$$Pu = T \times 1.393^{(t-60)} \tag{6-7}$$

式中　*Pu*——巴氏杀菌单位值

T——杀菌时间，min

1.393——每升高 1℃致死效率提高 1.393 倍

t——热杀菌温度,℃。

表 6-20 为啤酒杀菌温度与 *Pu* 值对应关系表。

表 6-20　　啤酒温热消毒 1min 时温度和 *Pu* 值关系表

温度/℃	*Pu* 值	温度/℃	*Pu* 值	温度/℃	*Pu* 值	温度/℃	*Pu* 值
46	0.01	53	0.1	60	1	67	10
47	0.014	54	0.14	61	1.4	68	14
48	0.019	55	0.19	62	1.9	69	19
49	0.027	56	0.27	63	2.7	70	27
50	0.037	57	0.37	64	3.7	71	37
51	0.052	58	0.52	65	5.2	72	52
52	0.072	59	0.72	66	7.2	73	72

啤酒生产企业热杀菌强度 *Pu* 值的选择需要根据啤酒生产企业的实际情况。啤酒微生物控制较好的企业可以采用较低 *Pu* 值（15~20），而条件稍差的企业冬天采用 *Pu* 值 20~25，而夏天采用 *Pu* 值 30~45。*Pu* 值的选择受到如下因素影响：①灭菌前啤酒含有微生物的种类及数量；②灭菌前啤酒的澄清度以及特性（如 pH、异 α-酸、CO_2、蛋白

质及糖含量）等；③灭菌后啤酒的保存条件。对于相同 Pu 值时，和延长灭菌时间相比，提高灭菌温度更有利于啤酒风味的保留。但是灭菌过程中需要实际生产过程的需要。由于啤酒的热膨胀系数（0.00033）大于瓶玻璃热膨胀系数（0.000021）且啤酒中 CO_2 溶解系数与温度成反比，使得灭菌时瓶内压力会明显提高。若啤酒瓶颈空隙率 $<2.3\%$，温度的提高会导致炸瓶或者漏气。表 6-21 为采用 60℃ 杀菌时啤酒瓶颈空隙率与瓶内压力对应表关系。

表 6-21 60℃杀菌时瓶颈空隙率和瓶内压力的关系（0.35% CO_2）

瓶颈空隙/%	17	2.3	3.6	4.5	6.1
瓶内压力/MPa	1.04	0.82	0.58	0.5	0.41

三、非生物稳定性

消费者通常希望啤酒明亮而清澈。但是经过过滤得到的澄清透明溶液并不是“真溶液”，而是胶体溶液，其还含有大量直径 $>10^{-3}\mu m$ 的大分子颗粒，例如糊精、β-葡聚糖、蛋白质、多肽、多酚、酒花树脂和少量的酵母等微生物。经过巴氏杀菌和无菌过滤后使得生物感染形成的浑浊变得相当少见。然而，保存了一段时间的无菌啤酒仍会产生非生物浑浊。这主要是由于胶体中存在的物质在 O_2、光线和振动及保存时会发生一系列变化破坏胶体溶液稳定性，从而形成浑浊。这种浑浊的产生速度决定了成品啤酒的保质期。浑浊可分为永久性浑浊和冷浑浊两种，永久性浑浊是指形成之后不会因为条件变化小时的浑浊，而冷浑浊是指在低温条件下会形成浑浊，而随着温度提高浑浊会逐渐溶解。与艾尔型啤酒相比，拉格型啤酒通常储存在 4℃，因此低温浑浊在拉格型啤酒更严重。

非生物浑浊分为三种重要类型。最重要的是由蛋白质和多酚的相互作用引起的。其他两种类型是冷雾和其他物质引起的浑浊。蛋白质-多酚浑浊通常称为“永久性”或“胶体状”浑浊，在酿造中是一个严重的问题。啤酒生产者在生产啤酒时希望尽可能减少成品啤酒中的这些大分子物质，使啤酒在保质期内始终保持澄清、透明。然而，这些大分子物质同时又是啤酒的口味物质，非生物稳定性长的啤酒口味可能会存在缺陷。啤酒的非生物稳定性在啤酒酿造过程中受到多种因素的影响，图 6-20 对啤酒酿造过程中的主要材料和工艺进行了总结。

1. 浊度的测定

目前啤酒生产企业通常采用浊度计对啤酒浊度进行测定，其主要遵循兰伯特定律。对于啤酒浑浊，大部分光被反射，因此测定与入射光成特定角度反射的光（比浊法）可判定啤酒的浊度。入射光角度和微粒的大小是决定浊度测定精确度的两个重要因素。

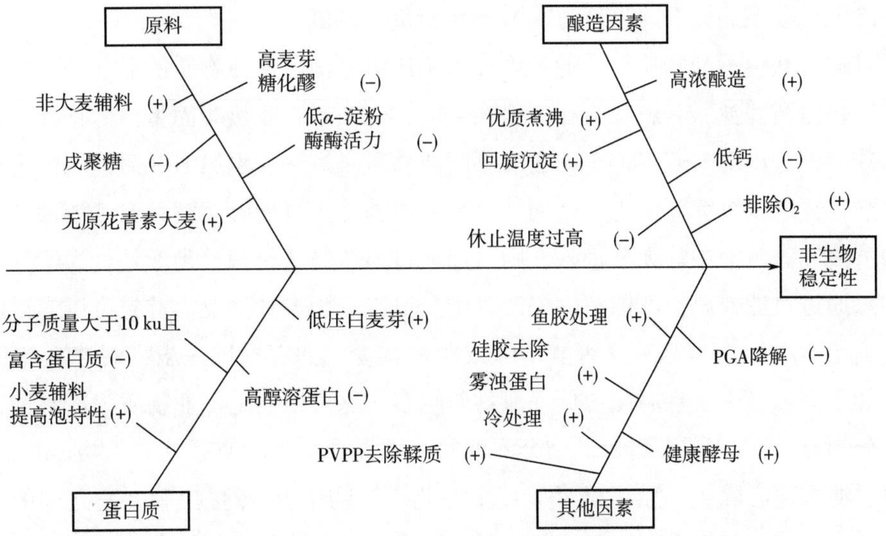

图 6-20 啤酒生产过程中非生物稳定性影响因素

（+）—代表对啤酒非生物稳定性有利 （-）—代表不利于啤酒非生物稳定性

目前使用的大多数商用浊度仪都采用 90°的入射光，而 Monitek 浊度仪读取的角度提前 13°（即采用 13°前散射光来检测液体中的悬浮颗粒）。不同浊度仪的入射光波长也有所不同（350~860nm）。由于同一样品在不同仪器测得的结果存在显著差异，因此需要一个标准样品作为参照。早些时候，$BaSO_4$（Helm）和漂白土被作为浊度标准物质。目前 EBC、IoB 和 ASBC 都使用硫酸肼和环六亚甲基四胺反应制备的福尔马肼（Formazin）作为主要的浊度标准物质。然而，EBC 和 ASBC 采用了不同的标准：10000 ASBC 福尔马肼浊度单位等于 145EBC 福尔马肼浊度单位，即 1 个 EBC 浊度单位等于 69 个 ASBC 浊度单位。图 6-21 为视觉评估不同尺度的比较。需要强调的是，不同实验室所做的不同的浊度范围实验或观察实验，其结果不能等效比较。但是，在图和换算关系的帮助下可以对浊度进行粗略的比较：1EBC 福尔马肼浊度单位 = 40Helm 单位 = 69 ASBC 福尔马肼浊度单位。

2. 浑浊啤酒的系统判别

目前已经建立了啤酒浑浊物性质初步判定的方法。具体方法如下：取数瓶浑浊啤酒，采用精密滤纸或离心机离心（6000r/min、20min）获取浑浊物质，若通过过滤可以去除浑浊物质，则该浑浊物质可以>1μm，若过滤

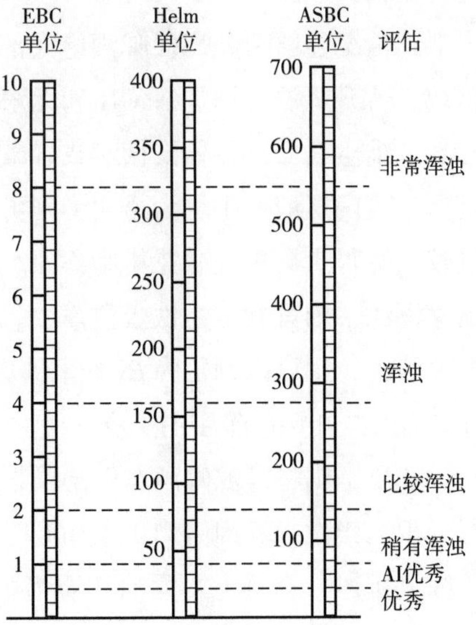

图 6-21 浊度不同尺度比价

无法去除浑浊物质，则需要进行进一步大实验进行判断。

通过过滤获得浑浊物质后，通过添加 NaOH 可以消除浑浊物质的话一般认为该浑浊为热凝固蛋白质浑浊，其颗粒直径一般在 10~100μm。一般热凝固蛋白质浑浊，在啤酒消毒后数天即会出现。若 NaOH 无法消除浑浊物质，进一步添加 HCl 后浑浊消失则可判定为草酸钙浑浊或沉淀，因为草酸钙结晶可以过滤除去且能够溶解在 HCl 溶液中。若浑浊在酸溶液和碱溶液中均无法消除，则可以通过显微镜进行观察判断是否为酵母浑浊。

如果通过过滤或离心不能消除浑浊，则又可以分为多种情况。首先可以尝试将浑浊啤酒升温至 50℃，观察浑浊是否能消除或明显减少，如有则进一步将酒液冷却到 20℃以下，如果浑浊又恢复且温度愈低浑浊物质越多，这可以判定浑浊物质为冷雾浊，主要组成成分为 β-球蛋白和多酚氢键结合浑浊物。该浑合物颗粒直径在 0.1~1μm，无法通过普通过滤和离心除去；加热至 50℃以上，此浑浊物中 β-球蛋白和多酚之间的氢键断裂，其与水连接的氢键重新恢复，因此浑浊减少，温度降低时相反，浑浊重新产生。

如果升温和降温没有观察到上述现象，如果在啤酒中加入 NaOH 可以消除浑浊，则可能是氧化浑浊（又称永久性浑浊）。氧化浑浊物是多酚氧化聚合物和蛋白质、多肽氧化聚合物结合在一起的颗粒，其大小在初始阶段为 1~10μm，并随着时间延长逐渐增大，因此无法通过过滤或离心完全除去。氧化浑浊在刚过滤完时不会出现，随着放置数周之后开始出现浑浊，进而形成沉淀。静置一段时间后，瓶底会出现沉淀，而酒液重新变得澄清透明。如果 NaOH 的加入也无法消除沉淀，则在酒液中逐步加入无水乙醇，若对光发现无水酒精进入酒液下沉过程中出现不透明白丝且瞬即消失，则可初步判别是糊精浑浊。进一步将浑浊啤酒与无水乙醇混合后进行沸水浴蒸发，遇碘液如呈红色则可以确定为糊精浑浊。

上述情况能够反映现代啤酒绝大部分浑浊情况，但是仍有部分情况采用上述方法无法体现。若升降温、添加 NaOH 和无水乙醇均无法观察到所描述的现象，则可以通过添加乙醚、维生素 C、β-葡聚糖酶或者微生物镜检进行分析。在浑浊啤酒中添加乙醚充分振荡后，若两层液体中均为透明，则可以判别是酒花树脂浑浊。现代工业啤酒中酒花添加量较少，很少会出现酒花树脂浑浊。若浑浊啤酒与维生素 C 混合后加入 HNO_3 溶液能够消除浑浊，则可判定为铁蛋白浑浊。若浑浊啤酒经过稀释后加入 β-葡聚糖酶温育 1h 后浑浊消失，则可以判定为 β-葡聚糖浑浊，通过测定酒液中 β-葡聚糖含量，若果超过 150mg/L，也可判定浑浊主要成分（之一）为 β-葡聚糖。若上述所有操作均没有观察到相应现象，则将浑浊啤酒在无菌操作条件下进行厌氧培养，对啤酒酒液中微生物情况进行分析，当微好氧细菌>10^3个/mL 时啤酒会出现浑浊，这也可以通过品尝进行分辨。

综上所述，啤酒主要浑浊物质为蛋白质、多肽、多酚、β-葡聚糖、糊精、Fe^{3+}等，O_2 是浑浊的催化物质。与此同时，啤酒出现浑浊经常不是单一因素导致的，而是多种浑浊的综合反映，判别法只能提供一些思路，具体情况需要具体分析。

啤酒浑浊的形成机理：在啤酒中发现的最常见的非生物浑浊是由蛋白质和多酚之间的相互作用形成的。低温浑浊含有45.5%～66.8%的蛋白质，其水解产物富含谷氨酸、脯氨酸、精氨酸和天冬氨酸残基。啤酒浑浊碱性水解后会产生一系列酚酸，包括阿魏酸、芥子酸、香草酸、丁香酸、没食子酸、原儿茶酸和咖啡酸。浑浊含有0.7%的富含多种金属的灰分，金属Cu、Fe和Al在浑浊中的含量是成品正常啤酒中的80000倍。浑浊通常还含有2%～4%的葡萄糖和痕量的戊糖阿拉伯糖和木糖。总体而言，影响啤酒非生物稳定性最主要的两种物质是蛋白质和多酚类物质。

3. 蛋白质引起的浑浊

蛋白质引起的浑浊是影响啤酒非生物稳定性最重要的一类，其可以分成热凝固浑浊、冷雾浊、永久浑浊和铁蛋白浑浊四类。热凝固浑浊（又名消毒浑浊或杀菌浑浊）是指啤酒过滤澄清之后经过巴氏消毒之后出现的絮状或肉眼可见的颗粒的悬浮物质。热凝固浑浊主要是由啤酒中存在的大分子蛋白质或者多肽（平均相对分子质量>6万）组成。当蛋白质或多肽含量>30mg/L且处于啤酒弱酸性（pH4.5左右）环境中，其表面水膜被破坏发生变性絮凝，并与多酚发生聚合而成。冷雾浊中浑浊物质的主要组成成分为β-球蛋白和δ-醇溶蛋白（平均相对分子质量为3万左右）。由于其在较高温度（如50℃）下β-球蛋和δ-醇溶蛋白和多酚之间的氢键会受热断裂，因此其会与水结合形成氢键，最终变为水溶性，从而浑浊消失；而当温度较低时（<20℃），其与水结合氢键断裂，重新与多酚结合，从而以肉眼不可见的小颗粒形式析出，引起啤酒浊度上升，因此冷雾浊又被称为“可逆浑浊”。永久性浑浊又称氧化浑浊，是指含有大量大分子蛋白质的啤酒在储存过程中出现的逐渐变大的颗粒状浑浊，其在静置时会逐渐沉降在瓶底，出现一层薄薄的较松散的沉淀物，而酒液恢复澄清透明。永久性浑浊产生的本质是含巯基蛋白质巯基间发生氧化聚合，逐渐形成庞大蛋白质结构；聚合蛋白质同时也会与聚合多酚进行结合，从而以小颗粒的形式率先出现，随着聚合度越来越大颗粒也逐渐变大，最后形成紧密颗粒沉于底部。由于此类浑浊受到氧化作用促进，且通过加热无法消除，因此被称为氧化浑浊。可逆浑浊通常是永久浑浊的先兆。第四种蛋白质引发的浑浊称为铁蛋白浑浊。顾名思义，当啤酒中Fe含量过高时，其会与蛋白质结合形成络合物，从而析出形成浑浊。当Fe含量>0.5mg/L时，啤酒过滤之后可能依然澄清，但是巴氏消毒后由于Fe^{2+}被氧化为Fe^{3+}并与蛋白质结合形成褐色或黑色颗粒；当啤酒中Fe含量>1.2mg/L，啤酒过滤后浊度就可以达到0.7EBC单位，巴氏杀菌后会超过1.5 EBC单位。

当然，并非所有蛋白质都会导致啤酒浑浊。啤酒中会导致浑浊的蛋白质或多肽主要来自大麦醇溶谷蛋白或醇溶蛋白，其都是醇溶性的且富含脯氨酸，含有很少或不含脯氨酸的多肽产生很少或没有浑浊。

由上可知，高分子蛋白质和多肽是造成啤酒非生物浑浊的主要因素之一。然而含氮物质赋予了啤酒浓醇性、柔和性同时其也是啤酒泡沫泡持性等特性不可缺少的物质。对啤酒中的蛋白质进行分析，其含氮物质相对分子质量分布从几千到数万不等，且几乎是连续分布的（在部分区段存在富集的现象）。因此，啤酒中无法彻底消除潜在的引起浑浊的蛋白质或者多肽，部分蛋白质多肽在长期储存过程中会由于物理、化学或者其他因素发生变化从而造成浑浊。因此，当储存时间达到一定长度后啤酒是有可能出现浑浊的。因此，啤酒生产厂家和研究者通常是建立一套良好的操作体系和规范，控制引起浑浊的蛋白质和多肽在啤酒中的含量，从而延长啤酒澄清透明的时间，保证啤酒在货架期保持良好的非生物稳定性。

4. 多酚物质引起的浑浊

在浑浊啤酒中，由非生物稳定性导致的啤酒浑浊主要是由多酚-蛋白质混合物引起的。在混合物中，蛋白质和多肽主要占45%~75%，而多酚通常占20%~35%，此外还含有β-葡聚糖、戊聚糖糖类物质和Fe^{3+}等金属离子。啤酒中的多酚主要来源于麦芽、大麦、小麦和酒花等原辅料。麦芽中多酚物质含量在1~3g/L，而酒花是最重要的多酚来源，其含有40~140g/L的多酚类物质。12°P麦汁中多酚含量通常在75~200mg/L，其对啤酒的色泽、泡沫、口味、风格都有显著影响。在麦汁煮沸过程中，多酚（特别是单宁类化合物）会和蛋白质结合形成热凝固物，麦汁冷却后期也会和β-球蛋白等蛋白质形成冷凝固物，最终在回旋沉淀过程中除去。但是，依然有几十至几百毫克每升多酚类物质会保留至发酵液中，甚至最后存在于成品啤酒中。能引起啤酒浑浊的多酚类物质主要有儿茶酸类化合物和花色素原两大类（图6-22）。

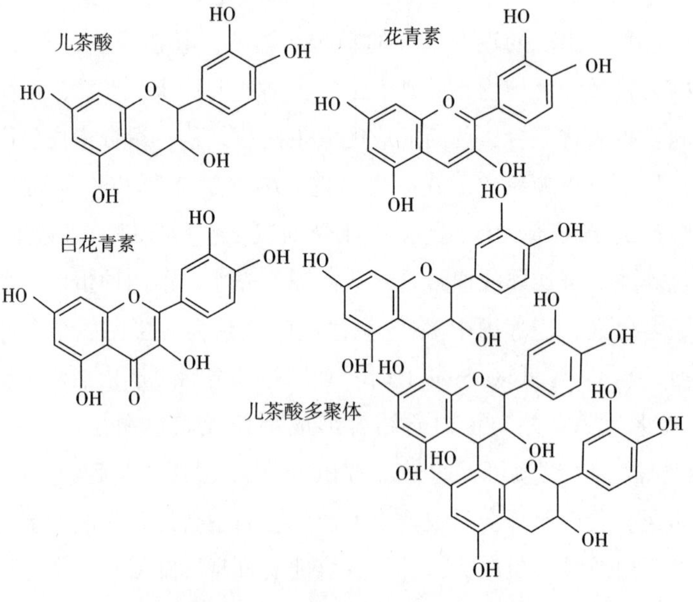

图6-22 引起啤酒浑浊的多酚类物质

儿茶酸类化合物包括儿茶酸和少量的没食子儿茶酸、表儿茶酸及表没食子儿茶酸，其除了以游离态存在以外，通常也以结合态存在。原花色素是花色素的前体，可以分为两类。第一类为单体，主要为白花青素和白花翠素。白花青素在有氧和酸性条件下，可以转化成花青素。第二类花色素原被称为聚多酚，通常是由 2 个及 2 个以上单体聚合而成的聚合物，其相对分子质量较大，容易与蛋白质结合。其在制麦和糖化过程中也会在多酚氧化酶和过氧化氢酶催化下发生聚合。目前通常采用多酚聚合指数来间接判断多酚导致浑浊的程度。多酚聚合指数是指啤酒中总多酚物质与花色苷类之商。该指数越大，说明多酚物质聚合度越高，也说明其更容易和蛋白质结合形成浑浊。通常儿茶酸类、花色素原和蛋白质的结合会造成冷雾浊，而多酚聚合物与蛋白质的结合会导致啤酒的永久性浑浊。形成冷雾浊的聚合物随着时间延长也会发生进一步聚合形成永久性浑浊。

5. 控制措施

常规工艺控制高分子氮及多酚。

为了控制啤酒中高分子氮及多酚的含量，啤酒生产企业目前已经采取了一系列措施。工艺中减少啤酒中高分子氮的措施主要包括以下六点：①原料大麦要求易溶解，且蛋白质含量在 9.5%~11.0%，在制麦过程中要求蛋白酶活性高，从而获得蛋白质溶解充分、烘焦充分的麦芽。理想麦芽的库尔巴哈值在 43%~45%、45℃ V_Z值[①]>40%、出炉水分在 4.3%~4.5%；②在原料中适当添加玉米、大米等氮含量低的糖类辅料，从而将麦汁总氮含量控制在 5~7mg/g 浸出物；③在糖化工艺中，促进蛋白质进一步分解，使麦芽糖化工艺库值和麦芽协定法糖化库值的比值约等于 1.2；④洗糟采用弱酸性（pH 小于 6.0）的 75℃热水，尽可能提高麦汁的透明度，减少蛋白质进入麦汁；麦汁煮沸过程中适量添加酒花，采用调节 pH 至 5.2 或者添加 Ca^{2+} 等方式使蛋白质充分絮凝，尽可能通过回旋沉淀进行去除，从而降低定型麦汁汇中的氮含量；⑤采用发酵速度快的酵母进行发酵，在起始发酵短时间内使发酵液 pH 迅速降低为 4.3~4.4，从而通过 pH 的大幅度下降，去除大分子蛋白质；⑥延长低温后酵时间，尽可能将冷凝固蛋白质析出，且防止酵母自溶，最后采用硅藻土或者纸板精滤，从而有效去除大部分浑浊相关蛋白质。

工艺中减少啤酒中多酚物质的措施主要包括以下几点：①选用皮壳含量低的大麦作为原料。一般大麦谷壳含量在 7%~13%，优质春播大麦的谷壳含量可低于 9%，若将其在发芽前后进行擦皮，其谷壳含量可降至 7%~8%，由于多酚主要来源于大麦皮壳，因此减少大麦皮壳含量有利于减少总多酚。近年来采用遗传工程技术已经培育出无花色苷大麦；②制麦时采用 pH 10.5 含 NaOH 水浸麦，有助于多酚物质溶解在溶液中，从而减少麦芽中的总多酚含量，在麦芽烘焙过程中应充分烘焦，降低多酚氧化酶活性，同时减

---

① V_Z是哈同比较数，Vz（45℃）或 45℃ Vz 称为 45℃哈同比较数，是麦芽的重要指标，它是将麦芽细粉在 45℃下糖化 1h，此时麦汁浸出物含量和协定法糖化麦汁浸出物含量之比值，即为 45℃哈同比较数，该值反映了麦芽中存在的低温酶系统（蛋白酶、二肽酶、磷酸酯酶、β-葡聚糖酶等）的酶活性，标准值为 36%，>40%说明这些低温酶活性均较好，即麦芽溶解优良。

少麦芽贮藏由该酶催化得到的二聚、三聚和四聚多酚；③在麦汁糖化过程中，添加大米或玉米等无多酚或低多酚的多糖辅料，尽可能减少麦汁中的总多酚含量，投料时尽可能采用回潮粉碎或连续浸渍湿法粉碎保证皮壳裂开不碎，糖化时使用 pH6.5 的无氧酿造水，并在糖化、洗糟和煮沸工艺中尽量保持低 pH，尽量密闭隔氧操作，从而在保证麦汁组成合理的情况下，减少多酚的溶解；④糖化醪过滤洗糟时，适当提高洗糟终点浓度，减少因洗糟造成的多酚溶解。麦汁煮沸尽量添加不受氧化的酒花或无多酚酒花浸膏。

6. 减少蛋白质浑浊的特殊处理方法

目前常用的减少啤酒蛋白质浑浊除去工艺改造，还可以采用稳定剂单宁、蛋白酶和吸附三种方法进行解决。

多年来，已经开发了许多不同类型的啤酒稳定剂，有的稳定剂在延长胶体稳定性方面也有很大帮助。除少数例外，所有方法都涉及向啤酒添加一种与浑浊前体结合的材料，然后通过过滤或沉降从啤酒中去除前体-稳定剂复合物。啤酒中常用的稳定剂为没食子单宁，其能与啤酒中高分子蛋白质结合形成络合物。单宁的使用方法是采用脱氧无菌水溶解没食子单宁，在后发酵啤酒在过滤前加入 6~16g/hL 没食子单宁，罐上方加入时通入 CO_2 搅拌并静置 3~7d，最后通过硅藻土过滤除去，这样操作后可延长啤酒非生物稳定性 4~12 周。在啤酒中使用的没食子单宁纯度需>92%，且在添加时防止接触氧被氧化，且剂量要适量，加入量太大会导致啤酒留有涩味，添加量太小会使沉淀过于细小难以过滤。

另外一种消除啤酒中高分子蛋白质的方法是添加蛋白酶将其降解为低分子肽。20世纪初，啤酒中已经通过添加从麦芽和动物胰脏中的蛋白酶作为稳定剂，近年来开始逐渐采用从木瓜或菠萝中提取的木瓜蛋白酶。麦芽和动物胰脏得到的蛋白酶可以在后发酵或储酒低温条件下缓慢降解蛋白质，而木瓜蛋白酶只有在啤酒巴氏消毒 30~50℃ 才有较强活性，因此近年来我国多采用木瓜蛋白酶添加进入啤酒。木瓜蛋白酶的使用方式为采用脱氧无菌水溶解酶制剂后配合维生素 C 添加在过滤后啤酒中，添加量为每千升啤酒 20 万~40 万单位。表 6-22 为不同来源蛋白酶在啤酒中添加后的含氮物质变化，从表 6-22 可以看出米曲霉蛋白酶对于高分子氮（A 区分）的降解效果最好，菠萝蛋白酶效果次之，而细菌蛋白酶基本没有效果。然而，目前部分酿酒师认为蛋白酶的使用会残留在啤酒中不利于卫生，并导致啤酒泡沫不佳。

表 6-22 蛋白酶处理对啤酒含氮区的变化 单位：mg/L

酶来源	对照	米曲霉蛋白质	细菌蛋白酶	菠萝蛋白酶
啤酒总氮	597.8	581	570.5	595.3
隆丁区分 A	120.9	26.3	113.5	102.8
隆丁区分 B	28.2	112	34.6	43.6
隆丁区分 C	449.6	442.7	451.2	443.8

另一种可以有效减少啤酒浑浊蛋白质的方法为吸附剂的使用。啤酒中曾经使用皂土和硅藻土为吸附剂，然而皂土为非选择性吸附会大量减少啤酒中的泡沫蛋白。由于硅胶主要吸附高分子蛋白质，不吸附中低分子蛋白质，对啤酒泡沫没有影响，因此近年来通常使用硅胶。硅胶具有极大的比表面积，且为多孔性结构，其巨大的比表面积和微孔结构可以吸附相对分子质量>6 万的蛋白质，从而减少啤酒中的高分子蛋白质。硅胶的使用一般搭配硅藻土进行，在啤酒过滤前在啤酒中添加硅胶，短时间内通过硅藻土过滤将其滤去，添加量一般为 200~500g/kL 啤酒。

7. 减少多酚浑浊的特殊处理方法

多酚是引起啤酒浑浊的潜在物质，但是其也是啤酒重要的风味物质。适量减少啤酒中的总多酚含量可增加啤酒的非生物稳定性，但是过量减少啤酒中总多酚含量反而会影响啤酒的风味。目前成品啤酒中的总多酚含量一般控制在 100mg/L 以内，而花色苷含量控制在 30~50mg/L 以内，这样才能在保证啤酒风味的前提下保证啤酒的非生物稳定性。除去工艺改变之外，近年来还有如下几种方法可以控制啤酒中总多酚的含量。

20 世纪 50 年代初啤酒生产企业发现添加甲醛可以有效与啤酒中的多酚结合形成不溶性络合物从而在糖化醪过滤时取出，每千克麦芽添加 100mg 甲醛可以减少麦汁多酚 10%左右，而添加 150~350mg 甲醛可以使麦汁多酚含量降低 20%~40%。尽管通过同位素发现其在啤酒中的残留在卫生上是安全的，但是由于甲醛为剧毒化学品，并不允许作为食品添加剂，因此上世纪在国内外被禁止使用。鉴于甲醛存在毒性，因此近年来开始采用 H_2O_2 代替甲醛添加于啤酒中用于消除多酚。H_2O_2 添加在啤酒中会被麦芽带来的氧化酶催化生产初生态氧，而初生态氧会和多酚氧化酶一起催化多酚聚合形成聚多酚，最终与蛋白质结合形成聚多酚-蛋白质络合物，形成浑浊或沉淀，在麦汁过滤过程中被除去。H_2O_2 在糖化醪中的添加量一般为 10~50mg/kg 麦汁，可减少麦汁中花色苷的 1/3~3/4。尽管 H_2O_2 可以有效除去麦汁多酚，但是其会严重影响蛋白酶和淀粉酶活性，且会提高生产成本，因此该方法目前在啤酒生产企业的应用已经较少。

目前啤酒生产企业用于除去多酚最常用的方法为 PVPP 吸附法。PVPP 是一种高分子质量交联聚乙烯聚吡咯烷酮，白色粉末，易吸湿，不溶于水、酸、碱等溶剂，其分子内含有大量酰胺键，具有很强的膨胀能力和络合能力，能够选择性吸附与蛋白质交联的多酚，主要包括儿茶酸类、花色素原和聚多酚类，且对于二聚、三聚和四聚聚多酚具较强的吸附能力（图 6-23）。PVPP 对花色素原的去除率可达 35%~65%，而对儿茶酸类的去除率为 15%~

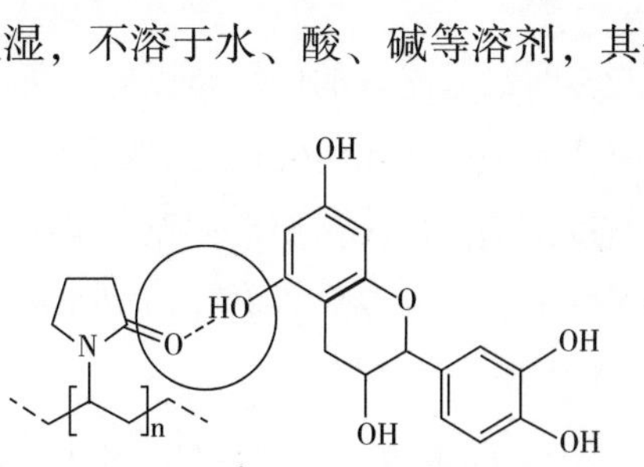

图 6-23 PVPP 与多酚结合

35%。除此以外，PVPP 在减少啤酒多酚的同时可减少多酚氧化带来的纸板味。通过 PVPP 吸附后，啤酒的多酚聚合指数明显下降从而减少冷雾浊带来的影响，提高啤酒的非生物稳定性。

目前常用的商品 PVPP 分为两类：非回收型和可回收型。非回收型 PVPP 仅可使用一次，价格较低，而可回收型 PVPP 可以使用 NaOH 再生多次使用，可使用 50~100 次。

PVPP 在使用前一般需要采用脱氧水进行浸泡 1h 或更长时间，使其吸水膨胀，之后将其 PVPP 添加进入啤酒生产过程，要求 PVPP 与啤酒中的多酚充分接触。这通常需要一段时间，但是不同品牌 PVPP 规定的和啤酒接触时间不同，例如 Polyclar⑧10 牌 PVPP 其与啤酒的接触时间为 5~10min。

非回收型 PVPP 的使用不需要 PVPP 过滤机。如果啤酒生产企业 PVPP 使用量较少或者频率较低，可以使用非回收型 PVPP，其可以使用比例泵直接将 PVPP 按照特定比例添加在硅藻土过滤机中。但是使用该方法 PVPP 与啤酒的接触时间较短且啤酒较浑浊，效果不如回收型 PVPP。

回收型 PVPP 价格较贵，可重复使用 50 次以上，且需要专门的 PVPP 过滤机，多位筛网密的水平叶滤机。回收型 PVPP 的使用目前主要有两种方法：中间贮槽法和旋转圆盘过滤机串联 PVPP 过滤法。

中间贮槽法的流程如图 6-24 所示，成熟啤酒经过硅藻土过滤后进入中间贮槽和处理后的 PVPP 混合进入 PVPP 过滤机，最后得到澄清透明啤酒。中间贮槽的存在可以保证啤酒和 PVPP 混合均匀且接触时间较长，从而达到最佳吸附效果，同时有利于减少 PVPP 添加量。

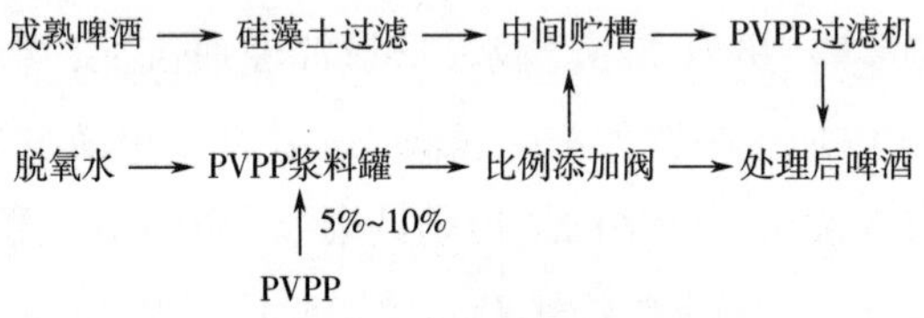

图 6-24 中间贮槽法

旋转圆盘过滤机的使用是以外一种常见回收型 PVPP 使用的方法。旋转圆盘过滤机的筛网孔径一般在 80~90μm，其使用方法为将硅藻土过滤直接串联 PVPP 过滤，在管道中通过比例添加泵按照需要泵入 PVPP。啤酒过滤后对 PVPP 进行重生，先后采用 3% NaOH（80℃，30min）和热水（70℃）冲洗至 pH6~7，从圆盘过滤机排出后供下一次使用。

PVPP 的使用量一般为 150~500g/m^3啤酒，其使用量和儿茶酸、花色素原的去除率呈非线性正比关系，去除率可达到 25%~70%。PVPP 每次重生的损失为 1.5%~3.0%，且短期内并不会影响多酚去除率，但是使用次数超过 30 次以后多酚去除率会降低。当然，无论采用哪种方法，啤酒经过 PVPP 吸附后需进一步采用纸板精滤机或孔径 1.5μm 聚丙烯袋式过滤器进一步收集 PVPP 细粒。

表 6-23 为 PVPP 再啤酒中添加对总多酚和花色苷的影响。PVPP 的添加对于对啤酒浓度、总酸、色度、风味并无明显影响，且不会影响啤酒泡沫，但会略微降低啤酒的苦味物质（3%~5%）。从表 6-23 可以看出，随着 PVPP 添加量的提高，啤酒中的总多酚含量和花色苷含量均有一定的减少，且浊度明显下降。经过 PVPP 处理的啤酒，其非生物稳定性可延长 2~4 个月。

表 6-23 PVPP 的使用效果

PVPP 添加量/(g/m^3)	总多酚		花色苷		40℃2d0℃1d 浊度*/EBC 单位
	含量/(mg/L)	减少量/%	含量/(mg/L)	减少量/%	
0	118	—	60.7	—	5.1
400	77.1	35.2	42.9	29.3	2.4
500	72.9	38.5	41.6	31.6	2.1
600	70.5	46.3	38	35.6	1.8

注：*指将样品先在 40℃下处理 2d，再在 0℃下处理 1d 后测定的浊度值。

8. 其他方法

目前通过研究得到一些新型啤酒非生物稳定性提高方法，但是目前仍未被广泛使用。

膨润土是一种由铝硅酸盐组成的蛋白质吸附剂，其最初是用于稳定葡萄酒和果汁，近年来发现对于吸附啤酒蛋白质也有良好的效果。但是其不能区分泡沫蛋白和引起浑浊的蛋白，因此容易损害啤酒泡沫的稳定性。明胶在葡萄酒和果汁行业通常被用于去除多酚，但是研究发现明胶可以去除浑浊蛋白，且不会破坏泡沫蛋白，但是会出现浑浊蛋白被除去但其他蛋白出现沉淀或者异常交联等情况。抗氧化剂如抗坏血酸和葡萄糖氧化酶已被用于减少自由基。已经提出使用 H_2O_2 或多酚氧化酶来氧化多酚以帮助其沉淀，但尚未商业化。羰基-双亚硫酸盐加合物是酵母在发酵过程中与醛类形成的亚硫酸盐的配合物。它们抑制啤酒中的自由基反应，例如涉及异葎草酮和多酚的自由基反应，因此具有良好的胶体稳定性。也有研究者提出在啤酒过滤之前使用高压来加速多酚和蛋白质的沉淀。

四、风味稳定性

随着啤酒生产向大型化、垄断化发展，啤酒销售市场半径已经由区域扩大至全国甚至全球，近年来随着包装材料和技术的发展以及易拉罐啤酒货架期的延长，啤酒生产企业对于啤酒的风味稳定性已经有了较多了解，但是其仍是影响产品货架期的最大因素，是目前啤酒生产企业所面临的最大问题。

啤酒的风味不稳定主要体现在啤酒包装以后风味的不断变化。啤酒包装以后，啤酒在储存期间其仍旧保持澄清透明且常规理化指标没有明显变化但是其风味会随着时间延长发生变化，通常体现在啤酒原有香味和口味开始丧失，逐渐出现异味。表 6-24 列举了部分啤酒老化过程中产生的风味物质。

表 6-24 啤酒老化过程中产生的部分风味物质

类别	物质	类别	物质
醛类	乙醛	杂环化合物	5-甲基糠醛
	E-2-壬烯醛		2-乙酰呋喃
	E-2-辛烯醛		2-乙酰基-5-甲基呋喃
	E,E-2,4-癸二烯醛		2-丙酰呋喃
	E,E-2,4-非二烯醛		呋喃
	2-甲基丁醛		糠基醇
	3-甲基丁醛		糠基乙酯醚
	苯乙醛		2-乙氧基甲基-5-糠醛
	2-苯乙醛		2-乙氧基-2,5-二氢呋喃
	3-甲硫基丙醛		麦芽酚
酮类	E-β-大马士酮		二氢-5,5-二甲基-2(3H)-呋喃酮
	双乙酰		5,5-二甲基-2(5H)-呋喃酮
	3-甲基-2-丁酮		2-乙酰吡嗪
	4-甲基-2-丁酮		2-甲氧基吡嗪
	4-甲基-2-戊酮		2,6-二甲基吡嗪
	2,3-戊二酮		三甲基吡嗪
环缩醛	2,4,5-三甲基-1,3-二氧戊环		四甲基吡嗪
	2-异丙基-4,5-二甲基-1,3-二氧戊环	乙酯类	3-甲基丁酸乙酯
	2-异丁基-4,5-二甲基-1,3-二氧戊环		2-甲基丁酸乙酯
	2-仲丁基-4,5-二甲基-1,3-二氧戊环		2-甲基丙酸乙酯
内酯类	γ-非内脂		烟酸乙酯
	γ-六内脂		琥珀酸二乙酯
含硫化合物	二甲基三硫化物		乳酸二乙酯
	3-甲基-3-巯基丁基甲酸酯		苯乙酸乙酯
杂环化合物	糠醛		甲酸乙酯
	5-羟甲基糠醛		肉桂酸乙酯

啤酒风味的恶化，最明显的就是啤酒苦味的下降，接着啤酒会出现明显的粗糙感，果味、酯味和花香味也会大幅减少。大多的啤酒会产生纸板味，一些啤酒会表现出类似醋栗的气味、烤面包味、甜味、太妃糖味、蜂蜜味、泥土味、稻草味或雪利酒味。自20世纪60年代开始，这种啤酒储存过程中的出现的啤酒不良风味通常是由于啤酒不断被氧化引起的，所以一般称其为氧化味或者老化味。近年来研究者通常通过强制老化试验来模拟啤酒老化的过程。然而，自然老化和强制老化引起的啤酒风味的变化仍然有所不同，在不同条件下进行强制老化导致的啤酒风味变化也是不同的。因此啤酒风味稳定性的研究依然无法在短时间内完成。目前啤酒的非生物稳定性和生物稳定性可以保持6~12月。但是啤酒的风味稳定期目前仍然较短，在较短时间就能发现啤酒老化味的出现。优质啤酒的风味稳定性能够保持3~4个月，生产工艺较差的啤酒，可在7~10d就出现明显的老化味。

“风味稳定期”是指啤酒从包装至品尝能保持啤酒新鲜、纯正、柔和风味而没有老化味出现的时间长度。保持啤酒的风味稳定性是一项重大的挑战，尤其在啤酒酿造厂商通常不能很好地控制啤酒的包装和销售过程的时候。但作为啤酒酿造厂商基本的信条应该是：对于给定品牌的啤酒所有的同品种啤酒都应保证口味的一致性，以便消费者在购买时就明确知道其风味。所以，当今啤酒生产和研究部门均致力于老化味代表物质的检出、老化机制的研究和抗老化技术的研究及其应用。

1. 啤酒风味变化简介

啤酒中的大量风味活性物质在包装后的储存过程中其物质及其含量会发生变化。这些化合物会发生如下变化：①含量降低以至于丧失啤酒某种愉悦风味导致风味恶化；②含量升高以至于造成啤酒产生某种不愉悦风味导致风味恶化。

不利于啤酒风味的物质产生途径包括以下三点：①其由化学反应直接生产；②通过某种方式将原本风味未表达状态的前体物质中解离出来；③由于环境的变化导致前两项反应发生（例如改变氧化还原状态）。啤酒在保质期内的风味变化如图6-25所示。

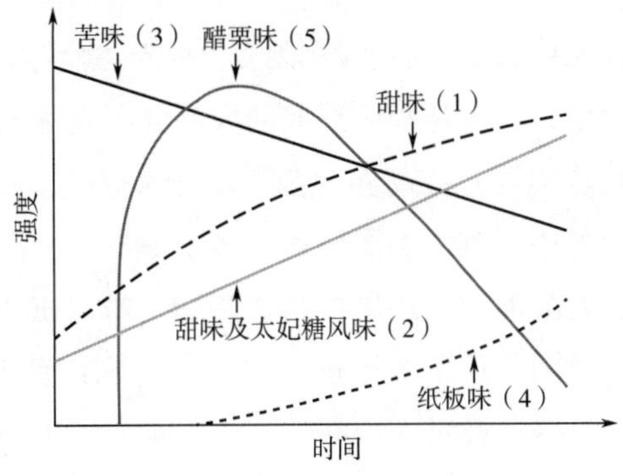

图6-25 啤酒保质期内风味变化情况

（1）出现较弱的不正常甜味，总体口味正常 （2）甜味较重（如太妃糖口味） （3）极重的蜂蜜甜味剂焦味 （4）刺激性气味（如纸板味和皮革味），称为明显老化味，能维持几周到数月，随着存放时间延长，该不愉快气味会减小 （5）较重的酸甜味（如威士忌味和浓氧化物味）

2. 啤酒风味稳定性

啤酒在储存及流通过程中的风味变化可采用如下公式进行描述：

$$r_Q = \psi(C_i, E_i) \tag{6-8}$$

式中 r_Q——质量恶化速度

ψ——比例系数

C_i——组成因子（例如活性粒子、催化剂、抑制剂、pH 等）

E_i——环境因子（例如温度、光照、机械压力等）

由此可见，许多因素会导致啤酒老化，包括内在因素（*Ci*）和外在因素（*Ei*）。尽管上述公式无法准确对啤酒老化速率进行定量，但是其说明了影响啤酒老化的主要因素。

啤酒生产过程中会产生大量的风味老化物质的前体物质，如杂醇、脂肪酸（特别是不饱和脂肪酸）、α-氨基酸、还原糖等，另外部分物质（如类黑色素、多酚等）本身无风味活性，但可以通过氧化还原作用或催化活性对啤酒风味老化物质产生影响。

在麦芽中脂肪氧化酶（LOX）会氧化多不饱和脂肪酸（尤其是亚油酸）为氢过氧化物，在过氧化氢异构酶以及过氧化氢裂解酶的进一步催化下生成不饱和羰基化合物，如 E-2-壬烯醛。制麦及酿造过程中产生的氢过氧化物会最终进入成品啤酒，随着时间延长其会逐步降解产生不新鲜的味道。脂肪氧化酶热不稳定，在 65℃糖化过程中会迅速失活，糖化过程 pH 从 5.5 降低至 5.0 时其酶活性也快速丧失。目前已经开发出缺乏脂肪氧化酶的大麦，可以使啤酒具有较强的抗老化能力。与此同时，部分不饱和脂肪酸，如亚油酸，可在无酶条件下被氧化，其通常是在氧自由基存在条件下自动发生。虽然啤酒中的亚油酸、O_2 和金属离子含量较低，但是其依旧能够发生反应从而造成啤酒老化。

还原糖和 α-氨基酸在制麦高温环境下会发生黑化反应形成大量类黑素。在麦汁煮沸过程中，制麦过程中形成的大部分挥发性物质（如脂肪酸、羰基化合物、呋喃类、吡嗪类化合物等）在高温中会挥发进入空气，而氢过氧化物和部分脂肪酸被吸附或包埋于冷凝固物中，其和类黑色素、多酚等不挥发性物质进入啤酒发酵过程中。在啤酒发酵过程中，发酵液中的还原糖和氨基酸经酵母 EMP 途径和脱氨作用均可生产酮酸，酮酸在酵母脱羧酶作用下会被进一步降解为高级醇和杂醇，其与残存的类黑色素、氢过氧化物、多酚等一起进入成品啤酒，影响啤酒风味。

未添加酒花的啤酒通常不会体现氧化味，说明酒花的添加对啤酒老化也有一定的影响。异-α-酸可作为老化的前体物质生成挥发性羰基化合物（链长为 6~12 个碳原子的烯醛和二烯醛），酒花反式异构体比顺式异构体更容易降解，不易产生引起老化的羰基。完整的酒花比其提取物含有更多的多酚，多酚不仅可以清除超氧化物和羟基，还可以清除不饱和脂肪酸的自催化氧化中形成的过氧自由基、抑制脂肪氧化酶活性等方式来抗老化。

由上可知，氧活性自由基对于啤酒风味的恶化有重要影响。成品啤酒在贮存过程中，酒液中的溶解氧以维生素 C（抗坏血酸）或醇类物质为底物，在活性金属离子（如 Cu^{2+}）参与下生产过氧化氢（H_2O_2）或氢过氧自由基（·OOH）。过氧化氢会在活性金属离子（如 Fe^{2+}）的作用下分解生产羟基自由基（·OH 自由基）。该反应被称为 Fenton 反应，反应式如下：

$$Fe^{2+}+H_2O_2 \rightarrow Fe^{3+}+OH\cdot+OH^-$$

$$OH\cdot+H_2O_2 \rightarrow H_2O+H^++O^{2-}$$

$$Fe^{3+}+O^{2-} \rightarrow Fe^{2+}+O_2$$

氢过氧自由基和·OH 自由基在成品啤酒中，可催化部分物质生产具有风味活性的羰基化合物。·OH 自由基可将高级醇催化形成饱和醛，而·OOH 自由基和·OH 自由基可将不饱和脂肪酸和不饱和脂肪酸酯催化形成过氧化物或羟基酸，这些物质与过氧化物在自由基的催化作用下进一步形成不饱和羰基化合物。其他饱和或不饱和羰基化合物来源于氨基酸斯托克降解反应、醇醛缩合反应、不饱和脂肪酸通过光活性体的光氧化反应和高级醇的类黑色素中介氧化反应等。在啤酒中，由于硅藻土过滤过程中会引入 Fe^{2+}，因此会在成品啤酒中引入更多自由基。

与此同时，啤酒中同时存在部分能够捕获活性氧自由基的物质，如多酚和黑色素，其能在消除活性氧自由基的同时不形成新的自由基。多酚不仅能够消除超氧化物、羟基化合物以及不饱和脂肪酸自催化形成的过氧自由基，同时可以通过络合金属离子或抑制脂肪氧化酶活性来防止啤酒老化。H_2O_2 也是啤酒氧化的重要参与者，其存在也意味着氧自由基的存在，其也可以通过过氧化氢酶进行消除。

部分还原性物质，如半胱氨酸，在成品啤酒中可逐步从二甲基亚砜释放出二甲基硫醚。残留在部分特种啤酒中的酵母也有同样功效，且可以将 SO_2 还原为 H_2S。另外，成品啤酒中的还原糖和氨基酸可通过还原酮缓慢进行美拉德反应，形成呋喃类、吡咯类、噻吩类和吡嗪类等风味物质，这些风味物质和酒花酚酸来源的酚类、酮类、类胡萝卜素氧化形成的 β-紫罗酮及短链脂肪酸、含羰基有机硫化物等共同产生啤酒老化风味。

啤酒的老化过程，实际上在原料、制麦、糖化、发酵、包装过程已经开始，而成品酒贮存过程是这些前驱老化物质进一步变化，而使啤酒风味恶化。啤酒生产过程对啤酒风味变化的影响如表 6-25 所示。

表 6-25 啤酒生产过程对啤酒风味物质变化的影响

原材料/操作过程	因素	猜想
大麦	老化前体物质	大麦脂肪氧化酶水平存在差别
	2 棱和 6 棱	6 棱大麦酶活性较高，产生较多多酚
	春大麦和冬大麦	冬大麦潜在含有更多多酚
	无脂肪氧化酶品种	不含脂肪氧化酶，因此减少酶催化的脂质氧化

续表

原材料/操作过程	因素	猜想
浸泡及发芽	氧化还原酶	氧化还原酶会促进脂肪氧化酶水平
		过氧化物酶含量上升
		黑色素前体糖和氨基酸含量上升
干燥	脂肪氧化酶失活	干燥过程高温会使脂肪氧化酶失活
	破坏氢过氧化物酶	干燥过程高温会使氢过氧化物酶失活
	产生黑色素	黑色素具有抗氧化能力，但是会促进高级醇氧化
麦芽储存	脂肪氧化酶损失	存储过程中脂肪氧化酶含量下降，减少麦芽粉的氧化力
粉碎	锤式和滚式	精细粉碎有利于物质的浸出，包括脂肪氧化酶和脂质
	湿式和干式	湿式粉碎会提取更多不利物质，包括脂肪氧化酶
	胚乳保留	胚乳完整可减少脂肪氧化酶和脂质浸出
糖化起始阶段	O_2	麦芽粉与水混合时底物浓度较高且脂肪氧化酶未被破坏
糖化	温度	低温会导致更多脂肪氧化酶残留，高温会破坏脂肪氧化酶
	O_2	O_2 为脂肪氧化酶和过氧化物酶的底物，同时产生氧活性物质
	pH	低 pH 有助于降低脂肪氧化酶作用速度
	容器材质	若采用铜质容器，铜会渗出且加速氧活性物质形成
固态辅料	抗氧化活力	烘焙辅料中存在黑色素，可以清除氧活性物质
	脂质水平	部分谷物含有较高含量的脂质
麦汁过滤	系统	现代过滤系统产生更澄清麦汁，脂质含量降低，酵母会产生更多 SO_2
煮沸	时长	煮沸时间过长存在热破坏的风险
	煮沸锅设计	尽量保证不理想风味物质的挥发
液态辅料	选择	糖浆等不含氧化前提物质，因此可以稀释氧化水平
酒花	酒花的选择	整粒酒花多酚含量高，其浸出物中含量最低
冷却充氧	O_2 的接入	O_2 进入麦汁会对酵母活力产生影响
酵母的选择	酵母特性	不同酵母菌株产 SO_2 能力不同
		健康酵母和合理接种量有助于消除羰基化合物
发酵	不良风味物质去除	同酵母的选择
二次发酵	风味优化	调整风味，减少双乙酰含量，去除其前体物质
冷调节	储存温度	较低温度有助于啤酒的稳定性
	O_2	需要尽可能去除 O_2
过滤及稳定	澄清	尽可能减少 O_2 的接入；PVPP 的使用可能会除去多酚类抗氧化物
包装	降低 O_2 含量	在包装中药尽可能减少 O_2 的进入，造成老化

续表

原材料/操作过程	因素	猜想
成品啤酒成分	pH	pH4~4.5 O_2 造成的伤害较小
	O_2	越低越好
	SO_2	抗氧化剂，可结合老化物质
	前体物质	成品啤酒中存在前体物质会在储存过程中会缓慢破坏啤酒风味
	糖基化合物含量	越少越好
仓库	温度和时间	温度越高，化学反应速度越快
运输	温度 搅动 运输距离	温度越高，振动越厉害，时间越长，产生的不利影响越大
贴标	生产日期	让消费者知晓风险

3. O_2 和氧化

空气中 O_2 含量为21%，其在啤酒生产过程，特别是糖化、煮沸等过程中，会与麦汁与啤酒充分混合，其在啤酒酿造过程中的含量高低与压力、温度与溶液组成有密切关系。老化是各种风味物质的氧化、分解、化合等复杂反应的结果，在其中 O_2 对啤酒的老化起到了至关重要的作用。在啤酒发酵过程中，发酵初期需要提供 O_2 以供酵母生长，在酿造过程的其他环节，特别是发酵中后期以及后期灌装存储期间 O_2 及其造成的氧化是啤酒风味及其稳定性最大的负面影响因素，而对啤酒风味破坏的最主要物质为氧活性物质（ROS）。

采用 $^{18}O_2$ 示踪法对 O_2 在老化啤酒中的参与情况进行分析，发现65%的 O_2 参与了多酚氧化聚合，5%的 O_2 与异-α-酸形成了其氧化裂解产物，35%的 O_2 参与了挥发性羰基化合物的形成，从而改变了啤酒风味。O_2 及其产生的氧化作用会对啤酒造成负面影响，其主要可归结为以下8点。

（1）O_2 及其产生的氧化作用会促进啤酒胶体浑浊　影响成品啤酒的非生物稳定性。麦汁和成品啤酒中存在大量含巯基多肽和蛋白质，含巯基多肽和蛋白质中的巯基接触 O_2 后会被氧化成双硫键，导致蛋白质和多肽聚合形成大分子物质，从而导致啤酒浑浊。催化式如下：

$$R-SH+R'-SH \xrightarrow{\frac{1}{2}O_2} R-S-S-R'+H_2O$$

（2）O_2 及其产生的氧化作用会导致多酚物质的氧化和聚合　多酚类物质被氧化后会发生聚合，从而导致胶体浑浊，同时将加深啤酒的色泽，会给啤酒带来涩味、后苦味和辛辣味，从而破坏啤酒风味的协调。

（3）O_2 及其产生的氧化作用会使双乙酰含量上升 成品啤酒中含有少量双乙酰前体-α-乙酰乳酸，含量一般在0.01~0.03mg/L。若成品啤酒中 O_2 含量较高，其能够催化 α-乙酰乳酸发生氧化脱羧反应形成双乙酰，从而给啤酒带来不良风味。

（4）O_2 及其产生的氧化作用会破坏酒花的香味和苦味。O_2 会氧化酒花中的不饱和萜烯化合物形成饱和烃，从而使酒花丧失新鲜的香味，产生烷烃臭和苦味。与此同时，O_2 会氧化 α-酸，形成氧化 α-酸以及 β~γ'-树脂，这些氧化产物会给啤酒带来粗糙的苦味。

（5）O_2 及其产生的氧化作用会促进啤酒中多种化合物的转化 从而给啤酒带来老化味。

（6）O_2 及其产生的氧化作用是诱发啤酒喷涌的重要因素之一。

（7）O_2 的存在为部分啤酒污染微生物的生长提供便利 从而不利于啤酒的生物稳定性。

（8）O_2 的存在会促进成品啤酒中参与糖类物质和氨类物质发生美拉德反应 从而加深啤酒颜色同时影响啤酒风味。

在啤酒酿造过程中，O_2 参与了从麦芽贮藏到灌装及流通的完整流程，其在不同酿造工艺中均会产生或有利或不利的影响，具体情况如下。

（1）麦芽在贮藏过程中，当其水分含量超过8%时，随着贮藏时间的延长和温度的升高，O_2 会提高麦芽中氧化酶体系的活跃程度，加深麦芽色泽。通过添加适量烘烤类辅料，其含有类黑色素可作为氧自由基清除剂防止麦芽的氧化。

（2）原料粉碎后加入酿造用水后开始糖化，O_2 会与麦芽酶体系，特别是蛋白酶，结合，从而影响酶活性。因此，啤酒酿造工艺中要求酿造用水应尽量脱氧后再使用，且糖化操作需在密闭隔氧环境下完成。较低的糖化温度会延长脂肪氧化酶的存活时间而造成老化。除此之外，使用铜制的糖化设备可浸出更多的 Cu^{2+}，促进活性氧物质的生成。O_2 还可以与蛋白质中的巯基发生非酶反应生成过氧化物并进一步产生氧自由基。

（3）在糖化醪过滤阶段 O_2 的存在会延长过滤时间，并使过滤麦汁色泽加深，不饱和脂肪酸在此阶段被氧化。传统啤酒酿造工艺采用麦汁承接盘接受麦汁，其表面积较大，因此糖化醪会接触大量空气并产生大量泡沫，造成麦汁被快速氧化；在现代啤酒酿造工艺中均采用密闭过滤法，过滤槽麦汁或麦糟的表面采用 CO_2 或 N_2 进行掩盖，以防止氧化。目前发现，弱麦汁虽含有较高浓度对风味不利的脂质，但其鞣质（一种抗氧化剂）含量也明显升高。

（4）在麦汁煮沸过程中，麦汁被强烈煮沸。在此阶段空气的存在会造成还原物质（如还原酮）被氧化，且在煮沸过程从酒花组分中萃取得到的酒花精油（如酒花精油由双键帖烯、帖烯醇）会被氧化产生异味（如虫胶味），α-酸和 γ-树脂也会被氧化产生异苦味。麦汁煮沸过程中 O_2 的存在也会使多酚被氧化，加深麦汁色泽。因此，在现代啤酒酿造工艺中要求麦汁煮沸为全密闭煮沸，且需要 CO_2 和 N_2 进行保护。

（5）麦汁煮沸后进入回旋沉淀槽进行回旋沉淀，该过程也会大量接触 O_2。在现代啤酒回旋沉淀工艺中，为了尽量减少 O_2 的风险，通常采用 CO_2 替换回旋沉淀槽中的空气；麦汁进入回旋沉淀槽的方式从切线入口进入改成小流速从槽底进入，由此可以避免由于麦汁不规则运动而卷入空气。当麦汁高度达到切线入口时再改成切线入口进入；麦汁在回旋沉淀槽的静置时间应不超过 20min，防止热损伤的风险；在澄清麦汁泵出时尽可能加大薄板冷却的面积，要求泵出时间尽可能<40min。

（6）得到澄清麦汁后，需要对麦汁进行冷却和充氧，以供酵母的前期生长。传统工艺通常将麦汁冷却至 7~8℃后对麦汁充空气，从而使麦汁溶氧量达到 8~9mg/L，这种方式考虑到麦汁温度较低，会使 O_2 的氧化作用大幅度减少。现代啤酒生产工艺认为啤酒罐接种酵母进入麦汁时会有 4~6h 的迟滞期，在此期间酵母并不增殖。因此会在酵母开始出芽时才在发酵罐充入 1~3 次空气，使发酵罐内溶氧水平维持在 6~8mg/L，这样不仅有利于酵母的繁殖，同时可尽可能减少麦汁的氧化程度。

（7）在啤酒发酵中后期，麦汁中的溶解 O_2 被酵母迅速消耗至 0.05mg/L 以下，因此啤酒发酵开始进入无氧发酵阶段，在此阶段中应尽可能避免 O_2 的进入。在两罐法发酵工艺中，需在倒入罐中提前采用 CO_2 赶走罐中的空气，否则在倒罐之后使啤酒溶氧水平由 0.05mg/L 以下提高至 1.0~1.5mg/L。如果倒罐之后会继续进行发酵，酵母会利用空气重新开始繁殖，但是此时产生的 α-乙酰乳酸将无法被氧化脱羧，会被保留在成品啤酒中，导致啤酒在货架期双乙酰含量回升，影响啤酒风味；如果倒罐以后就开始低温储酒，O_2 会长期存在于啤酒中缓慢将啤酒氧化。在两罐法实际操作过程中，倒出罐应采用 CO_2 压出啤酒，而倒入罐从底部充入 CO_2 赶走罐内空气，这样可以尽量减少 O_2 的进入。

（8）啤酒发酵结束后，现代啤酒工厂对发酵液进行过滤多采用多级过滤，管路较长、输送压力高，空气进入的途径较多，因此，在发酵液过滤过程中应提前采用脱氧水（溶氧量<0.3mg/L）对整个过滤操作网络进行清洗，尽可能赶尽设备及管道中的空气，从而避免 O_2 与发酵液的接触。此外，在啤酒过滤过程中要避免使用可吸附多酚类物质的 PVPP 材料。在酒液输送过程中应使雷诺数 Re<2300，进出罐流速约为 0.7m/s，管道中输送速度为 0.7~1.0m/s。在稳定的流速下输送酒液，速度过快形成湍流会形成泡沫，而泡沫的产生就会加剧酒液的氧化。

（9）啤酒过滤之后，在灌装之前为了灌装稳定通常需要将酒液在清酒罐中停留 6~12h，我国中小型啤酒厂在清酒罐中通常采用 0.2MPa 空气备压，而大型啤酒生产企业为了避免酒液氧化问题，多采用 CO_2 进行备压，过滤后酒液进入清酒罐灌满 2/3 时，就开始送出进行灌装。此时灌装车间安排多台灌装机与输酒网络连接，若一台或部分灌装机停机，输酒网络中有回流罐与清酒罐相连，从而保证输酒网络中的压力始终保持恒定。清酒罐在停产时均需消毒清洗。

（10）在灌装车间，O_2 的减少是重要考量因素，在成品啤酒中，其增加的 O_2 主要是酒液溶氧和灌瓶后瓶颈空气中的 O_2。因此，从清酒罐到灌装车间的距离应尽可能缩短，且清酒罐罐和灌装机保持在同一平面，尽可能减少输酒管线的弯头，如需使用弯头应尽可能采用平滑弧形弯头。在灌装机进酒液之前，应采用 1~2 次预抽真空，并通入 CO_2 进行备压。应尽可能采用长管灌装机，采用长管灌装机得到的酒液其溶氧为 0.3~0.4mg/L，而空气背压短管灌装机溶氧会达到 0.5~0.6mg/L。另外一个需要重点考虑的减少 O_2 的方面是减少啤酒瓶瓶颈中的空气。我国啤酒瓶标准空隙率约为 4.5%，极端空隙率为 7.5%。瓶颈空隙太大即意味着瓶颈中空气的增加。以 670mL±10mL 装啤酒为例，其灌装完成后可形成 30~50mL 空隙，当此部分空气缓慢进入啤酒后，若全部溶液会使啤酒溶氧量达到 14mg/L。因此，减少瓶颈空气量是防止啤酒杯氧化的重要技术措施。目前啤酒生产企业常用的方法有控制啤酒空隙率、保证灌装压力和引沫法几种。尽可能地降低啤酒中的空隙率能够减少瓶颈中的空气量，但是同时会提高装液量提高成本，因此将空隙率控制在 3%~4%比较合理。在灌装过程中需要保证一定灌装压力，从而有利于引出泡沫，驱赶空气。另外一种重要的溶氧控制方法是引沫法。在啤酒灌装提后，若瓶颈空隙被啤酒产生的泡沫充满，那么其中的空气即被排出。一般灌装以后自然形成的气泡比较粗大，因此气泡之间的空隙仍存在较多空气。若能形成细密气泡则可以减少瓶颈内的空气。形成细密气泡可以采用以下几种方法：①采用金属锤轻击瓶颈，使瓶闭震动刺激引出气泡；②采用 25W、21kHz 的超声波引出气泡；③现代装瓶机采用喷射水（滴沫）引泡装置，啤酒瓶灌酒后在输送至压盖机过程中啤酒瓶中摄入由 0.3mm 喷嘴喷出的 0.8MPa 压力的 0.1~0.5mL 无菌水，喷入的细密水滴微粒在啤酒中会成为 CO_2 气体聚集中心，从而引出细密 CO_2 气泡；④采用高压 CO_2 气体喷射至瓶装啤酒液面下 6mm 处，刺激啤酒中 CO_2 聚集溢出。

4. 温度的影响

除去 O_2 及其造成的氧化外，啤酒的储藏温度对其风味稳定性也有显著影响。根据 Arrhenius 定律，啤酒温度每提高 10℃，啤酒内部反应速度（包括老化过程）将加快 2~3 倍。例如，啤酒在 60℃储存 1d 相当于在 30℃储存 4 周。这说明分销与物流中对啤酒温度的控制较为关键。

5. 现代啤酒生产企业对 O_2 控制的目标

现代大型啤酒生产企业对啤酒酒液中溶氧和瓶颈中空气中所含 O_2 的总含氧量进行了分析，发现含氧量低于 0.2mg/L 时被认为是安全，而含氧量在 0.2~0.5mg/L 时被认为是较安全，对于啤酒含氧量的最低要求为 0.5~1.0mg/L。当成品啤酒含氧量>1.0mg/L 时就被认为对啤酒质量有害或者有明显损害；当含氧量>3.0mg/L 时短期内对啤酒的负面影响就会得到体现。

对于瓶装啤酒，一般要求其酒液溶氧量<0. 1mg/L，瓶颈中空气含量<0. 5mL，同时要求酒液中 Fe^{3+} 和 Cu^{2+} 的总量<0. 1mg/L。在此条件下，按照空气中含氧为 20. 9%和 O_2 密度为 1. 432mg/mL 进行计算，成品啤酒中的总含氧量为 0. 33mg/L，因此其含氧量也仅在较安全范围。如果啤酒生产企业的灌装设备较差，不预抽真空且不用 CO_2 备压，其酒液的溶氧含量一般在 0. 4～0. 6mg/L，瓶颈空气含量每瓶在 5～8mL，通过计算瓶内含氧量在 2. 74～4. 34mg/L，在此条件下啤酒短期内即会出现明显的老化味。

6. 啤酒中抗氧化剂应用

随着现代啤酒设备的发展，啤酒中的 O_2 含量已经大幅减少，但是即使在最佳技术和设备条件下，啤酒中依然存在 O_2 且 O_2 对啤酒的潜在损害无法全部消除。因此，在此基础上，解决 O_2 的危害可以进一步通过增加啤酒自身的还原物质的含量，减少啤酒内的氧化前体或者外源添加法律许可的抗氧化剂实现。目前在啤酒中常用的抗氧化剂包括维生素 C、SO_2 等含硫化合物和葡萄糖氧化酶等。

维生素 C 是世界各国均允许在食品和饮料中添加的抗氧化剂。欧洲共同体市场规定啤酒中维生素 C 的允许添加量为<50mg/L。按照理论计算，11mg 维生素 C 可除去 1 mg O_2，然而在实际条件下维生素 C 在氧化的过程中，同时还有约一半的维生素 C 会氧化啤酒中的还原物质，称为偶联氧化，从而改变啤酒风味。偶联氧化反应式如下：

$$AH_2+RH_2+\frac{1}{2}O_2 \longrightarrow A+R+H_2O$$

其中，AH_2为维生素 C；RH_2为还原物质；A 为脱氢维生素 C；R 为已氧化的有机物质。

除去偶联氧化之外，维生素 C 还具有明显酸味，因此添加过多会改变啤酒风味。目前认为在不改变啤酒口味前提下维生素 C 的适宜添加量为 20～35mg/L。因此维生素 C 添加于含氧量较低的啤酒中才有明显作用。

SO_2 系列抗氧化剂（SO_2、H_2SO_3、亚硫酸盐和偏重亚硫酸盐）是另外一种在食品和饮料中被广泛允许使用的抗氧化剂。SO_2 抗氧化的反应式如下：

$$SO_2+\frac{1}{2}O_2+H_2O \longrightarrow H_2SO_4$$

其中 4mg SO_2 即可消除 1mg O_2。SO_2 主要来源于酵母产生，而 H_2SO_3、亚硫酸盐和偏重亚硫酸盐则是外源添加可用于提供 SO_2 的主要物质。不同酵母菌株产 SO_2 的能力不同，因此选择合适的酵母不仅可以有效的减少双乙酰和乙醛化合物含量同时还可以增加 SO_2 含量。研究发现，冷凝固物会影响酵母产 SO_2 的能力，所以高效的过滤有助于酵母产生 SO_2。目前常用的 SO_2 释放剂为液态亚硫酸和偏重亚硫酸钾，其添加量一般为 15～25mg/L。然而，SO_2 的添加会给啤酒带来不愉快的风味，因此，美国规定啤酒中游离

SO_2 应<8mg/L，这严重限制了二氧化硫在啤酒中的应用。

葡萄糖氧化酶（EFAD）是一种有效消耗 O_2 的物质，其消耗 O_2 的反应式如下：

$$葡萄糖+O_2+乙醇\xrightarrow{EFAD}葡萄糖酸+乙醛+H_2O$$

葡萄糖氧化酶通常是由微生物发酵制备，最适工作温度为 30~60℃，其在葡萄汁、可乐等饮料中通常和过氧化氢酶结合使用。按照理论计算，在 640mL 啤酒中加入 10 单位葡萄糖氧化酶即可使啤酒总含氧量从 2.5mg/L 降为 0.05mg/L，然而其需要啤酒中存在 10g 葡萄糖。然而成品啤酒中通常没有葡萄糖，且该酶在啤酒灭菌过程中会被破坏，因此目前一般通过将葡萄糖氧化酶与葡萄糖固定在瓶盖上，吸收瓶颈内的 O_2。

第七章

啤酒工厂“三废”治理和副产物利用

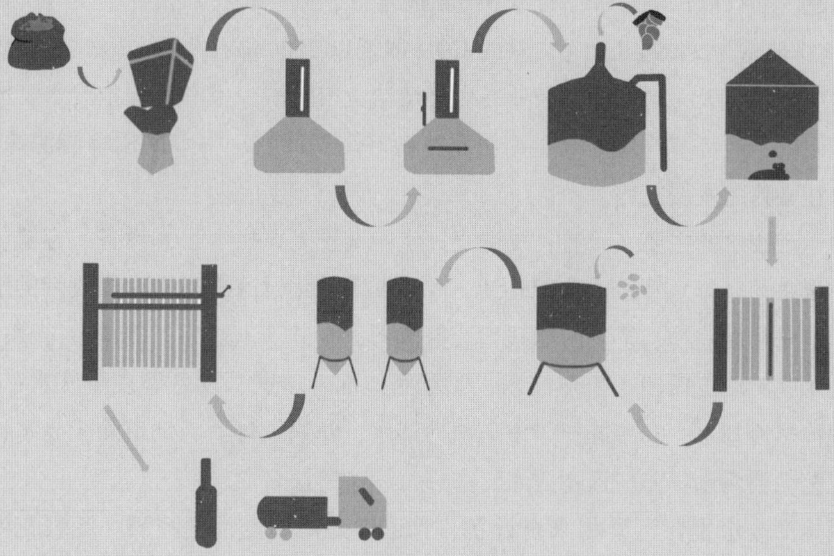

20 世纪以来，人口的迅速增长和集中化，工业、交通的大规模发展，伴随了“公害”日趋严重。公害危及了人类健康生存的环境及地球的生态。人类对公害从认识到管理、控制和治理。特别在近 20 年来取得了很大的进步，但公害还在蔓延，问题依旧十分严峻。2018 年我国 GDP 总量高居世界第二位，工业产值占全球工业总量的 30%，是名副其实的制造业大国，但是我国每单位 GDP 能耗仍然高于世界平均水平，因此，进一步降低我国工业的能源消耗，减少制造业污染物排放，保护环境仍然是我国制造业未来需要持续解决的问题。

啤酒生产，虽然并不产生有毒害的废水、废气、废渣（除工业锅炉三废以外），但由于啤酒工厂生产规模大，一直以来都是酿酒行业中废水和污染物排放大户。废水、废渣又特别多，严重污染了生态环境。因此，减少、治理和利用三废，日益受到社会和企业的重视。

第一节　啤酒工业的废水处理

一、 啤酒工业废水情况及特点

随着国民经济的快速发展和人民生活水平的提高，我国啤酒行业发展迅猛，是近年来全球发展最快的啤酒市场之一。根据国家统计局数据，2021 年中国啤酒规模以上啤酒生产量为 3562 万 kL，继续保持世界第一。但是，飞速发展的啤酒工业却带来了环境污染的问题，如果以每千升啤酒排放 3.5m^3废水计，则年均排放废水量为 12467 万 m^3，年均 COD 排放量为 24.94 万 t（去除的 COD 浓度以 2000mg/L 计）。因此，在环境保护形势日益严峻的今天，现代啤酒企业在做好清洁生产、减少生产过程中废水、废气、废固排放的同时，经济节约地处理生产污水，做好沼气回收、中水回用等能源综合利用，是一项势在必行的发展趋势。

啤酒生产废水的主要来源有：①洗麦废水；②浸麦更换水；③设备、容器、管道清洗水；④设备、容器、管道内残留麦汁、啤酒；⑤糖化过滤槽出糟时排放带的水；⑥糖化回旋沉淀槽热凝固物；⑦发酵罐残留废弃酵母；⑧硅藻土过滤机硅藻土排放；⑨洗瓶机碱性废水、啤酒巴氏消毒机热废水；⑩车间地面、墙壁、设备外表清洗水；⑪麦汁、啤酒板式换热冷却水；⑫冷冻机、空压机冷却水；⑬锅炉排渣、烟道除尘废水；⑭啤酒工厂非工艺生活污水；⑮厂区雨雪水。

啤酒生产废水主要污染物来自设备、管道中残留的麦汁、啤酒、废酒花糟、废麦糟、热凝固物、废酵母、废硅藻土、洗瓶碱性水等，主要有以下几个特点：

（1）水质水量波动范围大　污水处理站的污水水量取决于啤酒厂的生产情况，且随淡旺季变化，具有非常大的季节不均匀性，排污点多，多为间歇式排放，水质水量波动性大，存在事故冲击（表 7-1）。

表 7-1　　啤酒工业废水主要污染物的波动范围

主要污染物指标	波动范围	主要污染物指标	波动范围
化学需氧量（CODcr）/（mg/L）	2500~3600	氨氮（NH_4^+-N）/（mg/L）	0~30
五日生化需氧量（BOD_5）/（mg/L）	1500~2100	总磷（TP）/（mg/L）	0~20
溶解性总固体（SS）/（mg/L）	400~800	温度/℃	25~40
pH	5~12		

（2）无毒有害　啤酒生产废水属于较高浓度的有机污染废水，无毒有害，主要污染物易于分解，具有良好的生物可降解性，适合生物处理。

二、　啤酒工业减少废水污染的途径

1. 减少生产用水

（1）浸麦废水重复利用　大麦经过洗麦后，浸麦时需换水多次，每吨大麦按传统生产方式，浸麦耗水 10~15t。延长空气休止时间，采用长断水加喷雾浸麦的方法可减少浸麦水 50%。浸麦水一般污染比较少，可通过回收、沉淀、过滤、充氧（通入空气）等手段，可重复用于洗麦和作浸麦水，这样可减少麦芽生产用水 80%。

（2）糖化车间洗锅、洗管道水作投料水　分批式糖化中，每批次结束后将用锅容积 5%~10%水冲洗设备及管道，这部分水完全可以作投料水回收利用。

（3）干式排麦糟法　很多工厂为了加速过滤槽排麦糟速度，采用水力冲洗法，用水量为排量的 2~5 倍，造成麦糟中可溶性有机物流失，降低麦糟的饲料价值，并增加污水量。如果将过滤槽麦糟排出口增加到 2~4 个，耕糟机转速可调节，用脉冲式气流输送，同样可用干式快速排麦糟。

（4）水啤酒回收　在啤酒过滤、清酒罐、装瓶机等形成的水和啤酒混合物，可通过适当处理全部回收，以减少污水量。

2. 啤酒厂严重污染物的预处理

啤酒生产形成的麦糟、酒花糟、热凝固物、废酵母、硅藻土滤饼等污染物先进行预处理，这是极大降低啤酒废水污染源的重要途径。

三、啤酒工业废水的排放标准

从 2006 年 1 月 1 日起，由国家环保总局和国家质量监督检疫总局联合发布的《啤酒工业污染物排放标准》（GB19821—2005）开始实施。这项国家强制性标准规定了我国啤酒工业污染物排放浓度限值和单位产品污染物的排放量，啤酒企业和麦芽企业最高允许的排放浓度，啤酒企业污水处理工程后出水排放标准必须达到（表 7-2）。

表 7-2 啤酒生产企业水污染物排放最高允许限值

项目	单位	啤酒企业		麦芽企业	
		预处理标准	排放标准	预处理标准	排放标准
COD_{Cr}	浓度标准值/（mg/L）	500	80	500	80
	单位产品污染物排放量*	—	0. 56	—	0. 4
BOD_5	浓度标准值/（mg/L）	300	20	300	20
	单位产品污染物排放量*	—	0. 14	—	0. 1
SS	浓度标准值/（mg/L）	400	70	400	70
	单位产品污染物排放量*	—	0. 49	—	0. 35
氨氮	浓度标准值/（mg/L）	—	15	—	15
	单位产品污染物排放量*	—	0. 105	—	0. 075
总磷	浓度标准值/（mg/L）	—	3	—	3
	单位产品污染物排放量*	—	0. 021	—	0. 015
pH		6~9	6~9	6~9	6~9

注：（1）* 对于啤酒企业，单位为 kg/kL，对于麦芽企业，单位为 kg/t；

（2）《啤酒工业污染物排放标准》（GB19821—2005）；

（3）《啤酒工业污染物排放标准》国家标准第 1 号修改单（GB19821—2005/XG1—2020）。

四、啤酒工业废水的处理方案

1. 废水处理方案

啤酒废水的 BOD/COD 比在 0. 6 左右，具有较好的可生化性，宜采用生物处理方法进行处理。污水的生物处理技术是利用微生物的代谢活动分解污水中的有机物的技术。在生物处理过程中，污水中的有机物作为微生物的营养被微生物利用，最终分解为稳定的无机物或合成细胞物质而作为污泥由水中分离，从而使污水得到净化。

工业中高浓度有机污水的生物处理技术主要分为厌氧和好氧两个方面。

在厌氧工艺中，在无氧条件下，大多数有机物转化为甲烷的形式，结果只有很少部分用于合成细胞物质，而产生的沼气可作为热能被再利用。其过程可以描述为以下反应方程式：

$$COD \longrightarrow CH_4 + CO_2 + 污泥$$

厌氧系统的污泥产率为0.05kg/kgCOD（去除），污泥量少。

而在好氧处理工艺中，微生物在有氧的条件下把有机污染物降解为二氧化碳和微生物的细胞物质（污泥）。其过程可以描述为以下反应方程式：

$$COD + O_2 \longrightarrow H_2O + CO_2 + 污泥$$

好氧系统的污泥产率为0.20kg/kgCOD（去除），污泥的产生量大。

因此，从如上生化原理上可以看出，厌氧工艺较好氧工艺具有如下优势。

（1）建设投资省　厌氧系统容积负荷显著高于好氧系统，因此，处理相同水量和水质的有机污水，厌氧系统所需容积比好氧系统小得多，从而能够节省占地面积、降低基建投资。

（2）运行费用低　85%以上的COD和BOD在厌氧系统中去除，而厌氧系统不需要充氧，所需要的电费大大降低。

（3）污泥处置量少　由于大部分有机物已在厌氧系统中去除，厌氧系统污泥产率是好氧系统的1/3~1/5。产生的污泥量比好氧处理法明显降低。

（4）营养需求少　厌氧系统对N、P的需求少，BOD：N：P=（500~1000）：5：1，为好氧系统的1/5~1/10。

（5）产生能量　厌氧系统可产生能量——沼气，厌氧反应器产生的沼气经过适当的预处理后可以用作锅炉助燃、锅炉间燃料、直接利用（如食堂）和中央空调制冷用等各个用户点。

厌氧法的缺点主要是不能去处氮、磷，出水往往达不到排放要求，因此常常需对厌氧处理后的废水进一步用好氧的方法进行处理，使出水达标排放。

2. 常见厌氧、好氧工艺的比较

（1）常见厌氧工艺　表7-3为常见厌氧反应器UASB（Up-flow Anaerobic Sludge Blanket）上流式厌氧污泥床反应器、EGSB（Expanded Granular Sludge Bed）厌氧膨胀颗粒污泥床及IC（Internal Circulation Anaerobic Reactor）内部循环反应器的性能比较。

表7-3　常见各类厌氧反应器性能比较

序号	项目	UASB	EGSB	IC
1	COD负荷率/[$kgCOD/(m^3 \cdot d)$]	5~8	10~20	20~25
2	液体表面上升流速/(m/h)	0.5~1	4~6	4~8
3	温度、pH、毒性抑制耐受力	一般	较好	最好

续表

序号	项目	UASB	EGSB	IC
4	耐负荷冲击	一般	较好	最好
5	占地面积	大	小	最小
6	预酸化罐	不需要	不需要	需要
7	维修	少	少	最少
8	启动周期	长	短	最短
9	内部循环	外部加压实现	外部加压实现	自动循环
10	反应器结构	混凝土	混凝土或钢	钢

（2）常见好氧工艺　表7-4为常见好氧活性污泥反应器SBR（Sequencing Batch Reactor Activated Sludge Process）序列间歇式活性污泥法、CASS（cyclic activated sludge system）循环式活性污泥法及AO工艺、A（Anacrobic）厌氧段，O（Oxic）好氧段性能比较。

表7-4　　常见好氧活性污泥反应器性能比较

序号	项目	SBR	CASS	A/O
1	生物选择区	无	有	无
2	控制污泥膨胀能力	好	好	差
3	沉降性能	静置沉淀使污水澄清	静置沉淀使污水澄清	辐流式沉淀池，耐冲击力差
4	污泥回流	无	有	有
5	污泥产量	多	少	最多
6	耐冲击负荷	好	好	一般
7	工艺流程	简单	简单	相对复杂
8	土建费用	少	少	多
9	设备投资	少	少	少
10	运行费用	少	少	多
11	占地面积	少	少	多
12	自动化程度	高	高	低

啤酒工业废水处理工艺的选择，必须根据啤酒厂的实际情况出发，因地制宜，谨防生搬硬套，以免造成运行及达标困难。在确定各种处理工艺时，应充分调查啤酒厂的排水水质、水量、排水规律和特点；考察啤酒厂提供的建设场地的地形条件和面积大小；考虑啤酒厂所能承受的一次性投资及运行成本的情况；考察啤酒厂的管理水平和工人素

质；确定排放标准等，以进行适合本地区建设污水处理站并能长期达标运行的方案比选。出水达标、稳定可靠、低运行成本、投资经济是最重要的原则。

3. 典型工艺流程

典型的啤酒工业废水处理工艺流程框图如图 7-1 所示。

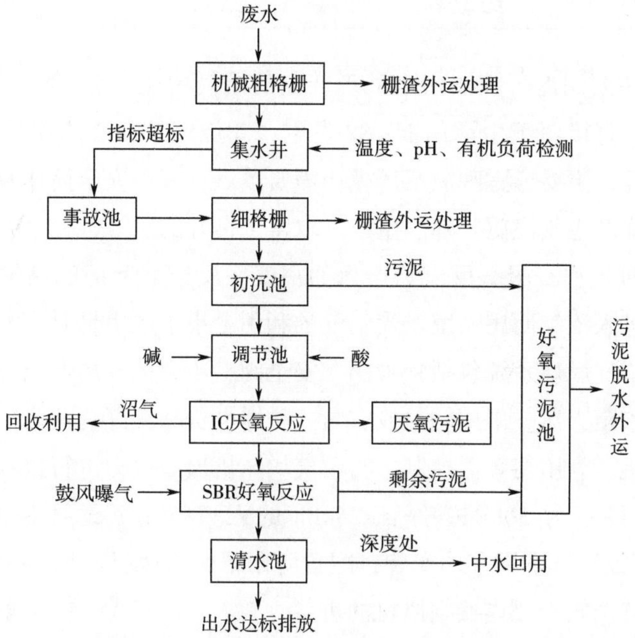

图 7-1　典型的啤酒工业废水处理工艺流程

五、 啤酒工业废水处理资源循环利用及深度处理

1. 沼气能源回收

（1）沼气的主要特点　沼气是一种混合的可燃性气体，其主要成分是甲烷（CH_4）、二氧化碳（CO_2）、还有少量的氢（H_2）、一氧化碳（CO）及少量的硫化氢（H_2S）等。在实际工程中，沼气中 CH_4的体积分数为 45 %～80 %，CO_2的体积分数为 20 %～45 %，其组成由于厌氧消化的工艺和机理不同而有较大的差别。

燃烧沼气可大大减轻环境的污染：沼气作为一种气体燃料，其灰分、含硫量和含氮量均比煤低，燃烧所产生烟气中粉尘含量极少，硫和氮的氧化物也较少，且几乎没有炉渣，是一种良好的环境燃料；沼气的输送和燃烧前的准备比较简单；沼气比煤燃烧充分，所需要的燃烧空间小。

啤酒废水中含有极少量的硫酸盐，厌氧消化后产生的沼气中亦含有极少量浓度的

H_2S。考虑到后续沼气利用系统对 H_2S 的要求较高，仍需要在进入沼气利用系统前对沼气进行脱硫处理（表 7-5）。

表 7-5 啤酒废水所产生的沼气组分

组分	CH_4	CO_2	H_2O	CO	N_2	H_2S
含量	约 75%	约 22%	约 1%	约 1.6%	约 0.1%	≤3%

（2）沼气的主要用途 啤酒污水处理产生的沼气用途十分广泛，在啤酒工厂沼气主要被利用于：①直接用于生活用能；②发电；③烧锅炉；④直接用于生产供暖和制冷。经过多方论证，主要考虑啤酒工厂生产需要蒸汽、利用安全简单及高效，采用专业小型沼气锅炉燃烧产生蒸汽用于啤酒生产，取得了良好的经济、社会效益。

（3）沼气处理流程 厌氧反应器产生的沼气在反应器上部的储气空间进行气量调节、平衡气压，进入沼气回用系统。当沼气的利用量小于产生量时，沼气自动进入燃烧系统进行燃烧。沼气燃烧系统包括呼吸阀、安全阀、压力计、高低压开关、气动阀、燃烧器、安全装置和阻火器。采用轴封或密封、防爆电机和良好的抗腐蚀性能的罗茨鼓风机作为沼气增压机。利用变频器控制，与沼气增压机出口压力进行连锁反馈控制。风机出口的最大压力设定为 30kPa，保证 25kPa 的入口压力。设计最大沼气输送量为 $200Nm^3/hr$。罗茨鼓风机采用室外安装，配置防雨罩，鼓风机的出口装有风冷式气体冷却器和安全阀，安全阀出口连接到风机的进口。

沼气回收综合利用，既回收了能源，又减少了对环境的 CO_2 排放，具有较高的经济、环境效益。

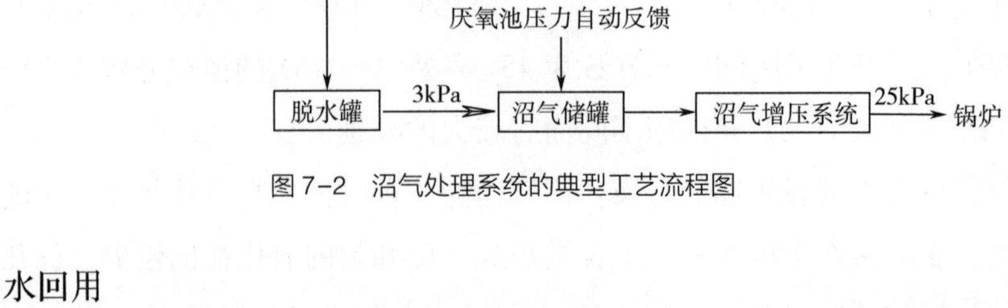

图 7-2 沼气处理系统的典型工艺流程图

2. 中水回用

传统污水处理的出水，不能作为生活杂用水或工农业用水；若考虑回用，必须进一步深度处理，包括脱色、除臭、消毒，去除溶解性有机物、溶解性无机物、有毒物质，以及脱氮除磷，以达到回用水水质标准。

啤酒工业的中水回用，其中水处理出水标准必须达到《城市污水再生利用城市杂用水水质》GB/T18920—2020 标准要求，具体指标如表 7-6 所示。

表 7-6 啤酒工业中水回用的出水标准

序号	项目		GB/T18920—2020	
			冲厕、车辆冲洗	城市绿化、道路清扫 消防、建筑施工
1	pH		6.0~9.0	6.0~9.0
2	色度,铂钴色度单位	≤	15	30
3	嗅		无不快感	无不快感
4	浊度/NTU	≤	5	10
5	五日生化需氧量(BOD_5)/(mg/L)	≤	10	10
6	氨氮/(mg/L)	≤	5	8
7	阴离子表面活性剂/(mg/L)	≤	0.5	0.5
8	铁/(mg/L)	≤	0.5	—
9	锰/(mg/L)	≤	0.3	—
10	溶解性总固体/(mg/L)	≤	1000(2000)*	1000(2000)*
11	溶解氧/(mg/L)	≤	2.0	2.0
12	总氯/(mg/L)	≥	1.0(出厂) 0.2(管网末端)	1.0(出厂) 0.2[b](管网末端)
13	大肠埃希氏菌/(CFU/100mL)		无[c]	无[c]

注：“—”表示对此项无要求。

a 括号内指标值为沿海及本地水源中溶解性固体含量较高的区域的指标。

b 用于城市绿化时，不应超过 2.5mg/L。

c 大肠埃希氏菌不应检出。

污水处理站中水处理系统的工艺流程为：污水处理站好氧 CASS 池的出水，进入中间水池，并泵入压力过滤器进行深度处理。压力过滤器进口定量投加碱式氯化铝（PAC）。压力过滤器的出水进入的清水池，清水池内投加二氧化氯消毒并回用。压力过滤器的反冲洗水，进入污水站的沉淀池处理（图 7-3）。

啤酒企业回用的中水广泛用于景观用水、绿化和道路浇洒用水，达到节约用水、保护环境的目的。

3. 污水处理站臭气处理

（1）除臭的必要性　啤酒工业污水综合治理工程会产生臭气，这些臭气对工作人

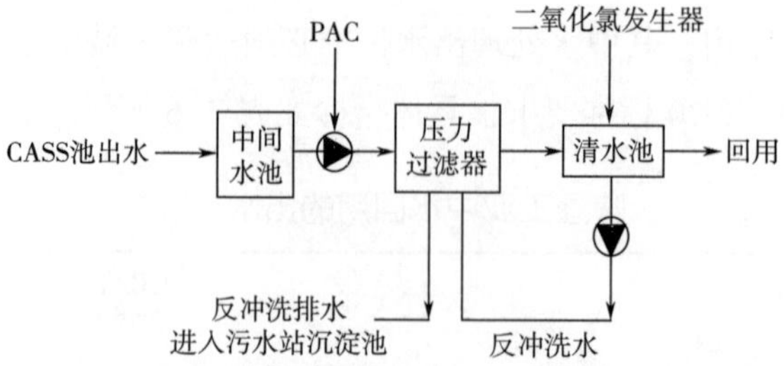

图7-3 中水处理的典型流程

员及周围居民的健康带来危害。臭气能使人食欲不振，头昏脑涨、恶心、呕吐和精神上受到干扰，并降低土地投资价值，因此对污水处理站产生的臭气进行处理，可以减轻对周围环境的影响，创造舒适的工作生活环境。

（2）污水处理站臭味的来源　污水具有发霉的臭味，在污水管网停留时间长，管网系统不能补偿足够的溶解氧，污水会发生厌氧反应，产生硫化氢等恶臭气体。

污水处理站的若干个处理单元都会产生臭味，如进水格栅、沉淀调节池及贮泥池等，但集水井（格栅间）和污泥处理部分（浓缩池、消化池、脱水机房）的恶臭尤为严重。污水在管网中腐化，产生的硫化氢和甲硫醇等恶臭气体将在集水井的格栅间大量释放出来；另外，栅渣中的有机成分高达85%，很少的一点栅渣腐败后，也能在较大空间内产生强烈的恶臭。污泥处理工段的恶臭亦相当严重，由于污泥处理的水力停留时间长，污泥厌氧发酵会产生大量致臭物质，这些都是啤酒厂污水处理站普遍需要迫切解决的问题。

污水处理站臭味来源主要是氨气、硫化氢、硫醇、VFAs（挥发性脂肪酸）、VOCs（挥发性有机化合物）等组成。

①氨气：在通常pH条件下，氨气在水中的溶解度很大；但当pH升高时，氨气变得容易挥发，所以在使用苛性碱（石灰）作为调节剂的污泥处理过程产生的废气流中的氨浓度通常比较高。

②硫化氢：当污水中的溶解氧很少或为零时，污水中的细菌（如：脱硫菌）会将硫酸盐或硝酸盐作为它们的氧源，随后将硫酸盐还原成亚硫酸盐和硫化物，进而产生硫化氢气体，尤其在pH值较低的情况下。

③硫醇和其他含硫的气态化合物：如二硫化碳、甲基二硫化物、二甲基二硫化物，由于在低浓度极限时也可以产生强烈的气味。

（3）除臭技术的比较　污水处理过程中产生恶臭的物质大多数是有机化合物，主要由碳、氮和硫元素组成，如低分子脂肪酸、胺类、醚类、卤代烷以及脂肪族的、芳香族的、杂环的氮或硫化合物等。当活性基团被氧化后，气味就会消失。

为了减轻臭味对环境和居民生活的影响，很多污水处理站采取将致臭的处理单元封闭的方式来减少恶臭。目前比较常用的是把收集到的气体进行集中处理；常用的除臭方法及综合比较如表 7-7 所示。

表 7-7　　常见除臭技术比较

处理方法	生物膜法	活性炭吸附法	臭氧处理法	化学除臭法	生物滤床法
设备投资	低	低	高	高	中等
能耗	低	很高	高	高	低
运行费用	较低	高	中等	很高	中等
除臭浓度	中、低	低	中、低	高	中、低
占地面积	中等	小	无	大	大
除臭效果	优良	好	良好	一般	良好
二次污染	少	少	无	多	少

从表 7-7 中可以看出，生物膜法及生物滤床法运行费用比较低，能耗小，处理效果良好，是目前应用最为广泛，且经济适中的除臭技术。一次性投资较低，技术成熟可靠。但生物滤床法占地面积大，寒冷地区易受冰冻的影响。因此，比较上述处理方法，不难发现生物膜法具有一定的优越性，此法应用于污水处理站除臭具有广泛的应用前景。

（4）除臭工程　根据上述表格除臭方法的分析对比，对于污水处理站的集水井、沉淀池、调节池及厌氧池采用生物膜法除臭技术（表 7-8）。

表 7-8　　污水处理站除臭设计范围

编号	构筑物	备注
1	集水井、格栅井	部分加盖
2	沉淀调节池	部分加盖
3	污泥浓缩池，消化池	封闭式建筑
4	厌氧池	加盖

实际运用中，应根据污水处理站各单元的布置采用集中或相对分散的处理方式，以达到最经济有效的处理效果（表 7-9）。

表 7-9　　除臭设计技术指标

编号	名称	单位	排放指标
1	甲硫醚	mg/m^3	≤0.07
2	二甲二硫	mg/m^3	≤0.06

续表

编号	名称	单位	排放指标
3	二硫化碳	mg/m^3	≤3.0
4	苯乙烯	mg/m^3	≤5.0
5	臭气浓度	无量纲	≤20

由于生物膜法工艺对1000~60000 m^3/h 的流量和 $1g/m^3$ 以下的废气浓度具有高效的处理效果。适合中、大型啤酒工业污水处理站臭气处理。生物膜法处理工艺具有如下优点：①化合物有效去除率高，压降小，所需动力小；②用风机控制气体流动，保证生物膜对臭气处理效率最大化；③不产生二次污染；④处理费用低，主要为风机的运行费用，药剂费用很低。

由于采用厌氧+好氧处理工艺的污水处理站的臭气主要来自调节池、厌氧池和污泥处理工段。对于污水处理站调节池和厌氧池的脱臭，可采取密闭反应器，将臭气引入生物膜塔进行处理。而对于污水处理站工程面积较大的项目，如全部密闭处理，建设费用和工作量很大。因此，可根据具体情况采用如下措施：①将沉淀池调节池封闭，并通过引风机定时引入生物膜法系统对臭气进行处理；②将厌氧池封闭，三相分离器的设计安装无渗漏。

在生物膜法除臭流程中，臭气处理系统由两个连续的步骤组成：第一步，除去部分 H_2S、VOCs和灰尘，并起到预增湿的作用，使其相对湿度在90%~95%；第二步，生物膜与有机臭气及无机物（NH_3、H_2S）进一步反应，从而达到净化气体的效果（图7-4）。

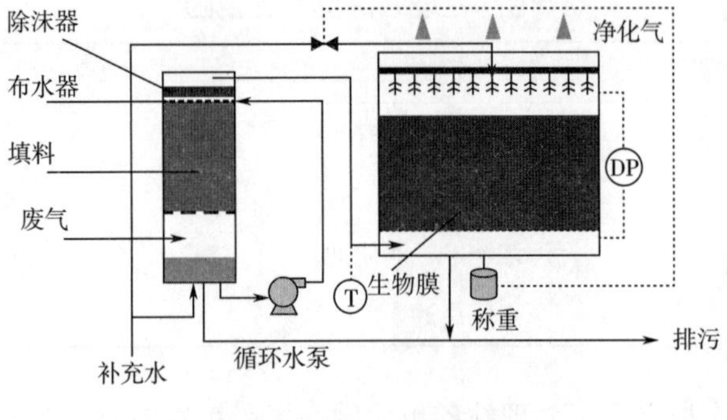

图7-4 生物膜法除臭流程

通过污水处理站臭气的处理，有效改善了工人的工作环境及周边居民的生活环境，减轻了环境压力。

4. 污水处理站混合污泥的消化处理

污泥是污水处理的终端产物，通过对污泥的进一步处理，可以将其成为有特定用途的物质。啤酒厂污水处理产生的污泥中所含的有机物是有效的生物能源；污泥中的有机物分解产生的腐殖质可以改良土壤，避免板结，干燥污泥还可以作为工程回填土；而污泥中丰富的氮、磷、钾等则是植物和农作物生长不可缺少的营养物。同时啤酒工业废水中并不含有对土地造成污染的重金属及其他有害元素，因此，对啤酒厂污水处理站产生的污泥进行综合利用对啤酒厂及社会环境都带来不错的效益。

污水处理站的污泥处理流程如图 7-5 所示，主要步骤如下：

（1）设置污泥储池，存储厌氧反应器排放的污泥，并可以在厌氧反应器运行异常的情况下，补充流失的颗粒污泥。

（2）沉淀池和好氧曝气池中的污泥亦定期排放到污泥储池中，与厌氧反应器定期排放的污泥进行混合。

（3）混合污泥在好氧或厌氧条件下进行消化，污泥中挥发物含量降低使之成为相对不易腐烂和不发恶臭的污泥。其含水率约为 95%，容易脱水。

（4）消化后的污泥直接进入污泥脱水系统进行处理。脱水系统包括浓缩一体化带式压滤机、在线混合器、污泥泵、加药系统、清洗系统等。浓缩一体化带式压滤机的滤带需要连续的高压水洗，以保持滤带的脱水效率。为防止清洗系统喷嘴的堵塞，采用自来水或回用中水进行冲洗。带式压滤机滤布的冲洗水、滤液、污泥池上清液等进入调节池前的集水井，回到污水处理系统，杜绝二次污染。

（5）脱水后的污泥通过进一步的深化改良、干燥及热破坏等处理，主要用作以下用途：①用作土壤改良剂；②用作回填土。

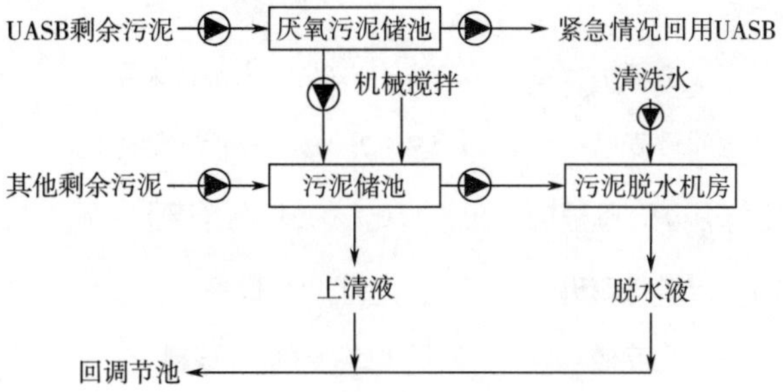

图 7-5 典型污泥的处理流程

污泥厌氧消化的目的如下：

（1）减少污泥体积 减少污泥中可降解的有机物含量，使污泥的体积减少。与消化前相比，消化污泥的体积一般可减少 1/3～1/2。

（2）稳定污泥性质 减少污泥中可分解、易腐化物质的量，稳定污泥性质。

（3）提高污泥的脱水效果 未消化的污泥呈黏性胶状结构，不易脱水。消化过的污泥，胶体物质被气化、液化或分解，使污泥中的水分与固体更易于分离。

（4）产生可利用的甲烷气体 污泥在消化过程中产生沼气，沼气中甲烷气体约占

2/3，可用于发电、锅炉燃烧等用途。

（5）消除恶臭　污泥在厌氧消化过程中，硫化氢分离出硫分子与铁结合成为硫化铁，因此消化后的污泥臭气大大减轻。

（6）提高污泥的卫生质量　污泥中含有很多有毒物质如细菌、病原微生物、寄生虫卵，极不卫生。污泥在消化过程中，产生的甲烷菌具有很强的抗菌作用，可杀死大部分病原菌以及其他有害微生物，使污泥卫生化。

污泥的厌氧消化，不仅有效地减少了污泥的体积，并能回收沼气，稳定污泥，提高了生物能源的利用量，并较少了污泥直接外运的费用。

如上措施在保护环境的同时，改善和促进了经济增长，从而达到环境保护与经济发展双重目标，值得在中大型啤酒厂污水处理运用中推广。

第二节　啤酒生产副产物的利用

现代农副产品加工工业为了避免和减少环境污染、为了使宝贵的资源得到最大限度地有效利用，必须把生产中的废气、废渣、废水回收和利用，进一步开发加工制成有价值的产品，特别是注意“新蛋白质资源”的开发（表 7-10）。

表 7-10　　啤酒生产形成的主要副产物

序号	副产物品称	来源	收量	利用方向
1	小粒大麦	选麦机	6.5%~15.0%（占精选大麦）	饲料、糖化原料
2	浮麦	浸麦槽	1.5%~2.0%（占精选大麦）	饲料
3	麦根	干燥炉、除根机	5.0%（占精选大麦）	饲料、制药、其他
4	湿麦糟	过滤槽或机	1.3t/t 投料	饲料、养菇
5	热凝固物	沉淀槽	1.5~4.0kg/t 投料	饲料、食品
6	酵母泥	发酵罐	1.0~1.5kg/t 啤酒	制药工业原料、饲料
7	二氧化碳	发酵罐	120kg/t 投料	饮料工业、铸造、干冰
8	硅藻土	硅藻土过滤机	1.2~2.0kg/t 啤酒	饲料添加剂

中共中央　国务院印发的《“健康中国 2030”规划纲要》指出：全面实施工业污染源排污许可管理，推动企业开展自行监测和信息公开，建立排污台账，实现持证按证排污。加快淘汰高污染、高环境风险的工艺、设备与产品。开展工业集聚区污染专项治理。以钢铁、水泥、石化等行业为重点，推进行业达标排放改造。

一、 麦糟的利用

麦糟是由麦芽和不发芽谷物原料在啤酒糖化中不溶解物质构成的，主要是由麦芽的皮壳、叶芽、不溶性蛋白质、半纤维素、脂肪、灰分及少量的未分解淀粉和未洗出的可溶性浸出物等组成，麦糟收率是随原料浸出物收率提高而降低，例如我国啤酒配料用70%麦芽（无水浸出率为75%，水分为5%）、30%大米（无水浸出率为90%，水分为14%），糖化料利用率为98.5%，则每吨投料可得麦糟干物质可有下计算；

$$[700\times(1-5\%)\times(1-75\%)+300\times(1-14\%)\times(1-90\%)]\div 98.5\%\approx 195(\text{kg 干物质})$$

若采用过滤槽过滤，干式排麦糟，麦糟含水分为83%，则可得湿麦糟为：

$$195/(1-83\%)=1147\ (\text{kg})$$

若采用压滤机过滤，麦糟含水分为72%~76%则可得湿麦糟：

$$95/(1-75\%)=780\ (\text{kg})$$

麦糟历来是有价值的饲料，它含有较高的蛋白质，并受到适度分解，作为饲料它的消化率极高，特别适合作牛、马饲料。若作为猪饲料，由于无氮浸出物中主要是纤维素、半纤维素、β-葡聚糖，而猪对这类物质消化率低，糖和淀粉仅占干物质5%~6%，因此，作为猪饲料需配合淀粉质原料后才能使用。

国内外啤酒厂的麦糟绝大多数以湿态（未经加工或压滤脱水）出售，由于富含营养，水分高，极易变质，故不能贮存。大型啤酒厂麦糟量大、集中（旺期），为了运输和贮存，常经过脱水、烘干，制成干麦糟（图7-6）。

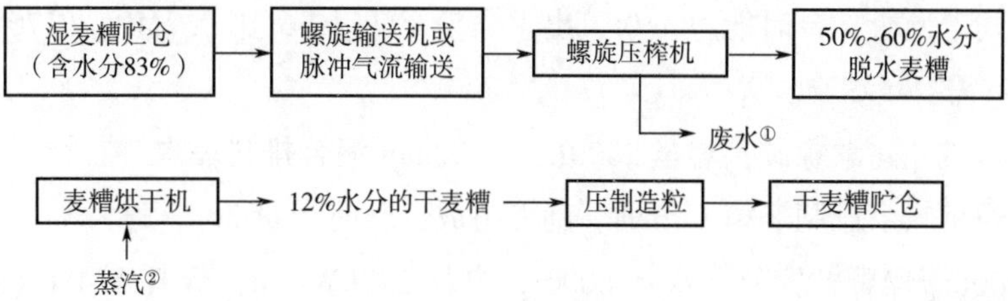

图7-6 干麦糟的制造

注：①有一些工厂在糖化过滤时，洗麦糟仅洗至残糖5~6°P，这样经螺旋压榨机压榨废水可以做投料水，缩短过滤时间，减少废水排放。

②此流程，每100kg湿麦糟脱水至55%，再烘干至水分10%~12%，即还需烘干脱水43~45kg，烘干机热效率低，一般需耗蒸汽60~65kg，最终得水分12%的干麦糟仅19.3kg，即每吨干麦糟耗蒸汽3368kg。

欧洲向我国转让的技术和设备是用啤酒厂各种废料，制成混合饲料（图7-7）。

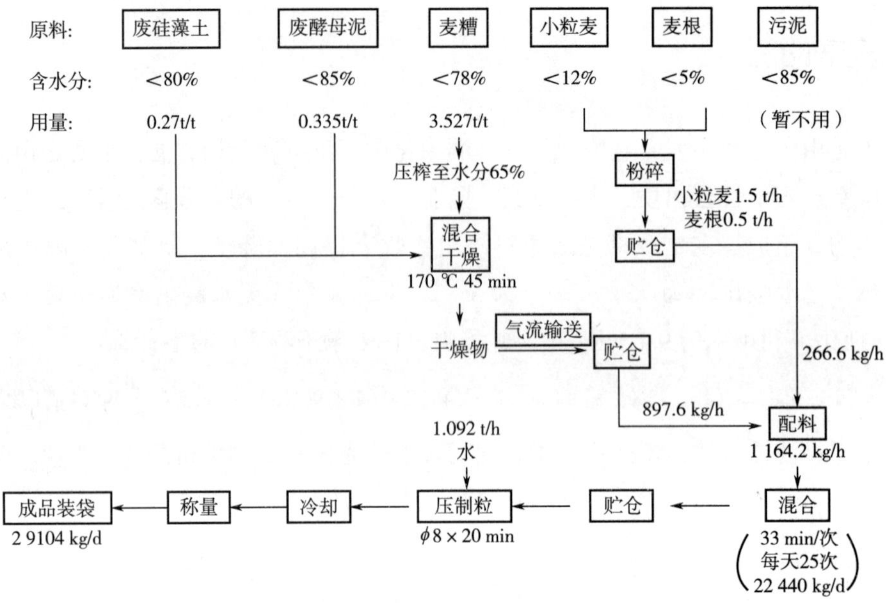

图 7-7 混合饲料制造流程

啤酒副产物干燥颗粒饲料规格如下：

挥发物≤13.0%，粒形 8mm×20mm，体积质量 650kg/m^3

粗蛋白≥14%，粗纤维≤17%，灰分≤5.0%

年产 8000t 干燥颗粒饲料主要设备如下：

（1）螺旋压榨机　麦糟进水分为 75%～78%，压出水分 60%～65%，台时产量湿麦糟 4.0t 2 台。

（2）盘式干燥机　台时能力 4.0t，出干燥粉 897kg/h，用 0.7MPa（170℃）蒸汽间接干燥，蒸汽需要量 3 t/h。

（3）混合机　间歇螺旋，容量 2000L，每 38min 混合排料一次。

（4）压粒机　由压制环模、滚桶、刮刀组成，台时产量 2t。

年产 8000t 干燥颗粒饲料，水耗 8000t，电耗 243kW · h，煤耗 1248t（每吨饲料约耗蒸汽 3t），国际市场价 100～120 美元/t。

干麦糟中相关物质含量见表 7-11、表 7-12。

表 7-11　干麦糟的化学组成

组分	含量/%	麦糟中主要灰分之素	含量/%
干物质	92.0	Ca	0.27
灰分	3.6	Mg	0.14
纤维素	15.0	Fe	0.025

续表

组分	含量/%	麦糟中主要灰分之素	含量/%
类脂	6.2	P	0.5
无氮浸出物	41.4	K	0.08
粗蛋白	25.9	Na	0.26
其中牛马消化蛋白质	19.9	Cu	0.021
羊可消化蛋白质	19.1	Co	0.0001
猪可消化蛋白质	20.4		
总可消化营养	62.7		
发热值（kJ/kg）	2056.6		

表 7-12 干麦糟中维生素和氨基酸的含量

维生素	含量/（mg/kg）	氨基酸	占干物质/%
胆碱	15.87	精氨酸	1.3
叶酸	0.22	组氨酸	0.5
烟酸	43.4	酪氨酸	1.2
泛酸	8.6	异亮氨酸	1.5
核黄素	1.5	亮氨酸	2.9
硫胺素	0.7	赖氨酸	0.9
维生素 B_6	0.66	甲硫氨酸	0.4
		苯丙氨酸	1.3
		苏氨酸	0.9
		缬氨酸	1.6
		色氨酸	0.4

二、 CO_2 的回收

CO_2 是啤酒发酵中最主要的副产物，近代啤酒酿造技术中 CO_2 又是必不可少的重要原材料。CO_2 合理应用对改进酿造工艺、提高啤酒的质量起着重要作用。

在过滤后的清啤酒中，直接充入 CO_2，使之在短时间内溶解和过饱和，简单和有效地控制成品啤酒中 CO_2 的含量。

在高浓酿造稀释啤酒技术中，利用 CO_2 置换稀释用水中氧，并使之饱和，造成“稀释用碳酸水”。

在上述两途径中使用 CO_2，直接进入啤酒成分中，必须要高纯度的（含量>99.9%），一般应由液化 CO_2，蒸发成气态后再应用。

在使用凝聚性酵母、锥形大罐发酵中，在啤酒发酵后期——双乙酰还原期，常常采用从锥底通入 CO_2，洗涤啤酒，促使啤酒中溶解的挥发性双乙酰、硫化物、醛类等被 CO_2 拖带排走，使已经发生凝聚的酵母重新悬浮，促进双乙酰的还原，加速啤酒的成熟。

在近代啤酒转罐、过滤、清酒罐及装瓶、装桶等操作中，为了避免啤酒接触空气中 O_2，减少啤酒中溶解氧、均需要用 CO_2 作备压①，以提高啤酒的非生物稳定性和风味稳定性。

在上述各用途中使用 CO_2，需要有一定压力（>0.2MPa），纯度>99.5%。可以直接使用回收的 CO_2，经过处理，压缩后再应用。

1. 啤酒发酵中 CO_2 的回收量

$$C_{12}H_{22}O_{11}+H_2O \xrightarrow{\text{发酵}} 4C_2H_5OH+4CO_2$$

当发酵效率为96%时，每 100g 麦芽糖发酵可形成 49.4g CO_2。

若年产 3 万 kL 啤酒工厂，当每天麦芽汁最高产量为 150m³ 时，理论可回收 CO_2：

$$\begin{aligned}&\text{麦汁量}\times\text{相对密度}\times\text{浓度}\times\text{发酵度}\times CO_2\text{产率}-\text{啤酒量}\times\text{啤酒中 }CO_2\text{含量}\\&=150\times1.0484\times12\%\times60\%\text{（举例）}\times0.494-150\times1.04\times0.5\%\\&=4.81(\text{t/d})\end{aligned}$$

实际上，刚开始发酵 1~2d，由于罐内有空气，不能回收；在发酵中为了赶走挥发性代谢产物，发酵中还需适度排气，啤酒离开发酵罐后，罐内残留气体（CO_2），因此，实际回收率仅 45%~70%，经验数据每立方米麦汁发酵可回收 CO_2 为 20~22kg。

对日产 150m³ 麦汁的工厂，当回收率为 65%，每天回收工作时间为 21h，需配备回收能力：

$$4.81\times1000\times65\%\div21\approx150(\text{kg/h})$$

配备 150kg/h 回收能力装置，日回收能力为 3150~3600kg。

高浓稀释啤酒生产工艺，若全部啤酒稀释率为 15%~20%，稀释水用 CO_2 取代法除氧及碳酸化，则每立方米啤酒需消耗 20~22kg CO_2。

按上述计算，实际啤酒发酵每立方米 12°P 啤酒仅仅能回收 CO_2 为 14.5~15.0kg，见表 7-13。

---

① 为了使含氧量达到要求，啤酒进到清酒罐前应当以二氧化碳或高纯氮气（纯度>98%）备压。

表 7-13　　CO_2 在啤酒生产中的需要量

CO_2使用场	需要量/（g/m³）	CO_2压力/MPa
麦汁压力混合酵母	30	0.05~0.1
锥形罐 CO_2洗涤啤酒	1500	0.35~0.4
啤酒过滤	2800	0.4
啤酒调整 CO_2浓度	2500	0.1
清酒罐备压	2300	0.07
灌酒机背压	3000	0.25
CO_2取代瓶空气装瓶机	2800	0.15

2. CO_2 的基本性质

（1）啤酒发酵中释放 CO_2 中的杂质

啤酒发酵回收 CO_2原始纯度：　99.2%~99.5%

CO_2中杂质：	乙醇	0.45%~0.59%
	O_2	0.01%
	挥发酸	0.00 053%
	挥发酯	0.001 39%
	挥发醛、硫化物	0.002 39%
	水分	0.01~0.05%
	N_2	0.02%

啤酒中回收的 CO_2 纯度较高，含杂质少，只需通过简单吸附过滤就可制得高纯度（99.9%）的 CO_2。

（2）CO_2 的物理性质与空气相比，CO_2 气体相对密度为 1.529。在 1MPa、0℃下体积质量为 1.977g/L。

工业上采用压缩液化回收 CO_2，可以在+30~-55℃和相应压力 7.110~0.4535MPa 下完成（表 7-14），此时 CO_2 是液态和气态共存，其密度是变化的，从接近临界点 0.468kg/L 至接近三态相的 1.18mg/L，可以贮存在高压容器或钢瓶中。当温度降低到<-78.5℃时，CO_2 完全变成白色固态（干冰），密度为 1.57kg/L。

表 7-14　　CO_2 的压缩特性

CO_2 状态	温度/℃	表压/MPa
气态	>31.0	
临界点	31.0	7.282
	30	7.110
液态/气态共存	25	6.334
	20	5.628

续表

CO_2 状态	温度/℃	表压/MPa
	15	4.984
	10	4.398
	5	3.864
	0	3.380
	-5	2.942
液态/气态共存	-10	2.545
	-15	2.188
	-20	1.868
	-30	1.327
	-40	0.9038
	-50	0.5818
	-55	0.4535
三态点	-56.6	0.4166
	-60	0.3084
固态/气态共存	-70	0.0968
	-75	0.0332
	-78.5	
固态	<-78.5	

当贮存于压力下的液态 CO_2 放入大气时，排出的只能是白色烟状气态（大气中水分冷凝混合）和白雪状固态 CO_2（干冰）。

3. 啤酒生产中 CO_2 的回收方法

现代回收 CO_2，包括如下单元操作：

收集→洗涤→压缩→净化→干燥→冷却→液化→贮存或装瓶

从表 7-14 中可知。在液化回收 CO_2 时，常采用 3 种方法。

（1）高压回收　即在 25~30℃和相应 6.334~7.110 MPa 压力下回收，此回收方法，目前广泛应用于我国酒精工业中。特点是，不需要用制冷机冷却（一般深井水即可），则于高压一般需 3~4 级压缩，压缩后，必须贮存于小型钢瓶中，大容器贮存耐如此高的压力是不经济的。

（2）低压回收　现代我国啤酒工厂广泛应用低压回收系统，即将 CO_2 经过二级压缩至 1.6~2.2MPa，并冷却到-25~-15℃，使之液化。

此流程压力低，设备维护费低，安全性高。液化 CO_2 可以贮存在数立方米至 $20m^3$ 的保温高压贮罐中，也可以装钢瓶，应用方便。但必须配有高压气态 CO_2 冷却系统（制冷系统）。低压回收 CO_2 的流程如图 7-8 所示。

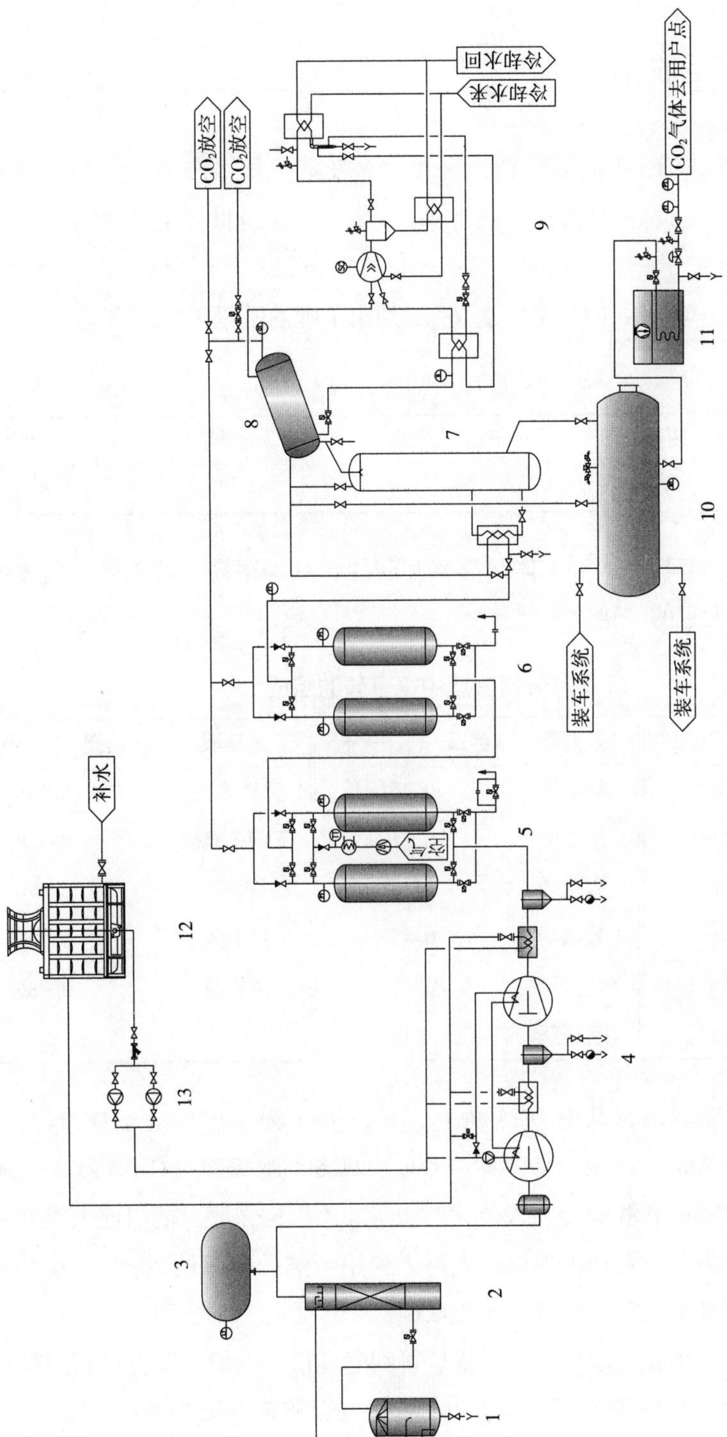

图7-8　低压回收CO_2流程

1—除沫器　2—洗涤塔　3—气囊　4—CO_2压缩机　5—吸附器　6—干燥器　7—洗涤塔
8—冷凝器　9—制冷系统　10—CO_2卧式储罐　11—汽化器　12—冷却塔　13—循环水泵

三、 啤酒酵母的回收和利用

啤酒酵母是啤酒生产重要的副产物，现代大罐发酵，每生产 $1m^3$ 啤酒可得到含水82%的湿酵母泥20kg（3.6kg 干物质）或3.9kg 干燥酵母。全世界生产啤酒1.3亿t，全部回收可得到50万t的干酵母，我国全部回收也可得到5.8万t干酵母。在全世界资源紧缺的今天，无疑是一笔很大的财富。表7-15列出了啤酒酵母干物质含量。

表7-15 啤酒酵母干物质含量

成分	粗蛋白	碳水化合物	粗脂肪	灰分
含量/%	45~60	25~35	4~7	6~9

由表7-16可知，酵母中八种人体必需氨基酸的含量均很高，特别是甲硫氨酸含量为1.1g/100g，高于大豆的一倍。

表7-16 啤酒酵母蛋白质中氨基酸的组成

氨基酸	含量/（g/100g）	氨基酸	含量/（g/100g）	氨基酸	含量/（g/100g）
色氨酸	0.036	精氨酸	0.261	苯丙氨酸	0.245
苏氨酸	0.318	组氨酸	0.119	天门冬氨酸	0.338
异亮氨酸	0.336	丙氨酸	0.181	谷氨酸	0.776
亮氨酸	0.446	赖氨酸	0.451	甘氨酸	0.230
酪氨酸	0.334	甲硫氨酸	0.115	丝氨酸	0.286
缬氨酸	0.345	半胱氨酸	0.06		

啤酒酵母核酸含量较高，其中DNA为0.31%，RNA为3.95%（干物质计）。RNA的碱基比：腺嘌呤（Ade）28.9：鸟嘌呤（Gua）24.5：胞嘧啶（Cyt）21.2：尿嘧啶（Ura）25.7。由于鸟嘌呤和腺嘌呤在人体代谢中形成不溶性尿酸，能引起人类痛风症等疾病，因此，联合国蛋白质咨询组建议成人每天食用干酵母不超过30g。而作为动物饲料，因动物能将尿酸排出体外，所以，不受限制。

在中、小型厂可直接收集酵母，经干燥后得到酵母粉。大型工厂也可利用酵母制备各种制剂如利用RNA，可制备5′核苷酸，也可制备复合核苷（图7-9）。

酵母用酶解破壁，再用酵母自身蛋白酶和外酶配合酶解，可制备各种水解程度的多肽和氨基酸的复合物。复合氨基酸在调料中、高浓酿造啤酒中有广泛的应用前途。

酵母细胞壁厚0.1~0.4μm，重约占细胞干物质30%，可分成三层，最外层为磷酸甘露聚糖、中间层为稀疏蛋白质层，内层为致密性的β-葡聚糖。我们找到的酶即能打

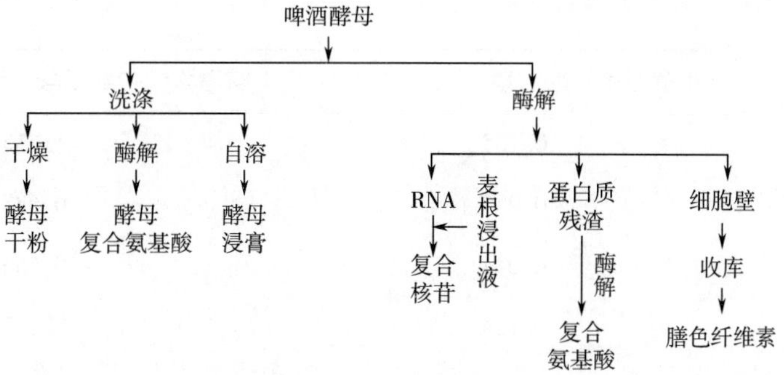

图 7-9　啤酒酵母的利用

破由这三层物质组成的细胞壁。

酵母体内含有四种蛋白酶，两种肽酶，羧肽酶 α 和内肽酶 β，能水解各种肽类。还有水解肽类的氨肽酶Ⅰ、Ⅱ。

利用酵母自身的蛋白酶，调节一定 pH 6.5~7.0，保持在 45~47℃下经过 36h 酶解，就可使酵母细胞中 70%以上蛋白质水解成氨基酸。

水解以后，经过热处理、钝化酶，再经离心分离可得未水解的细胞壁和水解液。水解液经真空浓缩和脱色，即成浸膏。而未水解细胞壁收集，干燥就制得膳食纤维素。

每 1000kg 湿酵母泥，可制得 100kg 复合氨基酸粉。酵母水解液和氨基酸粉的氨基酸含量如表 7-17 所示。

表 7-17　酵母水解液和氨基酸粉的氨基酸含量

氨基酸名称	水解液氨基酸含量/（g/100mL）	氨基酸粉中氨基酸含量/（g/100mL）
天冬酰胺	0.311	5.203
苏氨酸*	0.226	3.372
丝氨酸	0.115	2.622
谷氨酸	0.866	14.094
甘氨酸	0.191	3.118
丙氨酸	0.315	5.209
缬氨酸*	0.283	4.468
甲硫氨酸*	0.104	1.608
异亮氨酸*	0.246	3.944
亮氨酸*	0.371	5.986
酪氨酸	0.172	2.674
赖氨酸*	0.050	0.158

续表

氨基酸名称	水解液氨基酸含量/（g/100mL）	氨基酸粉中氨基酸含量/（g/100mL）
组氨酸	0.105	1.615
色氨酸*	0.054	0.683
精氨酸	0.024	0.583
脯氨酸	0.124	2.117
合计	3.766	61.34

注：＊为人体必需氨基酸（自动氨基酸分析仪分析，其中色氨酸不出峰）。

参考文献

[1] 管敦仪．啤酒工业手册［M］．北京：轻工业出版社，1982.

[2] 顾国贤. 酿造酒工艺学（第二版）［M］．北京：中国轻工业出版社，2008.

[3] Briggs D E, Stevens R, Hough J S, et al. Malting and Brewing Science (2nd Edition) . Aspen, Gaithersburg, Maryland, 1982.

[4] Pollock J R A. Brewing Science. Academic Press, 1981.

[5] Broderick H M. The Practical Brewer. Master Brewers Association of the Americas (3rd Edition), 1999.

[6] ［德］L·纳尔蔡斯．孙明波泽．啤酒厂麦汁制备工艺技术［M］．北京：轻工业出版社，1991.

[7] Sharma P, Goudar G, Longvah T, et al. Fate of Polyphenols and Antioxidant Activity of Barley during Processing. Food Reviews International, 2020: 1-36.

[8] Langdon Q K, Peris D, Baker E P, et al. Fermentation Innovation Through Complex Hybridization of Wild and Domesticated Yeasts [J] . Nature Ecology & Evolution, 2019, 3 (11): 1576-1586.

[9] Dennis E B, Chris A B, Peter A B, et al. Brewing Science and Practice. CRC press, 2004.

[10] Charles Bamforth. Beer: a quality perspective [M] . Elsevier Academic press, 2009.

[11] Michael J L and Tom W Y. Brewing (2nd Edition) . Kluwer Academic, 2002.

[12] Annie Hill. Brewing microbiology: Managing microbes, ensuring quality and valorizing waste [M] . Woodhead Publishing Ltd. , 2015.

[13] Briggs D E, Stevens R, Hough J S, et al. Malting and Brewing Science (2nd Edition) . Aspen, Gaithersburg, Maryland, 1982.

[14] Heins H and Heuer J F. Beer Packaging Manual. Master Brewers Association of the Americas (2nd Edition), 2011.

[15] Vanderhaegen B, Neven H, Verachtert H, et al. The chemistry of beer aging-a critical review [J] . Food Chemistry, 2006, 95 (3): 357-381.

[16] Vaag P, Riis P, Knudsen A-D, et al. A simple and rapid test for gushing tendency in brewing materials [C] . Proceedings 24th EBC Congress, Oslo 1993, IRL Press, 155-162.

[17] 袁惠民、杜禄君．啤酒技术与管理［M］．北京：中国轻工业出版社，1994.